"101 计划"核心教材
计算机领域

"101 计划"核心教材

智能计算模型与理论

焦李成 刘若辰 慕彩红 李阳阳 尚荣华 著

清華大学出版社
北京

内 容 简 介

智能计算是人工智能学科中一个非常重要的分支领域，该领域的快速发展进一步推动了人工智能的发展。本书系统地论述了智能计算的基础理论、主要算法模型及其应用。全书共10章，其中第1章介绍了人工智能和智能计算的基本概念及相互关系、智能计算的分类及应用情况；第2～4章详细介绍了智能计算的3个经典分支的理论及应用，即神经计算、模糊计算和进化计算；第5～9章深入介绍了智能计算领域中的新兴算法模型及其应用，包括群智能计算、密母计算、免疫计算、量子计算以及多目标智能计算；第10章进一步对智能计算的前沿技术进行了介绍和展望。每章都附有本章内容框图、习题和参考文献。

本书可作为高等院校计算机科学、人工智能、智能科学与技术、电子科学与技术、控制科学与工程等专业的本科生或研究生的教材，同时也为相关领域的研究人员和对智能计算技术及其应用感兴趣的工程技术人员提供参考。

图书在版编目（CIP）数据

智能计算模型与理论 / 焦李成等著. -- 北京 ：清华大学出版社，2024. 12.
ISBN 978-7-302-67699-7

Ⅰ. TP183

中国国家版本馆 CIP 数据核字第 20243Z2L62 号

责任编辑：王　芳
封面设计：刘　键
责任校对：申晓焕
责任印制：宋　林

出版发行：清华大学出版社

网　　址：https://www.tup.com.cn，https://www.wqxuetang.com
地　　址：北京清华大学学研大厦 A 座　　**邮　　编**：100084
社 总 机：010-83470000　　**邮　　购**：010-62786544
投稿与读者服务：010-62776969，c-service@tup.tsinghua.edu.cn
质量反馈：010-62772015，zhiliang@tup.tsinghua.edu.cn
课件下载：https://www.tup.com.cn，010-83470236

印 装 者：三河市龙大印装有限公司
经　　销：全国新华书店
开　　本：185mm×260mm　　**印　　张**：23　　**字　　数**：545 千字
版　　次：2024 年 12 月第 1 版　　**印　　次**：2024 年 12 月第1 次印刷
印　　数：1～1500
定　　价：69.00 元

产品编号：100557-01

前　言

21世纪，人工智能正成为推动人类进入智能时代的决定性力量。人工智能是一门研究并开发用于模拟、延伸和扩展人类智能的理论、方法、技术及应用系统的技术科学，是计算机科学的一个分支，它试图了解智能的实质，以得出一种新的能以与人类智能相似的方式做出反应的智能性机器。智能计算是借助自然界特别是生物界规律的启示，根据其规律，设计出求解问题的算法。数学、物理学、化学、生物学、心理学、生理学、神经科学和计算机科学等诸多学科的现象与规律都可能成为智能计算算法的基础和思想来源。从相互关系上来看，智能计算属于人工智能的一个分支，智能计算弥补了人工智能在数学理论和计算上的不足，更新和丰富了人工智能理论框架，使人工智能进入一个新的发展时期。

智能计算技术是一门涉及多门学科及技术的交叉学科。目前，智能计算技术在神经信息学、生物信息学、化学信息学等交叉学科领域得到了广泛应用。这项技术所取得的些许进步，都会进一步促进神经信息学、生物信息学、化学信息学等交叉学科的发展。反过来，后者的深入研究和进一步发展，也将大大促进智能计算技术的长足进步。因此，深入开展智能计算技术的研究具有重要意义。

智能计算技术是将问题对象通过特定的数学模型进行描述，使之变成可操作、可编程及可计算的一门学科。它运用其所具有的并行性、自适应性、自学习性对信息、神经、生物和化学等学科中的海量数据进行规律挖掘与知识发现。智能计算技术是信息技术、神经信息学、生物信息学、化学信息学等学科发展的核心和基础，它的突破将可能对其他交叉学科产生深远的影响。

目前，国内有关介绍智能计算的书籍主要包括3种。

(1) 在人工智能的相关教材中会有部分章节介绍智能计算方法，比如西安电子科技大学出版的《简明人工智能》、清华大学出版社出版的《人工智能导论》；

(2) 将国外相关书籍进行翻译，比如清华大学出版社出版的由北京大学谭营教授翻译的《计算智能导论(第2版)》；

(3) 由国内优秀学者编著计算智能相关的教材，比如清华大学出版社出版的《群体智能与计算智能优化的盲均衡算法》和《计算智能》等。这些教材是学者们基于当时的研究背景对智能计算领域的理解所编著的图书。

随着智能计算领域的发展，智能计算的相关书籍应该加以扩充，书籍的内容应该更加丰富，书籍的内容应进行更新完善，使其更适应当前智能计算领域的教学与研究。

本书更全面更系统地介绍了智能计算的相关内容。按照“筑牢算法基础，培养新型思维，拓宽研究视野，探索前沿进展”的培养目标，本书设置了10章，分别如下。

概论：介绍人工智能的概念与历史，引出智能计算与人工智能的关系，介绍智能计算的分类，介绍智能计算的相关应用领域。

神经计算：介绍生物神经系统的相关知识、人工神经网络的基本原理、神经网络学习算法及人工神经网络的分类，之后从浅层神经网络过渡到深度神经网络，介绍几种典型的神经计算应用。

模糊计算：介绍模糊集合与隶属度函数、模糊关系及其合成、模糊推理，最后介绍模糊计算的应用。

进化计算：介绍进化计算的生物背景、遗传算法的原理和模型，并介绍进化策略、进化规划与遗传规划。

群智能计算：介绍群智能计算的相关背景知识，重点介绍 PSO 算法、蚁群算法、菌群算法以及其他群智能模型。

密母计算：介绍混合智能计算的基本概念，重点介绍单点搜索算法、密母算法及基于密母算法的社团检测、基于混合多目标蚁群优化算法的社团检测。

免疫计算：介绍免疫计算基础，并介绍几种免疫算法及免疫计算应用。

量子计算：介绍量子计算的物理基础、量子计算模型及量子智能优化算法。

多目标智能计算：介绍多目标优化的相关概念、进化多目标优化、复杂多目标优化模型，最后介绍多目标智能计算的相关应用。

新型智能计算：介绍智能计算的前沿技术，包括图神经网络和面向昂贵优化问题的进化计算，并介绍智能计算未来的发展方向，包括进化计算与神经计算的结合以及基于进化算法的神经网络架构进化搜索。

本书力求系统而全面地介绍智能计算的背景及各个领域分支。本书从易、中、难三个层次由浅至深地介绍各个知识点，适用于计算机专业和人工智能等专业的学生，同时也对想深入学习智能计算的读者具有引导作用。同时，本教材配套了丰富的课后习题，习题类型全面，由易到难，富有层次，能够帮助同学们更好地进行相关内容的训练。最后，书中还加强了课程思政元素的融入，挖掘与教材内容密切相关的课程思政内容，帮助引导学生树立正确的社会主义核心价值观。

本书的编写得到了西安电子科技大学教材基金资助。

在本书的编写过程中，各位著者多次讨论协商书中内容和众多细节，力求达到更高的质量。尽管著者尽了最大的努力创作整理本书，但书中可能还存在不妥之处，恳请各位专家和读者批评指正。

著 者

2024 年 8 月

西安电子科技大学

目　录

第1章

概　论

智能计算(intelligence computation)技术是一门涉及物理学、数学、生理学、心理学、神经科学、计算机科学和智能技术等的交叉学科[1-2]。目前,智能计算技术在神经信息学、生物信息学、化学信息学等交叉学科领域得到了广泛应用。这项技术所取得的些许进步,都会进一步促进神经信息学、生物信息学、化学信息学等交叉学科的发展。反过来,后者的深入研究和进一步发展,也将促进智能计算技术的长足进步。因此,深入开展智能计算技术的研究具有重要意义。

智能计算技术是将问题对象通过特定的数学模型进行描述,使之变成可操作、可编程、可计算和可视化的一门学科[1-2]。它运用其所具有的并行性、自适应性、自学习性对信息、神经、生物和化学等学科中的海量数据进行规律挖掘和知识发现[2]。

智能计算技术是信息技术、神经信息学、生物信息学、化学信息学等学科发展的核心和基础,它的突破将可能对其他交叉学科产生深远的影响[1-2]。

智能计算是怎么发展起来的,智能计算与人工智能的联系是什么?目前主流的智能计算方法有哪些?智能计算在工程领域的主要应用有哪些?

本章将从介绍人工智能开始,通过介绍人工智能的发展历史引出智能计算与人工智能的联系,介绍目前主流的智能计算方法,并简单介绍智能计算在工程领域的应用。

1.1　人工智能简介

智能手机、智能家电、智能翻译机等人工智能产品充斥着我们的生活,也为人类带来无数的便利。人工智能已经是目前科学技术发展的前沿学科,也是在计算机科学、控制论、信息论、生物科学、心理学、哲学等众多学科互相渗透的研究基础上发展出的一门综合性学科。虽然人工智能在现今社会已十分火爆,但人们大多是通过影视作品里的机器人或者实际生活中的智能应用来了解人工智能的魅力的，那人工智能到底是什么？人工智能的研究经历了怎样的发展历程？这些问题将在本节中得到解答。

1.1.1　人工智能概念

人工智能诞生于1956年。1997年，IBM公司研发的“深蓝”超级计算机击败了国际象棋大师G. Kasparov，人工智能技术完成了它的首次完美亮相。2017年，AlphaGo战胜了人类围棋冠军柯洁，充分证明了人工智能技术当之无愧地成为新一代信息技术领域的核心。人工智能也逐渐进入了大众的视野，从各种科幻电影《终结者》《黑客帝国》《大都会》等到生活中的智能机器小爱同学、Siri、谷歌翻译等，这些人工智能及其衍生产品早已充斥着人类的生活。但我们会发现现实中看到的人工智能和众多电影中的人工智能差距甚远，那人工智能是什么？该怎样确切定义人工智能呢？

对于“人工智能”的确切定义，科学界至今已有不少学者给出了自己的看法[3]。

定义1.1　1956年的达特茅斯(Dartmouth)会议上，人工智能首次被定义为：computer processes that attempt to emulate the human thought processes that are associated with activities that require the use of intelligence。

定义1.2　美国斯坦福大学人工智能研究中心N. J. Nilsson教授为人工智能给出了这样一个定义：“人工智能是关于知识的学科——怎样表示知识以及怎样获得知识并使用知识的科学。”

定义1.3　美国麻省理工学院的P. Winston教授认为：“人工智能就是研究如何使计算机去做过去只有人才能做的智能工作。”

定义1.4　2019年，谭铁牛院士在《求是》中给出最新的关于人工智能的解释，他认为人工智能是研究开发能够模拟、延伸和扩展人类智能的理论、方法、技术及应用系统的一门新的科学技术，它的研究目标是促使智能机器会听、会看、会说、会思考、会学习、会行动。

以上定义反映了人工智能的基本思想和基本内容，即人工智能是研究人类智能活动的规律，构造具有一定智能的人工系统，研究如何让计算机完成以往需要人的智力才能胜任的工作，也就是研究如何应用计算机的软硬件模拟人类的某些智能行为的基本理论、方法和技术[4]。

从不同角度来看，“人工智能”的定义也不尽相同[4]。

定义1.5　从能力角度来看，人工智能是“机器根据人类给定的初始信息生成和调度知识，进而在目标引导下由初始信息和知识生成求解问题的策略并把智能策略转换为智能行为从而解决问题的能力”。

定义1.6　从学科角度来看，人工智能是研究使计算机模拟人的某些思维过程和智能行为(如学习、推理、思考、规划等)的学科，主要包括计算机实现智能的原理，制造类似于人脑智能的计算机，使计算机能实现更高层次的应用。

1.1.2　人工智能发展历史

如同蒸汽时代的蒸汽机、电气时代的发电机、信息时代的计算机和互联网，人工智能正成为推动人类进入智能时代的决定性力量。许多发达国家都把发展人工智能作为提升国家竞争力、维护国家安全的重大战略，力图在国际科技竞争中掌握主导权。

习近平总书记在十九届中央政治局第九次集体学习时深刻指出“加快发展新一代人工智能是事关我国能否抓住新一轮科技革命和产业变革机遇的战略问题。错失一个机遇,就有可能错过整整一个时代。新一轮科技革命与产业变革已曙光可见,在这场关乎前途命运的大赛场上,我们必须抢抓机遇、奋起直追、力争超越”。

然而想要明确人工智能向何处去,首先就要了解人工智能从何处来,即了解人工智能的发展历史。人工智能经历了孕育期、形成期、低谷期、繁荣期、平稳发展期以及发展新时代共6个阶段[5-6]。

1. 孕育期(1956年以前)

人工智能在正式诞生之前,经历了很长时间的孕育期,各领域科学家们早已做出了许多奠基性的工作。

经典数理逻辑是人工智能的重要理论基础之一,古希腊哲学家Aristotle是研究人类思维规律的鼻祖。他的主要贡献为逻辑以及形而上学两方面的思想。Aristotle在逻辑上的主要成就包括主谓命题以及关于此类命题的逻辑推理方法,特别是三段论至今仍然是演绎推理的最基本出发点。

随后,英国哲学家、科学家F. Bacon系统地提出了归纳法,这成为和Aristotle的演绎法相辅相成的思维法则。这里提到的“归纳推理”是指一切扩展性推理,其结论所断定的范围超出了其前提所断定的范围,因而前提的“真”无法保证结论的“真”,所以整个推理缺乏必然性。人类智能的本质特征和最高表现是创造。在人类创造的过程中,具有必然性的演绎推理固然起重要作用,但更为重要的是具有某种不确定性的归纳推理、类比推理以及模糊推理等。因此,计算机要成功地模拟人的智能,真正体现出人的智能行为,就必须对各种具有不确定性的推理模式进行研究。

德国数学家G. W. Leibnitz又将形式逻辑符号化,这奠定了数理逻辑的基础。英国数学家、逻辑学家G. Boole实现了Leibnitz的思维符号化和数学化,提出了一种崭新的代数系统——布尔代数。

AlphaGo的成功与人工神经网络密不可分,人工神经网络的诞生起源于对大脑工作机理的研究。早在1890年,美国实验心理学先驱W. James首次阐明人脑的结构与功能,及记忆、学习、联想相关功能的规律。基于W. James的假说,1943年,美国神经生理学家W. McCulloch和W. Pitts搭建了第一个神经网络,称为MP模型。他们通过MP模型提出了神经元的形式化数学描述和网络结构方法,证明了单个神经元能够执行逻辑功能,从而开创了人工神经网络研究的时代,也奠定了神经网络模型的基础。1949年,加拿大心理学家D. O. Hebb提出了改变神经网络连接强度的Hebb规则,这为研究神经网络学习算法奠定了基础。

“控制论之父”N. Wiener在18岁就取得数理逻辑博士学位。1940年,N. Wiener开始思考如何让计算机像大脑一样工作。他从控制论出发特别强调反馈的作用,认为所有的智能活动都是反馈机制的结果,而反馈机制是可以用机器模拟的。N. Wiener的控制论抓住了人工智能核心——反馈,因此可以被视为人工智能“行为主义学派”的奠基人。

人工智能的载体是计算机,人工智能的实现主要依托于计算机的使用。1936年,英国数学家A. M. Turing创立了自动机理论,亦称图灵机,这是世界上第一个理论计算机模型。1945年,A. M. Turing被录用为泰丁顿国家物理研究所高级研究员,他提交了一份“自动计算机”的设计方案，带领一批优秀的电子工程师着手制造一种名为ACE的计算机。1950年，ACE样机公开表演，它被认为是当时世界上最快最强有力的电子计算机之一。此后，A. M. Turing还设计了“图灵试验”，试图通过让机器模仿人回答某些问题，从而判断它是否具备智能。图灵的机器智能思想无疑是人工智能的直接起源之一，图灵也被誉为“人工智能之父”。

美国数学家J. W. Mauchly和J. P. Eckert于1946年2月14日成功研制了第一台通用计算机ENIAC。该计算机每秒能完成5000次加法、400次乘法等运算。ENIAC为人工智能的研究奠定了物质基础，但其没有存储量、用布线接板进行控制需要消耗大量时间的缺陷也是不可忽视的。

美国科学家J. von Neumann被誉为“计算机之父”，他带领ENIAC研制小组的科技人员在1945年发表了一个全新的“存储程序通用电子计算机方案”——EDVAC(Electronic Discrete Variable Automatic Computer)。1946年7～8月，J. von Neumann在为普林斯顿大学高级研究所研制计算机时，又提出了一个更加完善的设计报告“电子计算机逻辑设计初探”。以上两份既有理论又有具体设计的计算机设计文件，首次在全世界掀起了一股“计算机热”，它们的综合设计思想便是著名的“冯·诺依曼机”。

2. 形成期(1956—1970年)

基于孕育期的理论基础以及物理基础，人工智能诞生于1956年举行的达特茅斯会议。

1956年夏天，达特茅斯学院举行了一次历时两个月的会议。会议的组织者是哈佛大学数学家、神经学家M. L. Minsky，著名数学家、计算机专家J. McCarthy，贝尔实验室信息部数学家、信息学家C. E. Shannon，以及IBM公司信息中心负责人N. Lochester，参会者包括T. More、A. Samuel、O. Selfridge、R. Solomonff、A. Newell、H. A. Simon等。这些学者的研究方向包括数学、心理学、神经生理学、信息论和计算机科学，他们在人工智能研究的第一个十年中做出了重要贡献。虽然这些科学家们研究的出发点不同，但都不约而同地关注到人类智能行为的种种表现、认识规律和行为逻辑。J. McCarthy提议用人工智能(Artificial intelligence，AI)这一术语作为这一交叉学科的名称，这次会议也就成为人类历史上第一次人工智能的研讨会，标志着人工智能学科的诞生。

1956—1970年是人工智能的形成期，也是人工智能的飞速发展期。H. A. Simon和A. Newell等在1957年发表了逻辑理论机的数学定理证明程序。1960年，他们研制了通用问题求解程序，该程序可以显示出程序决定的子目标及可能采取行动的次序，这与人类求解同样问题的思维是类似的。同期，J. McCarthy也在1960年研制了第一个人工智能语言——LISP计算机分时编程语言，该语言至今仍在人工智能领域广泛使用。此后，J. A. Robinson于1965年提出了归结消解原理，E. A. Felgenbaum设计了化学专家系统DENDRAL。世界上首台智能机器人Shakey也在这一阶段研发成功，它拥有类似人的感觉，如触觉、听觉等。这一阶段的计算机可以下象棋、解代数题、证明几何定理，机器人能根据人的指令发现并抓取积木。

人工智能作为一门独立学科登上国际学术舞台是在1969年召开的第一届国际人工智能联合会议(International Joint Conference on AI，IJCAI)。自此之后，IJCAI每两年召开一次。人工智能领域的另一著名期刊*International Journal of AI*也在

1970 年开始创建。

自诞生之日起，人工智能一方面被视作一颗冉冉升起的新星，它受人追捧蓬勃发展，另一方面人工智能也备受批评且遭受过严重挫折，经历过低谷期。

3. 低谷期（1966—1974 年）

人工智能的低谷期始于 20 世纪 60 年代初，一些学者低估了人工智能的难度，给出了过于乐观的预言。H. A. Simon 预言：20 年内计算机将成为世界冠军，机器将能做人所能做的一切，将证明一个未发现的数学定理，将谱写出具有优秀作曲家水平的乐曲，大多数心理学理论将在计算机上形成。1977 年，M. L. Minsky 预言：在 3～8 年时间里，我们将研制出具有普通人智力的计算机，这样的机器能够读懂莎士比亚的著作，会给汽车上润滑油，会玩弄政治权术，能讲笑话，会争吵，它的智力将无与伦比。然而，这些过高预言接二连三遭到失败，预期目标也逐渐落空，这给人工智能的声誉造成了重大的伤害。例如，在人机博弈方面：塞缪尔的下棋程序在与世界冠军对弈时，以 1∶4 告负；在定理证明方面：归结法的能力有限，当用归结原理证明“两连续函数之和仍然是连续函数”时，推了 10 万步也没给出证明结果；在机器翻译方面：把“心有余而力不足”（The spirit is willing but the flesh is weak）的英语翻译成俄语，再从俄语翻译回英语时意思竟然变成了“酒是好的，肉变质了”。

至此，人工智能研究的态势急转直下，人工智能在全世界范围内的研究都落入了低谷。英国剑桥大学数学家 H. W. James 按照英国政府的旨意，发表了一份关于人工智能的综合报告，其声称人工智能即使不是骗局也是庸人自扰。在 H. W. James 的报告影响下，英国政府削减了人工智能研究经费，解散了人工智能研究机构。而在人工智能的发源地美国，连在人工智能研究方面颇有影响的 IBM，也被迫取消了该公司的所有人工智能研究项目。由此可见，人工智能的研究在世界范围内陷入困境，处于低潮。“人工智能之冬”一词也是由经历过 1974 年经费削减的研究者们创造出来的。

这个阶段的人工智能还存在许多的局限：

(1) 早期开发的人工智能程序中包含较少的主题知识，甚至没有知识，只采用简单的句法处理，这是知识的局限性；

(2) 设计的人工智能程序无法求得问题的解答，或者只能得到简单问题的解答，而这种简单问题并不需要人工智能的参与，这是人工智能解法的局限性；

(3) 用于产生智能行为的人工智能系统没有考虑到不良结构，无法处理组合爆炸类问题，影响到了人工智能系统的推广应用，这是人工智能系统结构的局限性。

4. 繁荣期（1975—1988 年）

人工智能的重新崛起归根于专家系统。专家系统是模拟人类专家的知识和经验解决特定领域问题的计算机程序系统，它实现了人工智能从理论研究走向实际应用、从一般推理策略探讨转向运用专门知识的重大突破。专家系统能够依据一组从专门知识中推演出的逻辑规则在某一特定领域回答或解决问题。专家系统仅限于一个很小的知识领域，避免了常识问题，其简单的设计又使它能够较为容易地采用编程实现或修改。专家系统的能力来自它们存储的专业知识，这是 20 世纪 70 年代以来人工智能研究的一个新方向。P. McCorduck 在书中写道，“不情愿的人工智能研究者们开始怀疑，因为它违背了科学研究中对最简化的追求。智能可能需要建立在对分门别类的大量知识的多种处理方法之上”。20 世纪 70 年代的教训使得智能行为与知识处理关系非常密切,有时还需要特定任务领域非常细致的知识。知识库系统和知识工程成为了80年代人工智能研究的主要方向。1976年,E. A. Feigenbaum研制出了第一个专家系统——MYCIN,它被用于协助内科医生诊断细菌感染疾病,并提供最佳处方。同年,斯坦福大学的R. D. Duda等研制了地质勘探专家系统PROSPECTOR,这为专家系统的实际应用提供了成功的典范。

这些专家系统在医疗、化学、地质等领域取得的成功,以及在其他领域的发展推动人工智能走入应用发展的新高潮。1981年,日本拨款八亿五千万美元支持"第五代计算机工程",其目标是制造出能够与人对话、翻译语言、解释图像、并像人一样推理的机器。受日本的影响,其他国家纷纷做出响应。英国开始了耗资三亿五千万英镑的Alvey工程。美国的企业协会组织了微电子与计算机技术集团(Microelectronics and Computer technology Corporation,MCC)向人工智能和信息技术的大规模项目提供资助。美国DARPA也组织了战略计算促进会(Strategic Computing Initiative,SCI),其在1988年在人工智能领域的投资是1984年的三倍。因此,人工智能迎来了历史性的黄金时期。在整个20世纪80年代,专家系统和知识工程在全世界范围内得到了迅速的发展,并为企业赢得了巨大的经济效益。

然而专家系统的一些缺点也很快暴露出来:专家系统的维护费用居高不下,专家系统本身所存在的应用领域狭窄、缺乏常识性知识、知识获取困难、推理方法单一、没有分布式功能、不能访问现存数据库等。到了20世纪80年代晚期,战略计算促进会大幅削减对人工智能的资助。日本支持的"第五代计算机工程"也没有实现。事实上其中一些目标,比如"与人展开交谈",直到2010年也没有实现。这个短暂的时期也被称为人工智能的第二个低谷期。

5. 平稳发展期(1988—2005年)

在人工智能的繁荣期,仅仅是专家系统一枝独秀。尽管经历了短暂的低潮,但随着神经网络的研究推进,人工智能的研究进入平稳发展期。人工智能的研究形成了符号主义、连接主义、行为主义三大学派。人们也逐渐认识到,3个学派各有所长、各有所短,应互相结合、取长补短、综合集成发展。在这一阶段,已年过半百的人工智能终于实现了它最初的一些目标。人工智能被成功应用于技术产业中。这些成就有的归功于计算机性能的提升,有的则是在高尚的科学责任感驱使下对特定课题的不断追求而获得的。不过,至少在商业领域里人工智能的声誉已经不如往昔了。

"实现人类水平的智能"这一最初的梦想曾在20世纪60年代令全世界的想象力为之着迷,其失败的原因至今仍众说纷纭。目前各种因素的合力将人工智能拆分为各自为战的几个子领域,有时候它们甚至会用新名词来掩饰"人工智能"这块被玷污的金字招牌。人工智能比以往的任何时候都更加谨慎,却也更加成功。

这一时期,人工智能领域重大的事件包括:1995年,V. Vapnik提出支持向量机(Support Vector Machine,SVM)模型;1977年,IBM研制的超级计算机"深蓝"首次击败了国际象棋特级大师G. Kasparov;1984年,J. J. Hopfield设计研制了Hopfield网络,较好地解决了著名的旅行商问题;1986年,D. Rumelhart和G. Hinton提出了多层感知器与反向传播学习算法,该方法克服了感知器非线性不可分问题,给神经网络的研究带来了新的希望。

至此,在人工智能领域,除了专家系统,机器学习、计算智能、模糊逻辑、粗糙集、多智能体系统等研究也进入了深入探索阶段,人工智能的多个分支百花齐放,蓬勃发展。

6. 发展新时代(2006 年至今)

深度学习的突破将人工智能的研究带入了全新的阶段。2006 年至今是人工智能领域的发展新时代。2006 年,G. Hinton 提出了"深度学习"神经网络(深度置信网络),使得人工智能的性能获得了突破性进展。2006 年也成为人工智能发展史上一个重要的分界点。近年来,随着深度学习的逐步成熟,人工智能相关的应用也在加速落地。

华裔科学家李飞飞于 2007 年发起创建了 ImageNet 项目。为了向人工智能研究机构提供足够数量可靠的图像资料,ImageNet 号召民众上传图像并标注图像内容。自 2010 年开始,ImageNet 每年举行大规模视觉识别挑战赛,全球开发者和研究机构都会参与并贡献最好的人工智能图像识别算法进行评比。2012 年,多伦多大学在挑战赛上设计的深度卷积神经网络算法,被业内认为是深度学习革命的开始。

2009 年,华裔科学家吴恩达及其团队开始研究使用图形处理器(Graphics Processing Unit,GPU)进行大规模无监督式机器学习工作,尝试让人工智能程序完全自主地识别图像中的内容。

亚马逊公司从 2010 年开始研发语音控制的智能音箱。2014 年,亚马逊公司正式发布了产品 Echo,这是一款可以通过语音控制家庭电器和提供资讯信息的音箱产品。随后,谷歌、苹果等公司都陆续推出类似产品,国内厂商如阿里、小米、百度、腾讯等也都纷纷效仿,一时间智能音箱产品遍地开花。智能音箱的背后技术是语音助手,而目前最强的技术都掌握在微软、谷歌、亚马逊、苹果和三星等厂商手中。目前来看,常规语音识别技术已经比较成熟,发音技术有待完善。而真正的语义理解技术还处于比较初级的阶段,对于松散自由的口语表述,语音助手往往无法获得重点,更无法正确回答。2018 年,谷歌发布了语音助手的升级版演示,展示了语音助手自动电话呼叫并完成主人任务的场景。其中包含了多轮对话、语音全双工等新技术,这可能预示着新一轮自然语言处理和语义理解技术的到来。

2011 年,IBM 开发的人工智能程序"沃森"(Watson) 参加了一档智力问答节目并战胜了两位人类冠军。沃森存储了 2 亿页数据,能够将与问题相关的关键词从看似相关的答案中抽取出来。这一人工智能程序已被 IBM 广泛应用于医疗诊断领域。

2016 年,计算机程序 AlphaGo 与职业九段棋手李世石进行围棋人机大战,并以 4∶1 的总比分获胜。AlphaGo 是由 Google DeepMind 开发的人工智能围棋程序,它具有自我学习能力。AlphaGo 能够搜集大量围棋对弈数据和名人棋谱,学习并模仿人类下棋。2017 年,在中国乌镇围棋峰会上,AlphaGo 的进化版本 AlphaGo Master 与排名世界第一的围棋冠军柯洁对战,以 3∶0 的总比分获胜。2017 年,AlphaGoZero(第四代 AlphaGo)又在无任何数据输入的情况下,开始自学围棋 3 天后便以 100∶0 战胜了对阵李世石的 AlphaGo 版本,学习 40 天后又战胜了在人类高手看来不可企及的 Master 版本。

随着移动互联网技术、云计算技术的爆发,人类积累的数据量超乎想象,这为深度学习提供了大量的数据。深度学习也成为了 21 世纪第二个十年的技术主旋律,为人工智能的后续发展提供了足够的素材和动力。

对于人工智能的起起落落,其表面原因主要归因于技术的发展,但更深层的因素源于社会主要矛盾的变化，是社会主要矛盾的变化催生了技术的变革。十五大报告指出“我国社会主义社会仍处在初级阶段。我国社会的主要矛盾是人民日益增长的物质文化需要同落后的社会生产之间的矛盾”。十九大报告明确指出“中国特色社会主义进入新时代，我国社会主要矛盾已经转化为人民日益增长的美好生活需要和不平衡不充分的发展之间的矛盾”。人民对美好生活的向往，需要个性化服务。而人工智能的突出优势就是能够提供个性化、差异化的服务。

人工智能经历了“三起两落”，并在最近几年得到了迅猛的发展，那人工智能为什么在经历低谷期后还能焕发生机？

首先，人工智能能够重新被广泛接受源于其实用性和适用性，越来越多的生活应用场景可以通过人工智能技术来完成。习近平总书记指出：“我们党的历史反复证明，什么时候理论联系实际坚持得好，党和人民事业就能够不断取得胜利；反之，党和人民事业就会受到损失，甚至出现严重曲折。”因此，坚持理论联系实际应该是我们每个人学习工作的基本出发点。其次，人工智能技术能够得以重新发展是人工智能领域的学者“不抛弃、不放弃”所带来的，不忘初心、坚持探索，方得始终。同时，我们也可以看出，人工智能领域所经历的两次低谷都是学者对人工智能的夸大宣传，导致民众对人工智能的期待过高，最终却没有实现所导致的。所以，科研人员要脚踏实地、不吹嘘成果、实事求是地做研究，这样才带领人工智能行业蓬勃发展。

1.1.3　人工智能三大学派

长期以来人们从人脑思维的不同层次对人工智能进行了研究，形成了符号主义、连接主义和行为主义三大学派[7-8]。

1. 符号主义学派

符号主义(symbolism)是一种基于物理符号系统假设和有限合理性原理的智能模拟方法[9]，又称为逻辑主义(logicism)、心理学派(psychologism)或计算机学派(computerism)。符号主义认为智能的基础是知识，其核心是知识表示和知识推理。知识可以用符号来表示，也可以用符号进行推理，因而可以建立基于知识的人类智能和机器智能的统一的理论体系。

符号主义的代表，人工智能的创始人之一——J. McCarthy 阐明了他对符号主义学派的理解：“人工智能是关于如何制造智能机器，特别是智能的计算机程序的科学和工程。它与使用机器来理解人类智能密切相关，但人工智能的研究并不需要局限于生物学上可观察到的那些方法。”J. McCarthy 特意强调人工智能研究并不一定局限于模拟真实的生物智能行为，而更强调它的智能行为和表现的方面，如国际象棋、定理证明、诊断疾病、图灵测试的机器等。符号主义的观点和图灵测试的想法是一脉相承的。

H. A. Simon 和 A. Newell 提出的“物理符号系统假说”，使他们成为符号主义学派的创始人和代表人物，这一学说鼓励着人们对人工智能进行伟大的探索。

那什么叫物理符号系统呢？符号，就是模式，按照 H. A. Simon 和 A. Newell 在 1976 年给出的定义：物理符号系统就是由一组称为符号的实体所组成的系统。这个系统具备处理符号的 6 种功能，包括输入、输出、存储、复制、建立符号结构、条件性迁移等基本功能。物理符号系统假说的具体内容就是任意物理符号系统如果是有智能的，则必能执行这 6 种功能。反之，能执行这 6 种操作的任何系统，也一定能够表现出智能。根据这个假说得到的推论就是：人是一个物理符号系统，计算机也是一个物理符号系统，因此能够用计算机来模拟人的智能行为。在“物理符号系统假说”的支持下，符号学派把焦点集中在人类智能中逻辑推理的智能模拟上，所以符号主义认为人工智能源于数理逻辑。

2. 连接主义学派

连接主义是一种基于神经网络及网络间的连接机制与学习算法的智能模拟方法[9]。连接主义学派从神经生理学和认知科学的研究成果出发，把人的智能归结为人脑的高层活动的结果，强调智能活动是由大量简单的单元通过复杂的相互连接后并行运行的结果。其中人工神经网络就是典型的代表性技术。

连接主义认为任何思维和认知功能都不是少数神经元决定的，而是通过大量突触相互动态联系着的众多神经元协同作用来完成的。实质上，这种基于神经网络的智能模拟方法是以工程技术手段模拟人脑神经系统的结构和功能为特征，通过大量的非线性并行处理器模拟人脑中众多的神经元，用处理器的复杂连接关系模拟人脑中众多神经元之间的突触行为。这种方法在一定程度上实现了人脑的形象思维功能，即实现了人的右脑形象抽象思维功能的模拟。

3. 行为主义学派

行为主义(actionism)又称进化主义(evolutionism)或控制论学派(cyberneticsism)，其出发点与符号主义学派和连接主义学派完全不同，他们并没有把目光聚焦在具有高级智能的人类身上，而是关注比人类低级得多的昆虫。比如布鲁克斯研制的机器昆虫没有复杂的大脑，也不会按照传统的方式进行复杂的知识表示和推理。它们甚至不需要大脑的干预，仅凭四肢和关节的协调，就能很好地适应环境。当把这些机器昆虫放到复杂的地形中的时候，它们可以顺利地爬行，还能聪明地避开障碍物。它们看起来的智能事实上并不来源于自上而下的复杂设计，而是来源于自下而上的与环境的互动。

行为主义学派认为人工智能可以像人类智能那样逐步进化，智能取决于感知和行动，提出了智能行为的“感知—行动”模型[9]。行为主义最早来源于20世纪初的一个心理学流派，该学派认为行为是有机体用以适应环境变化的各种身体反应的组合，它的理论目标在于预见和控制行为。N. Wiener等提出的控制论和自组织系统以及钱学森等提出的工程控制论和生物控制论影响了许多领域。控制论把神经系统的工作原理与信息理论、控制理论及计算机联系起来。早期研究的工作重点是模拟人在控制过程中的智能行为和作用，对自寻优、自适应、自校正、自镇定、自组织和自学习等控制论系统的研究，并进行“控制论动物”的研究。到20世纪60～70年代，这些控制论系统的研究取得一定进展，并在80年代诞生了智能控制和智能机器人系统。目前行为主义学派的研究已经迅速发展起来，并取得了许多令人瞩目的成果。它所采用的结构上动作分解方法、分布并行处理方法以及由底至上的求解方法已成为人工智能领域中新的研究热点。

行为主义学派的另外一个分支着眼于群体的进化，也称进化主义。进化主义认为生物在演化过程中，对环境的适应还会迫使生物进化，从而实现从简单到复杂、从低等到高等的跃迁，人的智能归根结底是从生物进化中得到的。美国的J. Holland提出了遗传算法(Genetic Algorithm，GA)，遗传算法是J. Holland对大自然中的生物进化进行了大胆的抽象。他在计算机中用一堆二进制串模拟自然界中的生物体，将大自然的选择作用——适者生存、优胜劣汰抽象为一个简单的适应度函数,用于衡量生物体对环境的适应程度。这样,一个超级浓缩版的大自然进化过程就可以搬运到计算机中了。后来进化主义的家族又有了更多的成员,如进化策略、进化规划、遗传规划都是模拟生物进化过程与机制求解问题的人工智能技术。

行为主义学派中还有一个小的分支,该分支着眼于对低等生物群体智能行为的模拟,如对蚁群、鸟群及鱼群等觅食的行为进行模拟而产生的蚁群算法、粒子群算法以及鱼群算法。这3个分支都归属于行为主义学派是因为它们本质上都认为智能取决于感知和行为,取决于对外界复杂环境的适应,而不是表示和推理,不同的行为表现出不同的功能和不同的控制结构。

事实上,基于不同的观点和角度,生命现象和生物的智能行为一直为人工智能研究者所关注,尤其是近10年人工智能的成就与生物有着密切关系。不论是结构模拟的人工神经网络、功能模拟的模糊逻辑系统,还是着眼于生物进化微观机理和宏观行为的进化算法,都有仿生的痕迹。也正是模仿生物智能行为,借鉴其智能机理,许多解决复杂问题的新方法不断涌现,丰富了人工智能领域的研究。1994年,国际计算智能会议首次将有关人工神经网络、模糊技术和进化计算方面的内容放在一起交流讨论。随后,智能计算(intelligence computation)成为众所关注的热点。下面将介绍智能计算和人工智能有何关联。

1.2　智能计算与人工智能

智能计算是人工智能的深化和发展。如果说经典人工智能(如专家系统)是以知识库为基础、以顺序离散符号推理为特征的知识表达、推理和利用的知识系统,那么智能计算则是以模型(数学模型、计算模型)为基础,以分布、并行、仿生计算为特征的数据、算法和实现的信息系统。前者强调规则的形成和表示,而后者强调模型的建立和形成;前者依赖专家知识,而后者强调自组织、自学习和自适应。本节主要介绍智能计算的概念,学习智能计算与人工智能的联系。

1.2.1　智能计算概念

1992年,J. C. Bezdek在*Approximate Reasoning*上首次提出了“智能计算”的概念。1994年6月底到7月初,IEEE在美国佛罗里达州的奥兰多市召开了首届国际计算智能大会(IEEE World Congress on Computational Intelligence,WCCI)。会议第一次将神经网络、进化计算和模糊系统这三个领域合并在一起,形成了“智能计算”这个统一的学科范畴。在此之后,WCCI大会就成了IEEE的一个系列性学术会议,每4年举办一次。目前,计算智能的发展得到了国内外众多的学术组织和研究机构的高度重视,并已成为智能科学技术一个重要的研究领域。

智能计算,也称计算智能或软计算,是受人类组织、生物界及其功能和有关学科内部规律的启发,根据其原理模仿设计出来的求解问题的一类算法[2]。智能计算所含算法的范围很广,主要包括神经网络、机器学习、遗传算法、模糊计算、蚁群算法、人工鱼群算法、粒子群算法、免疫算法、禁忌搜索、进化算法、模拟退火算法、混合智能算法等类型繁多、各具特色的算法[10]。以上这些智能计算的算法都有一个共同的特点就是通过模仿人类智能或生物智能的某一个或某一些方面来模拟人类智能,实现将生物智慧、自然界的规律等计算机程序化,用于解决一些实际问题。当然,智能计算的这些不同研究方向都有各自的特点,虽然它们具有模仿人类和生物智能的共同点,但是在具体实现方法上还存在一些不同之处。例如,人工神经网络模仿人脑的生理构造和信息处理的过程,模拟人类的智慧;模糊计算模仿人类语言和思维中的模糊性概念,也是模拟人类的智慧;进化计算模仿生物进化过程和群体智能过程,模拟大自然的智慧等。

智能计算,借鉴仿生学的思想,基于生物体系的生物进化、细胞免疫、神经细胞网络等诸多机制,是用数学语言抽象描述的计算方法,是基于数值计算和结构演化的智能,是智能理论发展的高级阶段[11-12]。智能计算有着传统计算无法比拟的优越性,它的最大特点就是不需要对问题自身建立精确的数学模型,非常适合于解决那些因为难以建立有效的形式化模型而用传统的数值计算方法难以有效解决、甚至无法解决的问题。

随着计算机系统智能性的不断增强,由计算机自动和委托完成任务的复杂性和难度也在不断增加。所以,智能计算也可以看作一种经验化的计算机思考性的算法,它是人工智能体系的一个分支,是辅助人类去处理问题的具有独立思考能力的系统。

1.2.2 智能计算与人工智能的联系

人工智能是研究、开发用于模拟、延伸和扩展人类智能的理论、方法、技术及应用系统的一门技术科学,是计算机科学的一个分支,它企图了解智能的实质,以得出一种新的能以人类智能相似的方式做出反应的智能性机器。智能计算是借助自然界特别是生物界规律的启示,根据其规律,设计出求解问题的算法。数学、物理学、化学、生物学、心理学、生理学、神经科学和计算机科学等诸多学科的现象与规律都可能成为智能计算算法的基础和思想来源。从相互关系上来看,智能计算属于人工智能的一个分支,智能计算弥补了人工智能在数学理论和计算上的不足,更新和丰富了人工智能理论框架,使人工智能进入一个新的发展时期。

现在,智能计算的发展也面临严峻的挑战,其中一个重要原因就是智能计算还缺乏坚实的数学理论基础,不能像物理、化学、天文等学科那样非常自如地运用数学工具解决各自的计算问题。虽然神经网络具有比较完善的理论基础,但是像进化计算等一些重要的智能算法还没有完善的数学基础;智能计算算法的稳定性和收敛性的分析与证明还处于研究的开始阶段。通过数值实验方法和具体应用手段检验智能计算算法的有效性和高效性是研究智能计算算法的重要方法。从其本质上来看,智能计算是仿生的、随机化的、经验性的,大自然也是随机性的、具有经验性的,可以抽取大自然的这一特性,自动调节形成经验,取得可用的结果。智能计算方法具有以下共同的要素:自适应的结构、随机产生的或指定的初始状态、适应度的评价函数、修改结构的操作、系统状态存储结构、终止计算的条件、控制过程的参数等。智能计算方法具有自学习、自组织、自适应的特征和简单、通用、健壮性强、适于并行处理等优点。下面将重点介绍一些典型的智能计算方法。

1.3 智能计算分类

智能计算的主要方法有：神经计算、模糊计算、进化计算、群智能计算、密母计算、免疫算法、量子计算等[13-14]。智能计算方法具有自学习、自组织、自适应的特征，它们在智能化方面有着重要的意义[15-16]。

1.3.1 神经计算

神经计算(neural computation)是一种对人类智能的结构模拟方法，它通过对大量人工神经元的广泛并行互连，构造人工神经网络系统模拟生物神经系统的智能机理[17-18]。

人工神经网络[19]是模仿延伸人脑认知功能的新型智能信息处理系统。由于大脑是人的智能、思维、意识等一切高级活动的物质基础，构造具有脑智能的人工智能信息处理系统可以解决传统方法所不能或难以解决的问题。以连接机制为基础的神经网络具有大量的并行性、巨量的互连性、存贮的分布性、高度的非线性、高度的容错性、结构的可变性、计算的非精确性等特点，它是由大量的简单处理单元(人工神经元)广泛互连而成的一个具有自学习、自适应和自组织性的非线性动力系统，也是一个具有全新计算结构模型的智能信息处理系统。它可以模仿人脑处理不完整的、不准确的、甚至具有处理非常模糊的信息的能力。这种系统能联想记忆和从部分信息中获得全部信息。因此，基于神经计算的智能信息处理是模拟人类形象思维、联想记忆等高级精神活动的人工智能信息处理系统。

1.3.2 模糊计算

模糊计算(fuzzy computation)是智能计算的一个重要领域，它是以模糊集理论为基础的，可以模拟人脑非精确、非线性的信息处理能力。人们通常可以用“模糊计算”笼统地代表诸如模糊推理、模糊逻辑、模糊系统等模糊应用领域中所用到的计算方法及理论[20]。

由于模糊计算方法可以表现事物本身性质的内在不确定性，因此它可以模拟人脑认识客观世界的非精确、非线性的信息处理能力、亦此亦彼的模糊逻辑。

1.3.3 进化计算

进化计算(evolutionary computation)是人工智能，进一步说是智能计算中涉及组合优化问题的一个子域。进化计算受生物进化过程中“优胜劣汰”的自然选择机制和遗传信息的传递规律的启发，通过程序迭代模拟这一过程，把要解决的问题看作环境，在一些可能的解组成的种群中，通过自然演化寻求最优解[21]。

进化计算是指以自然选择、适者生存和繁殖等进化过程的计算模型为基本组成部分的问题解决系统。进化算法通常包括遗传算法、遗传规划、进化策略和进化规划[22]。

1.3.4 群智能计算

群智能计算(swarm intelligence computation)又称群体智能计算或群集智能计

算，是指一类受昆虫、兽群、鸟群和鱼群等的群体行为启发而设计出来的具有分布式智能行为特征的智能算法[23-25]。群智能中的"群"指的是一组相互之间可以进行直接或间接通信的群体；"群智能"指的是无智能的群体通过合作表现出智能行为的特性。群智能计算作为一种新兴的计算技术，受到越来越多研究者的关注，并和人工生命、进化策略以及遗传算法等有着极为特殊的联系，已经得到广泛的应用。群智能计算在没有集中控制并且不提供全局模型的前提下，为寻找复杂的分布式问题的解决方案提供了基础。

1.3.5 密母计算

早在 C. R. Darwin 提出生物进化论 60 年之前，J. B. Lamarck 就提出了生物进化的理论。他认为生物体在生存期内存在自身的学习的过程，并能将学习到的知识传递给后代。Lamarck 进化论认为生物体后天学习获得的性状是通过基因遗传给后代的，虽然这一生物进化论被证明是错误的，但是 R. Dawkins 的密母学理论重新让 Lamarck 理论焕发了生机。虽然 Lamarck 进化论在生物进化中被证实是错误的，但是在文化进化中却是正确的。目前，Lamarck 进化论被抽象为一种局部搜索机制引入进化计算中，逐渐发展成为进化计算的一个新的分支——密母计算(Memetic Computation, MC)。

在密母计算中，学习是对个体在生命周期内自身学习行为的模拟，这种学习行为以一种局部搜索的形式指导整个种群的进化方向，通过这种加强的局部搜索操作，个体在生命周期内获得的适应度提高以表现型的形式传递到下一代[26-27]。

1.3.6 免疫计算

免疫计算(immune computation)又称为人工免疫系统(artificial immune system)，是智能计算领域中新兴的一个重要研究方向，其基本模型和算法受生物免疫系统启发而来。从信息处理的角度来看，生物免疫系统是一个具有自我学习和自我保护能力的自适应系统，是一个典型的安全智能系统，可以为新一代智能计算、人工智能模型和方法提供灵感。国内外研究者将生物免疫系统所隐含的信息处理机制引入计算机科学领域，已提出了多种免疫计算模型和算法，逐渐形成了免疫计算这一研究领域[28-29]。免疫计算领域的 4 个典型研究分支是：信息负表示、克隆选择算法、人工免疫网络算法和树突细胞算法。在应用方面，免疫计算模型和算法已被广泛应用在异常检测、网络安全、隐私保护、复杂优化问题求解、模式分析和机器学习等领域，均取得了不少进展。

1.3.7 量子计算

1982 年，美国物理学家 R. P. Feynman 提出量子计算概念，但由于量子态的测不准原则以及量子系统容易受噪声干扰，量子运算很容易出错。直到 1994 年美国计算机专家 Shor 证明了量子计算机能快速分解大因数，并实现了第一套量子算法编码，量子计算以及量子计算机的研究才进入实验时代。

量子计算(quantum computation)是一种遵循量子力学规律调控量子信息单元进行计算的新型计算模式[30-31]。量子计算就是在量子力学的理论框架下定义一个通用计算系统，这个计算系统由于在一个比经典计算系统更丰富的信息表示和操作空间上定义，所以可以提供超越经典计算系统的计算能力。直观地说，就是量子计算由于在一个比经典计算系统更高维度的空间上操作，所以可以构造连接输入和输出状态之间的更短的曲线，这种性能的提高（或者说复杂度的降低）在部分问题上可以是指数级的加速，在很多其他问题上也有多项式级别的加速，所以量子计算的性能更优越[32-33]。量子计算中的量子是指系统用来计算输出的量子力学。在物理学中，量子是所有物理特性的最小离散单元。它通常指原子或亚原子粒子（如电子、中微子和光子）的属性。

1.4　智能计算应用领域

现在，智能计算在国内外得到了广泛的关注，已经成为人工智能以及计算机科学的重要研究方向，并在自身性能的提高和应用范围的拓展中不断完善。智能计算的研究、发展与应用，无论是研究队伍的规模、发表的论文数量，还是网上的信息资源，发展速度都很快，已经得到了国际学术界的广泛认可，并且可以被应用到军事、数据挖掘、系统仿真、机器视觉、智能制造等实际领域。

1.4.1　智能计算在军事领域的应用

科学技术的不断进步使得军事领域的各个方面都发生了革命性的变革。当前，以计算机和信息技术为核心的新军事变革，使得现代战争呈现出的特点已不再是过去的以“大”吃“小”，而是现在的以“快”吃“慢”。加快信息处理速度，争夺战场信息优势，运用智能化的武器装备，已经成为21世纪战争的基本形态。面对这一重大变革，世界各国军队都在调整军事战略，其中发展先进的计算技术已成为各国军队的共同选择。

在信息化条件下的现代战争中，现代计算技术是影响军事技术发展进程、武器装备现代化程度和国防与军队管理水平的重要因素。计算智能是借助现代计算工具模拟人的智能机制、生命演化过程和人的智能行为而进行信息获取、问题分析、理论应用和方法生成的一种计算技术。近年来，在新的形势下，国家安全和军事领域中出现了许多新的问题，有些问题难以用传统方法来解决，甚至在某些情况下还不能完全将它们表示出来。为此，人们采用包括模糊数学、神经网络和遗传算法在内的计算智能解决这些问题，取得了一些新的进展。目前，计算智能在军事领域中的应用已涉及作战指挥、信息处理、管理决策、专家系统、故障诊断等方面，并将不断拓宽深入。

1.4.2　智能计算在数据挖掘领域的应用

随着计算机与互联网技术的飞速发展，数据挖掘与智能计算方面的研究已成为当今信息科学领域最受关注的前沿与热点之一。数据挖掘（data mining），又称为数据库中的知识发现（Knowledge Discovery in Database，KDD），就是从大量数据中获取有效的、潜在有用的、最终可理解模式的非平凡过程[34]。智能计算就是利用自然界与生物界中所蕴藏的基本规律，通过仿生学原理模仿设计求解问题的算法，通过模拟自然界中生化系统的智能过程（如人的感知、脑结构、进化和免疫等）来解决问题的一类算法。

数据挖掘与智能计算的发展存在着极强的关联性。一方面，智能计算的发展为数据挖掘提供了大量新型的研究手段与有效工具；而另一方面，数据挖掘的实际应用也为智能计算提供了许多崭新的研究契机与实用平台。近年来,数据挖掘与智能计算的研究在工业工程、科学、生物和金融业等实际领域展示了实质有效的应用,其相关研究也得到了持续广泛的关注[34,35]。

1.4.3 智能计算在系统仿真领域的应用

系统仿真技术近几十年来得到了很快的发展,随着计算机技术的发展,应用计算机进行系统仿真日益受到重视。传统的系统仿真技术主要采用数学建模及数值计算,但对于复杂的系统建立完整的数学模型是相当困难的,有时甚至是不可能的,即存在着知识获取瓶颈。另外对于复杂的系统,其数学模型通常是非线性和不精确的,传统的系统仿真技术对于这样数学模型的问题求解缺乏有效的方法,并且对于数学模型的目标寻优也缺乏有效的方法。智能计算作为模拟人类智能求解问题的能力近 20 年来得到广泛研究并开始应用于系统仿真,它克服了传统的系统仿真技术存在的局限性。

1.4.4 智能计算在机器视觉领域的应用

计算机视觉(Computer Vision,CV)模拟人类视觉,利用计算机软硬件实现对视觉信息和数据的分析和处理,包括对视觉信息的获取、传输、处理、筛选、存储与理解等过程,从图像或图像序列中获取对外部世界的认知和理解,获得感兴趣物体的相关信息,比如形状、位置、姿态、运动、特征、纹理等,并能描述、识别与理解。计算机视觉的挑战是要为计算机和机器人开发具有与人类水平相当的视觉能力,需要对图像的信号、纹理和颜色进行建模、几何处理及推理,并对引起注意的目标建模。一个有能力的视觉系统应该把所有这些处理都紧密地集成在一起。毫无疑问,计算机视觉是基于计算设备和计算的。因此,智能计算领域的神经计算、进化计算、群智能计算等技术可以为实现计算机视觉领域的智能化提供一定的技术支撑[36]。计算理论的研究可以指导计算机视觉的研究,同时智能计算是研究计算机视觉的巨大宝藏,无视智能计算带来的启示和信息将在计算机视觉的研究过程中处于被动地位。

1.4.5 智能计算在智能制造领域的应用

智能制造(intelligent manufacturing)是指具有信息自感知、自决策、自执行等功能的先进制造过程、系统与模式的总称,其具体体现在制造过程的各个环节与网络技术、软件技术、物联网技术、云端运算技术及大数据技术等深度融合起来的完全数字化的智能制造生产系统。在智慧化的技术发展与应用方面,智能制造和智能计算息息相关[37]。

智能制造的研究对提高生产效率与产品质量、降低成本具有十分重要的意义。早期智能制造系统大量运用基于知识的专家系统来提高制造智能。这些专家系统多数属于非实时型的系统,数据是静止的且与外部环境没有信息交互,是低水平的封闭式的智能系统。智能计算的研究为克服专家系统存在对领域专家的依赖性、知识获取困难、知识表达不灵活以及通用性较差等缺陷提供了新的思路。智能计算的灵活性、通用性及严密性明显优于基于知识的专家系统,更能提高制造智能水平。

本章小结

本章首先介绍人工智能概念，介绍了人工智能的发展历史。之后本章介绍了智能计算的概念，介绍了智能计算与人工智能之间的联系。智能计算是受人类组织、生物界及其功能和有关学科内部规律的启迪，根据其原理模仿设计出来的求解问题的一类算法。智能计算属于人工智能的一个分支，智能计算弥补了人工智能在数学理论和计算上的不足，更新和丰富了人工智能理论框架，使人工智能进入一个新的发展时期。

目前智能计算的主要方法有：神经计算、模糊计算、进化计算、群智能计算、密母计算、免疫算法、量子计算等。智能计算在国内外得到了广泛的关注，已经成为人工智能领域以及计算机科学领域的重要研究方向，并且可以被应用到军事、数据挖掘、系统仿真、机器视觉、智能制造等诸多实际领域。通过本章的学习，读者将对智能计算的概念、智能计算与人工智能的关系、智能计算的分类以及智能计算的应用有一个概括性的认知。

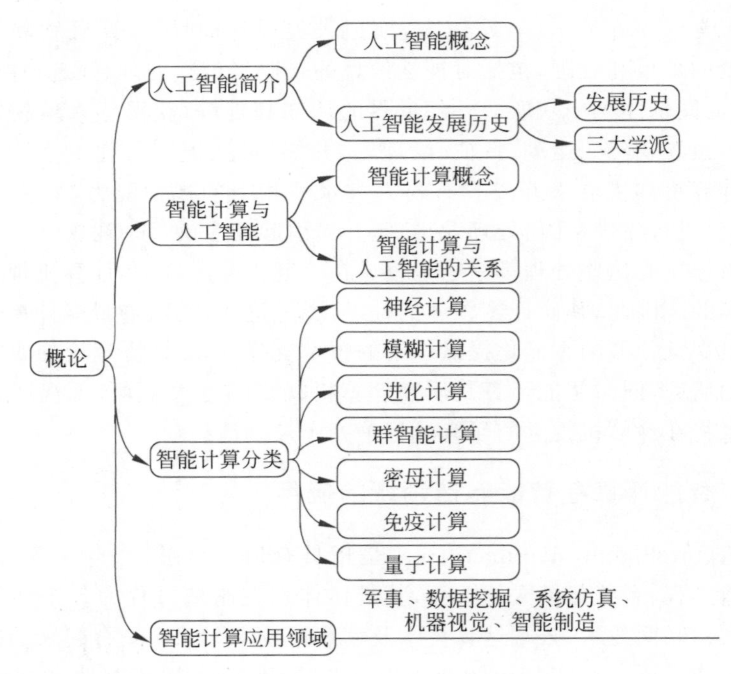

习题

1. 什么是人工智能？人工智能与人类智能有什么区别和联系？

2. 人工智能主要的研究学派有哪些？这些学派的主要思想是什么？它们的代表成果是什么？

3. 在人工智能的发展历程中，有哪些思想和思潮起到了重要的作用？

4. 什么是智能计算？智能计算与人工智能之间有什么联系？

5. 列举智能计算的主要方法，并介绍这些方法的主要思想。

6. 列举出智能计算领域的重要会议及期刊？
7. 智能计算的主要应用领域有哪些？
8. 浅谈对智能计算的认识与理解。
9. 思考为什么能用机器模拟人的智能。
10. 浅析应该从哪些层次对智能计算展开研究。

参考文献

[1] 黄德双.智能计算研究进展与发展趋势[J].中国科学院院刊，2006，21(1)：46-52.
[2] 彭涛，孙连英，刘畅，等.大数据时代的智能计算技术[J].科技广场，2016，(3)：4-10.
[3] 志刚.什么是人工智能[J].大众科学，2018，(1)：44-45.
[4] 焦李成，刘若辰，慕彩虹，等.简明人工智能[M].西安：西安电子科技大学出版社，2019.
[5] 顾险峰.人工智能的历史回顾和发展现状[J].自然杂志，2016，38(3)：157-166.
[6] 陆平，张洪国，邵立国，等.中国人工智能发展简史[J].互联网经济，2017，(6)：84-91.
[7] 孙晔，吴飞扬.人工智能的研究现状及发展趋势[J].价值工程，2013，(28)：5-7.
[8] 姜国睿，陈晖，王姝歆.人工智能的发展历程与研究初探[J].计算机时代，2020，(9)：7-10，16.
[9] 黄伟，聂东，陈英俊.人工智能研究的主要学派及特点[J].赣南师范大学学报，2001，(3)：73-75.
[10] 罗敏霞.计算智能理论及应用[J].运城学院学报，2004，22(2)：3-8.
[11] 周红梅.智能计算主要算法的概述[J].电脑知识与技术：学术版，2010，6(9)：2207-2210.
[12] 周碧英.智能计算及其应用[J].科技信息(学术版)，2008，(27)：205.
[13] 黄颖，唐皋，林浩坤.基于计算智能的大数据分析技术综述[J].数码设计(上)，2020，9(1)：20.
[14] 张喆.计算智能问题研究[D].青岛：中国海洋大学，2008.
[15] 田晓艳.计算智能主要算法研究[J].安防科技，2009，(12)：3-6.
[16] 陈永忠，陈顺怀.计算智能技术综述[J].航海科技动态，2000，(6)：1-3，8.
[17] 何明一.神经计算[M].西安：西安电子科技大学出版社，1992.
[18] 何振亚.神经计算科学的展望[J].数据采集与处理，2001，16(1)：1-4.
[19] 朱大奇.人工神经网络研究现状及其展望[J].江南大学学报：自然科学版，2004，3(1)：103-110.
[20] 李永明，李平.模糊计算理论[M].北京：科学出版社，2016.
[21] 谢金星.进化计算简要综述[J].控制与决策，1997，12(1)：7.
[22] 王怀晓，刘建永，印祝宸，等.进化算法的新界定[J].计算机与数字工程，2015，(8)：1387-1389，1542.
[23] 康琦，汪镭，安静，等.群体智能计算[J].上海大学学报(自然科学版)，2004，10：73-76.
[24] 姜照昶，苏宇，丁凯孟.群体智能计算的多学科方法研究进展[J].计算机与数字工程，2019，47(12)：3053-3058.
[25] 杨淑莹，张桦.群体智能与仿生计算[M].北京：电子工业出版社，2012.
[26] 吴波.混合密母算法及其在变化检测中的应用[D].西安：西安电子科技大学，2012.
[27] 马文萍，李聪玲，黄媛媛，等.基于免疫密母算法的图像分割[J].工程数学学报，2012，29(4)：477-485.
[28] 焦李成，杜海峰，刘芳，等.免疫优化计算、学习与识别(精)[M].北京：科学出版社，2006.
[29] 龚涛，杜常兴.免疫计算研究的进展[C]//中国控制会议，2011.
[30] 焦李成，李阳阳，刘芳，等.量子计算、优化与学习[M].北京：科学出版社，1992.
[31] 周正威，黄运锋，张永生，等.量子计算的研究进展[J].物理学进展，2005，25(4)：368-385.
[32] 周正威，涂涛，龚明，等.量子计算的进展和展望[J].物理学进展，2009，29(2)：127-165.

[33]　龙桂鲁.量子计算算法介绍[J].物理,2010,(12)：803-809.
[34]　孟德宇."数据挖掘与智能计算"前言[J].工程数学学报,2012,29(4)：475-476.
[35]　柴功昊,苏萌.基于计算智能的数据挖掘技术研究[J].电脑知识与技术,2016,12(3)：16-18.
[36]　刘钊.基于计算智能的计算机视觉及其应用研究[D].武汉：武汉科技大学,2011.
[37]　刘建萍.智能制造的最新计算智能技术[J].机电国际市场,2001,(7)：74-77.

第2章

神经计算

神经计算是指以高级动物的神经系统，特别是人脑的智能活动为模仿对象，研究神经智能系统的工作机理、组织机构和计算机制等，并在工程上让机器实现要人脑认知思维功能才能完成的工作，以解决实际中大量智能应用问题的技术。神经计算往往需要通过人工神经网络（Artificial Neural Network，ANN）来实现，因而也称为人工神经网络技术。人工神经网络理论为机器学习等许多问题的研究提供了一条新的思路，目前已经成功应用在模式识别、机器视觉、智能计算、信号处理、组合优化问题求解及数据挖掘等方面。

2.1 生物神经系统

生物神经系统是产生感觉、学习、记忆和思维等认知功能的器官系统，是多层次的超大型信息网络，也是目前发现的最为复杂的非线性网络系统。神经系统的基本单元是神经元，也称神经细胞。神经元的类型和连接形式的多样性使得神经网络系统具有复杂的拓扑结构和动态特性，表现出很强的非线性和复杂性，也使神经系统具有学习、记忆和认知等各种智能。

2.1.1 生物神经元结构及工作机制

生物神经系统中各神经元之间连接的强弱，按照外部的激励信号做适应变化，而每个神经元又随着所接收的多个激励信号的综合结果表现出兴奋或抑制等状态。生物神经系统的学习过程就是神经元之间连接强度随外部激励信息进行适应变化的过程，生物神经系统处理信息的结果由各神经元状态的整体效果确定。虽然神经元的结构不尽相同，功能也有一定差异，但从组成结构来看，各种神经元是有共性的。图2.1给出一个典型神经元的基本结构，它由细胞体、树突和轴突等组成。

细胞体是神经细胞的本体，是由很多分子形成的综合体，内部含有细胞核、核糖体、原生质网状结构等，它是神经元活动的能量供应地；树突是接收其他神经元传入信息的入口，用以接收信号；

轴突是将神经元兴奋信息传出的出口，可以输出信号，并与多个神经元连接；突触是一个神经元与另一个神经元相联系的特殊部位，神经元轴突的端部通过化学接触或电接触将信号传递给下一个神经元的树突或细胞体。

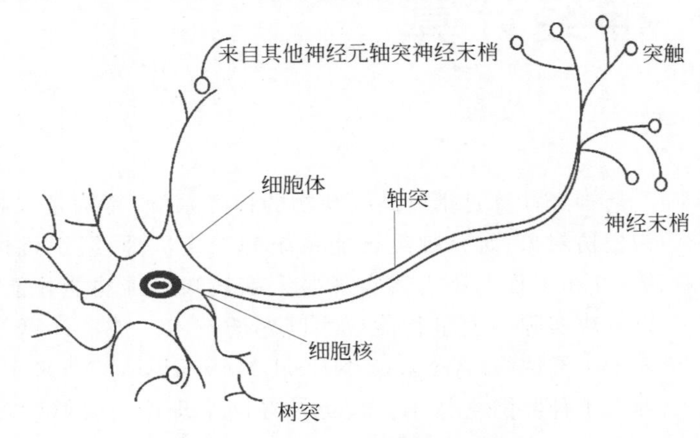

图2.1　生物神经元结构示意图

生物神经元的工作机制：一个神经元就是一个可以接收、发射脉冲信号的细胞。在细胞核之外有树突与轴突，树突接收其他神经元的脉冲信号，而轴突将神经元的输出脉冲传递给其他神经元。一个神经元有两种状态：兴奋和抑制。平时处于抑制状态的神经元，其树突和细胞体接收其他神经元经由突触传来的兴奋电位，多个输入在神经元中以代数和的方式叠加，若输入兴奋总量超过阈值，神经元被激发进入兴奋状态，发出输出脉冲，由轴突的突触传递给其他神经元。

2.1.2　生物神经系统特点

生物神经系统通过神经元及其连接形成，神经元之间的连接强度决定信号传递的强弱，同时该强度可以随着训练而改变。信号具有刺激或抑制两种作用，一个神经元接收信号的累积效果决定该神经元的状态，对于每个神经元可以有一个"阈值"，当大于设定阈值时，神经元将被激活，否则神经元处于抑制状态。

2.2　人工神经网络

2.2.1　人工神经网络基本概念

人工神经网络简称神经网络(Neural Network，NN)，是指由大量的处理单元(神经元)互相连接而形成的复杂网络结构，是对人脑组织结构和运行机制的某种抽象、简化和模拟。作为模拟神经系统对复杂信息的处理机制的一种数学模型，该模型以并行分布的处理能力、高容错性、智能化和自学习等能力为特征，将信息的加工和存储结合在一起，拥有独特的知识表示方式和智能化的自适应学习能力[1]。人工神经网络实际上是一个以数学模型模拟神经元活动，利用大量简单元件相互连接而成的复杂网络，基于模仿大脑神经网络结构和功能建立的一种能够进行复杂的逻辑操作和非线性关系实现的信息处理系统。

2.2.2 人工神经网络模型

人工神经网络模型由大量简单的处理单元互相连接构成[2-3]，其中构成神经网络的处理单元即为神经元，一般由以下 4 部分组成。

(1) 输入(input)：输入向量。

(2) 权重(weight)：两神经元之间的连接加权重。

(3) 激活函数(activation function)：易于求导的非线性函数。

(4) 输出(output)：输出标量。

一个典型的神经元模型如图 2.2 所示。该模型是心理学家 W. McCulloch 和数学家 W. Pitts 于 1943 年在分析总结神经元基本特性的基础上提出的，被称为 M-P(McCulloch-Pitts)模型。它指出了神经元的形式化数学描述，证明了单个神经元具有执行多种逻辑运算的功能，开创了人工神经网络研究的时代。

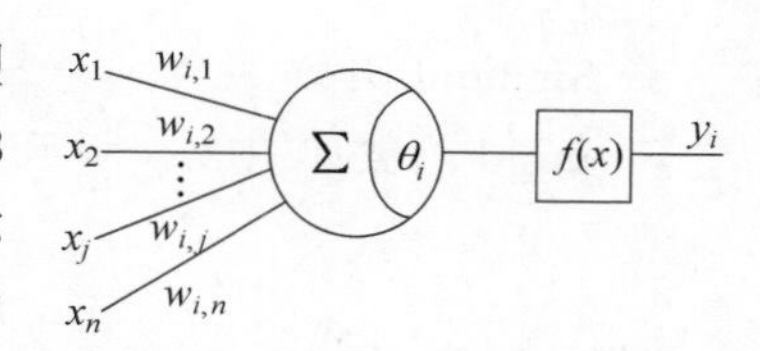

图 2.2 人工神经元模型

M-P 模型中，将所有输入信号进行加权求和的值，然后与神经元阈值 θ_i 进行比较，即可得到

$$u_i = \sum_{j=1}^{n} w_{ij} x_j \tag{2.1}$$

$f(\cdot)$为激励函数，y_i 是神经元 i 的输出，即

$$y_i = f\left(\sum_{j=1}^{n} w_{ij} x_j - b_i\right) \tag{2.2}$$

其中，$x_j\,(j=1,2,\cdots,n)$为神经元 i 的 n 个输入信号，每个输入端口与神经元的连接强度用 w_{ij} 表示。

根据神经元性质的不同，$f(\cdot)$可以有许多不同的类型，其他的一些神经元的数学模型与 M-P 模型的主要区别在于采用了不同的激励函数，这些函数反映了神经元输出与其激活状态之间的关系，不同的关系使得神经元具有不同的信息处理特性，常用的激励函数有以下几种。

1. 阈值型函数

阈值型函数通常也称硬极限函数：

$$f(x) = \begin{cases} 1, & x \geqslant 0 \\ 0, & x < 0 \end{cases} \tag{2.3}$$

单极性阈值函数如图 2.3(a)所示，M-P 模型就采用了这种激励函数，符号函数 $\text{sgn}(x)$ 也可作为神经元的激励函数，称为双极性阈值函数，如图 2.3(b)所示。

2. 分段线性函数

分段线性函数如图 2.4 所示：

$$f(x) = \begin{cases} x, & 0 < x \\ 0, & x \leqslant 0 \end{cases} \tag{2.4}$$

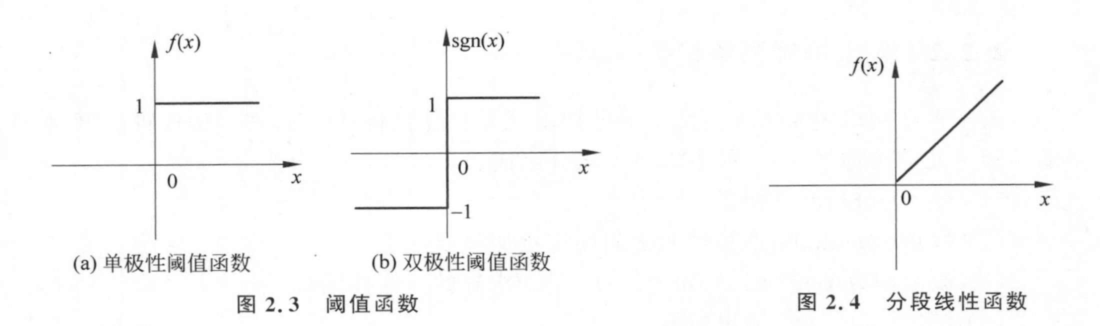

图 2.3　阈值函数

图 2.4　分段线性函数

3. Sigmoid 函数

Sigmoid 函数如图 2.5 所示。

$$f(x)=\frac{1}{1+\mathrm{e}^{-\alpha x}} \tag{2.5}$$

其中，α 为 Sigmoid 函数的斜率参数，通过改变参数 α，会获取不同斜率的 Sigmoid 函数。Sigmoid 函数是可微的，且斜率参数接近无穷大时，此函数转换为单极性阈值函数。

人工神经网络由神经元模型构成，这种由许多神经元组成的信息处理网络具有并行分布结构。大量神经元互连构成庞大的神经网络才能实现对复杂信息的处理与存储，并表现出各种优越的特性。将大量相同结构的神经元组合在一起，可以形成神经网络模型，并可以逼近某种算法或者函数，一般神经网络模型由以下 3 部分构成，如图 2.6 所示。

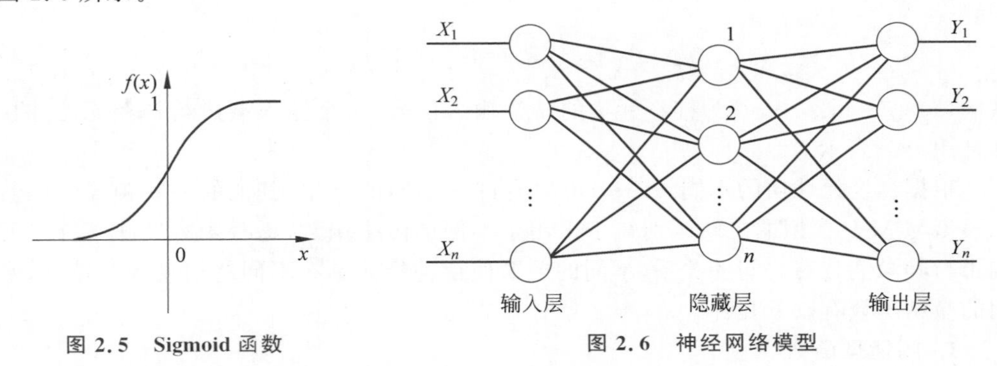

图 2.5　Sigmoid 函数

图 2.6　神经网络模型

(1) 输入层(input layer)：输入向量。

(2) 隐藏层(hidden layer)：隐藏层神经元。

(3) 输出层(output layer)：输出向量，用于回归预测以及分类。

其中输入层不对数据做任何变换，每个神经元代表一个特征，而输出层表示标签的数量，隐藏层又称为中间层或隐含层，其神经元的个数需要预先设定。根据有无隐藏层，可以将神经网络模型分为单层神经网络和多层神经网络。

2.3　学习算法

2.3.1　单层感知器及其学习算法

感知器(perceptron) 模型是美国学者 F. Rosenblatt 于 1958 年为研究大脑的存

储、学习和认知过程而提出的一种具有自学习能力的神经网络模型，它把神经网络的研究从纯理论探讨引向了工程上的实现。作为早期的神经网络模型，感知器模型只是一个简单的单层计算单元的前馈神经网络（Feed-forword Neural Network，FNN）。虽然单层感知器的结构与功能都非常简单，但是感知器模型中第一次引入了学习的概念。也就是说，我们可以用基于符号处理的数学方法来模拟人脑所具备的学习能力。感知器模型在神经网络研究中具有重要意义，是研究其他网络的基础，且较易学习和理解，适合作为学习神经网络的起点。

1. 单层感知器模型

感知器模型可以分为单层感知器和多层感知器两种。单层感知器模型实际上仍然是M-P模型的结构，其拓扑结构如图2.7所示。感知器通过采用监督学习方法逐步增强模式划分的能力，达到学习的目的。

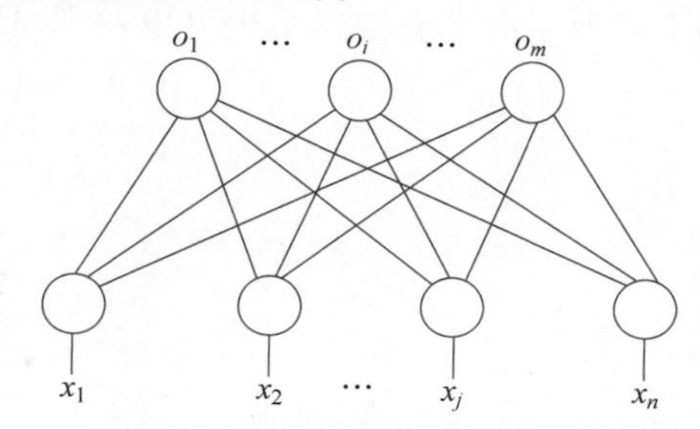

图2.7 多输出节点的单层感知器

图2.7中的输入层也称为感知层，有n个神经元节点，这些节点只负责引入外部信息，自身无信息处理能力，每个节点接收一个输入信号，n个输入信号构成输入列向量$\boldsymbol{X}$。输出层称为处理层，有m个神经元节点。每个节点均具有信息处理能力，m个节点向外输出处理信息，构成输出列向量$\boldsymbol{O}$。两层之间的连接权重用权重列向量$\boldsymbol{W}_i$表示，m个权重向量构成感知器的权重矩阵$\boldsymbol{W}$。3个列向量分别表示为

$$\boldsymbol{X}=(x_1,x_2,\cdots,x_j,\cdots,x_n)^{\mathrm{T}}$$

$$\boldsymbol{O}=(o_1,o_2,\cdots,o_i,\cdots,o_m)^{\mathrm{T}}$$

$$\boldsymbol{W}_i=(w_{i1},w_{i2},\cdots,w_{ij},\cdots,w_{in})^{\mathrm{T}}$$

由M-P数学模型可知，对于输出层的任一节点i，其输入为$u_i=\sum_{j=1}^{n}w_{ij}x_j$，$b_i$为节点$i$的阈值，净输入为$u_i-b_i$，输出节点$i$的输出信号$o_i$表示为

$$o_i=\operatorname{sgn}(u_i-b_i)=\operatorname{sgn}\left(\sum_{j=1}^{n}w_{ij}x_j-b_i\right)=\operatorname{sgn}(\boldsymbol{W}_i^{\mathrm{T}}\boldsymbol{X}-b_i)$$

$$=\begin{cases}1, & \boldsymbol{W}_i^{\mathrm{T}}\boldsymbol{X}-b_i\geqslant 0\\ -1\text{ 或 }0, & \boldsymbol{W}_i^{\mathrm{T}}\boldsymbol{X}-b_i<0\end{cases}\tag{2.6}$$

通过以上分析可知，一个简单的单层计算节点感知器具有分类功能。其分类原理是将分类知识存储于感知器的权重向量（包含阈值）中，由权重向量确定的分类判决界面将输入模式分为两类。因此单层计算节点感知器能实现一些逻辑运算问题。

例2.1 用感知器实现逻辑运算功能。表2.1给出了3种逻辑运算。感知器的输

出函数为 $y=\mathrm{sgn}(w_1x_1+w_2x_2-\theta)$。只要选择合适的权重和阈值，就可以实现表中的逻辑运算。令 $w_1=w_2=1,\theta=1.5$，感知器完成逻辑"与"运算；令 $w_1=w_2=1,\theta=0.5$，感知器完成逻辑"或"运算；令 $w_1=-1,w_2=0,\theta=-1$，感知器完成逻辑"非"运算。

表 2.1　逻辑真值表

x_1	x_2	$x_1\wedge x_2$	$x_1\vee x_2$	$\bar{x}_1$
0	0	0	0	1
0	1	0	1	1
1	0	0	1	0
1	1	1	1	0

从图 2.8 中看出，一条确定的直线能将"与"运算输出为 1 的样本和输出为 0 的样本正确分开，同时该直线不是唯一的。但是对于"异或"问题，表 2.1 中的 4 个样本也分为两类，把它们标在图 2.9 所示的平面坐标系中可以发现，任何一条直线都不可能把两类样本分开。

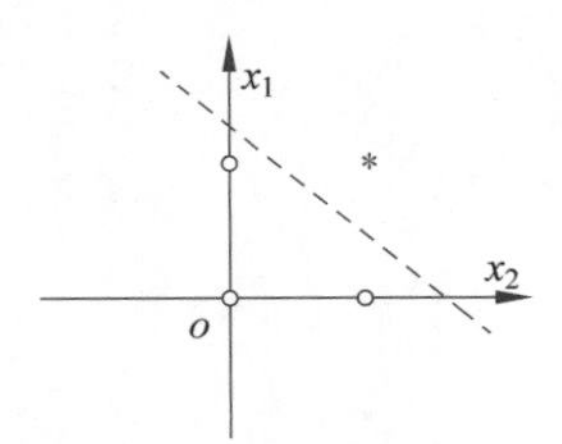

图 2.8　"与"运算分类

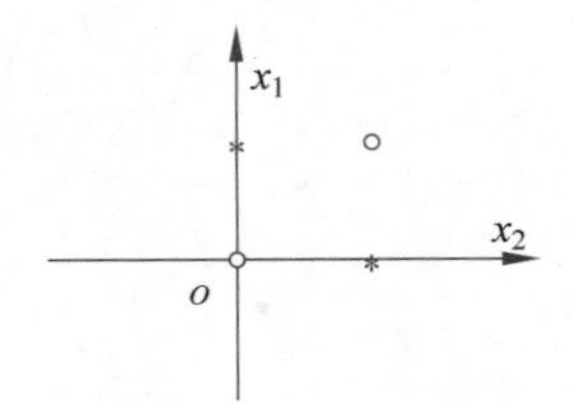

图 2.9　"异或"问题的线性不可分性

如果两类样本可以用直线平面或超平面分开称为线性可分，否则为线性不可分。由感知器分类的几何意义可知，由于净输入为 0 确定的分类判决方程是线性方程，因而它只能解决线性可分问题而不能解决线性不可分问题。由此可知，单计算层感知器的局限性是：仅对线性可分问题具有分类能力。

2. 单层感知器的学习算法

感知器的训练过程是感知器权重的逐步调整过程。为此，用 t 表示每一次调整的序号，$t=0$ 对应于学习开始前的初始状态，此时对应的权重为初始化值，单层感知器学习算法如下所示。

算法 2.1：单层感知器的学习算法

Step1：对各个权重位 $w_{i0}(0),w_{i1}(0),\cdots,w_{in}(0)\ i=1,2,\cdots,m$（$m$ 为计算层的节点数）赋予较小的非零随机数；

Step2：输入样本对 $\{\boldsymbol{X}^P,\boldsymbol{d}^p\}$，其中 $\boldsymbol{X}^P=(-1,x_1^p,x_2^p,\cdots,x_n^p)$，$\boldsymbol{d}^p=(d_1^p,d_2^p,\cdots,d_n^p)$ 为期望的输出向量，上标 p 代表样本对的模式序号，设样本集中的样本总数为 P，则 $p=1,2,\cdots,P$；

Step3：计算各节点的实际输出：$o_i^p(t)=\mathrm{sgn}[\boldsymbol{W}_i^{\mathrm{T}}(t)\boldsymbol{X}^p]$，$i=1,2,\cdots,m$；

Step4：调整各节点对应的权重：$\boldsymbol{W}_i(t+1)=\boldsymbol{W}_i(t)+\eta(d_i^p-o_i^p(t))\boldsymbol{X}^p$，$i=1,2,\cdots,m$，其中 η 为学习率，用于控制调整速度，η 值太大则会影响训练的稳定性，太小会使训练的收敛速度变慢，一般取 $0<\eta\leqslant 1$；

Step5：返回到 Step2 输入下一对样本，直到感知器对所有样本的实际输出与期望输出相等。

理论上已经证明，只要输入向量是线性可分的，感知器就能在有限的循环内训练达到期望值。换句话说，无论感知器的初始权重向量如何取值，经过有限次的调整后，

总能够稳定到一个权重向量,该权重向量确定的超平面能将两类样本正确分开。应当看到,能将样本正确分类的权重向量并不是唯一的,一般初始权重向量不同,训练过程和所得到的结果也不同,但都能满足误差为零的要求。

例 2.2 某单个计算节点感知器有 3 个输入,给定 3 个训练样本如下:

$$\boldsymbol{X}^1=(-1,1,-2,0)^{\mathrm{T}},\quad d^1=-1$$

$$\boldsymbol{X}^2=(-1,0,1.5,-0.5)^{\mathrm{T}},\quad d^2=-1$$

$$\boldsymbol{X}^3=(-1,-1,1,0.5)^{\mathrm{T}},\quad d^3=1$$

设初始权向量 $\boldsymbol{W}(0)=(0.5,1,-1,0)^{\mathrm{T}}$,$\eta=0.1$。注意,输入向量中的第一个分量 x_0 恒等于-1,权重向量中第一个分量为阈值,试根据以上学习规则训练该感知器。

解:

第一步输入 $\boldsymbol{X}^1$,得:

$$\boldsymbol{W}^{\mathrm{T}}(0)\boldsymbol{X}^1=(0.5,1,-1,0)(-1,1,-2,0)^{\mathrm{T}}=2.5$$

$$o^1(0)=\operatorname{sgn}(2.5)=1$$

$$\begin{aligned}\boldsymbol{W}(1)&=\boldsymbol{W}(0)+\eta[d^1-o^1(0)]\boldsymbol{X}^1\\&=(0.5,1,-1,0)^{\mathrm{T}}+0.1(-1-1)(-1,1,-2,0)^{\mathrm{T}}\\&=(0.7,0.8,-0.6,0)^{\mathrm{T}}\end{aligned}$$

第二步输入 $\boldsymbol{X}^2$,得:

$$\boldsymbol{W}^{\mathrm{T}}(1)\boldsymbol{X}^2=(0.7,0.8,-0.6,0)(-1,0,1.5,-0.5)^{\mathrm{T}}=-1.6$$

$$o^2(0)=\operatorname{sgn}(-1.6)=-1$$

$$\boldsymbol{W}(2)=\boldsymbol{W}(1)+\eta[d^2-o^2(0)]\boldsymbol{X}^2=(0.7,0.8,-0.6,0)^{\mathrm{T}}$$

由于 $d^2=o^2(1)$,所以 $\boldsymbol{W}(2)=\boldsymbol{W}(1)$。

同理,第三步输入 $\boldsymbol{X}^3$,得 $\boldsymbol{W}(3)=(0.5,0.6,-0.4,0.1)^{\mathrm{T}}$,并继续输入 $\boldsymbol{X}$ 进行训练,直到 $d^p-o^p=0$,$p=1,2,3$。

由于单层感知器无法解决线性不可分的问题,因此研究人员设计将多个单层感知器进行级联,构造多层感知器构成多层感知器模型。但是多层感知器输入层和隐藏层的连接权重不能调节,是随机设置的固定值,只能调整输出层的连接权重。这就成为了多层感知器的致命缺陷,从而使人工神经网络的发展陷入了停滞。

2.3.2 BP 神经网络及其学习算法

反向传播(Back-Propagation,BP)算法,也称为误差反向传播算法,通常简称为 BP 算法。使用 BP 算法的前馈人工神经网络一般被称为 BP 网络。BP 算法由 D. E. Rumelhart 等在 1986 年给出了清晰、简单的描述。BP 算法解决了前馈神经网络的学习问题,即自动调整网络全部权重的问题。BP 算法不但使前馈神经网络突破了多层感知器网络的困扰,而且还继承和发扬了多层感知器强大的分类能力。已经证明,多层前馈神经网络能以任意精度逼近任意非线性函数。BP 神经网络打开了人工神经网络研究的新局面,焕发了人工神经网络的第二春。

1. BP 神经网络的结构

BP 神经网络就是采用 BP 算法的多层感知器,其拓扑结构与多层感知器相同。是至今为止应用最为广泛的神经网络。图 2.10 所示是包含两个隐藏层的感知器。

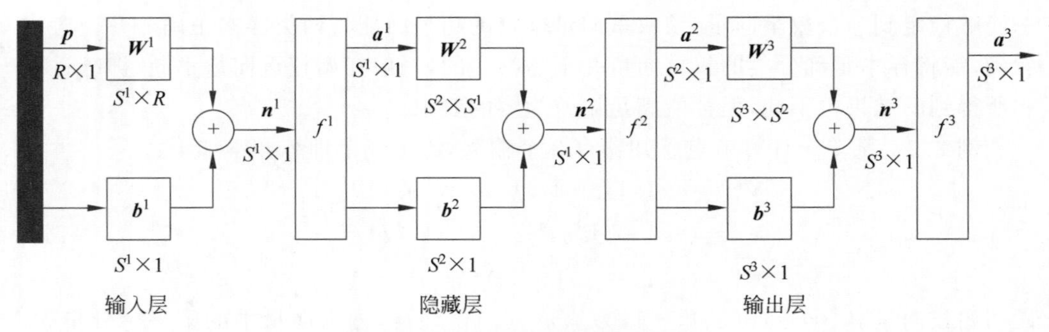

图 2.10　包含两个隐藏层的感知器

图2.10中 $\boldsymbol{p}$ 为输入，S^i 为第 i 层神经元个数，$\boldsymbol{n}^i$ 为第 i 层的净输入，$\boldsymbol{a}^i$ 为第 i 层输出。图中输出表示为

$$\boldsymbol{a}^3 = f^3(\boldsymbol{W}^3 f^2(\boldsymbol{W}^2 f^1(\boldsymbol{W}^1 \boldsymbol{p} + \boldsymbol{b}^1) + \boldsymbol{b}^2) + \boldsymbol{b}^3) \tag{2.7}$$

2. BP学习算法

多层的网络模型为

$$\boldsymbol{a}^{m+1} = f^{m+1}(\boldsymbol{W}^{m+1}\boldsymbol{a}^m + \boldsymbol{b}^{m+1}) \quad m=0,1,2,\cdots,M-1 \tag{2.8}$$

模型采用的训练集为 $\{p_1,t_1\},\{p_2,t_2\},\cdots,\{p_Q,t_Q\}$。

第一层输入为

$$\boldsymbol{a}^0 = \boldsymbol{p} \tag{2.9}$$

网络输出为

$$\boldsymbol{a} = \boldsymbol{a}^M \tag{2.10}$$

第 $m+1$ 层第 i 个神经元的净输入为

$$n_i^{m+1} = \sum_{j=1}^{S^m} w_{ij}^{m+1} a_j^m + b_i^{m+1} \tag{2.11}$$

其中，w_{ij}^{m+1} 为第 m 层的第 j 个神经元到第 $m+1$ 层的第 i 个神经元的连接权重。

近似均方根误差(Root Mean Square Error of Approximation，RMSEA)：

$$\hat{F} = (\boldsymbol{t}(k) - \boldsymbol{a}(k))^{\mathrm{T}}(\boldsymbol{t}(k) - \boldsymbol{a}(k)) = \boldsymbol{e}^{\mathrm{T}}(k)\boldsymbol{e}(k) \tag{2.12}$$

定义灵敏性：

$$\delta_i^m = \frac{\partial \hat{F}}{\partial n_i^m} \tag{2.13}$$

利用近似均方根误差的梯度下降算法，则

$$w_{ij}^m(k+1) = w_{ij}^m(k) - \alpha \frac{\partial \hat{F}}{\partial w_{ij}^m} \tag{2.14}$$

$$b_i^m(k+1) = b_i^m(k) - \alpha \frac{\partial \hat{F}}{\partial b_i^m} \tag{2.15}$$

利用链式法则和灵敏性，则

$$\frac{\partial \hat{F}}{\partial w_{ij}^m} = \frac{\partial \hat{F}}{\partial n_i^m} \times \frac{\partial n_i^m}{\partial w_{ij}^m} = \delta_i^m a_j^{m-1} \tag{2.16}$$

$$\frac{\partial \hat{F}}{\partial b_i^m} = \frac{\partial \hat{F}}{\partial n_i^m} \times \frac{\partial n_i^m}{\partial b_i^m} = a_j^{m-1} \tag{2.17}$$

其中，$\frac{\partial n_i^m}{\partial w_{ij}^m}=a_j^{m-1}$，$\frac{\partial n_i^m}{\partial b_i^m}=1$，则权重和阈值的更新公式：

$$w_{ij}^m(k+1)=w_{ij}^m(k)-\alpha\delta_i^m a_j^{m-1} \tag{2.18}$$

$$b_i^m(k+1)=b_i^m(k)-\alpha a_j^{m-1} \tag{2.19}$$

其矩阵形式：

$$\boldsymbol{W}^m(k+1)=\boldsymbol{W}^m(k)-\boldsymbol{\alpha\delta}^m(\boldsymbol{a}^{m-1})^{\mathrm{T}} \tag{2.20}$$

$$\boldsymbol{b}^m(k+1)=\boldsymbol{b}^m(k)-\boldsymbol{\alpha\delta}^m \tag{2.21}$$

其中

$$\boldsymbol{\delta}^m=\frac{\partial\hat{F}}{\partial\boldsymbol{n}^m}=\left[\frac{\partial\hat{F}}{\partial n_1^m},\frac{\partial\hat{F}}{\partial n_2^m},\cdots,\frac{\partial\hat{F}}{\partial n_{S^m}^m}\right]$$

$$\begin{aligned}\frac{\partial n_i^{m+1}}{\partial n_j^m}&=\frac{\partial\left(\sum_{l=1}^{S^m}w_{il}^{m+1}a_l^m+b_i^{m+1}\right)}{\partial n_j^m}\\&=w_{ij}^{m+1}\frac{\partial a_j^m}{\partial n_j^m}=w_{ij}^{m+1}\frac{\partial f^m(n_j^m)}{\partial n_j^m}=w_{ij}^{m+1}f^{(m)}(n_j^m)\end{aligned} \tag{2.22}$$

利用链式法则，灵敏性为：

$$\begin{aligned}\boldsymbol{\delta}^m&=\frac{\partial\hat{F}}{\partial\boldsymbol{n}^m}=\left(\frac{\partial\boldsymbol{n}^{m-1}}{\partial\boldsymbol{n}^m}\right)^{\mathrm{T}}\frac{\partial\hat{F}}{\boldsymbol{n}^{m+1}}\\&=F^{(m)}(\boldsymbol{n}^m)(\boldsymbol{W}^{m+1})^{\mathrm{T}}\frac{\partial\hat{F}}{\boldsymbol{n}^{m+1}}=F^{(m)}(\boldsymbol{n}^m)(\boldsymbol{W}^{m+1})^{\mathrm{T}}\boldsymbol{\delta}^{m+1}\end{aligned} \tag{2.23}$$

其中，

$$F^{(m)}(\boldsymbol{n}^m)=\begin{bmatrix}f^{(m)}(n_1^m)&0&\cdots&0\\0&f^{(m)}(n_2^m)&\cdots&0\\\vdots&\vdots&\ddots&\vdots\\0&0&\cdots&f^{(m)}(n_{S^m}^m)\end{bmatrix}$$

灵敏性是从最后一层开始计算的，并通过网络传递到第一层：

$$\boldsymbol{\delta}^M\to\boldsymbol{\delta}^{M-1}\to\cdots\to\boldsymbol{\delta}^2\to\boldsymbol{\delta}^1 \tag{2.24}$$

对于最后一层第 i 个神经元的灵敏性为

$$\begin{aligned}\delta_i^M&=\frac{\partial\hat{F}}{\partial n_i^M}=\frac{\partial(\boldsymbol{t}(k)-\boldsymbol{a}(k))^{\mathrm{T}}(\boldsymbol{t}(k)-\boldsymbol{a}(k))}{\partial n_i^M}\\&=\frac{\partial\sum_{j=1}^{S^M}(t_j-a_j)^2}{\partial n_i^M}\\&=-2(t_i-a_i)\frac{\partial a_i}{\partial n_i^M}\\&=-2(t_i-a_i)f^{(M)}(n_i^M)\end{aligned} \tag{2.25}$$

其中

$$\frac{\partial a_i}{\partial n_i^M}=\frac{\partial a_i^M}{\partial n_i^M}=\frac{\partial f^M(n_i^M)}{\partial n_i^M}=f^{(M)}(n_i^M)$$

矩阵形式为

$$\boldsymbol{\delta}^M=-2\boldsymbol{F}^{(M)}(\boldsymbol{n}^M)(\boldsymbol{t}-\boldsymbol{a})$$

2.4 人工神经网络的类型

人工神经网络模型主要考虑网络连接的拓扑结构、神经元的特征、学习规则等[4-6]。目前,已有近40种神经网络模型,其中有BP神经网络、感知器、自组织映射、Hopfield网络、玻耳兹曼机、适应谐振理论等。可以从不同的角度对人工神经网络进行分类,例如从网络结构角度可分为前馈网络与反馈网络;从网络性能角度可分为连续型与离散型网络、确定性与随机性网络;从学习方式角度可分为有监督学习网络和无监督学习网络;按连接突触性质可分为一阶线性关联网络和高阶非线性关联网络。本节将从网络结构和算法相结合的角度,对网络进行分类。

2.4.1 前馈神经网络

前馈神经网络简称前馈网络,是一种具有学习能力的自适应系统,由于系统结构简单、易于编程、便于实现,是一种应用十分广泛的神经网络。前馈神经网络采用一种单向多层结构,其中每层包含若干个神经元。在此种神经网络中,各神经元可以接收前一层神经元的信号,并产生输出到下一层。第0层叫输入层,最后一层叫输出层,其他中间层叫作隐藏层。隐藏层可以是一层,也可以是多层。根据神经网络的层数可以将前馈神经网络分为单层前馈神经网络和多层前馈神经网络。单层前馈神经网络是指只包含一个输出层,不具有隐藏层的神经网络。输出层上节点的值(输出值)通过输入值乘以权重直接得到。这里表示原节点的"输出层"看作一层神经元,因为该"输入层"不具有执行计算的功能。2.3节所介绍的感知器就属于单层前馈神经网络。多层前馈网络与单层前馈网络的区别在于:多层前馈网络含有一个或更多的隐含层,其中计算节点被相应地称为隐含神经元或隐含单元。常见的多层前馈网络有2.3节所介绍的BP神经网络和径向基函数(Radial Basis Function,RBF)神经网络。

2.4.2 反馈神经网络

反馈神经网络是一种反馈动力学系统,具有更强的计算能力。在这种网络中,每个神经元同时将自身的输出信号作为输入信号反馈给其他神经元,需要工作一段时间才能达到稳定。在反馈神经网络中,多个神经元互连后组织一个互连神经网络。如图2.11所示。有些神经元的输出反馈至同层或前层神经元。因此,信号能够从正向和反向流通。反馈神经网络则将整个网络视为整体,神经元之间相互作用,计算也是整体的。其输入数据决定反馈系统的初始状态,然后系统经过一系列的状态转移后逐渐收敛于平衡状态,

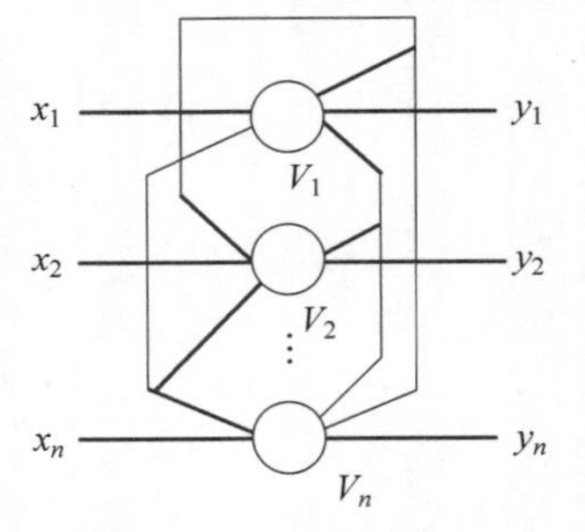

图2.11　反馈网络模型

即得到反馈神经网络经过计算后的输出结果。其中，Hopfield 网络是最典型的反馈网络。

1. Hopfield 网络

Hopfield 网络是 J. Hopfield 在 1982 年提出的一种反馈神经网络模型。由于具有反馈，所以网络的动态特性至关重要。特别是如何保证反馈网络的稳定性已成为首要的关键问题。反馈网络的稳定性是指网络在稳定输入的情况下能够稳定地输出，而不是出现循环、发散和混沌等输出状况。

J. Hopfield 首先提出用"能量函数"定义网络状态，考察网络的稳定性，用能量极小化过程刻画网络的迁移过程，并由此给出了保证网络稳定性的条件。如果在网络的演化过程中，网络的能量越来越低，即网络能量的增量是负值，那么网络的能量就会越来越少，直到稳定到一个平衡状态为止，此时网络能量具有极小值，网络输出稳定。Hopfield 还将人工神经网络的拓扑结构与所要解决的问题对应起来，并将之转换为神经网络动力学系统的演化问题，提供了解决优化等问题的新途径。

Hopfield 网络和能量函数概念开启了用人工神经网络研究非线性动力系统的大门，发掘了人工神经网络研究的新天地。Hopfield 网络不仅在抗噪声、优化问题和联想记忆方面表现出优异的性能。更重要的是，它能够用简单的 RC 有源电路实现，便于大规模集成电路应用，这对人工神经网络的硬件实现具有很大的指导意义。

根据神经元的输出函数，Hopfield 网络可分为离散型和连续型两大类。离散型 Hopfield 网络是单层全互连的，表现形式分为图 2.12 所示的两种。其工作方式可以是同步也可以是异步。在同步进行时，神经网络中的所有神经元同时进行更新。在异步进行时，在同一时刻只有一个神经元更新，且这个神经元在网络中的每个神经元都更新之前不会再次更新。在异步更新时，更新的顺序是随机的。

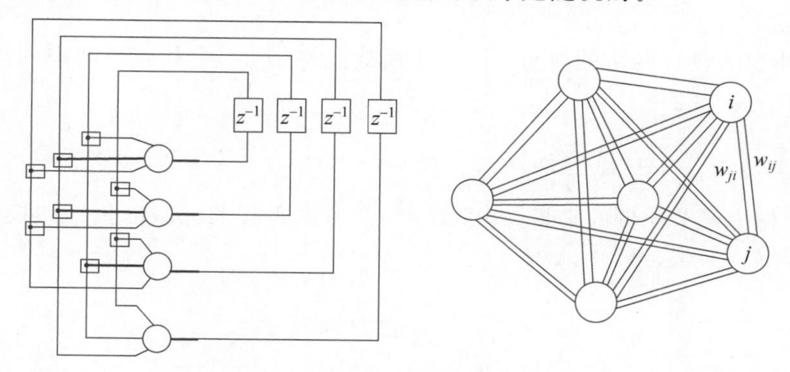

图 2.12 Hopfield 网络结构

Hopfield 网络模型为一个多输入多输出带阈值的二态非线性动力学系统。所以类似于李雅普诺夫（Lyapunov）稳定性分析方法，在 Hopfield 网络中通过构造 Lyapunov 函数，在满足一定参数条件下，该函数值在网络运行中不断降低，最后趋于稳定的平衡状态。对于有 N 个神经元的网络，其中任意一个神经元 i 的输入用 u_i 表示，输出用 v_i 表示，均为时间函数：

$$u_i(t)=\sum_{\substack{j=1\\j\neq i}}^{N} w_{ij}v_j(t)+b_i \tag{2.26}$$

其中，$v_i(t)$也称为神经元 i 在 t 时刻的状态；b_i 为第 i 个神经元的阈值。相应的第 i 个神经元的输出为

$$v_i(t+1)=f(u_i(t)) \tag{2.27}$$

离散 Hopfield 网络的计算能量函数定义为

$$E=-\frac{1}{2}\sum_{i=1}^{N}\sum_{\substack{j=1\\ j\neq i}}^{N}w_{ij}v_iv_j+\sum_{i=1}^{N}b_iv_i \tag{2.28}$$

根据式(2.28)推导出能量函数值单调减小，故 Hopfield 网络状态是向着能量函数减小的方向演化。由于能量为有界函数，系统必然会趋于稳定状态。稳定状态即为 Hopfield 网络的输出。在能量函数变化曲线中，有全局极小值点和局部极小值点，将这些极值点作为记忆状态用于联系记忆(模式分类)；将能量函数作为代价函数，全局最小点看作最优解，则网络可用来最优化计算。

连续型 Hopfield 网络中的每个神经元都是由运算放大器和相关电路组成的。最终根据网络模型的能量函数可以推导出连续 Hopfield 网络模型是稳定的。

2. Hopfield 网络应用——Hopfield 联想记忆网络

假设现在欲存储 m 个 n 维的记忆模式，需要设计网络的权重使 m 个模式正好是网络能量函数的 m 个极小值。常用的学习算法有外积法、投影法、伪逆法等。

1) 考虑离散的 Hopfield 网络的联系记忆功能

设网络有 N 个神经元，可使每个神经元取值为 1 或 -1，则网络共有 2^N 个状态，这 2^N 个状态构成离散状态空间。设在网络中存储 m 个 n 维的记忆模式($m<n$)，则有

$$\boldsymbol{U}_k=[u_1^k,u_2^k,\cdots,u_i^k,\cdots,u_n^k] \quad k=1,2,\cdots,m;\ i=1,2,\cdots,n;\ u_i^k\in\{1,-1\} \tag{2.29}$$

采用外积法设计网络的权重，使 m 个模式是网络 2^N 个状态空间中的 m 个稳定的状态，即

$$w_{ij}=\frac{1}{N}\sum_{k=1}^{m}u_i^ku_j^k \quad i=1,2,\cdots,n;\ j=1,2,\cdots,n \tag{2.30}$$

其中，$1/N$ 作为调节比例的常量，这里 $N=n$。考虑离散 Hopfield 网络的权重满足如下条件：$w_{ij}=w_{ji}$；$w_{ii}=0$，则有

$$w_{ij}=\begin{cases}\dfrac{1}{n}\displaystyle\sum_{k=1}^{m}u_i^ku_j^k, & j\neq i\\ 0, & j=i\end{cases} \tag{2.31}$$

矩形形式表示为

$$\boldsymbol{W}=\frac{1}{n}\left(\sum_{k=1}^{m}\boldsymbol{U}_k\boldsymbol{U}_k^{\mathrm{T}}-m\boldsymbol{I}\right) \tag{2.32}$$

其中 $\boldsymbol{I}$ 为单位矩阵。

2) 联想回忆过程

从所记忆的 m 个模式中任选一个模式 $\boldsymbol{U}_l$，经过编码可以将元素取值为 1 和 -1；设离散 Hopfield 网络中神经元的偏差均为零。将模式 $\boldsymbol{U}_l$ 加到离散 Hopfield 网络中，假设记忆模式向量彼此是正交的，则网络的状态为

$$U_i^{\mathrm{T}} U_j = \begin{cases} 0, & j \neq i \\ n, & j = i \end{cases} \quad i,j = 1,2,\cdots \tag{2.33}$$

$$\Delta W_j = \eta f(W) \tag{2.34}$$

3. Hopfield 网络中的问题

1) 能量局部极小问题

Hopfield 网络是一个非线性动力学系统,其能量状态有不止一个极小值。Hopfield 网络很可能会稳定在其中一个能量极小状态上,而不是必然稳定在全局能量最小点上。对于求解优化问题而言,这一点是不利的。但是对于联想记忆,这一点却是有用的。因为局部能量极小点可以成为吸引子(attractor),而不同吸引子则对应记忆在网络中的不同样本。

2) 容量问题

联想记忆功能是离散型 Hopfield 网络的一个重要应用。要实现联想记忆神经网络必须具备以下两个基本条件。

(1) 能够收敛于稳定状态,利用稳态记忆样本信息。

(2) 具有回忆能力,能够从某一局部输入信息回忆起与其相关的其他记忆,或者由某一残缺的信息回忆起比较完整的记忆。

离散型 Hopfield 网络用于联想记忆有两个特点:记忆是分布式的,联想是动态的。这与人脑的联想记忆实现机理相类似。离散型 Hopfield 网络利用网络能量极小状态存储记忆样本,按照反馈动力学活动规律唤起记忆。但是它存在以下问题。

(1) 记忆容量的限制。

(2) 由于能量极小状态的存在,导致回忆出莫名其妙的东西。

(3) 当记忆样本较为接近时,网络不能始终回忆出正确的记忆。

离散型 Hopfield 网络的有效记忆容量非常有限。Hopfield 通过计算机仿真试验发现,对于一个 N 节点的离散型 Hopfield 网络,所能存储的总记忆样本数约为 $0.15N$ 个。如果存储的记忆模式多于此值,则错误率大幅上升。另外,如果记忆样本是正交向量,那么网络就能存储更多的有效记忆。

神经网络的容量问题是一个相当复杂、困难的问题。容量的确定与网络结构、算法和样本向量等因素有关。

2.5 深度神经网络

2.5.1 从浅层神经网络到深度神经网络

神经网络技术起源于 20 世纪 50 年代,起初出现了感知器,但它无法拟合稍复杂一些的函数(比如典型的异或操作)。到 20 世纪 80 年代,多层感知器的出现克服了这个问题,它使用 Sigmoid 或者 tanh 等连续函数模拟神经元对激励的响应,在训练算法上则使用 P. Werbos 提出的反向传播算法。随着神经网络层数的加深,优化函数越来越容易陷入局部最优解,并且这个"陷阱"越来越偏离真正的全局最优,同时"梯度消失"现象更加严重。2006 年,G. Hinton 利用预训练方法缓解了局部最优解问题,将隐藏层扩展到了 7 层,神经网络真正意义上有了"深度",为了克服"梯度消失",ReLU、 maxout 等传输函数替代了 Sigmoid，形成了现今深度神经网络（Deep Neural Network，DNN）的基本形式。

近年来，深度神经网络在模式识别和机器学习领域得到了成功的应用。其中卷积神经网络（Convolutional Neural Network，CNN）、循环神经网络（Recurrent Neural Network，RNN）以及生成对抗网络（Generative Adversarial Network，GAN）是目前研究和应用都比较广泛的深度学习结构[7-8]。本节将介绍这 3 种深度神经网络模型。

2.5.2　卷积神经网络

卷积神经网络是一种深度监督学习下的前馈神经网络，其深度学习算法可以利用空间相对关系减少参数从而提高训练性能，常用于图像处理等领域。为了避免层级之间全连接造成网络模型训练参数量过大，受生物神经元的稀疏响应特性（例如生物视觉神经系统中，神经元的感受野）的启发，设计选择局部连接，这样可以大大地降低网络模型的训练参数规模，使得神经网络得到进一步的发展[9-11]。现在，CNN 已经成为众多科学领域的研究热点之一，广泛地应用于计算机视觉、自然语言处理、物理学和遥感科学等领域。

CNN 的基本结构由输入层、卷积层（convolutional layer）、池化层（pooling layer，也称为取样层）、全连接层及输出层构成。卷积层和池化层一般会取若干个，采用卷积层和池化层交替设置，即一个卷积层连接一个池化层，池化层后再连接一个卷积层，以此类推。由于卷积层中输出特征图的每个神经元与其输入进行局部连接，且通过对应的连接权重与局部输入进行加权求和后再加上偏置值，得到该神经元输出值，该过程等同于卷积过程，CNN 也由此而得名。

1. 基础知识

CNN 的基础模块为卷积流，包括卷积（用于维数拓展）、非线性（稀疏性、饱和、侧抑制）、池化（空间或特征类型的聚合）和批量归一化（优化操作，目的是加快训练过程中的收敛速度，同时避免陷入局部最优）等 4 种操作。

1）卷积

卷积指利用卷积核对输入图像进行处理，可学习到鲁棒性较高的特征。数学中，卷积是一种重要的线性运算；数字信号处理中常用的卷积类型包括 3 种，即 Full 卷积、Same 卷积和 Valid 卷积。下面假设输入信号为 n 维信号，即 $\boldsymbol{x}\in\mathbb{R}^n$；且滤波器为 m 维的，即 $\boldsymbol{w}\in\mathbb{R}^m$。

（1）Full 卷积：

$$\begin{cases} y=\mathrm{conv}(\boldsymbol{x},\boldsymbol{w},\text{'full'})=(y(1),\cdots,y(t),\cdots,y(n+m-1))\in\mathbb{R}^{n+m-1} \\ y(t)=\sum_{i=1}^{m} x(t-i+1)\boldsymbol{w}(i) \end{cases} \tag{2.35}$$

其中，$t=1,2,\cdots,n+m-1$。

（2）Same 卷积：

$$y=\mathrm{conv}(\boldsymbol{x},\boldsymbol{w},\text{'same'})=\mathrm{center}(\mathrm{conv}(\boldsymbol{x},\boldsymbol{w},\text{'full'}),n)\in\mathbb{R}^n \tag{2.36}$$

其返回的结果为 Full 卷积中与输入信号 $\boldsymbol{x}\in\mathbb{R}^n$ 尺寸相同的中心部分。

(3) Valid 卷积：

$$\begin{cases} y = \text{conv}(\boldsymbol{x}, \boldsymbol{w}, \text{'valid'}) = (y(1), \cdots, y(t), \cdots, y(n-m+1)) \in \mathbb{R}^{n-m+1} \\ y(t) = \sum_{i=1}^{m} x(t+i-1)w(i) \end{cases} \tag{2.37}$$

其中，$t=1,2,\cdots,n+m-1$。

在实际应用中，卷积流常用 Valid 卷积，它容易将上面的一维卷积操作扩展至二维的操作场景，为了直观说明 Valid 卷积，给出如图 2.13 所示的卷积操作。

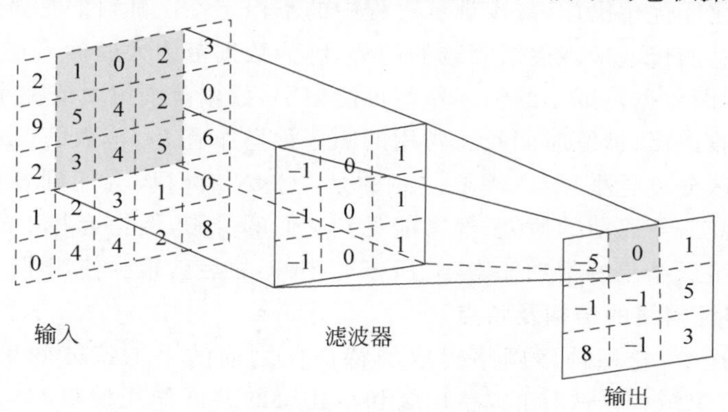

图 2.13 二维 Valid 卷积操作

卷积操作的核心是：通过减少不必要的权重连接，引入稀疏或者局部连接，带来的权重共享策略大大地减少了网络模型训练的参数量；另外，由于卷积操作具有平移不变性，使得学到的特征具有拓扑对应性、鲁棒性。

2）池化

池化指降采样操作，即在一个小区域内，采取一个特定的值作为输出值。

本质上，池化操作执行空间或特征类型的聚合，降低空间维度，其主要意义是：减少计算量，刻画平移不变特性；约减下一层的输入维度（核心是对应的下一层级的参数有效地降低），有效控制过拟合风险。池化的操作方式有多种形式，例如最大池化、平均池化、范数池化和对数概率池化等。常用的池化方式为最大池化和平均池化，如图 2.14 所示。

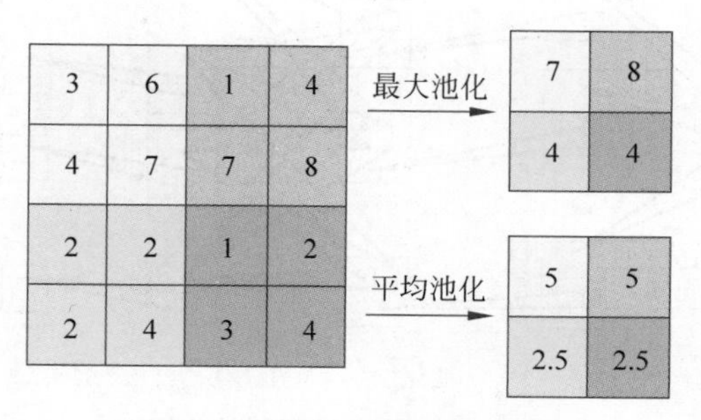

图 2.14 最大池化和平均池化

在深度学习平台上，除了池化半径以外，还有步长（stride）参数，与卷积阶段的意义相同，即过滤器在原图上扫描时，需要跳跃的格数，默认为跳一格。

3）激活函数

激活函数是一种非线性操作，通过弯曲或扭曲实现表征能力的提升。激活函数的核心是：通过层级非线性映射的复合操作使得整个网络的非线性刻画能力得到提升。若网络中没有非线性操作，更多的层级组合仍然为线性逼近，表征或挖掘数据中高层语义特性的能力有限。常见的激活函数有修正线性单元 ReLU、Softmax、Softplus、Sigmoid 等。

4）批量归一化

批量归一化能优化操作，减少训练过程中的不稳定性。其目的是避免随着层级的加深而导致信息的传递呈现逐层衰减的趋势，因为数据范围大的输入在模式分类中的作用可能偏大，而数据范围小的输入作用可能偏小，数据范围偏大或偏小，都可能导致深度神经网络收敛慢、训练时间长。常用的归一化操作有 L_2 范数、Sigmoid 函数归一化（越往两边，区分度越小）等。需要注意的是：CNN 有时候会用到各种各样的归一化层，尤其是 2015 年以前的研究，经常能见到它们的身影，但是近些年的研究表明，这个层级似乎对最后结果的帮助非常小，所以 2015 年之后就很少使用了。

2. 卷积神经网络的结构及特点

在图像处理中，卷积神经网络提取的特征比之前的手工特征效果更好，这是由 CNN 特殊的组织结构来决定的，卷积层和池化层的共同作用使得 CNN 能提取出图像中较好的特征。CNN 的网络模型多种多样，但一个 CNN 模型一般由若干个卷积层、池化层和全连接层组成。卷积层的作用是提取图像的特征；池化层的作用是对特征进行抽样，可以使用较少训练参数，同时还可以减轻网络模型的过拟合程度。卷积层和池化层一般交替出现在网络中，称一个卷积层加一个池化层为一个特征提取过程，但是并不是每个卷积层后都会跟池化层，大部分网络只有 3 层池化层。网络的最后一般为 1～2 层全连接层，全连接层负责把提取的特征图连接起来，最后通过分类器得到最终的分类结果。

图 2.15 所示的网络为一个典型的 CNN 结构，网络的每一层都由一个或多个二维平面构成，每个平面由多个独立的神经元构成。

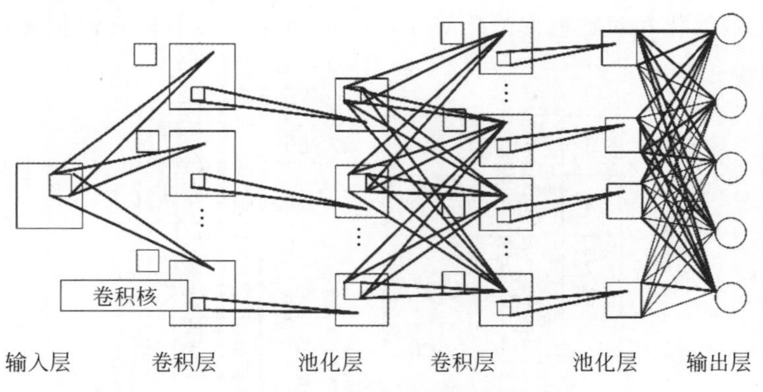

图 2.15　CNN 的网络结构图

输入层直接接收输入数据，如果处理图像信息，神经元的值直接对应图像相应像素点上的灰度值。根据操作不同将隐含层分为两类。一类是卷积层，卷积层也称为特征提取层，卷积层内的平面称为 C 面，C 面内的神经元称为 C 元。在卷积层中，通常包含多个可学习的卷积核，上一层输出的特征图与卷积核进行卷积操作，即输入项与卷积核之间进行点积运算，然后将结果送入激活函数，就可以得到输出特征图。每个输出特征图可能是组合卷积多个输入特征图的值。另一类为池化层，池化层也称为特征映射层，池化层内的平面称为S面，S面内的神经元称为S元。池化层使用池化方法将小邻域内的特征点整合得到新的特征。特征提取后的图像通常存在两个问题：①邻域大小受限造成的估计值方差增大；②卷积层参数误差造成估计均值的偏移。一般来说，平均池化能降低第一种误差，更多地保留图像的背景信息，最大池化能降低第二种误差，更多地保留纹理信息。池化层通常出现在卷积层之后，二者相互交替出现，并且每个卷积层都与一个池化层一一对应。输出层与隐藏层之间采用全连接，输出层神经元的类型可以根据实际应用进行设计。例如 LeCun 等在手写识别过程中输出层使用了 RBF 神经元。

令 l 表示当前层，那么，第 l 层卷积层的第 j 个C面的所有神经元的输出用 x_j^l 表示。x_j^l 可通过式(2.38)计算得到：

$$x_j^l = f\left(\sum_i x_j^{l-1} * k_{ij}^l + b_j^l\right) \tag{2.38}$$

其中，$*$ 表示卷积运算；k_{ij}^l 为在第 $l-1$ 层第 i 个S面上卷积的卷积核；b_j^l 为第 l 层第 j 个C面上所有神经元的加性偏置。

第 l 层采样层的 j 个S面的所有神经元的输出用 x_j^l 表示。x_j^l 可通过式(2.39)计算得到：

$$x_j^l = f(\beta_j^l \operatorname{down}(x_j^{l-1}) + b_j^l) \tag{2.39}$$

其中，b 为池化操作；β_j^l 为第 l 层的 j 个S面的乘积基；b_j^l 为第 l 层采样层的 j 个S面所有神经元的加性偏置。

CNN 可以识别具有位移、缩放及其他形式扭曲不变性的二维图形。由于 CNN 的特征检测层通过训练数据进行学习，所以在使用 CNN 时，避免了显式的特征抽取，而隐式地从训练数据中进行学习；此外由于同一特征映射面上的神经元权重相同，所以网络可以并行学习，这也是卷积神经网络相对于神经元彼此相连网络的一大优势。局部权重共享的特殊结构也让 CNN 在语音识别和图像处理方面有着独特的优越性，其布局更接近于实际的生物神经网络，权重共享降低了网络的复杂性。卷积神经网络较一般神经网络在图像处理方面有如下特点：

(1) 输入图像和网络的拓扑结构能得到很好的吻合；

(2) 特征提取和模式分类同时进行，并同时在训练中产生；

(3) 权重共享可以减少网络的训练参数，使神经网络结构变得更简单，适应性更强。

3. 典型网络模型 LeNet-5

目前 CNN 已经成功应用于很多领域，其中 LeNet-5 是最成功的应用之一。LeNet-5 可以成功识别数字，美国大多数银行曾使用 LeNet-5 识别支票上面的手写数字。下面介绍 Y. LeCun 等于 1998 年设计的一种 LeNet-5，它共有 7 层，图 2.16 展示了 LeNet-5 模型的架构。

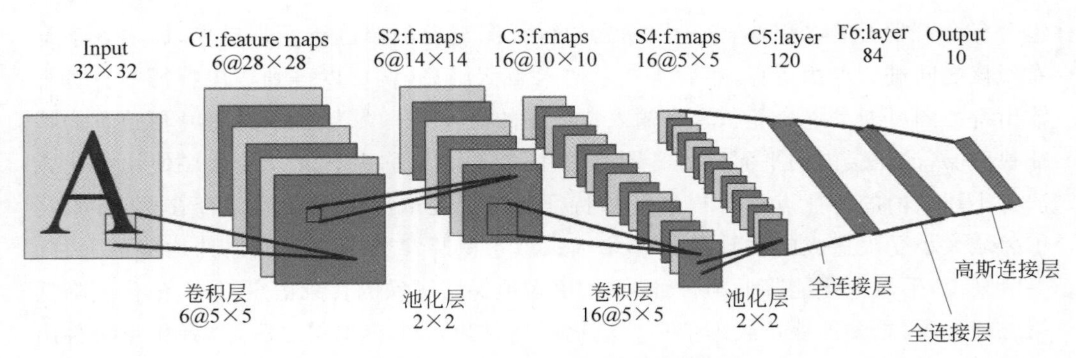

图 2.16 手写识别的网络模型

第一层是卷积层。该层输入为原始的图像像素，LeNet-5 模型接收的输入层大小为 32×32×1。第一个卷积层过滤器尺寸大小为 5×5，深度为 6，不使用全 0 填充，步长为 1。该层的输出尺寸为 32－5＋1＝28，深度为 6。这个卷积层共有 5×5×1×6＋6＝156 个参数，其中 6 个为偏置项参数。因为下一层的节点矩阵有 28×28×6＝4704 个节点，每个节点和 5×5＝25 个当前层节点相连，所以本层卷积层总共有 4704×(25＋1)＝122304 个连接。

第二层是池化层。这一层的输入为第一层的输出，是一个 28×28×6 的节点矩阵。本层采用的过滤器大小为 2×2，长和宽的步长均为 2，所以本层输出的矩阵大小为 14×14×6。

第三层是卷积层。本层的输入矩阵大小为 14×14×6，使用的过滤器大小为 5×5，深度为 6，输出矩阵的大小为 10×10×16。按照标准的卷积层，本层应该有 5×5×16＋16＝416 个参数，10×10×16×(25＋1)＝41600 个连接。

第四层是池化层。本层的输入矩阵大小为 10×10×16，采用的过滤器大小为 2×2，步长为 2，本层的输出矩阵大小为 5×5×16。

第五层是全连接层。本层的输入矩阵大小为 5×5×16，在 LeNet-5 模型的论文中将这一层称为卷积层，但是因为过滤器的大小就是 5×5，所以和全连接层没有区别，也可以将这一层看成全连接层。本层的输出节点个数为 120，总共有 5×5×16×120＋120＝48120 个参数。

第六层是全连接层。本层的输入节点个数为 120 个，输出节点个数为 84 个，参数总共为 120×84＋84＝10164 个。

第七层是高斯连接层。本层的输入节点个数为 84 个，输出节点个数为 10 个，参数总共为 84×10＋10＝850 个。

LeCun 等同样使用 MNIST 数据库内的图像训练设计的 CNN，训练误差达到了 0.35%，测试误差达到了 0.95%。

2.5.3 循环神经网络

CNN 在分类、目标识别等任务上能够取得出色的表现，但是从大脑的生物学功能角度来看，其仿生所建立的计算模型应用范围依然有限，例如对于分析输入序列(输入内容存在时间关联性)之间的整体逻辑特性存在缺陷。而 RNN 通过引入时间关联性，可应用于自然语言处理等领域。本节将介绍 RNN，不同于之前的 CNN 模型，通过引入(某隐藏层)定向循环,它能够更好地表征高维度信息的整体逻辑特性。

1. 循环神经网络的生物机理

在前馈神经网络中,其网络拓扑结构是有向的、无环结构,即连接存在于层与层之间,每层的节点之间是不连接的,且前向计算时,层级较高(靠近输出)的隐藏层不会向层级较低(靠近输入)的隐藏层定向传播。

众所周知,大脑包含数亿万个神经元,而这些神经元又通过百万亿突触进行连接,尽管揭开这些连接方式看似是不可能完成的任务。但 2015 年底,来自贝勒医学院的研究人员就成功完成了这项任务并将其成果发表在 *Science* 上,其成果的核心是成功解析了小鼠大脑皮层中神经元的连接方式,并发现大脑皮层中局部回路的基本连线可以通过一系列的互连规则捕获,且这些规则在大脑皮层中不断循环,为理解局部大脑皮层的回路连接提供了一定的思路,可以进一步帮助理解大脑的工作原理。

RNN 通过使用带有自反馈的神经元,能够处理任意长度的(存在时间关联性)序列。相比传统的深度前馈神经网络,它更加符合生物神经元的连接方式,且 RNN 已经被广泛地应用在自然语言处理等领域,取得了很多出色的成果。

2. 循环神经网络的模型

下面给出一个简单的 RNN(即 Vanilla RNN)的数学物理描述,RNN 结构如图 2.17 所示。从图中可以看出,RNN 类似一个动态系统(即系统的状态按照一定的规律随时间变化的系统)。

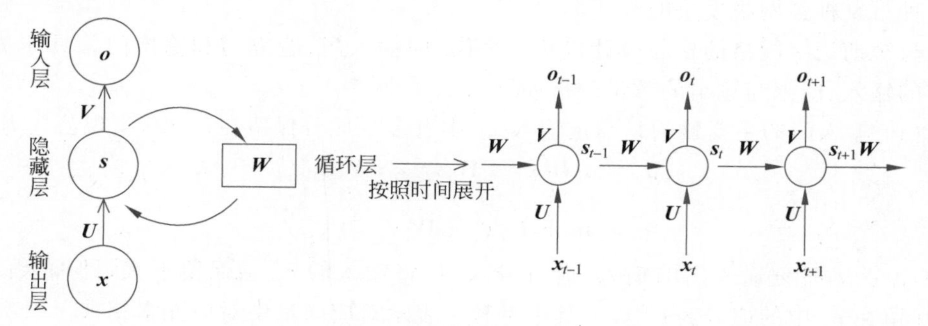

图 2.17 RNN 结构

(1) 数据:

$$\{\boldsymbol{x}_t \in \mathbb{R}^n, \boldsymbol{y}_t \in \mathbb{R}^m\}_{t=1}^{\mathrm{T}} \tag{2.40}$$

其中,$\boldsymbol{x}_t$ 表示 t 时刻的输入,该时间序列的长度为 T;输出 $\boldsymbol{y}_t$ 与 t 时刻之前(包括 t 时刻)的输入存在关系,即

$$\{\boldsymbol{x}_1, \boldsymbol{x}_2, \cdots, \boldsymbol{x}_t\} \rightarrow \boldsymbol{y}_t \tag{2.41}$$

(2) 模型:

$$\begin{cases} \boldsymbol{s}_t = \sigma(\boldsymbol{U}\boldsymbol{x}_t + \boldsymbol{W}\boldsymbol{s}_{t-1} + \boldsymbol{b}) \\ \boldsymbol{o}_t = \boldsymbol{V}\boldsymbol{s}_t + \boldsymbol{c} \in \mathbb{R}^m \\ \boldsymbol{y}_t = \mathrm{softmax}(\boldsymbol{o}_t) \in \mathbb{R}^m \end{cases} \tag{2.42}$$

注意,这里的 softmax 不是分类器,而是作为激活函数,将一个 m 维向量压缩成另一个 m 维的实数向量,其中向量中的每个元素取值都位于(0,1)区间,即

$$\begin{cases} \text{softmax}(\boldsymbol{o}_t) = \dfrac{1}{Z}[\mathrm{e}^{(o_t(1))}, \cdots, \mathrm{e}^{(o_t(m))}]^{\mathrm{T}} \\ Z = \sum_{j=1}^{m} \mathrm{e}^{(o_t(j))} \end{cases} \tag{2.43}$$

其中,Z 为归一化因子。

(3) 目标函数。基于关系公式(2.41)和模型公式(2.42),利用负对数自然(交互熵)构建损失函数,继而得到的优化目标函数为

$$\begin{aligned} \min J(\theta) &= \sum_{t=1}^{T} \text{loss}(\hat{\boldsymbol{y}}_t, \boldsymbol{y}_t) \\ &= \sum_{t=1}^{T} \left(-\left[\sum_{j=1}^{m} y_t(j) \log(\hat{y}_t(j)) + (1 - y_t(j)) \log(1 - \hat{y}_t(j)) \right] \right) \end{aligned} \tag{2.44}$$

其中,$y_t(j)$为 $\boldsymbol{y}_t$ 的第 j 个元素,参数$\boldsymbol{\theta}$ 为

$$\boldsymbol{\theta} = [\boldsymbol{U}, \boldsymbol{V}, \boldsymbol{W}; \boldsymbol{b}, \boldsymbol{c}] \tag{2.45}$$

3. 改进循环神经网络 LSTM 模型

长短期记忆网络(Long Short-Term Memory,LSTM)是一种时间循环神经网络,是为了解决一般的 RNN 存在的长期依赖问题而专门设计出来的,所有的 RNN 都具有一种重复神经网络模块的链式形式。

长短期记忆网络的核心设计包括 3 个门,即输入门、遗忘门和输出门。具体每一个门的输入、门限与输出的数学分析如下。

(1) 输入门的主要目的是确定输入 $\boldsymbol{x}_t$ 中有多少成分保留在 $\boldsymbol{c}_t$ 中,实现公式为

$$\begin{cases} \boldsymbol{i}_t = \sigma(\boldsymbol{U}_i \boldsymbol{x}_t + \boldsymbol{W}_i \boldsymbol{s}_{t-1} + \boldsymbol{V}_i \boldsymbol{c}_{t-1}) \\ \tilde{\boldsymbol{c}}_t = \tanh(\boldsymbol{U}_c \boldsymbol{x}_t + \boldsymbol{W}_c \boldsymbol{s}_{t-1}) \end{cases} \tag{2.46}$$

其中,$\boldsymbol{i}_t$ 为 t 时刻输入门的输入,通过输入门,将输入的 $\tilde{\boldsymbol{c}}_t$ 倍保留下来,即输入门过后,保留在 $\boldsymbol{c}_t$ 中的成分为 $\boldsymbol{i}_t \otimes \tilde{\boldsymbol{c}}_t$,其中符号$\otimes$表示对应向量中对应元素相乘。

(2) 遗忘门的目的是确定 t 时刻输入中的 $\boldsymbol{c}_{t-1}$ 有多少成分保留在 $\boldsymbol{c}_t$ 中,实现公式为

$$\boldsymbol{f}_t = \sigma(\boldsymbol{U}_f \boldsymbol{x}_t + \boldsymbol{W}_f \boldsymbol{s}_{t-1} + \boldsymbol{V}_f \boldsymbol{c}_{t-1}) \tag{2.47}$$

式(2.47)表示遗忘门的门限,与输入门的门限 $\tilde{\boldsymbol{c}}_t$ 一样,即通过遗忘门之后,保留在 $\boldsymbol{c}_t$ 中的成分为 $\boldsymbol{f}_t \otimes \boldsymbol{c}_{t-1}$。

(3) 输出门的目的是利用控制单元 $\boldsymbol{c}_t$ 确定输出 $\boldsymbol{o}_t$ 中有多少成分输入隐藏层 $\boldsymbol{s}_t$ 中。首先,计算经过输入门与遗忘门之后的状态 C,即 $\boldsymbol{c}_t$ 实现公式为

$$\boldsymbol{c}_t = \boldsymbol{i}_t \otimes \tilde{\boldsymbol{c}}_t + \boldsymbol{f}_t \otimes \boldsymbol{c}_{t-1} \tag{2.48}$$

其中,前一项为通过输入门后保留在 $\boldsymbol{c}_t$ 中的成分;后一项是通过遗忘门后保留在 $\boldsymbol{c}_t$ 中的成分。其次,为了确定 $\boldsymbol{c}_t$ 有多少成分保留在 $\boldsymbol{s}_t$ 中,先给出输出公式为

$$\boldsymbol{o}_t = \sigma(\boldsymbol{U}_o \boldsymbol{x}_t + \boldsymbol{W}_o \boldsymbol{s}_{t-1} + \boldsymbol{V}_o \boldsymbol{c}_t) \tag{2.49}$$

其中,$\boldsymbol{o}_t$ 为 t 时刻的输出层上的状态。最后,经过输出门,保留在隐藏层的成分为

$$\boldsymbol{h}_t = \boldsymbol{o}_t \odot \tanh(\boldsymbol{c}_t) \tag{2.50}$$

综上所述,随着时间的变化,整个网络的结构设计图如图 2.18 所示,目前该网络已成功地应用于手写识别、语音识别、机器翻译、图像或新闻标题生成与解析等。

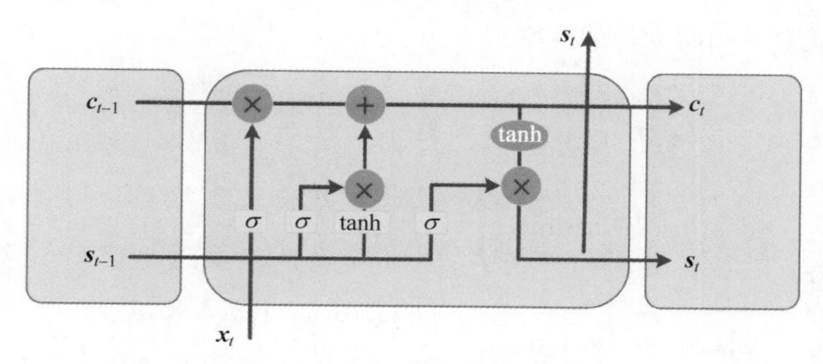

图 2.18 LSTM 模型结构

2.5.4 生成对抗网络

GAN 是一种生成模型，核心思想是从训练样本中学习所对应的概率分布，以期根据概率分布函数获取更多的生成样本来实现数据的扩张。它包括两个子网络模型，一个是生成模型(使得生成的图像尽可能与真实图像的分布一致)；另一个是判别模型(在生成的图像与真实图像之间做出正确判断，即二分类器)，实现整个网络训练的方法便是让这两个网络相互竞争，最终生成模型通过学习真实数据的本质特性，刻画出真实样本的概率分布模型，生成与真实样本相似的新数据。

1. 生成对抗网络的基本概念

GAN 由 I. Goodfellow 等学者于 2014 年 6 月提出，该模型的启发主要源于博弈论中的二人零和博弈，即指参与博弈的双方，在严格竞争下，一方的收益必然意味着另一方的损失，博弈双方的收益和损失相加总和永远为“零”，双方不存在合作。作为一种生成模型，GAN 及其衍生模型常用于为深度学习中的数据增强、数据预处理方法生成样本。深度学习的主要驱动力为可利用的数据量(即输入与输出)，数据量越充分训练得到的模型泛化能力(测试性能)越好。但在实际应用中，带有标记的数据很少，且代价昂贵。除了常用的统计扩张数据方式，例如裁剪、滑块和旋转角度、加入服从不同分布下的随机噪声、多分辨非下采样处理等操作，GAN 也能以无监督学习的方式实现数据的扩张，如图 2.19 所示。

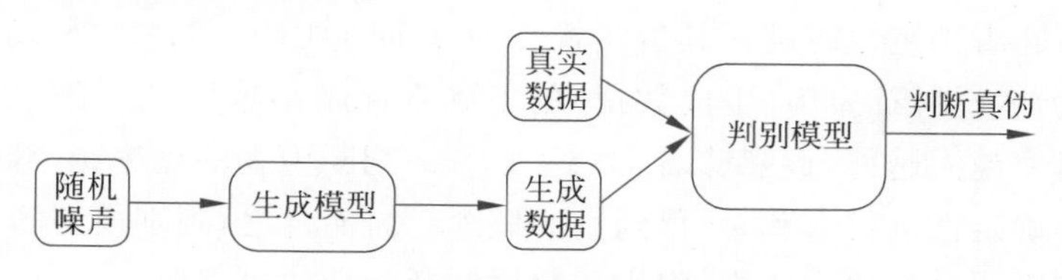

图 2.19 生成对抗网络

2. 网络模型的结构

下面给出 GAN 的数学原理及物理解释。符号描述为：随机噪声 $\boldsymbol{Z}\in\mathbb{R}^m$，自然数据 $\boldsymbol{x}\in\mathbb{R}^n$，生成数据为 $\tilde{\boldsymbol{x}}\in\mathbb{R}^n$；由于判别模型为二分类器，所以 $\boldsymbol{y}\in[0,1]^2$。

1) 数据

$$\{(\boldsymbol{x}^{(t)},\boldsymbol{z}^{(t)}),\boldsymbol{y}^{(t)}\}_{t=1}^{\mathrm{T}} \tag{2.51}$$

对于第 t 个数据对$(\boldsymbol{x}^{(t)},\boldsymbol{z}^{(t)})$，所对应的输出 $\boldsymbol{y}^{(t)}$ 为$[0,1]$，表示将自然数据判断为真的概率为 1，将生成数据判断为真的概率为 0；或表示将自然数据判断为伪的概率为0,将生成数据判断为伪的概率为1。

2）模型

$$\begin{cases} G: \tilde{x} = g(z, \boldsymbol{\theta}^G) \in \mathbb{R}^n \\ D: \begin{cases} \text{Feature Learning}: \begin{cases} \boldsymbol{X} = D^F(\boldsymbol{x}, \boldsymbol{\theta}^F) \\ \widetilde{\boldsymbol{X}} = D^F(\tilde{\boldsymbol{x}}, \boldsymbol{\theta}^F) \end{cases} \\ \text{Classifier Design}: y = \begin{pmatrix} P(L(\boldsymbol{x}) = \text{real} \mid X, \boldsymbol{\theta}^C) \\ P(L(\tilde{\boldsymbol{x}}) = \text{real} \mid \widetilde{X}, \boldsymbol{\theta}^C) \end{pmatrix} \in \mathbb{R}^2 \end{cases} \end{cases} \tag{2.52}$$

其中,G 表示 Generator,即生成模型或生成器,待优化参数为$\boldsymbol{\theta}^G$,需进一步量化非线性映射函数 $g(\cdot)$；D 表示 Discriminator,即判别模型或判别器,分为两个阶段,一个是特征学习,待优化的参数为$\boldsymbol{\theta}^F$,另一个是分类器设计,待优化的参数为$\boldsymbol{\theta}^C$,同样需量化映射 $D^F(\cdot)$和 $P(\cdot)$这两个过程。值得注意的是：数据量要远大于生成模型的参数量,即 $T \gg \text{Num}(\boldsymbol{\theta}^G)$,才可以保证网络得到零和博弈解,另外 $L(\boldsymbol{x})$为输入 $\boldsymbol{x}$ 所对应的真伪性。

3）优化目标函数

通常,也可以将式(2.52)中的判别模型部分写为

$$\boldsymbol{y} = \begin{pmatrix} D(\boldsymbol{x}) \\ D(\tilde{\boldsymbol{x}}) \end{pmatrix} = \begin{pmatrix} D(\boldsymbol{x}) \\ D(G(\boldsymbol{z})) \end{pmatrix} \in \mathbb{R}^2 \tag{2.53}$$

其中,$D(\boldsymbol{x}) \in [0,1]$表示将 $\boldsymbol{x}$ 判断为真样本(即自然数据)的概率。在固定生成模型时所对应判别器的损失函数为

$$\begin{cases} \min\limits_{\boldsymbol{\theta}^D} \left\{ -\left[\sum\limits_{\boldsymbol{x} \sim P(\boldsymbol{x})} \log(D(\boldsymbol{x}, \boldsymbol{\theta}^D)) + \sum\limits_{\tilde{\boldsymbol{x}} \sim P(\tilde{\boldsymbol{x}})} \log(1 - D(\tilde{\boldsymbol{x}}, \boldsymbol{\theta}^D)) \right] \right\} \\ \boldsymbol{\theta}^D = (\boldsymbol{\theta}^F, \boldsymbol{\theta}^C) \end{cases} \tag{2.54}$$

这里 $\boldsymbol{x} \sim P(\boldsymbol{x})$为服从自然数据分布 $P(\boldsymbol{x})$下的采样,即式(2.51)中的自然数据集,对应着 $\tilde{\boldsymbol{x}} \sim P(\tilde{\boldsymbol{x}})$为服从生成分布模型 $P(\tilde{\boldsymbol{x}})$下的采样,即式(2.51)中的生成数据集。$-\log(D(\boldsymbol{x}))$的物理解释为将 $\boldsymbol{x}$ 判断为真(自然数据)的不确定性越小越好(不确定性越小则意味着确定性越高),其最佳状态为0,即 $D(\boldsymbol{x})=1$；另外 $\log(1-D(\tilde{\boldsymbol{x}}))$的物理解释为将 $\tilde{\boldsymbol{x}}$ 判断为伪(生成数据)的不确定性越小越好,即$(1-D(\tilde{\boldsymbol{x}}))$为将 $\tilde{\boldsymbol{x}}$ 判断为伪的概率越大越好,此意味着 $D(\tilde{\boldsymbol{x}})$为将 $\tilde{\boldsymbol{x}}$ 判断为真的概率越小越好；将所有采样样本的不确定性进行求和,便得到熵的概念。简而言之,判别模型的设计要求为：将自然数据判断为真的概率要高,将生成数据判断为伪的概率要高。

另外,对生成模型的要求是：在判别模型固定时,生成数据的分布特性尽最大可能与自然数据一致,即在 $P(\tilde{\boldsymbol{x}})$尽可能与 $P(\boldsymbol{x})$一致的情形下,最大化如下目标函数：

$$\max_{\boldsymbol{\theta}^G} \sum_{\tilde{\boldsymbol{x}} \sim P(\tilde{\boldsymbol{x}})} \log(D(\tilde{\boldsymbol{x}})) = \sum_{\tilde{\boldsymbol{x}} \sim P(\boldsymbol{x})} \log(D(\tilde{\boldsymbol{x}})) \tag{2.55}$$

对此,将 $\boldsymbol{x} = G(\boldsymbol{z})$代入便有

$$\max_{\boldsymbol{\theta}^G} \sum_{\boldsymbol{z} \sim P(\boldsymbol{z})} \log(D(G(\boldsymbol{z}, \boldsymbol{\theta}^G))) \rightarrow d(P(\tilde{\boldsymbol{x}}), P(\boldsymbol{x})) \tag{2.56}$$

即在 $\boldsymbol{z} \sim P(\boldsymbol{z})$的条件下,所有关于 $\boldsymbol{z}$ 的 $\log(D(G(\boldsymbol{z})))$的和越大,意味着

$$(D(G(\boldsymbol{z})) \sim P(\tilde{\boldsymbol{x}})) \rightarrow d(G(\boldsymbol{z}), \boldsymbol{x}) \rightarrow (D(G(\boldsymbol{z})) \sim P(\boldsymbol{x})) \tag{2.57}$$

生成数据与自然数据之间的差距 $d(G(\boldsymbol{z}),\boldsymbol{x})$ 越小越好。即最为理想的状态是：关于所有的 $\boldsymbol{z}$，若都有 $\log(D(G(\boldsymbol{z})))=0$，则意味着 $D(G(\boldsymbol{z}))=1$，即将生成数据判别为自然数据(注意这是生成模型阶段的要求)，即 $D(G(\boldsymbol{z}))$ 服从于自然数据的分布模型 $P(\tilde{\boldsymbol{x}})$，最终达到两个分布模型 $d(P(\tilde{\boldsymbol{x}}),P(\boldsymbol{x}))$ 尽可能接近。

最后，依据式(2.51)中的数据，结合式(2.54)的损失函数，得到基于判别模型的优化目标函数为

$$\min_{\boldsymbol{\theta}^D} J(\boldsymbol{\theta}^D)=\left\{-\frac{1}{T}\left[\begin{array}{l}\sum_{t=1}^{T}\delta(y^{(t)}(1)=\text{real})\log(D(\boldsymbol{x}^{(t)}))+\\ \sum_{t=1}^{T}\delta(y^{(t)}(2)=\text{fake})\log(1-D(\tilde{\boldsymbol{x}}^{(t)}))\end{array}\right]\right\} \tag{2.58}$$

通常由于自然数据与生成数据分别对应着真伪标签，所以式(2.58)中蕴含

$$\begin{cases}\delta(y^{(t)}(1)=\text{real})=1\\ \delta(y^{(t)}(2)=\text{fake})=1\end{cases} \tag{2.59}$$

其中，$\delta(\cdot)$ 为狄利克雷函数。在优化目标公式(2.58)的基础上，融入生成模型的要求，得到最后优化目标函数：

$$\min_{\boldsymbol{\theta}^D}\ \min_{\boldsymbol{\theta}^G} J(\boldsymbol{\theta}^D,\boldsymbol{\theta}^G)=\left\{-\frac{1}{T}\left[\begin{array}{l}\sum_{t=1}^{T}\log(D(\boldsymbol{x}^{(t)},\boldsymbol{\theta}^D))+\\ \sum_{t=1}^{T}\log(1-D(G(\boldsymbol{z}^{(t)},\boldsymbol{\theta}^G),\boldsymbol{\theta}^D))\end{array}\right]\right\} \tag{2.60}$$

3. 生成对抗网络的理论分析

众所周知，经典的 GAN 有着严格的系统理论分析与收敛性证明，即假设生成模型和判别模型都有足够的性能的条件下，如果在迭代过程中的每一步，判别模型都可以达到当下在给定生成模型时的最优值，并在这之后再更新生成模型，那么最终生成数据的概率分布函数就一定会收敛于自然数据的概率分布函数。I. Goodfellow 等最初假设判别模型具有无限区分能力，即不论生成数据以任意小的误差或准则接近自然数据，判别模型均可有效地识别。若生成数据的分布函数与自然数据的分布函数接近，但其支撑集互不相交或重叠(特别当这两个分布函数是低维流型的时候)，则生成模型所对应的优化目标函数(即詹森香农散度，它给出了生成数据与自然数据所对应分布函数之间的差异性)关于参数的偏导数退化为一常数，从而导致梯度消失，发生梯度弥散现象，换言之判别模型越好，生成模型的梯度消失越严重。

为了有效地解决这一问题，目前从理论分析上，学者提出了两个思路，一种是修正生成模型的优化目标函数，即利用 Wasserstein 距离衡量生成数据与自然数据所对应分布函数之间的差异性，替代传统的詹森香农散度，记为 Wasserstein-GAN。另一种是关于判别器具有无限可分性的假设，修正为自然数据的概率分布特性具有 Lipschitz 连续且(有限阶)可微性，从而优化目标函数变为：在生成数据的分布函数与自然数据的分布函数尽可能一致的条件下(利用二者差的期望衡量一致性)，优化判别器带有有限阶 Lipschitz 概型约束的可分能力，记为损失敏感度生成对抗网络(loss-sensitive GAN)，本质上，它与 Wasserstein-GAN 具有一定的相似性。

2.6 神经计算应用

自从深度神经网络诞生以来，神经计算在各个领域的应用越来越广泛。结合2.5节介绍的3种神经网络模型，本节将介绍这些模型在文字识别、语音识别及图像生成中的应用。

2.6.1 文字识别

1. 文字识别简介

文字识别又称为光学字符识别(Optical Character Recognition，OCR)，是将图像信息转化为计算机可表示和处理的符号序列的一个过程。OCR可以分为两类：手写体识别和印刷体识别。显然相较于印刷体识别，手写体识别要困难得多。因为人类手写的字往往带有个人特色，每个人写字的风格基本不一样，虽然人类可以轻易读懂手写文字，但是对于机器却很难。传统文字识别手法基本都采用基于模板匹配的方式，对特征描述要求非常苛刻，很难满足复杂场景下的识别任务。深度学习抛弃了传统人工设计特征的方式，利用海量标定样本数据以及大规模GPU集群的优势让机器自动学习特征和模型参数，能一定程度上弥补底层特征与高层语义之间的不足。

近些年深度学习在人脸识别、目标检测与分类中达到了前所未有的高度，也开启了深度学习在文字分类的新浪潮。深度卷积神经网络(Deep CNN，DCNN)是一种包含多个卷积层的CNN，即将人工神经网络与图像处理中的二维离散卷积运算相结合。这个技术已成为语音分析和图像识别领域最好的工具。DCNN采用了基于局部感知区域、共享权重和空间下采样等技术，对输入信号的平移、比例缩放、倾斜等变形操作具有高度不变性的特点。其次，其多层次的滤波结构和分类器的紧密结合，能够对输入信号进行"端到端"的处理，避免了传统算法中复杂的特征提取和数据重建过程。

2. 基于DCNN的手写数字识别

为了说明深度卷积神经网络在手写体识别方面的效果，采用经典的DCNN结构LeNet-5，在MNIST手写体数字数据集上进行实验。其中该数据集包含60000张训练图片和10000张测试图片，这些手写字体包含数字0～9，也就是相当于10个类别的图片，每张图片大小为32×32。它建立于20世纪80年代，是NIST(National Institute of Standards and Technology)数据库的子集，具体如图2.20所示。

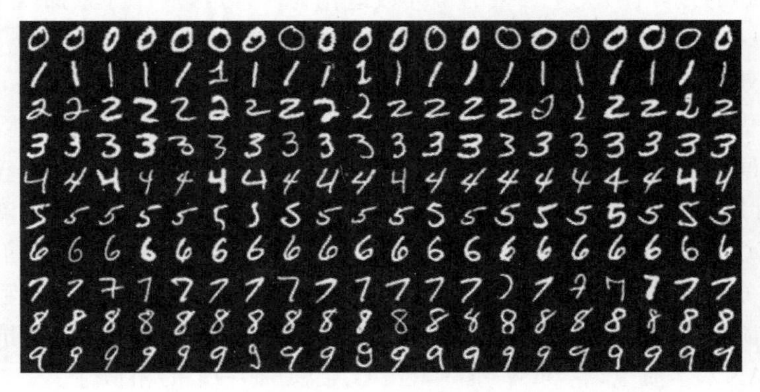

图2.20 MNIST数据集

本节方法实现的总体流程如图 2.21 所示。

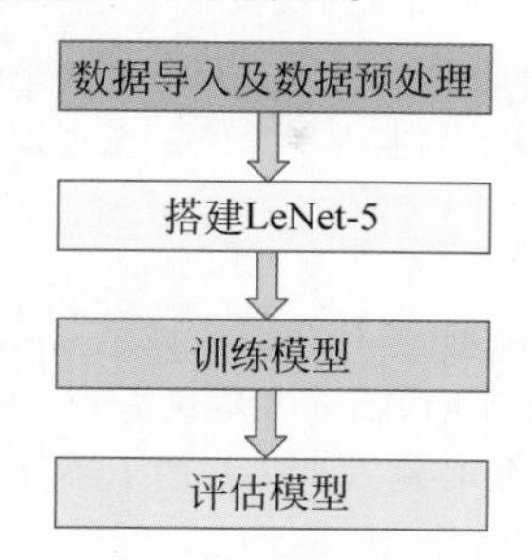

图 2.21　本节算法总流程

LeNet-5 模型如图 2.22 所示。

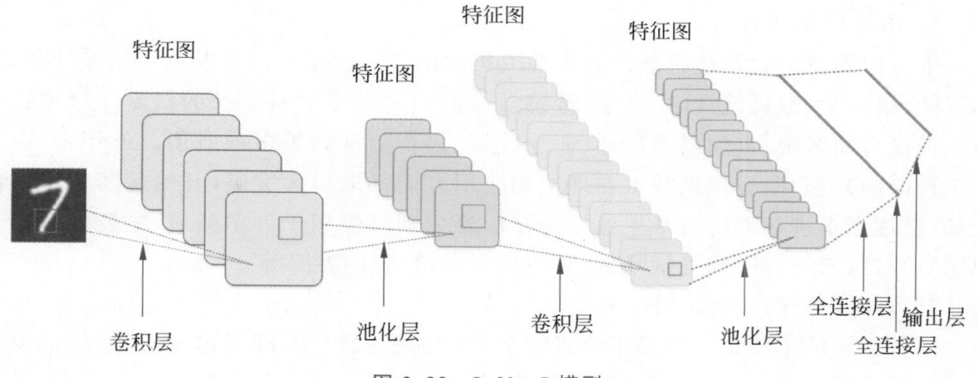

图 2.22　LeNet-5 模型

从图 2.22 的 LeNet-5 模型中,可以了解到该模型由以下结构组成,采用 LeNet-5 模型的 DCNN 实现算法见算法 2.2。

第一层:卷积层,这一层输入为原始图像,该模型接收的图像大小为 32×32×1,有 6 个 5×5 卷积核,步长为 1,不使用全 0 填充,所以本层输出大小为 32－5＋1＝28,深度为 6。

第二层:池化层,该层的输入为第一层的输出,是一个 28×28×6 的节点矩阵。本层采用的过滤器大小为 2×2,长和宽的步长均为 2,本层的输出矩阵大小为 14×14×6。

第三层:卷积层,本层输入矩阵大小为 14×14×6,16 个 5×5 卷积核,同样不使用全 0 填充,步长为 1,本层的输出矩阵大小为 10×10×16。

第四层:池化层,该层使用大小为 2×2 的过滤器,步长为 2,本层输出矩阵大小为 5×5×16。

第五层:全连接层,在全连接层之前,需要将 5×5×16 的矩阵"压扁"为一个向量。本层的输出节点个数为 120。

第六层:全连接层,该层输出节点个数为 84。

第七层:输出层,全连接＋Softmax 激活函数,输出节点个数为 10,即为样本的标签个数。

算法2.2：基于DCNN的手写数字识别具体实现步骤
Step1：导入MNIST数据集。对MNIST数据集进行一些简单的预处理，将输入数据的数据类型转换为float32，并进行归一化。对标签进行one-hot编码(因为最后输出节点个数为10，而标签只有一维)。
Step2：搭建LeNet-5模型。
Step3：训练模型。在训练LeNet-5模型时，优化器选择Adam，损失函数选择多分类交叉熵损失函数，总共训练50个历元(epoch)，BatchSize设为64，学习率设置为0.01。
Step4：评估模型。将测试集中样本集合输入训练好的LeNet-5模型中，得到测试数据集的准确率为97%。

2.6.2　语音识别

1. 语音识别简介

语音识别技术就是让智能设备听懂人类的语音。它是一门涉及数字信号处理、人工智能、语言学、数理统计学、声学、情感学及心理学等多学科交叉的科学。这项技术可以提供自动客服、自动语音翻译、命令控制、语音验证码等多项应用。近年来，随着人工智能的兴起，语音识别技术在理论和应用方面都取得大突破，开始从实验室走向市场，已逐渐走进我们的日常生活。现在语音识别已经用于许多领域，主要包括语音识别听写器、语音寻呼和答疑平台、自主广告平台、智能客服等。

2. 语音识别系统及过程

语音识别的本质是一种基于语音特征参数的模式识别，即通过学习，系统能够把输入的语音按一定模式进行分类，进而依据判定准则找出最佳匹配结果。目前，模式匹配原理已经被应用于大多数语音识别系统中。图2.23是基于模式匹配原理的语音识别原理。一般的模式识别包括预处理、特征提取、模式匹配等基本模块。如图2.23所示，首先对输入语音进行预处理，其中预处理包括分帧、加窗、预加重等。其次是特征提取，因此选择合适的特征参数尤为重要。常用的特征参数包括：基音周期、共振峰、短时平均能量或幅度、线性预测系数、感知加权预测系数、短时平均过零率、线性预测倒谱系数、自相关函数、梅尔倒谱系数、小波变换系数、经验模态分解系数、伽马通滤波器系数等。在进行实际识别时，要对测试语音按训练过程产生模板，最后根据失真判决准则进行识别。常用的失真判决准则有欧氏距离、协方差矩阵与贝叶斯距离等。

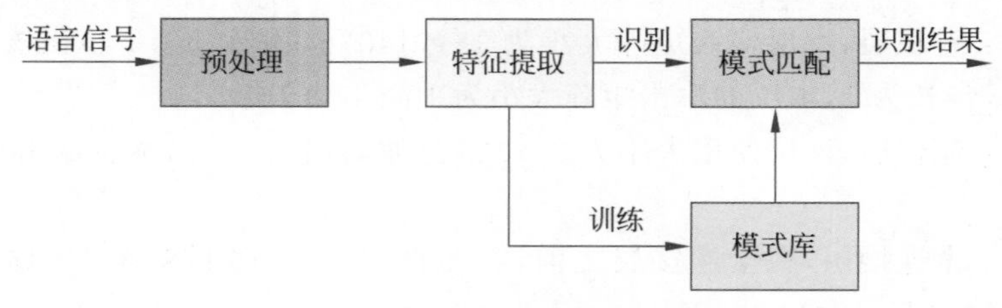

图2.23　语音识别基本原理图

3. 语音识别技术的分类

从语音识别算法的发展来看，语音识别技术主要分为三大类，第一类是模型匹配法，包括向量量化(Vector Quantization，VQ)、动态时间规整(Dynamic Time Warping，DTW)等；第二类是概率统计方法，包括高斯混合模型(Gaussian Mixture Model，GMM)、隐马尔可夫模型(Hidden Markov Model，HMM)等；第三类是辨别器分类方法，如支持向量机、ANN 和 DNN 等以及多种组合方法。下面对主流的识别技术做简单介绍。

1）动态时间规整

语音识别中，由于语音信号的随机性，即使同一个人发的同一个音，只要说话环境和情绪不同，时间长度也不尽相同，因此时间规整是必不可少的。DTW 是一种将时间规整与距离测度有机结合的非线性规整技术，在语音识别时，需要把测试模板与参考模板进行实际比对和非线性伸缩，并依照某种距离测度选取距离最小的模板作为识别结果输出。DTW 技术的引入，将测试语音映射到标准语音时间轴上，使长短不等的两个信号最后通过时间轴弯折达到一样的时间长度，进而使得匹配差别最小，结合距离测度，得到测试语音与标准语音之间的距离。

2）隐马尔可夫模型

HMM 是一种统计模型，目前多应用于语音信号处理领域。在该模型中，马尔可夫链中的一个状态是否转移到另一个状态取决于状态转移概率，而某一状态产生的观察值取决于状态生成概率。在进行语音识别时，HMM 首先为每个识别单元建立发声模型，通过长时间训练得到状态转移概率矩阵和输出概率矩阵，在识别时根据状态转移过程中的最大概率进行判决。

3）高斯混合模型

GMM 是单一高斯概率密度函数的延伸，GMM 能够平滑地近似任意形状的密度分布。GMM 可以看作是由多个单高斯模型（Single Gaussian Model，SGM）组合而成的。根据高斯概率密度函数（Probability Density Function，PDF）参数的不同，每个高斯模型可以看作一种类别，输入一个样本 x，即可通过 PDF 计算其值，然后通过一个阈值判断该样本是否属于高斯模型。很明显，SGM 适合于仅有两类别问题的划分，而 GMM 由于具有多个模型，划分更为精细，适用于多类别的划分，可以应用于复杂对象建模。目前在语音识别领域，GMM 需要和 HMM 一起构建完整的语音识别系统。

4）卷积神经网络

CNN 早在 2012 年就被用于语音识别系统，并且一直以来都有很多研究人员积极投身于基于 CNN 的语音识别系统的研究，但始终没有大的突破。最主要的原因是他们没有突破传统前馈神经网络采用固定长度的帧拼接作为输入的思维定式，从而无法看到足够长的语音上下文信息。另外一个原因是只将 CNN 视作一种特征提取器，因此所用的卷积层数很少，一般只有 1～2 层，这样的卷积网络表达能力十分有限。针对这些问题，有学者提出了一种名为深度全序列卷积神经网络（Deep Fully Convolutional Neural Network，DFCNN）的语音识别框架，使用大量的卷积层直接对整句语音信号进行建模，可以更好地表达了语音的长时相关性。它直接将一句语音转化成一张图像作为输入，即先对每帧语音进行傅里叶变换，再将时间和频率作为图像的两个维度，然后通过非常多的卷积层和池化层的组合，对整句语音进行建模，输出单元直接与最终的识别结果（比如音节或者汉字）相对应。

5）循环神经网络

语音识别需要对波形进行加窗、分帧、提取特征等预处理。训练 GMM 时，输入特征一般只能是单帧的信号，而对于 DNN 来说可以采用拼接帧作为输入，这些是 DNN 相比 GMM 可以获得很大性能提升的关键因素。然而，语音是一种各帧之间具有很强相关性的复杂时变信号，这种相关性主要体现在说话时的协同发音现象上，往往前后好几个字对正要说的字都有影响,也就是语音的各帧之间具有长时相关性。考虑到语音信号的长时相关性,一个自然而然的想法是选用具有更强长时建模能力的神经网络模型。于是,RNN 近年来逐渐成为主流的语音识别建模方案。RNN 在隐藏层上增加了一个反馈连接,RNN 隐藏层当前时刻的输入有一部分是前一时刻的隐藏层输出,这使得 RNN 可以通过循环反馈连接看到前面所有时刻的信息,这赋予了 RNN 记忆功能。这些特点使得 RNN 非常适合用于时序信号的建模。

2.6.3　图像生成

1. 图像生成简介

近年来,使用深度学习技术生成数据的研究发展迅速,并且可以生成图像和语言等数据的方法得到了广泛研究。在图像生成领域,一些最先进的深度生成模型可以生成无法与真实数据区分的图像。生成性图像模型可以分为 3 类:可变自动编码器使用变分推理共同学习图像和潜在代码之间的编码器和解码器映射;自回归方法通过在所有先前像素上调节每个像素来建模似然性;GAN 共同学习用于合成图像的生成器和将图像分类为真实或虚假的判别器。

GAN 是一种基于博弈论的生成模型,在机器学习应用中取得了突破。GAN 的思想就是利用博弈不断地优化生成器和判别器从而使生成的图像与真实图像在分布上越来越相近。GAN 生成的图像比较清晰,在很多 GAN 的拓展工作中也取得了很大的提高。最早 GAN 的提出是为了通过生成模型和判别模型对抗来达到对生成图像最大相似度的伪装,比起变分自编码器(Variational AutoEncoder,VAE)生成的图像会比较清晰。但是原始 GAN 模型本身也存在一些问题,主要的问题有两个:①判别器越好,生成器的梯度消失越严重,这样会导致在网络训练上很多时候生成器的参数基本上不会发生改变。②由于网络是对抗式的,常常会造成训练时模型的崩溃,在训练时往往需要权衡训练的生成器与判别器的参数来防止崩溃的发生。这样在实际的应用上也带来很多不便。

然而 GAN 存在的问题并没有限制 GAN 的发展,在 GAN 改进和应用方面的文章层出不穷。WGAN 和 WGAN-GP 首先分析了原始 GAN 的问题,前者通过对生成样本和真实样本加噪声使得两个分布产生重叠,理论上可以解决训练不稳定的问题;后者引入梯度惩罚,使得 GAN 训练更加稳定,收敛更快,同时能够生成更高质量的样本。LSGAN 使用最小二乘损失函数代替了原始 GAN 的损失函数,让模型在训练的过程中更多地关注真实度不高的样本,缓解了 GAN 训练不稳定和生成图像质量差多样性不足的问题。DCGAN 将 CNN 引入生成器和判别器,借助 CNN 更强的拟合与表达能力,缓解 GAN 问题的同时,大大提高了生成图像的能力。

此外,在研究中也产生了很多 GAN 的变种,比较突出的有将 GAN 与 Encoder 结合起来的 BiGAN 和 ALI,与 VAE 结合起来的 VAE-GAN,添加额外辅助分类器的 ACGAN,以及添加监督信息的 cGAN,引入信息理论的 infoGAN 和引入能量的概念与方法的 EBGAN 等。这些变种在不同的目标上增强了 GAN 模型的拟合能力与鲁棒性,极大地扩展了 GAN 的应用范围。

2. 基于 DCGAN 的手写数字生成

DCGAN 由 A. Radford 等提出,是上述 GAN 的改进算法,区别在于它分别在判别器和生成器中明确地使用了卷积和卷积转置层。

DCGAN 引入了卷积神经网络，使用卷积神经网络进行生成器和判别器的构造，结构与朴素 GAN 基本相同，DCGAN 的模型如图 2.24 所示。为了能够说明 GAN 网络在手写体生成方面的效果，算法 2.3 采用 DCGAN 在 MNIST 手写体数字数据集上进行实验性说明，其训练结果如图 2.25 所示。

算法 2.3：基于 DCGAN 的手写数字生成具体实现步骤

Step1：导入 MNIST 数据集。对于 MNIST 数据集做一些简单的预处理，将输入数据的数据类型转换为 float32，并进行归一化。

Step2：搭建 DCGAN 模型。

构造生成器：①选一个随机噪声向量 **Z**，通过全连接层将其重塑为 7×7×256 张量。②使用转置卷积，将 7×7×256 张量转换为 14×14×128 张量。③应用批归一化和 LeakyReLU 激活函数。④使用转置卷积，将 14×14×128 张量转换为 14×14×64 张量。注意：宽度和高度尺寸保持不变。⑤应用批归一化和 LeakyReLU 激活函数。⑥使用转置卷积，将 14×14×64 张量转换为输出图像大小 28×28×1。⑦应用 tanh 激活函数。

构造判别器：①使用卷积层将 28×28×1 的输入图像转换为 14×14×32 的张量。②应用 LeakyReLU 激活函数。③使用卷积层将 14×14×32 的张量转换为 7×7×64 的张量。④应用批归一化和 LeakyReLU 激活函数。⑤使用卷积层将 7×7×64 的张量转换为 3×3×128 的张量。⑥应用批归一化和 LeakyReLU 激活函数。⑦将 3×3×128 张量扩展成大小为 3×3×128=1152 的向量。⑧使用全连接层，输入 Sigmoid 函数计算输入图像是否真实的概率。

Step3：训练模型。在训练 DCGAN 模型时，优化器选择 Adam，总共训练 20000 个历元(epoch)，BatchSize 设为 128。

Step4：模型评估。将测试集中样本集合输入训练好的 DCGAN 模型中，得到测试数据集的准确率。

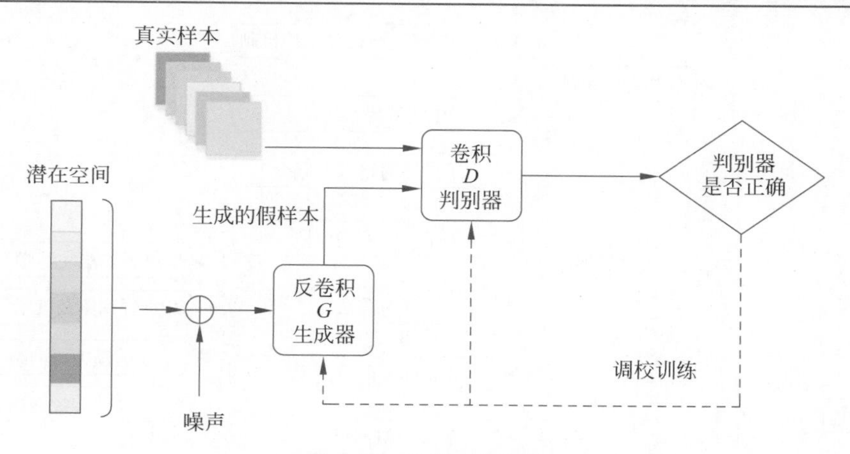

图 2.24 DCGAN 模型

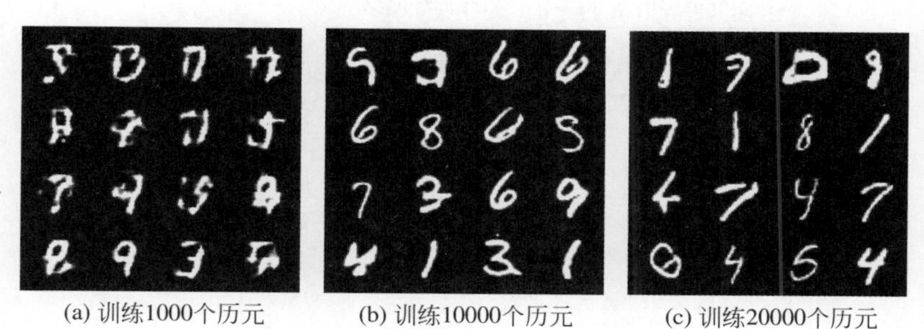

图 2.25 DCGAN 模型训练结果

本章小结

本章重点介绍了神经计算中人工神经网络的基本原理、学习机理以及基本的学习算法。其中,从生物神经系统到人工神经网络模型的构建、从单层感知器到BP神经网络的学习算法以及在神经网络中常用的学习规则是学习人工神经网络的重要基础。本章根据神经网络的信息传播方式将其分为了前馈神经网络和反馈神经网络,并通过简要概述从神经网络到深度学习的发展过程,使读者对人工神经网络有一个整体的认识。在此基础上,介绍了几种常见的深度网络: CNN、RNN 和 GAN。最后,对神经计算在文字识别、语音识别、图像生成等领域的应用做了简单介绍。

神经网络的发展曾经历过两次低谷时期,而被誉为"深度学习之父"的 G. Hinton 教授正是这两次低谷时期的亲历者。在神经网络的低谷期,几乎没有政府再资助神经网络研究,几乎所有的神经网络公司都关门大吉,艰难严峻的形势也导致了学术界对该方向的学术热情大幅下降。在漫长的寒冬和低潮中,G. Hinton 几十年如一日地秉持对神经网络的坚持,培育了众多杰出的学者。在神经网络的漫长的第二个低谷期,正是 G. Hinton 和其他学者的坚持才迎来了第三周期的复兴,而且势头远远大于前面两次。G. Hinton 和另外两位学者获得 2018 年图灵奖正是众望所归。希望我们能够从这些优秀学者身上学到坚持不懈、不畏艰难的精神,在选定正确的奋斗目标后,能够始终不忘初心,砥砺前行。

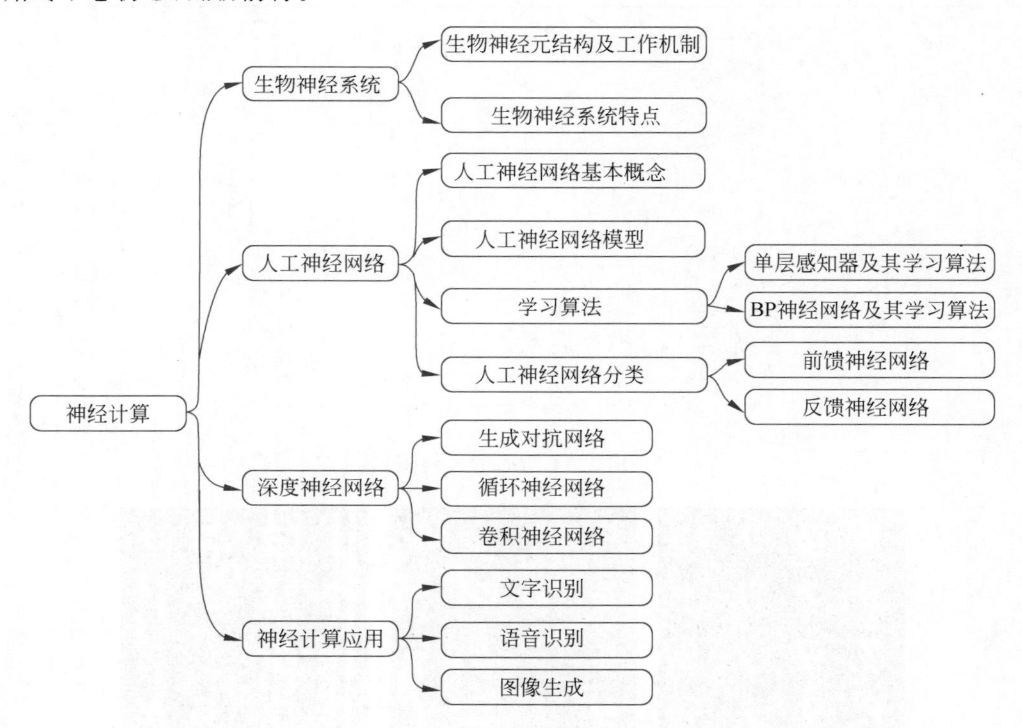

习题

1. 思考人工神经网络和生物神经系统的相似之处，理解人工神经网络的学习机理。

2. 说明感知器的主要局限性，并分析提高感知器的分类能力的途径有哪些。

3. 常见的激活函数有哪些？它们有什么优缺点？它们分别适用哪些情况？

4. 何为BP网络？试述BP学习算法的步骤。

5. 试设计一个前馈神经网络解决异或问题，要求该前馈神经网络具有两个隐藏神经元和一个输出神经元，并使用ReLU作为激活函数。

6. 假设图像的输入为[[1,2,3,4],[5,6,7,8],[0,1,1,1],[2,3,4,5]]，卷积核为[[1,0],[0,1]]，卷积步长为2，计算卷积结果。

7. 某单层感知器的变换函数为符号函数，学习率为$\eta=1$，初始化权向量$\boldsymbol{W}(0)=(1,0,1)^{\mathrm{T}}$，两对输入样本为$\boldsymbol{X}^1=(-1,2,1)^{\mathrm{T}}, d^1=-1, \boldsymbol{X}^2=(-1,0,-1)^{\mathrm{T}}, d^2=1$。试用感知器学习规则对以上样本进行反复训练，直到网络输出误差为零，写出每一训练步骤中的净输入。

8. 试编程实现BP算法，利用表2.2数据训练一个单隐层网络，实现二分类任务。

表 2.2 数据表

编号	特征一	特征二	类别
1	0.697	0.46	1
2	0.774	0.376	1
3	0.634	0.264	1
4	0.608	0.318	1
5	0.556	0.215	1
6	0.403	0.237	1
7	0.481	0.149	1
8	0.437	0.211	1
9	0.666	0.091	0
10	0.243	0.267	0
11	0.245	0.057	0
12	0.343	0.099	0
13	0.639	0.161	0
14	0.657	0.198	0
15	0.36	0.37	0
16	0.593	0.042	0
17	0.719	0.103	0

9. 总结CNN、RNN和GAN的特点。对比分析几种网络的异同以及分别适用于解决什么问题。

10. 假设一个卷积层的输入特征图的尺寸为$l_{\mathrm{w}}\times l_{\mathrm{h}}$，卷积核大小为$k_{\mathrm{w}}\times k_{\mathrm{h}}$，步长为$s_{\mathrm{w}}\times s_{\mathrm{h}}$，则输出特征图的尺寸如何计算？如果输入特征图的通道数为c_{i}，输出特征图的通道为c_{o}，在不考虑偏置项的情况下，卷积层的参数量和计算量是多少？

11. 尝试设计CNN和RAN，利用手写体数据集MINIST进行图像识别和图像生成实验。

参考文献

[1] 焦李成.神经网络计算[M].西安：西安电子科技大学出版社，1993.

[2] 焦李成.神经网络的应用与实现[M].西安：西安电子科技大学出版社，1992.

[3] 焦李成.神经网络系统理论[M].西安：西安电子科技大学出版社，1990.

[4] 陈雯柏.人工神经网络原理与实践[M].西安：西安电子科技大学出版社，2006.

[5] 高隽.人工神经网络原理及仿真实例[M].北京：机械工业出版社，2003.

[6] 韩力群.人工神经网络教程[M].北京：北京邮电大学出版社，2006.

[7] 焦李成，赵进，杨淑媛，等.深度学习、优化与识别[M].北京：清华大学出版社，2017.

[8] Sun Z J，Xue L，Yang-Ming X U，et al. Overview of deep learning[J]. Application Research of Computers，2012.

[9] Bouvrie J. Notes on convolutional neural networks[J]. Neural Nets，2006：47-60.

[10] Fukushima K. Neocognitron：A self-organizing neural network model for a mechanism of pattern recognition unaffected by shift in position[J]. Biological Cybernetics，1980，36(4)：193-202.

[11] Lecun Y，Bottou L，Bengio Y，et al. Gradient-based learning applied to document recognition [J]. Proceedings of the IEEE，1998，86(11)：2278-2324.

第3章

模糊计算

不确定性的产生有多种原因，如随机性、模糊性等。处理随机性的理论基础是概率论，处理模糊性的基础是模糊集合论。模糊集合论是由 L. A. Zadeh 于 1965 年提出的。随后，他又将模糊集合论应用于近似推理方面，形成了可能性理论。近似推理的基础是模糊逻辑(fuzzy logic)，它建立在模糊理论的基础上，是一种处理不精确描述的软计算，它的应用背景是自然语言理解。可以说模糊逻辑是直接建立在自然语言上的逻辑系统，与其他逻辑系统相比较，它考虑了更多的自然语言成分。按照 Zadeh 的说法，模糊逻辑就是词语上的计算。

自模糊逻辑和可能性理论提出后，经过 Zadeh 和其他研究者的共同努力，模糊逻辑和可能性理论取得了很大的发展，并已经广泛地应用于专家系统和智能控制中。在人工智能领域里，特别是在知识表示方面，模糊逻辑有相当广阔的应用前景。

3.1 模糊集合

3.1.1 模糊集合的定义

模糊集合(fuzzy set)是经典集合的扩充[1]。首先介绍集合论中的几个名词。

论域：所讨论的全体对象称为论域。一般用 U、E 等大写字母表示论域。

元素：论域中的每个对象。一般用 a、b、c、x、y、z 等小写字母表示论域中的元素。

集合：论域中具有某种相同属性的、确定的、可以彼此区别的元素的全体，常用 A、B、C、X、Y、Z 等表示集合。

在经典集合中，元素 a 和集合 A 的关系只有两种：a 属于 A 或 a 不属于 A，即只有两个真值“真”和“假”。

例如，若定义 18 岁以上的人为“成年人”集合，则一位超过 18 岁的人属于“成年人”集合，而另外一位不足 18 岁的人，哪怕只差一天也不属于该集合。

经典集合可用特征函数表示。例如,“成年人”集合可以表示为

$$\mu_{成年人}(x)=\begin{cases}1, & x \geqslant 18 \\ 0, & x < 18\end{cases} \tag{3.1}$$

如图 3.1 所示,这是一种对事物的二值描述,即二值逻辑。

经典集合只能描述确定性的概念,而不能描述现实世界中模糊的概念。例如,“天气很热”等概念。模糊逻辑模仿人类的智慧,引入隶属度(degree of membership)的概念,描述介于“真”与“假”中间的过程。隶属度是一个命题中所描述的事物的属性、状态和关系等的强度。

模糊集合中每个元素被赋予一个 0～1 的实数,描述其元素属于这个模糊集合的强度,该实数即为该元素属于这个模糊集合的隶属度,模糊集合中所有元素的隶属度全体构成模糊集合的隶属度函数。如上述例子中,一个人变成“成年人”的过程可用连续曲线表示,如图 3.2 所示。

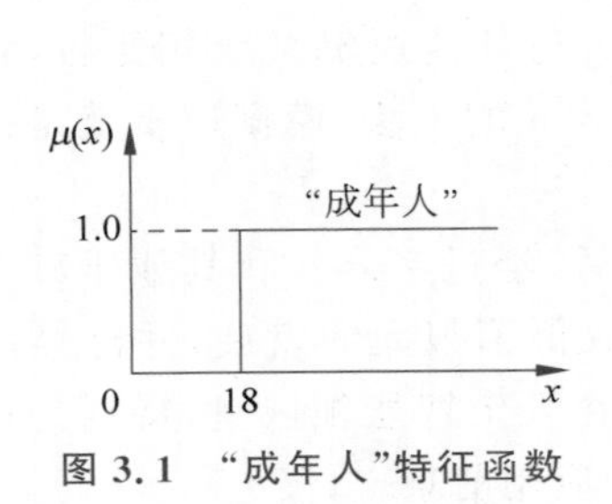

图 3.1　“成年人”特征函数

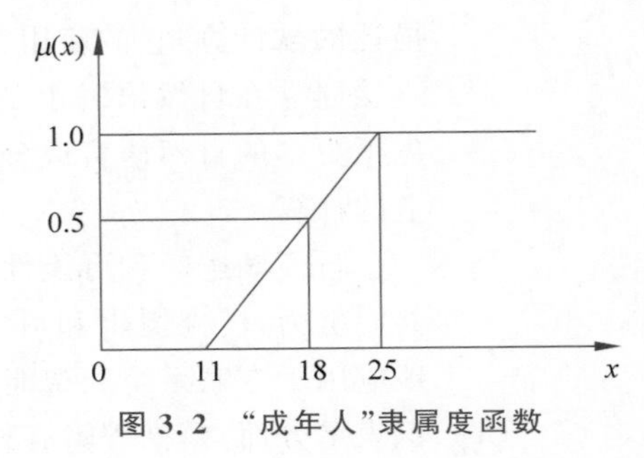

图 3.2　“成年人”隶属度函数

模糊集合是经典集合的推广。实际上,经典集合是模糊集合中隶属度函数取 0 或 1 时的特例。

3.1.2　隶属度函数定义

模糊集合中所有元素的隶属度全体构成模糊集合的隶属度函数。隶属度函数(membership function)是用于表征模糊集合的数学工具。隶属度函数对应的每个隶属度描述某个元素 u 对 U 上的一个模糊集合的隶属关系,由于这种关系的不分明性,它用从区间[0,1]中所取的数值表示元素属于某模糊集合的“真实程度”。对于模糊集合来说,某一集合中的每个元素的隶属度代表了这些元素属于该集合的程度,隶属度函数可以是离散的,也可以是连续的[2]。

如图 3.3 所示,黑色曲线就是一个隶属度函数,0 表示不属于,1 表示完全属于。由于集合的模糊性,因此需要用在[0,1]的数代替 0 和 1 表示元素属于模糊集合的程度。

下面介绍在模糊控制中常见的几种隶属度函数类型。

(1) 矩形分布的隶属度函数如图 3.4 所示,可表示为

$$\mu(x)=\begin{cases}0, & x < a \\ 1, & a \leqslant x \leqslant b \\ 0, & b < x\end{cases} \tag{3.2}$$

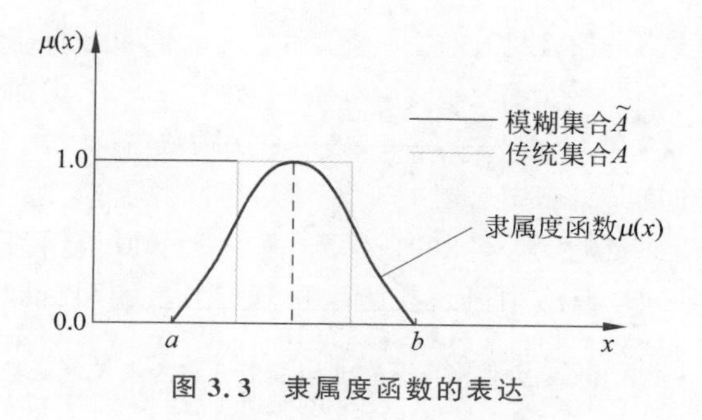

图 3.3 隶属度函数的表达

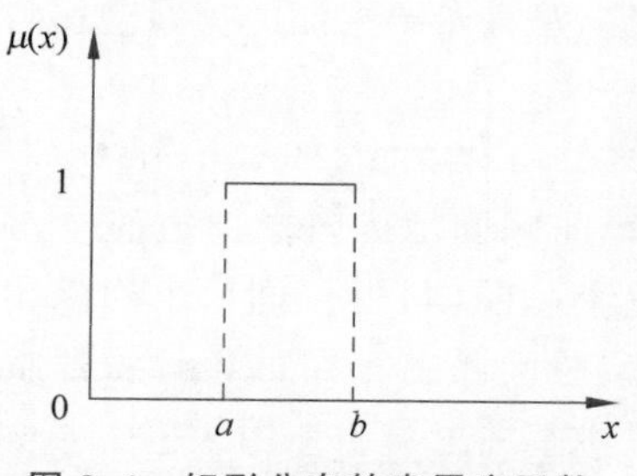

图 3.4 矩形分布的隶属度函数

(2) 梯形分布(中间型)的隶属度函数如图 3.5 所示,可表示为

$$\mu(x)=\begin{cases}\dfrac{x-a}{b-a}, & a\leqslant x<b\\ 1, & b\leqslant x<c\\ \dfrac{d-x}{d-c}, & c\leqslant x\leqslant d\\ 0, & x<a \text{ 或 } x>d\end{cases} \tag{3.3}$$

(3) K 次抛物型分布的隶属度函数如图 3.6 所示,可表示为

$$\mu(x)=\begin{cases}\left(\dfrac{x-a}{b-a}\right)^k, & a\leqslant x<b\\ 1, & b\leqslant x<c\\ \left(\dfrac{d-x}{d-c}\right)^k, & c\leqslant x\leqslant d\\ 0, & x<a \text{ 或 } d<x\end{cases} \tag{3.4}$$

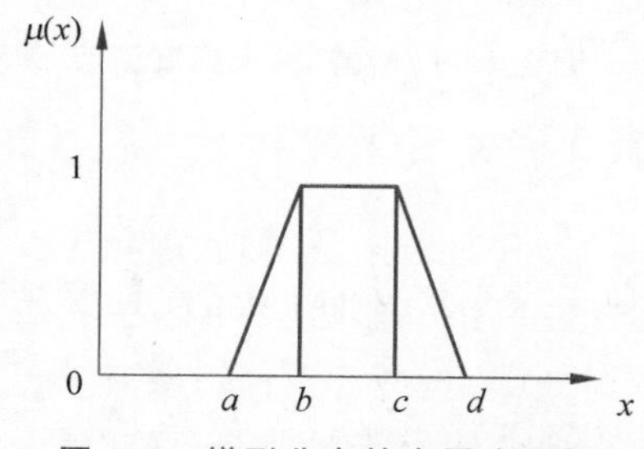

图 3.5 梯形分布的隶属度函数

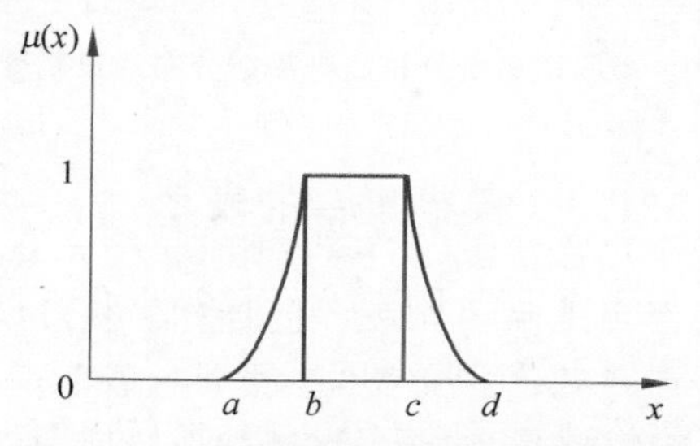

图 3.6 K 次抛物型分布的隶属度函数

(4) 高斯分布或半高斯分布可以分为 3 种。偏小型高斯分布的隶属度函数如图 3.7 所示,可表示为

$$\mu(x)=\begin{cases}1, & x\leqslant a\\ \mathrm{e}^{-\left(\frac{x-a}{\sigma}\right)^2}, & a<x\end{cases} \tag{3.5}$$

偏大型高斯分布或半高斯分布的隶属度函数如图 3.8 所示,可表示为

$$\mu(x)=\begin{cases}0, & x\leqslant a\\ 1-\mathrm{e}^{-\left(\frac{x-a}{\sigma}\right)^2}, & a<x\end{cases} \tag{3.6}$$

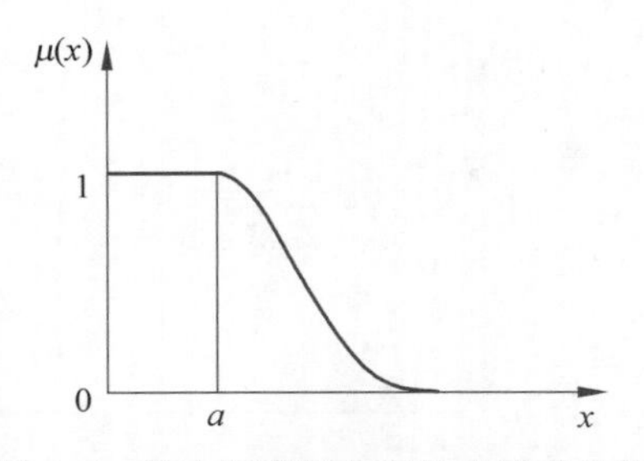

图 3.7　偏小型高斯分布的隶属度函数

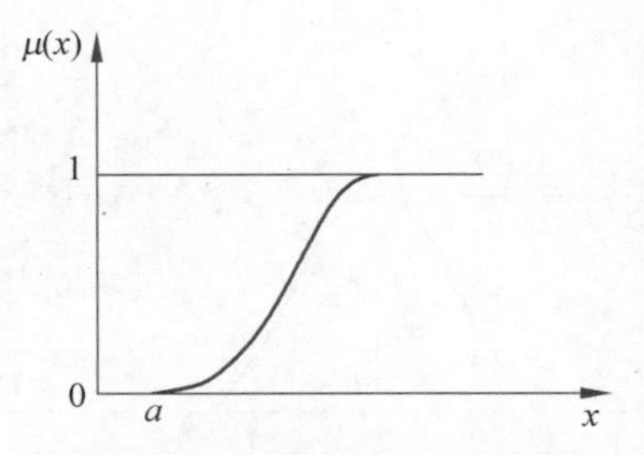

图 3.8　偏大型高斯分布或半高斯分布的隶属度函数

中间型高斯分布或半高斯分布的隶属度函数如图 3.9 所示，可表示为

$$\mu(x)=\mathrm{e}^{-\left(\frac{x-a}{\sigma}\right)^2},\quad -\infty<x<+\infty \tag{3.7}$$

上述例子中模糊集合“年老”的隶属度函数如图 3.10 所示，其可以表示为

$$\mu_A(x)=\begin{cases}0, & 0\leqslant x\leqslant 50\\ \left[1+\left(\dfrac{5}{x-50}\right)^2\right]^{-1}, & 50<x\leqslant 200\end{cases} \tag{3.8}$$

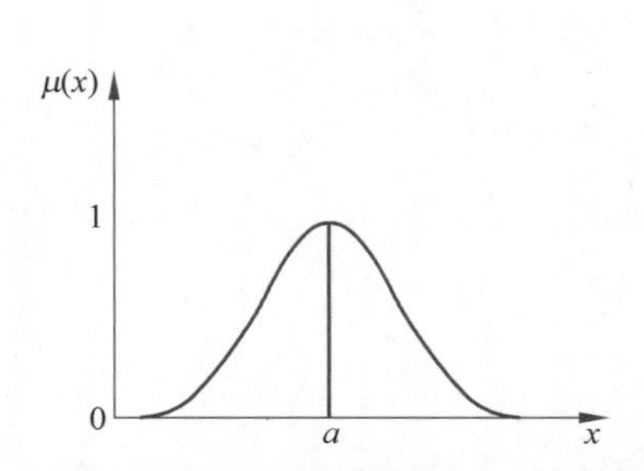

图 3.9　中间型高斯分布或半高斯分布的隶属度函数

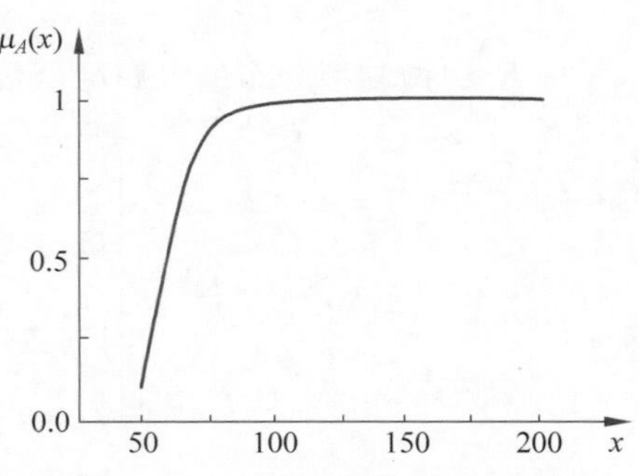

图 3.10　“年老”的隶属度函数

3.1.3　模糊集合的表示

与经典集合不同的是，模糊集合不仅要列出属于这个集合的元素，而且要注明这个元素属于这个集合的隶属度。

当论域中元素数目有限时，模糊集合 A 的数学描述为

$$A=\{(x,\mu_A(x),x\in X)\} \tag{3.9}$$

其中，$\mu_A(x)$为元素 x 属于模糊集 A 的隶属度，X 是元素 x 的论域。

（1）Zadeh 表示法。当论域是离散且元素数目有限时，模糊集合的 Zadeh 表示为

$$A=\frac{\mu_A(x_1)}{x_1}+\frac{\mu_A(x_2)}{x_2}+\cdots+\frac{\mu_A(x_n)}{x_n}=\sum_{i=1}^{n}\frac{\mu_A(x_i)}{x_i} \tag{3.10}$$

当论域是连续的，或者其中元素数目无限时，Zadeh 将模糊集 A 表示为

$$A=\int_{x\in U}\frac{\mu_A(x_1)}{x_1} \tag{3.11}$$

（2）序偶表示法。模糊集合的序偶表示为

$$A=\{(\mu_A(x_1),x_1),(\mu_A(x_2),x_2),\cdots,(\mu_A(x_n),x_n)\} \tag{3.12}$$

（3）向量表示法。模糊集合的向量表示为

$$A=\{\mu_A(x_1),\mu_A(x_2),\cdots,\mu_A(x_n)\} \tag{3.13}$$

应注意，在向量表示法中，默认模糊集合中元素依次是 $x_1,x_2,\cdots,x_n$，所以隶属度为 0 的项不能省略。

3.1.4 隶属度函数确定方法

在模糊理论的应用中，面临的首要问题就是建立模糊集的隶属度函数。对于一个特定的模糊集来说，隶属度函数不仅基本体现了它所反映的模糊概念的特性，而且通过量化还可以实现相应的数学运算和处理。因此，"正确地"确定隶属度函数是应用模糊数学理论恰如其分地定量表达模糊概念的基础，也是利用模糊数学方法解决各种实际问题的关键。隶属度函数一般有以下的确定方法。

1. 直觉方法

直觉的方法是人们用自己对模糊概念的认识和理解，或者人们对模糊概念的普遍认同建立隶属度函数。这种方法通常用于描述人们熟知、有共识的客观模糊现象，或者用于难以采集数据的情形。虽然直觉的方法非常简单，也很直观，但它却包含着对象的背景、环境以及语义上的有关知识，也包含了对这些知识的语言学描述。因此，对于同一个模糊概念，不同的背景、不同的人可能会建立出不完全相同的隶属度函数。例如，对于模糊集 $A=\{$高个子$\}$，如果论域是"成年男性"，则可构造隶属度函数如图 3.11(a)所示；而如果论域是"初中一年级男生"，则可构造隶属度函数如图 3.11(b)所示。

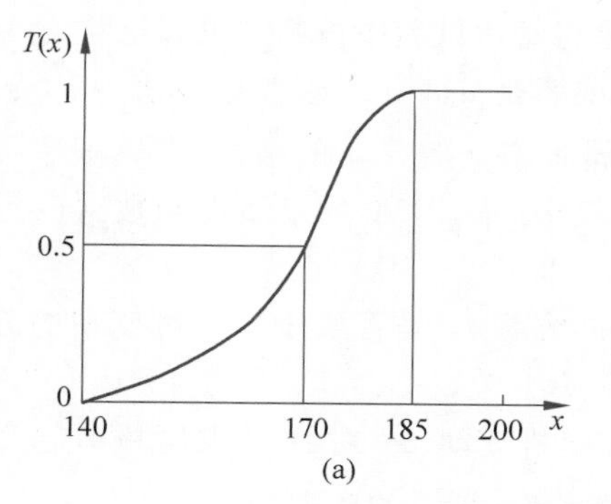

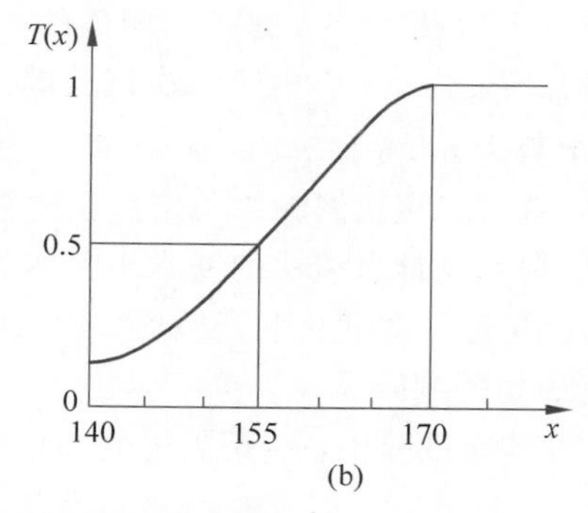

图 3.11 根据不同论域构建的隶属度函数图

2. 二元对比排序法

有些模糊概念不仅外延是模糊的，其内涵也不十分清晰，如"舒适性""满意度"等。对于这样的模糊集建立隶属度函数，实际上可以看成对论域中每个元素隶属于这个模糊概念的程度进行比较、排序。借鉴两两比较排序的思想，人们提出了确定隶属度函数的二元对比排序法。

二元对比排序法就是通过对多个对象进行两两对比来确定某种特征下的顺序，由此来决定这些对象对该特征的隶属度。这种方法更适用于根据事物的抽象性质由专家来确定隶属度函数的情形，可以通过多名专家或者一个委员会确定隶属度函数，是一种比较实用的确定隶属度函数的方法。设 $U=\{x,y,z,\cdots\}$ 为给定的论域，A 是某一模糊概念。二元对比排序法的实施步骤如下。

(1) 对任取的一对元素 $x,y\in U$ 进行比较,得到以 y 为标准时 x 隶属于 A 的程度值 $f_y(x)$,以及以 x 为标准时 y 隶属于 A 的程度值 $f_x(y)$。

(2) 计算相对优先度函数,有

$$f(x/y)=\frac{f_y(x)}{\max\{f_x(y),f_y(x)\}},\quad \forall x,y\in U \tag{3.14}$$

显然,$0\leqslant f(x/y)\leqslant 1,\forall x,y\in U$。

(3) 以 $f(x/y)$ 为元素构造一个矩阵 $\boldsymbol{G}$,称为相对优先矩阵,即

$$\boldsymbol{G}=\begin{bmatrix} f(x/x) & f(x/y) & f(x/z) & \cdots \\ f(y/x) & f(y/y) & f(y/z) & \cdots \\ f(z/x) & f(z/y) & f(z/z) & \cdots \\ \vdots & \vdots & \vdots & \ddots \end{bmatrix} \tag{3.15}$$

(4) 相对优先矩阵 $\boldsymbol{G}$ 的每一行取最小值或平均值,则 A 的隶属度函数为

$$A(x)=\min_{y\in U}\{f(x/y)\},\quad \forall x\in U \tag{3.16}$$

或

$$A(x)=\frac{1}{|U|}\sum_{y\in U}f_y(x),\quad \forall x\in U \tag{3.17}$$

3. 模糊统计试验法

模糊统计试验法是借用概率论的思想来获得隶属度函数。为了确定论域 X 中的某个元素 u_0 对描述某个模糊概念的模糊集 A 的隶属关系(即隶属度),进行 n 次重复独立统计试验。由于每次试验的条件不同(带有模糊性),那么每次试验中论域中哪些元素被判定为隶属于 A 是不大明确的。如果将每次试验中被判定隶属于 A 的元素构成的集合均记为 A^*。由于每次试验的结果或者是 $u_0\in A^*$ 或者是 $u_0\notin A^*$,令 $u_0\in A^*$ 的次数为 m,并称 m/n 为 u_0 对 A 的隶属频率。随着 n 的增大,隶属频率会呈现稳定性,就可以将隶属频率稳定所在的数值,定为 u_0 对 A 的隶属度函数 $A(u_0)$。归纳起来,模糊统计试验法的基本步骤如下。

(1) 在每一次试验下,要对论域中固定的元素 u_0 是否属于一个可变动的分明集合进行确切的判断。

(2) 各次试验中,u_0 是固定的,而 A^* 在随机变动,u_0 对 A 的隶属频率定义为

$$u_0\text{ 对 }A\text{ 的隶属频率}=\frac{\text{"}u_0\in A^*\text{" 的次数 }m}{\text{试验的总次数 }n}$$

3.1.5　模糊集合的运算

模糊集合是经典集合的推广,因此经典集合的运算可以推广到模糊集合。由于模糊集合要由隶属度函数加以确定,所以需要重新定义模糊集合的基本运算[3-4]。

1. 模糊集合的基本运算定义

(1) **包含关系**:若 $\mu_A(x)\geqslant\mu_B(x)$,则称 A 包含 B,记作 $A\supseteq B$。

(2) **相等关系**:若 $\mu_A(x)=\mu_B(x)$,则称 A 与 B 相等,记作 $A=B$。

(3) **模糊集合的交并补运算**:设 A、B 是论域 U 中的两个模糊集。

① 交运算 $A\cap B$:

$$\mu_{A\cap B}(x)=\min\{\mu_A(x),\mu_B(x)\}=\mu_A(x)\wedge\mu_B(x) \tag{3.18}$$

② 并运算 $A\cup B$：

$$\mu_{A\cup B}(x)=\max\{\mu_A(x),\mu_B(x)\}=\mu_A(x)\vee\mu_B(x) \tag{3.19}$$

③ 补运算 $\overline{A}$：

$$\mu_{\overline{A}}(x)=1-\mu_A(x) \tag{3.20}$$

其中，$\wedge$ 表示取小运算；$\vee$ 表示取大运算。

2. 并、交、补的相关运算性质

(1) 幂等律：

$$A\cup A=A, A\cap A=A \tag{3.21}$$

(2) 交换律：

$$A\cup B=B\cup A, A\cap B=B\cap A \tag{3.22}$$

(3) 结合律：

$$(A\cup B)\cup C=A\cup(B\cup C), (A\cap B)\cap C=A\cap(B\cap C) \tag{3.23}$$

(4) 吸收律：

$$A\cap(A\cup B)=A, A\cup(A\cap B)=A \tag{3.24}$$

(5) 分配律：

$$\begin{aligned}(A\cup B)\cap C&=(A\cap C)\cup(B\cap C)\\(A\cap B)\cup C&=(A\cup C)\cap(B\cup C)\end{aligned} \tag{3.25}$$

(6) 0-1 律：

$$A\cup\varnothing=A, A\cap\varnothing=\varnothing, U\cup A=U, U\cap A=A \tag{3.26}$$

例 3.1 设论域 $U=\{x_1,x_2,x_3,x_4\}$，A 及 B 是论域 U 上的两个模糊集合，已知

$$A=\frac{0.5}{x_1}+\frac{0.6}{x_2}+\frac{0.2}{x_3}+\frac{0.4}{x_4}$$

$$B=\frac{0.6}{x_1}+\frac{0.9}{x_2}+\frac{0.4}{x_3}$$

求 $\overline{A}$、$\overline{B}$、$A\cap B$、$A\cup B$。

解：

$$\overline{A}=\frac{0.5}{x_1}+\frac{0.4}{x_2}+\frac{0.8}{x_3}+\frac{0.6}{x_4};\quad \overline{B}=\frac{0.4}{x_1}+\frac{1}{x_2}+\frac{0.6}{x_3}$$

$$A\cap B=\frac{0.5\wedge 0.6}{x_1}+\frac{0.6\wedge 0.9}{x_2}+\frac{0.2\wedge 0.4}{x_3}+\frac{0.4\wedge 0}{x_4}=\frac{0.5}{x_1}+\frac{0.6}{x_2}+\frac{0.2}{x_3}$$

$$\begin{aligned}A\cup B&=\frac{0.5\vee 0.6}{x_1}+\frac{0.6\vee 0.9}{x_2}+\frac{0.2\vee 0.4}{x_3}+\frac{0.4\vee 0}{x_4}\\&=\frac{0.6}{x_1}+\frac{0.9}{x_2}+\frac{0.4}{x_3}+\frac{0.4}{x_4}\end{aligned}$$

3. 模糊集合的代数运算

(1) 代数积：

$$\mu_{AB}(x)=\mu_A(x)\mu_B(x) \tag{3.27}$$

(2) 代数和：

$$\mu_{A+B}(x)=\mu_A(x)+\mu_B(x)-\mu_{AB}(x) \tag{3.28}$$

(3) 有界和：

$$\mu_{A \oplus B}(x) = \min\{1, \mu_A(x) + \mu_B(x)\} = 1 \wedge (\mu_A(x) + \mu_B(x)) \tag{3.29}$$

(4) 有界积：

$$\mu_{A \otimes B}(x) = \max\{0, \mu_A(x) + \mu_B(x) - 1\} = 0 \vee (\mu_A(x) + \mu_B(x) - 1) \tag{3.30}$$

例 3.2　设论域 $U=\{x_1,x_2,x_3,x_4\}$，A 及 B 是论域 U 上的两个模糊集合，已知

$$A = \frac{0.2}{x_1} + \frac{0.7}{x_2} + \frac{0.5}{x_3} + \frac{0.3}{x_4}$$

$$B = \frac{0.4}{x_1} + \frac{0.6}{x_3} + \frac{0.8}{x_4}$$

求 $\bar{A}$、$\bar{B}$、$A \cap B$、$A \cup B$、$A \cdot B$、$A+B$、$A \oplus B$、$A \otimes B$。

解：

$$\bar{A} = \frac{0.8}{x_1} + \frac{0.3}{x_2} + \frac{0.5}{x_3} + \frac{0.7}{x_4} \quad \bar{B} = \frac{0.6}{x_1} + \frac{1}{x_2} + \frac{0.4}{x_3} + \frac{0.2}{x_4}$$

$$A \cap B = \frac{0.2 \wedge 0.4}{x_1} + \frac{0.7 \wedge 0}{x_2} + \frac{0.5 \wedge 0.6}{x_3} + \frac{0.3 \wedge 0.8}{x_4} = \frac{0.2}{x_1} + \frac{0.5}{x_3} + \frac{0.3}{x_4}$$

$$A \cup B = \frac{0.2 \vee 0.4}{x_1} + \frac{0.7 \vee 0}{x_2} + \frac{0.5 \vee 0.6}{x_3} + \frac{0.3 \vee 0.8}{x_4} = \frac{0.4}{x_1} + \frac{0.7}{x_2} + \frac{0.6}{x_3} + \frac{0.8}{x_4}$$

$$A \cdot B = \frac{0.08}{x_1} + \frac{0.3}{x_3} + \frac{0.24}{x_4}; \quad A + B = \frac{0.52}{x_1} + \frac{0.7}{x_2} + \frac{0.8}{x_3} + \frac{0.86}{x_4};$$

$$A \oplus B = \frac{0.6}{x_1} + \frac{0.7}{x_2} + \frac{1}{x_3} + \frac{1}{x_4}; \quad A \otimes B = \frac{0.1}{x_3} + \frac{0.1}{x_4}$$

3.2　模糊关系及其合成

3.2.1　模糊矩阵

模糊矩阵是建立模糊数学方法的重要工具之一。当论域有限时，模糊关系可以用模糊矩阵来表示。

定义 3.1　设 $\boldsymbol{R}=(r_{ij})_{m\times n}$ 是一个 $m\times n$ 的矩阵，如果 $r_{ij}\in[0,1]$，$1\leqslant i\leqslant m$，$1\leqslant j\leqslant n$，则称 $\boldsymbol{R}$ 是模糊矩阵，通常用 $M_{m\times n}$ 表示所有 $m\times n$ 的模糊矩阵构成的集合。

定义 3.2　设 $\boldsymbol{R},\boldsymbol{S}\in M_{m\times n}$ 且 $\boldsymbol{R}=(r_{ij})_{m\times n}$，$\boldsymbol{S}=(s_{ij})_{m\times n}$，则

(1) $\boldsymbol{R}$ 与 $\boldsymbol{S}$ 相等定义为

$$\boldsymbol{R}=\boldsymbol{S} \Leftrightarrow r_{ij}=s_{ij}, \quad \forall i,j \tag{3.31}$$

(2) $\boldsymbol{R}$ 包含于 $\boldsymbol{S}$ 定义为

$$\boldsymbol{R}\subseteq\boldsymbol{S} \Leftrightarrow r_{ij}\leqslant s_{ij}, \quad \forall i,j \tag{3.32}$$

(3) $\boldsymbol{R}$ 与 $\boldsymbol{S}$ 的交定义为

$$\boldsymbol{R}\cap\boldsymbol{S}=(r_{ij}\wedge s_{ij})_{m\times n} \tag{3.33}$$

(4) $\boldsymbol{R}$ 与 $\boldsymbol{S}$ 的并定义为

$$\boldsymbol{R}\cup\boldsymbol{S}=(r_{ij}\vee s_{ij})_{m\times n} \tag{3.34}$$

(5) $\boldsymbol{R}$ 的余定义为

$$\boldsymbol{R}^{\mathrm{C}}=(1-r_{ij})_{m\times n} \tag{3.35}$$

例 3.3 设$\boldsymbol{R},\boldsymbol{S},\boldsymbol{T}\in M_{2\times 2}$且

$$\boldsymbol{R}=\begin{bmatrix}0.7 & 0.5\\0.8 & 0.2\end{bmatrix},\quad \boldsymbol{S}=\begin{bmatrix}0.6 & 0.3\\0.2 & 0.4\end{bmatrix},\quad \boldsymbol{T}=\begin{bmatrix}0.7 & 0.4\\0.5 & 0.6\end{bmatrix}$$

由定义 3.2 有$\boldsymbol{S}\subseteq\boldsymbol{T}$,且

$$\boldsymbol{R}\cap\boldsymbol{S}=\begin{bmatrix}0.7\wedge 0.6 & 0.5\wedge 0.3\\0.8\wedge 0.2 & 0.2\wedge 0.4\end{bmatrix}=\begin{bmatrix}0.6 & 0.3\\0.2 & 0.2\end{bmatrix}$$

$$\boldsymbol{R}\cup\boldsymbol{S}=\begin{bmatrix}0.7\vee 0.6 & 0.5\vee 0.3\\0.8\vee 0.2 & 0.2\vee 0.4\end{bmatrix}=\begin{bmatrix}0.7 & 0.5\\0.8 & 0.4\end{bmatrix}$$

$$\boldsymbol{R}^{\mathrm{C}}=\begin{bmatrix}1-0.7 & 1-0.5\\1-0.8 & 1-0.2\end{bmatrix}=\begin{bmatrix}0.3 & 0.5\\0.2 & 0.8\end{bmatrix}$$

模糊矩阵的交、并、余运算满足如下运算律:

定理 3.1 设$\boldsymbol{R},\boldsymbol{S},\boldsymbol{T},\boldsymbol{W}\in M_{m\times n}$。

(1) 幂等律:

$$\boldsymbol{R}\cap\boldsymbol{R}=\boldsymbol{R},\quad \boldsymbol{R}\cup\boldsymbol{R}=\boldsymbol{R} \tag{3.36}$$

(2) 交换律:

$$\boldsymbol{R}\cap\boldsymbol{S}=\boldsymbol{S}\cap\boldsymbol{R},\quad \boldsymbol{R}\cup\boldsymbol{S}=\boldsymbol{S}\cup\boldsymbol{R} \tag{3.37}$$

(3) 结合律:

$$(\boldsymbol{R}\cap\boldsymbol{S})\cap\boldsymbol{T}=\boldsymbol{R}\cap(\boldsymbol{S}\cap\boldsymbol{T}),\quad (\boldsymbol{R}\cup\boldsymbol{S})\cup\boldsymbol{T}=\boldsymbol{R}\cup(\boldsymbol{S}\cup\boldsymbol{T}) \tag{3.38}$$

(4) 吸收律:

$$(\boldsymbol{R}\cap\boldsymbol{S})\cup\boldsymbol{R}=\boldsymbol{R},\quad (\boldsymbol{R}\cup\boldsymbol{S})\cap\boldsymbol{R}=\boldsymbol{R} \tag{3.39}$$

(5) 分配律:

$$\boldsymbol{R}\cap(\boldsymbol{S}\cup\boldsymbol{T})=(\boldsymbol{R}\cap\boldsymbol{S})\cup(\boldsymbol{R}\cap\boldsymbol{T}) \tag{3.40}$$

(6) 复原律(对合律):

$$(\boldsymbol{R}^{\mathrm{C}})^{\mathrm{C}}=\boldsymbol{R} \tag{3.41}$$

(7) 对偶律(De Morgan 律):

$$(\boldsymbol{R}\cap\boldsymbol{S})^{\mathrm{C}}=\boldsymbol{R}^{\mathrm{C}}\cup\boldsymbol{S}^{\mathrm{C}},\quad (\boldsymbol{R}\cup\boldsymbol{S})^{\mathrm{C}}=\boldsymbol{R}^{\mathrm{C}}\cap\boldsymbol{S}^{\mathrm{C}} \tag{3.42}$$

(8) 单调性:

$$\boldsymbol{R}\subseteq\boldsymbol{S},\quad \boldsymbol{T}\subseteq\boldsymbol{W}\Rightarrow\boldsymbol{R}\cap\boldsymbol{T}\subseteq\boldsymbol{S}\cap\boldsymbol{W},\quad \boldsymbol{R}\cup\boldsymbol{T}\subseteq\boldsymbol{S}\cup\boldsymbol{W} \tag{3.43}$$

定义 3.3 设$\boldsymbol{R}\in M_{m\times t}$,$\boldsymbol{S}\in M_{t\times n}$且$\boldsymbol{R}=(r_{ij})_{m\times t}$,$\boldsymbol{S}=(s_{ij})_{t\times n}$。令$\boldsymbol{T}\in M_{m\times n}$且$\boldsymbol{T}=(t_{ij})_{m\times n}$,其中:

$$t_{ij}=\vee_{k=1}^{t}(r_{ik}\wedge s_{kj}) \tag{3.44}$$

则称$\boldsymbol{T}$为$\boldsymbol{R}$与$\boldsymbol{S}$的合成(模糊乘积),记为$\boldsymbol{T}=\boldsymbol{R}\circ\boldsymbol{S}$,其中符号$\vee$表示对矩阵中各个元素交运算的结果取并运算。

例 3.4 设$\boldsymbol{R}\in M_{2\times 3}$,$\boldsymbol{S}\in M_{3\times 2}$,其中

$$\boldsymbol{R}=\begin{bmatrix}0.2 & 0.5 & 1\\0.6 & 0.3 & 0.8\end{bmatrix},\quad \boldsymbol{S}=\begin{bmatrix}0.5 & 0.2\\0.5 & 0.8\\0.3 & 0.9\end{bmatrix}$$

$$\boldsymbol{R}\circ\boldsymbol{S}=\begin{bmatrix}(0.2\wedge 0.5)\vee(0.5\wedge 0.5)\vee(1\wedge 0.3) & (0.2\wedge 0.2)\vee(0.5\wedge 0.8)\vee(1\wedge 0.9)\\(0.6\wedge 0.5)\vee(0.3\wedge 0.5)\vee(0.8\wedge 0.3) & (0.6\wedge 0.2)\vee(0.3\wedge 0.8)\vee(0.8\wedge 0.9)\end{bmatrix}$$

$$=\begin{bmatrix}0.5 & 0.9\\0.5 & 0.8\end{bmatrix}$$

模糊矩阵的合成运算满足如下运算律。

定理 3.2　设 $\boldsymbol{R},\boldsymbol{S},\boldsymbol{T}$ 为满足相应运算的模糊矩阵。

(1) 结合律：

$$(\boldsymbol{R}\circ\boldsymbol{S})\circ\boldsymbol{T}=\boldsymbol{R}\circ(\boldsymbol{S}\circ\boldsymbol{T})\tag{3.45}$$

(2) 分配律：

$$(\boldsymbol{R}\cup\boldsymbol{S})\circ\boldsymbol{T}=(\boldsymbol{R}\circ\boldsymbol{T})\cup(\boldsymbol{S}\circ\boldsymbol{T})\tag{3.46}$$

(3) 弱分配律：

$$(\boldsymbol{R}\cap\boldsymbol{S})\circ\boldsymbol{T}\subseteq(\boldsymbol{R}\circ\boldsymbol{T})\cap(\boldsymbol{S}\circ\boldsymbol{T})\tag{3.47}$$

(4) 单调性：

$$\boldsymbol{R}\subseteq\boldsymbol{S}\Rightarrow\boldsymbol{R}\circ\boldsymbol{T}\subseteq\boldsymbol{S}\circ\boldsymbol{T},\quad \boldsymbol{T}\circ\boldsymbol{R}\subseteq\boldsymbol{T}\circ\boldsymbol{S}\tag{3.48}$$

一般来讲,模糊矩阵的合成不满足交换律。例如,例 3.4 中的模糊矩阵 $\boldsymbol{R}$ 和 $\boldsymbol{S}$,显然有

$$\boldsymbol{R}\circ\boldsymbol{S}=\begin{bmatrix}0.4 & 0.7\\0.5 & 0.4\end{bmatrix},\quad \boldsymbol{S}\circ\boldsymbol{R}=\begin{bmatrix}0.4 & 0.7\\0.5 & 0.2\end{bmatrix}$$

即 $\boldsymbol{R}\circ\boldsymbol{S}\neq\boldsymbol{S}\circ\boldsymbol{R}$。

定义 3.4　设 $\boldsymbol{R}\in M_{m\times n}$ 且 $\boldsymbol{R}=(r_{ij})_{m\times n}$,则称 $\boldsymbol{R}^{\mathrm{T}}=(r_{ji})_{n\times m}$ 为 $\boldsymbol{R}$ 的转置。

3.2.2　模糊关系

模糊关系是经典关系的推广。经典关系描述两个集合的元素之间是否适合某种关系,而模糊关系则是描述两个集合的元素之间适合某种关系的程度大小。在模糊集合理论中,模糊关系占有相当重要的地位。

定义 3.5　给定集合 X 和 Y,由全体元素(x,y)组成的集合$(x\in X,y\in Y)$,叫作 X 和 Y 的笛卡儿积(或直积),记作 $X\times Y$。

定义 3.6　给定非空集合 X 和 Y。如果 $R\in F(X\times Y)$(R 是以 $X\times Y$ 为论域的一个模糊子集),则称 R 为从 X 到 Y 的一个模糊(二元)关系,R 的隶属度函数 $R(x,y)$表示 X 中的元素 x 与 Y 中的元素 y 适合这种关系的程度。特别地,当 $X=Y$ 时,从 X 到 Y 的模糊(二元)关系 R 称为 X 上的模糊(二元)关系。

由定义 3.5 和定义 3.6 可见,模糊关系本质上是模糊集合,由其隶属度函数来刻画。因此,当 $R(x,y)$仅取 1 或 0 时,R 退化为经典二元关系,即经典关系是模糊关系的特例。

与经典二元关系类似,在有限论域的情况下,模糊二元关系 R 可以直观地用模糊矩阵或者赋权图来表示。设 $X=\{x_1,x_2,\cdots,x_m\}$,$Y=\{y_1,y_2,\cdots,y_n\}$为两个非空的有限集合,若 $R\in F(X\times Y)$,则模糊二元关系 R 可由一个 $m\times n$ 的模糊矩阵 $\boldsymbol{R}=(r_{ij})_{m\times n}$ 表示,其中 $r_{ij}=R(x_i,y_j)$,$1\leqslant i\leqslant m$,$1\leqslant j\leqslant n$。

同时模糊二元关系 R 也可用关系图来描述,如图 3.12 所示。

图 3.12 中对应的模糊二元关系可用如下的模糊矩阵表达:

$$\boldsymbol{S}=\begin{bmatrix}0 & 0.4\\0.7 & 0.8\\0.5 & 1\end{bmatrix}$$

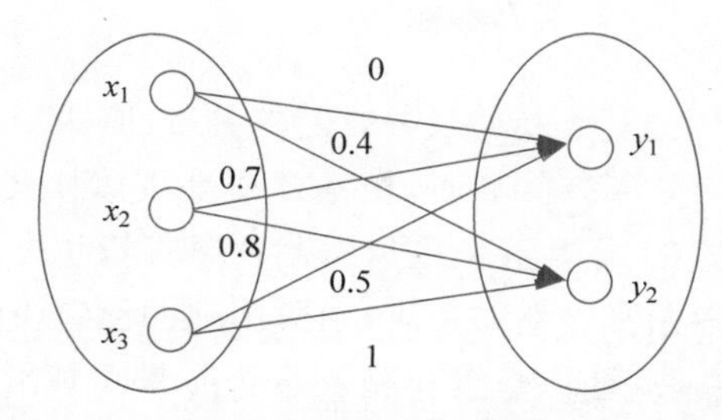

图 3.12 有限集到有限集的模糊二元关系图

在模糊数学中，模糊关系对应的模糊矩阵可用叉积计算得到。在模糊逻辑中，这种叉积常用最小算子运算。设 A、B 为两个模糊集合，则

$$\boldsymbol{\mu}_{A\times B}(a,b)=\min\{\boldsymbol{\mu}_A(a),\boldsymbol{\mu}_B(b)\} \tag{3.49}$$

若 A、B 为离散模糊集，隶属度函数分别为

$$\boldsymbol{\mu}_A=\{\boldsymbol{\mu}_A(a_1),\boldsymbol{\mu}_A(a_2),\cdots,\boldsymbol{\mu}_A(a_n)\},\quad \boldsymbol{\mu}_B=\{\boldsymbol{\mu}_B(b_1),\boldsymbol{\mu}_B(b_2),\cdots,\boldsymbol{\mu}_B(b_n)\}$$

则其叉积运算为

$$\boldsymbol{\mu}_{A\times B}(a,b)=\boldsymbol{\mu}_A^{\mathrm{T}}\circ\boldsymbol{\mu}_B \tag{3.50}$$

其中，$\circ$运算在这里指模糊集合$\boldsymbol{\mu}_A$ 与$\boldsymbol{\mu}_B$ 对应位置元素分别进行叉积运算。

例 3.5 已知输入的模糊集合 A 和输出的模糊集合 B 分别为

$$A=\frac{1}{a_1}+\frac{0.8}{a_2}+\frac{0.2}{a_3}+\frac{0.5}{a_4};\quad B=\frac{0.3}{b_1}+\frac{0.7}{b_2}+\frac{0.2}{b_3}+\frac{0.6}{b_4}$$

求 A 到 B 的模糊关系 R。

解：

$$\boldsymbol{R}=A\times B=\boldsymbol{\mu}_A^{\mathrm{T}}\circ\boldsymbol{\mu}_B=\begin{bmatrix}1\\0.8\\0.2\\0.5\end{bmatrix}\circ\begin{bmatrix}0.3 & 0.7 & 0.2 & 0.6\end{bmatrix}$$

$$=\begin{bmatrix}1\wedge 0.3 & 1\wedge 0.7 & 1\wedge 0.2 & 1\wedge 0.6\\ 0.8\wedge 0.3 & 0.8\wedge 0.7 & 0.8\wedge 0.2 & 0.8\wedge 0.6\\ 0.2\wedge 0.3 & 0.2\wedge 0.7 & 0.2\wedge 0.2 & 0.2\wedge 0.6\\ 0.5\wedge 0.3 & 0.5\wedge 0.7 & 0.5\wedge 0.2 & 0.5\wedge 0.6\end{bmatrix}$$

$$=\begin{bmatrix}0.3 & 0.7 & 0.2 & 0.6\\ 0.3 & 0.7 & 0.2 & 0.6\\ 0.2 & 0.2 & 0.2 & 0.2\\ 0.3 & 0.5 & 0.2 & 0.5\end{bmatrix}$$

模糊二元关系具有以下的运算和性质：

定义 3.7 设 $\boldsymbol{R}$ 与 $\boldsymbol{S}$ 为从论域 U 到论域 V 的两个模糊二元关系，即 $\boldsymbol{R},\boldsymbol{S}\in F(U\times V)$。

(1) $\boldsymbol{R}$ 与 $\boldsymbol{S}$ 相等定义为$\boldsymbol{R}=\boldsymbol{S}\Leftrightarrow R(x,y)=S(x,y),\forall(x,y)\in U\times V$

(2) $\boldsymbol{R}$ 包含于 $\boldsymbol{S}$ 定义为$\boldsymbol{R}\subseteq\boldsymbol{S}\Leftrightarrow R(x,y)\leqslant S(x,y),\forall(x,y)\in U\times V$

(3) $\boldsymbol{R}$ 与 $\boldsymbol{S}$ 的交依然是从 U 到 V 的模糊二元关系，隶属度函数定义为

$$(\boldsymbol{R}\cap\boldsymbol{S})(x,y)=\min\{R(x,y),S(x,y)\},\quad \forall(x,y)\in U\times V$$

(4) $\boldsymbol{R}$ 与 $\boldsymbol{S}$ 的并依然是从 U 到 V 的模糊二元关系，隶属度函数定义为

$$(\boldsymbol{R}\cup\boldsymbol{S})(x,y)=\max\{R(x,y),S(x,y)\},\quad \forall(x,y)\in U\times V$$

(5) $\boldsymbol{R}$ 的逆关系定义为

$$\boldsymbol{R}^{-1}(y,x)=R(x,y),\quad \forall (y,x)\in V\times U$$

3.2.3 模糊关系的合成

模糊关系的合成是常用的运算之一，许多模糊关系的性质都与合成有关[5]。自然，模糊二元关系的合成是经典二元关系的合成的推广。

设模糊关系 $\boldsymbol{Q}\in F(X\times Y)$，$\boldsymbol{R}\in F(Y\times Z)$，则模糊关系 $\boldsymbol{S}\in F(X\times Z)$ 称为模糊关系 $\boldsymbol{Q}$ 与 $\boldsymbol{R}$ 的合成。常用的计算方式有以下两种。

(1) **最大-最小合成法(模糊矩阵合成)**：写出 $\boldsymbol{Q}$、$\boldsymbol{R}$ 中的每个元素，然后将矩阵乘积过程中的乘积运算用取小运算代替，求和运算用取大运算代替，即

$$(\boldsymbol{Q}\circ\boldsymbol{R})(x,z)=\vee_{y\in Y}[\boldsymbol{Q}(x,y)\wedge\boldsymbol{R}(y,z)],\quad \forall (x,z)\in X\times Z \tag{3.51}$$

(2) **最大-代数积合成法**：写出矩阵乘积 $\boldsymbol{QR}$ 中的每个元素，然后将其中的求和运算用取大运算代替，而乘积运算不变，即

$$(\boldsymbol{Q}\circ\boldsymbol{R})(x,z)=\vee_{y\in Y}[\boldsymbol{Q}(x,y)\times\boldsymbol{R}(y,z)],\quad \forall (x,z)\in X\times Z \tag{3.52}$$

例 3.6　设有模糊集合 $X=\{x_1,x_2,x_3,x_4\}$，$Y=\{y_1,y_2,y_3\}$，$Z=\{z_1,z_2\}$。

$$\boldsymbol{Q}=\begin{bmatrix}0.5 & 0.4 & 0.3\\ 0.6 & 0.5 & 1\\ 0.1 & 0.8 & 0\\ 0.9 & 0.2 & 0.8\end{bmatrix},\quad \boldsymbol{R}=\begin{bmatrix}0.2 & 1\\ 0.8 & 0.6\\ 0.6 & 0.5\end{bmatrix}$$

求模糊关系 $\boldsymbol{Q}$ 与模糊关系 $\boldsymbol{R}$ 的合成 $\boldsymbol{S}$。

解：

(1) 最大-最小合成法：

$$\boldsymbol{S}=\boldsymbol{Q}\circ\boldsymbol{R}=\begin{bmatrix}0.5 & 0.4 & 0.3\\ 0.6 & 0.5 & 1\\ 0.1 & 0.8 & 0\\ 0.9 & 0.2 & 0.8\end{bmatrix}\circ\begin{bmatrix}0.2 & 1\\ 0.8 & 0.6\\ 0.6 & 0.5\end{bmatrix}$$

$$=\begin{bmatrix}(0.5\wedge 0.2)\vee(0.4\wedge 0.8)\vee(0.3\wedge 0.6) & (0.5\wedge 1)\vee(0.4\wedge 0.6)\vee(0.3\wedge 0.5)\\ (0.6\wedge 0.2)\vee(0.5\wedge 0.8)\vee(1\wedge 0.6) & (0.6\wedge 1)\vee(0.5\wedge 0.6)\vee(1\wedge 0.5)\\ (0.1\wedge 0.2)\vee(0.8\wedge 0.8)\vee(0\wedge 0.6) & (0.1\wedge 1)\vee(0.8\wedge 0.6)\vee(0\wedge 0.5)\\ (0.9\wedge 0.2)\vee(0.2\wedge 0.8)\vee(0.8\wedge 0.6) & (0.9\wedge 1)\vee(0.2\wedge 0.6)\vee(0.8\wedge 0.5)\end{bmatrix}$$

$$=\begin{bmatrix}0.4 & 0.5\\ 0.6 & 0.6\\ 0.8 & 0.6\\ 0.6 & 0.9\end{bmatrix}$$

(2) 最大-代数积合成法：

$$\boldsymbol{S}=\boldsymbol{Q}\circ\boldsymbol{R}=\begin{bmatrix}0.5 & 0.4 & 0.3\\ 0.6 & 0.5 & 1\\ 0.1 & 0.8 & 0\\ 0.9 & 0.2 & 0.8\end{bmatrix}\circ\begin{bmatrix}0.2 & 1\\ 0.8 & 0.6\\ 0.6 & 0.5\end{bmatrix}$$

$$
=\begin{bmatrix}(0.5\times0.2)\vee(0.4\times0.8)\vee(0.3\times0.6) & (0.5\times1)\vee(0.4\times0.6)\vee(0.3\times0.5)\\(0.6\times0.2)\vee(0.5\times0.8)\vee(1\times0.6) & (0.6\times1)\vee(0.5\times0.6)\vee(1\times0.5)\\(0.1\times0.2)\vee(0.8\times0.8)\vee(0\times0.6) & (0.1\times1)\vee(0.8\times0.6)\vee(0\times0.5)\\(0.9\times0.2)\vee(0.2\times0.8)\vee(0.8\times0.6) & (0.9\times1)\vee(0.2\times0.6)\vee(0.8\times0.5)\end{bmatrix}
$$

$$
=\begin{bmatrix}0.32 & 0.5\\0.6 & 0.6\\0.64 & 0.48\\0.48 & 0.9\end{bmatrix}
$$

3.3 模糊推理

经典的二值逻辑为人们提供了严谨而又十分有效的假言推理模式,但它处理的信息和推理的规则是精确的、完备的,要求命题的条件与给定的条件完全一致,才能得出与命题结论相一致的推断。然而在现实生活以及计算机、自动控制、人工智能等应用实例中,许多命题反映的是不精确、不确定、不完备的信息,推理利用的也是不精确、不确定、不完备的知识或规则,无法用二值逻辑来描述,直接使用经典的推理模式难以得到真或假的结论,因此需要凭借经验和不完备信息进行近似推理或不确定推理。模糊推理就是基于模糊数学方法处理由模糊性引起的不确定推理。

3.3.1 模糊知识表示

1. 语言变量和模糊语言

语言变量是指以自然或人工语言的词、词组或句子作为值的变量(如“偏差”等),语言变量的值称为语言值(如“很大”等)。模糊语言变量指以自然或人工语言的词、词组或句子作为值的变量。例如,在模糊控制中的“偏差”“偏差变化率”等,它是一种定量地、形式地描述自然语言的模糊变量。语言变量的值称为变量值,一般为自然或人工语言的词、词组或句子。例如,“正大”“正中”“小”“零”“负小”“负中”“负大”等 7 个语言变量,用 PB、PM、PS、P0、NS、NM、NB 表示“偏差”“偏差变化率”的值。

2. 模糊命题与模糊条件语句

对于模糊不确定性,一般采用隶属度来刻画。对于含有模糊概念的对象,只能采用基于模糊集合论的模糊逻辑来描述。模糊命题是指含有模糊概念,具有某种真实程度的陈述句[6]。一般形式为

$$P: p \text{ is } A$$

模糊命题的真值由变元对模糊集合的隶属程度表示,定义为

$$P=\mu_A(p)$$

除此之外,还可以用三元组的形式表示模糊命题。例如三元组(张三,体型,(胖,0.9))表示命题“张三比较胖”,其中的 0.9 就代替“比较”而刻画了张三“胖”的程度。模糊知识表示一般形式为

(< 对象 >, < 属性 >,(< 属性值 >, < 隶属度 >))

可以看出，它实际是通常三元组(<对象>，<属性>，<属性值>)的细化，其中的<隶属度>一项是对前面属性值的精确刻画。在模糊数学中，通常将带有模糊词的条件语句称为模糊条件语句。例如，用模糊命题 A 表示"x 是 a"，B 表示"y 是 b"，则简单模糊条件语句可表示为

如果 A，则 B

对应的命题表达式为 $A\to B=A\times B$，其真值是上的一个二元模糊关系 R，其隶属度函数为

$$\mu_R(x,y)=\mu_{A\to B}(x,y)=\mu_A(x)\wedge\mu_B(y) \tag{3.53}$$

实际应用中，许多模糊规则是多重简单模糊条件语句，表示为

(如果 A_1，则 B_1) 或(如果 A_2，则 B_2) 或 …… 或(如果 A_n，则 B_n)

则其命题表达式为

$$\begin{aligned}&(A_1\to B_1)\cup(A_2\to B_2)\cup\cdots\cup(A_n\to B_n)\\=&(A_1\times B_1)\cup(A_2\times B_2)\cup\cdots\cup(A_n\times B_n)\end{aligned}$$

对应的隶属度函数为

$$\mu_R(x,y)=\vee_{i=1}^{n}(\mu_{A_i}(x)\wedge\mu_{B_i}(y)) \tag{3.54}$$

对于条件论域由多个论域交集构成的语句，一般称为多维模糊条件语句。其句型表示为

如果(A 且 B)，　则 C

其命题表达式为

$$(A\times B)\to C=A\times B\times C$$

真值定义为 $X\times Y\times Z$ 上的一个三元模糊关系，其隶属度函数为

$$\mu_R(x,y,z)=(\mu_A(x)\wedge\mu_B(y))\wedge\mu_C(z)=\mu_A(x)\wedge\mu_B(y)\wedge\mu_C(z) \tag{3.55}$$

3.3.2　模糊推理规则

模糊推理又称模糊逻辑推理，是指从已知模糊命题(包括大前提和小前提)，推出新的模糊命题作为结论的过程，是一种近似推理。模糊推理的常用方法为关系合成推理法(Compositional Rule of Inference，CRI)，CRI 包括两种计算方法：Zadeh 推理法和 Mamdani 推理法。以下主要介绍 Mamdani 推理法。

(1) 对于模糊取式推理，已知命题 $\boldsymbol{A}\to\boldsymbol{B}$，其中 $\boldsymbol{R}$ 为 $\boldsymbol{A}$ 到 $\boldsymbol{B}$ 的模糊关系，对于给定的 $\boldsymbol{A}'$，则可以推出

$$\boldsymbol{B}'=\boldsymbol{A}'\circ\boldsymbol{R}$$

对应的隶属度函数计算公式为

$$\mu_{\boldsymbol{B}'}(y)=\mu_{\boldsymbol{A}'}(x)\circ\mu_{\boldsymbol{R}}(x,y)=\mu_{\boldsymbol{A}'}(x)\circ(\mu_{\boldsymbol{A}}(x)\wedge\mu_{\boldsymbol{B}}(y)) \tag{3.56}$$

(2) 对于模糊拒取式推理，已知命题 $\boldsymbol{A}\to\boldsymbol{B}$，其中 $\boldsymbol{R}$ 为 $\boldsymbol{A}$ 到 $\boldsymbol{B}$ 的模糊关系，对于给定的 $\boldsymbol{B}'$，则可以推出

$$\boldsymbol{A}'=\boldsymbol{R}\circ\boldsymbol{B}'$$

对应的隶属度函数计算公式为

$$\mu_{A'}(x)=\mu_{R}(x,y)\circ\mu_{B'}(y)=(\mu_{A}(x)\wedge\mu_{B}(y))\circ\mu_{B'}(y) \tag{3.57}$$

因此通过条件模糊向量与模糊关系的合成进行模糊推理,得到结论的模糊向量,然后采用"清晰化"方法(模糊判决)将模糊结论转换为精确量。

例 3.7 根据例 3.5 所示的模糊系统,求当输入为 $\boldsymbol{A}'=\frac{0.2}{a_1}+\frac{0.7}{a_2}+\frac{0.2}{a_3}+\frac{0.5}{a_4}$时,系统的输出 $\boldsymbol{B}'$。

解: 例 3.5 中已经得到模糊关系,下面进行模糊合成得到模糊输出。

$$\begin{aligned}\boldsymbol{B}'=\boldsymbol{A}'\circ\boldsymbol{R}&=\begin{bmatrix}0.2\\0.7\\0.2\\0.5\end{bmatrix}^{\mathrm{T}}\circ\begin{bmatrix}0.3&0.7&0.2&0.6\\0.3&0.7&0.2&0.6\\0.2&0.2&0.2&0.2\\0.3&0.5&0.2&0.5\end{bmatrix}\\&=[(0.2\wedge0.3)\vee(0.7\wedge0.3)\vee(0.2\wedge0.2)\vee(0.5\wedge0.3),\\&\quad(0.2\wedge0.7)\vee(0.7\wedge0.7)\vee(0.2\wedge0.2)\vee(0.5\wedge0.5),\\&\quad(0.2\wedge0.2)\vee(0.7\wedge0.2)\vee(0.2\wedge0.2)\vee(0.5\wedge0.2),\\&\quad(0.2\wedge0.6)\vee(0.7\wedge0.6)\vee(0.2\wedge0.2)\vee(0.5\wedge0.5)]\\&=(0.3,0.7,0.2,0.6)\end{aligned}$$

因此系统的输出为

$$\boldsymbol{B}'=\frac{0.3}{b_1}+\frac{0.7}{b_2}+\frac{0.2}{b_3}+\frac{0.6}{b_4}$$

例 3.8 某工业窑炉模糊控制系统,输入为温度,输出为压力。已知在论域 T(温度)=$\{0,20,40,60,80,100\}$,P(压力)=$\{1,2,3,4,5,6,7\}$上定义了模糊子集的隶属度函数为

$$\mu_A(\text{温度高})=\frac{0}{0}+\frac{0.1}{20}+\frac{0.3}{40}+\frac{0.6}{60}+\frac{0.85}{80}+\frac{1}{100}$$

$$\mu_B(\text{压力大})=\frac{0}{1}+\frac{0.1}{2}+\frac{0.3}{3}+\frac{0.5}{4}+\frac{0.7}{5}+\frac{0.85}{6}+\frac{1}{7}$$

模糊命题是"如果温度高,那么压力就大",根据经验给定"温度较高"的隶属度函数定义为

$$\mu_{A'}(\text{温度较高})=\frac{0.1}{0}+\frac{0.15}{20}+\frac{0.4}{40}+\frac{0.75}{60}+\frac{1}{80}+\frac{0.8}{100}$$

利用模糊推理方法确定在"温度较高"的情况下"压力较大"的隶属度函数。

解: 首先将模糊子集写成向量形式,即

$$\begin{aligned}\boldsymbol{A}(x)&=[0\quad0.1\quad0.3\quad0.6\quad0.85\quad1]\\\boldsymbol{B}(y)&=[0\quad0.1\quad0.3\quad0.5\quad0.7\quad0.85\quad1]\\\boldsymbol{A}'(x)&=[0.1\quad0.15\quad0.4\quad0.75\quad1\quad0.8]\end{aligned}$$

计算 $\boldsymbol{A}$ 到 $\boldsymbol{B}$ 的模糊关系 $\boldsymbol{R}$,即

$$\boldsymbol{R}=\boldsymbol{A}\times\boldsymbol{B}=\boldsymbol{\mu}_A^{\mathrm{T}}\circ\boldsymbol{\mu}_B=\begin{bmatrix}0\\0.1\\0.3\\0.6\\0.85\\1\end{bmatrix}\circ[0\quad0.1\quad0.3\quad0.5\quad0.7\quad0.85\quad1]$$

$$=\begin{bmatrix}0 & 0 & 0 & 0 & 0 & 0 & 0\\0 & 0.1 & 0.1 & 0.1 & 0.1 & 0.1 & 0.1\\0 & 0.1 & 0.3 & 0.3 & 0.3 & 0.3 & 0.3\\0 & 0.1 & 0.3 & 0.5 & 0.6 & 0.6 & 0.6\\0 & 0.1 & 0.3 & 0.5 & 0.7 & 0.85 & 0.85\\0 & 0.1 & 0.3 & 0.5 & 0.7 & 0.85 & 1\end{bmatrix}$$

$$\boldsymbol{B}'=\boldsymbol{A}'\circ\boldsymbol{R}=[0.1\quad 0.15\quad 0.4\quad 0.75\quad 1\quad 0.8]\circ\begin{bmatrix}0 & 0 & 0 & 0 & 0 & 0 & 0\\0 & 0.1 & 0.1 & 0.1 & 0.1 & 0.1 & 0.1\\0 & 0.1 & 0.3 & 0.3 & 0.3 & 0.3 & 0.3\\0 & 0.1 & 0.3 & 0.5 & 0.6 & 0.6 & 0.6\\0 & 0.1 & 0.3 & 0.5 & 0.7 & 0.85 & 0.85\\0 & 0.1 & 0.3 & 0.5 & 0.7 & 0.85 & 1\end{bmatrix}$$

$$=[0\quad 0.1\quad 0.3\quad 0.5\quad 0.7\quad 0.85\quad 0.85]$$

因此“压力较大”的隶属度函数可以表示为

$$\mu_B(\text{压力较大})=\frac{0}{1}+\frac{0.1}{2}+\frac{0.3}{3}+\frac{0.5}{4}+\frac{0.7}{5}+\frac{0.85}{6}+\frac{0.85}{7}$$

3.3.3　模糊判决

由上述模糊推理得到的结论或者操作是一个模糊集合，不能直接应用，需要先转换为确定值。将模糊推理得到的模糊集合，转换为确定值的过程称为“模糊判决”，或者“模糊决策”“解模糊化”。下面介绍几种简单的模糊判决方法[7]。

1. 最大隶属度法

最大隶属度法是在模糊集合中，取隶属度最大的量作为推理结果。即把模糊推理所得到的模糊向量中最大隶属度所对应的精确量作为模糊判决得到的精确量，若有多个最大隶属度，则取其对应的平均值作为模糊判决的结果。

例如，模糊集合为

$$\boldsymbol{U}=\frac{0.1}{2}+\frac{0.9}{3}+\frac{0.3}{7}+\frac{0.4}{9}$$

可得到该模糊集合元素3的隶属度最大，所以取结论为$U=3$。

这种方法的优点是简单易行，缺点是完全排除了其他隶属度较小的量的影响和作用，没有充分利用推理过程取得的信息。

2. 加权平均判决法

为了克服最大隶属度法的缺点，可以采用加权平均判决法，即取输出模糊集合隶属度函数曲线与横坐标轴围成面积的重心相应的输出当作精确值的输出。一般在连续论域下的计算公式为

$$x_0=\frac{\int_a^b x\mu(x)\mathrm{d}x}{\int_a^b \mu(x)\mathrm{d}x}\tag{3.58}$$

3. 中位数法

中位数法也称面积平均法。在论域上把隶属度函数曲线与横坐标围成的面积平

分为两部分的元素称为模糊集的中位数，中位数点所对应的横坐标值作为系统控制量，如图3.13所示。

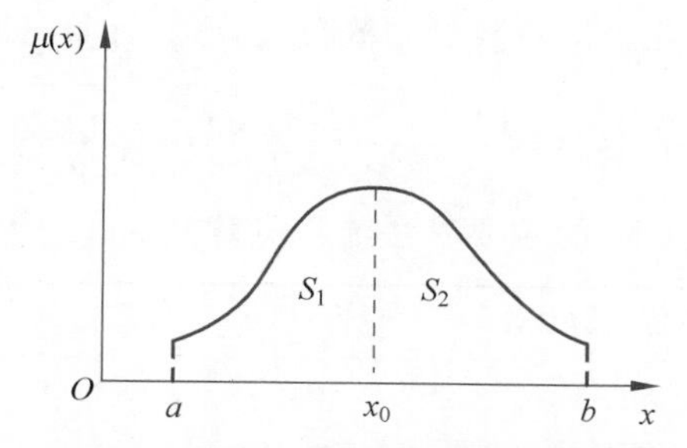

图3.13 中位数法隶属度函数计算示意图

当论域为有限离散点时，中位数 μ^* 可以用下列公式求取：

$$\sum_{\mu_1}^{\mu^*}\mu(\mu_i)=\sum_{\mu^*+1}^{\mu_n}\mu(\mu_j) \tag{3.59}$$

如果该点在有限元素之间，可用插值的方法来求取。实际上，模糊推理不需要很精确，因此也可以不用插值法，直接取靠近 μ^* 的其中一个元素作为 μ^*。

与最大隶属度法相比，这种方法利用了更多的信息，但计算比较复杂，特别是在连续隶属度函数时，需要求解积分方程，因此应用场合要比加权平均法少。加权平均法比中位数法具有更佳的性能，而中位数法的动态性能要优于加权平均法，静态性能则略逊于加权平均法。而一般情况下，这两种方法都优于最大隶属度法。

3.4 模糊计算应用

40年来，模糊数学获得了蓬勃发展，其触角遍及自然科学、社会科学及横断交叉学科，在数学理论(如拓扑学、逻辑学、测度论等)、应用方法(如控制论、聚类分析、模式识别、综合评估等)、实际应用(如中长期气象预报、成矿预测、良种选择、故障诊断等)及人文系统(如经济系统、政治系统、决策系统、教育系统)等诸多方面都取得了很多有价值的成果。本节将重点介绍模糊计算在聚类分析和控制系统两个领域中的经典应用：模糊C均值聚类算法和模糊控制。

3.4.1 模糊C均值聚类算法

模糊C均值聚类算法(Fuzzy C-Means clustering algorithm，FCM)是一种基于划分的聚类算法，它的思想就是使被划分到同一簇的对象之间的相似度最大，而不同簇的对象之间的相似度最小。根据模糊集合与隶属度函数的概念，在聚类的问题中，可以把聚类生成的簇看成模糊集合，因此，每个样本点隶属于簇的隶属度就是[0,1]区间内的值。具体地，FCM的目标函数可以定义为

$$J_m=\sum_{i=1}^{N}\sum_{j=1}^{C}u_{ij}^m d^2(x_i,v_j) \tag{3.60}$$

其中，$\boldsymbol{X}=\{x_1,x_2,\cdots,x_N\}\subseteq\mathbb{R}^p$ 是在 p 维空间中的数据，N 是数据项的数目；C 是

聚类的数目且 $2\leqslant C<N$；u_{ij} 是 x_i 是第 j 个类的隶属度；m 是每个模糊隶属度的加权指数；v_j 是聚类中心；$d^2(x_i,v_j)$为 x_i 和聚类中心 v_j 之间的距离度量。一般情况下，距离的度量采用欧几里得范数(L_2 范数)的形式计算，即

$$d(x_i,v_j)=x_i-v_j=\sqrt{\sum_{k=1}^{K}(x_{ik}-v_{jk})^2} \tag{3.61}$$

根据目标函数 J_m，FCM 的主要算法流程见算法 3.1。

算法 3.1　模糊 C 均值聚类算法(FCM)

Step 1：设定参数 C、m、ε 的值；

Step 2：初始化隶属度矩阵 $\boldsymbol{U}^{(0)}$；

Step 3：设置循环计数器 $b=0$；

Step 4：根据隶属度矩阵 $\boldsymbol{U}^{(b)}$ 计算出聚类中心 V_j^b：

$$V_j^{(b)}=\frac{\sum_{i=1}^{N}(u_{ij}^{(b)})^m x_i}{\sum_{i=1}^{N}(u_{ij}^{(b)})^m}; \tag{3.62}$$

Step 5：计算隶属度矩阵 $\boldsymbol{U}^{(b+1)}$：

$$U_{ij}^{(b+1)}=\frac{1}{\sum_{K=1}^{C}\left(\frac{d_{ji}}{d_{ki}}\right)^{\frac{2}{m-1}}}; \tag{3.63}$$

Step 6：根据判定条件，如果 $\max\{\boldsymbol{U}^{(b)}-\boldsymbol{U}^{(b+1)}\}<\varepsilon$，则停止迭代。否则令 $b=b+1$，并转到 Step 4。

图像分割问题一般可以等效为像素的无监督分类，因而可以用聚类算法进行图像分割。相较于 K-Means 算法，FCM 对大多数无噪声的图像行之有效。图 3.14 是原始图像，图 3.15 是应用 FCM 进行图像分割的结果。FCM 对噪声非常敏感，因为它没有考虑图像的空间结构信息，因此后来很多学者提出了基于 FCM 的改进版本。

图 3.14　原始图像

图 3.15　应用 FCM 进行图像分割的结果

以下是采用 FCM 对 iris 数据集进行聚类的结果，图 3.16～图 3.19 为聚类前后的数据分布和实验结果。

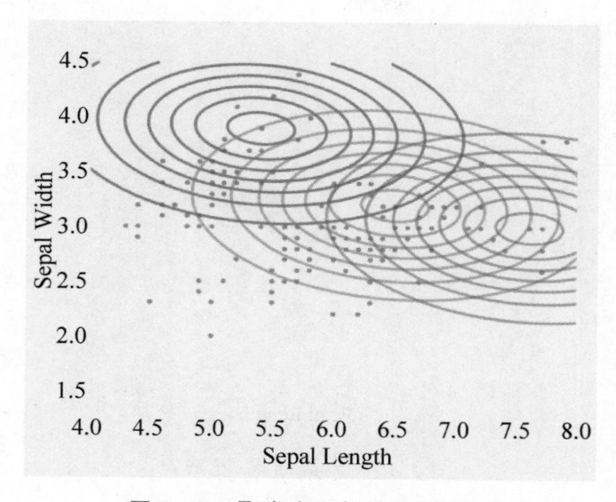

图 3.16 聚类中心初始化(花萼)

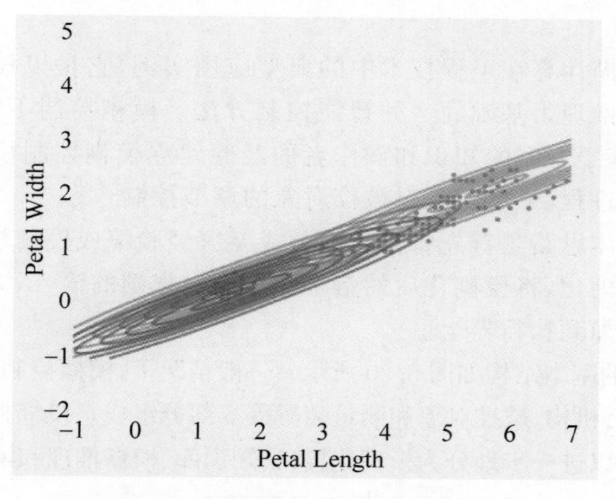

图 3.17 聚类中心初始化(花瓣)

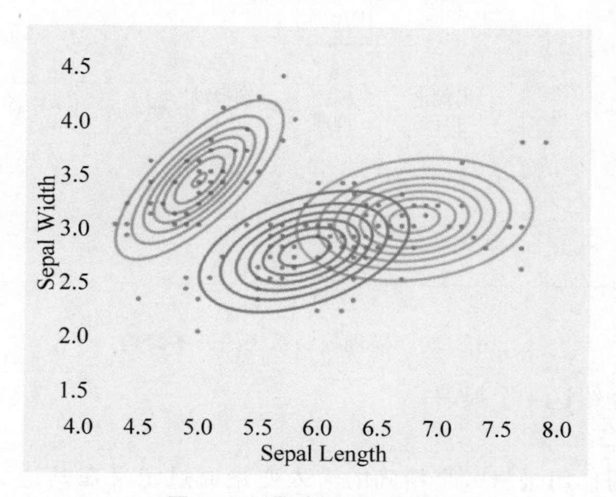

图 3.18 聚类结果(花萼)

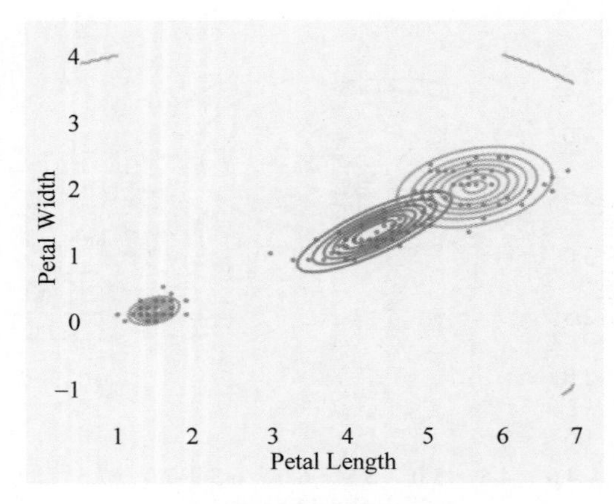

图 3.19　聚类结果(花瓣)

3.4.2　模糊控制

模糊控制是模糊计算在工程技术中的典型应用实例,它是以模糊集理论、模糊语言变量和模糊逻辑推理为基础的一种智能控制方法。模糊控制不需要被控对象的精确数学模型,而是基于专家的知识和操作者的经验建立模糊控制模型,通过模糊逻辑推理完成控制决策过程,最后实现对被控对象的调节控制[8-9]。

模糊控制的总体思路是首先将操作人员或专家经验编成模糊规则,然后将来自传感器的实时信号模糊化,将模糊化后的信号作为模糊规则的输入,完成模糊推理,将推理后得到的输出量加到执行器上。

模糊控制系统的基本结构如图 3.20 所示。一般情况下,模糊控制系统由模糊控制器、输入/输出接口、执行机构、被控对象和测量装置等 5 部分组成。模糊控制器是模糊控制系统的核心部分,其可以进一步划分为模糊化接口、知识库、模糊推理和解模糊接口。

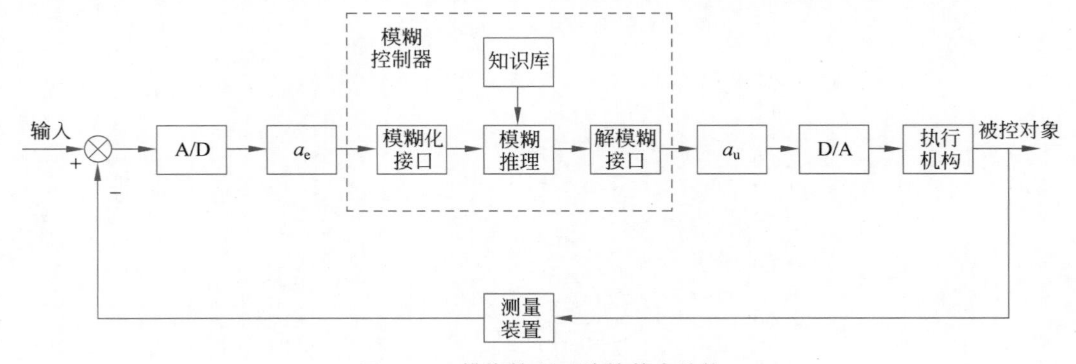

图 3.20　模糊控制系统的基本结构

下文将分别介绍这 4 个模块。

1. 模糊化接口

模糊化接口的作用是将一个精确的输入变量通过定义在其论域上的隶属度函数计算出其属于各模糊集合的隶属度,从而将其转化成为一个模糊变量。以偏差为例,假设其论域上定义了{负大,负中,负小,零,正小,正中,正大}7 个模糊集合,隶属度函数如图 3.21 所示,根据偏差输入变量的大小,可以算出其属于每个模糊集合的隶属度。

模糊化的方法一般有 3 种。

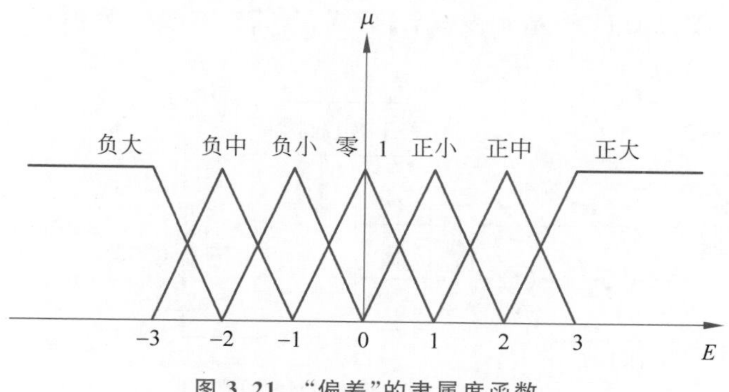

图 3.21 “偏差”的隶属度函数

(1) 单点模糊集合：如果输入量数据是准确的，则将其模糊化为单点模糊集合，隶属度函数表达为

$$\mu_A(x)=\begin{cases}1, & x=x_0\\ 0, & x\neq x_0\end{cases}\tag{3.64}$$

(2) 三角形模糊集合：将随机量变换成模糊量，隶属度函数一般为等腰三角形，如图 3.22 所示。

(3) 铃形函数：隶属度函数为正态分布函数，即

$$\mu_A(x)=\mathrm{e}^{-\frac{(x-x_0)^2}{2\sigma^2}}\tag{3.65}$$

2. 知识库

模糊控制器中的知识库一般包含数据库和规则库两个组成部分。

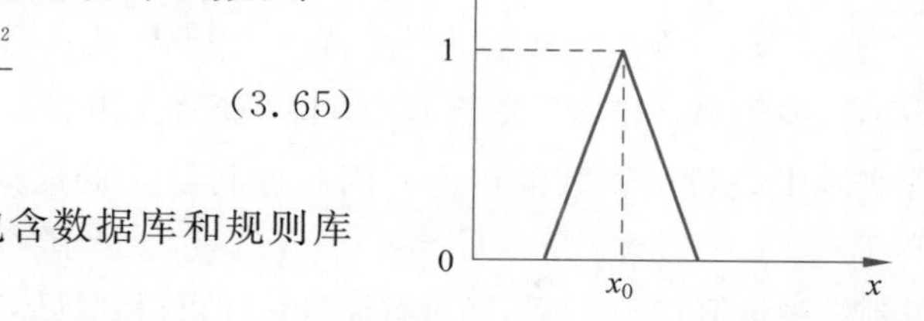

图 3.22 三角形模糊集合的隶属度函数

(1) 数据库：存储着有关模糊化、模糊推理、解模糊化的一切知识，如模糊化中论域变化的方法、输入变量隶属度函数的定义、模糊推理算法、解模糊算法、输出变量各模糊集的隶属度函数的定义等。

(2) 规则库：包含了模糊语言变量表示的一系列控制规则，反映了控制专家的经验与知识。规则库中的模糊控制规则的建立一般有以下几种方式：①基于专家经验和控制工程知识；②基于操作人员的实际控制过程；③基于过程的模糊模型。同时模糊控制规则要具备以下的性能要求：①完备性，即对于任意的输入，模糊控制器均应给出合适的控制输出；②模糊控制规则数在满足完备性的条件下，尽量取较小的数值，以简化模糊控制器的设计与实现；③一致性：对于一组模糊控制规则，不允许出现给定一个输入，结果产生两组不同甚至是矛盾的输出。

3. 模糊推理

模糊推理是模糊控制器的核心，在 3.3 节中已经详细介绍了模糊推理，考虑到实际应用中对模糊推理的效率要求，在模糊关系合成法的基础上模糊控制系统还发展出了特征展开近似推理法、真值流推理法、作用模糊子集推理法等具有更快推理速度的推理方法，以下简要介绍特征展开近似推理法(Character Expansion of Inference，CEI)。

图 3.23 所示的基本模糊控制器中，e^*、ec^* 和 Δu^* 分别表示偏差、偏差变化和控制增量的精确量；A^*、B^* 和 C^* 分别为 e^*、ec^* 和 Δu^* 的模糊量；q_e、q_{ec} 和 q_u 分别为 e^*、ec^* 和 Δu^* 的量化因子和比例因子。设 X、Y 为输入变量论域，U 为输出变量

论域，$x \in X, y \in Y, u \in U$ 为基本变量，$A \subset X, B \subset Y, C \subset U$ 为模糊变量，且 $e \in X$，$ec \in Y, u \in U$；$X, Y, U = [-6, 6]$。

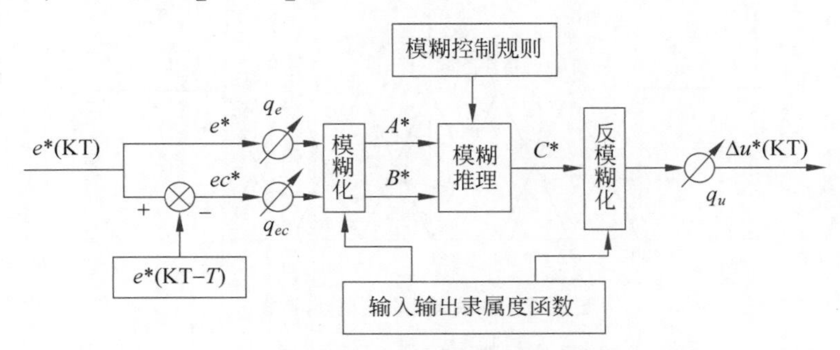

图 3.23 基本模糊控制器

在 CRI 方法中，每一个模糊蕴涵关系 $A_i \times B_j \to C_{ij}$ 都要建立一个 $X \times Y \times U$ 上的模糊关系 $R_{ij}(i, j = 1, 2, \cdots, 7)$。这样的 $\boldsymbol{R}$ 是具有三重下标的矩阵，若 X、Y 和 U 分别包含 m、n、l 个离散点，则 $\boldsymbol{R}$ 就含有 $m \times n \times l$ 个元素，再做关系合成运算，其运算量将非常之大。在实际应用中，通常需要事先计算出输入输出响应表，通过查表的方法实现模糊控制。针对 CRI 法推理计算过程的复杂性问题，CEI 方法把模糊集族$\{A_i\}$、$\{B_j\}$、$\{C_{ij}\}$看成三组"特征基"，分别称

$$\alpha_k = \vee_{i=1}^{13}[A^*(x) \wedge A_k(x_i)], \quad \beta_k = \vee_{i=1}^{13}[B^*(y) \wedge B_k(y_i)] \tag{3.66}$$

为 A^* 关于 A_k 和 B^* 关于 B_k 的特征系数，其中 $k = 1, 2, \cdots, 49$。CEI 法指出，近似推理实际上是特征系数的传递。因此控制量 u 的模糊量值 $C^*(u)$为

$$C^*(u) = \vee_{k=1}^{49}[\alpha_k \wedge \beta_k \wedge C_k(u)] \tag{3.67}$$

得到模糊量值 $C^*(u)$后，经过解模糊化即可得到具体实施的精确量。CEI 法除了不必计算总模糊蕴涵关系 R 外，其余过程均与 CRI 法相同。下面证明 CEI 法完全等同于 CRI 法。

证：已知 A^* 和 B^* 分别为实测量(e^*, ec^*)的模糊量值，$\boldsymbol{R}$ 为总模糊蕴涵关系，由 CRI 法可知，控制量的模糊量值为

$$C_i^*(u) = (A^* \text{ and } B^*) \circ \boldsymbol{R} = (A^* \text{ and } B^*) \circ \bigcup_{i=1}^{n} R_i \tag{3.68}$$

由最大—最小蕴涵运算算子结合律可知，

$$\begin{aligned} C_i^*(u) &= \bigcup_{i=1}^{n} (A^* \text{ and } B^*) \circ R_i \\ &= \bigcup_{i=1}^{n} (A^* \text{ and } B^*) \circ (A_i \text{ and } B_i \to C_i) \\ &= \bigvee_{i=1}^{n} [A^*(x) \wedge B^*(y)] \circ [A_i(x) \wedge B_i(y) \wedge C_i(u)] \\ &= \bigvee_{i=1}^{n} \{[A^*(x) \wedge A_i(x)] \wedge [B^*(y) \wedge B_i(y)] \wedge C_i(u)\} \end{aligned} \tag{3.69}$$

比较式(3.66)和式(3.69)可知

$$C_i^* = \bigvee_{i=1}^{n} \{\alpha_i \wedge \beta_i \wedge C_i(u)\} \tag{3.70}$$

由此可见，CEI 法是 CRI 法的简化，二者完全相同，但由于特征展开法不需构造 $\boldsymbol{R}$ 而使计算量大幅减少。同时，CEI 法指出近似推理实际上是特征系数的传递这一本质

使得人们可以从 CRI 法复杂的推理过程中解脱出来，清晰地看到信息在模糊推理中的传递过程。

4. 解模糊接口

通过模糊推理得到的结果是一个模糊集合或者隶属度函数，但在实际使用中，特别是在模糊控制中，必须用一个确定的值才能控制执行机构，因此在推理得到的模糊集合中取一个相对最能代表这个模糊集合的单值的过程就称作解模糊或模糊判决。在 3.3 节的模糊判决中介绍了常用的几种解模糊化方法：①最大隶属度法；②中位数法；③加权平均判决法，这里不再赘述。

综上所述，模糊控制的基本算法可概括为 4 个步骤：

(1) 根据采样得到系统的输出值，计算所选择的系统的输入变量；

(2) 将输入变量的精确值变为模糊量；

(3) 根据输入模糊量及模糊控制规则，按合成规则计算模糊控制量；

(4) 由上述得到的模糊控制量计算精确的控制量。

例 3.9 以水位的模糊控制为例，如图 3.24 所示。设有一个水箱，通过调节阀可向内注水和向外抽水。设计一个模糊控制器，通过调节阀门将水位稳定在固定点附近。按照日常的操作经验，可以得到基本的控制规则：

"若水位高于 O 点，则向外排水，差值越大，排水越快"

"若水位低于 O 点，则向内注水，差值越大，注水越快"

根据上述经验，按下列步骤设计模糊控制器。

(1) **确定观测量和控制量**。定义理想液位 O 点的水位为 h_0，实际测得的水位高度为 h，选择液位差

$$e = \Delta h = h_0 - h$$

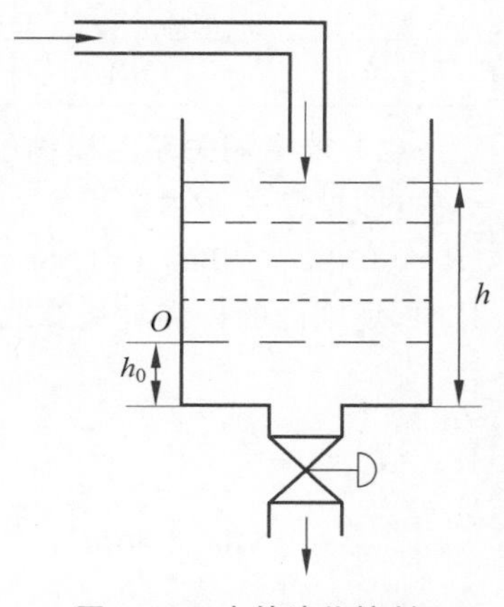

图 3.24 水箱液位控制

将当前水位对于 O 点的偏差 e 作为观测量。

(2) **输入量和输出量的模糊化**。将偏差 e 分为 5 个模糊集：负大(NB)，负小(NS)，零(ZO)，正小(PS)，正大(PB)。根据偏差 e 的变化范围分为 7 个等级：-3，-2，-1，0，$+1$，$+2$，$+3$。得到水位变化划分见表 3.1。控制量 u 为调节阀门开度的变化。将其分为 5 个模糊集：负大(NB)，负小(NS)，零(ZO)，正小(PS)，正大(PB)。并将 u 的变化范围分为 9 个等级：-4，-3，-2，-1，0，$+1$，$+2$，$+3$，$+4$。得到控制量变化划分见表 3.2。

表 3.1 水位变化划分表

隶属度		e 变化等级						
		−3	−2	−1	0	1	2	3
模糊集	PB	0	0	0	0	0	0.5	1
	PS	0	0	0	0	0.5	1	0
	ZO	0	0	0.5	1	0.5	0	0
	NS	0	0.5	1	0	0	0	0
	NB	1	0.5	0	0	0	0	0

表 3.2　控制量变化划分表

隶属度		u 变化等级								
		−4	−3	−2	−1	0	1	2	3	4
模糊集	PB	0	0	0	0	0	0	0	0.5	1
	PS	0	0	0	0	0	0.5	1	0.5	0
	ZO	0	0	0	0.5	1	0.5	0	0	0
	NS	0	0.5	1	0.5	0	0	0	0	0
	NB	1	0.5	0	0	0	0	0	0	0

(3) **模糊规则的描述**。根据日常的经验，设计以下模糊规则：①“若 e 负大，则 u 负大”；②“若 e 负小，则 u 负小”；③“若 e 为 0，则 u 为 0”；④“若 e 正小，则 u 正小”；⑤“若 e 正大，则 u 正大”。其中，排水时，u 为负；注水时，u 为正。根据上述经验规则，可得模糊控制见表 3.3。

表 3.3　模糊控制规则表

e	NB	NS	ZO	PS	PB
u	NB	NS	ZO	PS	PB

(4) **求模糊关系**。模糊控制规则是一个多条语句，它可以表示为 $U\times V$ 上的模糊子集，即模糊关系为

$$\boldsymbol{R}=(\mathbf{NB}\boldsymbol{e}\times\mathbf{NB}\boldsymbol{u})\cup(\mathbf{NS}\boldsymbol{e}\times\mathbf{NS}\boldsymbol{u})\cup(\mathbf{ZO}\boldsymbol{e}\times\mathbf{ZO}\boldsymbol{u})\cup(\mathbf{PS}\boldsymbol{e}\times\mathbf{PS}\boldsymbol{u})\cup(\mathbf{PB}\boldsymbol{e}\times\mathbf{PB}\boldsymbol{u})$$

其中，规则内的模糊集运算取交集，规则间的模糊集运算取并集。

$$\mathbf{NB}\boldsymbol{e}\times\mathbf{NB}\boldsymbol{u}=\begin{bmatrix}1\\0.5\\0\\0\\0\\0\\0\end{bmatrix}\times\begin{bmatrix}1 & 0.5 & 0 & 0 & 0 & 0 & 0 & 0 & 0\end{bmatrix}$$

$$=\begin{bmatrix}1.0 & 0.5 & 0 & 0 & 0 & 0 & 0 & 0 & 0\\0.5 & 0.5 & 0 & 0 & 0 & 0 & 0 & 0 & 0\\0 & 0 & 0 & 0 & 0 & 0 & 0 & 0 & 0\\0 & 0 & 0 & 0 & 0 & 0 & 0 & 0 & 0\\0 & 0 & 0 & 0 & 0 & 0 & 0 & 0 & 0\\0 & 0 & 0 & 0 & 0 & 0 & 0 & 0 & 0\\0 & 0 & 0 & 0 & 0 & 0 & 0 & 0 & 0\end{bmatrix}$$

$$\mathbf{NS}\boldsymbol{e}\times\mathbf{NS}\boldsymbol{u}=\begin{bmatrix}0\\0.5\\1\\0\\0\\0\\0\end{bmatrix}\times\begin{bmatrix}0 & 0.5 & 1 & 0.5 & 0 & 0 & 0 & 0 & 0\end{bmatrix}$$

$$=\begin{bmatrix}0&0&0&0&0&0&0&0&0\\0&0.5&0.5&0.5&0&0&0&0&0\\0&0.5&1.0&0.5&0&0&0&0&0\\0&0&0&0&0&0&0&0&0\\0&0&0&0&0&0&0&0&0\\0&0&0&0&0&0&0&0&0\\0&0&0&0&0&0&0&0&0\end{bmatrix}$$

$$\mathbf{ZO}\boldsymbol{e}\times\mathbf{ZC}\boldsymbol{u}=\begin{bmatrix}0\\0\\0.5\\1\\0.5\\0\\0\end{bmatrix}\times\begin{bmatrix}0&0&0&0.5&1&0.5&0&0&0\end{bmatrix}$$

$$=\begin{bmatrix}0&0&0&0&0&0&0&0&0\\0&0&0&0&0&0&0&0&0\\0&0&0&0.5&0.5&0.5&0&0&0\\0&0&0&0.5&1.0&0.5&0&0&0\\0&0&0&0.5&0.5&0.5&0&0&0\\0&0&0&0&0&0&0&0&0\\0&0&0&0&0&0&0&0&0\end{bmatrix}$$

$$\mathbf{PS}\boldsymbol{e}\times\mathbf{PS}\boldsymbol{u}=\begin{bmatrix}0\\0\\0\\0\\1\\0.5\\0\end{bmatrix}\times\begin{bmatrix}0&0&0&0&0&0.5&1&0.5&0\end{bmatrix}$$

$$=\begin{bmatrix}0&0&0&0&0&0&0&0&0\\0&0&0&0&0&0&0&0&0\\0&0&0&0&0&0&0&0&0\\0&0&0&0&0&0&0&0&0\\0&0&0&0&0&0.5&1.0&0.5&0\\0&0&0&0&0&0.5&0.5&0.5&0\\0&0&0&0&0&0&0&0&0\end{bmatrix}$$

$$\mathbf{PB}\boldsymbol{e}\times\mathbf{PB}\boldsymbol{u}=\begin{bmatrix}0\\0\\0\\0\\0\\0.5\\1\end{bmatrix}\times\begin{bmatrix}0&0&0&0&0&0&0&0.5&1.0\end{bmatrix}$$

$$
=\begin{bmatrix}
0 & 0 & 0 & 0 & 0 & 0 & 0 & 0 & 0 \\
0 & 0 & 0 & 0 & 0 & 0 & 0 & 0 & 0 \\
0 & 0 & 0 & 0 & 0 & 0 & 0 & 0 & 0 \\
0 & 0 & 0 & 0 & 0 & 0 & 0 & 0 & 0 \\
0 & 0 & 0 & 0 & 0 & 0 & 0 & 0 & 0 \\
0 & 0 & 0 & 0 & 0 & 0 & 0 & 0.5 & 0.5 \\
0 & 0 & 0 & 0 & 0 & 0 & 0 & 0.5 & 1.0
\end{bmatrix}
$$

由以上5个模糊矩阵求并集(隶属度函数最大值)得

$$
\boldsymbol{R}=\begin{bmatrix}
1.0 & 0.5 & 0 & 0 & 0 & 0 & 0 & 0 & 0 \\
0.5 & 0.5 & 0.5 & 0.5 & 0 & 0 & 0 & 0 & 0 \\
0 & 0.5 & 1.0 & 0.5 & 0.5 & 0.5 & 0 & 0 & 0 \\
0 & 0 & 0 & 0.5 & 1.0 & 0.5 & 0 & 0 & 0 \\
0 & 0 & 0 & 0.5 & 0.5 & 0.5 & 1.0 & 0.5 & 0 \\
0 & 0 & 0 & 0 & 0 & 0.5 & 0.5 & 0.5 & 0.5 \\
0 & 0 & 0 & 0 & 0 & 0 & 0 & 0.5 & 1.0
\end{bmatrix}
$$

(5) **模糊决策**。模糊控制器的输出为误差向量和模糊关系的合成,即

$$\boldsymbol{u}=\boldsymbol{e}\circ\boldsymbol{R}$$

当误差 $\boldsymbol{e}$ 为 **NB** 时,$\boldsymbol{e}=[1,0.5,0,0,0,0,0]$ 控制器输出为

$$
\boldsymbol{u}=\boldsymbol{e}\circ\boldsymbol{R}
$$

$$
=[1\quad 0.5\quad 0\quad 0\quad 0\quad 0\quad 0]\circ\begin{bmatrix}
1.0 & 0.5 & 0 & 0 & 0 & 0 & 0 & 0 & 0 \\
0.5 & 0.5 & 0.5 & 0.5 & 0 & 0 & 0 & 0 & 0 \\
0 & 0.5 & 1.0 & 0.5 & 0.5 & 0.5 & 0 & 0 & 0 \\
0 & 0 & 0 & 0.5 & 1.0 & 0.5 & 0 & 0 & 0 \\
0 & 0 & 0 & 0.5 & 0.5 & 0.5 & 1.0 & 0.5 & 0 \\
0 & 0 & 0 & 0 & 0 & 0.5 & 0.5 & 0.5 & 0.5 \\
0 & 0 & 0 & 0 & 0 & 0 & 0 & 0.5 & 1.0
\end{bmatrix}
$$

$$
=[1\quad 0.5\quad 0.5\quad 0.5\quad 0\quad 0\quad 0\quad 0\quad 0]
$$

(6) **控制量的解模糊化**。由模糊决策可知,当误差为负大时,实际液位远高于理想液位,$\boldsymbol{e}=\mathbf{NB}$,控制器的输出为模糊向量,可表示为

$$
\boldsymbol{u}=\frac{1}{-4}+\frac{0.5}{-3}+\frac{0.5}{-2}+\frac{0.5}{-1}+\frac{0}{0}+\frac{0}{+1}+\frac{0}{+2}+\frac{0}{+3}+\frac{0}{+4}
$$

如果按照"隶属度最大原则"进行解模糊化,则选择控制量为-4,即阀门的开度应开大一些,加大排水量。

本章小结

对于现实世界中存在的大量的不确定性的、复杂性问题,以经典集合为基础的经典数学往往显得无能为力,而以模糊集合为基础的模糊计算在处理该类问题上具有极大的优越性。3.1节阐述了模糊集合的定义,分别介绍了模糊集合的表示方法、常见的隶属度函数、模糊集合运算的定理与性质、隶属度函数的确定方法。3.2节介绍了

模糊矩阵的定义和运算定理，并讨论了模糊关系的定义、表示方法以及模糊二元关系的运算。在模糊关系的合成一节中介绍了两种合成运算方法。3.3 节讨论了模糊语言、模糊命题等模糊知识表示，重点描述了 3 种模糊条件语句、模糊推理规则以及 3 种常用的模糊判决方式。3.4 节介绍了模糊计算的两个经典应用：模糊 C 均值聚类算法以及模糊控制系统，并回顾了模糊推理的相关内容。

模糊理论是由美国的 L. A. Zadeh 教授提出的。然而，模糊理论在产生之初，在美国发展并不顺利，同样在欧洲也受到一定程度的抵制。这是因为西方人喜欢钻研精确问题，偏好 Aristotte 的二元逻辑系统。相反，模糊理论在中国、日本、印度这些东方国家却大受欢迎，发展迅速。这是因为东方人擅长兼容并蓄的思维方式，逻辑系统也和西方的二元逻辑大不相同。正是这种文化沉淀上的差异，使得东西方在面对模糊逻辑时，表现出的接受程度大相径庭。模糊理论的成功表明模糊是相对于精确而言的，对于多因素的复杂状况，模糊往往显示出更大的"精确"。而传统意义上的过分精确还可能导致过于刻板、缺乏灵活性。

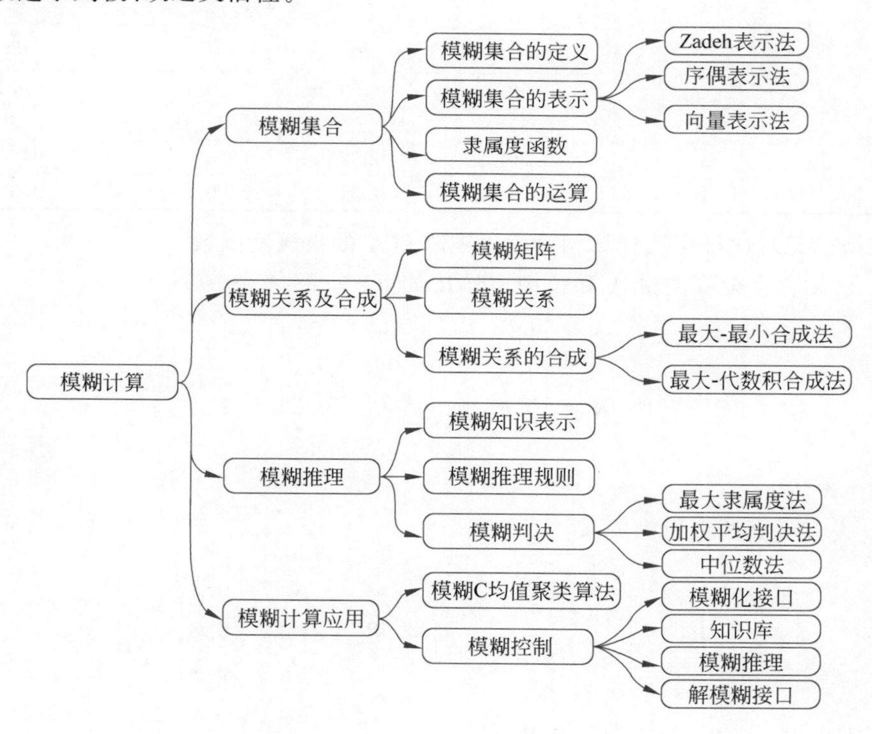

习题

1. 说明模糊集合与经典集合的主要区别。
2. 简要说明模糊控制系统中模糊控制器的工作原理。
3. 设论域 $U=\{x_1,x_2,x_3,x_4,x_5\}$，$A$ 及 B 为论域 U 上的两个模糊集，已知：

$$A=\frac{0.1}{x_1}+\frac{0.5}{x_2}+\frac{0.8}{x_3}+\frac{0.6}{x_4}+\frac{1}{x_5};\quad B=\frac{0.1}{x_1}+\frac{0.7}{x_3}+\frac{1}{x_4}+\frac{0.3}{x_5}$$

试计算：$A\cap B$，$A\cup B$，$\overline{A}$，$A\cup\overline{B}$，$A\cdot B$，$A+B$，$A\oplus B$，$A\otimes B$。

4. 设某汽车研究所拟对4种车型 a、b、c、d 的乘坐舒适性进行评估。为此，令 $U=\{a,b,c,d\}$，$A=$｛乘坐舒适性｝，并挑选10名长期从事汽车道路试验的技术人员和司机，通过实际乘坐进行评估，评估方法为：任取两辆车编成一组进行对比，以先乘坐的一辆车为基准，以后乘坐的一辆车为对象做相对比较评分，评分标准如表3.4所示。

表3.4　乘坐舒适性评分表

乘坐感觉	很好	好	稍好	相同	稍差	差	很差
分值	10	9	7	5	3	1	0

假设先乘 b 车再乘 a 车，相对于 b 车10人对 a 车评分的总和为83分，则取 $f_b(a)=0.83$，$f_a(b)=0.17$。得到的所有评分结果如表3.5所示。

表3.5　乘坐舒适性得分表

$f_y(x)$		基准 y			
		a	b	c	d
对象 x	a	0.50	0.63	0.70	0.79
	b	0.37	0.50	0.68	0.69
	c	0.30	0.32	0.50	0.74
	d	0.21	0.31	0.26	0.50

根据二元对比排序法计算相对优先矩阵和 $\boldsymbol{A}$ 的隶属度函数。

5. 已知存在模糊向量 $\boldsymbol{A}$ 和模糊矩阵 $\boldsymbol{R}$ 如下：

$$\boldsymbol{A}=(0.8\quad 0.2\quad 0.6)$$

$$\boldsymbol{R}=\begin{bmatrix}0.4 & 0.6 & 0.2 & 0.5\\ 0.4 & 0.3 & 0 & 0.2\\ 0.1 & 0.9 & 0.6 & 0.7\end{bmatrix}$$

计算 $\boldsymbol{B}=\boldsymbol{A}\circ\boldsymbol{R}$。

6. 设有下面两个模糊关系：

$$\boldsymbol{R}_1=\begin{bmatrix}0.2 & 0.8 & 0.4\\ 0.4 & 0 & 1\\ 1 & 0.5 & 0\\ 0.7 & 0.6 & 0.5\end{bmatrix},\quad \boldsymbol{R}_2=\begin{bmatrix}0.7 & 0.3\\ 0.4 & 0.8\\ 0.2 & 0.9\end{bmatrix}$$

试求出 $\boldsymbol{R}_1$ 与 $\boldsymbol{R}_2$ 的复合关系 $\boldsymbol{R}_1\circ\boldsymbol{R}_2$。

7. 设 $U=V=\{1,2,3,4,5\}$，$A=\frac{1}{1}+\frac{0.5}{2}$，$B=\frac{0.4}{3}+\frac{0.6}{4}+\frac{1}{5}$

模糊知识：IF x is A THEN y is B

模糊证据：x is A'

其中，A' 的模糊集为：$A'=\frac{1}{1}+\frac{0.4}{2}+\frac{0.2}{3}$，求其模糊结论 B'。

8. 查阅相关资料，总结至少3种基于模糊C均值算法的改进聚类算法，并编写代码实现其中一种算法。

9. 已知某一炉温控制系统，要求温度保持在600℃恒定。针对该控制系统有以下控制经验：

（1）若炉温低于600℃，则升压；低的越多升压越高。

（2）若炉温高于600℃，则降压；高的越多降压越高。

（3）若炉温等于600℃，则保持电压不变。

设模糊控制器为一维控制器，输入语言变量为误差，输出为控制电压。输入输出的量化等级为7级，取5个模糊集。试设计隶属度函数误差变化划分表、控制电压变化划分表和模糊控制规则表。

10. 查阅相关资料，总结一种现实生活中模糊控制的应用（例如模糊电饭煲），并分析其中的模糊控制原理与模糊推理规则。

参考文献

[1] Dubois D, Prade H. Fuzzy Sets and Systems-Theory and Applications [M]. New York: Academic Press, 1980.

[2] 张国立，张辉，孔倩. 模糊数学基础及应用[M]. 北京：化学工业出版社，2011.

[3] 李士勇. 工程模糊数学及应用[M]. 哈尔滨：哈尔滨工业大学出版社，2004.

[4] 王立新. 模糊系统与模糊控制教程[M]. 北京：清华大学出版社，2003.

[5] 张吉礼. 模糊-神经网络控制原理与工程应用[M]. 哈尔滨：哈尔滨工业大学出版社，2004.

[6] Timothy J R. 模糊逻辑及其工程应用[M]. 钱同惠，沈其聪，葛晓滨，等译. 北京：电子工业出版社，2001.

[7] 刘若辰，慕彩红，焦李成，等. 人工智能导论[M]. 北京：清华大学出版社，2021.

[8] 刘金琨. 智能控制[M]. 4版. 北京：电子工业出版社，2017.

[9] 石辛民，郝整清. 模糊控制及其MATLAB仿真[M]. 北京：清华大学出版社，2018.

第4章

进化计算

在计算机科学领域，进化计算(Evolutionary Computation，EC)是受生物进化启发的一类用于全局优化的算法。由于进化计算的高鲁棒性、广泛适应性和全局优化特性，在计算机科学和人工智能领域有较为宽泛的应用。基于编码方式、遗传算子等的不同，将进化计算划为四大分支，包括遗传算法、进化策略(Evolutionary Strategy，ES)、进化规划(Evolutionary Planning，EP)及遗传规划(Genetic Programming，GP)。

本章将从进化计算的生物学背景开始讨论，首先介绍进化计算中应用最为广泛的遗传算法，详细描述了它的原理和求解过程，同时介绍了遗传算法的本质内涵——模式理论和积木块假设，并介绍改进的遗传算法和遗传算法的应用。然后简要介绍了进化策略、进化规划和遗传规划的基本原理及求解步骤，并给出了这4种不同进化算法的异同。

4.1 进化计算的生物背景

进化计算是基于生物界中自然进化的原理产生和发展起来的一类计算方法，它将强大的自然进化与一种特殊的问题求解方式——试错法结合起来，具有元启发式或随机优化的特性。本节将通过介绍进化计算的起源和发展史，来确立进化计算的基本过程并对其进行分类。

4.1.1 进化计算的起源

进化计算是一类模拟生物进化过程与机制求解问题的自组织、自适应性人工智能技术，它将自然进化作为研究的灵感来源[1]。依照达尔文进化论和遗传学说，生物的进化是通过繁殖、变异、竞争、选择来实现的，进化计算就是建立在上述生物模型基础上的一种随机搜索技术。

1. 达尔文进化论

达尔文进化论解释了生物多样性的起源和潜在机制，而在宏观进化论的观点中，自然选择起着核心作用[2]。在一个仅能容纳有限个体的环境中,且每个个体都有基本的繁殖能力,如果种群规模不能呈指数级的增长,那么个体选择是不可避免的。自然选择更倾向于将资源给最适合当前环境的个体,这种现象也被称为适者生存。基于竞争的选择是进化进程中的两大基石之一,而 C. R. Darwin 发现的另一种能促进进化进程的主要力量来自种群个体之间的表现型特征的变异性[3]。表现型特征是指个体的行为和身体特征,直接影响其对环境(包括其他个体)的反应,从而决定其适应性。每个个体代表了一个唯一的表现型特征组合,由环境来评估。如果这种组合在环境中得到良好的评价,那么这个个体有更高的机会繁殖后代;否则,该个体会被抛弃而死亡,不会产生后代。重要的是,如果一些重要的表现型特征是可遗传的(并不是所有的特征都具有遗传性),这些特征可能会通过个体在后代进行传播。C. R. Darwin 认为,表现型特征的微弱变化、随机突变、变异等行为通常发生在每一代的繁殖过程中,通过这些变异,新的表现型特征组合就会产生并被环境再次评估,最佳个体生存下来并繁殖后代,这样使得生物进化过程持续进行。总结以上基本模型:种群是由一些被选择作为基本单位的个体组成的,这些个体的繁殖成功与否取决于它们相对于种群中的其他个体适应环境的程度,随着更多个体的成功繁殖,进化过程中偶发的突变也能产生新个体进行评估与选择,来判断其是否能生存和繁殖。因此,种群的构成会随着时间的推移而发生变化,也就是说,种群是进化的基本单位。

2. 遗传学

分子遗传学提供了自然进化的微观观点,它揭示了表现型特征层之下的进化过程,特别是与遗传有关的过程。遗传学的基本研究表明,种群中的个体是通过外部表现型特征对内部基因型进行表征的双重实体,也就是说,个体的基因型决定了其表现型。作为遗传功能单位的基因,它对个体的表现型特征进行编码。例如,人的单双眼皮和是否有耳垂等显性表现型特征是由基因决定的。基因型包含了构建特定表现型所需的所有信息,一个生物体的所有基因的遗传物质都排列在若干条染色体上,例如人类拥有 46 条染色体。

值得注意的是,在自然系统中,基因编码不是一对一的映射关系,单个基因可能影响多个表现型特征,而一个表现型特征可以由多个基因决定[4]。一般来说,表现型所出现的变异表象是由基因型的变异行为所导致的,而基因型变异又是基因突变或者是有性繁殖导致的基因重组的结果。

在进化计算中,在同一代中两个个体之间的特征组合的行为通常被称为交叉(crossover)操作。交叉操作通常发生在两个内部染色单体之间,它们在某个随机点断裂并相互交换断裂后的部分,如图 4.1 所示。基因突变(mutation)指某些基因位的组成或数目发生变化。

从目前研究的成果来看,地球上的所有生命都是基于 DNA 对物种进行编码的,而基因是以 DNA 为基础的较大结构,它包含了更多的密码子。分子遗传学认为表现型的外在特征不能反过来影响基因型内部所蕴含的信息,因为 DNA 合成蛋白质的信息流是单向的。所以,种群的遗传物质的变化只能来自随机变异和自然选择,而绝对不是来自于个体学习。因此,最为重要的理解是,所有的变异(突变和交叉)都发生在基因型层面,而选择操作是发生在表现型层面的,因为它是基于个体在给定环境中的实际表现来进行的。

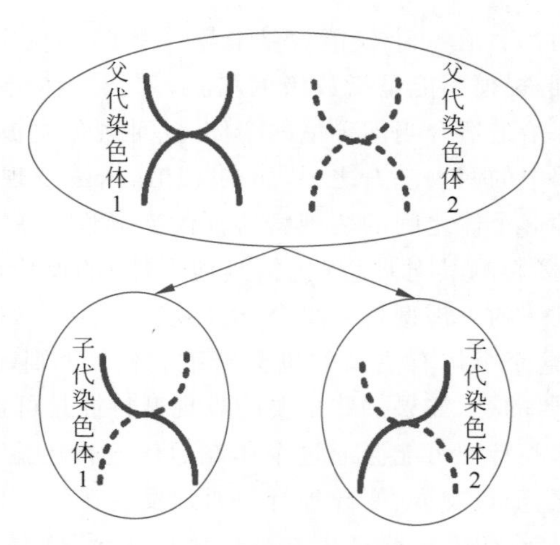

图4.1　染色体的交叉操作

将达尔文进化论和遗传学研究结合起来，就能有效地阐述自然进化的原理和推动力。任何生物个体都具有基因型和表现型双重特征，通常情况下，它能否成功地生存与繁殖后代取决于其所具有的外部表现型特征，如发达的肌肉、敏锐的听力等。也就是说，自然选择的力量本质上源于生物体的外在表现型水平。显而易见，外部选择也会隐式地影响生物个体的内在基因型水平。而对于任何生物最重要的就是繁殖，产生的子代与父代的基因组成都是具有差异性的，产生差异性的原因：一是在繁殖过程中所发生的微小的生殖变异；二是两个父代结合产生的新基因会不同于这两个父代。通过上述方式，可以实现生物体内部的基因型变异，进而体现为生物体外部的可见的表现型变异，进而使优良子代被选择。总结这一过程：将每个新生子代都视为生物群体中的新成员，其通过有性繁殖和无性繁殖的变异操作产生，并基于选择操作进行评估。新个体需要通过两重考验：首先证明它可以在自然界独立生存，然后证明它具有繁殖后代的能力。这也就是在算法中的"生成——测试"方法。

4.1.2　进化计算的历史

虽然，达尔文进化论和遗传学说的进化思想早就被提出，但是模仿进化过程来解决问题的概念还要追溯到计算机出现之前，比如 A. M. Turing 在 1948 年提出了一种遗传搜索的方法。图灵的 B 型通用图灵机类似于原始的神经网络，神经元之间的连接是通过一种遗传算法学习的。然而，A. M. Turing 的论文直到 1968 年才发表，他于 1954 年去世，所以他的早期工作对进化计算领域几乎没有影响。

尽管"进化计算"这一名词直到 1991 年才被发明出来，但是之前在这个领域已有 40 多年的历史。而进化计算自 20 世纪 50 年代以来，发展过程大致可以分为 3 个阶段。

1. 萌芽阶段

20 世纪 50 年代后期，一些生物学家在研究如何利用计算机模拟生物遗传系统中产生了遗传算法的基本思想，并最早由美国的 J. H. Holland 于 1962 年提出。1965 年，德国数学家 I. Rechenberg 等提出了一种只有单个个体参与进化，并且有且只有一种变异这一种进化操作的进化策略[5]。1966 年，美国学者 L. J. Fogel 提出了一种具有多个个体和仅有变异一种进化操作的进化规划[6]。至此,进化计算的三大分支基本形成。

2. 成长阶段

1975 年,J. H. Holland 出版专著 *Adaptation in Natural and Artificial System*,全面介绍了遗传算法的基本理论和方法,并提出了对遗传算法的理论研究和发展极为重要的模式理论(schemata theory),该理论首次确认了结构重组遗传操作对获得隐并行性的重要性[7]。同年,K. D. Jong 发表了他的博士论文 *The Analysis and Behavior of a Class of Genetic Adaptive Systems*,在该论文中他将 J. H. Holland 的模式理论和他的计算使用结合起来,可以看作遗传算法发展过程中的一个里程碑[8]。同年,德国学者 H. P. Schwefel 在其博士论文中提出一种由多个个体组成的群体参与进化的,并且包括了变异和重组这两种进化操作的进化策略。1989 年, D. E. Goldberg 出版专著 *Genetic Algorithm-in Search ,Optimization and Machine Learning*,使遗传算法得到了普及与推广[9]。

3. 发展阶段

1989 年,美国斯坦福大学的 J. R. Koza 提出了遗传规划的新概念,并于 1992 年出版了专著 *Genetic Programming: on the Programming of Computer by Means of Natural Selection*,该书全面介绍了遗传规划的基本原理与应用实例,这标志着遗传规划作为进化计算的一个重要分支已经基本形成[10]。进入 20 世纪 90 年代以来,进化计算得到了众多研究机构和学者的高度重视,新的研究成果不断出现,应用领域不断扩大。

4.1.3 进化计算的基本过程及分类

通过前面的介绍,我们可以知道,进化计算是模拟生物进化,也就是基于自然选择和遗传变异等生物进化机制的一种全局性概率搜索算法,同时运用了迭代的方法[11]。它从选定的初始解出发,通过不断迭代逐步改进当前解,直到最后搜索到最适合问题的解。在进化计算中,用迭代计算过程模拟生物体的进化机制,从一组解(群体)出发,采用类似于自然选择和有性繁殖等方式,在继承原有优良基因的基础上,生成具有更优良的下一代种群。

在进化计算中,通常会有以下几个参数。

(1) 种群(population):进化计算在求解问题时是从多个个体开始的,这些个体合在一起称为种群;

(2) 代数(generation):种群进化的代数,也就是迭代次数;

(3) 种群规模(popsize):种群中包含的个体的数量,一般情况下,种群规模在整个进化过程中保持不变;

(4) 父代解(parent):是指当前种群中的个体;

(5) 子代解(offspring):是指父代通过遗传操作产生的新解;

(6) 编码:进化计算常常还需要对问题的解进行编码,即通过变换将解映射到另一空间,通常采用字符串等形式。

进化计算尽管有多个重要的分支,但是它们却有着共同的进化框架。

若设种群为 P,进化代数为 g,$P(g)$为第 g 代种群,则进化计算的基本过程如算法4.1所示，其基本结构包含了生物进化中所必需的选择操作、遗传操作和适应度评价等过程。

算法4.1：进化计算

Step 1：输入参数确定编码方法：种群规模 N，当前进化代数 $g=0$，总进化代数 $G_{\max}$；
Step 2：初始化种群：产生初始种群 $P(0)$；
Step 3：适应度评价：计算种群 $P(g)$ 中个体的适应度值；
Step 4：对种群 $P(g)$ 进行遗传操作，即通过选择、交叉、变异等操作产生子代个体；
Step 5：根据适当的选择机制选择产生下一代的父代种群 $P(g+1)$；
Step 6：停机准则判断。若满足停机准则，则输出当前种群中适应度值最大的个体；否则，令 $g=g+1$，返回Step 3。

考虑到目前研究的进化计算技术，根据个体不同表示的方式和不同遗传算子的应用，可以将它大致分为4种典型的方法。

1. 遗传算法

在遗传算法中，个体通常以二进制字符串表示，但是现在也有了不同的表示方法，如实值表示。在遗传算子中，遗传算法通常强调的是交叉而不是变异，所以变异概率是非常低的。遗传算法是由美国的J. H. Holland于20世纪60年代提出的，该算法是根据大自然中生物体进化规律而设计提出的，是模拟达尔文生物进化论的自然选择和遗传学机理的生物进化过程的计算模型，是一种通过模拟自然进化过程搜索最优解的方法。该算法通过数学的方式，利用计算机仿真运算将问题的求解过程转换成类似生物进化中的染色体的交叉、变异等过程。在求解较为复杂的问题时，相对一些常规的优化算法(如线性规划、整数规划、梯度下降法等)，通常能够较快地获得较好的优化结果。遗传算法已被广泛地应用于组合优化、机器学习、信号处理、自适应控制和人工生命等领域[12-14]。

2. 进化策略

进化策略通常是用来求解实参数优化问题的，每个个体通常用一个实值表示，同样在最初的进化策略中，以变异作为主要遗传操作符，而现在同样考虑变异与重组(recombination)。进化策略是由I. Rechenberg和H. P. Schwefel于1965年独立提出的。早期的进化策略的种群中只包含一个个体，并且只使用变异操作。在每一代中，变异后的个体与其父代进行比较，并选择较好的一个，这种选择策略被称为 $(1+1)-\mathrm{ES}$，即单父代-单子代的搜索。但这种方法没有体现群体的作用，I. Rechenberg又提出了 $(\mu+1)-\mathrm{ES}$，即父代个体有 μ 个，并引入重组算子，再组合出一个新的个体。1981年，H. P. Schwefel又提出了 $(\mu+\lambda)-\mathrm{ES}$ 和 $(\mu,\lambda)-\mathrm{ES}$。这些不同的策略各有优劣，还需要不断探索。

3. 进化规划

在进化规划中，个体也用实值向量表示，通常考虑用变异算子进行进化而不使用交叉算子，其变异概率通常遵循正态分布。进化规划由L. J. Fogel于20世纪60年代提出，它模拟生物种群层次上的进化，因此在进化过程中主要强调生物种群行为上的联系，即强调种群层次上的行为进化而建立父代与子代间的行为链，意味着好的子代才有资格生存。进化规划在计算机上实施时没有重组或交换这类算子，它的进化主要依赖于突变。在标准进化规划中这种突变比较简单，它只需参照个体适应度添加一个随机数即可。很明显,标准进化规划在进化过程中的自适应调整功能主要依靠适应度值实现。

4. 遗传规划

遗传规划可以看作一种具有特殊编码的遗传算法,它通过树结构表示问题的解。遗传规划是 J. R. Koza 在 1992 年提出的。自计算机出现以来,计算机科学的一个重要目标就是让计算机自动进行程序设计,即只要明确地告诉计算机要解决的问题,而不需要告诉它如何去做,遗传规划便是该领域的一种尝试。它采用遗传算法的基本思想,但使用更为灵活的表示方式——分层结构来表示解空间。这些分层结构的叶节点是问题的原始变量,中间节点是组合这些原始变量的函数,这样的每一个分层结构对应问题的一个解,也可以理解为求解该问题的一个计算机程序。遗传编程就是使用一些遗传操作动态地改变这些结构以获得解决该问题的一个计算机程序。

这 4 种方法是彼此独立发展起来的,它们分别强调自然进化中的不同方面:遗传算法强调染色体的操作,进化策略强调个体级的行为变化,进化规划强调种群级上的行为变化。虽然它们在具体实现方面有一些细微差别,但它们都有一个共同特点:都是基于生物界的自然遗传和自然选择等生物进化思想发展而来的[15]。

4.2 遗传算法

遗传算法是一类借鉴生物界的进化规律——适者生存、优胜劣汰演化而来的随机搜索方法。它的基本步骤可以概括为编码机制、种群初始化、适应度函数、遗传算子等四部分,其中遗传算子包括选择、交叉、变异等操作,用于模拟自然界中种群优胜劣汰的过程。本节中将详细介绍基本遗传算法的理论知识及其应用,并简单介绍改进的遗传算法。

4.2.1 基本遗传算法的原理

为了解决问题,基本遗传算法(Simple Genetic Algorithm,SGA)通常有三个不同阶段。首先,为问题创建一组独立的潜在个体,这些个体都进行编码以用于后续的遗传算子。在第二阶段,适应度函数需要判断种群中哪些个体是"最优"的,即最适合于最终问题的解,这些被选择的个体成功生存下来,通过遗传算子产生下一代潜在个体。最后从最新一代潜在个体中选择出问题的"最优"解[16]。

通常,基本遗传算法在满足最大迭代次数或种群达到令人满意的适应度水平时终止。基本遗传算法涉及的几个主要基本概念如下。

(1) 种群(population)和个体(individual)。种群是指在求解问题时,多个个体解的集合,遗传算法的求解过程是基于种群的。而个体是种群中的单个元素,它通常是由一个用于描述其基本遗传结构的数据结构来表示的。

(2) 适应度(fitness)函数是用来对种群中个体进行适应性度量的一种函数。

(3) 遗传算子(genetic operator)是指作用于种群而产生新的种群的操作,标准的遗传算子包括选择(selection)、交叉(crossover)和变异(mutation)。

下面将结合实例介绍基本遗传算法的原理。

例 4.1 求函数 $f(x)=x_1\cos(3\pi x_2)+x_1^2$ 的最大值,$x_1,x_2\in[-1,1]$,求解结

果精确到小数点后5位。

该问题是峰值函数优化问题，用传统方法较难求解，下面将用基本遗传算法解决该优化问题。基本遗传算法主要由编码机制、种群初始化、适应度函数和遗传操作等几部分组成。

1. 编码机制

由于遗传算法不能用于直接处理原空间的解数据，遗传算法的处理对象是字符串，因此编码是一项基础性的工作。所以在用遗传算法解决问题时，首先要对待解决问题的模型结构和参数进行编码。

编码是对解空间中的解用特定符号按一定顺序排成的串进行表示的过程，如图4.2所示。一条编码对应生物遗传中的一个染色体，每个码以及相应的位置对应的是染色体上的基因以及相应基因位。编码关系到遗传算法能否对所处理的问题进行合理且有效的描述。常用的编码方式有二进制编码、实数编码和符号编码等。

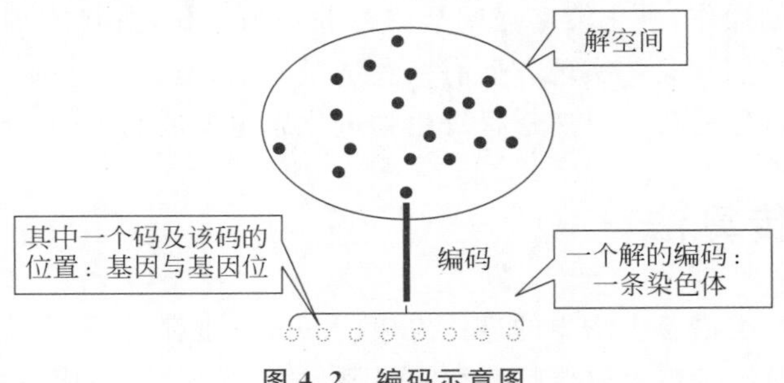

图4.2　编码示意图

在解决实际问题时，根据问题需要确定编码方式，甚至可以使用混合编码方式。在基本遗传算法中，二进制编码是最常用的，所以这里以二进制编码为例。

二进制编码使用二进制符号0和1进行编码，最终构成的个体基因型是一个二进制编码符号串。设某一参数的取值范围是$[A,B]$，则二进制编码符号长度l与参数的取值精度δ满足的关系为

$$\delta=\frac{B-A}{2^l-1} \tag{4.1}$$

显然，编码与精度有关，编码长度越长，精度越高。实际中，常常用解的精度确定编码的长度。

针对上述优化问题，由于求解精度为小数点后5位，所以取值精度为$\delta=10^{-5}$，对于x，由式(4.1)可得

$$2^l=\frac{B-A}{\delta}+1=\frac{1-(-1)}{10^{-5}}+1=200001$$

由此可以得出$2^{17}<200001<2^{18}$，所以在此优化问题上，二进制的编码长度需要18位。也就是说，在本例中，编码是将取值区间$[-1,1]$内对应的实数转换为长度为18位的二进制字符串。

对应于编码，将位串形式编码转换为原问题结构或参数的过程称为解码。假设用长度l的二进制编码符号串表示该参数，编码为$x:b_l b_{l-1} b_{l-2}\cdots b_2 b_1$，对应的解码公式为

$$x=B+\frac{B-A}{2^l-1}\left(\sum_{i=1}^{l}b_i 2^{i-1}\right) \tag{4.2}$$

在采用基本遗传算法解决优化问题时，先将待解决问题解码，在搜索到问题的最优解后再进行解码，就可以还原问题的最优解。

基于以上介绍可知，二进制编码解码简单易行，而且在二进制编码的基础上，后续遗传算子的实施更便于实现，因此二进制编码在遗传算法中被广泛使用。

2. 种群初始化

种群指包含若干个体的集合，每一代中遗传算法的进化都是以种群为单位的。种群初始化指的是在选定编码方式后通过某种方式产生 N 个染色体，其中 N 称为种群规模。产生初始种群的方法通常有两种：

(1) 完全随机的方法产生，适用于对问题的解毫无先验知识的情况下；

(2) 根据某些先验知识转变为必须满足的一组要求，然后在满足这些要求的解中再随机地选取样本。

在 SGA 中采取随机产生的方法生成初始种群。以本节的优化问题为例，由于是二元函数，通过随机初始产生 N 个长度为 18×2 的二进制编码串，组成初始种群，例如：

$$\boldsymbol{v}_1=(x_1,x_2)=[111110011000101000 \mid 101110100000101000]$$

$$\boldsymbol{v}_2=[100011000011101001 \mid 100100101101110011]$$

$$\vdots$$

$$\boldsymbol{v}_N=[010100101000001011 \mid 011000010110010110]$$

3. 适应度函数

为了区分种群中个体的好坏，遗传算法利用适应度函数来评估个体的优劣。适应度值越大，该个体对环境的适应性能越好。通过适应度函数来决定染色体的优劣程度，体现了自然进化中的优胜劣汰的原则。

通常，在遗传算法中，可以使用优化问题的目标函数作为适应度函数。当然，目标函数经过一定转换后的函数也可以作为适应度函数。以本节优化问题为例，在 SGA 中，可以直接利用目标函数变换成适应度函数，例如计算上述初始化种群个体的适应度时，可直接将解码后的值套入目标函数中计算其对应的适应度值。

首先将初始化种群进行解码，先将二进制编码串转换为十进制数，对于$\boldsymbol{v}_1$，可以得到其十进制数为(77024,239491)，根据式(4.2)，可以得到

$$\boldsymbol{v}_1=-1+\frac{1-(-1)}{2^{18}-1}(255528,190504)=(0.94953,0.45343)$$

同理可得$\boldsymbol{v}_2=(0.09553,0.14736)$，$\boldsymbol{v}_N=(-0.35538,-0.23909)$。因此，对应的适应度值为

$$f(\boldsymbol{v}_1)=f(0.94953,0.45343)=0.04206$$

$$f(\boldsymbol{v}_2)=f(0.09553,0.14736)=0.10308$$

$$\vdots$$

$$f(\boldsymbol{v}_N)=f(-0.35538,-0.23909)=0.40206$$

4. 选择算子

选择算子体现了自然界中“优胜劣汰”的基本规律，选择操作根据个体适应度值所度量出的优劣程度决定它在下一代是被淘汰还是被保留，从而提高全局收敛性和计算效率[17]。一般来说，若个体适应度值较大，则它被保留的概率也较大，反之亦然。

在SGA中，采用轮盘赌选择(roulette wheel selection)的方法。轮盘赌选择的思想是个体适应度按比例转换为选择的概率，按个体的比例值在圆盘进行比例划分，每次转动圆盘并待圆盘停止后，根据指针停止的扇区决定哪个个体被选出。图4.3展示了轮盘赌选择示意图。

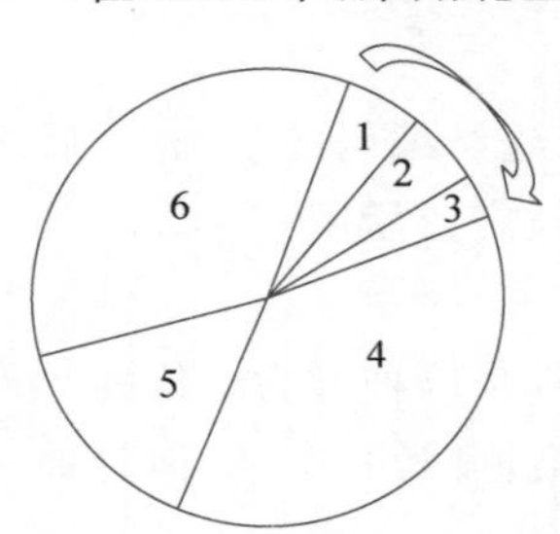

图4.3　轮盘赌选择示意图

显然，个体的适应度越高，被选择的概率就越大。轮盘赌选择的基本原理是：先计算出种群中个体的适应度值，然后计算该个体的适应度值在该种群中所占的比例，该比例就为该个体的选择概率或生存概率。种群中第 i 个个体 $\boldsymbol{v}_i$ 的选择概率为

$$p(\boldsymbol{v}_i)=\frac{f(\boldsymbol{v}_i)}{\sum_{j=1}^{N} f(\boldsymbol{v}_i)}, \quad \forall i \in \{1,2,\cdots,N\} \tag{4.3}$$

其中，$f(\boldsymbol{v}_i)$为个体$\boldsymbol{v}_i$ 的适应度值；N 为种群的规模大小。根据这个概率分布选取 N 个个体产生下一代种群。

轮盘赌选择的具体实施步骤伪代码如算法4.2所示。

算法4.2：轮盘赌选择

Step 1：计算种群中所有个体的适应度值之和 F，相当于整个圆盘的面积。

Step 2：根据式(4.3)计算每个个体的选择概率 $p(\boldsymbol{v}_i)$，即用每个个体的适应度值除所有个体适应度值之和 F。类似于将圆盘分成了面积不同的扇区。

Step 3：计算每个个体 v_i 的累计概率 q_i。第1个个体的累计概率 q_1 为其选择概率 $p(\boldsymbol{v}_1)$，第2个个体的累计概率 q_2 为第1个个体$\boldsymbol{v}_1$ 和第2个个体$\boldsymbol{v}_2$ 的选择概率之和，类似地，可以计算出其他累计概率：$q_i=\sum_{j=1}^{i} p_j, i=1,2,\cdots,N$。

Step 4：随机产生出 M 个[0,1]的随机数 $r_i, i=1,2,\cdots,M$，M 就是要选出来进行配对的个体数目。因为要两两配对，所以 M 一般为偶数。M 个随机数类似转了 M 次圆盘。

Step 5：对于每一个随机数 r_i：如果 $r_i \leqslant q_1$，选择第一个个体 v_1，否则，若 $q_{i-1}<r_i \leqslant q_i$，这时选择第 i 个个体 v_i，$2 \leqslant i \leqslant N$。

在本节优化问题中，取种群中6个个体示范说明轮盘赌选择以及后续交叉和变异算子。种群中6个个体的二进制与十进制表示为

$$\boldsymbol{v}_1=[111110011000101000 \mid 101110100000101000]=(0.94953,0.45343)$$
$$\boldsymbol{v}_2=[100011000011101001 \mid 100100101101110011]=(0.09553,0.14736)$$
$$\boldsymbol{v}_3=[010011111011000111 \mid 000101101011100000]=(-0.37739,-0.82251)$$
$$\boldsymbol{v}_4=[111111010010111011 \mid 100011101010101100]=(0.97800,0.11460)$$
$$\boldsymbol{v}_5=[110110110010011000 \mid 110100111001111100]=(0.71210,0.65330)$$
$$\boldsymbol{v}_6=[000100110001111011 \mid 000110111010000111]=(-0.85062,-0.78413)$$

因此，这6个个体的适应度值分别为

$$f(\boldsymbol{v}_1)=0.04206$$
$$f(\boldsymbol{v}_2)=0.10308$$

$$f(\boldsymbol{v}_3)=0.51784$$
$$f(\boldsymbol{v}_4)=1.81906$$
$$f(\boldsymbol{v}_5)=0.41760$$
$$f(\boldsymbol{v}_6)=1.48433$$

根据算法 4.2,这 6 个被选择的概率和累计概率如表 4.1 所示。

表 4.1 个体选择概率和累计概率

个体	适应度值	被选择概率 p	累计概率 q
$\boldsymbol{v}_1$	0.04206	0.00960	0.00960
$\boldsymbol{v}_2$	0.10308	0.02351	0.03311
$\boldsymbol{v}_3$	0.51784	0.11812	0.15123
$\boldsymbol{v}_4$	1.81906	0.41493	0.56616
$\boldsymbol{v}_5$	0.41760	0.09526	0.66142
$\boldsymbol{v}_6$	1.48433	0.33858	1.00000

若产生 4 个随机数为 0.01567、0.35484、0.95131、0.12358。对于第一个随机数,有 $q_1<0.01567<q_2$,所以$\boldsymbol{v}_2$ 被选中一次。对于第二个随机数,有 $q_3<0.34484<q_4$,所以$\boldsymbol{v}_4$ 被选中一次。同理可得,另外两个随机数的个体为$\boldsymbol{v}_6$ 和$\boldsymbol{v}_3$。

整个过程类似于看每一次圆盘停在哪个扇区,转 M 次圆盘就可以选出 M 个个体。这个过程可以使适应度高的个体被选中的概率最大,但由于过程是随机的,所以仍然有可能好的个体被丢弃,差的个体被保留。

5. 交叉算子

在遗传算法中,交叉是产生新个体的主要手段,也是遗传算法区别于其他进化算法的重要特征,它将不同个体的基因相互交换,从而产生新个体。交叉的方式也有许多种,包括单点交叉、两点交叉、多点交叉、模拟二进制交叉等。下面介绍其具体实现步骤。在 SGA 中,交叉算子采用的是单点交叉,这里以单点交叉为例进行说明。

单点交叉就是在种群中选择出 2 个父代个体,将两者的部分值进行交换,形成子代个体。图 4.4 展示了单点交叉的过程。在单点交叉中,若满足交叉要求,则随机产生一个有效的交叉位置,被选中用于交叉的两个父代染色体交换位于该交叉位置后的所有基因,交换后的染色体即为子代染色体。交叉操作可以连续改变染色体上多个基因位的遗传信息,在遗传算法中起着关键的作用。

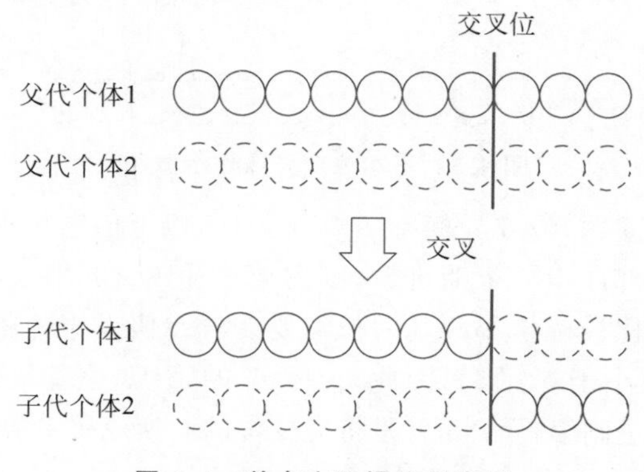

图 4.4 单点交叉操作示意图

但并非种群中所有的个体都要进行交叉操作，这是由预先设定的交叉概率 p_c 决定的。对选择后新种群的每对个体，先产生一个(0,1)内的随机数。若该随机数小于 p_c，则选择该对个体进行交叉；否则不参与交叉，直接复制到新种群中。

根据上述轮盘赌选择选出来的 2 对个体$\{\boldsymbol{v}_2,\boldsymbol{v}_4\}$和$\{\boldsymbol{v}_6,\boldsymbol{v}_3\}$，假设交叉概率 $p_c=0.7$，而产生的随机数为 0.32582 和 0.68752，都小于交叉概率 0.7，则两对个体都参与交叉操作。假设产生的交叉点位分别为 $c_1=8$，$c_2=30$，则两对个体的交叉过程如表 4.2 所示，其中“↓”表示交叉的位置。

表 4.2 单点交叉过程

交叉前	$\boldsymbol{v}_2$:10001100 ↓ 0011101001100100101101110011
	$\boldsymbol{v}_4$:11111101 ↓ 0010111011100011101010101100
交叉后	$\boldsymbol{v}_2'$:100011000010111011100011101010101100
	$\boldsymbol{v}_4'$:111111010011101001100100101101110011
交叉前	$\boldsymbol{v}_6$:000100110001111011000110111010 ↓ 000111
	$\boldsymbol{v}_3$:010011111011000111000101101011 ↓ 100000
交叉后	$\boldsymbol{v}_6'$:000100110001111011000110111010100000
	$\boldsymbol{v}_3'$:010011111011000111000101101011000111

6. 变异算子

变异是遗传算法产生新个体的另一种方式，类似于交叉操作，变异操作也是依概率进行的。变异算子是指从种群中随机选取一个个体，以变异概率 p_m 对个体编码串上的某个或某些位值进行改变，从而形成新的个体。但是，在遗传算法中，变异的概率往往很低，其范围通常为 0.005～0.01，因此它是产生新个体的一种辅助方法。交叉算子和变异算子共同作用完成对搜索空间的全局和局部搜索。在 SGA 中，变异算子采用的是基本位变异。

图 4.5 展示了基本位变异的过程，即对种群中个体的每一位基因，根据变异概率判断该基因是否进行变异。先产生一个(0,1)内的随机数，若产生的随机数小于 p_m，则改变该基因的取值；否则该基因保持不变。因此变异操作能随机地改变染色体上某些基因位的遗传信息。

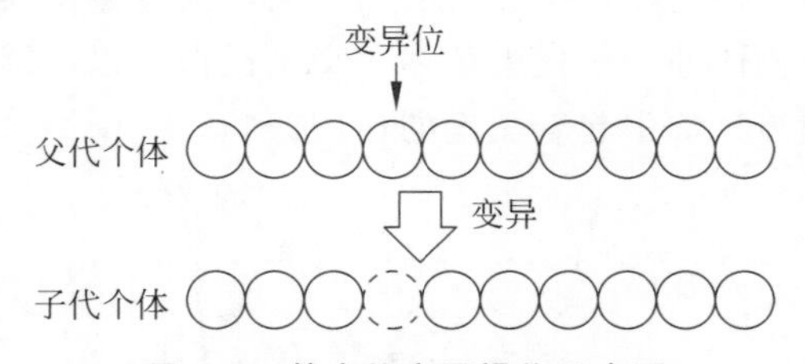

图 4.5 基本位变异操作示意图

对于本节的优化问题，设变异概率 $p_m=0.015$，以上面选出的 6 个个体为例，对于每个个体的每位基因都产生一个随机数，则需要产生 6×36 阶矩阵，根据矩阵中随机数与变异概率大小的比较确定哪些基因位需要变异。假设矩阵中第 1 行第 18 列与第 5 行第 29 列的随机数小于 0.015。因此，个体$\boldsymbol{v}_1$ 的第 18 位基因和个体$\boldsymbol{v}_5$ 的第 27 位基因发生变异，对于二进制编码而言，就是将突变位的 0 换成 1，1 换成 0，结果如表 4.3 所示，其中“□”表示变异的位置。

表 4.3 基本位变异结果

变异前	$\boldsymbol{v}_1$：11111001100010100 [0] 101110100000101000 $\boldsymbol{v}_5$：1101101100100110001101001 1 [1] 001111100
变异后	$\boldsymbol{v}_1'$：11111001100010100110111010000010100 0 $\boldsymbol{v}_5'$：1101101100100110001101001100011111 00

7. 停机准则

遗传算法是模拟生物进化过程的一种随机优化算法，同时也是一个反复迭代的过程，在迭代过程中需要反复进行适应度计算、选择、交叉、变异等操作。生物进化的结束也就意味着算法结束，对计算机而言，如何判断算法结束呢？判断的依据是什么？

判断算法结束的条件也称为"停机准则"或算法"终止条件"。遗传算法的停机准则有很多种，通常用进化代数/评价次数来衡量，也有一些其他的方法。

（1）设置最大迭代次数，若超过该迭代次数，则算法停止；

（2）设置最大的适应度值评估次数，若算法运行至今消耗的评估次数已达到该值，则算法终止；

（3）设置最优解的精度，迭代过程中最优解的精度达到该值时停机；

（4）判断种群中最优解的适应度值/平均适应度值在连续几代内是否发生变化，若连续几代都没有改变，则停机。

相对而言，由于设置最大适应度值评估次数不依赖算法实施的硬件，且易于计算，是一种较为公平的停机准则，因此在和其他算法进行比较时被广泛使用。

终止条件的设置对算法的影响也较为严重，若终止条件设置不当，导致算法运行过久，过多地占用机器运行时间；若终止条件设置导致算法提前结束，此时种群还未收敛至最优解附近，导致近似解都无法得到。

对于本节的优化问题，设置种群大小为 $N=100$，交叉概率为 $p_c=0.7$，变异概率为 $p_m=0.015$，停机准则设置为最大迭代次数，即 $G_{max}=100$。经过计算机演算，得到本问题的最优解为 $\max f(x)=2.000000$，迭代过程中种群的变化和最优解变化如图 4.6 所示。

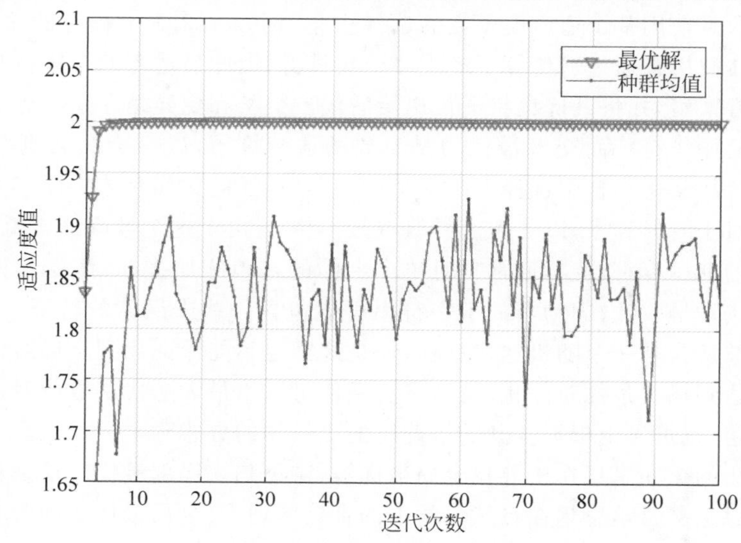

图 4.6 种群与最优解变化情况

4.2.2 遗传算法的求解过程

从4.2.1节的例子可以看出，遗传算法的求解过程包括编码，产生初始化种群，计算种群适应度，利用选择、交叉、变异算子产生新个体并反复迭代，满足停机准则时输出最新一代种群等操作。

图4.7描述了遗传算法的求解过程。遗传算法是依靠种群，或者说是多个个体进行迭代求解的过程。

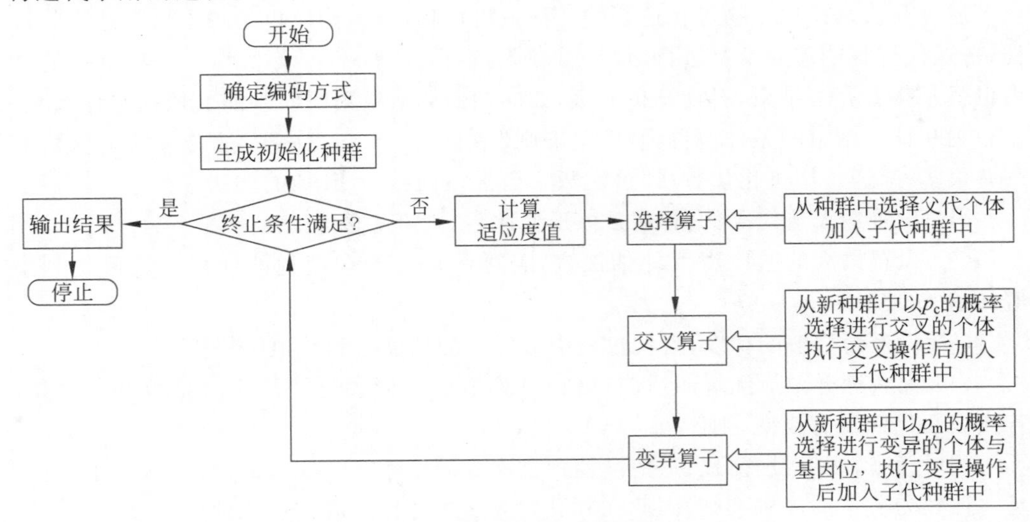

图4.7　遗传算法的求解过程

在这个迭代过程中，遗传算法首先通过启发式或者通常情况下是随机方式生成初始种群。随后，运行迭代过程，每一次迭代称为一代(generation)。任何种群中的个体，包括初始种群和遗传算子生成的新个体，都要被适应度函数评估，并分配一个合适的适应度值，这个适应度值决定了这个个体多有前途以及它离最优解有多近。在进化过程的每一代中，根据某种方式，选择出一个个体子集作为父代，而这种方法，在遗传算法中大多数是使用基于适应度函数的选择程序，例如4.2.1节提到的轮盘赌选择。这组父代个体被用来通过遗传算子产生一个新种群，因此最适合的个体会有更大的概率被选择进行繁殖，并将其优良特征传递给后代。交叉和变异是在遗传算法中常用的产生新个体的操作符。而交叉被认为是主要的遗传算子，以一个交叉概率p_c发生，交叉算子通常从父代集合中选择出两个个体，结合选择的父代个体特征产生一个或两个新个体。对于变异算子，以一个变异概率p_m发生，由于这个概率非常低，它通常被认为是一个辅助运算符，变异通常是对单个个体的基因施加扰动，而变异算子的目的就是防止算法过早收敛，因为新的子字符串可能包含一些未探索的特征。最后，任何遗传算法都被认为是一个随机迭代过程，但是这样也不能保证找到全局最优解。这个迭代过程在达到终止条件时停止运行，终止条件可以由最大迭代次数或者函数评估的总次数来确定，也可以由根据找到的解确定的更具体的方式确定。

遗传算法的核心思想在于寻找全局最优解，避免陷入局部最优。这是整体决定部分这一马克思主义哲学思想在自然科学中的直接体现，要全局最优必须要有统一思想和大局意识。结合我国国情，要想实现全局最优，集中统一领导和大局意识是最关键的，也是最核心的。

由上述求解过程可以发现，遗传算法与传统算法相比，主要有以下特点。

(1) 遗传算法的研究对象不是参数本身，而是将参数进行编码后产生的个体，这种编码操作使得遗传算法可以直接对结构对象进行操作，例如集合、树结构、图结构，这样使得遗传算法有较为广泛的应用领域，也造成遗传算法没能够得到较好的推广。

(2) 遗传算法的优化对象是一个可行解的集合，而不是单独的一个可行解，它是在搜索空间中对种群中的多个个体同时进行处理，并进行个体评估，使遗传算法有较好的全局搜索特性，进一步减少了陷入局部最优的概率，而能同时处理多个个体也说明遗传算法具有可并行性。

(3) 遗传算法采用的是随机搜索的方法而不是确定性方法，同时利用概率选择的规则指导算法的搜索方向。遗传算法中执行的选择、交叉、变异等遗传算子来源于生物进化，具有较强的鲁棒性。虽然从表面看遗传算法是一种近乎盲目的搜索算法，但是概率选择的加入使遗传算法有着明确的搜索方向。

(4) 遗传算法评估个体的方式仅仅依赖适应度函数，不需要其他辅助信息。而且遗传算法处理的问题不受传统算法中需要的连续可微的影响，定义域也可以随意设定。而对适应度函数的要求就是能够得到可以比较个体优劣的输出。这也说明遗传算法的应用范围是极其宽泛的。

遗传算法的主要缺点有收敛速度慢、局部搜索能力差、控制变量较多等。因此要以辩证的思维看待每一个新事物。习近平总书记指出："辩证思维能力，就是承认矛盾、分析矛盾、解决矛盾，善于抓住关键、找准重点、洞察事物发展规律的能力。"这段话清楚地阐明了辩证思维能力的科学内涵及其基本要求。我们要自觉运用辩证思维方式分析和处理问题，不断增强辩证思维能力，提高驾驭复杂局面、处理复杂问题的本领。

4.2.3 模式理论与积木块假设

前面已提到，遗传算法是依靠在种群中利用选择、交叉、变异等遗传算子并通过适应度分析种群中个体优劣的一种迭代随机搜索算法，它模拟的是自然界生物优胜劣汰的进化过程。那么遗传算法的本质内涵是什么呢？为什么所应用的遗传算子能使遗传算法拥有传统算法所不具备的鲁棒性、自适应性和全局优化特性？本节将通过对群体中个体的结果模式分析来回答这个问题。

1. 模式理论

根据4.2.2节的例子，可以初步看到：在种群中个体适应度值越高的个体，其生存的概率越大，再通过交叉操作后更有机会在下一代产生适应度值更高、性能更好的个体。为了方便观察个体之间的关系，假设了一个更为简单的函数。假设有函数

$$\max f(x)=x^2, \quad x\in[0,31]$$

其随机产生的初始化种群如表4.4所示。

表4.4 初始化种群

个体编号	二进制编码	实数	适应度值
1	01101	13	169
2	11100	28	784

续表

个体编号	二进制编码	实　　数	适应度值
3	01000	8	64
4	11011	27	729

在观察表4.4中初始化种群的二进制编码时，不难看出在初始种群中的各位串之间有某种联系。比如，在初始种群中，最优个体(11100)与次优个体(11011)两者之间的结构模式存在某种联系，即最左边的基因位为“11”，将其记为“11 *** ”。同样两个较差个体(01101)与(01000)之间也存在某种联系，即最左边基因位为“01”，记为“01 *** ”。由此，可以初步得出结构模式为“11 *** ”的个体适应度值比结构模式为“01 *** ”的个体适应度值要高。它们的这种相似性正是遗传算法有效工作的因素，也就是说遗传算法在求解的过程中一直在搜索某种重要的结构模式相似性。

为了描述种群中个体的相似性，探寻遗传算法的本质内涵，引入了模式(schema)的概念，它反映的是在该集合中的字符串的某些位置上存在一定的相似性。

从这个例子可以看出，在分析二进制编码字符串时，常常只关心某一位或某几位字符，而对其他字符不关心。也就是说，一般关心字符的某些特定形式，如“11 *** ”和“01 *** ”，其中“ * ”表示通配符，它既可以表示1也可以表示0。

定义4.1　基于三值字符集，模式是由{1,0, * }中字符构成的字符串，代表着将字符串中每一个“ * ”都用0和1替代后所产生的所有字符串的集合，记为s。

比如模式$s=*0*1*=\{00010,00011,00110,00111,10010,10011,10110,10111\}$，可表示8个个体，而模式$s=10010$没有通配符，所以它只表示一个个体。

模式概念的提出给一些具有相似性的二进制字符串提供了一种简洁的表示方法。同时需要指出的是通配符“ * ”在这里只是作为一种描述符号，并不是一种实际运算操作符[18]。当然模式的提出也不仅仅只是为了表示的方便。在提出模式的概念之前，遗传算法展现的是，在种群中N个相互独立的个体(字符串)在选择、交叉、变异等遗传算子的作用下产生新的包含N个独立个体的新种群。因为考虑的个体都是相互独立的，所以，不清楚在父代与子代个体之间保留了什么特征、破坏了什么特征。而在引入模式的概念之后，一个个体，也就是字符串，可以包含多种模式，而一种模式能在多个个体字符串中得以体现，一个长度为l的字符串包含2^l种模式。比如说长度为3的字符串，个体“010”可以包含{010,01 * ,0 * 0, * 10,0 ** , * 1 * , ** 0, *** }8种模式。因此，遗传算法中的运算实际上是模式的运算，由此可以通过分析模式在遗传算子下的变化观察了解什么特征被保留，什么特征被抛弃，从而明白什么是遗传算法的本质内涵。

通过上述对模式的介绍，对模式有了基本的了解，知道了一个字符串中可以包含多个模式，而不同模式对应的字符串的个数是有所不同的。例如，模式“1 **** ”和模式“11 ** 1”相比，前者能够匹配获得的字符串个数是比后者多的，从另一个方面可以说，前面的模式没有后面模式的概括性高。为了更好地说明模式的这种概括性差异，引入了一种模式阶的概念。

定义4.2　**模式阶**(schema order)是指模式中已有明确含意(二进制编码中指0或1)的字符个数，记为$O(s)$。

比如模式$s=1**1*$中有2个明确含意的字符，它的模式阶$O(s)=2$，而$s=$

01100 中 5 个字符都有明确含意，所以它的模式阶 $O(s)=5$。一个模式的阶次越低，它的概括性越强，所代表的编码串的个体数也越多，反之亦然。当一个模式的阶次为 0 时，它是没有明确含意的字符，概括性也最强。

但是，值得注意的是模式阶并不能充分反映模式的所有特性，而相同模式阶的个体在遗传操作中也会拥有不一样的特性。由此，再引入模式的定义长度的概念。

定义 4.3 模式的定义长度（schema defining length）是指模式中第一个和最后一个具有明确含义的字符之间的距离，记为 $\delta(s)$。

例如模式 $s=*0*1*$ 的第一个有明确含义的字符 0，最后一个为 1，中间只有一个字符，所以该模式的定义长度 $\delta(s)=2$。再如模式 $s=110*0$，它的第一个有明确含义的字符 1，最后一个为 0，中间有 3 个字符，所以该模式的定义长度 $\delta(s)=4$。模式的定义长度代表着该模式在交叉变异操作中被破坏的可能性。模式的定义长度越长，被破坏的可能性越小，长度为 0 的模式最难被破坏。

有了模式阶和模式的定义长度两种模式的基本性质，就可以讨论模式在遗传操作下的变化。

由前面的叙述可知，在引入模式的概念之后，遗传算法的实质可以看作对模式的一种运算。对于遗传算法而言，就是某一模式的各个样本经过选择运算、交叉运算、变异运算后，得到的一些新的样本和新的模式。

按照遗传算法的求解顺序，首先讨论选择算子对模式的影响。

以比例选择算子为例，假设在第 g 次迭代中，种群 $P(g)$ 中有 M 个个体，其中 m 个个体属于模式 s，记作 $m(s,g)$。个体 x_i 按其适应度 f_i 的大小进行选择。从统计意义讲，个体 x_i 被选择的概率 p_i 是

$$p_i=\frac{f_i}{\sum_{j=1}^{M} f(j)} \tag{4.4}$$

因此，选择后在下一代种群 $P(g+1)$ 中，种群内属于模式 s 的个体数目 $m(s,g+1)$ 可用平均适应度表示为

$$m(s,g+1)=m(s,g)M\frac{\overline{f(s)}}{\sum_{j=1}^{M} f(j)} \tag{4.5}$$

设第 g 代所有个体，不论是何种模式，其平均适应度 $\bar{f}$ 为

$$\bar{f}=\frac{\sum_{j=1}^{M} f(j)}{M} \tag{4.6}$$

综合式(4.5)和式(4.6)，选择后模式 s 所拥有的个体数目为

$$m(s,g+1)=m(s,g)\cdot\frac{\overline{f(s)}}{\bar{f}} \tag{4.7}$$

式(4.7)说明选择后，下一代种群中模式 s 的个体数目取决于该模式的平均适应度和种群的平均适应度之比。只有当模式 s 的平均适应度值大于种群的平均适应度值时，模式 s 的个体数目才能增长，否则模式 s 的数目要减少。

假设模式 s 的平均适应度值总是高于种群的平均适应度值，假设高出的部分适应

度值为 $a\bar{f}$，其中 a 为常数，也就是说 $\overline{f(s)}=\bar{f}+a\bar{f}$，那么式(4.7)可以转换为

$$m(s,g+1)=m(s,g)\cdot\frac{\bar{f}+a\bar{f}}{\bar{f}}=m(s,g)\cdot(1+a) \tag{4.8}$$

从 $g=0$ 代开始，a 保持常值，则有

$$m(s,g)=m(s,0)\cdot(1+a)^{g} \tag{4.9}$$

由式(4.9)可见，在不断迭代中，在选择算子的影响下，平均适应度值高于种群平均适应度值的模式将呈指数级增长；反之，平均适应度值低于种群平均适应度值的模式将呈指数级减少。模式 s 的这种增减规律，正好符合选择操作的“优胜劣汰”原则，这也说明模式的确能描述编码字符串的内部特征。

虽然在选择算子的影响下，具有较高平均适应度值的模式具有较快的增长，但是选择算子并不能产生新的个体，不能在搜索空间中的新区域进行搜索，也就是说不能找到更好的模式。因此，此时交叉算子被用来产生新个体，接下来将讨论交叉算子对模式的影响。

以单点交叉为例，为了观察在交叉算子下哪些模式受影响，哪些模式没有受到影响，假设一个长度为7的个体字符串 x，它包含了如下两种模式：

$$x=1101010$$
$$s_1=**0***0$$
$$s_2=****01*$$

假设个体 x 被选中用于交叉，而交叉点落在第4位，则交叉的情况为

$$x=1101\downarrow 010$$
$$s_1=**0*\downarrow **0$$
$$s_2=****\downarrow 01*$$

若此时，与个体 x 进行的交叉的字符串除了在模式的确定位与之相同的模式外，模式 s_1 将遭到破坏，因为其第3位上的“0”和第7位上的“0”在交叉产生的子代个体中被替代。举个例子来说，若与 x 交叉的个体为0010101，则产生的子代为 $x_1=1101101$，$x_2=0010010$，二者都不是模式 s_1 所包含的个体，也就是说。模式 s_1 在交叉之后丢失了。但是也可以看出模式 s_2 依然存在，在交叉位为第4位的情况下，无论与 x 交叉的个体是谁，模式 s_2 都会保留。但是当交叉位为第5位时，模式 s_2 也会遭到破坏。其实不难得出，当交叉位发生在第3、4、5、6位时，模式 s_1 都可能会遭到破坏，而模式 s_2 只有当交叉位为第5位时，才可能会遭到破坏。因此，在交叉位等概率出现的情况下，模式 s_2 比模式 s_1 更难被破坏，也就是说，模式 s_2 有更强的生存能力。所以只有当交叉点落在模式的定义长度之内的位置，模式才有可能被破坏，但是，也存在不被破坏的可能性。

交叉发生在模式 s 的定义长度 $\delta(s)$ 的范围内，假设交叉概率为 p_c，模式被破坏的概率为

$$p_d=p_c\cdot\frac{\delta(s)}{\lambda-1} \tag{4.10}$$

而模式不被破坏，存活下来的概率为

$$p_s=1-p_d=1-p_c\cdot\frac{\delta(s)}{\lambda-1} \tag{4.11}$$

其中，λ 为字符串的长度。所以，经选择、交叉算子后，模式 s 在下一代种群中拥有的个体数目为

$$m(s,g+1)=m(s,g)\cdot\frac{\overline{f(s)}}{\bar{f}}\cdot\left[1-p_{c}\cdot\frac{\delta(s)}{\lambda-1}\right] \tag{4.12}$$

由此可见，模式的定义长度对模式的影响很大，模式的长度越大，越容易被破坏。在选择和交叉算子共同作用下，模式的增长取决于两个因素，一是模式的平均适应度值是否高于种群的平均适应度值，二是模式是否具有短定义长度。高于种群平均适应度值的且具有短定义长度的模式将呈指数级增长。

最后，考虑变异算子对模式的影响。以基本位变异算子为例，变异时个体的每一位发生变异的概率是 p_{m}，根据模式的阶 $o(s)$，可知模式中有明确含意的字符有 $o(s)$ 个，于是模式 s 存活的概率为

$$p_{s}=(1-p_{m})^{o(s)} \tag{4.13}$$

通常，变异概率 $p_{m}\ll 1$，式(4.13)用泰勒级数展开取一次项，可近似表达为

$$p_{s}=1-p_{m}\cdot o(s) \tag{4.14}$$

式(4.14)说明，模式的阶次越低，模式存活的可能性越大，反之亦然。

综合式(4.9)、式(4.12)和式(4.14)可以得出，遗传算法经复制、交叉、变异操作后，模式 s 在下一代种群中所拥有的个体数目为

$$m(s,g+1)\approx m(s,g)\cdot\frac{\overline{f(s)}}{\bar{f}}\cdot\left[1-p_{c}\cdot\frac{\delta(s)}{\lambda-1}-p_{m}\cdot o(s)\right] \tag{4.15}$$

通过式(4.15)就可以得到模式定理。

定义 4.4 模式定理(schema order)：在遗传算子选择、交叉、变异的作用下，平均适应度高于种群平均适应度的、定义长度较短、低阶的模式在遗传算法的迭代过程中将按指数规律成长。

模式定理阐明了遗传算法中发生“优胜劣汰”的原因，同时也提供了一种解释遗传算法工作机理的数学工具，也隐含了一些遗传操作的基本原则。在遗传过程中能存活的模式都是定义长度短、阶次低、平均适应度高于种群平均适应度的优良模式。遗传算法正是利用这些优良模式逐步进化到最优解，这也给遗传算法寻找最优解提供了必要条件，同时也给遗传算法的应用提供了指导性的作用。

2. 积木块假设

由模式定理可知，具有定义长度短、阶次低且平均适应度高于种群平均适应度值的模式在迭代过程中将呈指数级增长。这类模式在遗传算法中起到了重要作用，被称为积木块。之所以称为积木块，是由于遗传算法的求解过程并不是在搜索空间中逐一地测试各个基因的枚举组合，而是通过一些较好的模式，像搭积木一样将它们拼接在一起，从而逐渐地构造出适应度越来越高的个体编码串。

积木块假设有两个基本前提：一是遗传算子间相互独立，相关性低；二是表现型相近的个体具有相似的基因型。在这两个前提下，积木块假设表述如下。

积木块假设(building block hypothesis)：定义长度短、阶次低、高适应度值的模式在遗传算子的作用下相互结合，能生成定义长度长、阶次高、适应度值更高的模式，最终生成全局最优解。

积木块通过遗传算子的作用集合在一起的过程称为“积木块混合”。当那些构成

最优解(或近似最优解)的"积木块"结合在一起时,就得到了最优解。模式定理只阐述了积木块的样本会呈指数级的增长,而并未说明遗传算法一定能够找到最优解,而积木块假说却给遗传算法指出其具有寻找最优解的能力,也就是说,积木块在遗传算子的作用下能最终生成最优解。

但是值得注意的是,积木块假设虽然说明了遗传算法求解各类问题的基本思想,但是它至今还没有得到严格的数学证明,因此它被称为假设而不是定理。从大量的实践应用来看,积木块假设在许多领域都取得了成功,但是这并不代表着其得到了理论证明。但是,可以从中得出,对于常见问题遗传算法是有效的。

为了更好地说明积木块的作用,以模式理论中 $\max f(x)=x^2, x\in[0,31]$ 为例,仍然使用二进制编码。对于例子中的函数,可以得到其适应度值曲线,如图4.8所示。

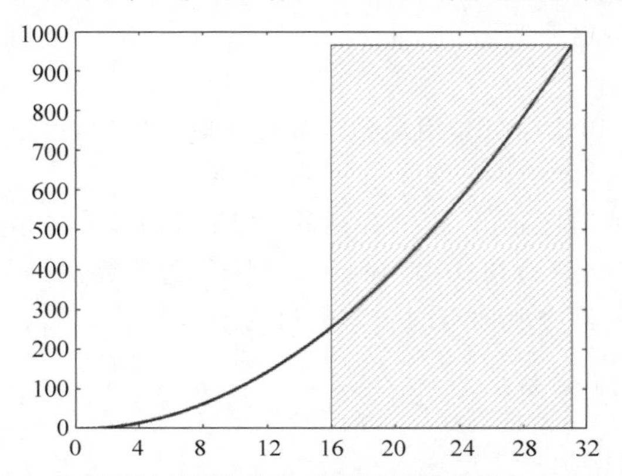

图4.8　示例函数的适应度值曲线及其中的模式1 ** 分布**

图4.8中横坐标代表个体取值,纵坐标代表个体适应度值,而曲线则表示在规定取值范围,个体的适应度值曲线。对于模式 $s_1=1****$ 来说,它能表示个体的适应度值取值范围为右边灰色区域与适应度曲线的交集。也就是说在这个模式下,x 的最小值为10000(十进制表示为16),其适应度值为 $f(x)=x^2=256$,最大值为11111(十进制表示为31),其适应度为961。即当种群中包含子个体数为10000时,在遗传算子的作用下,该模式将沿着右边灰色区域逐渐向个体11111逼近。因此模式 $s_1=1****$ 是积木块,能生成具有优良性能的个体。

而对于模式 $s_2=0****$ 来说,它表示的个体取值范围是左边白色区域与适应度曲线的交集。在此模式下,x 的最小值为00000(十进制为0),其适应度值为0,而最大值为01111(十进制为15),其适应度值为225。这里可以看出,在这种模式下,算法不能达到最优解,所以在遗传算子的作用下后期会消亡。

再讨论一种模式,也就是模式 $s_3=10***$,它的适应度值取值范围如图4.9的灰色区域与适应度值交集所示。

这个模式下 x 的取值范围为10000～10111,十进制表示为16～23,其适应度值范围为196～529。从图中也可以很明显地看出,模式 s_3 无法达到最优解。通过对比模式 s_1 和模式 s_3,可以得出结论:模式 s_1 比模式 s_3 的阶次更低、定义长度更短,平均适应度值也更高。所以在积木块假设中,模式 s_1 将成为积木块而模式 s_3 不能成为积木块。

模式定理满足了寻找最优解的必要条件,因为其保证了较优模式的样本个数呈指

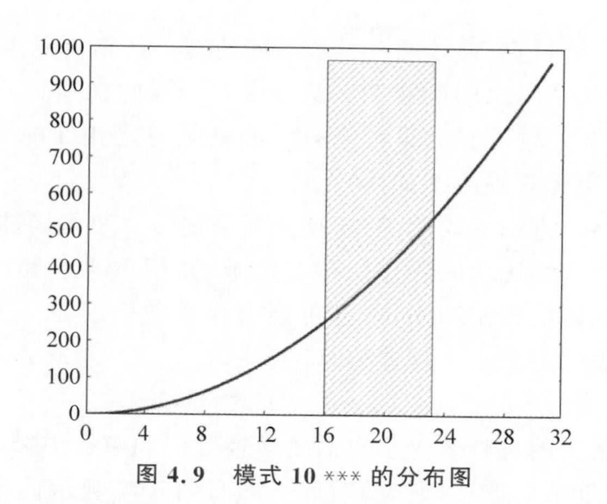

图 4.9 模式 10*** 的分布图

数增长，从而使遗传算法有寻找到全局最优解的可能性。而积木块假设则说明了遗传算法具有找到全局最优解的能力，也就是说积木块可以在遗传算子的作用下相互拼搭、结合，能生成高阶、长定义长度、高平均适应度的模式，最终生成全局最优解[19]。

4.2.4 改进的遗传算法

遗传算法发展至今已有六十余年的历史了，在这几十年中，基本遗传算法已经无法满足在求解优化问题时对解的精度的要求了。许多研究人员给出了各种各样遗传算法的改进[20]，它们有基于编码的改进，有基于遗传算子的改进，也有基于算法整体框架的改进等。接下来介绍这些改进的具体举措。

1. 基于编码的改进

编码是遗传算法解决问题的基础，一种合适的编码方式是寻找问题最优解的基础。在基本遗传算法中，采用的是二进制编码，下面简单说明一下二进制编码的优点。在二进制编码中，可以很明显感受到，二进制编码在编码和解码上操作简单易行，在交叉和变异操作上也易于实现，并且也能很好地帮助我们利用模式定理对遗传算法进行分析。但是对于一些连续优化问题，二进制编码在局部搜索能力上尚有不足。因此为了改进这一不足，提出使用格雷码对个体进行编码[21]。

1）格雷码

格雷码编码其实是二进制编码的一种变形，对于一个 n 位二进制编码 b_i 转换为 n 位格雷码编码 g_i 可表示为

$$g_i=\begin{cases}b_i, & i=1\\ b_{i-1}\oplus b_i, & 1<i\leqslant n\end{cases}\tag{4.16}$$

而将 n 位格雷码编码 g_i 转换为 n 位二进制编码 b_i 则为

$$b_i=\begin{cases}g_i, & i=1\\ g_i\oplus b_{i+1}, & 1<i\leqslant n\end{cases}\tag{4.17}$$

其中，$\oplus$表示异或运算。

例如，以二进制编码 1101 为例，格雷码的第一位与二进制保持一致，都为 1，第二位格雷码用二进制码的第一位和第二位进行异或运算，也就是 $1\oplus1=0$，同理第三位为 $1\oplus0=1$，第四位为 $0\oplus1=1$，所以对应的格雷码为 1011。

格雷码编码有一个特点，连续两个整数之间所对应的格雷码编码值之间只有一个码位是不同的，所以两个码之间的汉明距离总是1。因此在遗传算法的变异操作时，个体使用格雷码编码，经过变异后很可能产生的就是与之相邻的另一个个体，从而实现有规律的搜索，避免无规则跳跃式搜索。

格雷码不仅具有二进制编码的优势，还能提高遗传算法的局部搜索能力。

而现实生活中的连续优化问题往往存在多维、高精度要求等情况，使用二进制编码不利于反映所求问题的特定知识，并且可能会存在映射误差。为了克服这个缺点，提出了实数编码的编码方式来实现遗传算法。

2）实数编码

采用实数编码最大的好处就是不再需要转换数值和数据类型，这样使优化过程更加容易理解，同时也能节省遗传操作的时间。而且对于实数编码来说，实数的表示范围广、精度高，也具有明显的物理意义，对优化结果有一定的帮助。总结下来，在遗传算法中，实数编码比较适合较大范围内的遗传搜索，适合处理具有高精度要求的问题。同时实数编码降低了遗传算法的计算复杂性，大大提升了运算效率，而采用实数编码的遗传算法也为与其他优化算法结合提供了便利。

当然采用实数编码的遗传算法，需要重新设计专门的遗传算子，这些将在后文提到。对于一些离散优化问题，可以采用一些无数值含义的符号集来进行编码，这也就是符号编码。

3）符号编码

符号编码是指个体染色体编码串中的基因值取自一个无数值含义、而只有代码含义的符号集。这个符号集可以是一个字母表，如{A，B，C，D，…}；也可以是一个数字序号表，如{1，2，3，…}；还可以是一个代码表，如{A_1，A_2，A_3，…}等。

例如，在含有 n 个城市的旅行商问题中，推销员需要从城市 w_1 开始，依次经过城市 w_2，w_3，…，w_n，最后回到城市 w_1。按推销员经过城市的次序进行编码可表示为：[w_1，w_2，…，w_n]，注意 w_1，w_2，…，w_n 是互不相同的。如图4.10所示的推销员的路线，用符号编码可以表示为[3，2，5，7，4，6，1]。

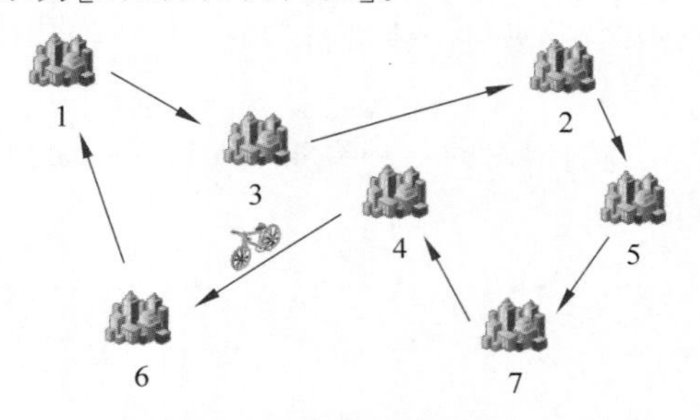

图4.10　旅行商问题

2. 基于适应度函数的改进

在选择了编码方式之后，适应度函数的改进与选择同样也是一个比较重要的环节。在基本遗传算法求解问题时，采取的是将目标函数直接作为适应度函数的方法，这对于一些简单问题来说是行之有效的。同时，在种群的迭代过程中还会出现过早收敛的情况，也就是在种群优化的初始阶段出现了个别适应度值较好的个体，在经过交叉和迭代后，在后续种群中可能使这些个体早早地占据种群，使交叉操作失去作用，也降低了种群的多样性。还有一种情况就是在迭代过程后期，种群中个体越来越集中，差异性小，相互之间的竞争力也减弱，这时种群中的选择就变成了随机选择，这叫作退化现象。因此，适应度函数的选择应该要尽量避免以上几种情况。

在优化复杂问题时，往往需要构造合适的适应度值计算函数，使其适应遗传算法进行优化，因此其适应度函数和问题的目标函数是不完全一致的，如有的问题的目标是求最小值（费用问题），有的问题的目标是求最大值（利润问题）。所以在设计适应度函数时，通常需要考虑其合理性、一致性、单值、连续、非负、最大化、计算量等。

为了使遗传算法能发挥其更好的优胜劣汰属性，突出个体差异，有时需要对适应度函数做出调整，也就是适应度函数的变换。这样变化的目的是：①维持个体之间的合理差距，加速竞争；②避免个体之间的差距过大，限制竞争。

假设问题的目标函数为 $f(\cdot)$，适应度函数为 $g(\cdot)$，通常有以下几种变换方式。

（1）线性变换

$$g(\cdot)=a\times f(\cdot)+b \tag{4.18}$$

其中，a、b 是两个常数，确定方式有多种。但必须满足两个条件：①$f(\cdot)$的平均值等于 $g(\cdot)$的平均值；②$g(\cdot)$的适应度值的最大估计值应等于 $f(\cdot)$平均值的一定倍数。

（2）幂函数变换

$$g(\cdot)=f(\cdot)^{\alpha} \tag{4.19}$$

其中，α 与所求的最优化问题有关，结合试验进行一定程度的精细变换才能确定较为合适的值。

（3）归一化变换

$$g(\cdot)=\frac{f(\cdot)-f(\cdot)_{\min}+\gamma}{f(\cdot)_{\max}-f(\cdot)_{\min}+\gamma},\quad 0<\gamma<1 \tag{4.20}$$

其中，$f(\cdot)_{\min}$ 和 $f(\cdot)_{\max}$ 分别是 $f(\cdot)$的最小估计值和最大估计值，γ 是一个(0，1)内的常数。

（4）指数变换

$$g(\cdot)=\mathrm{e}^{-\alpha\times f(\cdot)} \tag{4.21}$$

指数变换的思想来源于模拟退火过程，其中 α 值越小，具有较大适应度值的个体越占优势。

上述的各种适应度函数的变换方法都是为了改善种群中个体之间性能的差距，以体现遗传算法的生物学本质——优胜劣汰。也就是说，想要多选择一些优良个体进入下一代，应该要尽量加大适应度值之间的差距。

3. 基于选择算子的改进

在遗传算法中，选择算子用来选择种群中的个体进行交叉和优胜劣汰，适应度值越高的个体被选择进入下一代种群中的概率就越大。选择算子的主要任务就是选择出一些具有优良性能的个体使它们的优秀基因遗传进入下一代。在基本遗传算法中，采取的是轮盘赌选择，这也是较为直观的一种选择方式，个体适应度值高，所占的选择概率区间就大。下面介绍几种不同的选择方法。

1）锦标赛选择

锦标赛选择(tournament selection)是每次从种群中取出一定数量的个体，再从中选择出最好的个体进入下一代。如 n 元锦标赛选择策略就是从种群中抽取 n 个个体，在这 n 个个体中选拔出最好的一个。不断重复该操作直至下一代的种群规模满足要求。图4.11展示了二元锦标赛选择的过程。

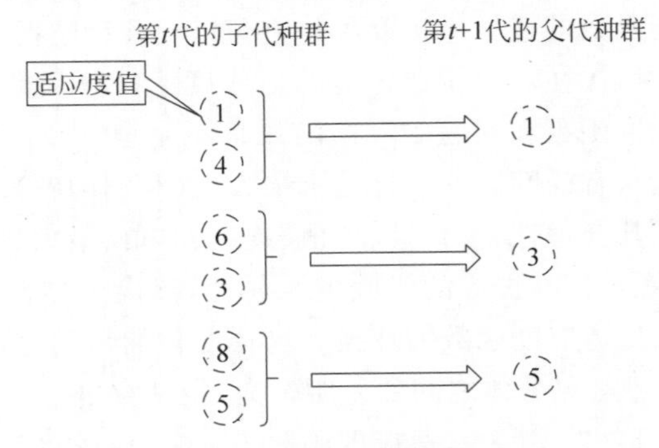

图4.11　二元锦标赛选择的过程

这种选择方法的随机性更强，也存在更大的随机误差，但是不需要额外的计算，直接比较选择出来的个体适应度值就好。这种选择方式有比较大的概率选择出最优的个体，且淘汰最差的个体。

2）随机遍历抽样选择

随机遍历抽样选择像轮盘赌选择一样计算选择概率，只是在随机遍历选择法中等距离地选择个体。设 N 为需要选择的个体数目，等距离地选择个体，选择指针的距离是 $1/N$，第一个指针的位置由 $[0,1/N]$ 的均匀随机数决定。

4. 基于交叉算子的改进

在遗传算法中，产生新个体最主要的手段就是交叉算子。交叉算子的设计与选择也能直接影响遗传算法的性能。而在交叉算子进行设计的时候需要明确两方面：一是交叉点位置的确认；二是部分基因交换的方式。在基本遗传算法中，采用的是单点交叉算子，接下来介绍几种适合于二进制编码、实数编码和符号编码的交叉算子。

1）双点交叉

与单点交叉类似，双点交叉是随机生成两个交叉点位，然后个体交换两个交叉点之间的基因，其他位置的基因保持不变，如图4.12所示。

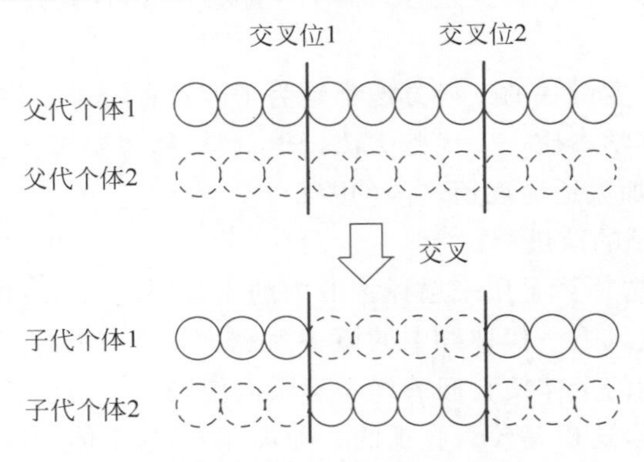

图4.12　双点交叉操作示意图

2）模拟二进制交叉

模拟二进制交叉(Simulated Binary crossover，SBX)是一种常见的实数编码的交叉方式。假设父代个体为 $\boldsymbol{x}_1,\boldsymbol{x}_2$，其中 $\boldsymbol{x}_1,\boldsymbol{x}_2$ 均为 D 维向量，则使用 SBX 算子得到的两个子代个体为 $\boldsymbol{c}_1,\boldsymbol{c}_2$，即

$$\begin{cases} c_{1i}=0.5\times[(1+\beta)\times x_{1i}+(1-\beta)\times x_{2i}] \\ c_{2i}=0.5\times[(1-\beta)\times x_{1i}+(1+\beta)\times x_{2i}] \end{cases} \tag{4.22}$$

其中，c_{1i},c_{2i} 分别是两个子代的第 i 维的值，$i=1,2,\cdots,D$；β 是由分布因子 η 按式(4.23)动态随机决定的：

$$\beta=\begin{cases} (\text{rand}\times 2)^{\frac{1}{1+h_c}}, & \text{rand}\leqslant 5 \\ \left(\dfrac{1}{2(1-\text{rand})}\right)^{\frac{1}{1+h_c}}, & \text{rand}>5 \end{cases} \tag{4.23}$$

其中，h_c 是一个自定义的参数，h_c 的值越大代表产生的后代接近父代的概率越大。

3）部分映射交叉

部分映射交叉(Partial-Mapped crossover，PMX)是以一组映射关系为基础交换基因位而实现的交叉方式。它的具体实现步骤如下：

(1) 先随机选择一对父代中几个连续基因的起始位置，如图 4.13(a)所示；

(2) 再交换这两组基因的位置，如图 4.13(b)所示；

(3) 这时需要进行冲突检测，即根据交换的两组基因建立映射关系，图 4.13(c)中建立的映射关系是 1↔6↔3，2↔5，9↔4，由于第(2)步中得到的第一个子代有两个基因都是 1，所以通过映射关系将其中一个转变为 3，以此类推直至没有冲突位置。

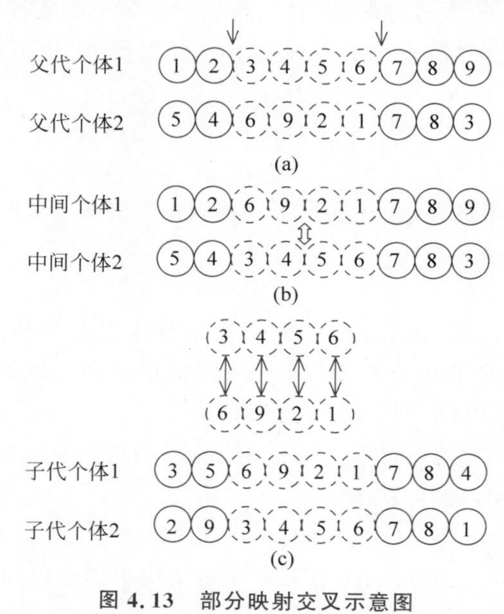

图 4.13 部分映射交叉示意图

该方法可用于多种编码方式的交叉。此外，由于其冲突检测步骤避免了子代基因的冲突，常常被用于求解 TSP 等问题中。

4）顺序交叉

与 PBX 类似，顺序交叉(Order crossover，OX)的步骤如下：

(1) 随机选择一对父代中几个连续基因的起始位置，如图 4.14(a)所示；

(2) 预生成一个子代,保证子代中被选中的基因位置与父代相同,如图4.14(b)所示;

(3) 先找出第(1)步选中的基因在另一个父代中的位置,再将其余基因按顺序放入第(2)步生成的子代中,如图4.14(c)所示。

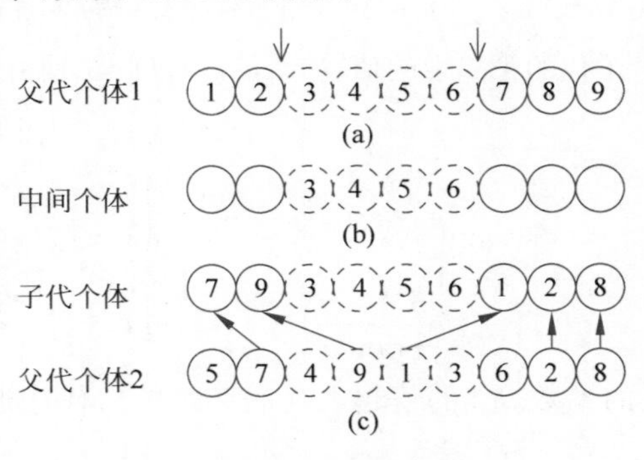

图4.14　OX示意图

5. 基于变异算子的改进

对于遗传算法来说,变异算子是一种产生新个体的辅助方法,因为变异概率很低,同时这个概率还取决于字符串的长度和种群规模,因此变异概率也是影响变异的一个重要因素。当个体编码长度很长时,希望发生变异的概率变小,因为在编码位置偏左和偏右的位置发生变异,两者之间产生的变异差距是非常大的,特别是在迭代后期,可能导致无法收敛。同时,当种群规模较大时,种群中所包含的个体差异会很大,为了让种群中的个体基因不至于太过分散,此时也希望变异概率能随种群规模增大而减小。

综合考虑以上两种问题,设计了一种基于种群规模 N 和字符串长度 l 的变异概率公式

$$p_{\mathrm{m}}=\frac{1.75}{N\cdot\sqrt{l}}\tag{4.24}$$

当然,除了变异概率的改进,还提出了一些新的变异算子,下面介绍几种常见的变异算子。

1) 均匀变异

均匀变异(uniform mutation)先判断父代染色体上哪些基因位是需要进行变异的,对变异位——假设是第 i 个基因位 x_i,从该位置基因的取值范围$[U^i_{\min},U^i_{\max}]$内取一随机数代替原有基因位,即变异后 x'_i 的值为

$$x'_i=U^i_{\min}+\mathrm{rand}(U^i_{\max}-U^i_{\min})\tag{4.25}$$

其中,rand是[0,1]范围内的随机数。

2) 边界变异

边界变异(boundary mutation)也需要先对父代个体染色体的每一位基因根据变异概率判断该基因是否进行变异。

假设变异的基因位上的值为 x_i,即父代个体 x 的第 i 个基因位需要变异,则变异后 x'_i 的值为

$$x'_i=\begin{cases}U^i_{\min}, & \mathrm{random}(0,1)=0\\ U^i_{\max}, & \mathrm{random}(0,1)=1\end{cases}\tag{4.26}$$

其中,$U^i_{\min}$、$U^i_{\max}$ 分别是第 i 个基因位取值范围的最大值和最小值;random(0,1)指以均等概率从 0 和 1 中任取其一。

3) 非均匀变异

非均匀变异(non-uniform mutation)与均匀变异类似,但它重点搜索原个体附近的微小区域,它对原有的基因值做随机扰动,以扰动后的结果作为变异后的新基因值,有

$$x'_i=\begin{cases}x_i+\Delta(t,U^i_{\max}-x_i), & \text{random}(0,1)=0\\ x_i+\Delta(t,x_i-U^i_{\min}), & \text{random}(0,1)=1\end{cases} \tag{4.27}$$

其中,$\Delta(t,y)$表示$[0,y]$范围内符合非均匀分布的一个随机数,要求随着进化的推进,$\Delta(t,y)$接近 0 的概率也逐渐增加。

4) 高斯变异

高斯变异(Gaussian mutation)是改进遗传算法对重点搜索区域的局部搜索性能的另一种变异方法,它是指进行变异操作时,用符合均值为 μ、方差为 σ^2 的正态分布的一个随机数替换原有基因值。高斯变异的具体操作过程与均匀变异相似,即变异后的 x'_i 为

$$x'_i=x_i+X_{\text{rand}} \tag{4.28}$$

其中,$X_{\text{rand}}\sim N(\mu,\sigma^2)$。

当然,在遗传算法中各算子保持不变的情况下,可以将遗传算法与其他算法混合,结合不同算法的优势,如并行组合模拟退火算法、并行模拟混合遗传算法、贪婪遗传算法、遗传比率切割算法、遗传爬山法、引入局部改善操作的混合遗传算法、免疫遗传算法等[22-23];另外,将基本遗传算法进行并行也是近年来日渐流行的研究方向。并行遗传算法(parallel genetic algorithm)是指对遗传算法进行并行设计后的算法,是一种适用复杂优化问题的多种群并行进化的遗传算法。该算法能有效克服标准遗传算法的早熟收敛问题,具有较强的全局搜索能力。目前遗传算法并行模型共分为 4 类,包括主从式模型、粗粒度模型、细粒度模型和混合模型。

在这里要说明的是,在前面提到的改进都是只举例了相对应方法中部分改进方法,在遗传算法发展的这几十年来,还有更多更好的改进方法在本节中没有提到,可以自行查阅相关资料来丰富有关知识。

4.2.5 遗传算法应用

由于遗传算法的搜索策略和优化策略不依赖于梯度的计算,而只需要影响搜索方向的目标函数和相应的适应度函数。所以,遗传算法提供了一种求解复杂系统问题的通用框架,它不依赖问题的具体领域,对问题的种类有很强的鲁棒性。因此遗传算法广泛应用于许多学科。下面将介绍遗传算法的主要应用领域。

1. 函数优化

函数优化是遗传算法的经典应用领域,也是检测遗传算法性能的常用算例。对于构造出的各种各样复杂形式的测试函数,比如连续或离散函数、低维或高维函数、单峰和多峰函数等,用这些几何特性各具特色的函数评价遗传算法的性能,更能反映算法的本质效果。而对于一些非线性、多模态的函数优化问题,用传统的数学方法较难求

解，而遗传算法却可以方便地找到较好的结果。

2. 组合优化

组合优化是指在给定的约束条件下，求解目标函数的最优值。随着问题规模的扩大，组合优化问题的搜索空间也在急剧增加。有时用枚举法很难甚至不可能找到准确的最优解。而遗传算法就是寻求这种解的最佳工具之一。如今，遗传算法已经在旅行商问题、背包问题、装箱问题、布局优化、图形划分问题等组合问题中得到了成功的应用。

3. 生产调度

在很多情况下，生产调度问题建立的数学模型即使经过一些简化也很难精确计算得到最优解，因为模型过于简化使得求解结果与实际有较大差距。遗传算法已成为解决复杂调度问题的有效方法。遗传算法在单生产车间调度、流水线生产调度、生产规划和任务分配等方面都得到了有效的应用。

4. 自动控制

许多控制问题，在考虑系统的优化、自适应、自组织和自学习时，一些常规方法可能很难处理。遗传算法已在其中得到了初步的应用，并显示了良好的效果。例如利用遗传算法优化航空、航天控制系统，利用遗传算法设计控制器，基于遗传算法的模糊控制器优化设计，基于遗传算法的参数辨识，基于遗传算法的模糊控制规则学习，利用遗传算法的人工神经网络结构优化设计和权重学习等，都展示了遗传算法在这一领域应用的可能性。

5. 机器人学

机器人是一种难以精确建模的复杂人工系统，而遗传算法的起源就是对人工自适应系统的研究。因此，机器人自然成为遗传算法的一个重要应用领域。遗传算法已经在移动机器人路径规划、关节机器人轨迹规划、机器人逆运动学求解、细胞机器人结构优化和行为协调等方面进行了研究和应用。

6. 图像处理

图像处理和模式识别是计算机视觉的一个重要领域。在图像处理过程中，如扫描图像分割、特征提取等，不可避免地存在误差，从而影响图像的效果。如何使误差最小是计算机视觉实现实际应用的关键要求。目前遗传算法在图像标定、图像分割、几何形状识别、图像压缩、三维重构优化、图像检索和模式识别（包括汉字识别）、图像复原、图像边缘特征提取等方面都得到了很好的应用。

7. 人工生命

人工生命是利用计算机、机械等介质模拟或构造具有特殊行为系统的人工自然生物系统。自组织能力和自学习能力是人工生命的两个主要特征。虽然人工生命的研究还处于启蒙阶段，但遗传算法在进化模型、学习模型、行为模型、自组织模型等方面已显示出初步的应用能力，并将得到更深入的应用和发展。人工生命算法与遗传算法相辅相成，遗传算法将为人工生命的研究提供有效的方法，人工生命的研究将促进遗传算法的进一步发展。基于遗传算法的进化模型是研究人工生命现象的重要理论基础，遗传算法在进化模型、学习模型、行为模型上显示出初步的应用能力。

8. 机器学习

学习能力是高级自适应系统所具备的能力之一，基于遗传算法的机器学习，特别是分类器系统,在很多领域中都得到了应用。例如,遗传算法被用于学习模糊控制规则;利用遗传算法来学习隶属度函数从而更好地改进模糊系统的性能;基于遗传算法的机器学习可用来调整人工神经网络的连接权,也可用于人工神经网络结构优化设计;分类器系统也在学习式多机器人路径规划系统中得到了成功的应用。

除此之外,遗传算法在经济学、免疫系统等方面都有所应用。随着对遗传算法的进一步研究与发展,遗传算法将会在更多领域发挥作用。

4.3 进化策略、进化规划与遗传规划

除了遗传算法外,在同时期进化策略和进化规划作为进化计算的一个分支也被提出用于处理各种问题。而遗传规划是为了解决遗传算法中问题表达方面的局限性而提出的,因此也可以看作一种特殊的遗传算法。当然,进化策略、进化规划、遗传规划与遗传算法一样都具有相同的生物学本质,但是强调的是自然界中生物进化的不同行为。下面将依次介绍这 3 种方法的原理和求解方式,并比较它们之间的异同。

4.3.1 进化策略

进化策略是由 I. Rechenburg 和 H. P. Schwefel 在 20 世纪 60 年代提出的[5],它是一类模仿自然进化原理以求解参数优化问题的方法。与遗传算法不同的是,进化策略采用的是实数编码,通过一种零均值、某方差的高斯分布的变化产生新的个体,最后通过选择保留好的个体,同时进化策略也是一种迭代算法。在进化策略的早期阶段,种群中只包含一个个体,通过只使用变异算子产生新个体。在每次迭代中,产生的一个子代与父代进行比较,具有较好适应度值的个体被留下,这也就是最早提出的进化策略——(1+1)策略,也可以表示为(1+1)-ES。

现在的进化策略的一般过程为初始化种群、重组(recombination)、变异和选择、重复迭代和选择直到达到收敛。而进化策略是最早引入自适应机制的算法,它构造简单、易于实现[24]。变异算子是进化策略的主要算子,在经典进化策略中,变异是通过给目标参数加上服从正态分布的随机数来实现的。而重组操作是提供两个不同个体之间的交换信息的机制,它在进化策略中不是必需的。同时,进化策略的选择方式是完全确定性的,几种选择方式将在后续介绍。

1. 进化策略表达方式

与遗传算法不同的是,进化策略采取的是实数编码来表述问题,同时为了与变异操作相适应,进化策略有以下两种表达方式。

1) 二元表达方式

这种表达方式中个体由目标变量 $\boldsymbol{X}$ 和标准差 $\boldsymbol{\sigma}$ 两部分组成,每部分又可以有 n 个分量,即

$$(\boldsymbol{X},\boldsymbol{\sigma})=((x_1,x_2,\cdots,x_n),(\sigma_1,\sigma_2,\cdots,\sigma_n)) \tag{4.29}$$

$\boldsymbol{X}$ 和 $\boldsymbol{\sigma}$ 的关系为

$$\begin{cases}\sigma'_i=\sigma_i\cdot\exp(\tau_0\cdot N(0,1)+\tau\cdot N_i(0,1))\\ x'_i=x_i+\sigma'_i\cdot N_i(0,1)\end{cases} \tag{4.30}$$

其中，τ_0 为全局系数，常取1；τ 为局部系数，常取1；$N(0,1)$为服从标准正态分布的随机数；而 $N_i(0,1)$为第 i 个分量重新按照标准正态分布产生的随机数；x_i 和σ_i 表示的是父代个体的第 i 个分量；而 x'_i和σ'_i表示子代个体的第 i 个分量。从式(4.30)可以看出，子代个体是在父代个体的基础上通过随机变化产生的。

这样看来，二元表达方式简单易行，所以在应用方面得到了较好的推广，下面对进化策略的方法描述也以二元表达方式为主。

2）三元表达方式

三元表达方式的提出，是为了提高进化策略的搜索效率。H. P. Schwefel 在二元表达式的基础上引入坐标旋转角度$\boldsymbol{\alpha}$，则个体的描述可以拓展为

$$(\boldsymbol{X},\boldsymbol{\sigma},\boldsymbol{\alpha})=((x_1,x_2,\cdots,x_n),(\sigma_1,\sigma_2,\cdots,\sigma_n),(\alpha_1,\alpha_2,\cdots,\alpha_n)) \tag{4.31}$$

其中，α_j 是父代个体第 i 个分量与第 j 个分量间坐标的旋转角度；则其进化的子代可表示为

$$\begin{cases}\sigma'_i=\sigma_i\cdot\exp(\tau\cdot N(0,1)+\tau\cdot N_i(0,1))\\ \alpha'_j=\alpha_j+\beta\cdot N_j(0,1)\\ x'_i=x_i+z_i\end{cases} \tag{4.32}$$

其中，α'_j是子代个体第 i 个分量与第 j 个分量间坐标的旋转角度；β 是系数，常取值为0.0873；z_i 是取决于σ'_i和α'_j的服从正态分布随机数。

2. 进化策略原理

在介绍完进化策略的个体表达方式后，与广泛使用的遗传算法相比进化策略在很多方面有着许多不同之处。

在编码方面，遗传算法可以用二进制、十进制等不同编码策略，但进化策略采用的是实数编码，同时它的编码也将一些策略参数编码到染色体中。以二元表达方式为例，一条染色体可以表示为 $\boldsymbol{X}=(x_1,x_2,\cdots,x_n,\sigma_1,\sigma_2,\cdots,\sigma_n)$，这也是进化策略编码的一个重要特点。所以，可以看到遗传算法在编码方式上的多样性和灵活性也使得遗传算法比进化策略得到更多的应用和推广。

在种群初始化方面，进化策略的初始种群由随机生成的 μ 个个体组成。从某一初始点$(X(0),\sigma(0))$出发，通过多次变异产生 μ 个初始个体，这个初始点可以从可行域中按照随机方法进行选取。

在进化策略中，适应度函数仍然是判断个体优劣程度的一个重要标准。而在前面遗传算法中也介绍了采取实数编码的编码方式能使适应度值的计算更加方便且直观。在进化策略中，每个个体的适应度设定为它所对应的目标函数值，而不做任何变换处理。每次都通过比较个体适应度的大小，从当前种群中选择出一个或几个适应度高的个体保留到下一代。

进化策略中的重组算子，与遗传算法中的交叉算子类似，就是交换两个父代个体的部分基因，完成信息交换。在进化策略中，重组算子主要有以下3种方式。

1）离散重组

先随机选择两个父代个体$(\boldsymbol{X}^1,\boldsymbol{\sigma}^1)=((x_1^1,x_2^1,\cdots,x_n^1),(\sigma_1^1,\sigma_2^1,\cdots,\sigma_n^1))$和$(\boldsymbol{X}^2,\boldsymbol{\sigma}^2)=((x_1^2,x_2^2,\cdots,x_n^2),(\sigma_1^2,\sigma_2^2,\cdots,\sigma_n^2))$，然后将其分量进行随机交换，构成子代新个体的各个分量，从而得到新个体

$$(\boldsymbol{X},\boldsymbol{\sigma})=((x_1^{q_1},x_2^{q_2},\cdots,x_n^{q_n}),(\sigma_1^{q_1},\sigma_2^{q_2},\cdots,\sigma_n^{q_n}))$$

其中 $q_1=1$ 或 2，它以相同的概率针对 $i=1,2,\cdots,n$ 随机选取。

2）中值重组

这种重组方式也是先随机选择两个父代个体，然后将父代个体各分量的平均值作为子代新个体的分量，构成新个体，则有

$$\begin{aligned}(\boldsymbol{X},\boldsymbol{\sigma})=(&((x_1^1+x_1^2)/2,(x_2^1+x_2^2)/2,\cdots,(x_n^1+x_n^2)/2),\\&((\sigma_1^1+\sigma_1^2)/2,(\sigma_2^1+\sigma_2^2)/2,\cdots,(\sigma_n^1+\sigma_n^2)/2))\end{aligned}\tag{4.33}$$

这种重组方式，在子代个体中就包含了两个父代个体的信息，而离散重组只包含某一个父代个体的信息。

3）混杂重组

这种重组方式的特点在于父代个体的选择上。混杂重组时，先随机选择一个固定的父代个体，然后针对子代个体每个分量再从父代种群中随机选择第二个父代个体。也就是说，第二个父代个体是经常变化的。至于两个父代个体的组合方式，既可以采用离散重组，也可以采用中值重组，甚至可以把中值重组中的 1/2 改为[0,1]内的任一权重。

许多研究表明，在进化策略中使用重组算子，可以在一定程度上增加算法的收敛速度，提升进化策略的性能。但是出于多方面的考虑，在很多进化策略的应用中，都不考虑使用重组算子。

作为进化策略主要的算子，变异算子在生成新个体上占据着和遗传算法中交叉算子同等重要的地位。在经典的进化策略中，变异算子通过在每个分量上加上零均值、某方差的正态分布的变化值产生新的个体，其中的“某方差”就是变异程度，变异公式为

$$\begin{cases}\sigma_i'=\sigma_i\cdot\exp(\tau_0\cdot N(0,1)+\tau\cdot N_i(0,1))\\x_i'=x_i+\sigma_i'\cdot N_i(0,1)\end{cases}\tag{4.34}$$

其中，$N_i(0,1)$为第 i 个分量重新按照标准正态分布产生的随机数，也就是通过这个变量来产生变异。从式(4.34)可以看出，子代个体是通过父代个体按照一种随机变化生成的，在这个过程中，进化策略的标准差 σ 的参数也是变化的。也就是说，在进化策略的过程中，这种变异机制能够不断进化这个策略参数，而在搜索过程中，挖掘和运用了一些参数与适应度值之间的一种隐含联系，使得这个进化参数不断朝着好的方向发展，这也就是进化策略的自适应机制。

进化策略中的选择算子也和遗传算法中的选择算子一样，都要满足“优胜劣汰”的生存法。但是与遗传算法中的选择算子不一样的是，进化策略中的选择算子是确定性的，而遗传算法中的轮盘赌选择等用的是概率随机选择。进化策略中的这种确定性选择方法指的是，选择算子将严格按照种群中个体适应度值的大小，淘汰所有劣势个体，而优良个体都被保留。这也是进化策略区别于遗传算法的一个重要特性。

在进化策略中，它主要的选择算子有$(\mu+\lambda)$－ES 和(μ,λ)－ES 两种。

(1)$(\mu+\lambda)$－ES 是从 μ 个父代个体及 λ 个子代新个体中确定性地择优选出 μ 个个体组成下一代新种群，在这种方法中，子代和父代的所有个体都在为了生存而竞争，只有拥有最好适应度值的 λ 个个体才会被选择出作为下一代种群。

(2)$(\mu,\lambda)-ES$是从λ个子代新个体中确定性地择优选出μ个个体(要求$\lambda>\mu$)组成下一代种群,在这种方法中,只有λ个子代个体才参与生存竞争,从中选出μ个个体作为下一代种群,而父代在每一代都会被替代,也就是说,每个个体只存在于一代中。

从表面上看,似乎$(\mu+\lambda)-ES$更好,因为它的选择过程可以使种群不断地朝好的搜索方向进化,同时也可以保证种群内的最优个体存活。但是$(\mu+\lambda)-ES$保留父代个体,它有时会是一些局部最优解,或者是一些过时的可行解,会在一定程度上误导和妨碍算法向全局最优的方向发展。同时,保留父代个体也会将父代个体的进化参数σ保留下来,在一定程度上不利于进化策略中的自适应调整机制。$(\mu,\lambda)-ES$舍弃全部的父代个体,包括父代中的优良个体,使算法始终从新的基础上全方位进化,从而容易进化至全局最优解,同时丢弃所有父代个体也使得进化参数σ不断根据种群个体更新,从而达到自适应调整的目的。由于$(\mu,\lambda)-ES$的这些特性,已经成为现在进化策略中主流的选择方式。

对于停机准则来说,进化策略也可以使用遗传算法的停机准则,比如最大迭代次数等。

3. 进化策略类型

在本节开头简要介绍了进化策略最初始的一种方法,也就是$(1+1)-ES$。当然根据选择方法的不同以及具体取值的不同,常见的进化策略还有$(\mu+1)-ES$、$(\mu+\lambda)-ES$和$(\mu,\lambda)-ES$[25]。

1) $(1+1)-ES$

$(1+1)-ES$只有一个父代个体,每次也只产生一个新的个体,在这两个个体中保留其中较好的一个个体。个体用十进制实数型表示。这类进化策略在进化过程中只有变异操作:就是在每个分量上面加上服从零均值、某一方差的正态分布的随机数。

为了较好地控制算法的收敛速度,Rechenberg还提出了著名的"1/5成功规则(1/5 success rule)",即

$$\sigma^{t+1}=\begin{cases}\sigma^t\cdot c, & p_s<1/5\\ \sigma^t, & p_s=1/5\\ \sigma^t/c, & p_s>1/5\end{cases}\tag{4.35}$$

其中,p_s表示个体成功变异次数占总变异次数k的比例,$k>10$;参数c表示一个常数,通常的取值范围为$[0.817,1]$。在这里需要注意的是,若参数c的取值大于1,则式(4.35)中的乘法和除法运算将要互换。也就是说,当一个个体的成功变异次数,也就是父代个体被新产生的子代个体取代,占总变异的比例超过1/5时,就要适当加大进化参数标准差σ,以便于搜索更广泛的空间;否则就要适当降低σ,将搜索更多地集中在当前解周围。

$(1+1)-ES$只利用一个个体,通过变异算子这种生成新解的方式不断进化个体,提高解的适应度,这也是最简单的一种进化策略方法。

2) $(\mu+1)-ES$

上述的$(1+1)-ES$仅采用单个个体进行进化,而不像基本遗传算法那样依靠种群,所以算法有明显的局限性。为了提升进化策略算法的性能,I. Rechenberg又提出

另一种进化策略算法$(\mu+1)-ES$。在这种方法中，利用种群而非单独的个体，在父代种群中包含μ个个体$(\mu>1)$，同时在种群的基础上引入重组算子，使父代个体组合出新的个体，而不是仅仅采用变异算子。在执行重组时，从μ个父代个体中用随机的方法任选两个个体，然后采取离散重组的方式产生一个子代个体。利用变异算子对重组后的个体执行变异操作，具体的变异方式等都与$(1+1)-ES$保持一致。之后，将重组变异产生的一个子代个体与父代种群中适应度值最差的个体进行比较，若重组变异产生的子代个体好于最劣个体，则子代个体将取代最劣个体，并成为下一代父代种群中的个体；否则此次重组变异就是失败的，原父代种群继续进入下一代，进行重组变异产生新个体，如此迭代进行。

$(\mu+1)-ES$和$(1+1)-ES$有一个相同点：每次迭代只产生一个子代个体。而$(\mu+1)-ES$的特点是它利用了种群，增大算法的搜索空间，使算法具备了搜索多样性；而增加重组算子，能够从父代个体中继承部分有用的信息构成新个体。这也可以看出，$(\mu+1)-ES$比$(1+1)-ES$有了明显的改进，推动了进化策略的发展。

3) $(\mu+\lambda)-ES$

上述两种方法都只生成了一个子代个体，改进方法是利用父代种群在子代产生一个种群，基于此H. P. Schwefel提出了$(\mu+\lambda)-ES$。在该策略中，对于含有μ个个体的父代种群，利用重组算子和变异算子产生λ个新个体。然后在父代种群及子代种群中(共$\mu+\lambda$个个体)利用$(\mu+\lambda)$选择出μ个个体作为下一代种群。

4) $(\mu,\lambda)-ES$

在提出$(\mu+\lambda)-ES$后，H. P. Schwefel又提出了一种进化策略$(\mu,\lambda)-ES$。这种进化策略的种群中有μ个体，每次产生λ个子代个体，然后利用(μ,λ)从λ个子代个体中选择μ个个体作为下一代种群。

$(\mu,\lambda)-ES$与$(\mu+\lambda)-ES$的区别就在于选择算子的不同。这两种基于种群产生子代个体的进化策略，能够在进化的过程中，很好地利用种群中个体的进化参数标准差σ不断地更新个体，实现个体的自适应调整，而不必使用“1/5成功规则”，使算法的优化效果有巨大的提升。

4. 进化策略基本流程

基于以上对进化策略的介绍，进化策略的基本工作流程图如图4.15所示。

在进化策略的求解过程中，首先根据所求问题选择合适的问题表达方式，之后通过随机生成的方法产生包含μ个个体的种群，并计算初始种群中每个个体的适应度值。然后根据问题或者算法设计确定是否需要重组算子，如果需要则通过重组算子生成λ个子代个体，这λ个子代个体再经过变异算子产生新的子代个体；若不需要重组算子，则直接通过变异算子产生λ个子代个体。对于子代个体，首先计算其适应度值，再通过选择的选择算子从$(\mu+\lambda)$个个体或者λ个个体中选择μ个个体组成下一代种群。对上述过程进行迭代，直到满足停机准则为止，最后输出寻优结果。

5. 进化策略与遗传算法的异同

在介绍进化策略时，已经将它与遗传算法进行了对比说明，两者有一定的相似之处，就是二者都是基于自然界生物的“优胜劣汰、适者生存”的进化原理，也都是利用种群求解的寻优方式，同时都是一种迭代搜索求解算法。

两者的不同点如下所述。

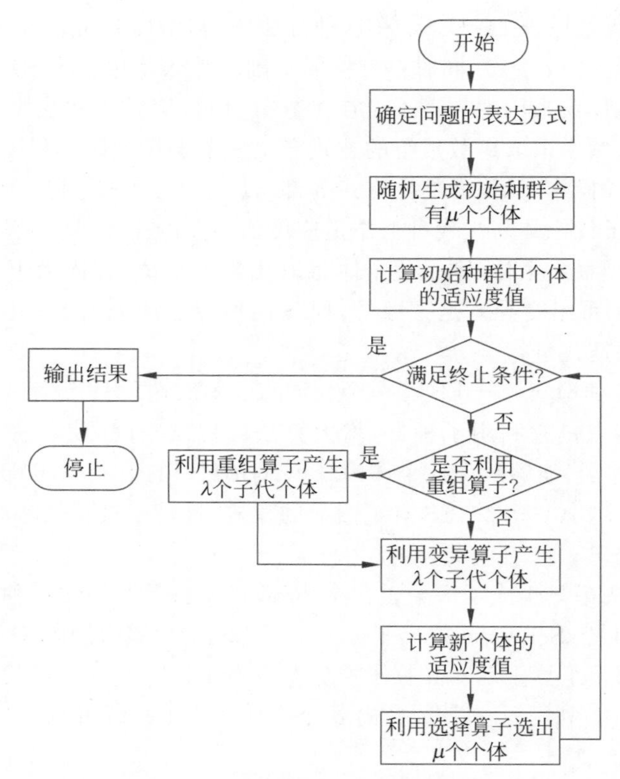

图 4.15　进化策略的基本工作流程图

(1) 遗传算法强调染色体的操作,进化策略强调个体的行为变化。二者基本的区别是进化策略采用实数编码,能直接不经过转换就在适应度函数上应用,而遗传算法最常见的还是采用二进制编码,且需要进行解码才能利用适应度函数判断个体的优劣。

(2) 选择算子也是两者之间比较大的区别,进化策略采用的是确定性选择的选择算子,而遗传算法多采用概率随机选择的选择算子。

(3) 在进化策略中,它的变异程度是随进化过程而自适应更新的,而遗传算法的交叉和变异概率一般是固定不变的。

虽然进化策略和遗传算法是进化算法的两个分支,早期是独立发展的,但是在长期的实践中它们又相互借鉴,相互影响和融合。遗传算法除了采用传统的二进制编码外,已经开始使用和进化策略一样的十进制实数编码来表达问题。早期的进化策略 $(1+1)-ES$ 只有变异算子,从 $(\mu+1)-ES$ 开始引入了重组算子,这是借鉴了遗传算法的交叉算子。遗传算子中的交叉算子也借鉴了进化策略的重组算子。进化策略的参数自适应调整的特征也被遗传算法借鉴使用。遗传算法中的种群规模、交叉概率、变异概率可以随着优化的推进而改变。二者相互促进、相互发展,不断完善进化计算的求解过程,丰富进化计算的应用领域。

4.3.2　进化规划

进化规划又称进化编程,是进化计算领域的又一个重要分支。它是 L. J. Fogel 于 20 世纪 60 年代提出的第一种基于进化概念的方法论[6]。

L. J. Fogel 关注人工智能领域，并提出了最初的想法，即智能行为需要预测环境的综合能力，并根据给定的目标将预测转化为适当的反应，以便能够增强自我适应的能力。为了形式化这一过程，L. J. Fogel 提出了一种有限状态机（Finite State Machine，FSM）进化模型，在此模型中机器的状态基于均匀分布的规律进行变异。

有限状态机是一种黑盒系统，在给定有限字母的输入和有限字母的输出的情况下，它将输入序列转换为输出序列。有限状态机可能处于（也是有限的）多个不同的状态中，响应取决于这些状态。机器的行为是动态的，根据这一点，它在允许的字母表中输出一个符号，并更改状态。它以初始状态启动，接收第一个输入符号，并根据当前状态选择一个输出符号，接着接收和分析第二个输入，并根据当前状态选择一个输出符号，以此类推，每个接收的输入符号产生一个输出和一个状态转换。

状态机的输出符号意味着尝试预测下一个输入符号（或它的某些特征）。因此，对{输出符号，下一个输入符号}定义了一个评估函数（evaluation function），也叫收益（payoff）。在进化的每个阶段，将整个输入符号序列与输出序列进行比较，并通过取每个时刻的收益值之和评估机器的适应度。

举一个简单的例子，用一周的平均温度进行季节预测。在每个阶段（例如周一），接收到上周的平均温度作为输入，而当前系统状态表示季节：春、夏、秋或冬。根据输入的温度更新季节的状态，同时输出相对应的季节平均温度。这个简单的过程可以用四态有限机形式化表示：状态用春（S）、夏（Su）、秋（A）、冬（W）表示，输入符号可以是结冰（f）、寒冷（c）、适中（m）、温暖（w）、热（h）表示，输出符号 T_S、T_{Su}、T_A、T_W 表示 4 个季节的平均温度。表 4.5 描述了这个有限状态机的可能行为。如果输入温度更适合下一个季节而不是当前季节，则将状态改为下一个季节，否则保持不变。例如，当前状态为 W，输入温度过高，假如为适中（m）、温暖（w）、热（h）中的一个，则切换为春（S）。转换表将每个输入对（当前状态、输入）与结果对（新状态、输出）关联起来。收益值可以通过下一周的输出温度和输入温度之间的绝对差来计算。

表 4.5 例子中有限状态机的状态转换

状 态	输 入				
	f	c	m	w	h
S	(S, T_S)	(S, T_S)	(S, T_S)	(Su, T_{Su})	(Su, T_{Su})
Su	(A, T_A)	(A, T_A)	(A, T_A)	(Su, T_{Su})	(Su, T_{Su})
A	(W, T_W)	(W, T_W)	(A, T_A)	(A, T_A)	(A, T_A)
W	(W, T_W)	(W, T_W)	(S, T_S)	(S, T_S)	(S, T_S)

进化编程在有限状态机上的操作如下：随机生成有限状态机的初始种群，并将其暴露在环境中一段时间（接收输入符号序列），然后通过突变生成下一代。每个父代有限状态机通过随机改变以下特征之一来生成子代：更改输出符号、更改状态转换、添加状态、删除状态或更改初始状态。只有当父代机器有多个状态时，才允许删除状态和更改启动状态。此外，单个子代所经历的突变数量可以随机选择。一旦每个有限状态机产生了一个子代，就用基于收益的适应度值对它们进行评估，一般产生子代的数量与父代保持一致。然后，在父代和子代的合并种群中，那些提供最大回报的个体，也就是适应度值较高的个体，被保留并构成下一代种群。

到了 20 世纪 90 年代，D. B. Fogel 拓广了进化规划的思想[26]，使它可以处理实数空间的优化问题，并在其变异运算中引入了正态分布变异算子，这样进化规划就变成了一种优化搜索工具。

从对进化规划的描述中，可以发现它与进化策略十分相似，产生新子代个体都是以变异算子为核心的。但是两者在前期的发展上都是相互独立的，直到20世纪90年代二者才进行相互交流和相互促进。

下面将介绍一些进化规划的基本技术及步骤。

1. 进化规划表达方式

进化规划与进化策略一样，采取实数编码的方式表达问题，每个个体向量 $\boldsymbol{X}$ 可以由 n 个分量组成，也就是 $\boldsymbol{X}=(x_1,x_2,\cdots,x_n)$。而个体向量的每一维分量都相对应一个控制因子 σ_i。因此，由 $\boldsymbol{X}$ 和 $\boldsymbol{\sigma}$ 组成的二元组 $(\boldsymbol{X},\boldsymbol{\sigma})$ 是进化规划最常用的表达形式。

2. 进化规划原理

进化规划首先需要产生一个初始种群完成后续优化。进化规划中产生初始种群的方法类似于进化策略中随机选择 μ 个个体作为算法的出发点。从某一个初始点出发，通过多次变异产生 μ 个个体作为初始种群，而这个出发点是可以随机选取的。同时在进化规划中，与进化策略一样采取的是实数来表达问题，因此计算适应度比较简单直观，适应度函数可以作为目标函数，并直接运算。

与遗传算法和进化策略不同，进化规划没有重组或交叉这类算子，它的进化主要依赖变异。个体的变异操作是唯一的一种最优个体的搜索方法。

为了增加进化规划在进化过程中的自适应调整功能，在变异中添加方差的概念。类似于进化策略，在进化规划中个体的变异可表示为

$$\begin{cases} x'_i=x_i+\sqrt{\sigma_i}\cdot N_i(0,1) \\ \sigma'_i=\sigma_i+\sqrt{\sigma_i}\cdot N_i(0,1) \end{cases} \tag{4.36}$$

其中，σ_i 表示旧个体第 i 个分量的标准差；σ'_i 表示新个体第 i 个分量的标准差；$N_i(0,1)$ 表示针对第 i 个分量产生的随机数，它服从标准正态分布。从式(4.36)可以看出，新个体也是在旧个体的基础上添加一个随机数，该添加量取决于个体的方差，而方差在每次进化中又有自适应调整，这种进化方式已成为进化规划的主要手段，也称为元进化规划。

尽管元进化规划的变异类似于进化策略，但是它们的执行顺序是不同的。进化规划中首先使用的是旧个体的标准差 σ_i 来计算新个体的变量 x'_i，然后才计算新个体的标准差 σ'_i，而新的标准差留到下次进化时才用。与之相反，进化策略是先调整标准差 σ，然后再用新的标准差 σ' 去更改个体的目标变量 $\boldsymbol{X}$。

在进化规划中，新种群的个体数目 λ 等于旧种群的个体数目 μ，选择便是在 2μ 个个体中选择 μ 个个体组成新种群。进化规划的选择采用随机型的 q 竞争选择法。在这种选择方法中，为了确定某个个体 i 的优劣，从新、旧种群的 2μ 个个体中任选 q 个个体组成测试种群。然后将个体 i 的适应度与 q 个个体的适应度进行比较，记录个体 i 优于或等于 q 内各个体的次数，得到个体 i 的得分 W_i，即

$$W_i=\sum_{j=1}^{q}\begin{cases} 1, & f_i\geqslant f_j \\ 0, & \text{其他} \end{cases} \tag{4.37}$$

上述得分测试分别对 2μ 个个体进行，每次测试时重新选择 q 个个体组成新的测

试种群。最后,按个体的得分选择分值高的 μ 个个体组成下一代新种群。

q 竞争选择法是一种随机选择,总体来说,优良个体入选的可能性较大。但是由于测试种群每次都是随机选择的,当 q 个个体都不甚好时,有可能较差的个体因得分高而入选。

q 竞争选择法中 q 是一个重要参数。若 q 很大,极端地设 $q=2\mu$,则选择变为确定性选择;反之,若 q 很小,则选择的随机性太大,不能保证优良个体入选。通常 q 大于 10,可取 0.9μ。

在进化规划的迭代过程中,每一次迭代过程都执行突变、个体适应度值计算、选择个体等操作,直到满足停机准则,输出最终找到的结果。而这个停机准则可以与遗传算法和进化策略一样,采用最大迭代次数等方法。

3. 进化规划基本流程

进化规划的算法流程图如图 4.16 所示。在进化规划中,与进化策略一样,首先需要确定的是问题的表达方式。在确定好表达方式之后,就可以通过随机方法产生包含 μ 个个体的初始种群,并计算种群中每个个体的适应度值。通过对父代个体添加一个随机量的方式,对个体进行变异操作,产生新的子代个体,并计算这些子代个体的适应度值。然后通过选择算子在父代与子代的合并种群中,选择出 μ 个具有较高适应度值的个体,作为下一代的种群。上述过程不断迭代运行,使得种群能得到进化,在满足终止条件时,输出最终的寻优结果。

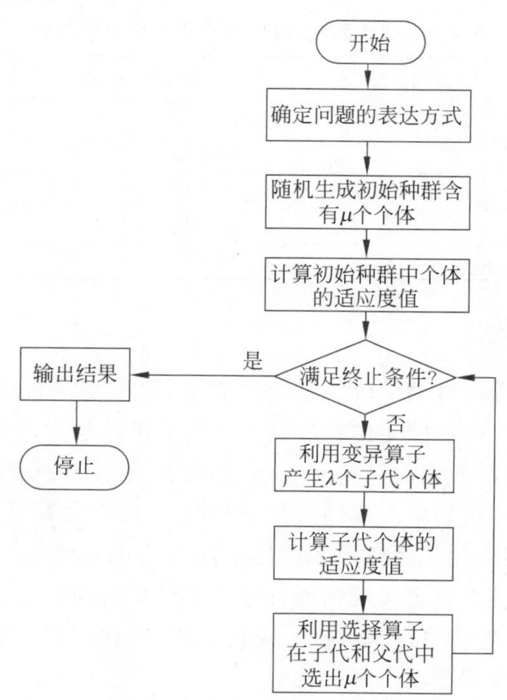

图 4.16 进化规划的算法流程图

4. 进化规划与进化策略、遗传算法的异同

进化规划与进化策略在编码方式和变异算子方式上有相同之处。在编码上,二者都是采用实数编码而非遗传算法中的其他编码方式,这种不需要特定的编码解码方式,也使得问题处理更加高效方便。而在变异算子方面,二者均采用相同的变异操作,即给父代个体加上一个正态分布随机变量再作为变异生成子代个体。但是二者还有许多不同之处。

在重组或交叉算子方面,进化规划本身就没有重组算子,而进化策略中的重组算子是可以选择的,这也是两者最本质的区别。

在选择下一代种群方面,进化规划采取的是竞争选择法,这种方法有一定的概率会使劣质个体进入下一代种群,而进化策略中的选择方法是确定性选择,也就是说,可以完全删除劣质个体,确保其不进入下一代种群。

二者变异的执行顺序是不同的,进化规划是先计算新个体,再计算新个体的标准差,而进化策略是先调整标准差再用新的标准差生成新个体。

遗传算法、进化策略和进化规划都是模拟生物界自然进化过程而建立的鲁棒性算法。在统一框架下对3种算法进行比较,可以发现它们有许多相似之处,同时也存在较大的差别。

进化策略和进化规划都把变异作为主要搜索算子,而在标准的遗传算法中,变异只处于次要位置。交叉在遗传算法中起着重要作用,而在进化规划中却被完全省去,而在进化策略中作为辅助搜索方法自适应选择性使用。标准遗传算法和进化规划都强调随机选择机制的重要性,而从进化策略的角度看,选择是完全确定的。

遗传算法、进化策略和进化规划的部分区别比较,如表4.6所示。

表4.6　遗传算法、进化策略和进化规划对比

比较项目	遗传算法	进化策略	进化规划
个体表示形式	离散值	连续值	连续值
参数调整方法	无	标准偏差、协方差	方差
个体变异算子	辅助搜索方法	主要搜索方法	唯一搜索方法
个体交叉算子	主要搜索方法	辅助搜索方法	不使用
选择算子	概率选择	确定性选择	概率选择

4.3.3　遗传规划

早期的遗传算法研究只关注较低层次的表示,除了支持直接使用遗传算子外,字符串和类似的较低层次表示使遗传算法具有了类似子符号方法的很多能力。然而,这样也会存在一些问题,例如在旅行商问题上,它在更复杂的表示层次上具有更自然的编码。那么是否可以采用如生产规则或计算机程序的片段等。更丰富地表示定义遗传算子,这种表示能够通过规则或函数调用不同组合的高级知识片段,以满足特定问题的需求。但是现实是很难定义规则或程序关系结构的遗传算子,也很难有效地应用这些遗传算子。所以,遗传算法也存在一定的局限性,比如它不能描述层次化的问题、不能描述计算机程序且缺乏动态可变性。

为了描述直接应用于计算机程序片段的遗传算子的变体,美国的J. R. Koza[27]于1992年正式提出遗传规划,用层次化的结构性语言表达问题。遗传规划的最大特点是采用层次化的结构(树结构)表达问题,它类似于计算机程序分行或分段地描述问题。这种广义的计算机程序能够根据环境状态自动改变程序的结构及大小[28]。在遗传规划中,程序的适应度是通过解决一组任务的能力来衡量的,程序是通过对程序子

组件应用交叉和变异来修改的。遗传程序设计搜寻的是一群大小和复杂性各不相同的计算机程序。搜索空间是由适合问题域的函数和终端符号组成的所有可能的计算机程序的空间。和所有的遗传算法一样，这种搜索是随机的，很大程度上是盲目的，但却是非常有效的。

1. 遗传规划表达方式

遗传规划的个体通常表示为树结构，而不是值的字符串形式。所以在介绍遗传规划的表达方式前，首先介绍树结构。树结构是一种通用表示形式，可以表示多种表达式。

(1) **算术表达式**。例如，算术表达式 $2*\pi+[(x+3)-1/(5+y)]$，其树结构可以用图 4.17(a)表示。

(2) **逻辑表达式**。例如，逻辑表达式(NOT(A0) AND NOT(A1)) OR(A0 AND A1)，其树结构可以用图 4.17(b)表示。

(3) **程序**。例如以下程序的树结构可以用图 4.17(c)表示。

```
i= 1;
while( i< 20)
{
  i= i+1
}
```

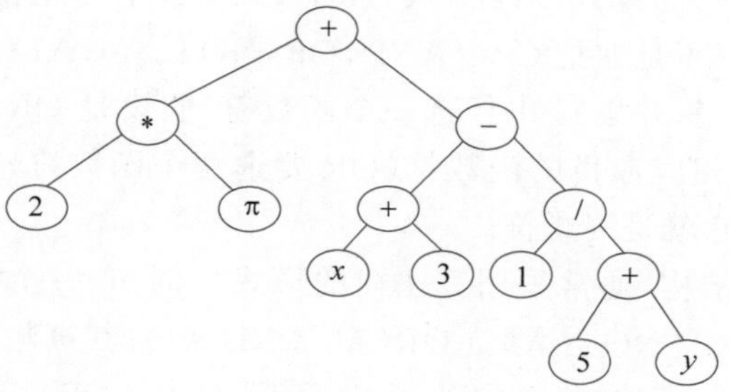

(a) 算术表达式

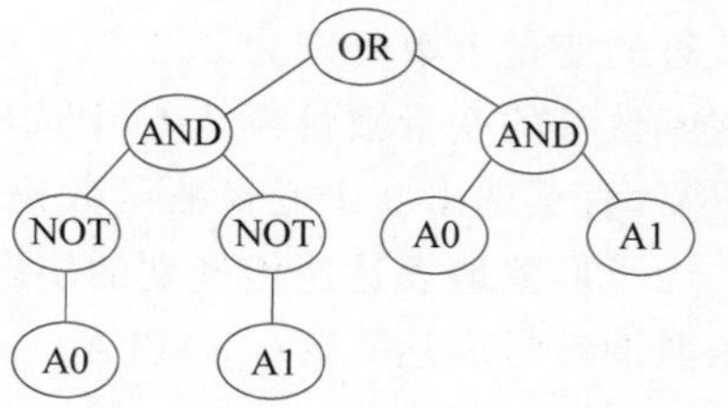

(b) 逻辑表达式

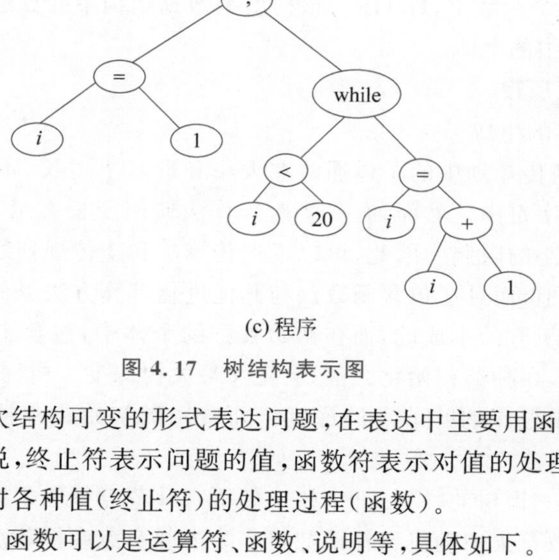

(c) 程序

图 4.17　树结构表示图

遗传规划使用层次结构可变的形式表达问题，在表达中主要用函数符集和终止符集两类组分。简单地说，终止符表示问题的值，函数符表示对值的处理。综合在一起，遗传规划的个体表示对各种值(终止符)的处理过程(函数)。

在函数符集 F 中，函数可以是运算符、函数、说明等，具体如下。

(1) 算术运算符,如+、-、*、/等。其中除号为防止计算机溢出,规定不允许用零作分母,称为保护性除法(protected division),用%标记。一旦遇到分母为零时,最简单的处理方法是令其商为1或是重新选择算术运算符。

(2) 超越函数,如sin、cos、tan、log、exp等。其中log要防止处理小于或等于零的数值,称为保护性对数,记为Rlog,其处理方法类似于%。

(3) 布尔运算符,如AND、OR或NOT等。

(4) 条件表达式,如If-then-else、Switch-Case等。

(5) 循环表达式,如Do-until、while-do、For-do等。

(6) 控制转移说明,如Goto、Call、Jump等。

(7) 变量赋值函数,如$a=1$、Read、Write等。

(8) 其他定义的函数。

而终止符集T是个体表达的终点,包括各种常数、输入、变量等,具体如下。

(1) 常数,如π等。

(2) 变量,如x、y、z等。

(3) 输入,如a、b、c等。

将函数符集和终止符集综合在一起,便可形成层次状个体。例如,有下列函数符集:$F=\{$AND,OR,NOT$\}$和终止符集:$T=\{$A0,A1$\}$(A0,A1为布尔变量)。则上述函数符集和终止符集的并集C为:$C=\{$AND,OR,NOT,A0,A1$\}$。C中终止符A0和A1可视为具有0个变量的函数符。于是并集$C=\{$AND,OR,NOT,A0,A1$\}$中各函数符的变量个数分别为2、2、1、0、0。从并集C中任选一个函数符(假设是OR),根据该函数符的变量数目再从C中选取相应数目的函数符(OR要选两个函数符)。如此重复,直至选出0个变量的函数符,它就是终止符。

为了形象地表达遗传规划的层次结构,通常采用算法树的形式。例如,一个布尔型函数的符号表达式为(NOT(A0) AND NOT(A1)) OR(A0 AND A1),其算法树如图4.17(b)所示。图中,5个内节点为函数集F中的函数元素(OR、AND、AND、NOT、NOT),4个外节点(叶子)为终止符集T中的布尔变量(A0、A1、A0、A1),根为函数集F中的一个函数符,即OR。该树即为数据结构中的算法树。这种算法树常用于表达遗传规划中的个体。

2. 遗传规划原理

1) 初始种群的生成

一般来说,遗传规划中的个体通常在大小和形状上增长,不像传统的遗传算法使用固定长度的值字符串。然而,有一些遗传算法使用变长表示,也有一些遗传规划算法使用的树有大小的限制。因此,可以说遗传算法和遗传规划之间的主要区别在于遗传规划不仅包含值,而且还包含函数。与其他进化计算方法类似,在遗传规划中,初始种群也是通过随机方法生成的,而在初始种群的个体中,包含了求解问题的各种可能的树结构。通常,在种群初始化之前,会定义最大树深度。树深度表示从根节点(从0开始)到进化树中最深的叶节点的深度。而常用的初始化种群的方法有3种:完全法、生长法和混合法。

完全法生成一棵树的种群,其中树中的所有叶节点都位于树的最大深度。在完全法中,通过从函数符集中随机选择函数符作为内部节点或根节点生成树。当达到最大树深度时,从终止符集中选择形成叶节点。图 4.18(a)显示了由完全法生成的示例树,其中所有叶节点的深度都为 2。其实现的方法是:若待定节点的深度小于给定的最大深度,则该节点的选择将限制在函数符集内;若待定节点的深度等于给定的最大深度,则该节点仅从终止符集中选择。在这里需要注意的是,所有的叶节点具有相同的深度,并不一定意味着所有生成的树具有相同的形状。事实上,它只发生在所有子树的个数都相等的情况下。

生长法可以产生各种各样的大小和形状的树,树深度是可变的,叶节点的树深度可以小于最大树深度。在生长法中,可以从函数集或终止符集中随机选择任何节点,该方法要考虑的唯一要求是树的最大深度,因此一旦达到最大深度,就只能选择终止符集。如图 4.18(b)所示,树的叶节点是在树深度为 1 或 2 处生长生成的。其实现方法是:若待定节点的深度小于给定的最大深度,则该节点的选择将限制在函数集与终止符集组成的并集中;若待定节点的深度等于给定的最大深度,则该节点仅从终止符集中选择。

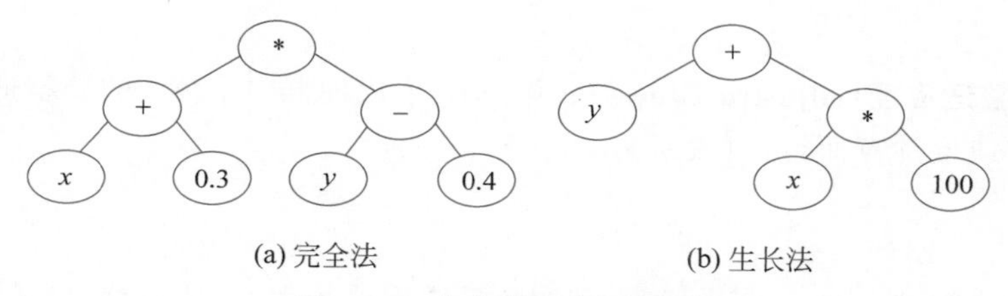

图 4.18 完全法和生长法举例

注意,以上两种方法通常很难控制生成的个体的大小和形状。例如,用生长法得到的个体的大小和形状都对函数集和终止符集的数量高度敏感。如果终止符集的数量高于函数集的数量,则生成过程偏向于获得相对较短的树。相反,如果终止符集的数量小于函数集的数量,则生长方法的行为倾向于与完全法类似。

混合法是完全法和生长法的综合。其实现方法是在每一深度中,50%的初始个体用完全法产生,另 50%的初始个体用生长法产生。同时,需要设置树的最大初始深度 $D_{\max}$。这种方法确保生成的树的大小和形状范围更广。混合法是遗传规划中最常用的种群初始化方法。

2) 适应度评估

产生初始种群后,需要对种群中的个体进行适应度评估。适应度函数是进化过程中的一个重要组成部分,它指导遗传规划寻找更好的个体。适应度函数用于评价群体中每个个体的适应度。然而,在很多情况下,选择一个好的适应度函数并不是一件容易的事情。一个好的适应度函数会使搜索平滑地走向最优解,而一个差的适应度函数会误导搜索。通常,适应度函数与要处理的问题有关。

在遗传规划中,最常见的适应性评估有 4 种:原始适应度、标准适应度、调整适应度、归一化适应度。

(1) **原始适应度(raw fitness)**是问题适应性自然描述的一种度量。当原始适应度定义为误差时,也就是在一组适应度计算试例中个体返回值与实测值之间的距离之和。第 g 代子代种群中某一个体 i 的原始适应度 $r(i,g)$ 定义为

$$r(i,g)=\sum_{j=1}^{Nc}|Q(i,j)-C(j)| \tag{4.38}$$

其中，$Q(i,j)$为个体 i 在适应度计算试例 j 下的返回值；Nc 为适应度计算试例数；$C(j)$为适应度计算试例 j 的实测值或正确值。

如果符号表达式是整数型或浮点型，那么距离之和表现为符号表达式的返回值与实测值之间的距离绝对值的总和；如果符号表达式是布尔型或字符型，那么距离之和表现为符号表达式的返回值与实测值之间的符号不匹配的个数；如果符号表达式是实数型，那么距离之和可用其平方和的平方根来代替，这样可增加距离对适应度的影响。原始适应度是问题的自然表达。

(2) **标准适应度(standardized fitness)**。标准适应度 $s(i,g)$是原始适应度的又一描述，即标准适应度总是表现为数值越小越好。于是有两种情况发生。

① 对于某些问题，若原始适应度越大越好，标准适应度可定义为

$$s(i,g)=r_{\max}-r(i,g) \tag{4.39}$$

其中 $r_{\max}$ 为原始适应度所能达到的最大值。

② 对于某些问题，若原始适应度越小越好，标准适应度即为原始适应度，即

$$s(i,g)=r(i,g) \tag{4.40}$$

(3) **调整适应度(adjusted fitness)**。第 g 代子代种群中个体 i 的调整适应度 $a(i,g)$由标准适应度计算而得，可表示为

$$a(i,g)=\frac{1}{1+s(i,g)} \tag{4.41}$$

通常 $s(i,g)\geqslant 0$，则 $a(i,g)\in[0,1]$，且调整适应度值越大，个体越优良。

(4) **归一化适应度(normalized fitness)**。$n(i,g)$由调整适应度计算而得，可表示为

$$n(i,g)=\frac{a(i,g)}{\sum_{k=1}^{M}a(k,g)} \tag{4.42}$$

其中，$n(i,g)\in[0,1]$，$\sum_{k=1}^{M}a(k,g)=1$，适应度值越大，个体越优良。

3) 选择算子

和遗传算法一样，遗传规划同样需要在进化过程中，采用选择算子从当前种群中选择个体作为父代参与后续遗传操作。通常情况下，适应度值更好的个体被选中的机会更大。在选择算子方面，提出和使用的选择算子多种多样，如排名选择、适合度-比例选择和锦标赛选择等，在前面遗传算法中提到的选择算子基本上都能在遗传规划中使用，而使用最多的就是锦标赛选择法。

与遗传算法中的锦标赛选择法一样，在遗传规划的锦标赛选择法中，锦标赛选择的规模将决定每次随机选择的个体的最大数量。该方法比较随机抽样的个体适应度值，从中选出最佳个体。

4) 交叉算子

与遗传算法类似，遗传规划最主要的进化手段是交叉算子。根据上述的某种选择方法从种群中独立地选择两个父代个体，并通过交换父代的遗传物质产生新的后代。但是，这样所选出的两个父代个体结构、大小可能均不相同，遗传算法中典型的交叉算子在遗传规划中并不适用。

最常见的交叉方式是在父代之间交换两个随机选择的子树。交叉算子首先在两

棵父代树中分别随机选择一个交叉点,然后根据所选的交叉点交换子树,生成两棵子代新树。交叉算子试图通过重组现有的遗传物质来产生优良的树结构。交叉有两个参数:交叉的概率 p_c 和选择每个父代内部点作为交叉点的概率。同时,子代的规模大小可能超过父代的大小。

例如,如果有两个父代个体,如图 4.19 所示,两个父代进行交叉操作,交叉的位置用灰色的圈表示。那么产生的子代如图 4.20 所示。由此可以看出,遗传规划的交叉是交换交叉点及其后面的子树。

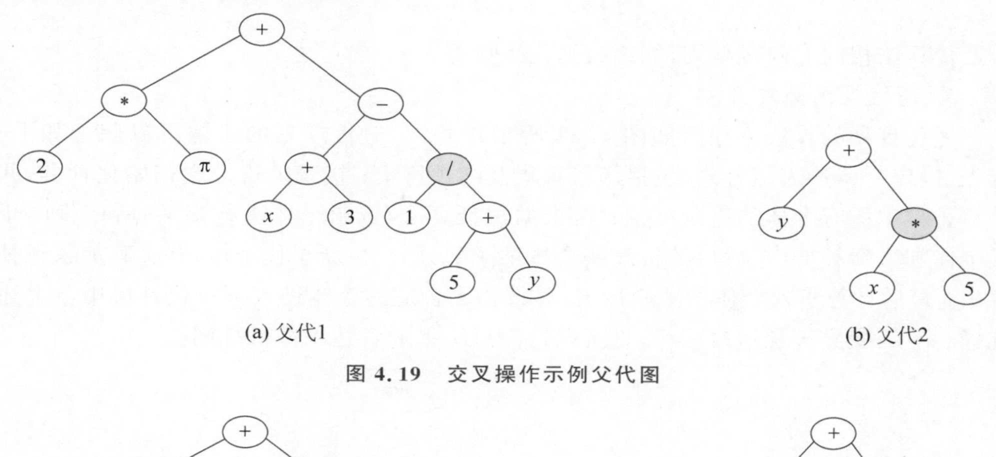

图 4.19 交叉操作示例父代图

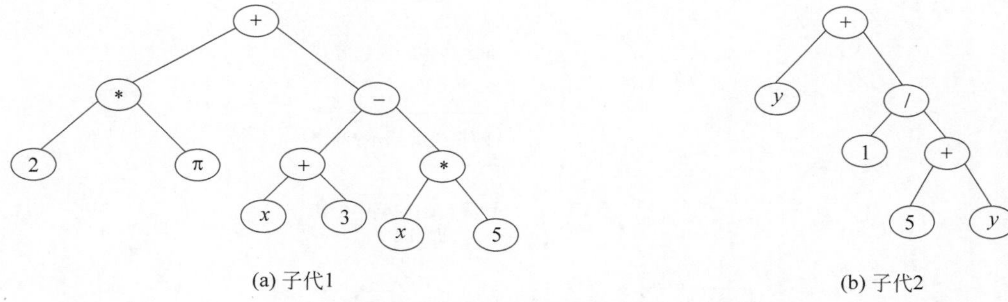

图 4.20 交叉操作示例子代图

许多研究评估了交叉算子对个体的影响。结果表明,在遗传规划中交叉算子对个体具有一定的破坏作用,可以认为是一种驱动变异算子,其中插入子代的遗传物质不是随机产生的,而是从种群中已经存在的物质中获得的。

5) 变异算子

在交叉算子执行完成后,需要学习遗传规划中的变异算子,它从单一的父代个体中产生一个新的个体。在遗传规划中,与遗传算法一样,变异算子的变异概率值比交叉概率值低。最基本的遗传规划变异算子,就是随机选择个体的一棵子树,生成一棵全新的子树。在遗传规划中,变异操作对保持种群的多样性非常重要,因为它在种群中引入了新的遗传物质。

例如,父代如图 4.21(a)所示,它进行变异操作后产生的子代如图 4.21(b)所示,变异的点位同样用灰色圈来框出。由此可见,在遗传规划中,变异是用随机产生的新树替代原来的子树。

6) 停机准则

上述过程迭代直到满足停机准则时停止,然后输出最后结果。停机准则可以使用

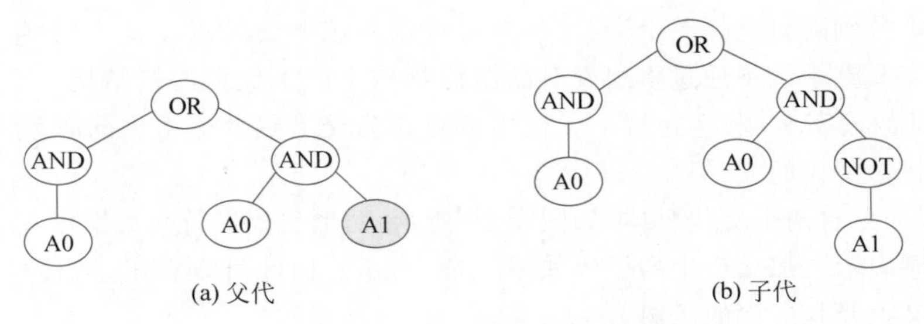

图 4.21　变异操作示例图

与遗传算法相同的停机准则，如最大迭代次数等。

3. 遗传规划基本流程

遗传规划的算法流程图如图 4.22 所示。通常，遗传规划的步骤可以归纳如下。首先，确定个体的表达方式，包括函数符集及终止符集；接着随机产生初始化种群，并计算种群中所有个体的适应度值；再根据选择算子，选出个体进行交叉，所产生的子代个体加入新种群中，然后随机改变个体某一部分，产生新子代个体，并将其加入新种群中；最后计算子代个体的适应度值，并选择出合适的个体进入下一代种群中。上述选择、交叉、变异过程迭代运行，直至取得满意结果或者达到停机准则。

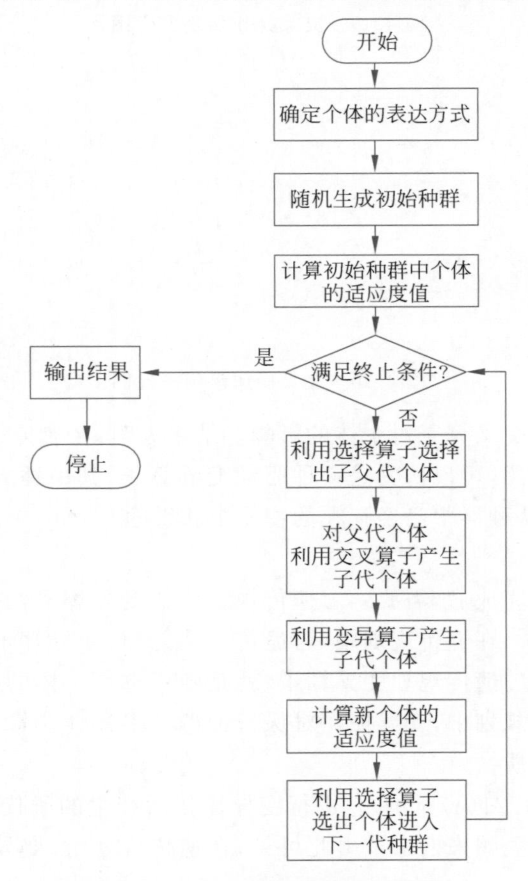

图 4.22　遗传规划的算法流程图

4. 遗传规划与遗传算法的异同

遗传规划和遗传算法有如下相同点。

（1）理论基础相同。遗传规划和遗传算法的理论基础都是生物界的遗传和进化，它们仿照生物界的遗传进化规律，将好的特征通过遗传保留下来。

（2）运算对象相同。遗传算法和遗传规划都是以决策变量的编码作为运算对象，而不是直接利用决策变量的值进行优化，这种编码方式可以方便人们仿照生物遗传与进化的机理，应用遗传算子进行问题的优化。

（3）遗传算法和遗传规划只以目标函数值指导算法的进行，通用性强。传统的优化方法除了要运用目标函数值，通常还要运用目标函数值的高阶导数。

（4）遗传算法和遗传规划都是一种以概率为指导的渐进式的搜索寻优技术。

遗传规划和遗传算法有如下不同点。

（1）个体结构不同。遗传算法使用定长的字符串描述问题，而遗传规划是用广义的层次化结构描述问题。

（2）对问题的处理方式不同。遗传算法在处理问题时，首先要对问题进行分析，确定问题的性质与规模，然后再确定编码的方式与字符串的长度，并且要事先确定或限制最终答案的结构和大小。但对于遗传规划，它不依赖于具体问题领域的特定知识，只需要确定出函数符集和终止符集，而且这二者常常是固定的，就可以在算法的执行过程中动态地生成搜索空间，根据环境自动确定解的结构和大小，最终得到层次化的最优解，这个特点使遗传规划更加自然、灵活，应用范围更广。

（3）对数据的处理方式不同。遗传算法在处理数据时，要首先通过编码将问题用二进制字符串表达，在得到结果后，也要经过译码将二进制字符串还原成数据或者对问题性质的描述；而遗传规划的输入、中间结果和输出是问题的自然描述，无须多做处理。

（4）适用范围不同。遗传规划的适用领域一般来讲有如下特征：传统的数学分析方法没有或不能提供解析结果；对相关变量之间的内在联系了解得很少或现有的理解很可能是错误的等；遗传算法的应用领域也十分广泛，对于很多复杂问题也十分有效，但由于结构所限，遗传算法不能描述层次结构和计算机程序，也不能描述动态变化的问题，使它的应用受到了限制。

本章小结

进化计算是模拟生物进化的一种全局优化搜索算法。本章从进化计算的起源和背景出发，介绍了进化计算的基本结构：进化计算主要效仿的是生物的遗传方式，采用复制（选择）、交叉（重组）和变异这3种遗传操作产生新个体。在没有先验知识的情况下，进化计算都是从一组随机生成的初始个体出发，经过遗传操作并根据适应度大小进行优胜劣汰，以提高新一代种群的质量，然后反复迭代，直到逼近最优解。

进化计算主要有四大分支：遗传算法、进化策略、进化规划和遗传规划。本章详细介绍了这四大分支的基本原理和步骤，它们都是借鉴生物进化与遗传机制来求解问题，广泛应用于组合优化、机器学习等领域，同时也说明了这四大分支之间的异同点。本章重点介绍了遗传算法，它是运用较为广泛的进化计算方法，在介绍基本遗传算法的同时，还介绍了一些改进的遗传算法和应用问题，能更好地帮助理解遗传算法与进化计算。通过本章的学习，读者可以对进化计算有一个系统的认知，可以系统深入地学习遗传算法、进化策略、进化规划和遗传规划，了解进化计算四大分支之间的区别和联系。

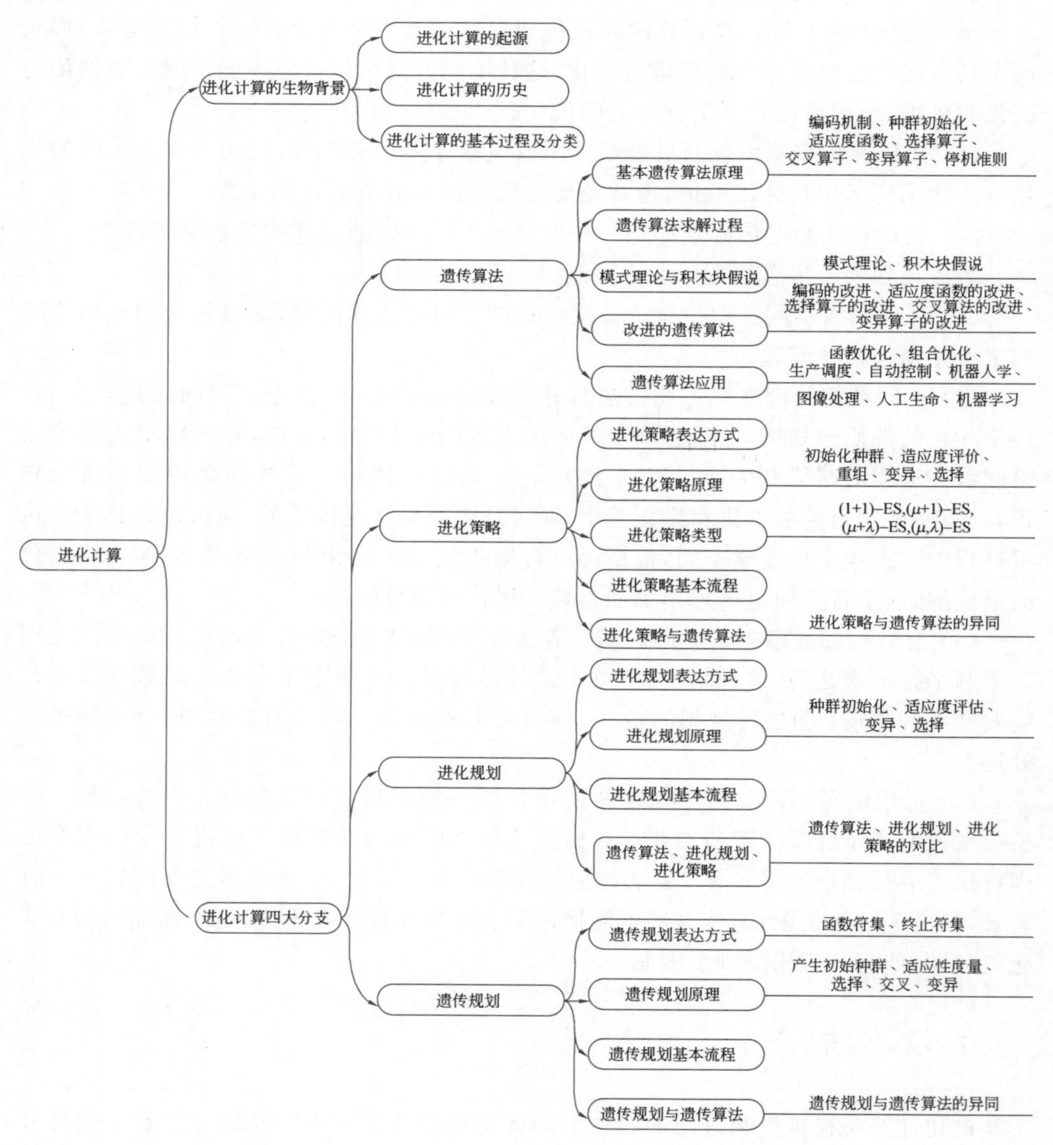

习题

1. 进化计算的生物学基础是什么？
2. 什么是进化计算？它包括哪些内容？
3. 遗传算法的基本原理是什么？
4. 试述遗传算法的基本求解步骤。
5. 什么是进化策略？它的基本步骤是什么？描述不同类型的进化策略。

6. 思考进化计算还能有哪些方面的应用。

7. 与传统的优化算法相比,进化计算有什么优势?

8. 思考进化计算中,交叉(重组)概率和变异概率对算法性能的影响。

9. 遗传算法、进化策略、进化规划和遗传规划之间有什么关系?有何区别?

10. 遗传算法中,设某参数的取值范围为[−1,1],对其采用编码长度为4的二进制编码,则对二进制符号串“1011”进行解码后,得到的数值为多少?

11. 利用遗传算法求解最大化问题 $f(x)=x^2+6, x\in[16,46]$,个体采用二进制编码,编码长度为4,则该二进制编码的精度是多少?

12. 利用遗传算法求解最小化问题 $\min f(x,y,z)=(x-y)*z$,利用二进制编码,染色体编码长度为5且采取$[x,y,z]$的形式,每个变量的取值范围为 $5<x<10$, $3<y<6$, $-2<z<1$。考虑两条染色体:“110000101010110”和“001101110110011”,求染色体的 x,y,z 的值并求其函数值。

13. 将第12题中的两条染色体进行单点交叉,当交叉位在第7位和第8位之间时,求交叉后的子代及其函数值。

14. 对第13题中产生的两个子代进行变异操作,给定变异位的行索引为[1,1,2,2],列索引为[6,3,7,12],求变异后的子代及其函数值。

15. 利用部分映射交叉求下面两个父代产生的子代个体,其中“|”表示交叉位。

父代1:[1　2　3 | 4　5　6　7 | 8　9]

父代2:[4　5　2 | 1　8　7　6 | 9　3]

16. 利用顺序交叉求下面两个父代产生的子代个体,其中“|”表示交叉位。

父代1:[2　1　5　4 | 7　8　9　3 | 6　1　0]

父代2:[1　5　4　6 | 1　0　2　8　7 | 3　9]

17. 在遗传算法求解某问题时,产生了4个个体A、B、C、D,适应度值分别为64、93、40、39,采用轮盘赌选择机制,求每个个体被选择的概率为多少。哪个个体被选中的概率会更大呢?

18. 试推导模式定理,并用公式说明模式定理的内涵。

19. 长度为3的模式有几个?其中,零阶的有几个?一阶的有几个?二阶的有几个?三阶的又有几个?

20. 一部电梯有两种状态:在第一层或者在第二层。有两个输入:用户按第一层的按钮或按第二层的按钮。分别用图形形式和表格形式为这个系统编写有限状态机。

21. 画出算术表达式 $2\pi+\left((x+3)-\frac{y}{5+1}\right)$ 的树结构。该树的深度是多少?是完全树吗?

22. 编程实现用$(\mu+\lambda)-\text{ES}$求解最小化域[−5.12,5.12]上的十维sphere函数,取 $\mu=10, \lambda=20$,设置每一维度的变异标准差为 $0.1/2\sqrt{3}$,迭代100次并记录每代的最优值。

23. 试用实数编码的遗传算法编程实现处理一个城市规模为20及以上的旅行商问题,画出算法找到的最优路径并给出最优距离。

24. 试用二进制编码的遗传算法求解 $\min f(x,y)=100(y-x^2)^2+(x-1)^2$,其中 $x,y\in[-2.048,2.048]$,其他参数可自行设定,输出算法找到的最优值,并画出收敛曲线。

25. 编程实现遗传算法、进化策略、进化规划的求解，同时求解多个不同函数优化问题，并比较3种算法获得的最优解和收敛曲线，总结3种算法在处理优化问题的优劣性。

参考文献

[1] 王正志. 进化计算[M]. 长沙：国防科技大学出版社，2000.

[2] 潘正君. 演化计算[M]. 北京：清华大学出版社，1998.

[3] Ashlock D A. Evolutionary computation for modeling and optimization [M]. Berlin: Springer,2006.

[4] Eiben A E,Smith J E. Introduction to evolutionary computing [M]. Berlin:Springer,2020.

[5] Rechenberg I. Cybernetic solution path of an experimental problem [J]. Royal Aircraft Establishment Library Translation,1965:1122.

[6] Fogel L J,Owens A J. Artificial intelligence through simulated evolution[M]. Hoboken: Wiley-IEEE Press,1966.

[7] Holland J H. Adaptation in natural and artificial systems [M]. Yorkshire: A Bradford Book,1975.

[8] Dejong K. Analysis of the behavior of a class of genetic adaptive systems[D]. Michigan: University of Michigan,1975.

[9] Goldberg D E. Genetic algorithms in search,optimization,and machine learning[M]. Addison-Wesley Pub,1989.

[10] Koza,John R. Genetic programming: on the programming of computers by means of natural selection[M]. New York:MIT Press,1992.

[11] Michalewicz Z. Genetic algorithm+data structure=evolution programs[M]. Berlin: Springer-Verlag,1996.

[12] Xin Y,Liu Y. A new evolutionary system for evolving artificial neural networks[J]. IEEE Transactions on Neural Networks,1997,8(3): 694-713.

[13] Jong K A D,Spears W M,Gordon D F. Using genetic algorithms for concept learning[J]. Dordrecht:Kluwer Academic Publishers,1993.

[14] Cavicchio D J. Reproductive adaptive plans [J]. ACM,1972.

[15] 姚新，陈国良，徐惠敏，等. 进化算法研究进展[J]. 计算机学报，1995，18(9)：694-706.

[16] 周明，孙树栋. 遗传算法原理及应用[M]. 北京：国防工业出版社，1999.

[17] 吉根林. 遗传算法研究综述[J]. 计算机应用与软件，2004，021(002)：69-73.

[18] 张文修，梁怡. 遗传算法的数学基础[M]. 西安：西安交通大学出版社，2003.

[19] Altenberg L. The Schema Theorem and Price's Theorem - ScienceDirect[J]. Foundations of Genetic Algorithms,1995,3: 23-49.

[20] 马永杰. 遗传算法研究进展[J]. 计算机应用研究，2012，29(4)：1201-1205.

[21] Lin Y C,Hwang K S,Wang F S. A mixed-coding scheme of evolutionary algorithms to solve mixed-integer nonlinear programming problems [J]. Computers & Mathematics with Applications,2004,47(8-9): 1295-1307.

[22] 陈辉，张家树，张超. 实数编码混沌量子遗传算法[J]. 控制与决策，2005，20(11)：4.

[23] 彭勇刚，罗小平，韦巍，等. 一种新的模糊自适应模拟退火遗传算法[J]. 控制与决策，2009(6)：7.

[24] Lawrence Davis. Genetic algorithms and simulated annealing[M]. Los Altos,CA: Morgan

Kaufman,1987:32-41.
[25] Back T. Evolutionary algorithms in theory and practice: evolution strategies, evolutionary programming, genetic algorithms[M]. Oxford: Oxford University Press, 1996.
[26] Fogel D B. Evolutionary computation: toward a new philosophy of machine intelligence[M]. 3rd. Wiley-IEEE Press, 1999.
[27] Koza J R. Genetic programming: on the programming of computers by means of natural selection[M]. Cambridge: MIT Press, 1992.
[28] Andre D, Koza J R. Parallel genetic programming: a scalable implementation using the transputer network architecrure[M]. Cambridge, MA: MIT Press, 1996.

第5章

群智能计算

在自然界中，有很多生物以群居的形式生活，并且表现出令人惊叹的群体智慧行为，如鸟群觅食、蚂蚁觅食、菌群觅食等，这些现象吸引着计算机科学领域的学者对这些群体行为展开研究。受这类生物群体行为的启发而提出的人工智能实现模式，称为群智能(Swarm Intelligence，SI)。群智能研究主要是对生物群体协作产生出来的复杂行为进行模拟，并在此基础上探讨解决和解释一些复杂系统复杂行为的新思路和新算法。常见群智能算法有粒子群算法、蚁群算法、菌群算法、人工鱼群算法、狼群算法等，其中以粒子群算法和蚁群算法最具代表性，这些算法已被广泛应用于各个领域。

本章首先对群智能计算进行简要概述，之后重点介绍群智能两大代表性算法——粒子群算法和蚁群算法，让读者深入了解群智能算法原理及解决问题的整个过程，为读者学习更复杂的其他群智能算法做铺垫。本章还介绍了一种新兴的群智能算法——菌群算法的背景、原理和应用。最后简单介绍了人工鱼群算法和狼群算法的基本原理作为本章的附加知识，扩展读者对群智能领域的了解。本章作为读者了解群智能计算领域的参考内容，由于篇幅原因，内容有限，如果读者对群智能计算领域有兴趣，可以查阅更多参考资料。

5.1 群智能概述

本节简要介绍群智能的概念及相关内容，是本章后续内容的先导知识。本节从自然界的生物群体行为引出群智能的基本概念，并总结群智能的特点，为读者更好地理解群智能算法做铺垫。基于基本概念的理解，重点介绍群智能算法的基本思想，并简单介绍常见的群智能算法、与进化算法的异同以及群智能算法的应用。

5.1.1 群智能基本概念

自然界有很多以集群方式生存的生物，常见的集群有鸟群、蚁群、鱼群乃至人类等。这些集群中每个个体的行为比较简单，但是整个集群在整体上呈现出高度的组织性，体现出一些个体不具备的智能行为。例如鸟群觅食,单只鸟的行为简单,但是鸟群在空中却能一致地朝一个方向飞,有时还能转向、分散和再聚集,最终整个鸟群快速地找到食物,到底是谁主宰着它们?到底是谁维持它们的秩序、预测它们的未来、维持它们的平衡?事实上,研究社会性昆虫的科学家发现昆虫在群体中的协作是高度自组织的,它们的协调行为可以通过个体之间的交互行为直接实现,或者通过个体与环境的交互行为间接实现[1]。

"群智能"是指由简单个体组成的群落与环境以及个体之间的互动行为[2]。在上述的鸟群中,单只鸟和鸟群的互动行为指导这只鸟接下来的飞行方向,因此从整体上看,鸟群能一致地朝一个方向飞行并快速找到食物。虽然个体与群落或环境的交互行为非常简单,但是它们聚在一起却能解决一些难题,这种潜在方式的集群智能为人类提供了解决难题的灵感和方法。"群智能"的概念最早由 G. Beni 和王静[3]在分子自动机系统中提出。群智能中的群,可被定义为"一组相互之间可以进行直接或间接通信的主体"。群的个体组织包括在结构上很简单的鸟群、蚁群、鱼群、蜂群等,而它们的集体行为却可能变得相当复杂。群智能在没有集中且不提供全局模型的前提下,为寻找复杂分布式问题解决方案提供了基础[4]。

群智能行为引起了广大学者们的注意,通过模拟群智能行为过程,学者发现群智能有以下几个特点。

(1) 群智能中的个体比较低智能,个体行为一般比较简单,个体只与局部个体进行信息交互,无法和全局进行信息交流,容易实现模拟个体的算法部分并且执行的时间复杂度也较小,同时,整个算法的实现对计算机的配置要求也不高。另外,该方法只需计算目标函数值,不需要梯度信息,容易实现。因此,当系统中的个体数量增加时,对于系统所增加的信息量比较小,使整个系统具有简单性。

(2) 在群智能系统中,相互协作的个体是分布式存在的,其初始分布可以是均匀或非均匀随机分布。这个系统是没有中心的,个体间完全自组织,从而体现出群体的智能特征。这个特点恰好适应网络环境,也符合大多数实际复杂问题的演变模式。

(3) 由于群智能系统中个体是分布式存在的,没有控制中心,整体的智慧是通过个体间以及个体与环境间的相互作用而体现出来的,所以单个个体对整体的影响比较小,整个系统也不会因为其中一个个体的因素而受到影响,所以群智能系统具有鲁棒性。

(4) 群体智能系统中的个体不仅可以进行相互之间的直接通信,还可以通过环境进行非直接通信,即个体之间通过所处的小环境作为媒介进行交互,具有自组织性。这样就使得整个系统具备良好的可扩展性。

(5) 群体智能算法对要解决的问题是否连续并无要求,这就使得该类算法既适合具有连续性的数值优化,也适合离散性的组合优化。在处理问题的规模上也没有要求,规模越大越能体现出群体智能算法的优越性[1]。

5.1.2 群智能算法基本思想

基于对群智能行为过程的模拟,对群智能特点的归纳总结,学者提出用群智能算法解决实际问题,运用自然界的智慧解决人类社会中的问题。群智能算法的基本思想是模拟自然界生物的群体行为来构造随机优化算法。它将搜索和优化过程模拟成个体的进化或觅食过程,用搜索空间中的点模拟自然界中的个体,将求解问题的目标函数度量成个体对环境的适应能力，将个体的优胜劣汰过程或觅食过程类比为搜索和优化过程中用好的可行解取代较差可行解的迭代过程。因此，群智能算法是一种具有“生成＋检验”特征的迭代搜索算法。

目前群智能算法已包括三十余种算法，部分主流的群智能算法有粒子群优化(Particle Swarm Optimization，PSO)算法、蚁群优化(Ant Colony Optimization，ACO)算法、菌群算法、人工鱼群(Artificial Fish Swarm Algorithm，AFSA)算法、狼群算法、人工蜂群算法、灰狼优化算法、萤火虫算法、布谷鸟搜索算法、鸡群优化算法、混合蛙跳算法、狮子优化算法、猴群算法、雁群优化算法、蟑螂优化算法、捕食搜索算法、自由搜索算法、食物链算法、共生生物搜索算法等。

与第4章介绍的进化算法相比，群智能算法和进化算法的相同之处如下：

(1) 两者都是受自然现象的启发，基于抽取出的简单自然规则而发展出的计算模型；

(2) 两者都是基于种群的方法，且种群的个体之间、个体与环境之间存在相互作用；

(3) 两者都是元启发式随机搜索方法。

二者不同之处在于进化算法强调种群的达尔文主义的进化模型，而群智能优化方法则注重对群体中个体之间的相互作用与分布式协同的模拟[2]。

群智能算法的出现为求解复杂优化问题的最优解或近似最优解提供了高效的方法，它的高速发展对人们的生活产生了很大的影响，为电气、网络、医疗、图像识别、深度学习、生产调度、背包问题、分配问题以及车辆调度等复杂优化问题提供了新的解决方法。

5.2 PSO算法

PSO算法是群智能算法的代表性算法之一，读者如果能通过本节的学习深入了解PSO算法的过程，就可以加深对群智能及应用群智能思想解决实际问题的理解，也便于以后接受、理解和应用其他群智能算法。PSO算法是基于群智能的随机优化算法，其基本思想是模拟自然界中鸟类觅食行为来迭代搜索找到全局最优解。本节将从PSO算法的生物学背景出发，介绍PSO算法的基本模型、求解优化问题的实例、PSO算法的各种改进模型和应用。

5.2.1 PSO算法背景

在鸟类觅食过程中，微观上的鸟类个体的行为是简单的，但宏观上的鸟群为什么能如此一致地朝一个方向飞行、突然同时转向、分散再聚集，并且能快速完成寻找食物这样的复杂行为？

为了回答上述问题，先简要介绍两个理论：人工生命(Artificial Life，AL)和复杂适应系统(Complex Adaptive System，CAS)理论。人工生命[5]是借助计算机以及其他非生物媒介，实现一个具有生物系统特征的过程或系统。这些可实现的生物系统具有的特征包括：繁殖、进化、信息交换和决策能力。人工生命主要是指属于计算机科学领域的虚拟生命系统，涉及计算机软件工程与人工智能技术。复杂适应系统理论[6]是J. H. Holland教授于1994年提出的。复杂适应系统理论包括微观和宏观两个方面。在微观方面,复杂适应系统理论最基本的概念是具有适应能力的、主动的个体,简称主体。这种主体在与环境的交互作用中遵循一般的刺激——反应模型,所谓适应能力表现在它能够根据行为的效果修改自己的行为规则,以便更好地在客观环境中生存。在宏观方面,由这样的主体组成的系统,将在主体之间以及主体与环境的相互作用中发展,表现出宏观系统中的分化、涌现等种种复杂的演化过程。

为了理解鸟群行为的奥妙,1987 年,C. W. Reynold[7]在人工生命和复杂适应系统理论的基础上提出 Boid 模型,用以模拟鸟类聚集飞行的行为。在这个模型中,每个个体只需遵循以下 3 条规则。

(1) 避免碰撞:远离最近的邻居,避免和邻近的个体相互碰撞。

(2) 向个体目标靠近:和邻近个体的平均速度保持一致。

(3) 向群体中心群集:飞向群体的中心,向邻近个体的平均位置移动。

1990 年,在 C. W. Reynold 的鸟群复杂群体模型基础上,生物学家 F. Heppner 和 U. Grenander 通过加入鸟群受到栖息地的吸引的特点,进一步提出了鸟群聚集模型[8]。在该模型中,刚开始每只鸟都没有特定的飞行目标,只是使用简单的规则确定自己的飞行方向和飞行速度,当有一只鸟飞到栖息地附近时,它周围的鸟也会跟着飞向栖息地,最终整个鸟群都会落在栖息地。利用上面几条简单的规则,就可以非常接近地模拟出鸟群飞行的现象。

1995 年,美国社会心理学家 J. Kenney 和电气工程师 R. C. Eberhart 通过对鸟群觅食过程的分析和模拟,提出了 PSO 算法[9],起初只是设想模拟鸟群觅食的过程,但后来发现 PSO 算法也是一种很好的优化工具。PSO 算法的基本思想源于对鸟类觅食过程中迁徙和聚集的模拟,通过鸟之间的集体协作和竞争达到目的。群体中的单个成员在搜寻食物的过程中能够利用其他成员曾经勘测和发现的关于食物位置的信息,在事先不确定食物的方位时,这种信息的利用是至关重要的,这种信息分享机制远远超过了由于群体成员之间的竞争而导致的不利之处。这一点也是 PSO 算法得以建立的基本原理之一。

在寻找食物过程中,鸟类个体是如何利用其他成员曾经勘测和发现的关于食物位置的信息来引导自身的飞行方向的呢?设想这么一个场景:一群鸟进行觅食,而远处有一片地有最多的食物,所有的鸟都不知道这片地到底在哪里,但是它们知道自己当前的位置距离那里有多远。那么找到拥有最多食物所在地的最佳策略,也是最简单有效的策略就是通过不断和其他鸟进行交流,判断哪只鸟找到的区域中包含的食物量最多,具体如图 5.1 所示。

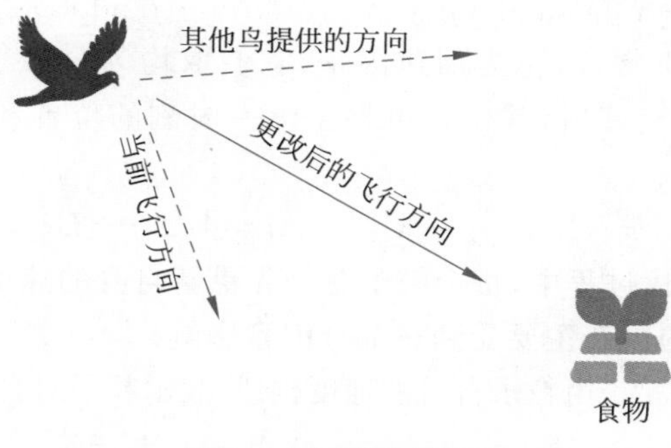

图 5.1 鸟群觅食过程

PSO算法将鸟群运动模型中的栖息地类比于所求问题空间中可能解的位置，通过个体间的信息传递，导引整个群体向可能解的方向移动，在求解过程中逐步增加发现较好解的可能性。PSO算法群体中的鸟被抽象为没有质量和体积的“粒子”，鸟群中寻找的食物最多的地方被抽象为“问题的最优解”，鸟群飞向的森林被抽象为“求解空间”，鸟类个体当前飞行到的区域内的食物量被抽象为“目标函数值”，每只鸟所处的位置被抽象为“空间中的一个解”，食物最多的位置被抽象为“全局最优解”。所有的粒子都有一个位置向量(粒子在解空间的位置)和一个速度向量(决定下次飞行的方向和速度)，并可以根据目标函数计算当前所在位置的适应值，可以将其理解为每只鸟当前飞行到的区域内的食物量。通过这些“粒子”间的相互协作和信息共享，使其运动速度受到自身和群体的历史运动状态信息的影响。以自身和群体的历史最优位置对粒子当前的运动方向和运动速度加以影响，较好地协调粒子本身和群体之间的关系，以利于群体在复杂的解空间中进行寻优操作。

由于PSO算法概念简单，实现容易，短短几年时间，便获得了很大的发展，取得了丰硕的成果，并在许多领域得到应用。现已被国际遗传与演化计算(World Genetic and Evolution Computing，WGEC)会议列为主要的讨论专题之一。

5.2.2 用于连续优化问题的PSO算法模型

PSO算法采用速度-位置搜索模型，一只鸟称为一个“粒子”，每个粒子代表解空间的一个候选解，解的优劣程度由适应度函数决定，适应度函数由优化目标定义；每个粒子还有一个速度决定它们飞行的方向和距离；每个粒子通过动态跟踪两个极值来更新其速度和位置，第一个是粒子本身从初始到当前迭代搜索产生的最优解，第二个是粒子种群目前的最优解。

在介绍具体的速度和位置更新方式前，先给出几个重要的符号表示。假设在D维搜索空间中，有N个粒子，其中第i个粒子的位置向量表示为$\boldsymbol{x}_i=(x_{i1},x_{i2},\cdots,x_{iD})$，它的飞行速度表示为$\boldsymbol{v}_i=(v_{i1},v_{i2},\cdots,v_{iD})$，这个粒子搜索到的最优位置为$\boldsymbol{P}_i=(p_{i1},p_{i2},\cdots,p_{iD})$，对整个粒子群来说，其搜索到的最优位置记为$\boldsymbol{P}_{\text{gbest}}=(\boldsymbol{p}_{\text{gbest1}},\boldsymbol{p}_{\text{gbest2}},\cdots,\boldsymbol{p}_{\text{gbest}D})$。

1. 基本PSO算法

基本PSO算法中的第i个粒子在第$k+1$代的速度由第i个粒子在第k代的速度和位置、第i个粒子历史最优位置以及整个粒子群的历史最优位置决定。第i个粒子在第d维上的速度更新公式为

$$v_{id}^{k+1}=v_{id}^{k}+c_1\cdot\text{rand}_1(p_{id}-x_{id}^{k})+c_2\cdot\text{rand}_2(p_{\text{gbestd}}-x_{id}^{k}) \tag{5.1}$$

其中，c_1和c_2是两个正常数，称为加速因子，它们取均匀分布于(0,1)内的随机数。当第$k+1$代的速度确定好后，其位置可根据上一时刻的位置和该时刻的速度决定，位置更新公式为

$$x_{id}^{k+1}=x_{id}^{k}+v_{id}^{k+1},\quad d=1,2,\cdots,D \tag{5.2}$$

在PSO算法的迭代过程中，每个粒子总是先更新自身的速度，然后再进行位置更新。式(5.1)中，速度的更新主要受到三部分因素影响。

(1) 自身速度——v_{id}^{k}，由粒子自身的速度构成，表示粒子对自身运动状态的信任。

(2) 认知部分——$c_1\text{rand}_1(p_{id}-x_{id}^{k})$，这里$p_{id}$表示第$i$个粒子的历史最优位

置,认知部分表示对粒子本身的思考,即来源于自己经验的部分。

(3) 社会部分——$c_2 \text{rand}_2(p_{\text{gbestd}} - x_{id}^k)$,这里 p_{gbestd} 表示整个粒子群搜索到的历史最优位置,社会部分代表粒子间的信息共享,来源于群体中的其他优秀粒子的经验。如果 $c_1=0$,则粒子没有认知能力,在粒子的相互作用下,虽然能到达新的搜索空间,但是也容易陷入局部极值点;如果 $c_2=0$,粒子间没有社会信息共享,其算法变成一个多起点的随机搜索;如果 $c_1=c_2=0$,粒子将一直以当前的速度飞行,直到到达边界。通常 c_1、c_2 取值范围为[0,4],一般取 $c_1=c_2=2$。需要注意的是粒子在进行速度更新和位置更新时,是针对每个粒子的每维变量分别进行更新,式(5.1)和式(5.2)中的 d 表示第 d 维。

2. 标准 PSO 算法

基本 PSO 算法的提出引起了学者的广泛研究,鉴于基本 PSO 算法的不足,研究人员在该算法的基础上提出了很多改进方法。

为了使粒子保持运动惯性,使其有扩展搜索空间的趋势,有能力探索新的区域,史玉回与 R. C. Eberhart[10] 提出了一种改进算法,即在式(5.1)的 v_{id}^k 前乘以一个惯性权重 w,通过调整惯性权重的大小平衡算法全局搜索和局部搜索之间的矛盾。改进后的算法称为"标准 PSO 算法",其速度更新公式如式(5.3)所示,位置更新公式同式(5.2)。

$$v_{id}^{k+1} = w \cdot v_{id}^k + c_1 \cdot \text{rand}_1(p_{id} - x_{id}^k) + c_2 \cdot \text{rand}_2(p_{\text{gbestd}} - x_{id}^k) \tag{5.3}$$

其中,速度的更新主要受到三部分因素影响,分别是:惯性部分——$w \cdot v_{id}^k$,认知部分——$c_1 \text{rand}_1(p_{id} - x_{id}^k)$,社会部分——$c_2 \text{rand}_2(p_{\text{gbestd}} - x_{id}^k)$,其示意如图 5.2 所示。由此可以得出每个粒子在飞行中,受到自身惯性、个体经验以及群体最优粒子经验的影响,不断变换飞行速度,从而使整个粒子群能够向着搜索空间中的最佳位置去飞行,并有望搜索到最优解。

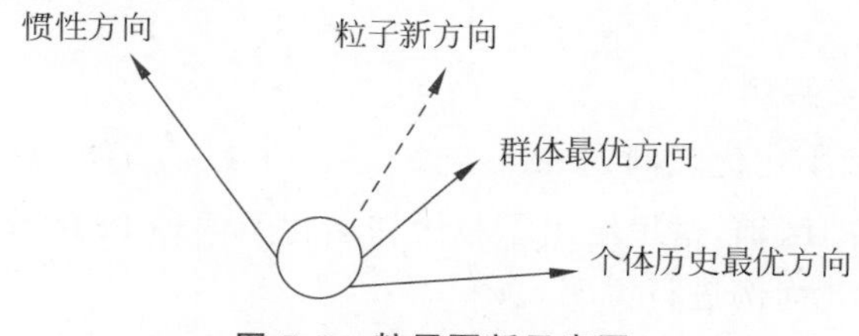

图 5.2 粒子更新示意图

由于标准 PSO 算法改进了基本 PSO 算法易陷入局部最优的不足,它的性能也大大得以提升,在此后常常将标准 PSO 算法简称为 PSO 算法,本书中接下来的章节也是以标准 PSO 算法为例进行介绍。以上过程中介绍了 PSO 算法的核心部分——个体更新公式。对计算机而言,以求最小值为例,PSO 算法的实现过程如算法 5.1 所示。PSO 算法的流程图如图 5.3 所示。

算法 5.1:PSO 算法

Step 1:设置参数(粒子数量 N,速度范围 $V_{\max}$,惯性权重 w,加速因子 c_1 和 c_2)并初始化粒子群;

Step 2:计算每个粒子的适应度值,将其适应度值与其经过的最好位置 P_{best} 进行比较,如果较好,则将其作为该粒子当前的最好位置 P_i;否则,输出当前全局最优粒子;

Step 3:根据各个粒子的历史最优位置 P_i 找出群体历史最优位置 P_{gbest};

Step 4:按式(5.3)更新每个粒子的速度,按式(5.2)更新当前位置;

Step 5:判断是否满足终止条件。若满足,输出当前历史最优位置,否则返回 Step 2。

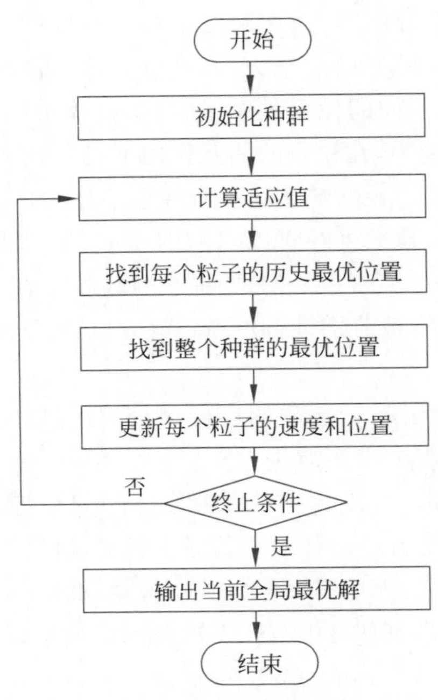

图5.3　PSO算法流程图

5.2.3　PSO算法求解实例

PSO算法起初只是设想模拟鸟群觅食的过程，研究并解释复杂的社会行为，但后来发现该算法是一种很好的优化工具，因此，PSO算法也常被应用于求解优化问题。

1. 求解连续优化实例

以求解无约束最小化优化问题 $\min f(x)=x_1^2+2x_2^2$ 为例，为了观察基本PSO算法与标准PSO算法的区别，这里给出了粒子初始化及两种PSO算法的前两代的搜索过程(以种群规模为3为例进行说明)。

首先，初始化种群中各粒子的位置及速度，如表5.1所示。

表5.1　初始化种群中各粒子的位置和速度

初始化粒子编号	位　置	速　度
S_1	(8,−5)	(3,2)
S_2	(−5,9)	(−2,−3)
S_3	(−7,−8)	(5,3)

对于基本PSO算法，设置参数 $c_1=2$，$c_2=2$(基本PSO算法无参数 w)。在第一代搜索过程中，初始粒子的适应度值分别为114、187、177。由于该问题是最小化问题，当前种群中全局历史最优位置即为粒子 S_1 所在的位置(8,−5)，当前各个粒子的自身历史最优位置即为初始位置，分别是(8,−5)，(−5,9)，(−7,−8)。根据式(5.3)和式(5.2)中的更新公式，计算可得这3个粒子更新后的速度和位置，具体见表5.2。

表 5.2 基本 PSO 算法第一代搜索时粒子的更新过程

粒子编号	适应度值	p_{best}	p_i	更新后的速度	更新后的位置
S_1	114	(8,−5)	(8,−5)	(3,2) ($r_1=0.5, r_2=0.5$)	(11,−3)
S_2	187		(−5,9)	(13.6,−19.8) ($r_1=0.5, r_2=0.6$)	(8.6,−10.8)
S_3	177		(−7,−8)	(14,4.8) ($r_1=0.1, r_2=0.3$)	(7,−3.2)

对于标准 PSO 算法，设置参数 $w=0.7, c_1=2, c_2=2$。同基本 PSO 算法一样，初始粒子的适应度值分别为 114、187、177，当前种群中全局历史最优位置为粒子 S_1 所在的位置(8,−5)，当前各个粒子的自身历史最优位置即为初始位置。根据式(5.3)和式(5.2)的更新公式，计算可得这 3 个粒子更新后的速度和位置，具体见表 5.3。

表 5.3 标准 PSO 算法第一代搜索时粒子的更新过程

粒子编号	适应度值	p_{best}	p_i	更新后的速度	更新后的位置
S_1	114	(8,−5)	(8,−5)	(2.1,1.4) ($r_1=0.5, r_2=0.5$)	(10.1,−3.6)
S_2	187		(−5,9)	(14.2,−18.9) ($r_1=0.5, r_2=0.6$)	(9.2,−9.9)
S_3	177		(−7,−8)	(12.5,3.9) ($r_1=0.1, r_2=0.3$)	(5.5,−4.1)

接下来进行第二代搜索，与第一代搜索过程类似，在基本 PSO 算法中，计算当前各粒子的适应度值为 139、307.24、69.48。在最小化问题中，此时全局历史最优位置为粒子 S_3 所在的位置(7,−3.2)。再计算各粒子的自身历史最优位置，会发现只有 S_3 的适应度值变小了，由 177 变为 69.48，因此其历史最优位置更新为第二代的位置(7,−3.2)，而 S_1 和 S_2 的历史最优位置仍为第一代的位置(8,−5) 和(−5,9)。接下来根据式(5.3)和式(5.2)分别计算每个粒子更新后的速度和位置，计算结果见表 5.4。

表 5.4 基本 PSO 算法第二代搜索时粒子的更新过程

粒子编号	适应度值	p_{best}	p_i	更新后的速度	更新后的位置
S_1	139	(7,−3.2)	(8,−5)	(−1,0.32) ($r_1=0.4, r_2=0.2$)	(10,−2.68)
S_2	307.24		(−5,9)	(8.96,−6.72) ($r_1=0.1, r_2=0.6$)	(17.56,−17.52)
S_3	69.48		(7,−3.2)	(14,4.8) ($r_1=0.5, r_2=0.7$)	(21,1.6)

在标准 PSO 算法的第二代搜索中，粒子的适应度值为 127.93，280.66，63.87，粒子 S_3 所在位置为全局最优位置，且粒子 S_3 当前位置取代了上一代的位置，成为自身和全局最优位置，其他粒子的适应度值也都下降了，因此自身没有位置需要更新，结果见表 5.5。

表 5.5　标准 PSO 算法第二代搜索时粒子的更新过程

粒子编号	适应度值	p_{best}	p_i	更新后的速度	更新后的位置
S_1	127.93	(5.5,−4.1)	(8,−5)	(−1.21,0.22) ($r_1=0.4,r_2=0.2$)	(8.89,−3.38)
S_2	280.66		(−5,9)	(4.08,−6.29) ($r_1=0.1,r_2=0.6$)	(13.28,−16.19)
S_3	63.87		(5.5,−4.1)	(8.75,2.73) ($r_1=0.5,r_2=0.7$)	(14.25,−1.37)

按照这样的过程，不断迭代直至达到规定的最大运行代数，算法终止。可以看到，相比于基本 PSO 算法，标准 PSO 算法的粒子适应度值下降得更快，即更靠近最小值，收敛速度更快。关于 w、c_1 和 c_2 对算法性能的影响，下面具体说明。

2. 参数分析

PSO 算法中需要调节的参数有：粒子数量 N、速度范围 V_{max}、惯性权重 w、加速因子 c_1 和 c_2。其中，w、c_1 和 c_2 对算法性能的影响较大，目前有很多学者对其设定和调节方式进行了研究。绝大多数文献研究的参数区域[11]是：$w\in[-1,1]$，$c_1+c_2\in[0,8]$。

1）惯性权重

惯性权重 w 使粒子保持运动惯性，使其有搜索扩展空间的趋势，有能力探索新的区域。惯性权重也表示粒子对当前自身运动状态的信任，依据自身的速度进行惯性运动。惯性权重大的粒子更趋向于探索未知的空间，保证算法的探索能力；惯性权重小的粒子更趋向于跟随种群最优方向，保证算法的收敛能力。

在优化实际优化问题时，往往希望先采用全局搜索，使搜索空间快速收敛于某一区域，然后采用局部精细搜索以获得高精度的解。因此学者提出了惯性权重 w 自适应调整的策略，已有的调整策略有：线性调整、模糊调整、非线性权重递减策略、随机调整和自适应动量因子等，下面简要介绍前两种调整策略。

线性调整策略也称为惯性权重线性递减算法，即随着迭代的进行，线性地减小 w 的值，w 随迭代次数增加线性递减的公式为

$$w=w_{max}-\frac{w_{max}-w_{min}}{k_{max}}\times k \tag{5.4}$$

其中，w_{max} 和 w_{min} 分别是 w 的最大值和最小值；k 和 k_{max} 分别是当前迭代次数和最大迭代次数。该策略是目前粒子群算法中调整惯性权重的常用方法。

模糊调整策略：现实问题的解空间搜索过程是非线性且高度复杂的，惯性权重线性递减的策略往往不能反映实际的优化搜索过程。例如，对于目标跟踪问题，就需要优化算法拥有非线性搜索的能力以适应动态环境的变化。

因此，有学者使用模糊推理机预测合适的惯性权重，动态地平衡全局和局部搜索能力，但是其参数比较多，增加了算法的复杂度，使得其实现较为困难，因此该策略并不常用。

2）加速因子

加速因子 c_1、c_2 代表将粒子推向个体最优位置和全局最优位置的加速项的权重，表示粒子的动作来源于自己经验的部分和其他粒子经验的部分。加速因子过低会使得粒子在目标区域外徘徊，而过高会导致粒子越过目标区域。目前，通常将 c_1、c_2 统

一为一个控制参数 φ，$\varphi=c_1+c_2$。如果 φ 很小，粒子群运动轨迹将非常缓慢；如果 φ 很大，则粒子位置变化非常快。根据实验结果可以获得 φ 的经验值，当 $\varphi=4.0(c_1=2.0, c_2=2.0)$ 时，粒子群算法具有很好的收敛效果。

3）粒子规模

从经验上看，粒子数量 N 通常取 20～40，对较难的问题可以取 100～200。

4）最大速度

最大速度 V_{max} 决定当前位置与最好位置之间的区域分辨率(或精度)。如果 V_{max} 太高，粒子可能会越过好的解；如果 V_{max} 太小，粒子容易陷入局部优值。V_{max} 决定了粒子在一个循环中的最大移动距离，通常设定为粒子每维变化范围的 10%～20%[2]。

总之，种群的搜索能力和算法的性能是依靠 w、c_1 和 c_2 的相互配合来调节的，并不是仅仅靠一个参数可以决定的。

3. 求解组合优化实例

旅行商问题(Travelling Salesman Problem，TSP)是运筹学、图论和组合优化中的经典 NP 难题，常被用来验证智能启发式算法的有效性。旅行商问题描述如下：给定 n 个城市及两两城市之间的距离，求一条经过各城市一次且仅一次再回到原出发城市的最短路线。其图论描述为：给定图 $G=(V,E)$，其中 V 为顶点集，E 为各顶点相互连接组成的弧集，已知各顶点间连接距离要求确定一条长度最短的 Hamilton 回路，即遍历所有顶点一次且仅一次的最短回路。设 d_{ij} 为城市 i 与 j 之间的距离，即弧 (i,j) 的长度。引入决策变量

$$x_{ij}=\begin{cases}1, & \text{旅行商访问城市 } i \text{ 后访问城市 } j \\ 0, & \text{其他}\end{cases} \tag{5.5}$$

TSP 的目标函数为

$$\min Z=\sum_{i,j=1}^{n} x_{ij} d_{ij} \tag{5.6}$$

TSP 的问题描述非常简单，但最优化求解很困难，若用穷举法搜索，则要考虑所有可能情况，并两两对比，找出最优，其算法复杂性呈指数增长，即所谓的“组合爆炸”。所以，寻求有效的启发式算法是研究 TSP 问题的关键。

PSO 算法的速度公式难以表达诸如 TSP 等离散域问题。下面通过引入交换子和交换序的概念[12]对 PSO 算法进行改造，并将其应用于求解 TSP 中。

(1) **交换子**。设 n 维 TSP 的解序列为 $S=(a_i)$，$i=1,2,\cdots,n$。定义交换子 $\mathrm{SO}(i_1,i_2)$ 为交换 S 中的点 a_{i_1} 和 a_{i_2}，则 $S'=S+\mathrm{SO}(i_1,i_2)$ 为解 S 经算子 $\mathrm{SO}(i_1,i_2)$ 操作后的新解。这里，“+”被赋予了新的含义，例如，$S'=S+\mathrm{SO}(2,3)=(14523)+\mathrm{SO}(2,3)=(15423)$。

(2) **交换序**。一个或多个交换子的有序队列为一个交换序，记为 $\mathrm{SS}=(\mathrm{SO}_1, \mathrm{SO}_2,\cdots,\mathrm{SO}_n)$，其中 $\mathrm{SO}_1,\mathrm{SO}_2,\cdots,\mathrm{SO}_n$ 是交换子，它们之间的顺序是有意义的。交换序作用于一个 TSP 解上，意味着此交换序中的所有交换子依次作用于该解上，即 $S'=S+\mathrm{SS}=S+(\mathrm{SO}_1,\mathrm{SO}_2,\cdots,\mathrm{SO}_n)=[(S+\mathrm{SO}_1)+\mathrm{SO}_2]+\cdots+\mathrm{SO}_n$。

(3) **合并算子**。若干个交换序可以合并为一个新的交换序，$\oplus$ 定义为两个交换序的合并算子。

(4) **交换序的等价集**。不同的交换序作用在同一解上可能产生相同的新解,所有具有相同效果的交换序的集合称为交换序的等价集。

(5) **基本交换序**。在交换序等价集中,拥有最少交换子的交换序称为该等价集的基本交换序。

设给定两个解路径 $A(2\quad 3\quad 1\quad 4\quad 5)$和 $B(1\quad 2\quad 3\quad 4\quad 5)$,欲构造一个基本交换序 SS,使得 $B+\mathrm{SS}=A$。可以看出,$A(1)=B(2)$,故第一个交换子是 SO(1,2),$B_1=B+\mathrm{SO}(1,2)$,得到 $B_1(2\quad 1\quad 3\quad 4\quad 5)$。此时 $A(2)=B(3)$,故第二个交换子是 SO(2,3),$B_2=B_1+\mathrm{SO}(2,3)$得到 $B_2(2\quad 3\quad 1\quad 4\quad 5)$。这样就得到一个基本交换序 $\mathrm{SS}=A-B=(\mathrm{SO}(1,2),\mathrm{SO}(2,3))$。

引入交换子和交换序等概念后,重新构造 PSO 算法的速度更新公式,如式(5.7)所示,位置更新公式同式(5.2)。

$$v_{id}^{k+1}=wv_{id}^{k}\oplus\alpha(p_{id}-x_{id}^{k})\oplus\beta(p_{\mathrm{gbestd}}-x_{id}^{k})\tag{5.7}$$

其中,$\alpha,\beta\in[0,1]$为随机数,$\alpha(p_{id}-x_{id}^{k})$表示基本交换序$(p_{id}-x_{id}^{k})$中所有交换子以概率 α 保留,同理,$\beta(p_{\mathrm{gbestd}}-x_{id}^{k})$表示基本交换序$(p_{\mathrm{gbestd}}-x_{id}^{k})$中的所有交换子以概率 β 保留。α、β 分别表示个体极值和全局极值对粒子的影响程度。可以看出,α 的值越大,$(p_{id}-x_{id}^{k})$保留的交换子越多,p_{id} 的影响越大;β 的值越大,$(p_{\mathrm{gbestd}}-x_{id}^{k})$保留的交换子越多,$p_{\mathrm{gbestd}}$ 的影响就越大。

以上过程中介绍了 PSO 算法求解 TSP 的核心部分——个体更新公式。对计算机而言,PSO 算法求解 TSP 的实现过程如算法 5.2 所示。

算法 5.2: PSO 算法求解 TSP

Step 1: 设置参数(粒子数量 N,惯性权重 w)并初始化粒子群,即给群体中的每个粒子赋一个随机的初始解和一个随机的交换序;

Step 2: 计算每个粒子的适应度值,将其适应度值与其经过的最好位置 P_{best} 进行比较,如果较好,则将其作为该粒子当前的最好位置 P_i;否则,输出当前全局最优粒子;

Step 3: 根据各个粒子的历史最优位置 P_i 找出群体历史最优位置 P_{gbest};

Step 4: 按式(5.7)更新每个粒子的速度;按式(5.2)更新当前的位置;

(1) 计算 p_{id} 和 x_{id}^{k} 的差 A,$A=p_{id}-x_{id}^{k}$,其中 A 是一个基本交换序,表示 A 作用于 x_{id}^{k} 得到 p_{id};

(2) 计算 $B=p_{\mathrm{gbestd}}-x_{id}^{k}$,其中 B 也是一个基本交换序,表示 B 作用于 x_{id}^{k} 得到 p_{gbestd};

(3) 根据式(5.7)计算新的粒子速度 v_{id}^{k+1},并将交换序 v_{id}^{k+1} 转换为一个基本交换序;

Step 5: 判断是否满足终止条件。若满足,输出当前历史最优位置,否则返回 Step 2。

对于一个 10 点 TSP 问题,其 TSP 描述见表 5.6,城市分布如图 5.4 所示。

表 5.6　10 点 TSP 问题

序号	1	2	3	4	5
X	0.0000	5.2100	4.8900	6.2400	6.7900
Y	0.0000	8.8500	7.9600	0.9900	2.6200
序号	**6**	**7**	**8**	**9**	**10**
X	3.9600	3.6700	9.8800	0.3800	2.3200
Y	3.3500	6.8000	1.3700	7.2100	9.1300

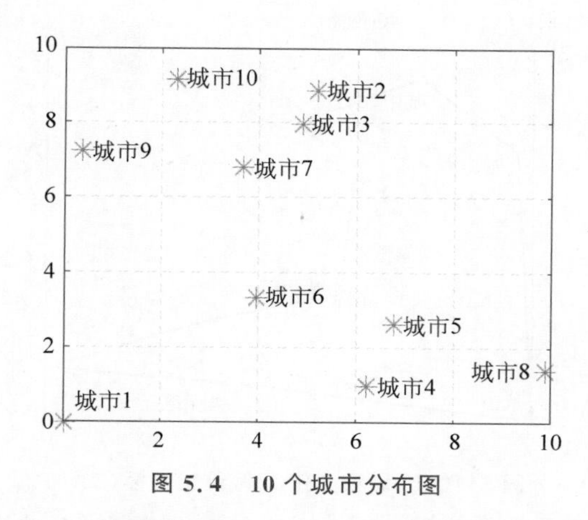

图 5.4 10 个城市分布图

(1) 粒子数量为 80,迭代次数为 2000,最短距离为 35.18,算法结果见图 5.5 和图 5.6。

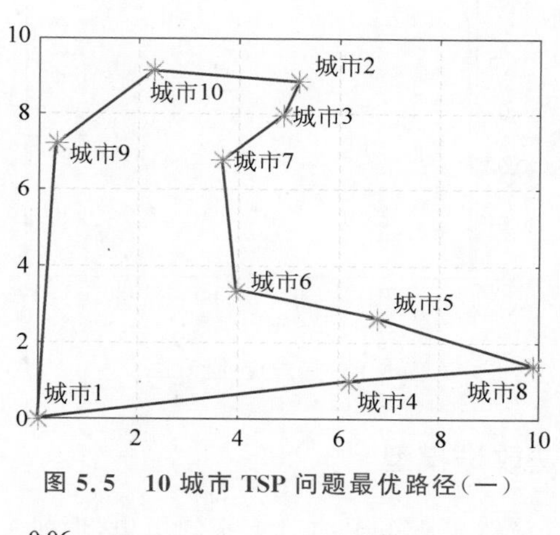

图 5.5 10 城市 TSP 问题最优路径(一)

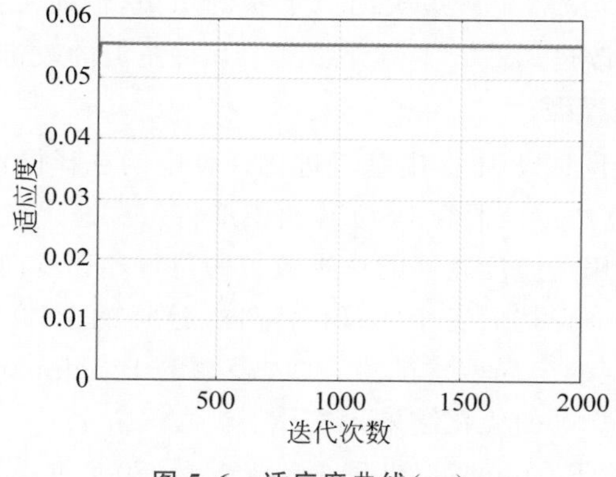

图 5.6 适应度曲线(一)

(2) 粒子数量为 200,迭代次数为 100,最短距离为 35.98,算法结果见图 5.7 和图 5.8。

从实验结果可以看出,PSO 算法同遗传算法一样,都是不稳定的,每次运行的结果都会不一致。粒子数量的选取对问题的求解有很大的影响。

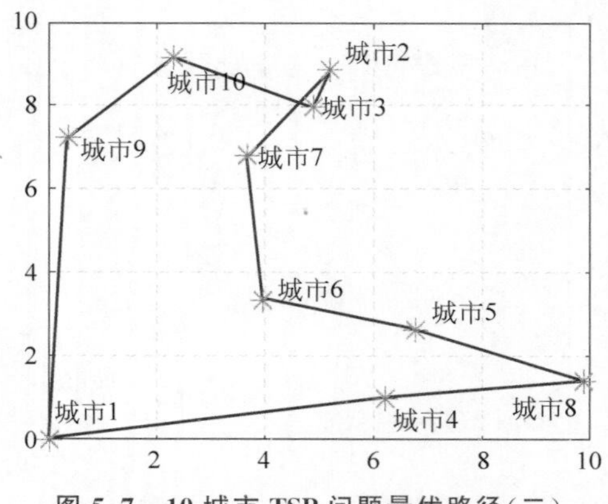

图 5.7 10城市TSP问题最优路径(二)

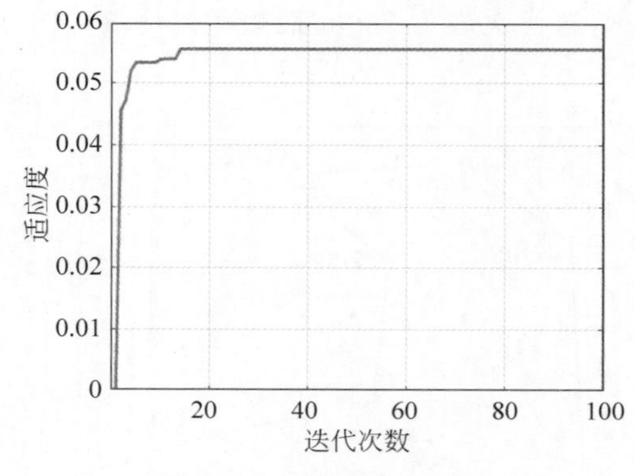

图 5.8 适应度曲线(二)

5.2.4 PSO算法改进模型

PSO算法提出至今虽然只有短短约二十年的历史,但研究人员对其进行了大量的研究,并给出了各种改进形式。本节介绍其中几种主流的改进方法。

1. 混合PSO算法模型

P. J. Angeline[13]于1998年提出基于进化计算中的选择操作的改进型PSO算法模型,称为混合PSO算法。该混合PSO算法模型将每次迭代产生的新的粒子群根据适应度函数进行选择,用适应度较高的一半粒子的位置和速度向量取代适应度较低的一半粒子的相应向量,而保持后者个体极值不变。这样的PSO算法模型在提高收敛速度的同时保证了一定的全局搜索能力,在大多数的Benchmark函数的优化上取得较基础PSO算法模型更好的优化结果。

M. Lovbjerg、T. K. Rasmussen和T. Krink[14]于2000年提出将进化算法中的交叉操作引入PSO算法的混合PSO算法模型。交叉机制首先以一定的交叉概率从所有粒子中选择待交叉的粒子,然后两两随机组合进行交叉操作产生后代粒子。交叉操作使后代粒子继承了双亲粒子的优点,在理论上加强了对粒子间区域的搜索能力。例如,两个双亲粒子均处于不同的局部最优区域,那么两者交叉产生的后代粒子往往能够摆脱局部最优,而获得改进的搜索结果。实验证明,与传统的PSO算法及传统的遗传算法比较,交叉型PSO算法搜索速度快,收敛精度高。目前,利用进化操作改进传统 PSO 算法的探索仍在继续。

在 PSO 算法搜索的后期，将进化算法中的变异操作引入 PSO 算法形成了另一种混合 PSO 算法模型。因为在 PSO 算法搜索的后期，粒子群会向局部最优或全局最优收敛，此时，每个粒子的历史最优、所有粒子的历史最优解中每个粒子的当前位置都会趋向于同一点，而每个粒子的运动速度趋于零。在这种情况下，粒子群所趋向的那个点，即为粒子群算法的最终求解结果的极限值。如果此时得到的最优解不是理论最优解或者期望最优解，则粒子群陷入局部最优，算法将出现早熟收敛。为了提高解的质量，当粒子群收敛到一定程度时，就要进行变异。解的质量的优劣依赖于变异概率的大小，过大和过小的变异概率都不利于求得较高质量的解。当变异概率过大时，频繁的变异对解的质量的提高是不利的，前一次变异所带来的求得更优解的机会还没来得及被充分利用，又发生新的变异，新变异终止了正在进行的寻优过程，扰乱了粒子群收敛的趋势；当变异概率较小时，如此少的变异对解的质量的改善是有限的，无法达到变异的目的。因此，适当的变异概率可以获得较高的成功率与较快的收敛速度。

2. 考虑拓扑结构的 PSO 算法模型

标准 PSO 算法的网络结构是一个单群落的全连接型网络，标准 PSO 算法搜索高维复杂优化问题全局最优值的过程往往会出现因为某几维陷入局部最优而导致整个算法陷入局部最优。不同邻域拓扑结构的 PSO 算法对同一个优化问题效果有很大的差异，常见的拓扑结构有全连接形拓扑、环形拓扑、冯·诺依曼拓扑、星形拓扑和金字塔结构拓扑等，不同的邻域拓扑是对不同交流模式的模拟，选择合适的拓扑结构对解决优化问题有很大的影响[15]。常见拓扑结构中，全连接形拓扑信息传递的速度和算法收敛的速度较快，适合解决低维简单问题，但在求解高维问题时却很容易陷入局部最优。环形拓扑将所有的粒子首尾相连，相邻粒子可以保证更充分的信息交换，从而使信息在粒子中得到更好的分享，使算法充分搜索每个区域，不至于过早陷入局部最优，但也使得搜索速度变慢，收敛速度急剧下降。在冯·诺依曼拓扑中，粒子形成立体网状结构，加强了多个区域的搜索粒子之间的联系，使粒子可以更好地避开局部最优值。

3. 扩展 PSO 算法模型

PSO 算法的基础是粒子群中信息的社会共享，它通过粒子群中的个体最优位置和全局最优位置达到信息共享。然而，在 PSO 化算法的速度更新公式中，除了全局最优位置向其他粒子发布信息外，没有充分利用其他个体最优位置的信息，以至于粒子的多样性降低，易过早地陷入局部极值点。扩展 PSO 算法[16]利用粒子群中的所有个体最优位置的信息，使得其信息共享更加充分，提高了粒子的多样性。

除了这些改进的 PSO 算法外，还有带免疫性质的 PSO 算法[17]，它是将抗体多样性和免疫记忆特性引入 PSO 算法中，提高算法的全局搜索能力；混沌 PSO 算法[18]是利用混沌变量的随机性、遍历性及规律性，将最优粒子进行混沌寻优，再把混沌寻优的结果随机替换粒子群中的一个粒子，提高算法的收敛速度和精度。这些改进后的 PSO 算法各有千秋，它们的利弊及更多不同的改进方式还有待进一步的探索。

另外，差分进化[19](Differential Evolution，DE)也是一种基于种群的随机优化算法，在种群进化阶段通过对个体依次使用差分变异、交叉、选择等进化操作，使种群一代一代地进化，直到算法运行结束。与遗传算法相比，差分进化算法采用实数编码而不是遗传算法的二进制编码，差分进化算法的核心操作是基于差分的简单变异，而遗传算法的核心操作是交叉操作，差分进化算法是父代自身的进化，而遗传算法是父代产生新子代来进化，与遗传算法的劣者概率淘汰不同的是，差分进化算法采用劣者绝对淘汰策略，总体上看，差分进化算法降低了遗传操作的复杂性。差分进化算法和粒子群算法都是智能优化算法，目的都是用来寻找最优适应度值，都是父代自身进化而不涉及子代，但相比 PSO 算法，差分进化算法依靠的是种群的不断变异来更新父代个体，而 PSO 算法是通过种群最优和粒子历史最优来引导粒子的搜索方向来更新父代个体，也就是说，两者的进化核心操作不同。

4. 粒子轨迹与收敛行为分析

本节首先提出了描述粒子轨迹的显式公式，从中对一个粒子的轨迹进行分析，进而给出保证粒子轨迹收敛的参数 c_1、c_2 和 w 的取值[20-23]。

本节中用到的术语“收敛”指的是粒子存在以下极限属性：

$$\lim_{k\to\infty} X(k)=p \tag{5.8}$$

其中，p 是搜索空间的任一位置；$X(k)$是粒子在第 k 代的位置。

为方便描述，在此重复标准 PSO 算法中惯性权重的速度和位置更新公式

$$v_{id}(k+1)=w\cdot v_{id}(k)+c_1\cdot \text{rand}_1(p_{id}-x_{id}(k))+c_2\cdot \text{rand}_2(p_{\text{gbestd}}-x_{id}(k)) \tag{5.9}$$

$$x_{id}(k+1)=x_{id}(k)+v_{id}(k+1),\quad d=1,2,\cdots,D \tag{5.10}$$

式(5.9)给出的是速度更新公式的隐式形式，描述 PSO 算法在多维搜索空间中的多个粒子。为了简化描述，下面的分析限定在一维空间，因此省略下标 d。由于 PSO 算法中不同维度间没有相互影响，所以这样做也不失一般性。单独考察一个粒子的轨迹时，符号可以进一步简化，下标 i 也可以省略。这一简化假定在分析一个粒子的轨迹时其他粒子在空间上保持静止。一个粒子的轨迹将在离散时间步上被分析，因此用 x_k 表示 $x(k)$的值。

现在，把式(5.9)代入式(5.10)，可得到以下非齐次递归关系：

$$x_{k+1}=(1+w-\phi_1-\phi_2)x_k-wx_{k-1}+\phi_1 p+\phi_2 p_{\text{gbest}} \tag{5.11}$$

其中，$\phi_1=c_1\text{rand}_1$，$\phi_2=c_2\text{rand}_2$、ϕ_1、ϕ_2 和 w 为常数。ϕ_1 和 ϕ_2 分别是 $c_1\text{rand}_1$ 和 $c_2\text{rand}_2$ 的特例。

指定初始条件 $x(0)=x_0$ 以及 $x(1)=x_1$ 后，可用任何一种求解非齐次递归关系的方法得到式(5.11)的封闭形式。封闭形式的公式为

$$x_k=k_1+k_2\alpha^k+k_3\beta^k \tag{5.12}$$

其中

$$k_1=\frac{\phi_1 p+\phi_2 p_{\text{gbest}}}{\phi_1+\phi_2} \tag{5.13}$$

$$\gamma=\sqrt{(1+w-\phi_1-\phi_2)^2-4w} \tag{5.14}$$

$$\alpha=\frac{1+w-\phi_1-\phi_2+\gamma}{2} \tag{5.15}$$

$$\beta=\frac{1+w-\phi_1-\phi_2-\gamma}{2} \tag{5.16}$$

$$x_2 = (1 + w - \phi_1 - \phi_2)x_1 - wx_0 + \phi_1 p + \phi_2 p_{\text{gbest}} \tag{5.17}$$

$$k_2 = \frac{\beta(x_0 - x_1) - x_1 + x_2}{\gamma(\alpha - 1)} \tag{5.18}$$

$$k_3 = \frac{\alpha(x_1 - x_0) + x_1 - x_2}{\gamma(\beta - 1)} \tag{5.19}$$

注意以上公式假定 p 和 p_{gbest} 在第 k 代上保持不变。真正的 PSO 算法允许 p 和 p_{gbest} 的值改变。因此上述更新公式的封闭形式在发现更好的位置 x(及相应的 p 和 p_{gbest})前是有效的,发现更好的位置时重新计算 k_1、k_2 和 k_3 的值后又可以使用以上公式。发生这种情况的精确时间步视目标函数以及 p 和 p_{gbest} 的值而定。为了将结论推广,不如认定 p 和 p_{gbest} 为常数,由此推出 k_1、k_2 和 k_3 也是常数。虽然这种情况不会在实际的 PSO 算法中出现,但它有助于解释 PSO 算法的收敛特征。

粒子行为的一个重要方面是它的轨迹(由 x_k 确定)是收敛还是发散,即确定序列 $\{x_k\}_{k=0}^{+\infty}$ 在何种条件下可以收敛?

在 ϕ_1 和 ϕ_2 为常数值时,可以简单地对粒子轨迹的收敛性进行分析。但需要注意的是,真正的 PSO 算法中这些参数使用的是伪随机数,而不是常数。然而,正如后面将要说明的,系统的行为通常由这些值的上限确定。因此,通过使用 ϕ_1 和 ϕ_2 的最大可能取值,可以对最坏情况下系统的收敛行为进行分析。

假定 p、p_{gbest}、ϕ_1、ϕ_2、k_1、k_2 和 k_3 保持常值,则式(5.12)能用于计算一个粒子的轨迹。序列$\{x_k\}_{k=0}^{+\infty}$ 的收敛性取决于由式(5.15)及式(5.16)计算出的 α 和 β 的大小。从式(5.14)中可以看到,如果$(1+w-\phi_1-\phi_2)^2<4w$ 或者等价于以下成立条件:

$$(\phi_1 + \phi_2 - w - 2\sqrt{w} - 1)(\phi_1 + \phi_2 - w + 2\sqrt{w} - 1) < 0$$

γ 将是一个虚部非零的复数。

由复数 γ 得出的 α 和 β 也是虚部不为零的复数。α 和 β 的大小用向量的 L_2 范数衡量。对于一个复数 z,其 L_2 范数为

$$\| z \| = \sqrt{(\text{Re}(z))^2 + (\text{Im}(z))^2} \tag{5.20}$$

任意复数 z^k 可写为

$$\begin{aligned} z^k &= (\| z \| e^{i\theta})^k \\ &= \| z \|^k e^{i\theta k} \\ &= \| z \|^k (\cos(\theta k) + i\sin(\theta k)) \end{aligned} \tag{5.21}$$

其中 $\theta=\arg(z)$。只有当 $\| z \|<1$ 时,极限 $\lim\limits_{k\to\infty} z^k = \lim\limits_{k\to\infty} \| z \|^k (\cos(\theta k)+i\sin(\theta k))$ 存在,极限值为 0。

现在考虑极限中 x_k 值,根据式(5.12)有

$$\lim_{k\to\infty} x_k = \lim_{k\to\infty} (k_1 + k_2\alpha^k + k_3\beta^k) \tag{5.22}$$

显然,式(5.22)间接描述了一个粒子的轨迹,只要 $\max(\| \alpha \|, \| \beta \|)>1$,$\{x_k\}_{k=0}^{+\infty}$ 将发散,因为这种情况下极限不存在。相反,当 $\max(\| \alpha \|, \| \beta \|)<1$ 时,$\{x_k\}_{k=0}^{+\infty}$ 就收敛,即有

$$\lim_{k\to\infty} x^k = \lim_{k\to\infty} (k_1 + k_2\alpha^k + k_3\beta^k) = k_1 \tag{5.23}$$

由于当 $\|\alpha\|<1$ 时 $\lim\limits_{k\to\infty}\alpha^k=0$，当 $\|\beta\|<1$ 时 $\lim\limits_{k\to\infty}\beta^k=0$。用 z 表示 α 或 β，如果 $\|z\|=1$，极限 $\lim\limits_{k\to\infty}z^k=\lim\limits_{k\to\infty}1^k(\cos(\theta k)+\mathrm{i}\sin(\theta k))$ 不存在，因此序列 $\{x_k\}_{k=0}^{+\infty}$ 发散。

注意，以上计算假定 ϕ_1 和 ϕ_2 值保持为常数，一般的PSO算法中并不如此。但 c_1 和 c_2 的值可认为是 ϕ_1 和 ϕ_2 的上限。以 ϕ_1 和 ϕ_2 的期望值考虑，可观察到系统的一般行为。假定 ϕ_1 和 ϕ_2 为均匀分布，即

$$
\begin{aligned}
E[\phi_1]&=c_1\int_0^1\frac{x}{1-0}\mathrm{d}x=c_1\ \frac{x}{2}\Big|_0^1=\frac{c_1}{2}\\
E[\phi_2]&=c_2\int_0^1\frac{x}{1-0}\mathrm{d}x=c_2\ \frac{x}{2}\Big|_0^1=\frac{c_2}{2}
\end{aligned}
\tag{5.24}
$$

假定选择的 ϕ_1、ϕ_2 和 w 使得 $\max(\|\alpha\|,\|\beta\|)<1$，即选择它们的值使得序列 $\{x_k\}_{k=0}^{+\infty}$ 收敛。从式(5.13)和式(5.23)可得

$$
\lim_{k\to\infty}x_k=k_1=\frac{\phi_1 p+\phi_2 p_{\text{gbest}}}{\phi_1+\phi_2}
\tag{5.25}
$$

将式(5.24)计算得到的 ϕ_1 和 ϕ_2 的期望值代入式(5.25)，可得

$$
\begin{aligned}
\lim_{k\to\infty}x_k&=\frac{\dfrac{c_1}{2}p+\dfrac{c_2}{2}p_{\text{gbest}}}{\dfrac{c_1}{2}+\dfrac{c_2}{2}}\\
&=\frac{c_1 p+c_2 p_{\text{gbest}}}{c_1+c_2}
\end{aligned}
\tag{5.26}
$$

粒子的轨迹收敛于 p 与 p_{gbest} 的加权平均值。

例如，如果 $c_1=c_2$，则

$$
\lim_{k\to\infty}x_k=\frac{p+p_{\text{gbest}}}{2}
\tag{5.27}
$$

从任意的 c_1 和 c_2 的取值中可以获得更一般的解

$$
\begin{aligned}
\lim_{k\to\infty}x_k&=\frac{c_1 p+c_2 p_{\text{gbest}}}{c_1+c_2}\\
&=\frac{c_1}{c_1+c_2}p+\frac{c_2}{c_1+c_2}p_{\text{gbest}}\\
&=\left(1-\frac{c_2}{c_1+c_2}\right)p+\frac{c_2}{c_1+c_2}p_{\text{gbest}}\\
&=(1-\alpha)p+\alpha p_{\text{gbest}}
\end{aligned}
\tag{5.28}
$$

其中 $\alpha=c_2/(c_1+c_2)$，因此 $\alpha\in[0,1]$。式(5.28)显示，粒子收敛于个体最优与全局最优的某个线性组合点。这一结果让人感到满意，因此它表明粒子将搜索位于它的个体最优与全局最优之间的具有更好解的区域。进一步分析可得到，当 c_1、c_2 和 w 满足以下关系时，能得到收敛的轨迹：

$$
w>\frac{1}{2}(c_1+c_2)-1
\tag{5.29}
$$

由式(5.28)可知，如果粒子的轨迹收敛，则它朝自身的最优位置和全局最好粒子

的位置之间连线的某一个位置收敛。根据更新公式，粒子的个体最优位置将逐渐朝全局最优位置靠近，因此，粒子最终将收敛到全局最优粒子所在的位置。在这个点，粒子将停止运动，因此算法无法继续改善解的质量。但这和算法是否能真正发现函数 f 的最小值没有关系，事实上，甚至无法保证粒子最终收敛的位置是一个局部最小点。这一结论多少有点让人感到沮丧，因此有学者提出了保证收敛的 PSO 算法[24]，感兴趣的读者可以阅读相关文献，这里不做赘述。

5.2.5 PSO 算法应用

PSO 算法发展至今，其应用已非常广泛，主要有以下几个方面。

1. 神经网络训练

立方体机器人可等效为多变量、高阶、非线性、不稳定的多自由度空间动量轮倒立摆系统。为了解决立方体机器人系统非线性的特点和模型精度不高的问题，陈阳等[25]利用粒子群优化的模糊神经网络算法，通过对立方体机器人机体的输入/输出数据进行学习，建立立方体机器人的粒子群模糊神经网络模型，再引入粒子群实现模糊神经网络参数的优化调整，最后选用 PID 控制器进行稳定性控制。目前，采用 PSO 算法训练神经网络的方法正在更多的领域推广应用。

2. 电力系统

随着人们对风电的日益关注，新型风电场的容量在并网系统中所占比例不断增加，这对传统电力系统的经济调度问题提出了新的要求。特别是风电场输出功率的随机变化给系统的经济调度带来了更多的不确定性因素。陈海焱等[26]利用下降搜索思想对传统 PSO 算法进行了改进，以提高粒子的收敛速度和收敛精度，并将改进后的算法用于求解提出的动态经济调度问题，较好地解决了由于风电场输出功率难以准确预测而给传统机组经济调度带来的困难。

3. 机器人领域

李擎等[27]提出了一种基于保收敛 PSO 算法的移动机器人全局路径规划策略，为移动机器人在有限时间内找到一条避开障碍物的最短路径提供了一种解决方案。首先建立环境地图模型，将连接地图中起点和终点的路径编码成粒子，然后根据障碍物位置规划出粒子的可活动区域，在此区域内产生初始种群，使粒子在受限的区域内寻找最优路径。在搜索过程中，粒子群算法的加速系数和惯性权重均随迭代次数自适应调节，与其他文献所提的方法相比，该算法具有更快的搜索速度和更高的搜索质量。

事实上，PSO 算法的应用领域非常广泛，不胜枚举。它已经在多目标优化、自动目标检测、生物信号识别、决策调度、系统辨识以及游戏训练、分类、调度、信号处理、决策、机器人应用等方面都取得了一定的成果。在模糊控制器设计、车间作业调度、机器人实时路径规划、自动目标检测、语音识别、烧伤诊断、探测移动目标、时频分析和图像分割等方面也已经有成功应用的先例。

5.3 蚁群算法

作为群智能算法的另一代表性算法，蚁群算法相比粒子群算法有其不可替代的特点。蚁群算法是一种广泛应用于组合优化问题的启发式搜索算法。它的基本思想是模拟自然界中蚂蚁的觅食行为,用信息素和正反馈机制更快地寻求最优解。通过本节的学习,读者可以深入了解模拟蚁群觅食行为解决实际问题的方法和过程,加深对群智能及应用群智能思想解决组合优化问题的理解,本节将从蚁群算法的生物学背景出发,介绍蚁群算法的基本模型、求解优化问题的实例、改进算法及应用。

5.3.1 蚁群算法背景

蚂蚁的食物源总是随机散布于蚁巢周围,按照人类的逻辑来说,蚂蚁找到食物的概率也应该具有一定的随机性,但实际上,经过一段时间后,蚂蚁总能找到一条从蚁巢到食物源的最短路径,这样的结果让人们好奇蚂蚁到底是如何做到的。其实单只蚂蚁的能力和智力非常简单,但它们通过相互协调、分工、合作来指挥完成筑巢、觅食、迁徙、清扫蚁穴等复杂行为。比如,蚂蚁在觅食过程中能够通过相互协作找到食物源和蚁巢之间的最短路径。自然界中的蚂蚁会分泌一种称为"信息素"的化学物质来与其他同伴通信。它们在觅食过程中,总存在信息素跟踪和信息素遗留两种行为,信息素跟踪行为使它们会沿着信息素浓度较高的路径行走,信息素遗留行为使每只路过的蚂蚁都会在路上留下信息素。这就形成一种类似正反馈的机制,经过一段时间后,整个蚁群就会沿着最短路径到达食物源了。

从上述信息中可以发现蚁群觅食的关键是信息素和正反馈机制。信息素是蚂蚁释放的一种易挥发物质,能够实现蚁群间的通信。蚂蚁在寻找食物时,会在其经过的路上释放信息素,而信息素浓度可以影响其他蚂蚁的路径选择,并且信息素浓度越高,对应的路径越短,蚂蚁选择该最短路径的概率越大。正反馈机制是指蚂蚁会以较大的概率选择信息素浓度较高的路径,并释放一定量的信息素,从而加强距离较短路径的信息素浓度,后来的蚂蚁大概率重复这样的过程,使较短的路径上累积的信息素浓度越来越高,选择该路径的蚂蚁个数也愈来愈多,这样的过程称为一个正反馈机制。

为了便于理解蚂蚁觅食的正反馈机制、信息素浓度越高的路径对应的路径长度越短的机理,图5.9给出了蚂蚁觅食过程。假设蚂蚁从蚁巢到食物的路线无障碍物时为直线,由于有障碍物阻挡,因此从蚁巢到食物之间有两条路径了,即 l_1 和 l_2,并且 l_2 比 l_1 长。初始状态时,两条路径上的信息素浓度相同。由于两条路径上的初始信息素浓度相同,一开始蚂蚁选择路径时,具有一定的随机性,蚁群中有些蚂蚁选择了 l_1 路径,有些蚂蚁选择了 l_2 路径,但是由于 l_1 路径的长度比较短,选择 l_1 路径的蚂蚁先行到达了食物附近,而此时选择 l_2 路径的蚂蚁还在路径上,未到达食物附近。

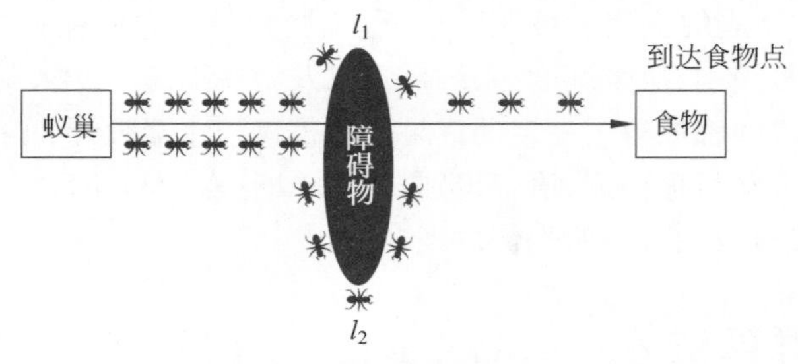

图5.9 蚂蚁觅食第一阶段

在图5.10中,当选择 l_2 路径的蚂蚁到达食物点时,选择 l_1 路径的蚂蚁已经开始返回了,它在往返 l_1 路径的过程中,已经在 l_1 路径上留下了它的信息素,加强了路径

l_1 上的信息素。

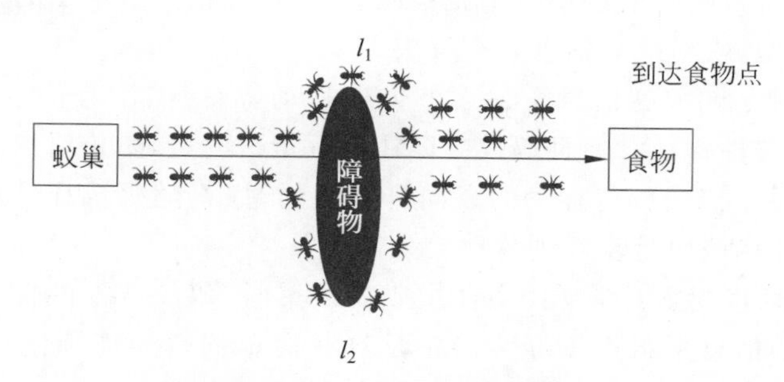

图 5.10 蚂蚁觅食第二阶段

在图 5.11 中，当选择 l_2 路径的蚂蚁返回时，l_1 路径上已经有新的蚂蚁已经开始进行下一次的搜索，此时 l_1 路径上的信息素已经大于 l_2 上的信息素，所以其他蚂蚁在进行选择时，就会更倾向于选择路径 l_1。最终，所有蚂蚁都会选择信息素浓度较大的 l_1 路径来搬运食物。

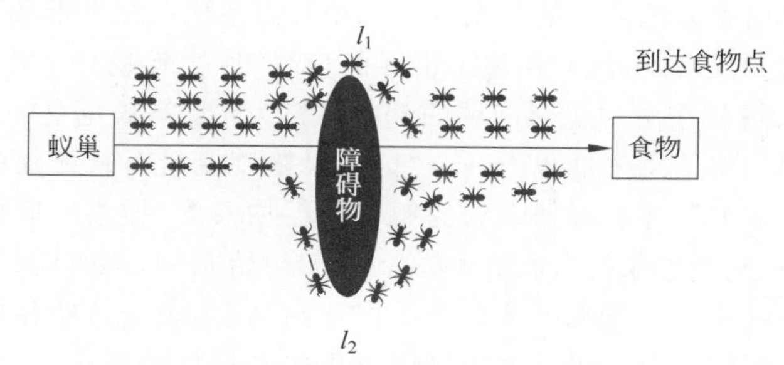

图 5.11 蚂蚁觅食第三阶段

下面从理论和实验验证两方面解释“信息素浓度越高的路径对应的路径长度越短”这一机理。理论上讲，假设有两条路可从蚁巢通向食物，开始时两条路上的蚂蚁数量差不多：当蚂蚁到达终点之后会立即返回，距离短的路上的蚂蚁往返一次时间短，重复频率快，在单位时间里往返蚂蚁的数目就多，留下的信息素也多，会吸引更多蚂蚁过来并留下更多信息素。而距离长的路正相反，因此越来越多的蚂蚁聚集到最短路径上来。从实验验证上讲，J. L. Deneubourg 及其同事在对阿根廷蚂蚁进行实验时，建造了一座有两个分支的桥，其中一个分支的长度是另一个分支的两倍，同时把蚁巢同食物源分隔开来。实验发现，蚂蚁通常在几分钟之内就选择了较短的那条分支。这个实验对蚁群算法的设计有至关重要的影响。

至此，自然界蚂蚁觅食行为的介绍已经结束，接下来介绍如何将蚁群觅食行为抽象为算法以解决优化问题的方法。

首先要了解蚂蚁的行为规则，具体如下。

(1) 感知范围：蚂蚁能够察觉前方小范围区域内的状况，并判断出是否有食物或其他同类的信息素轨迹。

(2) 环境信息：蚂蚁所在环境中有障碍物、其他蚂蚁、信息素，其中信息素包括食物信息素(找到食物的蚂蚁留下的)、蚁巢信息素(找到蚁巢的蚂蚁留下的)，信息素以一定速率消失。

(3) 觅食规则：蚂蚁在感知范围内寻找食物，如果感知到就会过去；否则朝信息素多的地方走。每只蚂蚁会以小概率犯错误，并非都往信息素最多的方向移动。蚂蚁找蚁巢的规则类似，仅对蚁巢信息素有反应。

（4）移动规则：蚂蚁朝信息素最多的方向移动，当周围没有信息素指引时，会按照原来运动方向惯性移动。而且蚂蚁会记住最近走过的点，防止原地转圈。

（5）避障规则：当蚂蚁待移动的方向有障碍物时，将随机选择其他方向；当有信息素指引时，蚂蚁将按照觅食规则移动。

（6）散发信息素规则：在刚找到食物或者蚁巢时，蚂蚁散发的信息素最多；随着蚂蚁走远，散发的信息素将逐渐减少。正是这些简单的行为规则使蚁群具有智能行为，让蚁群具有多样性和正反馈[28]。

ACO算法是计算机科学家M. Dorigo[29]及其同事于1991年提出的一种智能优化算法，是一种模拟蚂蚁群体智能行为的随机优化算法。其基本思想是试图模仿蚂蚁在觅食活动中找到最短路径的过程，通过它们释放信息素在所经过的路径上，就可以方便其他的蚂蚁利用和分享有用信息。同时，由于较短路径积累的信息素快、浓度值高，所有的蚂蚁向信息素浓度高的节点方向移动的概率比向浓度低的节点方向移动的概率大，这样经过一段时间后，利用整个群体的自组织，就能够发现最短的路径。

将ACO算法应用于解决优化问题的基本思路为：将蚂蚁觅食的觅食空间抽象为"问题的搜索空间"，将信息素抽象为一个"信息素浓度变量"，将蚁巢到食物的一条路径抽象为"一个有效解"，将蚁群搜索到的所有路径抽象为"搜索空间的一组有效解"，将蚁群找到的最短路径抽象为"问题的最优解"。初始时刻，蚂蚁随机选择路径，随着时间的推进，较短的路径上累积的信息素浓度逐渐增高，选择该路径的蚂蚁数也愈来愈多。最终，整个蚂蚁群会在正反馈的作用下集中到最佳的路径上，此时对应的便是待优化问题的最优解。

从上面的介绍可知，ACO算法是对自然界蚂蚁的寻径方式进行模拟而得出的一种仿生算法，它具有较强的鲁棒性、优良的分布式计算机制、易于与其他方法相结合等优点。蚁群算法的正反馈机制会迅速地扩大初始解的差异，引导整个系统向最优解的方向进化，但是如果算法开始得到的较优解为次优解，那么正反馈会使次优解很快占据优势，使算法陷入局部最优，且难以跳出局部最优。

5.3.2　用于离散优化问题的蚁群算法模型

从真实蚂蚁觅食原理的多个角度出发，蚁群算法的基本模型才一步步塑造出抽象的人工蚂蚁[30]。人工蚂蚁的核心是路径构造和信息素更新。以旅行商问题为背景，人工蚂蚁的路径构建过程可描述如下。

1. 信息素

首先，每只真实蚂蚁在所经过的路径上都会留下信息素，人工蚂蚁如何表示这种留下来的这种物质呢？人工蚂蚁类似地用信息素增量表示该蚂蚁所经路径释放出的信息素（即给所经路径带来了增加量）：$\Delta\tau_{ij}^{k}$ 表示第 k 只蚂蚁留在路径 (i,j) 上的信息素增量。

接下来，应该考虑，每只蚂蚁留下的具体的信息素量到底是多少呢？必须采用数字信息来记录，才能让计算机看懂和识别。首先介绍一种性能较好的定义公式，称为蚁周(ant-cycle)模型：

$$\Delta\tau_{ij}^{k}=\begin{cases}\dfrac{Q}{L_k}, & \text{第 } k \text{ 只蚂蚁经过路径}(i,j)\\ 0, & \text{其他}\end{cases} \tag{5.30}$$

其中,Q 是总信息量,表示蚂蚁在所走路径上释放信息素的恒定总量,通常设定为一常量,从出发点开始,每只蚂蚁身上都有相同的信息素总量;L_k 表示第 k 只蚂蚁走过的路径总长度。蚁周模型用比较简单的路径长度的倒数估量相应边的信息素增量,蚂蚁走的路径越长(表示解越差),则释放到该路径中任何一条边的信息素越少,即信息素浓度和该边所在路径的优良度成正比,这样就会致使长路径上的所有边在路径选择中对蚂蚁的吸引力减小。

最后,知道了每只蚂蚁在所经路径上留下的信息素量,就可以迅速知道一条边上总的信息素增量为

$$\Delta\tau_{ij}=\sum_{k=1}^{N}\Delta\tau_{ij}^{k} \tag{5.31}$$

其中,N 是进行一次循环的蚂蚁数,每条边上的总信息素增量为 N 只蚂蚁的累加和。

2. 信息素更新公式

式(5.31)给出的信息素增量公式仅模仿了真实蚂蚁总是在所经路径上持续不断释放信息素的一方面,另一方面,真实环境中的信息素浓度随着时间的推移不停挥发,这一方面并没有考虑进来。为此,人工蚂蚁类似也需要使路径上积累的信息素随着时间逐渐蒸发,即在计算机经过一个时间单位之后执行一次挥发操作,不过这里的单位时间定义为所有蚂蚁完成一次循环后的离散时间点,虽与真实环境的连续挥发时间稍有不同,却便于计算机处理。

把信息素的挥发也考虑进去后,在每次迭代中,新的信息素释放之前,对原有的信息素进行一定量的挥发,对于每条边上的信息素有

$$\tau_{ij}(t)=(1-\rho)\cdot\tau_{ij}(t) \tag{5.32}$$

下一时刻的信息素总量为经挥发后残留的信息素总量加上此时增加的总信息素增量,即

$$\tau_{ij}=(1-\rho)\cdot\tau_{ij}+\Delta\tau_{ij} \tag{5.33}$$

其中,ρ 表示信息素挥发系数,$\rho\in[0,1]$,则$(1-\rho)$表示信息素残留因子,初始时刻 $\tau_{ij}=0$。

3. 原始状态转移概率公式

前面定义了蚂蚁在所走路径留下的信息素值大小,可是对于某只具体的蚂蚁该如何形成一条自己的路径呢?即蚂蚁是以什么方式在不同的节点间移动呢?

首先,由于真实蚂蚁从某一城市到下一城市的移动是以一定的概率选择移动方向的,选择的原则就是信息素浓度越大,选择该城市的概率越大。注意只是概率比较大,并不是一定会选择浓度较大的路径。类似地,人工蚂蚁移动到某一城市的概率为

$$p_{ij}^{k}=\begin{cases}\dfrac{\tau_{ij}}{\sum\limits_{x\in \text{allowed}_k}\tau_{ix}}, & j\in \text{allowed}_k\\ 0, & \text{其他}\end{cases} \tag{5.34}$$

其中,p_{ij}^{k} 表示从城市 i 决定选择下一城市 j 的概率大小,$\text{allowed}_k=\{N-\text{tabu}_k\}$表示蚂蚁 k 下一步允许访问的城市,tabu_k 表示当前蚂蚁已经访问过的城市,要禁止再次

访问，tabu_k 随着进化过程需做动态调整。

其次，上面只是给出了从某城市移动到其他城市的概率大小，但实际情况最终必须给出一个确定且唯一的选择，到底最终会选择哪个城市来加入该只蚂蚁的行走路径中呢？比较常用的是轮盘赌选择法(Roulette Wheel Selection，RWS)。通过该方法可以很好地与前面真实蚂蚁做出的选择方式相吻合。虽然它们每次具体会选择哪一个作为下一个城市的结果是随机的，每次可能不一样，但是要想有更多的机会被选中就得依靠其转移概率值的大小，即

$$j = \text{RWS}\{p_{ij}^k\} \tag{5.35}$$

4. 启发信息

式(5.34)和式(5.35)已经给出了蚂蚁如何产生一条路径以及对应路径该留下多少的信息素，整个抽象过程完美地模仿了真实蚁群觅食的行为特征，但是这种仿真系统存在一个缺陷：算法模型达到稳定状态需要耗费较长的时间。要想系统不再受该缺陷的影响还需要在决定蚂蚁行走方向的状态转移概率中引入一个快速搜索的过程，如引入启发信息。启发信息会依据所求问题解空间的整体特性，以一定权重在蚂蚁决策时给出快速的指引，这个指导信息的存在极大地改善了蚁群算法耗时的收敛速度：

$$\eta_{ij} = \frac{1}{d_{ij}} \tag{5.36}$$

其中，d_{ij} 为城市 i 和城市 j 之间的距离。式(5.36)表示越短的路径对蚂蚁的启发越大，即蚂蚁更可能朝较短的路径行走，这与最终的优化目标完全一致，所以给了蚂蚁一个很好的引导作用。引入启发信息后的状态转移概率公式变为

$$p_{ij}^k = \begin{cases} \dfrac{[\tau_{ij}]^\alpha \cdot [\eta_{ij}]^\beta}{\sum\limits_{x \in \text{allowed}_{ix}} [\tau_{ix}]^\alpha \cdot [\eta_{ix}]^\beta}, & j \in \text{allowed}_k \\ 0, & \text{其他} \end{cases} \tag{5.37}$$

其中，α 为信息素因子；β 为启发信息因子/能见度。式(5.37)出现后，式(5.34)所示的原始状态转移概率公式就被淘汰了。α 和 β 是两个预先设置的参数，用来控制信息素浓度与启发式信息的重要程度。当 $\alpha=0$ 时，信息素这一项不起作用，算法演变成随机贪心算法，即距离城市 i 最近的城市被选中的概率最大。当 $\beta=0$ 时，启发式信息这一项不起作用，蚂蚁完全只根据信息素浓度确定路径，算法将快速收敛，这样构建出的路径往往与实际最优路径有较大的差异，算法的性能不够好。

5. 其他版本模型

通过按照前面的思路进行建模，到此已经形成了一个简单蚁群模型。其实，M. Dorigo 最初提出的基本蚁群算法模型有3种版本，除了蚁周模型，另外两种模型分别是蚁量(ant-quantity)模型和蚁密(ant-density)模型。三者之间的差别只在于信息素计算策略/方式的不同，即 $\Delta\tau_{ij}^k$ 求法的不同，其他公式都一样。

Ant-Quantity 模型的定义为

$$\Delta\tau_{ij}^k = \begin{cases} Q, & \text{第 } k \text{ 只蚂蚁从城市 } i \text{ 移动到城市 } j \\ 0, & \text{其他} \end{cases} \tag{5.38}$$

Ant-Density 模型的定义为

$$\Delta\tau_{ij}^{k}=\begin{cases}\dfrac{Q}{d_{ij}}, & \text{第 } k \text{ 只蚂蚁从城市 } i \text{ 移动到城市 } j \\ 0, & \text{其他}\end{cases} \tag{5.39}$$

通过研究者多次实验和理论分析发现,蚁周模型比蚁量模型和蚁密模型有更好的性能[31]。这是因为蚁周模型利用全局信息(蚂蚁走完所有城市后根据总的路径 L_k 长短)更新路径上的信息素量,而且每个蚂蚁所释放的信息素被表达为反映相应行程质量的函数。而蚁密模型使用局部信息,蚂蚁完成一步后根据当前所走一小段路径的长短 d_{ij} 更新信息素(蚂蚁在两个城市间每移动一次后即更新信息素),最差的蚁量模型则统一释放相同大小的信息素。

在以上知识的基础上,蚁群算法的原理如算法 5.3 所示,蚁群算法流程图如图 5.12 所示。

算法 5.3:蚁群算法

Step 1:初始化参数,在初始时刻,设各城市连接路径的信息素浓度具有相同的值,N 只蚂蚁放到 n 座城市;

Step 2:每只蚂蚁根据路径上的信息素和启发式信息,独立地访问下一座城市。根据式(5.8)确定从当前城市访问下一城市的概率;

Step 3:采用轮盘赌选择法的方式,选择下一座城市。更新每只蚂蚁的禁忌表,直至所有蚂蚁遍历所有城市 1 次;

Step 4:根据式(5.9)更新每条路径上的信息素;

Step 5:若满足结束条件,即达到最大循环次数,则循环结束并输出程序计算结果,否则清空禁忌表并跳转到 Step 2。

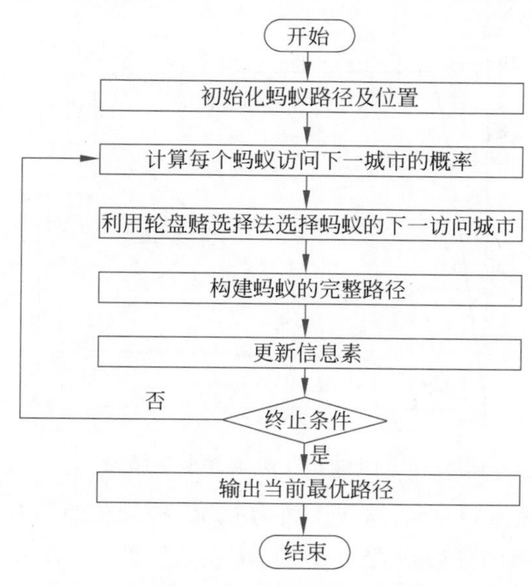

图 5.12 蚁群算法流程图

5.3.3 蚁群算法求解实例

以求解具有 10 城市的旅行商问题(即 10 点 TSP 问题)为例说明蚁群算法的具体求解过程,这 10 个城市的坐标见表 5.7,10 城市的位置分布见图 5.13。

表 5.7　10 点 TSP 问题

序号	1	2	3	4	5
X	0.0000	8.1500	9.0600	1.2700	9.1300
Y	0.0000	9.6500	1.5800	9.7100	9.5700
序号	6	7	8	9	10
X	6.3200	0.9800	2.7800	5.4700	9.5800
Y	4.5800	8.0000	1.4200	4.2200	9.1600

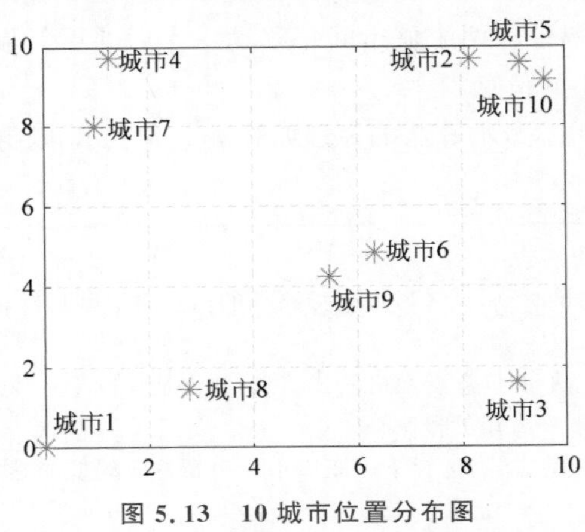

图 5.13　10 城市位置分布图

(1) 蚁群规模设置为 $m=6$,迭代次数为 5000,控制信息素比例的参数设置为 $\alpha=1$,控制启发式信息比例的参数设置为 $\beta=2$,挥发系数为 $\rho=0.6$。最短距离为 39.42。结果见图 5.14 和图 5.15。

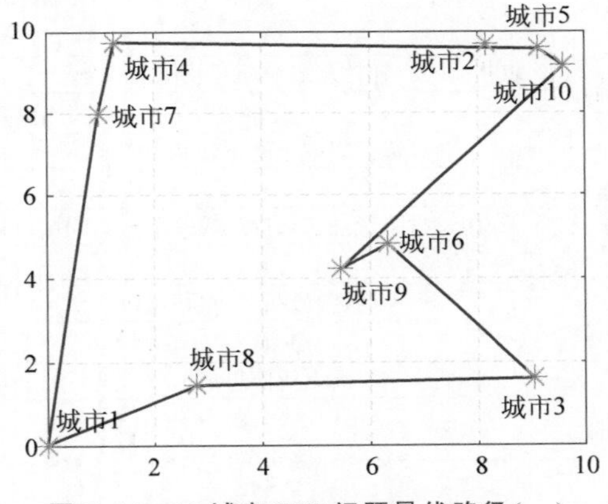

图 5.14　10 城市 TSP 问题最优路径(一)

(2) 蚁群规模设置为 $m=10$,迭代次数为 5000,控制信息素比例的参数设置为 $\alpha=1$,控制启发式信息比例的参数设置为 $\beta=3$,挥发系数为 $\rho=0.6$。最短距离为 39.11。结果见图 5.16 和图 5.17。

在蚁群算法中,α 表示残留信息的挥发系数,$1-\alpha$ 表示残留信息的保留系数,α 直接影响算法的全局搜索能力及收敛速度。为了防止残留信息的无限积累同时为了使残留信息能够得到一定的保持,α 取值范围限制为[0,1],如果 α 过大,会使先前访问过的城市再次被访问的机会增大,对全局搜索能力产生很大的影响,α 过小,虽然会使

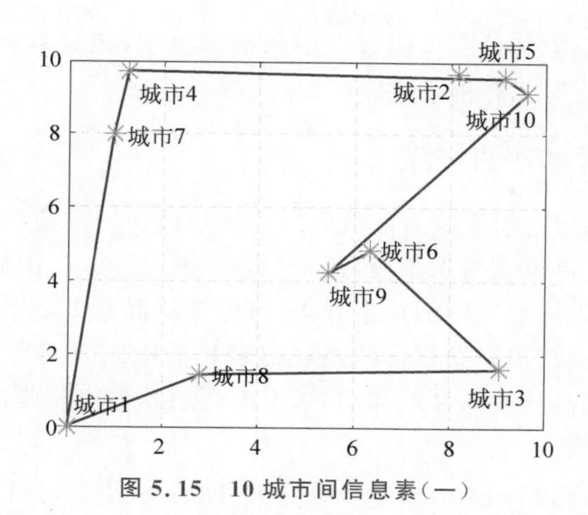

图 5.15　10 城市间信息素(一)

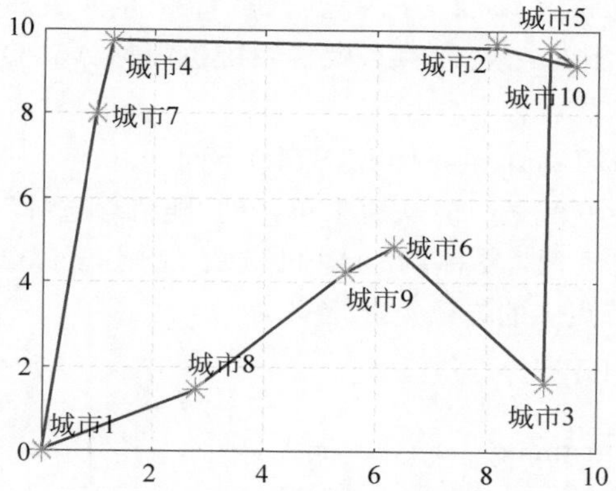

图 5.16　10 城市 TSP 问题最优路径(二)

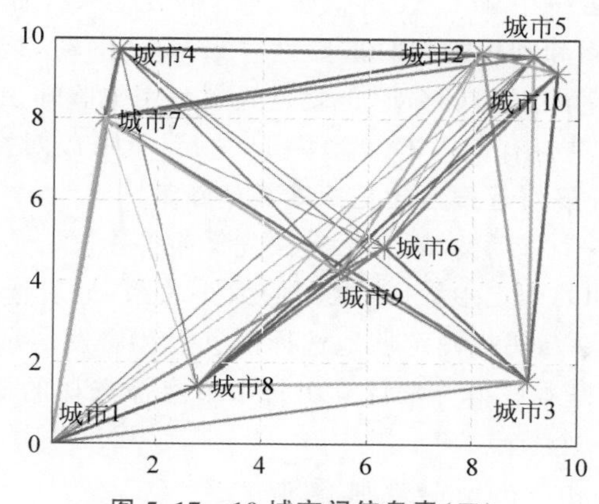

图 5.17　10 城市间信息素(二)

算法有较好的随机性以及全局搜索能力,但对算法的收敛速度会产生影响。β 表示启发信息受重视的程度,β 取值越大表示蚂蚁选择距离它近的城市的可能性越大。为了使启发式信息能够在蚁群算法中起到相应的作用,β 必须大于 0。如果 $\beta=0$,表示算法只使用了信息素,而没有利用启发信息带来的偏向性,这使得蚂蚁很快陷入停滞状态,达到局部最优,而不是全局最优,算法性能将大大降低。ρ 是信息挥发系数,挥发系数的大小反映了蚁群内蚂蚁相互之间的影响程度,ρ 使得刚刚被访问的路径上的信息素减少，从而使得该路径被其他蚂蚁选择的概率减少，蚂蚁有更大的概率搜索其他的路径，因此算法不易陷入停滞状态。

5.3.4　蚁群算法改进模型

虽然蚁群算法思想在启发式方法范畴内已经形成为一个独立分支，但现阶段对蚁群算法的研究还只是停留在仿真阶段，远未像遗传算法、模拟退火等算法那样形成系统的方法，尚未能提出一个完善的理论分析，且由于蚁群中多个个体的运动是随机的，当群体规模较大时，要找出一条较好的路径需较长的搜索时间等。为此，很多学者提出了改进的模型以提高算法的性能和功效，下面介绍几种比较典型的改进模型。

1. 蚁群系统

蚁群系统（Ant Colony System，ACS）是 M. Dorigo 等[32]于1996年为改善原有蚁群算法性能而提出的。该系统的突出特点就是将蚁群算法和一种增强型学习算法（Q-learning）有机地结合在一块。所以，蚁群系统也简称 Ant-Q 算法。ACS 主要有三方面不同于蚁群算法。

1）转移规则（State Transition Rule，STR）不同

蚁群系统在选择下一配送点时从原来单一的“随机性选择”中增加了一次“确定性选择”，两种方式结合使用，被称为伪随机选择规则（pseudorandom proportional rule）。从节点 i 选择节点 j 的方法重新定义为

$$j=\begin{cases}\mathrm{RWS}\{p_{ij}^{k}\}, & p>p_0\\ \operatorname{argmax}_{x\in \mathrm{allowed}_k}\{[\tau_{ix}]^{\alpha}\cdot[\eta_{ix}]^{\beta}\}, & p\leqslant p_0\end{cases}\tag{5.40}$$

其中，$x\in \mathrm{allowed}_k$ 表示第 k 只蚂蚁所有允许访问的节点；j 是第 k 只蚂蚁允许访问节点中的某一个；p 是一个随机数；p_0 是一个固定参数，称为调谐参数（tuning parameter），决定了探索和利用的相对重要性。当 $p\leqslant p_0$ 时，蚂蚁将以 p_0 概率朝着由信息素和启发信息指示的方向移动，也就是蚂蚁利用先验知识进行移动。同时允许蚂蚁以$(1-p_0)$的概率进行有偏探索。有了 p_0 之后，就可以对探索的程度进行调整，确定是选择集中在较好解附近搜索还是探索其他新解。

当蚂蚁要选择下一个移动的城市时，算法先产生一个$[0,1]$范围内的随机数 p，然后判断该随机数与已知的固定参数 p_0 之间的大小关系，最后选择蚂蚁移动方向的其中一种方法：如果 $p\leqslant p_0$，蚂蚁确定性地选择信息素和启发信息乘积最大的节点；如果 $p>p_0$，则依然根据基本蚁群算法计算出每个节点被选择的概率，然后按轮盘赌选择法随机性地选择下一个节点。

2）全局更新（global updating）规则不同

ACS 偏爱使用全局最优路径，即

$$\tau_{ij}=(1-p)\cdot\tau_{ij}+\rho\cdot\Delta\tau_{ij}^{*}\tag{5.41}$$

$$\Delta\tau_{ij}^{*}=\begin{cases}\dfrac{Q}{L_{\mathrm{gb}}}\\ 0\end{cases}\tag{5.42}$$

3）新增局部更新（local updating）规则

蚂蚁在构造路径的每一步过程中，就立即用局部信息素更新规则修改目前已经访

问过路径上相应的信息素值

$$\tau_{ij}=(1-\xi)\cdot\tau_{ij}+\xi\cdot\tau' \tag{5.43}$$

其中，$\xi\in(0,1)$是信息素衰减系数(pheromone decay coefficient)，对于τ'有3种可供选择的计算方法[33]。

(1) 方法一：$\tau'=\gamma\cdot\max\limits_{z\in J_k(j)}\tau_{jz}$，类似于Q-learning公式，也叫作Ant-Q。

(2) 方法二：$\tau'=\tau_0$，τ_0是信息素初始值，也叫作ACS。在TSPLIB中不同的数据集上多次实验表明：$\tau_0=\dfrac{1}{nL_{nn}}$时结果较好，$n$是城市节点数，$L_{nn}$表示旅行商问题中按最近邻启发式方法生成的路径长度。

(3) 方法三：$\tau'=0$，实验证明方法三的性能是三者中最差的。

前两种方法的性能很相近，但是Ant-Q的计算量要比ACS的大很多，所以主要关注于ACS，并利用其进行局部更新。局部更新使蚂蚁已经访问过的路径对应的信息素减少，来逐渐降低它们的吸引力，使之后的蚂蚁有更多的机会去探索新路径而不是已经访问过的路径，所以局部更新的主要目的是通过减少集中在某些路径的信息素，使在每次迭代中后面的蚂蚁的搜索多样化。这样，后面的蚂蚁被鼓励选择其他的路径，就会产生不同的解，使不同的蚂蚁在一次迭代中产生相同解的可能性大大降低。

2. 最大最小蚁群系统

研究结果表明，蚁群系统ACS对基本蚁群算法的改进是行之有效的，它可以使得算法在搜索的过程中围绕最优解进行，保证了求解的质量，加速了算法的收敛速度。然而，由于ACS过于强调最优解的引导作用，导致算法容易陷入局部最优解，即出现搜索过程中的早熟现象。M. Dorigo等学者在基本ACS的基础上提出了称为Ant-Q System[34]的更一般的蚁群算法，仅让每一次循环中最短路径上的信息素更新，每次让信息素最大的路径以较大的概率被选中，以充分利用学习机制，强化最优信息的反馈。

为了克服Ant-Q中可能出现的算法停滞的现象，德国学者T. Stutzle和H. Hoos[35]提出了改进的最大最小蚁群系统(MAX-MIN Ant System，MMAS)，该算法允许各个路径上的信息素在一个限定的范围内变化。MMAS是到目前为止解决TSP最好的ACO类算法。

MMAS与AS主要有3个方面不同。

1) 将信息素浓度限定在$[\tau_{\min},\tau_{\max}]$区间内

无论采用迭代过程中的最优解还是全局搜索的最优解对信息素进行更新，都可能导致搜索的停滞。这是因为，在蚁群搜索过程中，采用这两种方式进行更新的路径，其信息素浓度明显高于其他路径上的信息素浓度，使得蚁群在搜索的过程中都会选择这样的路径，在正反馈机制的作用下，信息素浓度越高的路径会吸引更多的蚁群作为其下一步移动方向，而其他路径上的信息素浓度较低，选择的蚁群数量减少，从而使得浓度高的路径上浓度不断提高，同时在信息素挥发机制的影响下，其他路径上的信息素浓度降低。当差异达到一定阶段，停滞现象就发生了。为了避免这种停滞状态的发生，MMAS算法对信息素浓度进行了限定，规定了它的最大值和最小值。由于在信息素的更新过程中，对路径上的信息素浓度大小进行了限定，所以最优路径上的信息素浓度和最差路径上的信息素浓度差异就能够得到很好的控制，通过设置它们的大小，

减小最优路径的选择概率，保证最差路径的最小选择概率，很容易地解决了算法运行过程中各信息素浓度之间差异过大的问题。

MMAS对路径上信息素浓度的最小值和最大值分别设置为$\tau_{\min}$和$\tau_{\max}$，使得所有路径上信息素浓度τ_{ij}都维持在一定范围之内，即$\tau_{\min} \leqslant \tau_{ij} \leqslant \tau_{\max}$。在信息素更新的过程中，信息素浓度高于最大值，即$\tau_{ij} > \tau_{\max}$，则将其大小设置成最大值，$\tau_{ij} = \tau_{\max}$。信息素浓度低于最小值，即$\tau_{ij} \leqslant \tau_{\min}$，则设置$\tau_{ij} = \tau_{\min}$。

2）只更新最优解上的信息素浓度

MMAS综合了蚁群系统的优点，为加强最优解的引导作用，在每次算法迭代完成以后，只更新最优解路径上的信息素。其信息更新规则为

$$\tau_{ij} = \rho\tau_{ij} + \Delta\tau_{\text{best}} \tag{5.44}$$

$$\Delta\tau_{\text{best}} = \frac{1}{f(s_{\text{gb}})} \tag{5.45}$$

其中，$f(s_{\text{best}})$表示迭代过程中最优解(s_{ib})或全局最优解(s_{gb})的值。

3）信息素初始状态被设置为$\tau_{\max}$

为使蚂蚁在算法的初始阶段能够更多地搜索新的解决方案，将信息素浓度大小初始化为$\tau_{\max}$，而在蚂蚁系统中不存在这样的设置。

在MMAS中如何选择适当的信息素浓度限定值是很重要的。首先必须考虑算法的收敛性。若在每个选择点上，一个解元素上的信息素浓度为$\tau_{\max}$，而其他所有可选择的解元素上信息素浓度均为$\tau_{\min}$，则称MMAS是收敛的，算法始终选择信息素浓度最大的解元素所构造的解。

对于任意τ_{ij}，有

$$\lim_{t \to \infty} \tau_{ij} = \tau_{ij} \leqslant \frac{1}{1-\rho} \times \frac{1}{f(s_{\text{opt}})} \tag{5.46}$$

在MMAS中，将最大信息素浓度$\tau_{\max}$设置为渐进的最大值估计，是通过使用$f(s_{\text{gb}})$代替$f(s_{\text{opt}})$来实现的。每次找到一个新的最优解，$\tau_{\max}$都将被更新，使得$\tau_{\max}$成为一个动态变化的值。

$\tau_{\min}$值的选取可以通过将算法的收敛性与最小信息素浓度的限制联系起来考虑。假设P_{best}在所有决策点上均为常数，蚂蚁需作n次“正确”的决策，则它将以概率P_{dec}^{n}来构造最优解

$$P_{\text{dec}}^{n} = P_{\text{best}}, \quad P_{\text{dec}} = \sqrt[n]{P_{\text{best}}} \tag{5.47}$$

$\tau_{\min}$的值可以通过以下两个公式计算：

$$P_{\text{dec}} = \frac{\tau_{\max}}{\tau_{\max} + (\text{avg} - 1) \times \tau_{\min}} \tag{5.48}$$

$$\tau_{\min} = \frac{\tau_{\max}(1 - P_{\text{dec}})}{(\text{avg} - 1) \times P_{\text{dec}}} = \frac{\tau_{\max}(1 - \sqrt[n]{P_{\text{best}}})}{(\text{avg} - 1) \times \sqrt[n]{P_{\text{best}}}} \tag{5.49}$$

若$P_{\text{best}} = 1$，则$\tau_{\min} = 0$。如果P_{best}过小，可能会出现$\tau_{\min} > \tau_{\max}$，这时需设置$\tau_{\min} = \tau_{\max}$。

3. 自适应蚁群算法

蚁群算法是一种随机型的启发式搜索算法，在求解问题全局最优解的过程中主要

包含两个阶段：适应阶段和协作阶段。其中，适应阶段主要是根据当前获取的最优解信息不断调整搜索方向；协作阶段主要是指蚁群之间的信息交流。尽管蚁群算法是一种优秀的优化算法，在许多的应用领域都取得巨大的成功，但与其他进化算法一样，算法本身也存在一定的缺陷。自适应蚁群算法主要针对蚁群算法的不足，通过自适应地改变算法的信息挥发系数、自适应地调整蚁群路径选择策略、自适应地修正信息量大小、自适应地调节启发参数等方式，保证算法以较快的收敛速度找到全局最优解。

1）自适应调节信息素挥发系数

基本蚁群算法利用信息正反馈的机制，通过不断消减蚁群较少通过路径上的信息素，提高最优解包含路径上信息素浓度的方式，引导蚁群朝着最优解的方向进行。同时，由于信息素挥发系数 ρ 的存在，当信息素挥发系数较大时，一些蚁群较少通过的路径，其信息素浓度迅速减小，并不断向 0 靠近，最终使得这些路径以极小的概率被蚁群选中。然而，并非所有信息素浓度为 0 的路径都是非最优解路径，采用完全一致的信息素更新方式，就会降低算法获取全局最优解的能力。而采用较小的信息素挥发系数时，由于信息素挥发较少，各条路径上的信息素浓度差异较小，不利于引导蚁群朝着最优解方向进行，算法收敛时间较长。王颖等[36]提出了一种自适应改变信息素挥发系数的方法，设置信息素的初始挥发系数为 1，当算法在一定迭代次数出现停滞时，就自适应地改变挥发系数的大小。

2）自适应地调整蚁群路径选择策略和信息量大小

当采用蚁群算法求解大规模优化问题时，由于蚁群的数目远远小于路径条数，在蚁群搜索的过程中，有些路径有蚁群经过，而有些路径可能在整个搜索过程中都未被选择。因此，当进行信息素浓度更新时，这些未被选中路径上的信息素浓度就会被减小，而被选中路径上的信息素浓度被加大，即蚁群搜索过的路径上的信息素大于未选择路径上的信息素，在正反馈机制的作用下，蚁群的搜索过程朝着信息素浓度较高的方向进行，导致了蚁群在搜索的过程中，不断地朝着信息素浓度较高的几条路径上进行选择。这个过程中，因为规模较大时，蚁群运用概率选择策略选择下一次的移动方向，使得蚁群算法对问题求解不具有稳定性，每次搜索可能选择的路径不相同，最终搜索到的最优解变化就较大。针对这种不足，陈岐[37]提出了一种基于分布均匀度的自适应蚁群算法，根据优化过程中解的分布均匀度自适应地调节路径选择概率的确定策略和信息量更新策略。

3）自适应地调整信息启发参数

蚁群算法的引导作用主要是利用信息素浓度大小来实现的，当蚁群搜索进入一定阶段，各条路径上的信息素存在一定的差异，从而引导蚁群朝着信息素浓度较高的方向进行。由于基本蚁群算法在进化的初级阶段，各条路径上的信息素浓度相同，需要经过较多次迭代的搜索、多次的信息更新才能实现较优路径上的信息素浓度明显高于其他各条路径上的信息素浓度，因此，收敛时间较长。甘荣伟等[38]提出了一种具有路径平滑和信息动态更新的蚁群算法，根据当前蚁群搜索过程中求解的状态，通过路径平滑技术，对路径进行特定的平滑变换，保证蚁群在搜索过程中通过不断调整路径启发信息的大小（即间接地调节路径信息启发重要程度参数）的方式来实现蚁群搜索过程中的自适应性，减小搜索空间，加快算法收敛速度。

5.3.5 蚁群算法应用

蚁群算法提出至今已有十多年的时间，其理论正在形成一个较为严整的体系，有关基础也开始逐步奠定，而应用范围已几乎遍及各个领域，获得了极大的成功。它的主要应用领域有以下几部分[39]。

1. 通信问题

随着Internet上广泛的分布式多媒体应用对服务质量(QoS)需求的增长，各种服务应用对网络所能提供的QoS提出了不同的要求。路由是实现QoS的关键之一，将蚁群算法用于解决受限路由问题，目前可以解决包括带宽、延时、包丢失率和最小花费等约束条件在内的QoS组播路由问题[40-42]，比现有的链路状态路由算法具有明显的优越性。但目前所研究的实例相对简单，没有对更复杂的QoS问题进行深入探讨。

2. 多目标分配问题

生产调度是一个复杂的动态管理优化问题。因为蚁群算法机制可以不断从过去的加工经历中学习，能自然地适应车间内外部环境的变化，从而实现动态调度，所以，它能适应动态的工件到达、不确定的加工时间以及机床故障等扰动，比静态确定性调度算法具有更好的应用前景[43-44]。

蚁群算法同样可求解混流装配线调度等动态任务多目标分配问题[45-46]，并对车间内外部环境变化具有良好的自适应性。但这些应用研究大多是针对小规模实例的仿真，用蚁群算法解决大规模生产调度和多目标分配问题是今后进一步的研究方向。

3. 电力系统优化问题

电力系统优化是一个复杂的系统工程，它包括无功优化、经济负荷分配、电网优化及机组最优投入等一系列问题，其中很多是高维、非凸、非线性的优化问题。侯云鹤等[47]将蚁群算法成功地用于解决经济负荷分配问题；王志刚等[48]则解决了该算法在配电网优化规划中的初步设计问题。

电力系统优化中的机组最优投入问题是寻求一个周期内各个负荷水平下机组的最优组合方式及开停机计划，使运行费用最小。利用状态、决策及路径概念，将机组最优投入问题设计成类似TSP问题的模式，从而可方便地利用蚁群算法进行求解。

4. 机器人路径规划问题

机器人路径规划就是在障碍有界空间内找到一条从出发点到目标位置的无碰撞且能满足一些特定要求的满意路径。近几年，许多学者开始用蚁群算法在这方面进行了一系列出色的研究工作。

为有效地解决机器人避障问题，并扩展其对具体问题的适应性，在蚁群算法中通过调整避障系数，可以得到不同的优化轨迹。澳大利亚学者R. A. Russell[49]设计了一种用于移动机器人的气味传感器导航机制，并深入分析了蚁群算法在该领域应用的鲁棒性。瑞士学者J. B. K. Michael等[50]将蚁群算法的程序编入微型机器人中，使众多微型机器人像蚂蚁一样协同工作，完成复杂任务。这项研究成果已被*Nature*报道。

此外，蚁群算法还在数据挖掘[51]、参数辨识[52]、图像处理[53]、图形着色[54]、分析化学[55]、岩石力学[56]以及生命科学[57]等领域的应用取得了很大进展。综合来看，蚁群算法与其他启发式算法相比，在求解性能上具有很强的鲁棒性，搜索能力较强且易与其他算法(如遗传算法、PSO算法)结合并改善算法性能，因此蚁群算法应用前景十分广阔。

5.4 菌群算法

随着科学技术的发展,现实问题越来越复杂,学者们基于各种自然界存在的群智能现象,提出了许多群智能优化算法。5.2 节和 5.3 节中介绍的 PSO 算法和蚁群算法都是 20 世纪 90 年代早期提出的经典算法,经过二三十年的发展已经相对成熟和完善,本节将介绍一种新兴的群智能算法——菌群算法,菌群算法是受大肠杆菌的觅食行为启发而提出的。

5.4.1 菌群算法背景

菌群优化(Bacterial Foraging Optimization,BFO)算法也被称为 BFA(Bacterial Foraging Algorithm),是由 K. M. Passino 教授[58]基于生物学家 H. C. Berg[59]对大肠杆菌群体的研究成果所提出的用来解决优化问题的群智能优化算法。

大肠杆菌是人体大肠内的一种常见细菌,它生活在人体大肠内的溶液环境中,溶液中有大肠杆菌生存所需要的各种营养物质。大肠杆菌群体在觅食时,个体会通过向自己的周围散播化学信息(一种称为引诱剂的化学物质),来通知同伴在环境中的营养物质的分布情况,实现通信的目的[60]。引诱剂的释放范围是以细菌为中心的一个区域,蚂蚁的信息素浓度随时间增加而减小,相似地,引诱剂的浓度随着离开细菌的距离增大而减小。引诱剂有两种,分别发挥吸引与排斥的作用,其中吸引的作用范围大于排斥的作用范围。这两种化学信息的作用类似于物理中的引力与斥力作用,因此,也可以把细菌间的这种通信机制看成引力/斥力机制。具有吸引作用的引诱剂浓度越高则代表该位置上的营养物质多,因此细菌群体就朝着环境中引诱剂浓度高的方向上运动。在大肠杆菌群体中,引诱剂的浓度信息就是细菌群体之间的通信介质,大肠杆菌接收来自其他细菌的化学信息,进而决定自己的移动趋势,从而完成觅食行为。

5.4.2 菌群算法原理

细菌的觅食过程是一种趋利避害的行为,它通过自身周围的纤毛为其他细菌进行信息传递,通过自身周围的鞭毛的摆动进行移动。随着对环境的适应,细菌会进行分裂或是消亡,并且对所经过的环境状态还有一定的记忆性,因此可以在觅食的过程中避开有毒物质而沿着食物源的方向前进。菌群算法是对大肠杆菌在趋向性过程中的行为进行模拟,以此进行建模迭代来产生最优解,依靠概率性向最优结果逼近的一种仿生搜索算法。

菌群算法将每个细菌看作待求解问题的一个可行解,然后利用细菌的趋向(chemotaxis)、聚群(swarming)、繁殖(reproduction)和迁徙(elimination and dispersal) 4 个生物行为完成解的搜索过程。以求目标函数极小化问题为例,下面详细介绍这 4 个生物行为的实现过程[61]。

1. 趋向行为

在觅食过程中,细菌会首先执行翻转操作以产生一个随机移动方向,沿着该方向前进一步。然后，细菌比较移动前后食物营养的丰富程度，如果移动后食物营养更加丰富，细菌会继续沿着该方向移动，直到食物营养变得匮乏或者已经在同一方向上移动了足够长的距离；否则细菌会通过翻转产生另一个随机方向后再进行如上的觅食行动。细菌在觅食过程中沿着相同方向连续前进的行为称为游动或者游泳。具体地，细菌沿着某个方向移动一步所发生的解的变化可表示为

$$X^i(j+1,k,l)=X^i(j,k,l)+C(i)\frac{\boldsymbol{\Delta}(i)}{\sqrt{\boldsymbol{\Delta}^{\mathrm{T}}(i)\cdot\boldsymbol{\Delta}(i)}} \tag{5.50}$$

其中，$X^i(j,k,l)$是第 i 个细菌在第 j 次趋向、第 k 次繁殖、第 l 次迁徙操作时的位置即第 i 个细菌所表示的解(有时会略去索引，用 X^i 表示第 i 个细菌的位置)；$\boldsymbol{\Delta}(i)=(\delta_1(i),\delta_2(i),\cdots,\delta_n(i))$是一个 n 维随机向量，每个分量 $\delta_p(i)(p=1,2,\cdots,n)$是$(-1,1)$内一个均匀分布的随机数，$\boldsymbol{\Delta}(i)/\sqrt{\boldsymbol{\Delta}^{\mathrm{T}}(i)\cdot\boldsymbol{\Delta}(i)}$是通过向量单位化得到的 n 维单位向量，它表示细菌通过翻转操作确定的觅食方向；$C(i)$是细菌 i 的移动步长。细菌在 $X^i(j,k,l)$处的目标函数值或者花费(cost)表示为 $f(X^i(j,k,l))$，也可写为 $f(i,j,k,l)$。当 $f(X^i(j+1,k,l))<f(X^i(j,k,l))$时，细菌 i 将沿着相同方向继续向前运动，直到目标函数值不再降低或者已经在相同方向上移动了足够多的步数为止，最大的步数习惯用 N_s 表示。从本质上讲，趋向机制是菌群算法的核心操作，是个体解向最优解逼近的驱动力。从实现方式上说，它是翻转操作和游动操作复杂交织的运动过程，其中翻转操作控制寻优的方向，游动操作决定在某个方向上搜索优良解的程度。

2. 聚群行为

细菌个体在移动过程中通常会同时释放引诱信号和排斥信号。引诱信号吸引其他细菌个体不断靠近自己，排斥信号保证其他细菌个体不能无限制地靠近自己，而是保持在一定距离之外。细菌个体之间的上述相互作用表述为

$$\begin{aligned}f_{\mathrm{cc}}(X^i,P(j,k,l))&=\sum_{r=1}^{s}f_{\mathrm{cc}}^r(X^i,X^r)\\&=\sum_{r=1}^{s}\left[-d_{\mathrm{att}}\exp\left(-w_{\mathrm{att}}\sum_{p=1}^{n}(x_p^i-x_p^r)^2\right)\right]+\\&\quad\sum_{r=1}^{s}\left[-h_{\mathrm{rep}}\exp\left(-w_{\mathrm{rep}}\sum_{p=1}^{n}(x_p^i-x_p^r)^2\right)\right]\end{aligned} \tag{5.51}$$

其中，S 是菌群中细菌个体数目；$P(j,k,l)=\{X^r(j,k,l)\mid r=1,2,\cdots,S\}$是菌群中所有个体在第 j 次趋向、第 k 次繁殖、第 l 次迁徙操作时的位置；d_{att} 和 w_{att} 分别表示引诱信号的释放量和扩散率；h_{rep} 和 w_{rep} 分别表示排斥信号的释放量和扩散率；$f_{\mathrm{cc}}(X^i,P(j,k,l))$表示其他个体对细菌 i 的作用力。

聚群机制是菌群算法中一个可选的机制。当有聚群机制时，细菌个体 i 根据 $f(X^i(j,k,l))+f_{\mathrm{cc}}(X^i,P(j,k,l))$而不是单一的 $f(X^i(j,k,l))$进行寻优判断。从表面上看，聚群机制使每个个体与其他个体都发生了联系，貌似起到了信息沟通的作用。但实际上，聚群机制并没有给予个体具体的行动指导，仅仅在目标函数值上加

了一个附加值，因而所起到的信息交流作用非常有限。除此之外，聚群机制的计算量比较大，而且含有多个参数。因此许多菌群算法研究并不采用该机制。

3. 繁殖行为

随着营养的吸收，细菌会逐渐变长。在适当的条件下，营养充足的细菌个体会发生无性繁殖，即一个个体分裂为两个完全相同的子个体，而营养匮乏的细菌个体会消亡。在菌群算法中，N_c 次趋向操作被看作细菌生命的存活长度，即每经过 N_c 次趋向操作，菌群发生一次繁殖过程。通常设定 $S_r=S/2$ 个优良细菌个体进行无性繁殖。具体实现过程为：首先根据健康度对菌群进行降序排列，然后前一半比较健康的细菌中的每个个体分裂为两个相同的子个体（两个子个体有相同的解），另一半不健康的细菌则全部被丢弃。在该过程中，菌群中每个个体的健康程度根据其 N_c 次趋向操作累积的函数值来评价，即

$$f^i_{\text{health}}=\sum_{j=1}^{N_c+1} f(i,j,k,l) \tag{5.52}$$

本质上，繁殖行为可以看作一个相对抽象的达尔文进化模型，类似于遗传算法的选择操作。它起到了优胜劣汰的作用，有助于提高算法的收敛速度。

4. 迁徙行为

菌群生活的环境发生剧烈变化后，有的个体可能会迁移到新环境中去寻找营养源。菌群算法发生迁徙行为的总数记为 N_{ed}。菌群每完成 N_{re} 次繁殖操作，发生一次迁徙过程。细菌个体按照执行迁徙的规则为

$$X=\begin{cases}X', & q<P_{ed}\\ X, & \text{其他}\end{cases} \tag{5.53}$$

其中，X'是细菌通过重新初始化到达的新位置；q 是在(0,1)区间中采样的一个均匀分布的随机数；P_{ed} 是迁徙概率。

在以上知识的基础上，给出菌群算法[62]原理，如算法 5.4 所示，菌群算法的流程图如图 5.18 所示。

算法 5.4：菌群算法(BFO)

Step 1：初始化参数。初始化算法中的所有参数：菌群大小 S，迭代次数 G，趋向次数 N_c，繁殖次数 N_{re}，迁移次数 N_{ed}，趋向步长 $C(i)$，游动次数 N_s，迁徙概率 P_{ed} 以及细菌个体的初始位置。

Step 2：对细菌个体进行趋向操作。首先对细菌进行翻转操作，然后计算其适应度值，如果翻转后的适应度值得到改善，则按照翻转的方向继续对细菌进行游动操作，直至达到最大游动步数 N_s 或适应度值不再改善。

Step 3：对菌群进行繁殖操作。趋向操作完成后，计算每个细菌的适应度值，并且根据适应度值的大小进行排序，对适应度值较强的半数细菌进行繁殖操作，对适应度值较弱的细菌进行消亡操作。

Step 4：对细菌个体进行迁徙操作。菌群繁殖完成后，随机生成一个[0,1]的常数，并将其与迁徙概率进行比较，如果小于 P_{ed}，则将细菌随机分散在搜索空间中，以此使细菌个体有一定的机会重新开始优化。

Step 5：判断终止条件。如果满足终止条件，程序结束输出结果，否则，返回 Step 2。

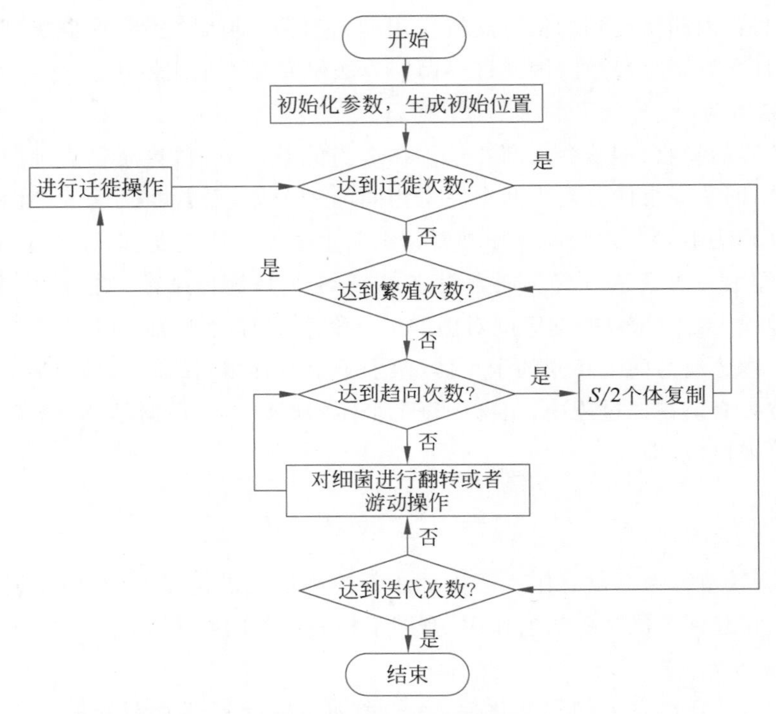

图 5.18　菌群算法流程图

5.4.3　菌群算法应用

作为一种新兴的群智能算法，菌群算法的理论体系尚未完整建立。菌群算法中参数较多，目前对于相关参数的选取没有成系统的方法。但菌群算法具有并行的寻优能力且对初值不敏感等特点，因此它在一些领域得到了有效应用。下面介绍目前几个比较主流的应用领域。

1. 多目标优化

大量工程和科学领域经常遇到相互冲突的多个目标均可能是最佳的优化解的问题，即最优解通常是一个解集，这一类问题称为多目标优化问题。传统方法求解多目标优化问题经常只能得到一个解而不是 Pareto 的最优解集，而且求解效率不够高。因此将细菌觅食优化算法应用于多目标优化问题，菌群中的全局最优位置和细菌个体的局部极优位置共同决定每个细菌个体的行为。在多目标优化问题中，如何选择下一步的最佳位置指导菌群个体进行运动成为解决该问题的关键点。乔英等[63]在多目标分布估计算法中融入细菌觅食行为，利用细菌觅食行为局部搜索能力强、搜索的多向性和全局性好等特点，能够在一次运行中获取多个 Pareto 最优解集。细菌觅食算法的引入使得问题求解在收敛性和分散性两方面表现良好，是一种有效的多同标进化算法，提高了算法的性能。

2. 路径规划

移动机器人路径规划需要机器人能够准确、及时地利用传感器获得的静态或动态的环境信息做出综合、合理的判断，并根据这些获取的信息做出正确的决策。相对于传统的动态路径规划算法，生物启发式算法都是基于生物在复杂的动态环境中寻找食物或迁徙的行为得到的启发，所以在处理路径规划问题上拥有优良的全局寻优能力。

梁晓丹等[64]将自然界中细菌的自适应觅食现象与移动机器人动态路径规划相类比，在菌群算法的基础上，融合了自然生物的局部区域搜索策略和自适应觅食策略，使其具有发现动态环境的营养梯度方向、继续发掘潜在解区域进而发现全局最优或局部最优解所在区域的能力。在该改进菌群算法驱动的搜索过程中，机器人可以顺利避开障碍，同时快速找到目标地点。

3. 神经网络训练

径向基函数（Radial Basis Function，RBF）神经网络是一种高效的前馈式神经网络，它具有其他前向网络所不具有的最佳逼近性能和全局最优特性，并且结构简单，训练速度快。同时，它也是一种可以广泛应用于模式识别、非线性函数逼近等领域的神经网络模型。缪凯[65]在细菌群体趋向性优化算法的基础上提出了微细菌群体趋向性算法，并借用微细菌群体趋向性算法的思想来确定 RBF 神经网络隐层神经元的控制参数，来全结构优化 RBF 神经网络，使 RBF 神经网络不但可以得到合适的结构，同时也可以得到合适的控制参数。结果表明，这种方法相对于传统的 K-means 和改进的 RBF 算法效率高，泛化能力好。

4. 图像处理

图像匹配作为图像处理领域中一个重要的课题，是指机器在识别物体过程中，将已知图像与未知图像的整体或部分进行空间上的对准，根据已知模式的图像在一幅陌生图像中寻找对应模式的子图像的过程。周美茹[66]提出将优化后的动态细菌觅食优化算法应用于图像匹配搜索，以最大互相关值为适应度函数，结合图像匹配这一具体应用问题设计种群，通过自适应趋向操作、动态概率繁殖操作、自适应迁徙操作，对细菌个体进行迭代寻优，最终找出图像中的最佳匹配点。实验结果表明，相比于传统图像匹配算法，基于动态细菌觅食优化算法的图像匹配有效地提高了匹配概率和精度，缩短了匹配时间。

5.5 其他群智能模型

大自然中存在着形形色色的以集群方式生存的生物，它们利用群体智能，经历了漫长的自然界的优胜劣汰而生存至今，它们表现出来的群体智能不断启发着学者们一次次去模拟和探索，为复杂优化问题的求解带来新的生机。继粒子群算法、蚁群算法和菌群算法之后，作为附加知识，本节将简要介绍人工鱼群算法和狼群算法的基本原理，扩展读者对群智能领域的了解。

5.5.1 人工鱼群算法基本原理

鱼群在我们的生活中较为常见，通过对鱼类生活习性的观察，可以总结出鱼群有 4 种典型行为：觅食行为、聚群行为、追尾行为和随机行为。觅食行为是生物的一种最基本的行为，也就是趋向食物的一种活动，一般可以认为这种行为是通过视觉或味觉感知水中的食物量或浓度来选择趋向的。聚群行为是鱼类较为常见的一种现象，大量或少量的鱼都能聚集成群，这是它们在进化过程中形成的一种生存方式，可以进行集体觅食和躲避敌害。追尾行为指当某一条鱼或几条鱼发现食物时，它们附近的鱼会尾随其后快速游过来，进而导致更远处的鱼也尾随过来。随机行为指鱼在水中悠闲地自由游动，基本上是随机的，其实它们也是为了更大范围地寻觅食物或同伴。鱼的这些行为会在不同时刻相互转换，而这种转换通常是鱼通过对环境的感知来自主实现的，这些行为与鱼的觅食和生存都有着密切的关系。

人工鱼群算法是由李晓磊等[67]于2002年在鱼群寻找食物时表现的种种移动寻觅特点中得到启发而提出的一种群智能优化算法。在一片水域中，鱼生存数目最多的地方一般就是该水域中营养物质含量最高的地方。依据这一特点来模仿鱼群的觅食等行为，以期完成寻优目的，从而实现全局寻优[68]，这就是人工鱼群算法的基本思想。

鱼群的活动中，觅食行为、聚群行为、追尾行为和随机行为与寻优命题的解决有着密切的关系，如何构造并实现上述鱼群行为，从而在计算机设备上解决实际问题呢？

鱼群的觅食行为是循着食物多的方向游动的一种行为，在寻优算法中则是向较优方向前进的迭代方式。在聚群行为中，每条人工鱼遵守两个规则：一是尽量向临近伙伴的中心移动；二是避免过分拥挤。追尾行为是向临近的最活跃者追逐的行为，在寻优算法中可以理解为向附近的最优伙伴前进的过程。人工鱼群算法将每个备选解视为一条“人工鱼”，多条人工鱼共存，实现合作寻优（类似鱼群寻找食物）。在构建整体算法时，首先初始化为一群人工鱼（随机解），然后通过迭代搜寻最优解。在每次迭代过程中，人工鱼通过觅食、聚群及追尾等行为来更新自己，从而实现寻优。也就是说，算法的进行是人工鱼个体的自适应行为活动，即每条人工鱼根据周围的情况进行游动，人工鱼的每次游动就是算法的一次迭代。欲了解详细的算法构造实现过程，可参考文献[67]。

5.5.2　狼群算法基本原理

在自然界中，狼是处在食物链顶端的捕食者。狼群有着严密的等级制度，一个狼群一般有一个首领，称为头狼；若干探狼负责找寻好的食物；若干猛狼负责围捕猎物，狼群过着各司其职的生活。头狼是整个狼群中的关键，是最具智慧和最强壮的，是在“弱肉强食”式的残酷竞争中产生的首领。头狼负责整个狼群的决策，关乎着群体的兴衰。狼群在搜索猎物时并不会全体出动，而是先派出一些精锐的狼，称为探狼。探狼通过气味搜寻优质猎物。一旦探狼发现猎物，就会向头狼报告，头狼通过嚎叫呼唤周围的猛狼进行围攻。猎物分配上，狼群有着严格的等级制度，猎物并不是平均分配给群体中的每只狼，而是强者多分，弱者少分或不分。这样会使弱小的狼饥饿而亡，遭到自然界的淘汰，同时可以使狼群持续强盛[69]。

狼群研究（Wolf Pack Search，WPS）最早是由杨晨光等[70]提出的。2011年，刘长安等[71]为解决优化问题提出了一种新狼群算法（Wolf Colony Algorithm，WCA）。吴虎胜等[72]于2013年提出了全新的狼群算法（Wolf Pack Algorithm，WPA），该算法更加详细地将狼群分为头狼、探狼与猛狼，并抽象出游走、召唤、奔袭与围攻等智能行为与“胜者为王”的头狼产生规则和“强者生存”的狼群更新机制。

狼群算法旨在模拟狼群的捕猎行为来处理函数优化问题，将狼群分为三类：头狼、探狼和猛狼。算法的基本思想是：从待寻优空间中的某一初始猎物群开始，其中具有最佳适应度值的狼作为头狼，该操作称为头狼生成准则。然后，选取除头狼外最佳的 m 匹狼作为探狼，进行预定方向上的寻优搜索，采用新旧猎物规则保留较优质的猎物，一旦发现比当前头狼更优质的猎物，则具有该猎物的探狼成为头狼，此过程称为探狼游走行为。头狼发起嚎叫，通知周围猛狼迅速向头狼靠拢，探寻优质猎物，如果探寻到的优质猎物比头狼更优，则该狼代替头狼再次发起嚎叫，直到猛狼距离猎物一定距离时停止，此过程称为猛狼奔袭行为。当猛狼距离猎物达到预先设定的阈值时，转变为围攻行为，对头狼附近的优质猎物进行寻优，此过程称为狼群围攻行为。将适应度值最差的 R 匹狼淘汰，同时在寻优空间内随机产生 R 匹狼进行补充，此过程称为“强者生存”的狼群更新机制。欲了解狼群算法的详细内容，请参考文献[72]。

本章小结

群智能算法是指受生物群体行为研究的启发，人类模拟自然界群居动物的觅食和繁殖等行为或者动物群体的捕猎策略等对问题进行求解的优化算法。

到目前为止，人们已经发明了大量群体计算模型，它们表现出了与单个个体完全不同的非凡计算能力，可以用于求解大量复杂的科学与工程问题，受到了广泛的关注和研究，并发展成为群智能优化计算的新型研究方向。本章从群智能算法的基本概念开始介绍，总结了群智能算法的特点，并简单介绍了群智能算法的基本思想。在此基础上，详细介绍了群智能算法中的主流算法——PSO 算法、蚁群算法。总体来说，群智能算法都是基于概率计算的随机搜索进化算法，在结构、研究内容、方法及步骤上有较大的相似性，其结果也都偏随机性。目前群智能算法在数学理论基础研究上还比较薄弱，且参数设置大都没有确切的理论依据，对具体问题和应用环境的依赖性比较大。通过本章的学习，读者可以对群智能算法有更深入的了解，并尝试将这些算法应用于其他领域，解决领域中面临的问题。

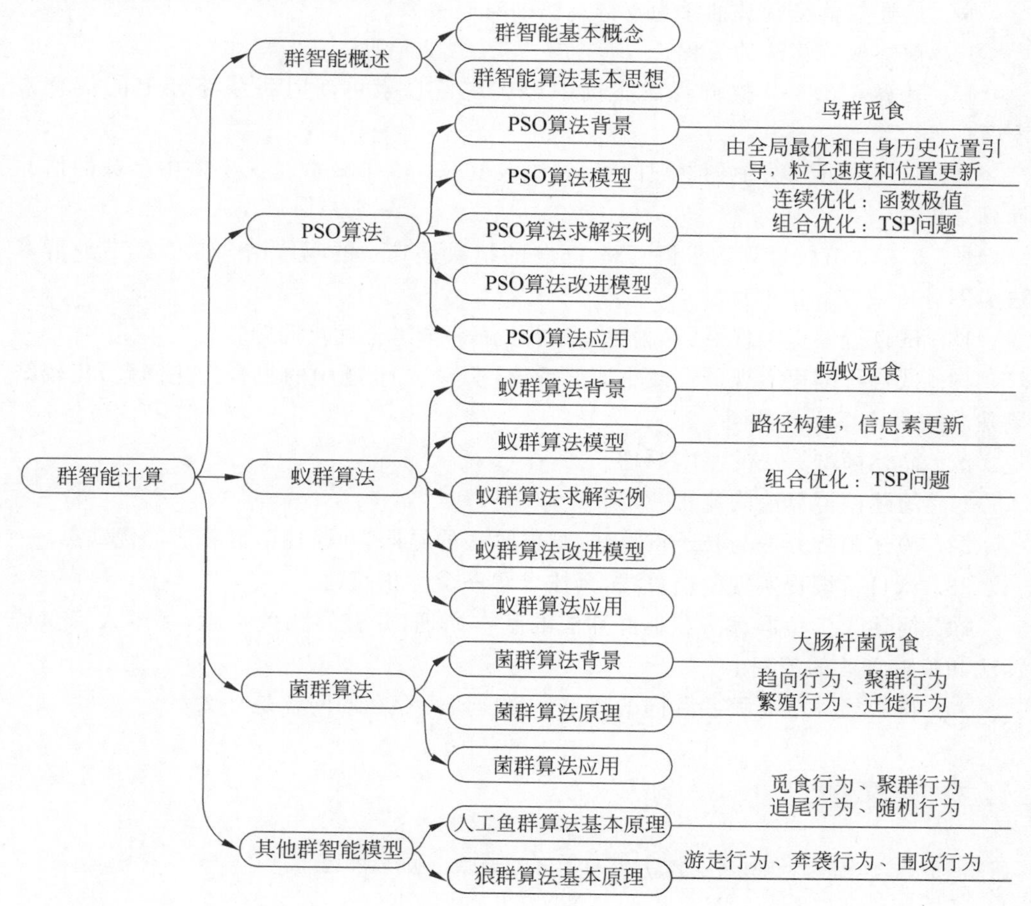

习题

1. 群智能算法的基本思想是什么？

2. 常见的群智能算法有哪些？

3. 简述群智能算法与进化算法的异同。

4. 请按自己的理解用自己的语言举例说明 PSO 算法的基本思想。

5. 简述鸟群觅食被抽象为 PSO 算法的对应关系。

6. 简述 PSO 算法的流程。

7. 计算 5.2.3 节中第三代和第四代更新后粒子的速度和位置。

8. 简述 PSO 算法中各参数的意义及选择方法。

9. 根据式(5.4)线性调整惯性权重，计算 5.2.3 节中标准 PSO 算法第二代、第三代和第四代更新后粒子的速度和位置。

10. 试自行编程实现 PSO 算法，具体求解一个优化问题。

11. PSO 算法中惯性权重如何进行自适应？试设计出满足自适应变化的惯性权重变换公式。

12. 举例说明蚁群算法的基本原理。

13. 简述蚁群觅食被抽象为蚁群算法的对应关系。

14. 简述蚁群算法的流程。

15. 计算 5.3.3 节蚁群算法实例中第一次信息素更新时每条路径上的信息素浓度。

16. 简述蚁群算法中各参数的意义，试改变 5.3.3 节蚁群算法实例中参数的值并计算结果。

17. 5.3.3 节蚁群算法求解 TSP 问题的结果是唯一的吗？结合 5.3.3 节蚁群算法实例分析蚁群算法的优缺点。

18. 试自行编程实现 ACO 算法，具体求解一个组合优化问题。

19. 试自行编程实现最大最小蚁群系统，求解第 16 题中的组合优化问题，比较结果并总结两种算法的异同。

20. 简述菌群算法的基本原理。

21. 简述菌群算法的流程。

22. 简述菌群算法与粒子群算法、蚁群算法的异同，并简述菌群算法的优缺点。

23. 试自行编程实现菌群算法，具体求解一个优化问题。

24. 简述人工鱼群算法和狼群算法的基本原理，并查阅相关文献，了解人工鱼群算法和狼群算法的流程。

25. 群智能算法有哪些共同的特点？目前研究存在的问题是什么？

参考文献

[1] 雷秀娟. 群智能优化算法及其应用[M]. 北京：科学出版社，2012.

[2] 王万良. 人工智能导论[M]. 北京：高等教育出版社，2017.

[3] Beni G, Wang J. Swarm intelligence[C]//Proceedings for the 7th Annual Meeting of the Robotics Society of Japan, 1989.

[4] 张青，康立山，李大农. 群智能算法及其应用[J]. 黄冈师范学院学报，2008(06)：44-48.

[5] Langton C G. Artificial life: The proceedings of an interdisciplinary workshop on the synthesis and simulation of living systems[M]. New Mexico: Longman Publishing, 1989.

[6] 霍兰. 隐秩序：适应性造就复杂性[M]. 周晓牧，韩晖，译. 上海：上海科技教育出版社，2001.

[7] Reynolds C W. Flocks, herds and schools: A distributed behavioral model[J]. Computer Graphies, 1987, 21(4): 25-34.

[8] Heppner F, Grenander U. A stochastic nonlinear model for coordinated bird flocks[C]// The Ubiquity of Chaos, 1990.

[9] Kennedy J, Eberhart R C. Particle swarm optimization[C]//Proceedings of IEEE International Conference on Neural Networks, 1995.

[10] Shi Y H, Eherhart R C. Parameter selection in particle swarm optimization[J], Lecture Notes in Computer Science, 1998, 1447: 591-600.

[11] 王东风，孟丽. 粒子群优化算法的性能分析和参数选择[J]. 自动化学报，2016，42(10)：1552-1561.

[12] 郭文忠，陈国龙. 求解 TSP 问题的模糊自适应粒子群算法[J]. 计算机科学，2006(06)：161-162+185.

[13] Angeline P J. Using selection to improve particle swarm optimization[C]//IEEE International Conference on Evolutionary Computation Proceedings, 1998.

[14] Lovbjerg M, Rasmussen T K, Krink T. Hybrid particle swarm optimizer with breeding and subpopulations[C]//Proceedings of the 3rd Annual Conference on Genetic and Evolutionary Computation, 2001.

[15] 石松，陈云. 层次环形拓扑结构的动态粒子群算法[J]. 计算机工程与应用，2013(08)：1-5.

[16] 高鹰. 一种自适应扩展粒子群优化算法[J]. 计算机工程与应用，2006(15)：12-15.

[17] 胡春霞，曾建潮，王清华，等. 一种免疫微粒群优化算法[J]. 计算机工程，2007(19)：213-214.

[18] Liu B, Wang L, Jin Y H. Improved particle swarm optimization combined with chaos[J]. Chaos, Solitons and Fractals, 2005, 25(5): 1261-1271.

[19] Storn R, Price K. Differential evolution: a simple and efficient heuristic for global optimization over continuous spaces[J]. Journal Global Optimization, 1997, 11(4): 341-359.

[20] Clerc M. The swarm and the queen: towards a deterministic adaptive particle swarm optimization[C]//Proceedings of the IEEE Congress on Evolutionary Computation, 1999: 1951-1957.

[21] Trelea I C. The particle swarm optimization algorithm: convergence analysis and parameter selection[J]. Information Processing Letters, 2003, 85(6): 317-325.

[22] Zheng Y, Ma L, Zhang L, et al. On the convergence analysis and parameter selection in particle swarm optimization[C]//Proceedings of International Conference on Machine Learning and Cbernetics, 2003.

[23] 王芳. 粒子群算法的研究[D]. 重庆：西南大学，2006.

[24] Van Den Bergh F. An analysis of particle swarm optimizers[D]. Pretoria, Gauteng: University of Pretoria, 2007.

[25] 陈阳，黄卫华，何佳乐，等. 基于粒子群模糊神经网络的立方体机器人建模[J]. 组合机床与自动化加工技术，2022(07)：22-25，29.

[26] 陈海焱，陈金富，段献忠. 含风电场电力系统经济调度的模糊建模及优化算法[J]. 电力系统自动化，2006(02)：22-26.

[27] 李擎，徐银梅，张德政，等. 基于粒子群算法的移动机器人全局路径规划策略[J]. 北京科技大

学学报,2010,32(03):397-402.
[28] 马良,朱刚,宁爱兵.蚁群优化算法[M].北京:科学出版社,2007.
[29] Colorni A,Dorigo M,Maniezzo V. Distributed optimization by ant colonies[C] //Proceedings of the first European conference on artificial life,1991.
[30] 李建军.基于蚁群算法的车辆路径规划问题的研究[D].西安:西安电子科技大学,2015.
[31] Dorigo M, Montes d O M A, Oliveira S, et al. Ant colony optimization[J]. Alphascript Publishing,2010,28(3):1155-1173.
[32] Dorigo M, Gambardella L M. Ant colony system: a cooperative learning approach to the traveling salesman problem[J]. IEEE Transactions on Evolutionary Computation,1997,1(1): 53-56.
[33] Dorigo M,Birattari M,Stutzle T. Ant colony optimization: artificial ants as a computational intelligence technique[J]. IEEE Computational Intelligence Magazine,2006,1(4):28-39.
[34] Gambardella L M, Dorigo M. Ant Q: A reinforcement learning approach to the traveling salesman problem [C]//Proceedings of the 12th International Conference on Machine Learning,1995.
[35] Stutzle T, Hoos H. MAX-MIN Ant system and local search for the traveling salesman problem[C]//IEEE International Conference on Evolutionary Computation,1997.
[36] 王颖,谢剑英.一种自适应蚁群算法及其仿真研究[J].系统仿真学报,2002,14(1):31-33.
[37] 陈岐,沈洁,秦玲,等.基于分布均匀度的自适应蚁群算法[J].软件学报,2003,14(8): 1379-1387.
[38] 甘荣伟,郭清顺,常会友,等.具有路径平滑和信息动态更新的蚁群算法[J].计算机科学, 2010,37(01):233-235.
[39] 段海滨,王道波,朱家强,等.蚁群算法理论及应用研究的进展[J].控制与决策,2004(12): 1321-1326,1340.
[40] LU G Y,LIU Z M. QoS Multicast Routing Based on Ant Algorithm in Internet[J]. The Journal of China Universities of Posts and Telecommunications,2000(04):12-17.
[41] Chu C H,Gu J,Hou X,et al. A heuristic ant algorithm for solving QoS multicast routing problem[C]//Proceedings of the 2002 Congress on Evolutionary Computation,2002.
[42] Ding J L,Chen Z Q,Yuan Z Z. Dynamic optimization routing method based on ant adaptive algorithm[J]. Control and Decision,2003,18(06):751-753,757.
[43] Shervin N. Agent-based approach to dynamic task allocation[C]// Proceedings of the 3th International Workshop on Ant Algorithms,2002.
[44] Li Y J, Wu T J. A nested ant colony algorithm for hybrid production scheduling[C]// Proceedings of the 2002 American Control Conference,2002.
[45] Li Y J, Wu T J. A nested hybrid ant colony algorithm for hybrid production scheduling problems[J]. Acta Auomatica Sinica,2003,29(1):95-101.
[46] Joaquin B, Jordi P. Ant algorithms for assembly line balancing[C]//Proceedings of Third International Work shop on Ant Algorithms,2002.
[47] Hou Y H,Wu Y W,Lu L J,et al. Generalized ant colony optimization for economic dispatch of power systems [C]//Proceedings of the International Conference on Power System Technology,2002(1).
[48] 王志刚,杨丽徙,陈根永.基于蚁群算法的配电网网架优化规划方法[J].电力系统及其自动化学报,2002(06):73-76.
[49] Russell R A. Ant trails-an example for robots to follow[C]//IEEE International Conference on Robotics and Automation,1999.
[50] Michael J B K,Jean-Bernard B,Laurent K. Ant-like task and recruitment in cooperative robots

[J]. Nature,2000,406(6799): 992-995.

[51] Tsai C F, Wu H C, Tsai C W. A new data clustering approach for data mining in large databases [C]//International Symposium on Parallel Architectures, Algorithms and Networks,2002.

[52] Abbaspour K C, Schulin R, Van Genuchten M T. Estimating unsaturated soil hydraulic parameters using ant colony optimization[J]. Advances inWater Resources, 2001, 24(8): 827-841.

[53] Salima Q, Mohamed B, Catherine G. Ant Colony System for Image Segmentation Using Markov Random Field [C]//Proceedings of the Third International Workshop on Ant Algorithms,2002.

[54] Costa D,Hertz A. Ants can colour graphs[J]. Journal of theOperational Research Society, 1997,48(3): 295-305.

[55] Ding Y P, Wu Q S, Su Q D. Ant colony algorithm and optimization of test conditions in analytical chemistry[J]. Chinese Journal of Chemistry,2003,21(6): 607-609.

[56] Wang C H,Xia X Y,Li G X. Ant algorithm in search of the critical slip surface in soil slops based stress fields[J]. Chinese Journal of Rock Mechanics and Engineering,2003,22(5): 813-819.

[57] Ando S,Iba H. Ant algorithm for construction of evolutionary tree[C]//Proceedings of the 2002 Congress on Evolutionary Computation,2002.

[58] Passino K M. Biomimicry of bacterial foraging for distributed optimization and control[J]. IEEE Control Systems Magazine,2002,22(3): 52-67.

[59] Berg H C. Motile behavior of bacteria[J]. Physics Today,2000,53(1): 24-29.

[60] 樊非之. 菌群算法的研究及改进[D]. 北京: 华北电力大学,2010.

[61] 杨翠翠. 细菌觅食优化算法及其应用研究[D]. 北京: 北京工业大学,2017.

[62] Das S, Biswas A, Dasgupta S, et al. Bacterial foraging optimization algorithm: theoretical foundations,analysis,and applications[M] Berlin,Heidelberg:Springer,2009,3: 23-55.

[63] 乔英,高岳林,江巧永. 基于细菌觅食行为的多目标分布估计算法[J]. 计算机应用研究,2011,28(10): 3681-3683,3686.

[64] 梁晓丹,蔺娜,陈瀚宁. 基于细菌觅食行为的移动机器人动态路径规划[J]. 仪器仪表学报,2016,37(06): 1316-1324.

[65] 缪凯. RBF 神经网络的研究与应用[D]. 青岛:青岛大学,2007.

[66] 周美茹. 细菌觅食优化算法研究及其在图像匹配中的应用[D]. 西安:西安电子科技大学,2014.

[67] 李晓磊,邵之江,钱积新. 一种基于动物自治体的寻优模式: 鱼群算法[J]. 系统工程理论与实践,2002(11): 32-38.

[68] 王闯. 人工鱼群算法的分析及改进[D]. 大连: 大连海事大学,2008.

[69] 李国亮. 狼群算法的研究与应用[D]. 南昌: 东华理工大学,2016.

[70] Yang C G,Tu X Y,Chen J. Algorithm of marriage in honey bees optimization based on the wolfpack search[C]//Proceedings of the International Conference on Intelligent Pervasive Computing,2007.

[71] Liu C,Yan X,Liu C,et al. The wolf colony algorithm and its application[J]. Chinese Journal of Electronics,2011,20(2): 212-216.

[72] 吴虎胜,张凤鸣,吴庐山. 一种新的群体智能算法——狼群算法[J]. 系统工程与电子技术,2013,35(11): 2430-2438.

第6章

密母计算

随着智能计算技术的不断发展以及对各种技术研究的逐步深入，人们对每一种技术的优势与不足更加了解。这时不同领域的学者从各自的研究目的出发，开始研究如何将单个的智能计算技术，同其他的智能计算或非智能技术组合起来，发挥各自的特长，以克服单个技术的缺陷，从而产生了混合智能计算。作为一种典型的混合智能算法，密母(Meme)计算构建了一种随机全局优化算法框架，同时实现了基于种群的全局搜索和基于启发式的局部搜索，并被广泛应用于许多研究领域中。

6.1 混合智能计算基本概念

混合智能计算(Hybrid Intelligent Computing，HIC)技术的研究以各种智能计算和非智能计算技术的研究为基础，研究如何将单个的智能计算技术，同其他的智能计算或非智能技术组合起来，发挥各自的特长，以克服单个技术的缺陷。混合智能计算的研究从最初基于神经网络的方法，再到后来遗传算法、进化计算、模糊系统、免疫算法、量子算法等"软计算(soft computing)"技术以及传统"硬计算(hard computing)"技术的不断加入，使其能更好地解决现实中的问题，目前已逐步发展成一个专门的领域。伴随着科学技术的不断发展，混合智能计算的研究范围也在不断拓展和延伸，发挥着愈来愈重要的作用。混合智能计算可定义为：混合智能计算是在解决现实中复杂问题的过程中，从基础理论、支撑技术和应用等视角，为了克服单个智能计算技术的缺陷，而采用不同的混合方式，使用多种智能计算和非智能计算技术，但至少有一种智能计算技术，从而获得知识表达能力和推理能力更强、运行效率更高、问题求解能力更强的智能计算技术。

混合智能计算的技术研究是对混合智能计算理论研究的重要支撑，也是应用研究的基础。从总体上看，混合智能计算的研究分为两个层次。第一个层次是"自上而下"的研究，是在混合智能计算理论指导下进行的技术研究。根据混合智能计算的基本原理,对每一种智能计算或非智能计算技术进行对比分析,然后再确定具体的混合形式。这一层次的技术研究,因为有理论的指导,可以更好地构造混合智能计算技术。第二个层次是“自下而上”的研究,它没有混合智能计算理论的指导,研究都局限在一个或几个领域,之所以会进行“混合”的研究,是因为在对一种智能计算技术的研究过程中,发现自身所不能解决的问题,进而寻求外界的帮助,从而引发了多种技术的混合研究。这个层次的研究没有具体方法论的指导,只是一种“自发”的研究。无论是“自上而下”的技术研究,还是“自下而上”的技术研究,对于混合智能计算的技术研究来说都是十分重要的,并且也会产生重要的影响[1]。

6.2 单点搜索算法

单点搜索算法(single-point search)是指初始只有一个点的搜索算法,根据是算法是否使用目标函数的相关性质又可以划分为:使用函数导数的单点搜索算法与只使用目标函数的单点搜索算法,下面具体介绍了 3 种常见单点搜索算法的基本原理与步骤。

6.2.1 模拟退火算法

模拟退火(Simulated Annealing,SA)算法是一种启发式的寻优算法,它通过模拟热力学中金属的冷却和退火过程抽象而来。退火过程可以描述如下:固体先从一个较高的温度加热,然后缓慢冷却,保证整个系统在任意时刻近似处于一种热力学平衡的状态。在平衡状态下,相当于一个特定的能级可能有许多状态,从一个状态向一个新的状态转换的可能性与这两种状态之间的能级差有关。令 $E^{(n+1)}=-Q\cdot E^{(n)}$,其中 $E^{(n)}$、$E^{(n+1)}$ 分别表示当前能级和新能级。若 $E^{(n+1)}<E^{(n)}$,$E^{(n+1)}$ 总是被接受;否则,新能级只能以某个概率 P 被接受,该概率值可表示为

$$P=\exp(-\Delta E^{(n)}/T) \tag{6.1}$$

其中,$\Delta E^{(n)}=E^{(n+1)}-E^{(n)}$ 为两种状态之间的能级差,T 为当前温度。在允许搜索的状态变化范围内较差的状态以某概率被接受可以避免陷入局部最优。温度逐渐下降,当满足终止条件或者状态不再改善时退火过程结束。

通过上述固体退火过程,可以得到模拟退火算法的基本步骤。

算法 6.1:模拟退火算法

Step 1:给定初始温度 T 及初始解 ω,计算初始解的目标函数值 $f(\omega)$;

Step 2:扰动产生新解 ω',并计算新的目标函数值及函数值差 $f(\omega')$ 函数值差 $\Delta f=f(\omega')-f(\omega)$;

Step 3:$\Delta f<0$,则该新解被接受;否则按蒙特卡洛准则接受该新解,即以概率 $\exp(-\Delta f/T)$ 接受新解;

Step 4:若满足终止条件则输出当前解作为最优解,算法结束;否则逐渐降低温度 T,然后转至 Step 1 继续执行。

模拟退火算法最明显的特点就是能从局部最优解中以某概率跳出,最终向全局最优解收敛。它是一种非常常见的优化算法,目前在工程领域中已得到大量的应用,如控制工程、机器学习、神经网络、信号处理等。

6.2.2 梯度下降算法

梯度下降(Gradient Descent,GD)算法是一种广泛用于求解线性和非线性模型最优解的迭代算法,它的中心思想在于通过迭代次数的递增[2],调整使得损失函数最小化的权重,下面以线性模型为例对梯度下降算法进行介绍。

假设多元线性回归模型为

$$\hat{\boldsymbol{y}}=h(x)=\theta_0+\theta_1 x_1+\theta_2 x_2+\cdots+\theta_n x_n=\boldsymbol{\theta}^{\mathrm{T}}\boldsymbol{x} \tag{6.2}$$

其中,$\hat{\boldsymbol{y}}$ 是因变量(预测值),n 是特征的数量,x_i 是第 i 个自变量(特征值),θ_j 是第 j 个模型参数(包括偏置 θ_0 与特征参数 $\theta_1,\theta_2,\cdots,\theta_n$),$\boldsymbol{\theta}^{\mathrm{T}}$ 是 θ_j 组合的转置向量,$\boldsymbol{x}$ 是由$(x_1,x_2,\cdots,x_n)$组成的特征列向量。

针对实例$(\boldsymbol{x}^{(1)},\boldsymbol{y}^{(1)}),(\boldsymbol{x}^{(2)},\boldsymbol{y}^{(2)}),\cdots,(\boldsymbol{x}^{(m)},\boldsymbol{y}^{(m)})$,训练上述多元线性回归模型的过程就是求解 $\theta_1,\theta_2,\cdots,\theta_n$ 直至模型对训练数据的拟合程度达到最佳的过程。每一次训练都会得到拟合值和真实值的差值,即损失值,这个值被用于评估模型拟合程度,损失值越小表示拟合程度越好。

在多元线性回归中,将均方误差(Mean Square Error,MSE)作为损失函数

$$\mathrm{MSE}(\theta)=\frac{1}{m}\sum_{i=1}^{m}(\boldsymbol{\theta}^{\mathrm{T}}\cdot\boldsymbol{x}^{(i)}-\boldsymbol{y}^{(i)})^2 \tag{6.3}$$

其中,$\boldsymbol{y}^{(i)}(i=1,2,\cdots,m)$为样本真实值,$\boldsymbol{x}^{(i)}=(x_1^{(i)},x_2^{(i)},\cdots,x_n^{(i)})(i=1,2,\cdots,m)$为第 i 个实例特征列向量。

相较于通过最小二乘法计算解析解的传统优化方法而言,采用梯度迭代的梯度下降算法更具性能优势。梯度下降算法并不局限于线性模型,对于任何一阶连续偏导的凸函数都能够寻找到全局最优值,对于非凸函数而言,梯度下降算法往往能够得到局部最优解。其中,梯度下降方向与学习率对梯度下降算法的收敛起着至关重要的作用,前者确定了寻找最优解的方向,后者决定了算法达到最优解过程中迭代的每一步大小。

通过梯度下降算法最小化损失函数 $\mathrm{MSE}(\boldsymbol{\theta})$的基本步骤如下。

算法 6.2:梯度下降算法

Step 1:计算 $\mathrm{MSE}(\boldsymbol{\theta})$关于每个参数的偏导数,也就是改变参数对于损失函数的改变量,即

$$\frac{\partial\mathrm{MSE}(\boldsymbol{\theta})}{\partial\theta_j}=\frac{2}{m}\sum_{i=1}^{m}(\boldsymbol{\theta}^{\mathrm{T}}\cdot\boldsymbol{x}^{(i)}-\boldsymbol{y}^{(i)})^2\cdot x_j^{(i)},\quad(j=1,2,\cdots,n) \tag{6.4}$$

Step 2:若$\frac{\partial\mathrm{MSE}(\boldsymbol{\theta})}{\partial\theta_j}>0$,即 $\mathrm{MSE}(\theta)$与 θ 成正比关系,欲最小化 $\mathrm{MSE}(\boldsymbol{\theta})$,在迭代过程中应该减小$\boldsymbol{\theta}$;

Step 3:若$\frac{\partial\mathrm{MSE}(\boldsymbol{\theta})}{\partial\theta_j}<0$,即 $\mathrm{MSE}(\boldsymbol{\theta})$与$\boldsymbol{\theta}$ 成反比关系,欲最小化 $\mathrm{MSE}(\boldsymbol{\theta})$,在迭代过程中应该增大$\boldsymbol{\theta}$;

Step 4:通过符号的正负确定$\boldsymbol{\theta}$ 变化的方向,再结合学习率 α(也称寻优步长)更新每一次迭代的模型参数$\boldsymbol{\theta}$,直至找到损失函数的最小值点,即

$$\boldsymbol{\theta}:=\boldsymbol{\theta}-\alpha\frac{\partial\mathrm{MSE}(\boldsymbol{\theta})}{\partial\theta_j} \tag{6.5}$$

6.2.3 爬山算法

爬山(Hill Climbing,HC)算法是一种局部择优的算法,它采用启发式方法,通过从当前解的邻近解空间中选择出一个最优解来生成新解,直至寻找到一个局部最优解作为输出[3]。爬山算法能够避免遍历过程,通过启发选择部分节点,从而达到提高效率的目的。算法从当前节点开始,与周围邻居节点的值进行比较,如果当前节点数值最大,那么返回当前节点,作为最大值;反之,使用数值最大的邻居节点,替换当前节点作为最大值,从而实现向山峰的高处攀爬的目的。最后,当满足条件后停止循环,得到的最大值就是局部最优解,即山峰最高点。

爬山算法得到的结果往往是局部最优解,不能够满足全局最优的要求,因此产生了随机重启爬山算法,通过多次随机生成初始状态来导引爬山搜索,直到找到目标状态。除此之外,爬山算法在搜索过程中一旦到达高地,就无法确定搜索最佳方向,从而会产生随机走动的情况,使得搜索效率降低,许多研究者通过引入合适的停止机制来解决这一问题。

基于上述原理,通过爬山算法进行局部择优的基本步骤如下。

算法 6.3:爬山算法

Step 1:给定初始节点 ω,规定 ω 为初始解,计算初始解的目标函数值 $f(\omega)$;

Step 2:选择邻居节点 ω' 作为新解,步长 $\Delta\omega=\omega'-\omega$,计算新的目标函数值 $f(\omega')$ 及函数值差 $\Delta f=f(\omega')-f(\omega)$;

Step 3:若 $\Delta f>0$,则新解该被接受,选择 ω' 作为当前解;

Step 4:若 $\Delta f<0$,则保留 ω 作为当前解,调整步长 $\Delta\omega$ 的大小;

Step 5:如果结果满足终止条件,则输出当前解作为最优解,算法结束;否则转至 Step 2 继续执行。

6.3 密母算法

6.3.1 密母算法的基本思想

在进化算法的发展过程中出现了"文化进化计算(cultural evolutionary computation)"的理论,一经提出就引起不同领域的研究人员的热切关注。

进化学说的思想首先是由 C. R. Darwin 提出,C. R. Darwin 创立了以"自然选择"理论为核心的进化学说。但是达尔文进化学说仅局限于生物进化,一些人类学家在此基础之上继续进行深入研究,利用进化论观点来探讨社会起源、文化发展等问题,形成时限更长、涵盖更广、内容更复杂的广义进化论。人类的生物进化和社会文化进化是相互作用和影响的[4]。严格来讲社会文化用"发展"更为贴切,但为表征生物进化和社会文化发展之间的共性,西方学者已普遍使用"文化进化"的概念。在广义文化进化论的研究中,出现很多有名的学者和学术流派。

1976 年,R. Dawkins 在《"自私的"基因》一书中提出了 meme 这个词,并将其定义为文化传播和模仿的基本单位。meme 一词与 gene 相对应,在国内通常音译成"密母""拟子""谜母""谜米"等,瞬间成为计算智能中最成功的隐喻性观念之一。密母模仿的过程和自然选择类似:密母通过模仿的方式进行自我复制,但密母库里有些密母的模仿能力更强，与另外一些密母相比能够取得更大的成功，从而可以在密母库中进行繁殖。R. Dawkins 认为密母和基因常常相互支持和加强。20 世纪 80 年代，美国生物学家 E. O. Wilson 在其工作基础之上提出了基因-文化协同进化的观点。E. O. Wilson 认为，文化进化总是以 Lamarck 为特征的，即文化进化依赖于获得性状的传递，相对来说速度较快。而基因进化是达尔文式的，依赖于几个世代的基因频率的改变，因而是缓慢的。E. O. Wilson 把可供选择的行为划分为文化基因的分离的单位。文化基因的传递可以是纯遗传的，也可以是纯文化的，还可以通过基因-文化的方式传递。R. G. Reynolds 和 P. Moscato 等受到上述学者的思路和灵感的启发，将他们的思想融入进化计算中，逐渐形成了以文化基因算法（Memetic Algorithm，MA）、文化算法（Cultural Algorithm，CA）等为主的文化进化计算的概念。

20 世纪 90 年代，P. Moscato 首次提出了文化基因算法，也称为密母算法。在文化进化过程与众多随机变化的步骤中，得到一个正确的可提高整体性的进展是很困难的，只有拥有足够专业知识的精通者们才可能创造新的进展。遗传算法模拟生物进化过程，相应地，密母算法模拟文化进化过程。密母算法利用局部启发式搜索模拟由大量专业知识支撑的变异过程，它实质上是一种基于种群的全局搜索与基于个体的局部搜索的结合体，因此密母算法也相当于是一种混合算法。实际上，密母算法可以看成是一种概念式的框架，基于此框架可以选择不同的搜索策略，从而构成不同的算法，比如全局搜索策略可以采用 PSO 算法、遗传算法、蚁群算法等。局部搜索策略可以采用爬山算法、模拟退火算法、禁忌搜索算法等。

经过多年的发展，密母算法已经被众多大学和研究机构团队所采纳，并进行深入的研究。由于其优化性能要远远高于单纯的遗传算法、蚁群算法等，它已经被广泛地应用到组合优化、图像处理和模式识别等领域中。

6.3.2　密母算法的一般框架

根据密母算法的特性，N. Krasnogor 和 J. Smith 提出了密母算法的一般框架模型。根据该框架，一个标准的密母算法应该包含以下 9 个要素，即

$$MA=(P^0,\delta^0,S_{OF},S_P,l,F,G,K,L) \tag{6.6}$$

其中，$P^0=(x_1^0,x_2^0,\cdots,x_{S_P}^0)$表示初始种群；$\delta^0$ 代表算法的初始参数设置；S_{OF} 表示通过生成函数 G 得到的后代数目；S_P 表示种群大小；l 代表编码长度；F 代表适应度函数（fitness function）；G 代表生成函数，它是从一个带有 S_P 个候选解的集合到带有 S_{OF} 个候选解的集合的映射，例如，遗传算法中的交叉、变异算子都属于生成函数；K 为迭代次数；$L=(L_1,L_2,\cdots,L_m)$是一个局部搜索策略的集合，称为局部的搜索策略池，其中 $L_i(1\leqslant i\leqslant m)$表示一种局部的搜索策略，也称为一个密母，一般情况下 $m=1$，表示密母算法只包含一种局部搜索策略。密母算法的基本流程框架如图 6.1 所示。

从图 6.1 可知，与传统的进化算法方法相比，密母算法实际上只是增加了一个局部搜索操作，即增加了 $L=(L_1,L_2,\cdots,L_m)$这个要素。然而，这个框架却蕴含了密母算法各种各样的实现形式，如表 6.1 所示。全局搜索策略可以是遗传算法、PSO 算法等各种基于群体的全局搜索方法。局部搜索策略可以是爬山算法、禁忌搜索、模拟退火或其他与具体问题相关的局部搜索方法，甚至是多种局部搜索方法一起使用。局部

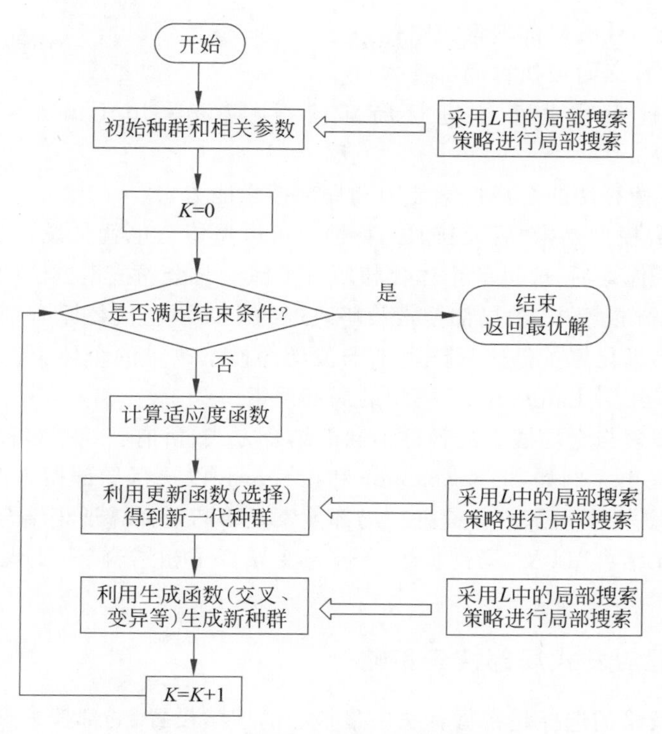

图 6.1 密母算法的基本流程框架

搜索可以与全局搜索策略的生成函数(例如遗传算法中的交叉、变异操作)相结合,也可以与更新函数(例如遗传算法中的选择操作)相结合。局部搜索策略可以作用于群体中的某个个体,也可以作用于整个群体[5]。

表 6.1 设计密母算法的各种可选方案

密母算法的设计步骤	可选择的方案
全局搜索策略的选择	(1) 进化算法:遗传算法、进化规划、进化策略、遗传规划 (2) 其他群体智能算法:ACO 算法、PSO 算法等
局部搜索策略的选择	(1) 使用一种局部搜索策略:爬山算法、模拟退火、禁忌搜索、导引式局部搜索与具体问题相关的特殊局部搜索策略 (2) 使用多种局部搜索策略:根据算法的运行选择合适的局部搜索策略
局部搜索的位置	(1) 与生成函数(交叉、变异)相结合 (2) 与更新函数(选择)相结合
局部搜索的方式	(1) Lamarckian 模型:由局部搜索改进得到的个体参见进化操作 (2) Baldwinian 模型:由局部搜索改进得到的个体不参见进化操作
局部搜索的对象	(1) 作用于整个群体 (2) 作用于部分群体
局部搜索与全局搜索的平衡	(1) 局部搜索的强度:每次局部搜索的计算量是多少 (2) 局部搜索的频率:每隔多久进行一次局部搜索
局部搜索策略的其他参数	邻域形状,邻域大小,移动步长

对于密母算法来说,局部搜索的选择以及全局搜索与局部搜索的结合方式直接影响到算法性能的好坏,因此,设计一个高性能的密母算法必须考虑以下 4 方面的问题:

（1）应该选择什么局部搜索策略；

（2）应该在什么时候执行局部搜索；

（3）应该针对哪些个体进行局部搜索，应该采用 Lamarckian 模型还是 Baldwinian 模型；

（4）如何平衡算法的全局搜索能力和局部搜索能力。

Lamarckian 模型是指“后天获取的特性也可以遗传”，也就是说，在采用局部搜索策略改进某个个体之后，改进的个体代替原有个体参与全局搜索方法的进化操作。相反，在 Baldwinian 模型中，被局部搜索策略改进的个体不会代替原有个体参与进化操作，交叉、变异等进化算子仍然只作用于未被局部搜索改进的个体上。目前绝大部分的密母算法都采用了 Lamarckian 模型的局部搜索。

基于局部搜索与全局搜索的各种不同的结合方式，目前已经有多种针对密母算法的分类方式被提出。例如 N. Krasnogor 和 J. Smith 以执行局部搜索的位置为依据，按照“局部搜索是否引入了历史信息”“局部搜索是否与选择算子相结合”“局部搜索是否与交叉算子相结合”以及“局部搜索是否与变异算子相结合”来实现对密母算法的分类。

6.3.3　超启发式局部搜索策略

局部搜索策略的选择是密母算法中最核心的搜索设置，局部搜索设置又可分为两类，一类是在算法执行前预先确定局部的搜索设置，也就是说在算法运行时，搜索设置不再随算法的运行而发生改变。这一类局部搜索策略的选择一般与具体问题的特征相关，往往需要算法设计中有一定的先验知识，称这一类密母算法为静态密母算法。另一类是在算法执行过程中自动调节局部搜索设置，也就是说这一类密母算法采用了多种局部搜索策略，称这一类密母算法为动态密母算法。动态密母算法进一步提高了密母算法的普适性与健壮性，而超启发式（Hyper-heuristic）局部搜索策略就是一种经典的动态密母算法搜索策略。

传统的密母算法一般都利用了与待解问题或搜索区域相关的启发式方法来进行局部搜索。由于这些启发式问题是相关的，P. Cowling 等提出了超启发式的概念，即利用与问题无关的“超启发式”自动选择合适的启发式进行局部搜索。P. Cowling 把“超启发式”分为三类，即随机超启发式、贪心超启发式和基于选择函数的超启发式。

（1）随机超启发式包括三种。第一种方式是完全随机地选择局部搜索策略，各种局部搜索策略被选择的概率不改变。第二种方式初始时完全随机地选择局部搜索策略，当选择了一种局部搜索策略后，一直采用该局部搜索策略，直到该局部搜索策略不能够取得更好的改进为止。第三种方式是初始化时先随机地生成一个局部搜索策略序列，按照该序列给定的顺序来选择局部搜索。

（2）贪心超启发式把所有局部搜索策略都作用到局部搜索的初始点上，然后选择能够获取最大改进幅度的局部搜索策略。

（3）在基于选择函数的超启发式密母算法中，每次选择局部搜索策略前，算法都计算每种局部搜索策略的选择函数 F，F 由三部分组成，包括该局部搜索策略最近取得的改进幅度，该局部搜索策略与其他局部搜索策略连续应用时能够取得的改进幅度，以及距离上一次使用该局部所搜策略的时间长短。在评价了各种局部搜索策略的选择函数后，算法将选择具有最大选择函数值的局部搜索策略，或者按照轮盘赌方式选择局部搜索策略。

6.3.4　协同进化局部搜索策略

协同进化(coevolving)局部搜索策略也是一种动态密母算法搜索策略，它是指局部搜索的相关设置编码到文化基因中，与候选解编码到基因中的方式一样，基因与文化基因一起在算法执行过程中协同进化。协同进化的密母算法需要把各种局部搜索设置(包括局部搜索策略、局部搜索的执行方式以及局部搜索的深度等各种参数)编码成文化基因[6-7]。这样，每个个体不仅通过选择交叉和变异算子来进化各个个体基因，还利用这些进化操作来进化各个个体的文化基因。最后每个个体都按照它的文化基因所代表的局部搜索方式对其基因进行局部改进。在一些文献中，称这种方式的密母算法为自生密母算法。

6.4　基于密母算法的社团检测

本节利用一种密母算法 MA-SAT (Memetic Algorithm with Simulated Annealing strategy and Tightness greedy optimization) 解决复杂网络中的社团检测问题[8]。在该算法中，以扩展模块度密度函数作为目标函数，该函数中有一个可调参数 λ，可以解决分辨率限制问题，进而发现网络中的层次结构。该算法中设计了两个局部搜索算子：模拟退火策略和紧密度贪心优化。模拟退火策略用来找到具有更高模块度密度函数值的个体，它可以提高算法的收敛速度，并避免陷入局部最优。紧密度贪心优化利用了局部社团的紧密度函数，充分利用了网络的局部结构信息来产生邻居划分，计算代价小，并能提高种群的多样性。

6.4.1　问题定义

1. 局部社团结构的一种定义

给定一个网络 $G=(V,E)$，任意两个相邻节点 u 和 v 之间的结构相似度 $s(u,v)$ 为

$$s(u,v)=\frac{|\Gamma(u)\cap\Gamma(v)|}{\sqrt{|\Gamma(u)|\cdot|\Gamma(v)|}} \tag{6.7}$$

其中，$\Gamma(u)=\{v\in V|\langle u,v\rangle\in E\}\cup\{u\}$，它表示节点 u 的邻居节点集。$|\Gamma(u)\cap\Gamma(v)|$ 表示节点 u 和 v 的共同邻居节点的个数。由此一个局部社团 c 的紧密度 T_c 可以定义为

$$T_c=\frac{S_{\text{in}}^c}{S_{\text{in}}^c+S_{\text{out}}^c} \tag{6.8}$$

$S_{\text{in}}^c=\sum\limits_{i\in c,j\in c}s(i,j)$ 是均在社团 c 内部的两个相邻节点 i 和 j 相似度之和的两倍，表示社团 c 的内部相似度；$S_{\text{out}}^c=\sum\limits_{i\in c,j\notin c}s(i,j)$ 是在社团 c 内部的节点 i 与在社团 c 外部的节点 j 之间的相似度之和，表示社团 c 的外部相似度。T_c 可以用来衡量一个给定的局部社团 c 的质量。

2. 紧密度增量的定义

当一个节点 i 加入到社团 c 中，社团 c 的紧密度值改变，其增量

$$\Delta T_c(i)=T(c\cup\{i\})-T(c) \tag{6.9}$$

可以根据上述 $\Delta T_c(i)$ 的值判断某个节点是否加入到一个社团中，将其命名为紧密度增量，用 $\tau_c(i)$ 表示

$$\tau_c(i)=\frac{S_{\text{out}}^c}{S_{\text{in}}^c}-\frac{S_{\text{out}}^i-S_{\text{in}}^i}{2S_{\text{in}}^i} \tag{6.10}$$

其中，$S_{\text{in}}^i=\sum\limits_{\{v,i\}\in E\wedge v\in c}s(v,i)$，$S_{\text{out}}^i=\sum\limits_{\{i,u\}\in E\wedge u\in c}s(i,u)$。这样就可以利用紧密度增量 $\tau_c(i)$ 的值来判断节点 i 是否被加入到社团 c 中。若节点 i 的加入能使社团 c 的紧密度增加，即 $\tau_c(i)>0$，则节点 i 加入社团 c 中，由此产生一个邻居划分。

3. 质量评价函数模块度密度的定义

给定一个网络 $G=(V,E)$，假定 V_1 和 V_2 是节点集 V 的两个互不相交的子集，定义 $L(V_1,V_2)=\sum\limits_{i\in V_1,j\in V_2}A_{ij}$，$L(V_1,V_1)=\sum\limits_{i\in V_1,j\in V_1}A_{ij}$，$L(V_1,\bar{V}_1)=\sum\limits_{i\in V_1,j\in \bar{V}_1}A_{ij}$，其中 $\bar{V}_1=V-V_1$。考虑到网络的一个划分 $\{V_1,V_2,\cdots,V_l\}$，对于 $i=1,2,\cdots,l$，V_i 是子图 G_i 的节点集合，则模块度密度 D 可表示为

$$D=\sum_{i=1}^{l}d(G_i)=\sum_{i=1}^{l}\frac{L(V_i,V_i)-L(V_i,\bar{V}_i)}{|V_i|} \tag{6.11}$$

一般来说，D 值越高，网络的划分就越精确。因此，社团检测问题就可以看作优化模块度密度函数的问题。在证明模块度密度与核 K-means 的等价性后，提出一个更一般的定义，即扩展模块度密度函数为

$$D_\lambda=\sum_{i=1}^{l}\frac{2\lambda L(V_i,V_i)-2(1-\lambda)L(V_i,\bar{V}_i)}{|V_i|} \tag{6.12}$$

由式(6.12)可以看出，扩展模块度密度函数 D_λ 中有一个可调参数 λ，可以以不同的分辨率检测网络的社团结构。当 $\lambda=1$ 时，D_λ 等价于 ratio association；当 $\lambda=0$ 时，D_λ 等价于 ratio cut；当 $\lambda=0$ 时，D_λ 等价于模块度密度函数 D。所以扩展模块度密度 D_λ 可以看作 ratio association 和 ratio cut 的组合。

通常，优化 ratio association 的算法将网络划分为较小的社团，而优化 ratio cut 的算法将网络划分为较大的社团。本节利用密母算法优化公式(6.12)描述的扩展模块度密度函数来分析网络的社团结构和层次分布。

6.4.2　贪心算法

贪心算法是一种改进的分级处理方法，它将一个复杂问题分解为若干个简单子问题，对每个子问题进行求解得到局部最优解，最终将所有子问题的局部最优解合成原问题的一个解。贪心算法的关键在于选择能够获得问题最优解的度量标准，即贪心策略，由此进行一系列的选择得到问题的解，其中每一选择都是当前状态下的局部最好选择，即贪心选择。换言之，贪心算法并不考虑全局最优问题，算法每步都只需要一个解来确保满足局部最优条件，最终得到的是在某种意义上的局部最优解。

贪心算法总能够做出当前状态下的最好选择，而每做一次贪心选择，就将所求问

题简化为一个规模更小的子问题，但算法并不是对所有问题都能适用，使用贪心算法求解的问题一般具有两个重要性质。

（1）贪心选择性质。所谓贪心选择性质是指所求问题的整体最优解能通过一系列局部最优的选择来达到。

（2）最优子结构性质。所谓最优子结构性质是指原问题的最优解包含其子问题的最优解的情况。

基于上述原理，贪心算法的基本思想见算法 6.4。

算法 6.4：贪心算法

Step 1：将原问题分解为多个子问题，构建子问题解 X 的一个集合 A，并定义集合中解对应的目标函数 $f(X)$；

Step 2：对于某个子问题，选择一个解 X'使得 $f(A \cup X')$达到极值，将局部最优解 X'添加到解集合中；

Step 3：不断扩充局部最优解的集合 A，直至 $f(A)$达到极值。

6.4.3 算法描述

MA-SAT 算法以遗传算法作为全局搜索算法，具体步骤如算法 6.5 所示。这里采用了两个局部搜索算子：局部搜索算子一为模拟退火策略 Local search_SA，局部搜索算子二为紧密度贪心优化策略 Local search_TGO。模拟退火策略每隔 4 代执行一次，紧密度贪心优化策略在其他世代中执行。模拟退火策略可以加速算法的收敛且有助于提高划分的准确性，紧密度贪心优化充分利用了网络的结构信息来产生邻居划分，计算代价小并且有助于提高种群的多样性。

算法 6.5：**MA-SAT 算法**

Step 1：产生初始化种群。

Step 2：采用锦标赛选择值选出父代种群。

Step 3：父代种群进行交叉变异操作，得到子代种群。

Step 4：判断当前迭代次数是否为 4 的倍数，若是，对子代种群中最优个体执行“局部搜索算子一”产生一个新的个体，并将该个体加入子代种群中；否则，执行“局部搜索算子二”产生一个新的个体，并将该个体加入子代种群中。

Step 5：将父代和子代种群合并选出排序靠前的最优个体作为下一代的父代种群。

Step 6：判断是否达到结束条件，若是，则输出适应度函数值最高的染色体对应的划分结果，否则执行 Step 2。

1. 个体编码方式

采用直接编码方式：网络 G 的一个社团划分被编码为一个整数串，整数串的长度等于网络中节点的个数，整数串上每一位的数值表示该位所在的节点号的社团标号。具有相同社团标号的节点被认为处于同一社团中。

2. 初始化种群

对于种群中所有的染色体，每个节点都属于不同的社团，即初始的划分为$\{1, 2, \cdots, n\}$，其中 n 是节点总数。对于每条染色体，随机选择一个节点，并将该节点的类标号赋给它的邻居节点（邻居节点即与该节点有连接的节点），该过程执行 αn 次，其中 α 是一个模型参数，取值为 0.2。图 6.2 所示为包含 7 个节点的种群初始化示意。

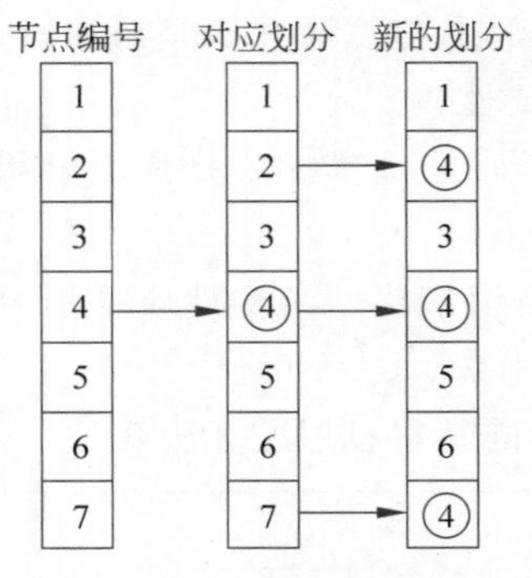

图 6.2　种群初始化示意图

3. 选择和交叉策略

采用锦标赛选择策略。本节中采用一种单路交叉，单路交叉的具体执行过程如图6.3所示，给定两条染色体，一条作为源染色体，另一条作为目的染色体；随机选择一个节点，确定其在源染色体中的社团标号以及在源染色体中与该节点具有相同社团标号的节点的位置；将该社团标号赋给目的染色体中相应位置的节点。这样就产生了新的子染色体，它同时具有源染色体和目的染色体的特征。

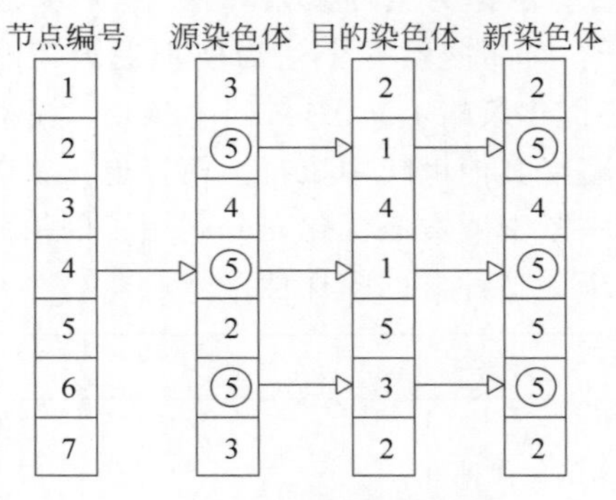

图 6.3　交叉算子示意图

4. 变异算子

采用单点变异算子，依变异概率选出要执行变异操作的染色体，并从该染色体上随机选择一个节点，将该节点的社团标号变为其任意一个邻居节点的社团标号。该过程在要执行变异操作的染色体上重复 n 次，其中 n 为染色体长度。该变异操作重复 n 次有助于提高种群中个体的多样性，帮助算法跳出局部最优解。同时该变异算子在执行过程中只需将变异节点的社团标号变更为其某个邻居节点的社团标号，这样减少了许多无用搜索。

5. 局部搜索策略

1）模拟退火局部搜索策略

在算法 MA-SAT 中，采用模拟退火算法作为其中一个局部搜索算子可以得到一个更好的解。模拟退火算法不同于爬山算法及其他一些贪心算法，最明显的区别在于模拟退火算法能够以一个较小的概率接受一个较差的解，这样可以保证在每次搜索迭代过程中模拟退火算法不仅能改善解的质量，还可以避免陷入局部最优。而且在冷却过程中可以使模拟退火算法逐渐向全局最优收敛。该局部搜索过程步骤见算法6.6。

算法 6.6：MA-SAT 算法的局部搜索过程

Step 1：选取种群中最好的染色体，记为 S；

Step 2：在 S 上随机选择一个节点，确定其社团编号，并为其赋另一个不同的社团编号，产生新染色体 S'；

Step 3：判断 S' 的适应度是否大于 S 的适应度，若是，则用新染色体 S' 代替 S，即 $S=S'$，并执行 Step 5；否则执行 Step 4；

Step 4：判断 $P>\text{rand}(0,1)$，若是则令 $S=S'$；否则，保留原 S；

Step 5：令 $\text{Te}=\text{Te}*\theta$，若 $\text{Te}>\varepsilon$，则输出最终的染色体 S；否则，执行 Step 2。

在算法 6.6 中，Te 是温度，其初始值为子代个体适应度函数值的方差。θ 是退火因子，其值越大退火速度越慢，一般取值为 0.95。参数 ε 是终止标准，在本算法中取值为 0.01。P 为接受概率，其表达式为

$$P=\exp(-(D(S)-D(S'))/\text{Te})$$

其中，$D(S)$是 S 的适应度函数值。这个过程会执行$\lceil 4m/5\rceil$次，其中 m 为染色体长度。

2）紧密度贪心优化策略

采用紧密度贪心优化(Tightness Greedy Optimization，TGO)策略作为另外一个局部搜索算子，该算子通过优化局部社团紧密度函数来实现。与模拟退火策略不同，在评价一个新产生的个体时，TGO 策略不需要计算全局的适应度评价函数 D 的值；相反，它使用了一个充分利用网络局部结构信息的紧密度函数来产生邻居划分。前文中已经给出一个局部社团 c 的紧密度函数以及某一节点 i 加入社团 c 之后的紧密度增量 $\tau_c(i)$的具体定义。根据上述定义，利用 TGO 策略获得一个邻居划分的过程描述如算法 6.7 所示。

算法 6.7：利用 TGO 策略获得一个邻居划分的过程

Step 1：确定所选染色体所决定的划分拥有的社团总数目。

Step 2：考虑第 k 个社团，确定第 k 个社团的邻居节点集 N_k。邻居节点集 N_k 是指在社团 k 之外与社团 k 中的节点有连接的所有的节点的集合。

Step 3：从 N_k 中选出最有可能加入社团 k 的节点 i，并判断该节点 i 是否应当加入社团 k 中。最有可能加入社团 k 的节点 i 意味着它与社团 k 之间的相似度是最高的，即 S_{in}^i 是最高的。若 $\tau_c(i)>0$，则节点 i 加入社团 k 中，一个邻居划分由此产生。

由该染色体确定的其余社团依次执行上述过程，这样就会依次产生新的邻居划分。在对每个社团执行上述程序的过程中，统计 $\tau_c(i)>0$ 的次数 Num。若 Num 不小于某个阈值(这里取当前染色体所确定的社团总数目的 1/3 为阈值)，则继续对每个社团循环执行上述过程；否则停止执行上述过程，局部搜索算子结束。这个局部搜索算子利用网络局部结构信息评价邻居划分而不必浪费全局适应度函数的评价次数。

6.4.4 实验结果及分析

用相似性度量函数(Normalized Mutual Information，NMI)衡量算法得到的划分结果和网络真实划分结果的相似度。NMI 函数的具体定义如下。

给定一个网络 G 的两个划分 A 和 B，令 $\boldsymbol{C}$ 为混淆矩阵，其元素值 C_{ij} 表示既在划分 A 的社团 i 中又在划分 B 的社团 j 中的节点数目，则划分 A 和划分 B 的 NMI 值 $I(A,B)$定义为：

$$I(A,B)=\frac{-2\sum_{i=1}^{c_A}\sum_{j=1}^{c_B}C_{ij}\log(C_{ij}N/C_{i.}C_{.j})}{\sum_{i=1}^{c_A}C_{i.}\log(C_{i.}/N)+\sum_{j=1}^{c_B}C_{.j}\log(C_{.j}/N)} \tag{6.13}$$

算法 MA-SAT 中的参数设置,迭代次数为 40,种群规模为 400,交配池规模为 200,锦标赛选择规模为 2,交叉概率为 0.8,变异概率为 0.2,退火因子为 0.95,冷却温度为 0.01。

这里采用由 A. Lancichinetti 等提出的 GN 扩展标准测试网络,该测试网络是在 M. Girvan 和 M. Newman 提出的经典 GN 测试网络的基础上扩展得来的。该网络由 128 个节点组成,划分为 4 个社团,每个社团包含 32 个节点。每个节点的平均度为 16,并有一个混合参数 μ 控制节点与社团外节点连接的比例。当 μ 值小于 0.5 时,某节点的邻居节点属于该节点所在社团的数目要多于属于其他社团的数目。μ 值越大,节点与社团外节点的连接越多,社团结构就越模糊,算法检测出正确社团结构的难度就越大。

用计算机生成 11 个 GN 扩展标准测试网络:每个网络的 μ 取值为 0~0.5,并以 0.05 为间隔,并用 NMI 的值来衡量网络的真实划分与算法得到的划分结果的相似度。对于每个网络,计算算法 MA-SAT 执行 30 次得到的 NMI 值的平均值。算法执行的结果如图 6.4 所示。

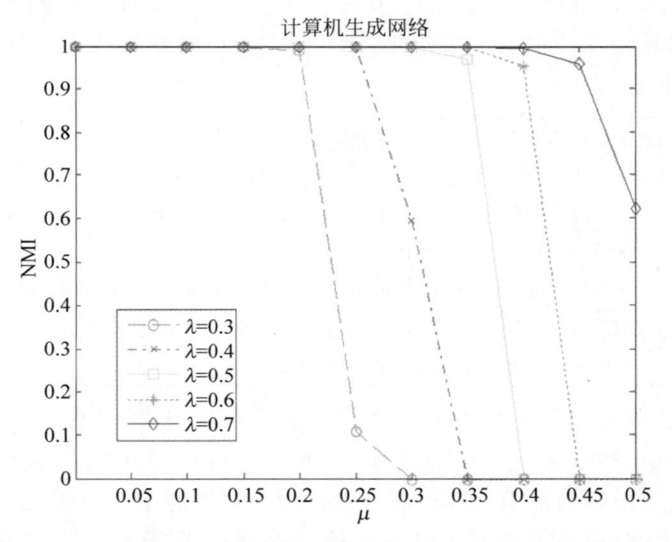

图 6.4 算法 MA-SAT 在不同参数网络上执行 30 次的 NMI 的平均值

如图 6.4 所示,对于 $\lambda=0.5$,当 $\mu\leqslant0.25$ 时,该算法可以检测出真实的划分,即 NMI 的值为 1。当混合参数增大时,越来越难找到真实划分,但是与真实划分仍然很接近(当 $\mu=0.35$ 时,NMI=0.969)。当 λ 增大时,算法倾向于找到较小的社团。例如,对于 $\mu=0.35$,当 $\lambda=0.7$ 时,算法可以检测出真实划分(NMI=1);而当 $\lambda=0.4$ 时,算法检测的结果为整个网络为一个社团(NMI=0)。

为了说明算法 MA-SAT 中的局部搜索算子的有效性,本算法设计了一个不含任何局部搜索算子的 GA 版本的算法,其余参数与 MA-SAT 中的参数设置一致。当

$\lambda=0.5$ 时，用 GN 扩展标准测试网络测试该 GA 版本的算法的性能，并与 MA-SAT 算法的实验结果进行对比，对比结果如图 6.5 所示。显然在相同的参数条件下，MA-SAT 的结果要比 GA 版本的结果好得多，证明了局部搜索算子的有效性和必要性。

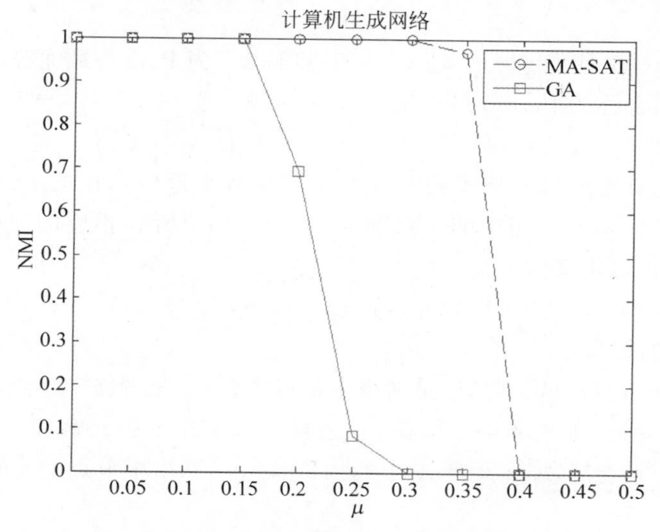

图 6.5 $\lambda=0.5$ 时 MA-SAT 和 GA 版本的平均 NMI 值

6.5 基于混合多目标蚁群优化算法的社团检测

ACO 算法常被应用于单一目标的社团检测，然而对于多目标的社团检测问题，ACO 算法通常在定义和更新信息素矩阵、构建转移概率模型以及调整参数方面存在困难。本节阐述一种基于分解的混合多目标 ACO 算法(Multi-Objective Ant Colony Optimization algorithm based on Decomposition-Network，MOACO/D-Net)，可以更好地解决复杂网络中的多目标社团检测问题[9]。

算法以比例关联和比例割作为目标函数，将多目标社团检测问题分解为多个子问题，每个子问题对应蚁群中的一只蚂蚁。此外，蚁群被划分为多组群体，同一组蚂蚁分享一个共同的信息素矩阵，每组的信息素矩阵基于该组更新后的非支配解进行更新。利用算法所提出的转移概率模型，新的解决方案由每组蚂蚁构造得到，再通过基于强社团定义的改进算子对其进一步改进。经过改进后的解决方案将与外部档案集中的解决方案进行比较，并把非支配的解决方案添加到外部档案集中。每个蚂蚁选择一个更好的邻居来更新其当前的解，最终得到的外部档案集由非支配的解决方案组成，其中每个解决方案都对应网络的不同分区。

6.5.1 混合多目标蚁群优化算法的基本概念

1. 多目标优化问题的定义

一个多目标优化问题可以被定义为

$$\min F(\boldsymbol{x})=(f_1(\boldsymbol{x}),f_2(\boldsymbol{x}),\cdots,f_m(\boldsymbol{x}))^{\mathrm{T}} \tag{6.14}$$

其中，$\boldsymbol{x}\in\Omega$，$\boldsymbol{x}$ 是决策向量，Ω 是决策空间，F 包括 m 个目标函数。

若 $\boldsymbol{x}_A, \boldsymbol{x}_B \in \Omega$ 是一个最小化问题中的两个决策向量，$\boldsymbol{x}_A$ 决策 $\boldsymbol{x}_B$，即 $\boldsymbol{x}_A \succ \boldsymbol{x}_B$ 可以定义为

$$\forall i=1,2,\cdots,m: f_i(\boldsymbol{x}_A) \leqslant f_i(\boldsymbol{x}_B) \wedge \exists j=1,2,\cdots,m: f_j(\boldsymbol{x}_A) < f_j(\boldsymbol{x}_B) \tag{6.15}$$

当不存在 $\boldsymbol{x} \in \Omega$ 使得 $\boldsymbol{x} \succ \boldsymbol{x}^*$ 且 $\boldsymbol{x}^* \in \Omega$，则称 $\boldsymbol{x}^*$ 为 Pareto 最优解或非支配解，所有非支配解的集合称为 Pareto 最优集，可以定义为

$$P^* \triangleq \{\boldsymbol{x}^* \in \Omega \mid \neg \exists \boldsymbol{x} \in \Omega, \boldsymbol{x} \succ \boldsymbol{x}^*\} \tag{6.16}$$

多目标优化算法的目的是找到充分的非支配解来近似真正的 Pareto 最优前沿。Pareto 前沿是目标函数空间中的一个曲面，它由 P^* 中所有相应的 Pareto 最优解的目标向量组成，可以定义为

$$\mathrm{PF}^* \triangleq \{F(\boldsymbol{x}^*) = (f_1(\boldsymbol{x}^*), f_2(\boldsymbol{x}^*), \cdots, f_m(\boldsymbol{x}^*))^{\mathrm{T}} \mid \boldsymbol{x}^* \in P^*\} \tag{6.17}$$

2. 强社团的定义

给定一个网络 $G=(V,E)$，V 是网络中顶点集合，E 是网络中顶点之间边的集合。$\boldsymbol{A}$ 是 $n \times n$ 邻接矩阵，如果节点 i 和节点 j 连接那么矩阵 $\boldsymbol{A}$ 中元素 $A_{ij}=1$；相反，如果节点 i 和节点 j 不连接，那么矩阵 $\boldsymbol{A}$ 中元素 $A_{ij}=0$。网络中节点 i 的度可以表示为

$$k_i = \sum_{j \in V} A_{ij} \tag{6.18}$$

给定一个社团 U，节点 i 和社团 U 内部其他节点边的连接数量称为节点 i 的内度 k_{in}^i，节点 i 和社团 U 外部其他节点边的连接数量称为节点 i 的外度 k_{out}^i。因此，当社团 U 中任意一个节点 i 都满足 $k_{\text{in}}^i > k_{\text{out}}^i$ 时，称社团 U 为强社团；当社团 U 满足 $\sum_{i \in U} k_{\text{in}}^i > \sum_{i \in U} k_{\text{out}}^i$ 时，称社团 U 为弱社团。

3. 模块化密度的定义

给定一个分区 $P=\{V_1, V_2, \cdots, V_C\}$，$C$ 是 G 中社团的数量，且 $i=1,2,\cdots,C$，则模块化密度 D 定义为

$$D = \sum_{i=1}^{C} \frac{L(V_i, V_i) - L(V_i, \bar{V}_i)}{|V_i|} = \sum_{i=1}^{C} \frac{L(V_i, V_i)}{|V_i|} - \sum_{i=1}^{C} \frac{L(V_i, \bar{V}_i)}{|V_i|} \tag{6.19}$$

6.5.2 目标函数的选择

考虑到模块化中的分辨率限制问题，模块化密度可以作为社团检测的目标函数，模块化密度值越大，社团划分就越精确。此外，式(6.19)中模块化密度的第一项相当于比例关联(Ratio Association，RA)，而另一项则相当于比例割(Ratio Cut，RC)。因此，模块化密度 D 可以看作比值关联和比例割的组合，最大化比例关联通常会将网络划分为具有紧密互连的小社团，而最小化比例割通常会将网络划分为与其他网络有稀疏连接的大社团。本节中算法将负比例关联 (Negative Ratio Association，NRA)和比例割最小化作为两个目标函数

$$\begin{cases} f_1(x): \mathrm{NRA} = -\sum_{i=1}^{C} \dfrac{L(V_i, V_i)}{|V_i|} \\ f_2(x): \mathrm{RC} = \sum_{i=1}^{C} \dfrac{L(V_i, \bar{V}_i)}{|V_i|} \end{cases} \tag{6.20}$$

6.5.3 算法描述

MOACO/D-Net 算法是一种处理复杂网络多目标社团检测问题的有效算法，它的具体原理如下。

1. 个体编码表示

采用基于轨迹的邻接表示进行个体编码。使用这种编码方式，每个基因都是一种解决方案，都可以用其相邻节点的索引作为其等位基因值。对于具有 n 个顶点的网络 $G=(V,E)$，解 $\boldsymbol{x}$ 被编码为一个拥有 n 个基因的向量$(x_1,x_2,\cdots,x_n)$，如果第 i 个元素的等位基因值为 j，则对应的两个顶点彼此连接且属于同一个社团。换而言之，分配给第 i 个基因的 j 值表示解 $\boldsymbol{x}$ 所得到的分区中节点 i 和节点 j 之间的连接关系，它们将被划分在同一个社团中。这种编码方式需要解码来识别所有连接的组件，并将属于同一连接组件的所有顶点分配给一个社团。此外，这个解码步骤可以通过使用一个简单的回溯方案在线性时间内完成。

图 6.6(a)表示一个具有 11 个顶点和 16 条边的示例网络；图 6.6(b)表示一个可能的编码解(3 1 2 6 4 7 8 5 10 11 9)，其中第 1 个元素的等位基因值为 3，第 2 个元素的等位基因值为 1，以此类推；图 6.6(c)表示相应的解码解决方案，其中网络被划分为 3 个社团：A、B 和 C。

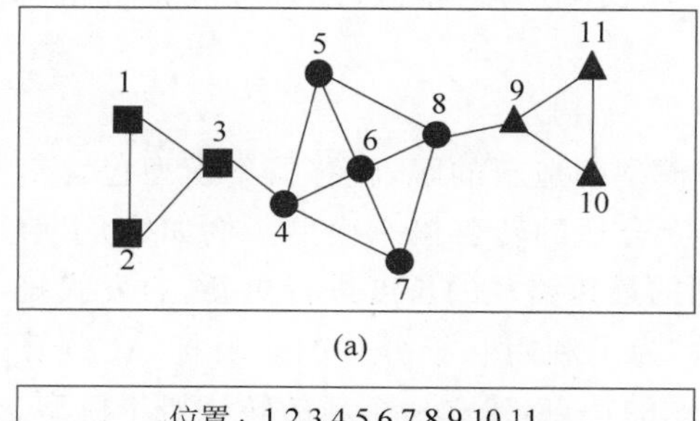

(a)

位置：1 2 3 4 5 6 7 8 9 10 11
蚂蚁：3 1 2 6 4 7 8 5 10 11 9

(b)

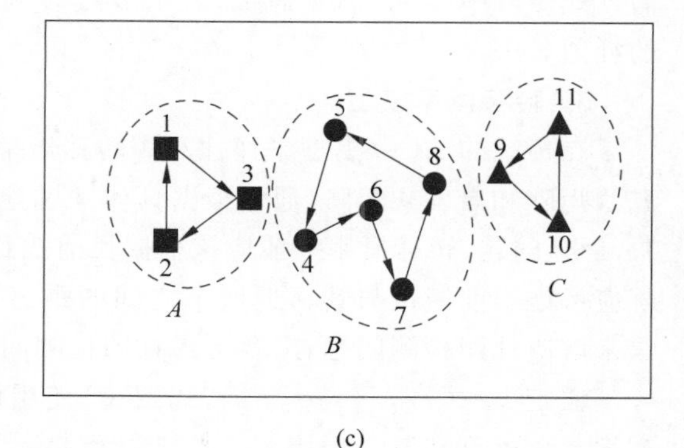

(c)

图 6.6 基于轨迹的邻接表示的一个示例

2. 初始化种群

MOACO/D-Net 算法采用 Tchebycheff 分解方法将多目标社团检测问题转换为许多单目标子问题，每个子问题被建模为一个最小化问题，即

$$g(\boldsymbol{x} \mid \boldsymbol{\lambda}) = \max_{1\leqslant i\leqslant m} \{\lambda_i \mid f_i(x) - z_i^* \mid\} \tag{6.21}$$

其中，权重向量$\boldsymbol{\lambda}=(\lambda_1,\lambda_2,\cdots,\lambda_m)$；$z_i^*$ 是一个参考点，表示 $f_i(\boldsymbol{x})$中的最小值，即

$$z_i^* = \min_{x\in\Omega} f_i(\boldsymbol{x})(i=1,2,\cdots,m)$$

算法用 N 个蚂蚁初始化蚁群，其中每个蚂蚁分别代表一个子问题的解决方案 $\boldsymbol{x}^i$，$\boldsymbol{x}^i$ 的权重向量$\boldsymbol{\lambda}^i$ 可表示为

$$\boldsymbol{\lambda}^i = \left(\frac{j-1}{N-1},\frac{N-j}{N-1}\right) \tag{6.22}$$

其中，权重向量的数量 $N=C_{H+m-1}^{m-1}$，权重向量$\boldsymbol{\lambda}^i$ 及其数量 N 都由参数 H 控制。

选择距离 i 最近的 T 个蚂蚁，形成蚂蚁 i 的邻域可表示为

$$N(i)=\{\boldsymbol{x}^j \mid d_{ij} \leqslant d_T, j=1,2,\cdots,N\} \tag{6.23}$$

其中，d_{ij} 表示 λ^i 和 λ^j 之间的欧氏距离；d_T 表示 d_{ij} 中第 T 个最小的值。

同时，对于 K 组各自的信息素矩阵 $\{\boldsymbol{\tau}^1,\boldsymbol{\tau}^2,\cdots,\boldsymbol{\tau}^k\}$ 进行初始化，使得第 j 组中边 (k,l) 上的信息素轨迹 $\boldsymbol{\tau}_{kl}^j=\boldsymbol{\tau}_0$，其中 $\boldsymbol{\tau}_0$ 是一个足够大的值。此外，启发式矩阵 $\boldsymbol{\eta}$ 根据皮尔逊相关性来定义，如果节点 k 和节点 l 之间不存在连接就规定 $\eta_{kl}=0$，否则

$$\eta_{kl}=\frac{1}{1+\mathrm{e}^{-C(k,l)}} \tag{6.24}$$

其中，

$$C(k,l)=\frac{\sum\limits_{V_{s\in V}}(A_{ks}-\mu_k)(A_{ls}-\mu_l)}{n\delta_k\sigma_l} \tag{6.25}$$

$$\mu_k=\sum_s A_{ks}/n \tag{6.26}$$

$$\delta_k=\sqrt{\sum_s (A_{ks}-\mu_k)^2/n} \tag{6.27}$$

$C(k,l)$ 表示节点 k 和节点 l 之间的皮尔逊相关性，它体现了两个节点之间的结构相似性；参数 μ_k 和 δ_k 也分别由式(6.26)和式(6.27)表示；$\boldsymbol{A}$ 表示图 G 的邻接矩阵。启发式矩阵中的 η_{kl} 数值越大，表示节点 k 和节点 l 结构越相似，越有可能属于相同的社团。

3. 转移概率模型

在传统的ACO模型中往往利用转移概率模型构造新的解，转移概率模型包含信息素矩阵和启发式矩阵，通常根据具体问题建立合适的转移概率模型。例如，为了解决TSP问题，转移概率一般应该根据目前找到的最短路径的长度进行更新，启发式矩阵应考虑当前城市与其邻近城市之间的距离。为了利用基于分解的多目标ACO算法来解决社团检测问题，需要考虑社团检测问题的特点，建立一个新的转移概率模型。

假定 $\boldsymbol{x}=(x_1^i,x_2^i,\cdots,x_n^i)$，蚂蚁 $\boldsymbol{x}^i$ 使用伪随机过渡概率模型构造了一个新解决方案。该模型涉及3个因素：信息素信息 τ_{kl} 启发式信息 η_{kl} 以及当前的解决方案 $\boldsymbol{x}^i$。基于上述原理，算法的转移概率模型可以表示为

$$P_{kh}^i\begin{cases}=\dfrac{\phi_{kh}}{\sum\limits_{s\in Nv(k)}\phi_{ks}}, & h\in Nv(k)\\ 0, & \text{其他}\end{cases} \tag{6.28}$$

其中，P_{kh}^i 表示子问题 i 中顶点 h 选择顶点 k 的可能性；$Nv(k)$ 表示与顶点 k 相邻顶点的集合，当 h 与顶点 k 不相邻，即 $h\notin Nv(k)$ 时，$P_{kh}^i=0$。

$$\phi_{kh}=[\tau_{kh}^j+\Delta\times \mathrm{In}(\boldsymbol{x}^i,(k,h))]^\alpha\cdot(\eta_{kh})^\beta,\quad h\in Nv(k) \tag{6.29}$$

$$\Delta=\frac{1}{1+g(\boldsymbol{x}^i\mid\boldsymbol{\lambda}^i)} \tag{6.30}$$

其中，α 和 β 是两个控制参数，用于在信息素值和启发式信息之间取得平衡。如果 (k,h) 位于 x^i 中，式(6.29)中 $\mathrm{In}(x^i,(k,h))$ 等于1；否则等于0。

根据上述转移概率模型，算法通过生成每个元素的各自的等位基因值从而不断构

建出新的解决方案，新解中第 k 个元素的等位基因值 l 可以表示为

$$l=\begin{cases}\arg\max\limits_{h\in Nv(k)}(\phi_{kh}), & \text{rand}<r\\ l', & \text{其他}\end{cases} \tag{6.31}$$

其中 rand 是位于(0,1)内均匀分布的随机数，r 是预设小于 1 的正阈值。

如果 rand 小于 r，则选择式(6.29)中 ϕ_{kh} 的最大值作为第 k 个元素的等位基因值；否则，根据式(6.28)中 P_{kh}^{i} 概率使用轮盘赌选择来确定 l。式(6.31)简化了转移概率模型，如果 $r=0$，它将退化为传统的转移概率模型。

4. 改进算子

为了获得更好的性能，MOACO/D-Net 提出 3 种算子对解进行改进，实验最终选择性能表现最好的第三种改进算子形成算法，本节主要对第三种改进算子进行介绍。

根据强社团的定义，将节点密度的度量定义为

$$\text{Md}^{j}=\frac{k_{\text{in}}^{j}-k_{\text{out}}^{j}}{k^{j}} \tag{6.32}$$

其中，k^{j} 是节点 j 的度；k_{in}^{j} 是节点 j 的内部度；k_{out}^{j} 是节点 j 的外部度。假设一个边节点 v_j 有两个相邻的社团 c_A 和 c_B；假设 v_j 在 c_A 中，并计算其对 c_A 的 Md_A^{j}；然后假设 v_j 在 c_B 中，并计算 c_B 的 Md_B^{j}；如果 $\text{Md}_A^{j}>\text{Md}_B^{j}$，则根据强社团的定义，$v_j$ 更有可能属于 c_A。将蚂蚁 i 构造的解 s 输入到改进算子中，算子首先求出 s 中的所有边节点。对于边缘节点 $v_j(j=1,2,\cdots,l)$，l 是边缘节点的总数，找出与 v_j 有链接的所有相邻社团。假设 v_j 每次都在当前的相邻社团中，逐个计算 v_j 对所有相邻社团的 Md^{j}，然后将 v_j 分配给 Md^{j} 最大的社团。重复上述步骤 l 次后，终止改进算子，得到的解 s' 作为蚂蚁 i 的新解 x^{i} 输出。

5. 更新外部档案集

在构造了 N 个新解 $y^{1},y^{2},\cdots,y^{N}$ 后，计算 $F(y^{i})$，并与外部档案集中非支配解的目标向量进行比较，其中 $i=1,2,\cdots,N$。如果其中没有解决方案支配 y^{i}，则将 y^{i} 添加到外部档案集中，并把由 y^{i} 支配的解移除。

6. 更新信息素矩阵

根据性能表现较好的蚂蚁，算法对信息素矩阵进行更新。在单目标 ACO 算法中，通常使用由单一目标函数确定的迭代最优或全局最优解来更新一个信息素矩阵。但对于多目标问题而言，往往存在多个信息素矩阵 $\boldsymbol{\tau}^{j}(j=1,2,\cdots,K)$。因此 MOACO/D-Net 算法通过从每一组中较好的新解来提取信息，从而更新相应的信息素矩阵，更新信息素矩阵的过程可以表示为

$$\tau_{kl}^{j}(t+1)=\rho\cdot\tau_{kl}^{j}(t)+\sum_{\boldsymbol{x}^{i}\in H(j)}\frac{1}{1+g(\boldsymbol{x}^{i}\mid\boldsymbol{\lambda}^{i})}\times\text{In}(\boldsymbol{x}^{i},(k,l)) \tag{6.33}$$

其中，t 是迭代次数；ρ 是持续率；$H(j)$ 是 j 组中表现好的新解组成的集合。

此外，信息素矩阵中每个元素的信息素被限制在$[\tau_{\min},\tau_{\max}]$范围内，

$$\tau_{\max}=\frac{B+1}{(1-\rho)(1+g_{\min})} \tag{6.34}$$

其中,B 是在当前迭代中找到的非支配解决方案的数量,即在当前迭代中添加到档案中的解决方案的数量。$g_{\min}$ 是所有 N 个子问题的 g 值的最小值。设置 $\tau_{\max}$ 是为了避免过早地在信息素矩阵的边缘积累过多的信息素,同时有

$$\tau_{\min}=\varepsilon \cdot \tau_{\max} \tag{6.35}$$

其中,ε 是一个相当小的数字,此例中设置为 0.005。

每次迭代后,$\tau_{\max}$ 和 $\tau_{\min}$ 根据式(6.34)和式(6.35)进行更新。因此,信息素轨迹更新的过程包括两个阶段:弱化阶段和强化阶段。第一阶段是全局更新,其中所有边缘上的信息素值都通过蒸发因子降低,目的是蒸发信息素,避免过早收敛。在第二阶段,新的非支配解中的所有边缘都得到了加强。该策略确保保留了好的解决方案的信息,以促进这些蚂蚁进入下一个迭代,以找到更好的解决方案。

7. 更新 $\boldsymbol{x}^i$

在下一代之前,对于 $i=1,2,\cdots,N$,每个单独的蚂蚁 i 根据它的邻居更新当前的解决方案 $\boldsymbol{x}^i$。基于自己的目标 $F(\boldsymbol{x}^i)$,如果在蚂蚁 i 的邻域中有一个解 $\boldsymbol{x}^*$ 具有最小的 g 值,该解满足 $g(\boldsymbol{x}^* \mid \boldsymbol{\lambda}^i)<g(\boldsymbol{x}^i \mid \boldsymbol{\lambda}^i)$,并且 $\boldsymbol{x}^*$ 没有被用来替换任何其他旧解,那么 $\boldsymbol{x}^i$ 被 $\boldsymbol{x}^*$ 替换。这种策略鼓励蚂蚁与其邻居交换信息,即使两个邻居不在同一组中。$\boldsymbol{x}^i$ 的更新加强了不同蚂蚁群体之间的合作。

6.5.4 实验结果及分析

MOACO/D-Net 算法引入了两种评价标准来衡量划分的质量,分别是模块度函数 Q 和相似性度量函数 NMI。其中,NMI 的定义参考式(6.13),Q 的定义如下

$$Q=\frac{1}{2n_e}\sum_{ij}\left(\left(A_{ij}-\frac{k_i k_j}{2n_e}\right)\times\sigma(\mathrm{In}(i),\mathrm{In}(j))\right) \tag{6.36}$$

其中,$n_e=\frac{1}{2}\sum_{ij}A_{ij}$ 是网络中的边数,$\boldsymbol{A}$ 是邻接矩阵,$k_i=\sum_j A_{ij}$ 是顶点 i 的度,$\mathrm{In}(i)$ 是顶点 i 所属的社团。若 $u=v$,则 $\sigma(u,v)=1$;否则,$\sigma(u,v)=0$。

一个网络的模块度函数 Q 在进化过程中应该趋向最大化,在给定网络上得到 Q 值最大的解应该是最好的,或者至少是比较好的划分方案。

MOACO/D-Net 算法中的参数设置为 $N=60,\alpha=1,r=0.1,K=5,T=8,\beta=4,\rho=0.95,N_{\mathrm{ant}}=50$。

MOACO/D-Net 算法采用 4 个真实世界的社团网络进行测试,分别是空手道俱乐部(Karate)网络、海豚社交(Dolphins)网络、美国大学橄榄球(Football)网络和美国政治书籍(Polbooks)网络,这些网络的真实分区是已知的。其中,空手道俱乐部网络由 34 个顶点和 78 条边组成,划分为 2 个社团;海豚社交网络由 62 个顶点和 159 条边组成,划分为 2 个社团;美国大学橄榄球网络由 115 个顶点和 613 条边组成,划分为 12 个社团;美国政治书籍网络由 105 个顶点和 441 条边组成,划分为 3 个社团。为了验证改进算子对算法性能的提升,本节分别测试 MOACO/D-Net-X(添加改进算子前)和 MOACO/D-Net-Ⅲ(添加第三种改进算子后)在 4 个真实网络上的表现,计算在 20 次独立运行中获得的 NMI 和 Q 的平均值,并对两者的运行时间进行了比较和分析,具体结果如表 6.2 所示。

表 6.2 MOACO/D-Net 在 4 个真实网络上的表现

指 标	真实网络	MOACO/D-Net-X	MOACO/D-Net-Ⅲ
Q_{avg}	Karate	0.353	0.419
	Dolphins	0.395	0.525
	Football	0.306	0.604
	Polbooks	0.411	0.526
NMI_{avg}	Karate	0.690	1
	Dolphins	0.619	1
	Football	0.520	0.927
	Polbooks	0.511	0.606
运行时间/s	Karate	2.159	8.232
	Dolphins	3.796	16.761
	Football	10.012	45.674
	Polbooks	8.088	37.759

如表 6.2 所示，对于未添加改进算子获得的 Q 和 NMI 的平均值明显都小于添加改进算子后的结果，说明算子对解的改进是有效的，实现了对算法性能的提升。此外，从运行时间来看，可以发现改进算子对算法性能的提升的同时，也带来了一定的时间成本，但是这种时间成本在可接受的范围内。

其次，本节使用 MOACO/D-Net 算法对 LFR 基准网络进行测试。LFR 基准网络被用于仿真社团网络的生成，在 LFR 基准测试中，可以通过使用一组参数生成不同类型的网络拓扑，其中 LFR 基准网络的参数设置如表 6.3 所示。

表 6.3 LFR 基准网络的参数设置

参 数	设 置
网络规模 N	{100,200,300,400,500,600,700,800,900,1000}
混合参数 μ	{0,0.05,0.1,0.15,0.2,0.25,0.3,0.35,0.4,0.45,0.5}
平均度 $\bar{k}$	20
最大度 k_{max}	50
节点度分布的指数 τ_1	2
社团规模分布的指数 τ_2	3

在网络规模 N 都为 1000 的情况下，设置不同混合参数 μ 独立运行超过 10 次，在添加改进算子前后两种算法的执行结果如图 6.7 所示。

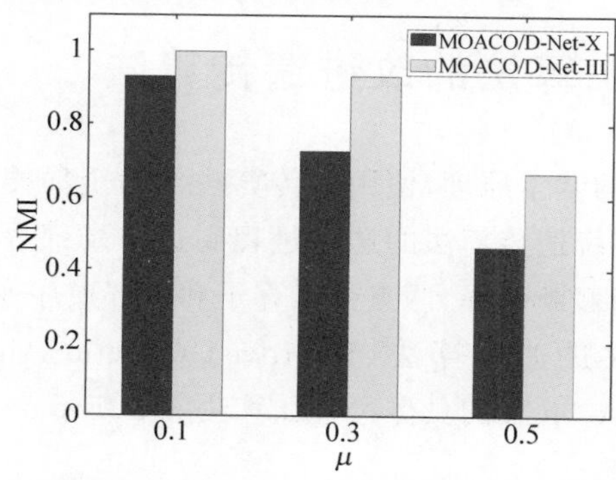

图 6.7 MOACO/D-Net-X 和 MOACO/D-Net-Ⅲ 在不同 μ 的 LFR 基准网络上结果比较

如图 6.7 所示，两种算法得到的 NMI 值随着 μ 的增加而减少，因为随着 μ 的增加，找到网络的真实划分会变得更加困难。值得一提的是，在整个过程中，MOACO/D-Net-Ⅲ总是比 MOACO/D-Net-X 的 NMI 更大，特别是在 μ 较大的情况下，前者的优势更加明显，这再次证明添加改进算子确实有利于提升 MOACO/D-Net 的性能。

最后，为了说明 MOACO/D-Net 算法性能的优越性，本节将 MOACO/D-Net 与 CNM 和 CNM-IC 算法在 LFR 基准网络上进行实验。在网络规模 N 都为 1000 的情况下，设置不同 μ 独立运行每种算法超过 20 次，并求得 Q 和 NMI 的平均值，3 种算法的执行结果如图 6.8 所示。

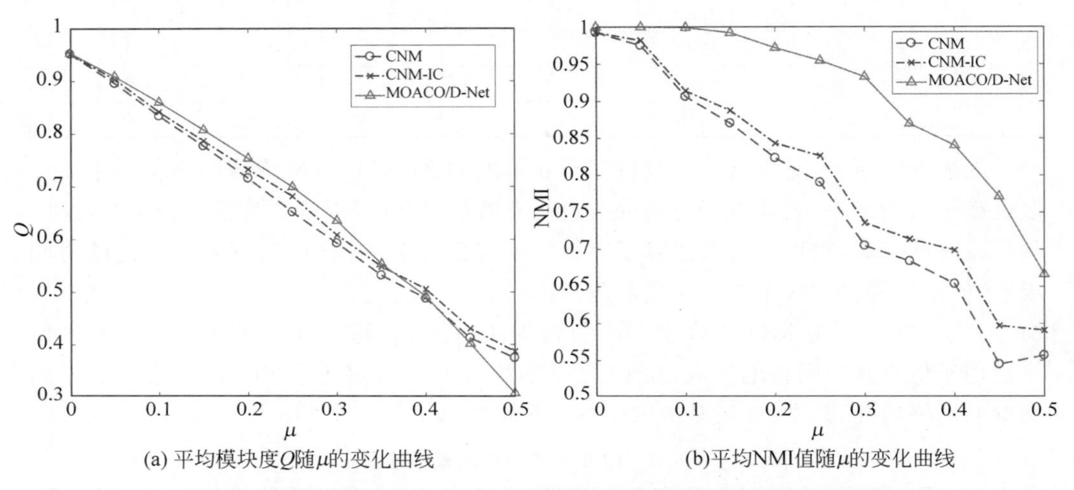

图 6.8　3 种算法在具有 1000 个节点的 LFR 基准网络上的结果比较

如图 6.8 所示，随着 μ 的增加，MOACO/D-Net 得到的 NMI 平均值总是大于 CNM 和 CNM-IC 得到的值。对于 Q 的平均值，当 μ 小于 0.35 时，MOACO/D-Net 得到的值较大；当 μ 大于 0.35 时，MOACO/D-Net 得到的值小于 CNM 和 CNM-IC。在 LFR 基准测试网络中，每个节点与其社团内的其他节点共享一部分$(1-\mu)$的连接，与网络中社团外的其他节点共享一部分(μ)的连接。因此，网络的 μ 越高，就越难以揭示社团结构。在本实验中，随着 μ 的增加，MOACO/D-Net 总是可以找到具有较高 NMI 值的分区，这再次说明了 MOACO/D-Net 的有效性。

6.6　基于爬山算法的改进遗传算法

围绕本章密母算法的基本原理，使用遗传算法作为全局搜索策略，引入爬山算法作为局部搜索策略，在传统遗传算法的迭代过程中进行局部寻优，使用二进制编码方式进行染色体编码，采用截断选择、两点交叉算子和局部逆序变异算子。

基于爬山算法的改进遗传算法（Improved Genetic Algorithm based on Hill Climbing algorithm，IGA-HC）的具体过程如算法 6.8 所示。

算法 6.8：基于爬山法的改进遗传算法(IGA-HC)

Step 1：随机生成 N 个二进制编码的染色体作为初始种群 $P_t(t=0)$；

Step 2：利用适应度函数计算初始种群 P_t 中所有个体的适应度值；

Step 3：对于当前种群 P_t，进行交叉、变异操作得到子代群体 C_t；

Step 4：计算子代群体 C_t 中个体的适应度，利用爬山算法对种群 C_t 中每个个体进行局部寻优，得到子代种群 C'_t；

Step 5：从 P_t，C_t，C'_t 三个种群中按照适应度值从大到小选择 N 个染色体，得到新一代种群 P_{t+1}；

Step 6：判断算法是否终止，若满足终止条件，则输出结果，结束算法；否则，令 $t=t+1$，算法进入 Step 3。

仿真实验对比分析了传统遗传算法和 IGA-HC 的性能，具体内容如下。

设置种群规模为 20，编码长度为 14，交叉概率为 0.95，变异概率为 0.1，最大适应度评估次数为 5000，IGA-HC 在传统遗传算法基础上引入爬山法在实数空间进行局部搜索，在截断选择过程中，IGA-HC 将当前种群 P_t、子代种群 C_t 和 C'_t 合并后进行选择，而传统遗传算法是合并当前种群 P_t 和子代种群 C_t 后进行选择。分别使用传统遗传算法和 IGA-HC 对目标函数 $y=x+10\sin(5x)+7\cos(4x)$，$x\in(10,100)$进行全局寻优，目标函数的函数曲线及最优解如图 6.9 所示，即需要利用算法求解目标函数的最大值。

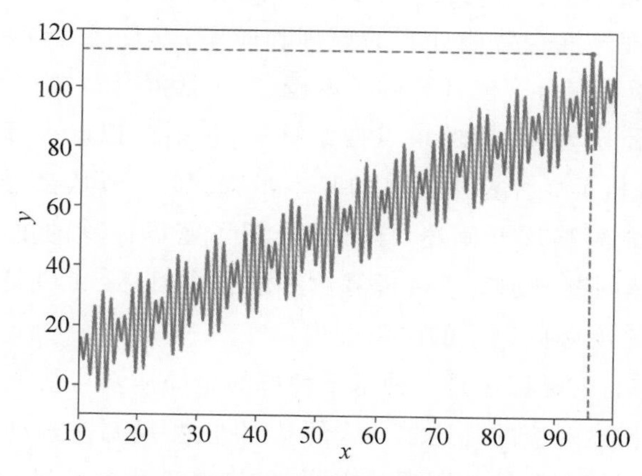

图 6.9 目标函数的函数曲线及最优解

两种算法分别独立运行 10 次，记录迭代过程中历史最优个体的适应度，并分别对 10 次结果取其平均值，两种算法的收敛曲线如图 6.10 所示。

如图 6.10 所示，在 10 次运行中，传统遗传算法并不能保证每次都找到目标函数的最优解，因此根据 10 次历史最优个体的适应度求得的均值并不等于理论最优解，但是 IGA-HC 在每次运行中都能够找到目标函数的最优解，因而 10 次运行得到的均值等于理论最优解。此外，两种算法的收敛速度也存在差异，IGA-HC 得到的适应度在大约 1000 次评估之后就始终高于传统遗传算法得到的适应度，并在达到最大适应度评估次数之前就得到了全局最优解，此时传统遗传算法还未求得全局最优解。相较而言，传统遗传算法在进化中后期的收敛速度变慢，需要更大的适应度评估次数才能求得全局最优解。因而总体而言，IGA-HC 的收敛速度更快，优化精度更高，证明了引入局部搜索算子可以提高遗传算法的收敛速度及优化精度。

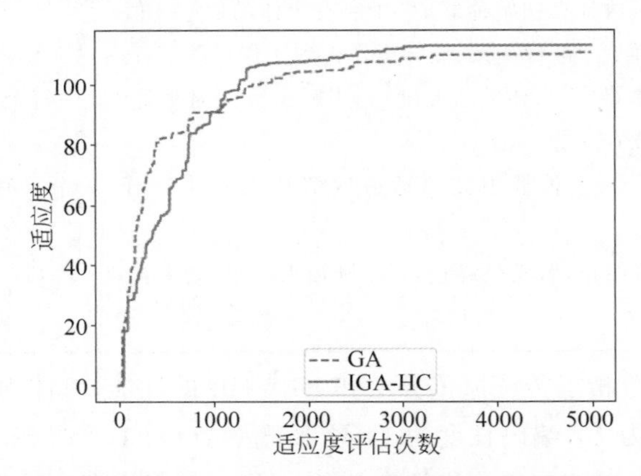

图 6.10 两种算法的历史最优个体的适应度随适应度评估次数变化的收敛曲线

本章小结

本章介绍了混合智能计算的基本原理以及提出混合智能计算的根本原因。此外，本章介绍了混合智能计算中的代表性算法——密母算法的原理及其应用实例，旨在使读者能够更深入地理解混合智能计算的原理和应用，以及启发读者用之解决实际问题。6.1 节首先介绍了混合智能计算的基本概念，包括混合智能计算的起源和研究层次。6.2 节依次介绍了 3 种常见的单点搜索算法，包括模拟退火算法、梯度下降算法和爬山算法，重点分析了 3 种算法各自的基本步骤。6.3 节从密母算法的基本思想、一般框架和局部搜索策略展开阐述，详细地介绍了密母计算的主要原理。6.4 节和 6.5 节围绕社团检测问题分别基于密母算法和混合多目标 ACO 算法进行求解，为读者展示了密母计算在实际问题中的应用过程。

由本章内容可知，密母算法是一种基于种群的全局搜索与基于个体的局部搜索的结合体。其中全局搜索对应的是达尔文式的基因进化，局部搜索对应的则是文化基因的进化。人类社会能够创造如此璀璨的文明，仅依赖于达尔文进化显然是不够的，文化的传播与传承才是推进人类文明快速发展的主要因素。密母算法相比于传统进化算法表现出更好的性能，也从算法层面反映出文化传承的重要性。此外，对于种群中的所有个体而言，初始的染色体可能千差万别，其和环境中最优解的距离也可能有远有近，但每个个体只要不放弃后天的学习和努力，通过局部搜索不断提升自身的适应度，终将有机会获取到最优解。希望可以从密母算法机制中获得启发，都能通过努力做更好的自己。

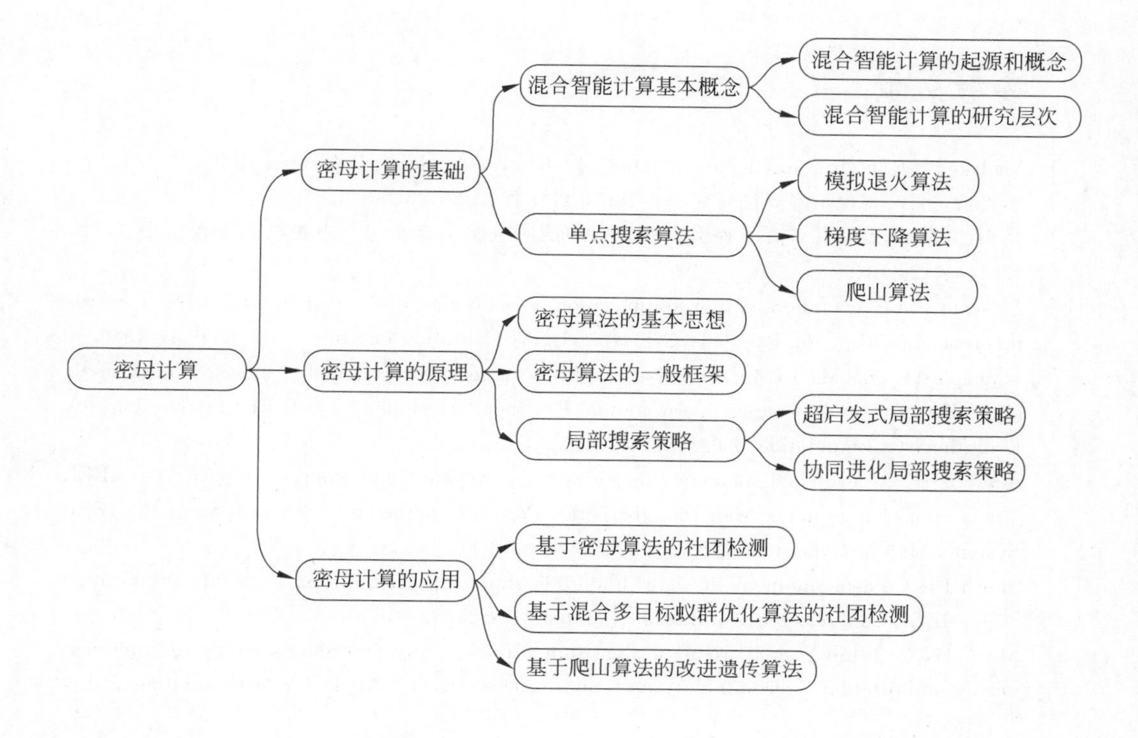

习题

1. 结合 6.1 节的相关内容,简要概述混合智能计算的基本概念。

2. 结合 6.2 节的相关内容,简要概述 3 种单点搜索算法各自的基本步骤。

3. 结合 6.2 节的相关内容,分析并比较 3 种单点搜索算法各自的优劣。

4. 结合 6.3 节的相关内容,简要概述密母算法与传统进化算法的联系与区别。

5. 结合 6.3 节的相关内容,简要概述动态密母算法的局部搜索方式。

6. 结合 6.3 节的相关内容,参考密母算法的设计步骤构造出一种具体密母算法的流程图。

7. 结合 6.4 节的相关内容,分析并阐述 MA-SAT 的算法思想和主要流程。

8. 结合 6.5 节的相关内容,分析并阐述 MOACO/D-Net 的算法思想和主要流程。

9. 查阅相关文献,总结另外两种求解社团检测问题的密母算法,分析并阐述其各自的算法思想和主要流程。

10. 参考本章示例 IGA-HC,选择另一种单点搜索算法作为局部搜索策略构建密母算法,并编程求解函数最值问题。

11. 构建并编程实现一种密母算法,求解至少包含 30 个城市的旅行商问题。

12. 查阅相关文献,总结 3 种基于不同群体智能全局搜索策略的密母算法,分析各自的差异以及优劣,并编程实现其中一种算法。

参考文献

[1] Medsker L R. Hybrid intelligent systems[M]. Kluwer Academic Publishers, 1995.

[2] 李兴怡,岳洋.梯度下降算法研究综述[J].软件工程,2020,23(2):4.

[3] 张小莲,李群,殷明慧,等.一种引入停止机制的改进爬山算法[J].中国电机工程学报,2012,32(14):128-134.

[4] Moscato P. On evolution, search, optimization, genetic algorithms and martial arts: Towards memetic algorithm[R]. Pasadena, California, USA: California Institute of Technology, 1989.

[5] Ishibuchi H, Yoshida T, Murata T. Balance between genetic search and local search in memetic algorithms for multiobjective permutation flowshop scheduling[J]. IEEE Transactions on Evolutionary Computation, 2003, 7(2): 204-223.

[6] Smith J E. Coevolving memetic algorithms: a review and progress report[J]. IEEE Transactions on Systems Man & Cybernetics Part B Cybernetics A Publication of the IEEE Systems Man & Cybernetics Society, 2007, 37(1): 6-17.

[7] Smith J E. Co-evolving memetic algorithms: a learning approach to robust scalable optimisation[C]// IEEE Congress on Evolutionary Computation, 2003.

[8] Mu C H, Xie J, Liu Y, et al. Memetic algorithm with simulated annealing strategy and tightness greedy optimization for community detection in networks[J]. Applied Soft Computing, 2015, 34: 485-501.

[9] Mu C H, Zhang J, Liu Y, et al. Multi-objective ant colony optimization algorithm based on decomposition for community detection in complex networks[J]. Soft Computing, 2019, 23: 12683-12709.

第 7 章

免疫计算

基于模仿生物功能建立智能算法并将其应用于复杂的优化问题，已经成为了当下的研究热点之一。生物信息处理系统大致可以分为 4 个子系统，即脑神经系统、遗传系统、免疫系统和内分泌系统。生物的这些智能信息处理系统具有高度的自组织、自适应和自学习能力。其中，基于脑神经系统和遗传系统，已分别提出了人工神经网络和遗传算法等工程模型，并在很多领域得到成功应用。基于内分泌系统和免疫系统的工程模型和算法则正处于研究之中。从信息处理的角度来看，免疫系统是一个自适应、自学习、自组织、并行处理和分布协调的复杂系统，将免疫概念引进工程应用领域具有重要的现实意义。

本章将从免疫计算的生物学背景开始讨论，并给出经典免疫算法的内容和免疫算法的应用。

7.1 免疫计算生物学背景

免疫计算是基于生物免疫系统的原理发展起来的一种并行和分布的自适应智能系统，具有进化学习、模式识别和联想记忆等功能。本节将简单介绍免疫计算的生物学基础和免疫应答机制、生物免疫系统的免疫理论以及生物免疫系统的动力学基础。

7.1.1 免疫系统

免疫计算(Immune Computing，IC)是一类模拟生物免疫系统的多样性、分布性、动态学习及自适应性的人工智能技术。生物免疫系统(Biological Immune System，BIS)是一种具有高度分布式特点的生物处理系统，具有记忆、自学习、自组织、自适应等特点。免疫系统是生物，特别是脊椎动物和人类所必需的防御系统，它由免疫效应分子及有关的基因及具有免疫功能的细胞、组织、器官等组成，可以保护机体，抗御病原体、有害异物等致病因素的侵害。

现代免疫学的发展已经证明高等动物和人体内存在一套完整的免疫系统，它主宰和执行机体的免疫功能，是机体发生免疫应答的物质基础。免疫系统是由器官、细胞和分子组成的一个复杂的非线性系统，它是除神经系统外，机体能特异地识别"自己——非己"刺激，对之做出精确应答，并保留记忆的功能系统[1-3]。免疫系统对侵入机体的非己成分（如细胞、病毒和各种病原体）以及发生了突变的自身细胞（如癌细胞）具有精确识别、适度应答和有效排除的能力。

为了更好地理解生物免疫系统的机制及功能，首先介绍免疫系统的一些基本概念和术语[4-6]。

（1）**抗原（Antigen，Ag）**：抗原是指能刺激机体免疫系统诱导免疫应答并能与应答产生如抗体或致敏淋巴细胞发生特异反应的物质。一个完整的抗原应包括两方面的免疫性能：①免疫原性（immunogenicity）指诱导宿主产生免疫应答的能力，具有这种能力的物质称为免疫原（immunogen）；②免疫反应性（immunoreactivity）指抗原与抗体或致敏淋巴细胞发生特异性结合的能力，也称为反应原性。

（2）**抗体（Antibody，Ab）**：抗体可以理解为能与相应抗原特异性结合的具有免疫功能的球蛋白。

（3）**克隆（clone）**：免疫细胞不断增殖的过程称为克隆。

（4）**单克隆抗体（monoclonal antibody）**：机体淋巴组织内可存在多种抗体形成细胞（B细胞），当受刺激后，对应一个抗原决定簇，每种B细胞可增殖分化为一种细胞群，并且此细胞群能分泌合成在理化性质、分子结构、遗传标记以及生物学特性等方面相同的均一性抗体，则称这种抗体为单克隆抗体。

（5）**多克隆抗体（ploycIonal antibody）**：天然抗原物质往往具有多种不同的抗原决定簇，而每个抗原决定簇都可刺激机体，一种抗体形成细胞可以产生一种特异性抗体。多种抗原决定簇可刺激多种细胞克隆合成分泌各种不同的抗体，这就是所谓的多克隆抗体。

（6）**抗原决定簇（antigen determinant）**：抗原决定簇又称表位（epitope），存在于抗原分子表面，是决定抗原特异性的特殊化学基团。抗原以此来与抗体发生特异性结合，抗原决定簇是被免疫细胞识别的标志和免疫反应具有特异性的基础。

（7）**互补位（paratope）**：互补位也称互补决定簇，是抗体分子上与抗原决定簇进行结合的部位。

（8）**抗体-抗原亲和度（Ab-Ag affinity）**：抗体-抗原亲和度反映抗原分子表面的抗原决定簇与抗体分子总的结合力。

（9）**抗体-抗体亲和度（Ab-Ag affinity）**：抗体-抗体亲和度反映抗体分子间的结合力。

（10）**免疫记忆（immune memory）**：用同一抗原再次免疫时，可引起比初次免疫更强的抗体产生，称为再次免疫应答或免疫记忆。在体液免疫或细胞免疫中均可发生免疫记忆现象。在体液免疫时，对TD抗原的再次应答可表现为抗体滴度明显上升，免疫球蛋白（Immunoglobulins，Ig）类别可由IgM转换为IgG，而且抗体亲和力增强。免疫记忆的基础是免疫记忆细胞的产生。

（11）**记忆细胞（memory cell）**：记忆细胞是对抗原具有特异性识别能力的细胞。当抗原第二次感染机体时，会直接刺激记忆细胞，使记忆细胞迅速增殖分化产生浆细胞，并产生大量与相应抗原特异性结合的抗体。记忆细胞的集合即为记忆单元或特定抗体组成的抗体群，一般这些抗体具有较高的抗体-抗原亲和度。

(12) **亲和度成熟(affinity maturation)**：在抗体生成过程中，抗体分子的平均亲和力随时间的延长而增加，这种现象称为抗体分子亲和力的成熟。抗体亲和度成熟是指B细胞介导的体液免疫应答中，只有表达高亲和力的B细胞抗原受体(B-Cell Receptor，BCR)，才能有效地结合抗原，并在Th细胞辅助下产生高亲和力的抗体。

7.1.2 免疫应答机制

免疫应答(immune response)是机体免疫系统对抗原刺激所产生的以排除抗原为目的的生理过程。这个过程是免疫系统各部分生理功能的综合体现，包括了抗原递呈、淋巴细胞活化、免疫分子形成及免疫效应发生等一系列的生理反应。通过有效的免疫应答，机体得以维护内环境的稳定。

免疫应答的发生、发展和最终效应是一个相当复杂但又规律有序的生理过程，这个过程可以人为地分成3个阶段：抗原识别阶段、淋巴细胞活化阶段及抗原清除阶段[7]。

(1) **抗原识别阶段**(antigen-recogniting phase)是抗原通过某一途径进入机体，并被免疫细胞识别、递呈和诱导细胞活化的开始时期，又称感应阶段。一般地，少数抗原的抗原决定簇与B细胞表面的受体分子结合，从而直接刺激B细胞使之活化长大并迅速分裂；多数抗原要先经过吞噬细胞无特异性的吞噬，一些抗原分子穿过吞噬细胞的细胞膜而暴露到细胞表面，夹在吞噬细胞本身的组织相容性附合体分子的沟中。T细胞中有一类助T细胞，不同的助T细胞表面带有不同的受体，能识别不同的抗原。那些能识别吞噬细胞表面组织相容性抗原加上特异的抗原分子结合物的助T细胞，在遇到这些吞噬细胞后，就活化分裂而产生更多有同样特异性的助T细胞。B细胞表面也带有组织相容性附合体，可和特异的抗原分子结合。上述特异的助T细胞的作用是刺激已经和特异的抗原分子结合的B细胞，使之分裂分化。B细胞依靠助T细胞和吞噬细胞而活化的步骤，比不需要助T细胞参与的步骤作用更强大。

(2) **淋巴细胞活化阶段**(lymphocyte-activating phase)是接受抗原刺激的淋巴细胞活化和增殖的时期，又可称为活化阶段。一般指B细胞接受抗原刺激后，增殖分化形成效应B细胞和记忆细胞的过程。所谓效应B细胞也称浆细胞，一般停留在各种淋巴结中，它们产生抗体的能力很强，每个效应B细胞每秒钟能产生2000个抗体，可以说是制造特种蛋白质的机器。浆细胞的寿命很短，经过几天产生大量抗体以后就死去。抗体离开浆细胞后，随血液淋巴流到全身各部，发挥消灭抗原的作用。记忆细胞的特点是寿命长，对抗原十分敏感，能“记住”入侵的抗原。如果有同样的抗原第二次入侵时，记忆细胞比没有记忆的B细胞更快地做出反应，很快分裂产生新的效应B细胞和新的记忆细胞。

(3) **抗原清除阶段**(antigen-eliminating phase)是免疫效应细胞和抗体发挥作用将抗原灭活并从体内清除的时期，也称效应阶段。这时如果诱导免疫应答的抗原还没有消失，或者再次进入致敏的机体，效应细胞和抗体就会与抗原发生一系列反应。抗体与抗原结合形成抗原复合物，将抗原灭活及清除；T效应细胞与抗原接触释放多种细胞因子，诱发免疫炎症；细胞毒性T淋巴细胞(Cytotoxic T Lymphocyte，CTL)直接杀伤靶细胞。通过以上机制，达到清除抗原的目的。

7.1.3　生物免疫系统的免疫理论

1. 克隆选择学说

澳大利亚免疫学家 F. M. Burnet 以生物学及分子遗传学的发展为基础，在 P. Ehrlich 侧链学说和 N. K. Jerne 的天然抗体选择学说的影响下，以及人工耐受诱导成功的启发下，于 1958 年提出了关于抗体生成的克隆选择学说。这一学说的基本观点是把机体的免疫现象建立在生物学的基础上，并经后代免疫研究者的补充与修正，其基本观点如下。

(1) 认为机体内存在有识别多种抗原的细胞系，在其细胞表面有识别抗原的受体；

(2) 抗原进入体内后，选择相应受体的免疫细胞使之活化、增殖最后成为抗体产生细胞及免疫记忆细胞(克隆选择过程)；

(3) 胎生期免疫细胞与自己抗原相接触则可被破坏、排除或处于抑制状态，因之失去对“自己”抗原的反应性，形成天然耐受状态，此种被排除或受抑制的细胞系称为禁忌细胞系(否定选择)；

(4) 免疫细胞系可突变产生与自己抗原发生反应的细胞系因之可形成自身免疫反应[8-11]。

2. 免疫网络理论

1974 年，N. K. Jerne 继 F. M. Burnet 的克隆选择学说后，提出免疫系统内部调节的独特型(idiotype)和抗独特型(anti-idiotype)的网络理论(network theory)。

免疫网络理论认为在抗原刺激发生之前，机体处于一种相对的免疫稳定状态，当抗原进入机体后打破了这种平衡，导致了特异抗体分子的产生，当达到一定量时将引起抗免疫球蛋白分子独特型的免疫应答，即抗独特型抗体的产生。因此抗体分子在识别抗原的同时，也能被其抗独特型抗体分子所识别。这一点无论对血流中的抗体分子或是存在于淋巴细胞表面作为抗原受体的 Ig 分子都是一样的。在同一动物体内一组抗体分子上独特型决定簇可被另一组抗独特型抗体分子所识别。而一组淋巴细胞表面抗原受体分子也可被另一组淋巴细胞表面抗独特型抗体分子所识别。这样在体内就形成了淋巴细胞与抗体分子所组成的网络结构。网络学说认为，这种抗独特型抗体的产生在免疫应答调节中起着重要作用，使受抗原刺激增殖的克隆受到抑制，而不至于无休止地进行增殖，借以维持免疫应答的稳定平衡[12-16]。N. K. Jerne 的免疫网络结构如图 7.1 所示。

7.1.4　生物免疫系统的动力学基础

免疫系统的动力学描述主要是针对抗原的增殖和效应细胞对抗原的杀伤这种最基本的免疫现象展开的。在建立免疫系统模型之前，首先需要选择一个或若干个描述系统状态的变量。而免疫系统是由不同层次和每一层次所包含的多种组分形成的复杂系统，并且在不同层次和不同成分之间存在着复杂的相互作用。对生命体而言，物理学中常见的体积、温度和压强等量基本保持不变，所以常选择组分浓度作为状态变量。不同组分的相互作用用非线性数学工具描述，得出各种组分的时间演化过程，从中认识免疫系统的运动规律、机制和功能。

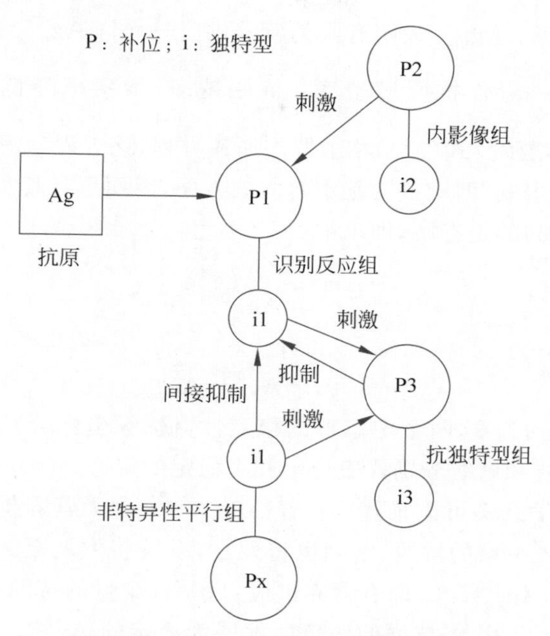

图 7.1 N. K. Jerne 的免疫网络结构

1. 单变量免疫系统

下面给出一种最简单的免疫系统的线性动力学系统。如在营养液中培养某种细菌或其他抗原，使之增殖，这样的过程可借化学反应式来描述，即表示抗原的增殖过程

$$\mathrm{Ag} \xrightarrow{k} 2\mathrm{Ag} \tag{7.1}$$

其中，Ag 表示抗原；k 为速率常数，抗原增殖与生态学中的群体增殖问题相似。这里用 X 表示抗原浓度，即单位体积内有多少个抗原；用 t 表示时间，抗原增殖可由马尔萨斯方程给出，即

$$\frac{\mathrm{dAg}}{\mathrm{d}t} = k\,\mathrm{Ag} \tag{7.2}$$

此方程仅含未知函数 $\mathrm{Ag}(t)$ 及其导数的线性项，故方程是线性的。速率常数通常由实验给出，从式(7.2)中解出 k，得

$$k = \frac{1}{\mathrm{Ag}} \frac{\mathrm{dAg}}{\mathrm{d}t} \tag{7.3}$$

如式(7.2)这种将状态变量对时间的变化率和状态变量联系起来的方程式就称为动力学方程。这是最简单的动力学方程。设初始条件为 $t=0, \mathrm{Ag}=\mathrm{Ag}^0$，方程的解为

$$\mathrm{Ag} = \mathrm{Ag}^0 \mathrm{e}^{kt} \tag{7.4}$$

式(7.4)表示抗原的浓度按指数增长。

1）在简单限制条件下的免疫系统动力学描述

显然，在一定的营养条件下，抗原是不可能按指数律无限制的增长的。如果考虑到环境和营养的限制，全部营养仅能维持浓度为 $\mathrm{Ag}_{\max}$ 的抗原生存，仍不考虑抗原的自然死亡，则有

$$\frac{\mathrm{dAg}}{\mathrm{d}t} = k\,\mathrm{Ag}\left[1 - \frac{\mathrm{Ag}}{\mathrm{Ag}_{\max}}\right] \tag{7.5}$$

其中，k 为内禀增殖率；Ag_{max} 表明有限的营养供应只允许 Ag_{max} 这样多的抗原存活。$k\,Ag\left[1-\frac{Ag}{Ag_{max}}\right]$ 统一看作抗原增殖率：抗原越多，增殖率降低，当抗原浓度达到 Ag_{max} 时，抗原不再增殖。式(7.5)称为罗杰斯谛方程，该方程考虑了许多生命过程中所共有的“发展”和“限制”两个最为基本对立的方面，因而更有其实际意义。

首先求方程(7.5)的定态解，即求解

$$k\,Ag\left[1-\frac{Ag}{Ag_{max}}\right]=0 \tag{7.6}$$

显然得到两个定态解为

$$Ag_1=0,\quad Ag_2=Ag_{max} \tag{7.7}$$

在图7.2中，显示了这两个定态解的稳定性，横、纵坐标分别表示参数 Ag_{max} 和 Ag 的浓度，其中粗线和虚线分别代表稳定和不稳定的定态。

图7.2的生物学意义可以描述为：若 $Ag_{max}=0$，毫无营养供应，抗原不能存活。即使作为“扰动”放入少量的抗原，它们也将死亡，系统将发展至无抗原存在的稳定的定态 $Ag_1=0$；一旦 $Ag_{max}>0$，即有营养供应，只要有少量的抗原存在，系统便会从不稳定的定态 $Ag_1=0$ 出发，经抗原的增殖而发展为稳定的 Ag_2 定态，然后不再随时间改变。

再来考虑式(7.5)的动态解，以此得出抗原在营养液中增殖时其浓度随时间的演化。设初始浓度为 $Ag=Ag^0$，对式(7.5)进行积分，得：

$$Ag=Ag(t)=\frac{Ag^0 Ag_{max}}{Ag^0+(Ag_{max}-Ag^0)e^{-kt}} \tag{7.8}$$

$Ag=Ag(t)$ 曲线如图7.3所示，表明抗原浓度自初始值随时间 $t\to\infty$ 增殖直至稳定定态 $Ag_2=Ag_{max}$，其中不同曲线对应不同的 k 值，k 越大，抗原浓度越大。

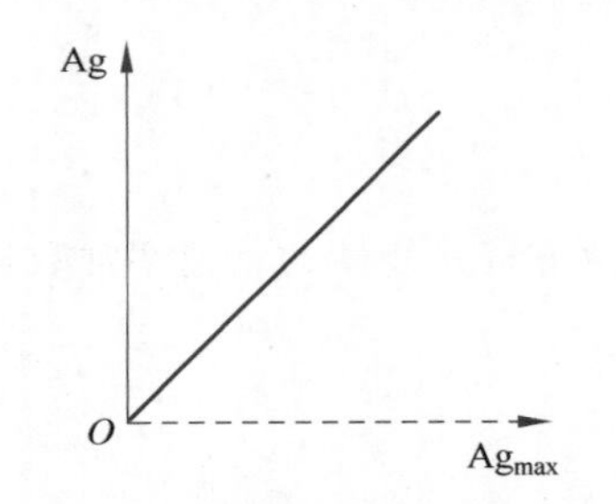

图7.2　罗杰斯谛方程的分岔图

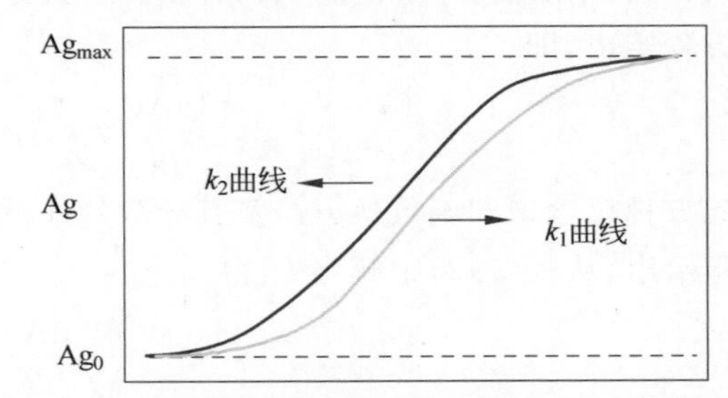

图7.3　抗原随时间按罗杰斯谛方程演化

2）复杂情况下的速率常数

有机体内，抗原并不能不受限制地生存与增殖，免疫系统将会消灭它们。假设某种效应细胞如巨噬细胞能非特异地杀伤抗原，杀死该效应细胞又能清除其他抗原。假设分别用 Ag、P 和 E 表示细菌、死亡的细菌和效应细胞。若将效应细胞杀死抗原和抗原自然消亡考虑在内，并借用化学反应式来描述这个过程，则有

$$Ag+E\xrightarrow{k'}P+E\text{（被效应细胞消灭过程）} \tag{7.9}$$

$$Ag+E\xrightarrow{k''}\text{（自然死亡过程）} \tag{7.10}$$

其中，k'、k''表示各过程的速率常数，将式(7.10)代入式(7.6)，有动力学方程

$$\frac{\mathrm{dAg}}{\mathrm{d}t}=k\,\mathrm{Ag}\left[1-\frac{\mathrm{Ag}}{\mathrm{Ag}_{\max}}\right]-k'\mathrm{Ag}E-k''\mathrm{Ag} \tag{7.11}$$

式(7.11)反映了在免疫系统作用下抗原随时间的演化。为了进一步认识$-k'\mathrm{Ag}E$和速率常数k'的生物学意义，先不考虑式(7.11)中有关抗原增殖和自然消亡这两项，于是可得出速率常数

$$k'=-\frac{1}{\mathrm{Ag}E}\frac{\mathrm{dAg}}{\mathrm{d}t} \tag{7.12}$$

式(7.12)的k'反映了效应细胞和细菌每相遇一次在单位时间内消灭细菌的个数，即k'反映了效应细胞消灭抗原的速度，而$-k'\mathrm{Ag}E$则可理解为单位体积内抗原与效应细胞相遇的次数。

2. 多变量的动力学方程

若式(7.11)中效应细胞的浓度E也是随时间变化，设置$X_i(i=1,2,\cdots,n)$表示一组描述不同组分浓度或数目的状态变量，动力学方程的一般形式为

$$\frac{\mathrm{d}X_i}{\mathrm{d}t}=f(\{X_i\};\{\lambda_i\}) \tag{7.13}$$

其中，λ_i是一个或一簇参数。考虑的动力学方程一般是自治的，即方程的右边不显含变量t。类似前面单变量的情形，也需要找出其定态解，分析这些定态解的稳定性。

一般地，多变量的系统中经常会出现分岔现象，而且分岔参数可能是一个或多个，所以分岔点可能会扩展成由两个或多个参数支撑的参数空间的曲线甚至曲面。至于其动态行为则更是多种多样，从初始条件或初始值出发，可能最后趋于一个定态或周期震荡。

7.2 免疫计算基础

免疫系统的多样性、分布性、动态学习、自适应等特性，特别适合于鲁棒、自适应和动态系统的研究，将免疫概念引进工程应用领域具有重要的现实意义。与同样受生物信息处理思想启发的进化算法及人工神经网络相比，基于免疫系统的工程研究起步较晚，将免疫概念应用到工程中也是近十几年才开始的[17]。

本节阐述免疫计算的发展历程和研究现状，介绍免疫计算的分类，学习基本的免疫算法。

7.2.1 免疫计算研究概况

1. 发展历程

1974年美国诺贝尔奖获得者N. K. Jerne在根据现代免疫学对抗体分子独特性的认识基础上提出的免疫网络模型引起了免疫学界的广泛关注。继N. K. Jerne发表相关论文后，J. D. Farmer、A. S. Perelson、F. T. Varela等学者先后发表了有关论文，在免疫系统启发实际工程应用方面做出了突出贡献。其中J. D. Farmer等率先基于免疫网络学说给出了免疫系统的动态模型[18]，并探讨了免疫系统与其他人工智能方法的联系，开始了人工免疫系统的研究。1989年，A. S. Perelson等提出了独特型网络的概率描述方法，并讨论了独特型网络中的传输特性[19]。1989年，F. T. Varela讨论了

免疫网络以某种方式收敛的思想以及免疫系统能够产生不同抗体和变异适应新环境的思想，为免疫系统成为有效解决工程问题的灵感源泉做出了巨大贡献[20]。在我国，靳蕃等在1990年前后就已经指出“免疫系统所具有的信息处理与肌体防卫功能，从工程角度来看，具有非常深远的意义”[21]。但是，这以后免疫系统的研究成果比较少见。

1996年12月，在日本首次举行了基于免疫性系统的国际专题讨论会，首次提出了“人工免疫系统”的概念。随后，人工免疫系统进入了兴盛发展期，D. Dasgupta、丁永生与任立红认为人工免疫系统已经成为人工智能领域的理论和应用研究热点[22-24]，相关论文和研究成果正在逐年增加。1998年IEEE Systems, Man and Cybernetics国际会议还组织了人工免疫系统专题讨论，并成立了“人工免疫系统及应用分会”。2002年在英国Kent大学召开了世界第一届人工免疫系统会议。

2. 研究现状

目前，从工程角度来讲，免疫计算的研究内容和范围包括以下几方面。

(1) 基于生物免疫系统原理建立的免疫计算系统模型，包括人工免疫网络模型和人工免疫系统模型。首先，从J. D. Farmer[18]首次提出免疫网络的数学描述开始，结合分布自治智能系统和神经网络的研究，人们发展了适用于处理动态环境的人工免疫网络方法。目前，两个比较有影响的人工免疫网络模型是J. Timmis等的资源受限人工免疫系统(Resource limited artificial immune system, RLAIS)[25-26]和L. N. De Castro等提出的aiNet[27-28]。J. S. Chun等[29]介绍了免疫算法的数学模型和基本步骤，指出免疫算法在求解某些特定优化问题方面优于其他优化算法。基于抗原-抗体相互结合的特征，A. Tarakanov等建立了一个比较系统的人工免疫系统模型，并指出该模型经过改进后用于评价加里宁格勒生态学地图集的复杂计算[30]。J. Timmis等提出了一种资源限制的人工免疫系统方法，该算法基于自然免疫系统的种群控制机制，控制种群的增长和算法终止的条件，并成功用于Fisher花瓣问题[31]。B. T. Nohara等基于抗体单元的功能提出了一种非网络的人工免疫系统模型[32]。

(2) 基于免疫系统的诸多特性发展起来的免疫算法主要包括：基于免疫系统的自己/非己的区别原则的否定选择算法[33]、基于免疫系统的局部记忆学说和免疫网络学说的免疫agent算法[34-35]、引入疫苗接种理论的免疫优化算法[36]、引入自我调节机制的免疫算法[37]、基于免疫应答的免疫优化算法[38]、基于免疫抗体记忆的免疫算法[39]、借鉴生物独特性网络调节的进化算法[40-41]、具有免疫体亲近性特征的遗传算法[42]等。这些改进算法可以快速求出满足一定精确度要求的最优解，对解决工程应用问题具有用价值。

(3) 基于克隆选择原理的克隆算法。代表性的算法是L. N. De Castro等的克隆选择算法(Clonal Selection Algorithm, CSA)[43-44]以及J. Kim[45-46]等在S. A. Hofmeyr的基础上提出了一种动态克隆选择算法，并用于解决连续变化环境中异常探测的问题。但是，这些研究多集中在简单的生物机理模仿，或者是对进化算法的改进方面，缺少对克隆机理的分析，也没有提出具体的克隆算子。

(4) 与其他智能策略相结合的混合免疫方法。例如，K. Krishna Kumar等将神经网络和免疫系统机理结合提出了“免疫神经控制”(Immune Nerve Control, INC)的结构[47]；M. Sasaki等提出了一种基于免疫系统反馈机理的自适应学习的神经网络控制器[48]；李亭鹤等针对凹形重叠区难以精确寻点的问题，提出了一种新的洞点搜索方法[49]，即感染免疫法，实际应用表明该方法无论是寻点能力还是在通用性方面都优于传统模式。

(5) 人工免疫系统的理论研究。例如，借助数学、非线性、混沌、智能主体等理论研究人工免疫系统的机制、免疫计算原理等。这方面的研究成果还非常少。

人工免疫系统是模仿自然免疫系统功能的一种智能方法，它实现了一种受生物免疫系统启发，通过学习外界物质的自然防御机理的学习技术，提供噪声忍耐、无教师学习、自组织、记忆等进化学习机理，结合了分类器、神经网络和机器推理等系统的一些优点，因此具有提供新颖的解决问题方法的潜力。其研究成果涉及控制、数据处理、优化学习和故障诊断等许多领域，已经成为继神经网络、模糊逻辑和进化计算后人工智能的又一研究热点。虽然人工免疫系统已经被广大研究者逐渐重视，然而与已经有比较成熟的方法和模型以资利用的人工神经网络研究相比，不论是对免疫机理的认识，或是免疫算法的构造，还是工程应用，人工免疫系统的相应研究都处在一个比较低的水平。

7.2.2 免疫计算分类

从计算方面看，自然免疫系统是一种并行和分布的自适应系统，具有进化学习、模式识别和联想记忆等功能。免疫系统可以学习识别相关模式，记住已有模式，用组合学高效地建立模式检测器。自然免疫系统是发展解决智能问题技术的启发源泉，研究人员已经开发了许多基于免疫原理的免疫算法、人工免疫网络和计算系统及模型等。

(1) 根据生物免疫系统原理开发新的免疫计算方法主要有否定选择算法、克隆选择算法、免疫优化算法、免疫遗传算法等，还包括一些针对特定问题提出的基于免疫机理的算法，可把这些算法统称为免疫算法。

(2) 在生物免疫系统基础上建立免疫人工模型，包括人工免疫系统模型和人工免疫网络模型。人工免疫网络模型有 aiNet、免疫多值网络和免疫 PDP 网络等，人工免疫系统模型有骨髓模型和二进制免疫系统模型等。各种免疫网络学说，如独特型网络、互联耦合免疫网络、免疫反应网络和对称网络等，可用于建立人工免疫网络认知模型，目前应用最广的是独特型网络。

(3) 一方面利用免疫系统抗体多样性的机制改进遗传算法的搜索优化，将免疫机制用于人工神经网络、模糊系统等建立混合型智能计算系统；另一方面，利用免疫系统自身具有的进化学习机制和学习外界物质的自然防御机制，可用于建立解决机器学习等问题的新型机器学习系统，还可发展用于解决数据分析等问题的新型智能人工免疫系统。

7.2.3 基本免疫算法

1. 免疫算法与生物免疫系统概念的对应关系

免疫算法与生物免疫系统概念的对应关系如表 7.1 所示。

表 7.1 免疫算法与生物免疫系统概念的对应关系

免疫系统	免疫算法
抗原	优化问题
抗体	优化问题的可行解

续表

免 疫 系 统	免 疫 算 法
亲和度	可行解与目标函数的匹配程度
抗原识别	问题识别
从记忆细胞产生抗体	联想过去的成功解
淋巴细胞分化(记忆细胞分化)	维持最优解
T细胞抑制	消除多余的候选解
抗体生命增加(细胞克隆)	用遗传算子生成新的抗体

2. 基本免疫算法流程

目前,应用较多的免疫算法是从免疫系统抗体和抗原识别、结合,抗体产生过程而抽象出来的,采用基于浓度的选择机制,既鼓励适应度值高的解,又抑制浓度高的解,从而保证算法的收敛及群体的多样性,适合多峰值函数的寻优。一般免疫算法分为如下3步:产生多样性、建立自体耐受、记忆非自体。在实际工程应用中的免疫算法一般分以下几步,算法流程如图7.4所示。

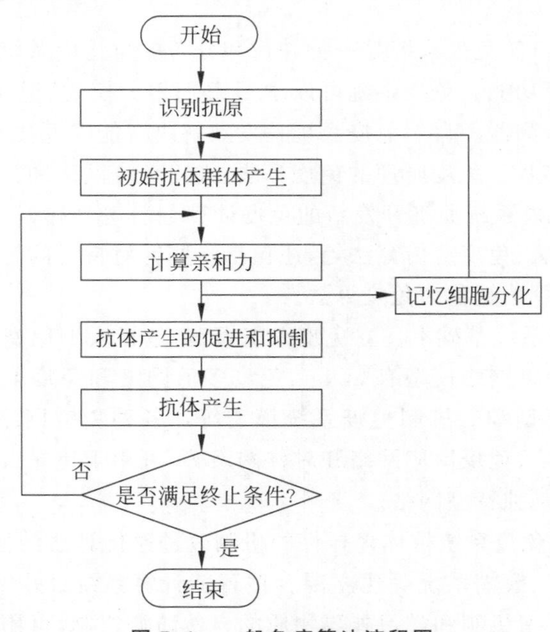

图7.4　一般免疫算法流程图

(1) 识别抗原。免疫系统确认抗原入侵。

(2) 初始抗体群体产生。随机产生初始群体,激活记忆细胞产生抗体,清除以前出现过的抗原,从包含最优抗体的数据库中选择出一些抗体。

(3) 计算亲和力。计算抗原和抗体之间的亲和力。

(4) 记忆细胞分化。选择与抗原有最大亲和力的抗体加入记忆细胞群。由于记忆细胞数目有限,新产生的与抗原具有高亲和力的抗体替换低亲和力的抗体。

(5) 抗体产生的促进和抑制(promotion and suppression)。高亲和力抗体受到促进,高密度抗体受到抑制。通常通过计算抗体存活的期望值来实施。

(6) 抗体产生。对未知抗原的响应,在骨髓中产生新淋巴细胞取代(5)中清除的抗体。这个步骤通过交叉等算子变异产生多种抗体。

(7) 终止条件判断。判断是否满足终止条件,若不满足,则转向(3)。

在使用免疫算法解决问题时,根据具体问题人们会对上述免疫算法进行不同的改进或变化,如与遗传算法结合、利用遗传算子产生多样抗体等,以符合解决具体问题需要,从而发展出多种形式免疫算法,但基本上都遵循以上步骤。

免疫算法具有如下的优点。

(1) 多样性保持:由于该算法具有多样性和自控制机制,对于许多优化问题都可求得全局最优解。

(2) 记忆学习:由于抗体产生较以前的算法快,所以该算法具有快速收敛性。

7.3 克隆选择算法

克隆选择学说认为,免疫系统通过抗体克隆实现免疫防卫功能。免疫系统执行免疫防卫功能的细胞为淋巴细胞(包括 T 细胞和 B 细胞),B 细胞的主要作用是识别抗原和分泌抗体,T 细胞能够促进和抑制 B 细胞的产生与分化。当抗原侵入体内后,B 细胞分泌的抗体与抗原发生结合作用,当它们之间的结合力超过一定限度,分泌这种抗体的 B 细胞将会发生克隆扩增,产生大量相同和相似(由于变异的作用)的克隆。克隆扩增后,B 细胞的一部分克隆分化为记忆细胞,再次遇到相同抗原后能够迅速被激活,实现对抗原的免疫记忆。B 细胞的克隆扩增受 T 细胞的调节,当 B 细胞的浓度增加到一定程度时,T 细胞对 B 细胞产生抑制作用,从而防止 B 细胞的无限克隆。

在人工免疫系统中,克隆机理已经引起了人工智能研究者的兴趣,他们从各自不同的角度对克隆进行模仿,相继提出了一些基于克隆选择学说的克隆算法,代表性的算法是 L. N. De Castro 等的克隆选择算法。

7.3.1 克隆选择算法的基本过程

巴西人工免疫学研究专家 L. N. De Castro 博士于 1999 年在借鉴生物免疫系统的克隆选择原理的基础上提出了最早的克隆选择算法,其算法步骤如算法 7.1 所示[43]。

算法 7.1:克隆选择算法

Step 1:生成候选解集 P,P 由记忆单元 M 和保留种群 P_r 组成,即 $P=P_r+M$;

Step 2:根据亲和度测量,选择 n 个个体 P_n;

Step 3:克隆种群中 n 个最好的个体,生成一个克隆临时种群 C,克隆规模和抗体-抗原的亲和度成正比;

Step 4:对克隆临时种群进行高频变异,这里高频变异和抗体-抗原的亲和度相对应,由此获得了一个变异后的抗体群 C^*;

Step 5:从 C^* 中重新选择改进的个体组成记忆单元 M,P 中的一些个体也被 C^* 中其他改进的个体所取代;

Step 6:利用新产生的抗体代替 d 个旧抗体(引入多样性),亲和度低的抗体更容易被取代。

该算法与一般遗传算法相比的不同点在于:首先将基于概率的轮盘赌选择改变为基于抗体-抗原亲和度(适应度)的比例选择;其次构造了记忆单元,从而将遗传算法记忆单个最优个体变为记忆最优解的群体;另外,通过新旧抗体的替代,增加了种群多样性。图 7.5 所示的是 L. N. De Castro 克隆选择算法的流程框图。

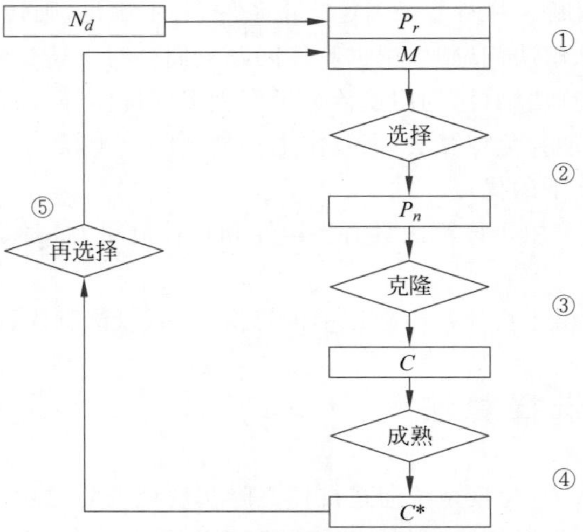

图 7.5　L. N. De Castro 克隆选择算法的流程框图

7.3.2　克隆选择算法求解实例

克隆选择算法是一种求解优化问题的经典免疫算法，这里以求解无约束优化问题

$$\max f(x)=\frac{1}{x_1^2+x_2^2+1},\quad x_1,x_2\in[-5,5]$$

为例，详细介绍克隆选择算法的求解过程。

该问题属于二维函数优化问题，其中编码方式为二进制编码，种群初始化采用在可行域内随机初始化的方式，亲和度值直接用目标函数本身进行计算，抗原为优化问题本身，抗体为种群中的个体。

算法正式开始前，需要给出运行过程中使用的参数的具体数值，具体见表 7.2。下面对每次迭代中算法的具体求解过程进行介绍。

表 7.2　参数设置

参数名称	具体数值
种群规模 N	6
抗体选择数 n	4
抗体更新数 d	1
最大进化代数	100
变异概率 p_m	0.2

1. 抗体初始化种群

采用二进制编码方式，进入算法的第一步：初始化种群。根据表 7.2 中预设的种群规模，这里随机初始化 6 个编码长度为 34 的染色体作为初始种群，见表 7.3。编解码方式同遗传算法。

表 7.3　抗体初始化种群

抗体编号	二进制编码	实　数
v_1	[0101010100111010100001100010010001]	[−1.6707,−4.5202]
v_2	[1110101000110111110100010100000111]	[4.1492,1.3482]

续表

抗体编号	二进制编码	实数
v_3	[00000100000001100110010111101011011]	[−4.8418,0.9250]
v_4	[10111110000000001100011101110001 00]	[2.4220,0.5814]
v_5	[00110011101001100100100101101101 11]	[−2.9825,0.7367]
v_6	[10001000000101101100110111110011 10]	[0.3160,1.0900]

2. 亲和度计算

亲和度源于免疫系统中抗原与抗体的亲和力概念，表示抗体对抗原的匹配程度。克隆选择算法中，亲和度是指个体相对于结果的期望值。亲和度越高，抗体越优秀。在本问题中，直接将目标函数

$$f(x)=\frac{1}{x_1^2+x_2^2+1}$$

作为亲和度函数 aff(·)。对种群中每个抗体都计算其亲和度值，如对抗体 v_1 计算亲和度值，设 $x_1=-1.6707$，$x_2=-4.5202$，因此抗体 v_1 的亲和度值可计算为

$$\begin{aligned}\text{aff}(v_1)&=f(x_1,x_2)=f(-1.6707,-4.5202)\\&=\frac{1}{(-1.6707)^2+(-4.5202)^2+1}=0.0413\end{aligned}$$

表 7.4 中计算了抗体初始种群的亲和度值，发现该种群中抗体 v_6 的亲和度值最大，因此它是目前最优的抗体，v_3 的亲和度值最小，它就是目前最差的抗体。

表 7.4 抗体种群的亲和度值计算

抗体编号	亲和度值计算公式	亲和度值
v_1	$f(-1.6707,-4.5202)$	0.0413
v_2	$f(4.1492,1.3482)$	0.0499
v_3	$f(-4.8418,0.9250)$	0.0395
v_4	$f(2.4220,0.5814)$	0.1388
v_5	$f(-2.9825,0.7367)$	0.0958
v_6	$f(0.3160,1.0900)$	0.4371

3. 抗体选择

如表 7.5 所示，从当前的抗体中取 4 个亲和度值较高的抗体，组成种群 P_n。

表 7.5 抗体选择种群

抗体编号	亲和度值计算公式	亲和度值
v_2	$f(4.1492,1.3482)$	0.0499
v_4	$f(2.4220,0.5814)$	0.1388
v_5	$f(-2.9825,0.7367)$	0.0958
v_6	$f(0.3160,1.0900)$	0.4371

4. 抗体克隆

如表 7.6 所示，分别对被选择的 4 个抗体进行克隆，抗体亲和度值越高，抗体克隆数量 N_c 越大，克隆后生成临时克隆种群 C，具体见表 7.7。

表 7.6　抗体克隆过程

抗体编号	亲和度值计算公式	亲和度值	克隆数量
v_2	$f(4.1492,1.3482)$	0.0499	1
v_4	$f(2.4220,0.5814)$	0.1388	3
v_5	$f(-2.9825,0.7367)$	0.0958	2
v_6	$f(0.3160,1.0900)$	0.4371	4

表 7.7　临时克隆种群

抗体编号	亲和度值计算公式	亲和度值
v_1	$f(4.1492,1.3482)$	0.0499
v_2	$f(2.4220,0.5814)$	0.1388
v_3	$f(2.4220,0.5814)$	0.1388
v_4	$f(2.4220,0.5814)$	0.1388
v_5	$f(-2.9825,0.7367)$	0.0958
v_6	$f(-2.9825,0.7367)$	0.0958
v_7	$f(0.3160,1.0900)$	0.4371
v_8	$f(0.3160,1.0900)$	0.4371
v_9	$f(0.3160,1.0900)$	0.4371
v_{10}	$f(0.3160,1.0900)$	0.4371

5. 抗体变异

对临时克隆种群 C 进行高频变异操作，由此生成一个变异后的成熟抗体种群 C^*。对每个抗体都产生一个(0,1)间的随机数，根据表7.2中预设的变异概率 $p_m=0.2$，判断该抗体是否需要变异。如果需要变异则随机选取染色体上的基因进行变异操作(取反)。

记变异之后的个体为 $v_1,v_2,\cdots,v_{10}$，它们的具体编码见表7.8。对变异后的抗体种群重新计算亲和度值。

表 7.8　变异结果

抗体编号	二进制编码	亲和度值公式	亲和度值
v_1	[1110101000110111110100010100000111]	$f(4.1492,1.3482)$	0.0499
v_2	[1011111000000000110001110111000100]	$f(2.4220,0.5814)$	0.1388
v_3	[1011111000000000110001110111000100]	$f(2.4220,0.5814)$	0.1388
v_4	[1011111000000000110001110111000100]	$f(2.4220,0.5814)$	0.1388
v_5	[00110011101001100 10011110110110101]	$f(-2.9825,1.2053)$	0.0881
v_6	[00110011101001100 10010010110110111]	$f(-2.9825,0.7367)$	0.0958
v_7	[10001010000101101 10001011111001110]	$f(0.3941,0.4650)$	0.7291
v_8	[10001000000101101 10011011111001110]	$f(0.3160,1.0900)$	0.4371
v_9	[10000000000101101 10011011101001110]	$f(0.0035,1.0802)$	0.4615
v_{10}	[10001000000101101 10011011111001110]	$f(0.3160,1.0900)$	0.4371

6. 抗体再选择

对于克隆变异后产生的抗体，若亲和度值高于 C 中抗体的亲和力(见表7.9)，则用该抗体代替原抗体，加入记忆抗体种群 M 中。

表 7.9 记忆抗体种群

抗体编号	二进制编码	亲和度值公式	亲和度值
v_7	[10001010000101101 10001011111001110]	$f(0.3941,0.4650)$	0.7291
v_9	[10000000000101101 10011011101001110]	$f(0.0035,1.0802)$	0.4615

7. 抗体更新

模拟生物克隆选择中5%的B细胞自然消亡的过程,小比例地进行抗体替换,用新生成的1个抗体(表7.10中用斜体表示)替换初始种群中亲和力较低的抗体 v_2。

表 7.10 抗体更新种群

	二进制编码	亲和度值公式	亲和度值
记忆抗体种群	[10001010000101101 10001011111001110]	$f(0.3941,0.4650)$	0.7291
	[10000000000101101 10011011101001110]	$f(0.0035,1.0802)$	0.4615
剩余种群	*[00110011101001100 10011110110110101]*	$f(-2.9825,1.2053)$	*0.0881*
	[1011111000000000110001110111000100]	$f(2.4220,0.5814)$	0.1388
	[00110011101001100 10010010110110111]	$f(-2.9825,0.7367)$	0.0958
	[10001000000101101 10011011111001110]	$f(0.3160,1.0900)$	0.4371

8. 终止条件判断

克隆选择算法每一代都需要判断算法是否满足终止条件,若满足终止条件,则直接输出目前最优的染色体及其亲和度值,该亲和度值就作为本优化问题的解;否则,返回步骤3。选择、克隆和变异操作继续执行,截至目前得到的抗体更新种群(表7.10)就直接成为了新一代的初始种群。

7.4 免疫算法

基于以上内容,免疫系统展示了许多可以融入人工免疫系统的性质:多样性、记忆特性、动态性、适应性、自治性等。这些特性是免疫系统固有的特性,也是许多人工智能系统所缺乏的特性,当然也是研究人员期望人工智能系统所能拥有的特性[33]。本节介绍几种经典的人工免疫系统算法模型,并总结免疫算法的步骤。

7.4.1 否定选择算法

否定选择算法基于生物免疫系统的特异性,即自己——非己识别原理,借鉴生物免疫系统中胸腺T细胞生成时的"否定选择"(negative selection)过程,模拟了免疫细胞的成熟过程,删除那些对自己产生应答的免疫细胞,从而实现自体耐受。算法通过系统对异常变化的成功检测而使免疫系统发挥作用,而检测成功的关键是系统能够区分自己和非己的信息:随机产生检测器,删除那些检测到自体的检测器,而那些测到非己的检测器保留下来。

新墨西哥大学的S. Forrest等学者根据免疫系统的自己-非己的区别原则,研究了一种检测变化的否定选择算法[33-50]。标准否定选择算法的基本步骤如算法7.2所示,否定选择算法流程如图7.6所示。

算法 7.2：否定选择算法
Step 1：随机产生大量的候选检测器；
Step 2：对每个候选检测器，计算其与每一个自体元素间的亲和力，若这个候选检测器识别出了自体集中的任何一个元素(即亲和力达到指定阈值)，则被删除，否则认为该检测器成熟，将其加入检测器集合；
Step 3：将待检测数据与成熟检测器集合中的元素逐个进行比较，如果出现匹配，则证明待测数据为非自体(异常)数据。

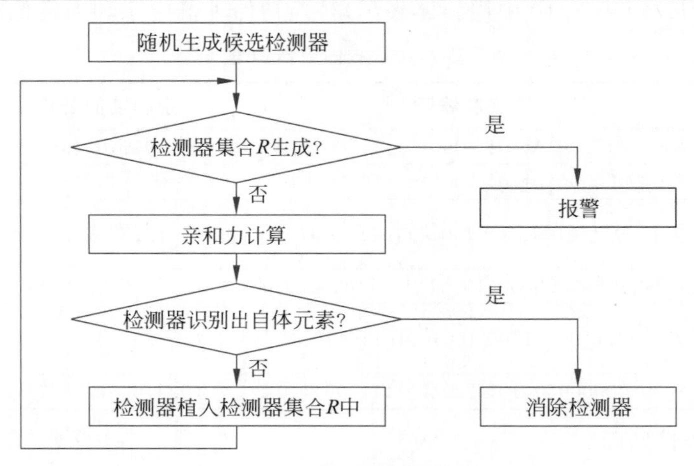

图 7.6　否定选择算法流程图

7.4.2　免疫网络算法

在人工免疫系统中，已经有以下几种提出的模型，A. Ishiguro 等提出互联耦合免疫网络模型[51]；Z. Tang 等提出与免疫系统中 B 细胞和 T 细胞之间相互反应相类似的多值免疫网络模型[52]；L. A. Herzenberg 等提出更适合于分布式问题的松耦合网络结构[53]。然而目前，两个比较有影响的人工免疫网络模型是 J. Timmis 等的资源受限人工免疫系统(Resource Limited Artificial Immune System，RLAIS)[26]和 L. N. De Castro 等的 aiNet[27-28]。资源受限人工免疫系统是在 Cook 和 Hunt 研究的基础上提出的，其中给出了人工识别球(Artificial Recognition Ball，ARB)的概念。J. Timmis 认为 ARB 的作用与 B 细胞的功能是类似的，人工免疫系统由固定数量的 ARB 组成。类比自然免疫系统，认为 ARB 受到的刺激包括抗原的主要刺激及邻近抗体刺激以及邻近抗体抑制。抗体的克隆水平由可以受到的 ARB 刺激确定。L. N. De Castro 的 aiNet 算法模拟了免疫网络对抗原刺激的刺激过程，主要包括抗体-抗原识别、免疫克隆增殖、亲和度成熟以及网络抑制，免疫网络被认为是一个负权无向图且不是全连接的。但是，目前的免疫网络模型普遍存在自适应能力比较差、参数比较多、过分依赖网络节点的增减保持网络动态、缺乏对免疫网络非线性信息处理能力的认识等缺陷；同时，算法设计的出发点一般都集中在数据压缩，因此限制了算法的应用范围。

L. N. De Castro 提出的 aiNet 是一种基于连接主义的调节免疫网络算法，主要研究无标签数据集合的压缩合聚类问题，算法表明人工免疫网络具有强大的计算能力。aiNet 模拟机体中免疫系统对抗原刺激的应答过程，主要包括抗原识别、亲和力成熟、克隆增殖和网络抑制等机制。这里将待处理数据看作抗原，抗体则是算法产生的反映抗原特征的数据。算法最终输出一个记忆细胞集合 M，M 体现了抗原数据的内部结构，不仅表明免疫系统本身具有强大的计算能力，而且可用免疫学原理发展数据处理工具。aiNet 的基本步骤如算法 7.3 所示。

算法 7.3：aiNet

Step 1：

Step 1.1：对于每个抗原，计算随机产生的抗体亲和力，选出 n 个高亲和力抗体；

Step 1.2：在 n 个高亲和力抗体中，计算亲和力并产生克隆抗体集 D，对于每一个抗体，其亲和力越高，克隆数越多；

Step 1.3：对克隆抗体集 D 进行亲和力计算得到 D^*，即 D 中每个抗体根据公式 $C=C-a(C-X)$ 进行变异，亲和力越高，变异率越小；其中，C 是网络细胞矩阵，X 是抗原矩阵，a 是学习率或成熟率，根据 Ag-Ab 亲和力设定：亲和力越高，a 越小；

Step 1.4：求出抗原和 D^* 中每一个抗体的亲和力；

Step 1.5：从 D^* 中选出一定比例高亲和力的抗体，放入克隆记忆集中；

Step 1.6：求出记忆集中抗体的相似度进行克隆抑制；

Step 1.7：将记忆集中抗体存入总的记忆抗体集中；

Step 2：求总记忆抗体相似度，进行网络抑制；

Step 3：免疫网络抗体生成；

Step 4：终止条件——抗体达到某一指定数或指定迭代次数完成。

7.4.3 免疫多目标模型

在实际问题中，遇到具有多个目标冲突的优化问题是十分常见的。通常情况下，将具有两个或两个以上冲突目标的优化问题称为多目标优化问题(Multiple-objective Optimization Problem，MOP)。由于没有一个全局 Pareto 最优解可以同时优化所有的冲突目标，因此，求解多目标优化问题的主要目的是寻找一组 Pareto 最优解，这组解能包含所有冲突目标之间的最优权衡。1999 年，J. Yoo 等首次将生物免疫系统中抗体-抗原亲和的概念应用到标准遗传算法的适应度分配机制中。J. Yoo 在文中指出，虽然遗传算法在解决混合离散、连续和整数设计变量的问题时表现出一定优势，但是相较于遗传算法，免疫算法具备生物免疫系统，可以产生多种特异性抗体的特性，该特性被证明是一种生成 Pareto-Edgeworth 端面的有效途径。因此，这也被视为将免疫算法应用到解决多目标优化问题的首次尝试。随后，为了提升多目标免疫算法解决多目标优化问题时的性能，大量的多目标免疫算法相继提出。根据算法的设计原理，绝大多数现存的用于求解多目标优化问题的免疫算法主要分为三大类，分别是基于克隆选择机制的多目标免疫算法、基于免疫网络原理的多目标免疫算法以及将其他启发式操作算子嵌入免疫算法中的多目标免疫算法。

1. 模拟克隆选择原理的多目标免疫算法

在生物免疫系统里，克隆选择原理的基本思想是只有能识别抗原的细胞才能进行扩增，即只有这些能识别抗原的细胞能被选择并保留下来；反之，那些不能识别抗原的细胞不能存活在生物免疫系统内。因此，受到生物免疫系统中的克隆选择原理的启发，一系列模拟克隆选择原理的多目标免疫算法相继提出，并在处理不同类型的多目标优化问题时，展现了一定的优势和特点。类似于生物免疫系统，在多目标免疫算法的克隆选择策略中，根据种群中个体的性能表现，只有对种群性能的提升有促进作用的个体才能被保留，并被选择成为克隆父代，从而达到提升整个种群性能的目的。

2008 年，公茂果等首次提出一种基于非支配邻居选择的多目标免疫算法(Non-dominated Neighbor Immune Algorithm，NNIA），根据 NNIA 中提出的克隆选择机制，种群中只有少数的、非支配的个体将被选择进行克隆操作。另外，在 NNIA 中首次提出了基于种群拥挤度距离的按比例克隆策略，即根据种群中个体对应的拥挤度距离进行克隆数目的分配。种群拥挤度距离越大的个体，其克隆数目也越多。因此，基于拥挤度距离的按比例克隆策略将更多地关注种群中较为稀疏的区域，以此来增强整个种群的多样性。

NNIA 存储了一个外部种群（称为优势种群）中发现的非支配个体。只有部分不太拥挤的非支配个体称为活跃抗体，被选中进行比例克隆、重组和静态高突变。此外，存储克隆的种群称为克隆种群。第 g 代的优势种群、活跃种群和克隆种群分别用时变变量矩阵 $\boldsymbol{D}_g$、$\boldsymbol{A}_g$ 和 $\boldsymbol{C}_g$ 表示。NNIA 的主要步骤如算法 7.4 所示。NNIA 的流程图如图 7.7 所示。

算法 7.4：NNIA

Step 1：初始化。产生大小为 n_D 的初始抗体种群 $\boldsymbol{B}_0$；令 $g=0$，$\boldsymbol{D}_0=\varnothing$，$\boldsymbol{A}_0=\varnothing$，$\boldsymbol{C}_0=\varnothing$。

Step 2：更新优势种群。从抗体种群 $\boldsymbol{B}_g$ 中选出较优的个体，即非支配个体，组成 $\boldsymbol{D}_{g+1}$，如果较优抗体的数量大于 n_D，则计算所有抗体的拥挤距离（亲和度），选择拥挤距离最大的 n_D 个抗体组成 $\boldsymbol{D}_{g+1}$。

Step 3：终止条件。如果当前运行代数 g 大于或等于最大运行代数 $G_{\max}$，即 $g \geqslant G_{\max}$，输出优势种群 $\boldsymbol{D}_{g+1}$，算法停止；否则，$g=g+1$。

Step 4：基于领域的非支配选择。从优势种群 $\boldsymbol{D}_g$ 中选出 n_A 个拥挤距离最大的个体组成活跃抗体种群 $\boldsymbol{A}_g$。如果 $\boldsymbol{D}_g$ 中抗体数量小于 n_A，则令 $\boldsymbol{A}_g=\boldsymbol{D}_g$。

Step 5：比例克隆。对活跃抗体种群 $\boldsymbol{A}_g$ 进行比例克隆，得到克隆种群 $\boldsymbol{C}_g$。

Step 6：群体进化。用重组和变异操作进化克隆种群 $\boldsymbol{C}_g$，得到子代抗体种群 $\boldsymbol{C}'_g$。

Step 7：抗体种群更新。将优势抗体种群 $\boldsymbol{D}_g$ 与 $\boldsymbol{C}'_g$ 合并，得到新的抗体种群 $\boldsymbol{B}_g$，跳转至 Step 2 继续执行。

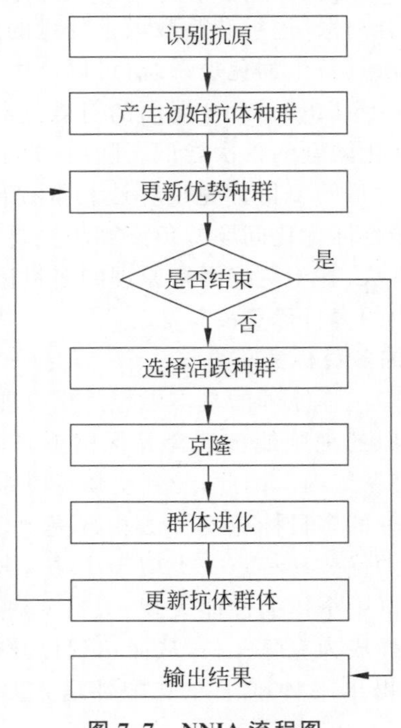

图 7.7　NNIA 流程图

2. 基于免疫网络原理的多目标免疫算法

1974 年,N. K. Jeme 首次提出免疫网络的基本模型。该模型指出免疫系统是由细胞分子调整网络构成的,而这些细胞即使在没有抗原的情况下,也是能实现相互识别的。同时,该模型还指出淋巴细胞在抗原和抗体相互作用下实现动态联系,即淋巴细胞所产生的抗体在一定程度上也能抑制其他淋巴细胞的作用。1996 年,P. Hajela 首次将免疫网络原理应用到多目标优化领域。

2002 年,L. N. De Castro 提出了一种离散型免疫网络模型,在该免疫网络系统内,根据欧氏距离进行抗体之间的识别,其中距离越近,意味着两个抗体之间的相似性也越大。当免疫网络系统达到相对稳定的状态后,距离较近的抗体将从网络中去掉并引入新产生的优秀抗体进行替代。通过引入这种离散型的网络模型,改善了整个免疫网络系统中抗体的分布。实验结果表明,这种基于离散型免疫网络的算法计算规模相对于一般的免疫算法要小 5 倍,大大节省了计算资源和计算成本。在此基础上,越来越多基于免疫网络原理的多目标免疫算法相继提出,并用于解决各类不同的优化问题,同时也表现出了一定的优势。

针对多目标优化问题,利用人工免疫系统的模拟退火策略和免疫优势,R. C. Liu 提出了一种模拟退火免疫优势算法(Simulated Annealing-based Immunodominance Algorithm,SAIA)。首先,SAIA 将在每个时刻的所有抗体分为活性抗体和"冬眠"抗体两类。其中,利用克隆增殖和重组增强对活性抗体的局部搜索,而"冬眠"抗体当前是没有用处,但在随后可以被激活并利用。因此,这种策略搜索可以充分有效地利用空间中的所有抗体。

7.4.4 混合免疫模型

对于一些不确定和非线性的复杂系统问题的求解,单一模式优化方法的局限性难以获得最优解或满意解。混合算法的思想是利用各种智能优化算法内部独特的优点和机制来相互取长补短,通过相互交叉与融合所演化的混合智能系统能产生更好的优化性能和求解效率。因此混合智能优化方法可以兼顾问题的各个方面,能为复杂系统优化与控制提供有效的解决方案。

1. 免疫遗传算法

遗传算法是一种仿效自然界的优胜劣汰自然选择过程的随机搜索算法,其机制中存在交叉、变异、复制、重组等操作。现有研究表明经典遗传算法在寻优及其应用中,表现出一定的局限性,如搜索接近全局最优解时,其寻优速度减慢,易陷入局部极值点。利用免疫系统的抗体多样性机理及免疫选择机理可以克服遗传交叉与变异操作中的退化现象,以提高遗传算法寻优能力。同时免疫系统吸收遗传系统中交叉机制同样也可以加快免疫算法的收敛性。

S. Forrest 等最先提出基于免疫机理的遗传算法建模方法[33],开创了免疫遗传算法相关研究。焦李成构造了基于免疫系统的遗传算法的一般优化模型[54],并系统阐述了算法模型及免疫算子构造机理。有不少研究者对免疫遗传算法个体选择概率进行了探索,为避免传统精英选择策略的缺陷,陈曦等[55]提出了运用适应度与浓度相结合的选择方式来保证群体多样性,增强学习能力。杨东勇等[56]根据免疫系统形态学空间覆盖原理及特征信息,对自体集划分为多个子群体,利用遗传算法对各个划分子种群进化优化并得到成熟检测器。该方法有效地降低了检测器的冗余度，提高了数据检测效率。葛宏伟等[57]引入免疫系统中的二次免疫应答，免疫记忆、免疫选择、浓度控制等机理构造一种更接近实际免疫系统的免疫遗传算法。研究人员还对免疫遗传算法的收敛性进行了理论证明，免疫克隆选择通过亲和度导向的抗体随机映射进化过程，抗体群的状态转移情况满足马尔可夫随机过程并以概率收敛[54]。

2. 免疫粒子群算法

PSO算法是由J. Kennedy等学者于1995年提出的一种模拟鸟类、鱼群等微粒觅食行为的进化计算方法，该算法通过群体中个体之间的邻域信息协作来进行迭代优化。大量研究表明PSO算法在进化后期容易出现进化停滞现象。于是一些学者将免疫系统原理引入PSO算法中以增强粒子群多样性，促使微粒具有大范围变异能力，加快收敛速度[58]。

葛宏伟等[59]提出了一种先经粒子群优化然后再经免疫克隆选择优化的串行混合智能优化算法结构，将人工免疫系统中的疫苗接种和受体编辑机理引入PSO算法中，提出了一种免疫PSO算法模型。该算法在执行过程中每隔数代就对群体中部分微粒进行疫苗接种以加快算法收敛速度，通过受体编辑重组抗体结构增强群体多样性。陶新民等[60]利用免疫阴性算法对问题空间进行多群体划分，通过种群进化信息生成优胜解区域，来指导变异的粒子群向最优解子空间逼近，提高了PSO算法逃出局部最优的能力。薛文涛等[61]提出一种免疫粒子群网络算法，该算法基于粒子群优化特性和免疫网络理论各自优势的基础上，综合利用粒子群局部搜索能力、用免疫动态网络抑制策略等优势，保持种群的多样性；对粒子群的规模进行自适应调节，提高了算法对复杂问题求解效率。洪露等[62]针对PSO算法多样性差、易陷入局部最优且收敛速度慢等缺陷，提出了一种基于免疫机制的PSO算法，结合PSO算法的全局寻优能力和免疫多样性保持机制，改善了PSO算法摆脱局部极值点的能力，提高了算法的收敛速度。彭春华[63]综合了PSO算法简单快速特点和免疫系统种群多样性保持好的特性，提出了一种基于免疫系统信息处理机制的二进制PSO算法，改善了进化后期算法的收敛性能和全局寻优能力。焦李成等[64]融合免疫算法多样性与PSO算法快收敛性的优点，提出一种免疫克隆粒子群多目标优化算法。刘丽等[65]充分利用粒子群的协作型及免疫网络的动态抑制过程，提出了基于粒子群协作型人工免疫网络模型，该算法在运行过程中通过增加全局粒子群协作算子，使其人工免疫网络中的记忆细胞具有粒子的特性，同时采用基于可变步长变异的克隆选择算子使算法具有高精度搜索能力。李中华等[66]借鉴免疫网络及PSO算法各自的优点提出了一种新型人工免疫网络优化算法。

3. 免疫蚁群算法

蚁群算法是M. Dorigo等学者提出的一种模拟蚂蚁群体在觅食过程中依赖信息素通信的群居智能行为的仿生进化算法。蚁群算法具有分布式并行全局搜索能力，通过信息素的调节收敛于最优目标值，大量研究表明蚁群算法运行前期收敛速度快，但进化后期出现停滞现象，且易陷入局部极值点。借鉴免疫系统的多样性、超变异、记忆等机理可以指导蚁群信息素变异，从而改善蚁群算法求解能力。

A. Ahuja等[67]提出了一种混合免疫蚁群智能算法，通过引入免疫算法多样性及超变异能力等特征来指导蚁群信息素生成与更新，通过免疫算法操作后的信息素进一步指导蚁群算法寻优,提高了算法搜索能力。秦玲等[68]通过模拟生物免疫系统来保持蚁群算法的多样性,该算法采用免疫选择、免疫记忆、免疫代谢、密度控制等机制,具有较强的寻优速度,能有效抑制算法早熟。焦李成等[69]利用蚁群信息素的无导师学习机制并结合免疫克隆选择机制,构造出一种基于信息素模因机理的免疫克隆选择算法,该算法无须提供确定候选的局部搜索策略,降低算法局部搜索代价,将免疫克隆选择算法中结合信息素模拟学习机理时借鉴抗体种群的进化经验来提高算法的寻优效率。

4. 协同免疫算法

协同进化是一种新型的进化算法框架[70],它借鉴了自然界中不同物种的协同进化机理,是传统的单物种独立进化机制的发展,考虑了自然生态环境对种群进化的影响,多个种群间相互作用共同进化,从而推进整个系统不断演化。近年来,人们试图将协同进化与人工免疫系统进行结合研究,期望提高人工免疫算法对复杂问题的求解性能。

夏虎等[71]考虑了自然环境对生物进化的影响,在免疫算法与遗传算法基础上,提出一种考虑资源环境作用的协同进化免疫遗传算法,同时设计了克隆环境演化算子及自适应搜索算子,算法采用多种群协同进化方式,提高了抗体群的寻优效率。王磊等[72]借鉴自然进化中协同进化的思想改善当前免疫计算模型中的一些缺陷与不足,提出了一种疫苗与种群同步进化,变异算子也同步进化的协同人工免疫智能计算模型,实验结果表明免疫算法的全局搜索效率有所提高。吴秋逸等[73]结合自然界协同进化理论、免疫系统、量子计算理论,提出一种量子协同免疫智能计算模型,该算法中抗体基于量子比特编码,通过量子旋转门变异及量子策略更新个体,各种群进行独立进化,充分考虑了量子间的协作与竞争,求解过程中利用群体中动态信息来指导种群进化。L. Vermaas 等[74]建立了一个协同免疫算法模型,该算法根据需要将群体分为两部分,一部分负责规则学习,另一部分是负责数据优化,同时运用基于梯度下降变异策略的人工免疫优化算法对上述两部分不同群体进行优化,两群体进行合作协同进化,促进信息交流加快亲和度成熟。H. Lau 等[75]将生物免疫识别机制与 Agent 协作型协同演化思想相结合,提出了一种免疫协同多 Agent 系统模型,提高算法对复杂问题的求解能力。

5. 混沌免疫算法

混沌优化算法是一种基于非线性系统的新型搜索算法,其核心思想是把待求问题的变量从解空间映射到混沌空间,然后再利用混沌变量所具有的随机性、规律性、遍历性等特点对解区间进行搜索求解。利用混沌变量对初值的敏感性,若干不同的初值向量可以得到相应的混沌变量。混沌优化步骤主要包括混沌编码、混沌初始化、混沌遍历搜索等。混沌对初值敏感,易跳出局部极小点且搜索速度快,研究表明当搜索空间比较大时其效果并不显著,而免疫进化算法具有迅速将问题的解限定于一个较小区间内的优点。综合免疫进化算法全局搜索能力与混沌优化算法局部搜索能力强的优势,一些新的混沌免疫算法得以出现。

武彦斌等[76]利用混沌变量的遍历性对初始抗体群进行粗粒度搜索,然后再通过免疫克隆选择算子、变异算子、抗体的循环补充算子等精细局部寻优操作,避免了群体陷入局部极值并保证了算法向全局最优值逼近。张海英等[77]提出一种混沌免疫进化算法，该算法首先利用混沌序列初始群体；其次对群体中的个体亲和度进行变换以调节个体的选择概率；最后利用概率分析方法，并证明算法具有全局收敛性。何宏等[78]结合混沌优化与免疫系统的特征，采用折叠次数无限的自映射模式混沌变量设计自适应变尺度混沌免疫优化算法，将自适应变尺度引入算法中以自适应调整优化变量的搜索空间，该方法在局部搜索能力和搜索精度上均优于传统免疫进化算法，克服了混沌优化方法在变量大范围内失效的缺点，能够保证算法的全局收敛性。杨海东等[79]将混沌理论和克隆选择原理相结合，建立新的自适应混沌超变异优化方法以增强算法的局部搜索能力；其次算法从基因型和表现型两方面构造出基于抗体激励水平的免疫网络调节机制，保持了抗体群的多样性。

6. 量子免疫算法

在量子计算理论中，各个状态间的迁移是通过量子门的旋转变换矩阵来实现的，通过量子旋转门的旋转角度来表征变异操作。量子智能信息处理主要包括量子编码、量子变异算子、量子交叉等步骤。

近年来有关量子计算与人工免疫系统结合研究取得了一些成果，如焦李成等[80]结合量子信息处理特征与人工免疫系统原理，提出了量子免疫克隆选择算法，通过量子变异与重组来加速抗体成熟，并将该算法用于多目标问题求解，提高了算法对复杂问题的全局优化能力。李阳阳等[81]将量子信息与免疫克隆选择算法进行结合研究，算法充分结合免疫克隆算子局部寻优能力及量子交叉信息传递的优势。算法采用量子位对抗体群进行编码以增强抗体群多样性，通过量子旋转门的动态调整旋转角度策略对抗体进行演化与更新，加速了克隆算子收敛速度；利用免疫克隆操作的局部寻优特性在各个子群体内部运用量子交叉操作以增强种群优良信息交流。马文萍等[82]将量子交叉操作引入人工免疫系统中，对同一抗体进行多方向克隆选择操作，各个子群体间采用量子交叉算子以增强抗体间的信息交互，有效地克服了算法早熟。高洪元等[83]将免疫克隆选择理论与遗传量子算法进行结合研究，提出了免疫克隆量子算法，在该算法中抗体基于量子编码，量子个体和观测态之间互动进化，加快算法的收敛速度并减少算法的计算复杂度，较好地解决了多用户检测问题。

7. 模糊免疫系统

模糊逻辑[84-85]是模拟复杂的生物过程中具有的不确定性和自适应性，具有较好的对环境自适应性。研究人员试图将模糊逻辑与人工免疫系统进行结合研究。

陶新民等[86]提出了一种基于模糊聚类和遗传算法相结合免疫算法阴性选择的异常数据检测模型，利用模糊聚类和遗传算法进行混合以形成基于负选择算法的免疫检测模型，其识别率与类似算法相比较有明显的提高。郭建民等[87]提出了模糊免疫网络算法，算法首先利用免疫网络理论来构建免疫网络算法对已知样本进行非监督学习，动态地确定已知样本的聚类数及聚类中心，然后利用模糊聚类对所获结果进行逐一归类。最近有些研究人员通过引入模糊规则自适应地调整免疫优化算法中的变异概率，通过向种群中注入新基因，以防止优秀基因片段过度繁殖而陷入局部最优点。何宏等[88]对生物免疫机理和模糊逻辑原理进行结合研究，设计了一类新颖的模糊自适应免疫算法，通过采用混纯超变异操作来增强算法搜索能力，引入模糊逻辑来调节算法参数提高了算法的自适应能力，并借助免疫网络调节策略保持了抗体群的多样性，提高了算法全局寻优能力。王辉等[89]在模糊相似度及背离度的基础上提出了基于变阈值可变半径的免疫阴性选择算法构造有效检测器集，通过调整匹配阈值半径来降低黑洞数量，以获得最佳检测器集合，有效避免了检测器集中数据冗余现象。近年来还有研究人员借鉴人工免疫算法的强优化能力，对模糊控制器进行优化设计，如对控制器参数、模糊规则表、模糊子集隶属度函数的参数进行优化。宋晓琳等[90]在模糊控制规则确定的条件下，提出了采用免疫算法优化模糊控制器各参数，并将基于免疫优化设计的模糊控制器应用于汽车主动悬架控制。吴敏等[91]将免疫粒子群算法应用于模糊神经网络优化，并将其用于火炉温度系统解耦控制。

随着智能控制理论的发展，相关研究人员将免疫反馈控制与模糊控制器结合构建复合控制策略。如史婷娜等[92]将生物免疫反馈机理与模糊控制规则相结合构造一种复合控制器，该控制算法由一个常规的PID控制器和一个免疫型比例控制器顺序串联组成，其中免疫比例控制器的非线性函数由模糊推理实现，最后将该控制器应用于永磁交流伺服系统之中。丁永生等[93]提出一种新颖的基于生物免疫系统反馈机理的通用控制器结构。

8. 免疫与神经网络混合

神经网络(Neural network，NN)是一类复杂非线性动力学系统，具有自组织、自学习、鲁棒性强等优点。将免疫算法与人工神经网络相结合，可以改善人工神经网络的性能，也可以利用免疫算法来设计神经网络或者对神经网络的拓扑结构和权重进行优化学习。在神经进化计算中，抗体编码代表神经网络的参数(包括权重、值和连接度等)，依据免疫选择的原理对其进行变异操作和抗体重组。

曹先彬[94]运用一种免疫进化规划来设计多层前馈神经网络，将生物免疫中浓度调节机制与多样性保持机制引入传统进化规划中构建新的免疫进化规划算法，然后利用免疫进化规划算法来设计多层前馈神经网络。M. R. Widyanto[84]设计了一种基于免疫系统的模糊神经网络识别系统，对物体气味进行分类识别。刘志远等[95]利用人工免疫系统的记忆、学习和自组织调节原理，提出了一种基于免疫原理的新型径向基函数(Radial Basis Function，RBF)神经网络模型，通过对RBF神经网络隐层中心向量和位置进行选择优化，并结合递推最小二乘算法来确定网络输出层的权重，最后将构造的新型免疫RBF神经网络方法应用于热工过程的非线性建模。王磊等[96]在分析子波神经网络内在机理的基础上，提出了采用免疫进化算法对子波网络进行学习与训练，充分利用免疫进化算法的并行运算规则、智能搜索方式及概率判断准则，这样便弱化了子波网络的应用条件，加强联想记忆和信息处理的能力。左兴权等[97]基于适应性免疫应答中的优化机理，提出了一种免疫进化算法用于模糊神经网络控制器参数优化设计的方法。侯家利等[98]讨论了免疫网络和神经网络的相互作用，提出了一种模块化免疫神经网络，该网络是一个动态平衡的、自适应的、分布式的网络模型。侯胜利等[99]结合免疫识别原理与神经网络特征，构造了一种免疫神经网络故障检测系统，并将其应用于捕获被检测队形的异常模式特征。缑水平等[100]提出了基于免疫克隆聚类的协同神经网络原型向量求解算法，该算法充分利用免疫克隆的高效全局最优搜索能力来构造数据聚类，将构造的新聚类算法用于协同神经网络的原形向量训练求解。

7.5 免疫计算应用

目前,人工免疫系统的应用领域已涉及多个学科,包括医学免疫学、计算机科学技术、计算智能、人工智能、模式识别、智能系统、控制理论与控制工程等,现在已被应用于解决许多工程和科学问题。本节将系统综述近年来人工免疫系统在工程和科学等应用领域的研究成果[101]。

1. 控制

K. KrishnaKumar 等[102]将"免疫神经控制"用于复杂动力学系统的模型自适应控制,效果良好。M. Sasaki 等[103]提出了一种基于免疫系统反馈机理的自适应学习的神经网络控制器,避免了神经网络学习在最小值附近的摆动,提高了收敛速度。丁永生等针对低阶或高阶对象,提出一种新颖的基于生物免疫系统反馈机理的通用控制器结构,该控制器包括一个基本的 P 型免疫反馈控制器和一个增量模块,P 型免疫反馈规律由模糊控制器自动调整,控制增量模块可以由常规控制或神经网络来实现,激光热疗法中组织温度控制的计算机仿真结果表明,该控制器的控制性能优于常规控制器[104]。李海峰等[105]提出了以电力系统电压调节为应用目的的免疫系统的基本模型,演示了应用于静止同步补偿器(STAtionary Synchronization COMpensator,STATCOM)的细胞免疫电压调节器的控制作用。

2. 规划

高洁[106]将一种新的随机优化方法——免疫算法应用于电网规划,利用 IEEE-6 节点系统作为样本网络进行分析计算,并将该方法与基于遗传算法的电网规划方法进行比较,结果表明免疫算法在全局寻优的性能方面要优越于遗传算法。

3. 设计

张军等[107]利用共生进化原理设计人工神经网络,创造性地融入了免疫调节原理中的浓度抑制调节机制以保持个体的多样性,提出了基于免疫调节的共生进化网络设计方法。周伟良等[108]结合遗传算法的随机全局搜索能力和生物免疫中抗体通过浓度的相互作用机制,构造了免疫遗传算法,并利用实验验证了其在设计神经网络时的有效性。

4. 组合优化

曹先彬等[40]用一种免疫遗传算法有效解决了装箱问题的求解。王煦法、刘克胜等[109-110]提出的免疫遗传算法(Immune Genetic Algorithm,IGA)成功实现了 TSP 优化。牛志强等[111]用免疫算法解决码分多址(Code Division Multiple Access,CDMA)中的多用户检测问题。曹先彬等[41]构造的免疫进化策略在求解二次布局问题时取得了较好的结果。

5. 图像处理

D. F. McCoy 等[112]将人工免疫系统用于图像分割。王肇捷等[113]为了得到最佳视差图,将免疫算法用于解决计算机视觉中的立体匹配。与基于像素点灰度匹配相比,免疫算法的匹配效果好;与模拟退火匹配相比,虽然都能得到全局最优的视差图,但免疫算法的匹配速度更快。

6. 数据处理

邵学广等[114-115]将免疫机理用于信号拟合，实现了多组分混合色谱信号的解析；利用免疫遗传算法实现了二维色谱数据的快速解析；通过对免疫系统中抗体对外来抗原的识别、消除等过程的模拟，建立了一种新型的免疫算法模型，为利用数据库解析混合物或生物大分子等物质的复杂核磁共振（Nuclear Magnetic Resonance，NMR）谱图开辟了一条全新的途径[116]。杜海峰等[117]基于智能互补融合观点，提出了一种新的数据浓缩方法 ART-人工免疫网络，并用于 R2 空间分类和 Fisher 花瓣问题的实验。

7. 知识发掘

J. Timmis 等[25]将人工免疫系统用于数据库知识发现，与单一联结聚类分析和 Kononen 网络进行了比较，表明人工免疫系统作为数据分析工具是适合的。

8. 机器人

D. Dasgupta[118] 基于人工免疫系统建立了多智能体决策系统。H. Meshref 等[119]探讨了自然免疫系统的行为，并利用其对外部环境变化敏感的特性改进 DNA 算法，用于“狗—羊”问题的结果表明，改进的 DNA 算法适用于解决分布式自动机器人系统问题。J. H. Jun 等[120]设计的人工免疫系统在分布式自动机器人系统实现了协作和群行为。R. L. King 等[121]提出了一个用于智能体的人工免疫系统模型，并总结了人类免疫系统可用于人工免疫系统智能体的主要功能。刘克胜等[122]基于免疫学的细胞克隆学说和网络调节理论，提出了能有效增强自律移动机器人在动态环境中自适应能力的新算法。

9. 故障检测和诊断

Y. Ishida 于 1990 年利用免疫系统解决故障诊断问题；S. Forrest 在 1994 年将免疫系统手段用于计算机安全与病毒检测；D. Dasgupta 等[123]将人工免疫系统用于工业中，进行加工工具破损监测。刘树林等[124]受生物免疫系统自己—非己识别过程的启发提出了反面选择算法，在故障诊断应用领域中改进了反面选择算法，提出了对旋转机械在线故障诊断的新方法。杜海峰等[125]还将 ART-人工免疫网络用于解决多级往复式压缩机故障诊断，效果良好。

10. 其他

人工免疫系统的理论和方法还广泛应用于计算机安全和密码学等领域。如杨晓宇等[126]对 AIS 与网络安全相结合的基因计算机进行了全面的描述，并认为智能模拟在网络安全方面的应用前景广阔。

本章小结

人工免疫算法作为一种新型的智能计算方法已经得到了广泛的应用。本章从免疫算法的生物学背景出发，介绍了其思想的根基。在此基础上，介绍免疫计算的研究概况和大致分类，通过本章的学习读者可以对免疫计算有一个整体且系统的认知。通过展示经典的人工免疫算法，读者可以深入了解人工免疫算法的内容，并举一反三用于解决其他现实问题。最后，通过现有的免疫计算应用给读者在免疫算法领域开拓思路。

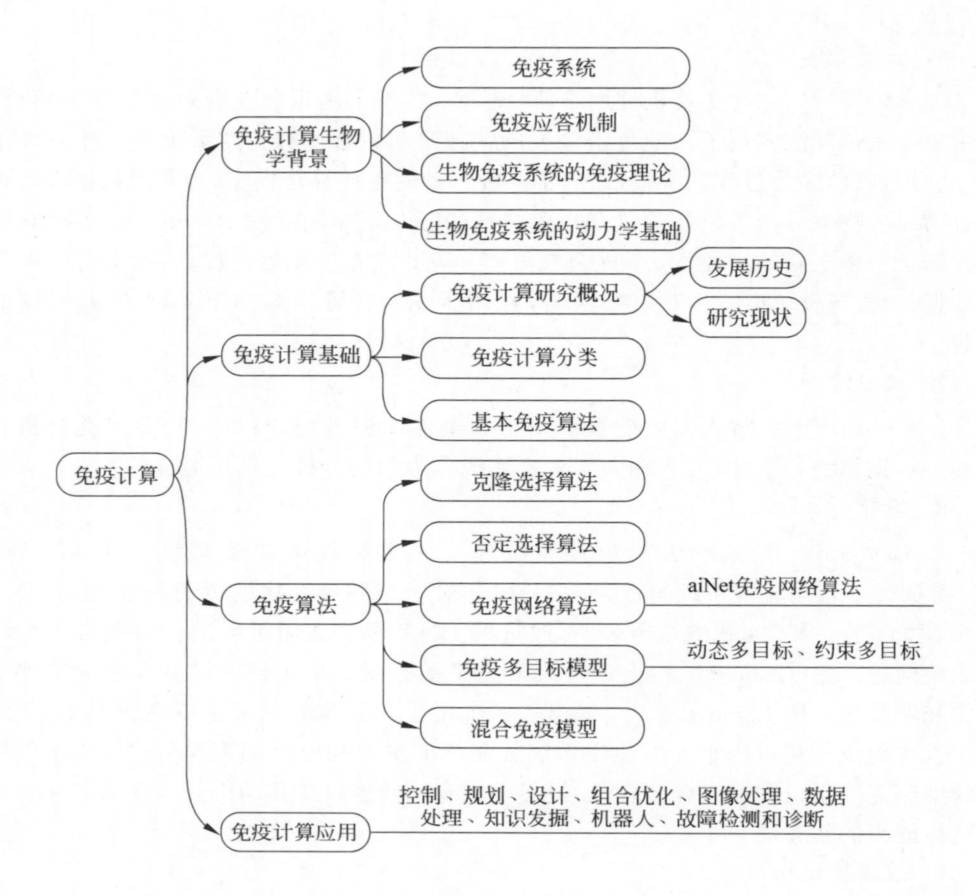

习题

1. 生物免疫系统的特点有哪些？
2. 抗原、抗体的基本概念是什么？
3. 简述免疫应答机制的过程。
4. 生物免疫系统的理论主要有哪些？
5. 简述罗杰斯谛方程参数的含义。
6. 人工免疫算法的缩写是什么？它主要模拟的是什么？
7. 判别优劣的适应度函数在人工免疫算法中称为什么？
8. 利用生物免疫系统的某一原理就可以设计新算法，其中代表性的算法有哪些？
9. 给出人工免疫算法的定义，并指出其特征。
10. 关于人工免疫算法，下列说法错误的是(　　)。
    A. 人工免疫算法是一种全局搜索优化方法
    B. 抗原对应优化问题的可行解
    C. 免疫操作用于产生新的解
    D. 优化问题的寻优过程实际上是免疫系统识别抗原并实现抗体进化的过程
11. 基本免疫算法的流程是什么？
12. 基本免疫算法的特点是什么？

13. 克隆选择算法中候选解集是怎么组成的？
14. 克隆选择算法和遗传算法的异同有哪些？
15. 否定选择算法中检测器的作用是什么？
16. aiNet 算法的过程主要分为哪几部分？
17. NNIA 的主要思想是什么？
18. 混合免疫算法主要有哪些？
19. 神经网络对免疫算法的影响主要在哪些方面？

20. 使用基本免疫算法计算函数 $f(x)=\frac{1}{x_i^2+1}(-5\leqslant x_i\leqslant 5)$ 的最大值，其中个体 x 的维数 $n=10$。

21. 使用克隆选择算法计算函数 $f(x)=\sum_{i=1}^{n}x_i^2(-20\leqslant x_i\leqslant 20)$ 的最小值，其中个体 x 的维数 $n=10$。

22. 简述目前免疫算法的主要应用。

参考文献

[1] 张冠玉. 免疫学基础及病原生物学[M]. 3 版. 成都：四川科学技术出版社，1999.

[2] 首都医院基础组编译. 实用免疫学基础[M]. 北京：科学出版社，1978.

[3] 林学颜. 免疫学基础[M]. 福州：福建科学技术出版社，1980.

[4] Farmer J D，Packard N H，Perelson A S. The immune system，adaptation，and machine learning [J]. Physic 22D，1986：187-204.

[5] De Boer R J，Segel L A，Perelson A S. Pattern formation in one-and two-dimensional shape-space models of the immune system[J]. Journal of Theoretical Biology，1992，155：295-333.

[6] 王重庆. 分子免疫学基础[M]. 北京：北京大学出版社，1999.

[7] 于善谦，王洪海，朱乃硕，等. 免疫学导论[M]. 北京：高等教育出版社，1999.

[8] Burnet F M. Clonal selection and after，in theoretical immunology[M]//Bell G I，A. S. Perelson A S，Pimbley G H，et al. Theoretical Immunology，1978：63-85.

[9] Mannie M D. Immunological self/nonself discrimination[J]. Immunologic Research，1999，19(1)：65-87.

[10] Banchereau J，Steinman R M. Dendritic cells and the control of immunity[J]. Nature，1998，392：245-252.

[11] Kruisbeek A M. Tolerance，the Immunologist[J]. 1995，3/5-6：176-178.

[12] Jerne N K. The immune system[J]. Scientific American，1973，229(1)：52-60.

[13] Detours V，Sulzer B，Perelson A S. Size and connectivity of the idiotypic network are independent of the discreteness of the affinity distribution[J]. Journal of Theoretical Biology，1996，183：409-416.

[14] M Z 阿塔西，C J 范奥斯. 分子免疫学[M]. 邓昌学，等译. 北京：科学出版社，1988.

[15] Calenbuhr V，Bersini H，Stewart J，et al. Natural tolerance in a simple immune network[J]. Journal of Theoretical Biology，1995，177：199-213.

[16] Perelson A S，Hightower R，Forrest S. Evolution and somatic learning of v-region genes[J]. Research in Immunology，1996，147：202-208.

[17] 谈英姿，沈炯，吕震中. 免疫优化算法及其前景展望[J]. 信息与控制，2002，31(5)：385-390.

[18] Farmer J D，Packard N H，Per Elson A S. The immune system，adaptation，and machine

learning[D]. Physic D,1986,22：187-204.
[19] Perelson A S. Immune network theory[J]. Immunological Review,1989,10：5-36.
[20] Vertosick F T,Kelly R H. Immune network theory：a role for parallel distributed processing [J]. Immunology,1989,66：1-7.
[21] 靳蕃,范俊波,谭永东. 神经网络与神经计算机原理·应用[M]. 成都：西南交通大学出版社,1991.
[22] Dasgupta D. Artificial neural networks and artificial immune systems：similarities and differences [C]//IEEE International Conference on Computational Cybernetics and Simulation. Institute of Electrical and Electronics Engineers,Incorporated,1997.
[23] 丁永生,任立红. 人工免疫系统：理论与应用[J]. 模式识别与人工智能,2000,13(1)：52-59.
[24] 丁永生,任立红. 一种新颖的模糊自调整免疫反馈控制系统[J]. 控制与决策,2000,15(4)：443-446.
[25] Timmis J,Neal M,Hunt J. Data analysis using artificial immune systems,cluster analysis and Kohonen networks：some comparisons[C]//IEEE International Conference on Systems,Man, and Cybernetics,1999.
[26] Timmis J, Neal M. A resource limited artificial immune system for data analysis [J]. Knowledge-Based Systems,2001,14(34)：121-130.
[27] De Castro L N, Von Zuben F J. An evolutionary immune network for data clustering Proceedings[C]//Sixth Brazilian Symposium on Neural Networks,2000.
[28] De Castro L N,Von Zuben F J. Immune and neural network models：theoretical and empirical comparisons[J]. International Journal of Computational Intelligence and Applications,2001, 1(3)：239-257.
[29] Chun J S,Jung H K,Hahn S Y. A study on comparison of optimization performance between immune algorithm and other heuristic algorithms. [J]. IEEE Transactions on Magnetics, 1998,34(5)：722-975.
[30] Tarakanov A,Dasgupta D. A formal model of an artificial immune system[J]. BioSystems, 2000,55(55)：151-158.
[31] Timmis J,Neal M,Hunt J. Data analysis using artificial immune systems,cluster analysis and Kohonen networks：some comparisons[C]//IEEE SMC' 99 Conference Proceedings,1999.
[32] Nohara B T,Takahashi H. Evolutionary computation in engineering artificially immune(EAI) system[C]//26th Annual Conferences of IEEE Industrial Electronics Society,2000.
[33] Forrest S,Perelson A S,Allen L,et al. Self-nonself discrimination in a computer[C]// IEEE Computer Society Symposium on Research in Security and Privacy,1994.
[34] Ishida Y, Mizessyn F. Learning algorithms on an immune network model：application to sensor diagnosis[C]//Proceeding International Conference Neural Networks,1992.
[35] Ishida Y. An immune network model and its application to process diagnosis[J]. Systems and Computers(in Japanese),1993,24(6)：38-45.
[36] 王磊. 免疫进化计算理论及应用[D]. 西安：西安电子科技大学,2001.
[37] 张军,刘克胜,王熙法. 一种基于免疫调节算法的BP网络设计[J]. 安徽大学学报(自然科学版),1999,23(1)：63-66.
[38] Chun J S,Jung H K,Hahn S Y. A study on comparison of optimization performance between immune algorithm and other heuristic algorithms Magnetics [J]. IEEE transactions on magnetics,1998,34(5)：2972-2975.
[39] Endoh S, Toma N, Yamada K. Immune algorithm for n-TSP [J]. IEEE International Conference on System,Man,and Cybernetics,1998,4：3844-3849.
[40] 曹先彬,刘克胜,王煦法. 基于免疫遗传算法的装箱问题求解[J]. 小型微型计算机系统,2000,

21(4)：361-363.

[41] 曹先彬，郑振，刘克胜，等. 免疫进化策略及其在二次布局求解中的应用[J]. 计算机工程，2000，26(3)：1-2.

[42] 孟繁桢，杨则，胡云昌，等. 具有免疫体亲近性的遗传算法及其应用[J]. 天津大学学报，1997，30(5)：624-630.

[43] De Castro L N，Von Zuben F J. The clonal selection algorithm with engineering applications [C]//Workshop on Artificial Immune Systems and Their Applications，2000.

[44] De Castro L N，Von Zuben F J. Artificial immune systems：Part I-basic theory and applications[J]. Universidade Estadual de Campinas，Dezembro de，1999，210(1).

[45] Kim J，Bentley P J. Towards an artificial immune system for network intrusion detection：an investigation of clonal selection with a negative selection operator [C]//Proceedings of Congress on Evolutionary Computation，2001.

[46] Kim J，Bentley P J. Towards an artificial immune system for network intrusion detection：an investigation of dynamic clonal selection [C]//Proceedings of Congress on Evolutionary Computation，2002.

[47] KrishnaKuma K，Neidhoefer J. Immunized adaptive critics for level 2 intelligent controls[C]// IEEE International Conference on Computational Cybernetics and Simulation，1997.

[48] Sasaki M，Kawafuku M，Takahashi K. An immune feedback mechanism based adaptive learning of neural network controller[C]//6th International Conference on Neural Information Processing，1999.

[49] 李亭鹤，阎超. 一种新的分区重叠洞点搜索方法-感染免疫法[J]. 空气动力学学报，2001，19(2)：156-160.

[50] Dhaesleer P，Forrest S，Herman P. An immunology approach to change detection：algorithms，analysis and applications[C]//IEEE Symposium on Computer Security and Privacy，1996.

[51] Ishiguro A，Shirai Y，Kondo T，et al. Immunoid：an architecture for behavior arbitration based on the immune networks[C]//IEEE/RSJ International Conference on Intelligence Robots and Systems，1996.

[52] Tang Z，Yamaguchi T，Tashima K，et al. Multiple-valued immune network model and its simulations[C]//27th International Symposium on Multiple-Valued Logic，1997.

[53] Herzenberg L A，Black S J，Herzenberg L A. Regulatory circuits and antibody responses[J]. European Journal of Immunology，1980，10(1)：1-11.

[54] Jiao L C，Wang L. A novel genetic algorithm based on immunity[J]. IEEE Transactions on Systems，Man，and Cybernetics，Part A：Systems and Humans，2000，30(3)：552-561.

[55] 陈曦，谭冠政，江斌. 基于免疫遗传算法的移动机器人实时最优路径规划[J]. 中南大学学报(自然科学版)，2008，39(3)：577-584.

[56] 杨东勇，陈晋音. 基于多种群遗传算法的检测器生成算法研究[J]. 自动化学报，2009，35(4)：425-432.

[57] 葛宏伟，梁艳春. 基于隐马尔可夫模型和免疫粒子群优化的多序列比对算法[J]. 计算机研究与发展，2006，43(8)：1330-1336.

[58] 王磊，刘小勇. 协同人工免疫计算模型的研究. 电子学报，2009，37(8)：1739-1745.

[59] Ge H W，Liang S，Liang Y C，et al. An Effective PSO and AIS-Based Hybrid Intelligent Algorithm for Job-Shop Scheduling[J]. IEEE Transactions on Systems，Man，and Cybernetics-Part A：Systems and Humans，2008，38(2)：358-368.

[60] 陶新民，徐晶，杨立标，等. 改进的多种群协同进化微粒群优化算法[J]. 控制与决策，2009(9)：6.

[61] 薛文涛，吴晓蓓，徐志良. 用于多峰函数优化的免疫粒子群网络算法[J]. 系统工程与电子技

术,2009,3：5.
[62] Hong L,Ji Z C,Gong C L. Study on Immune PSO Hybrid Optimization Algorithm[C]//Chinese Conference on Pattern Recognition,2009.
[63] 彭春华. 基于免疫 BPSO 算法与拓扑可观性的 PMU 最优配置[J]. 电工技术学报,2008,23(6)：119-124.
[64] 丛琳,焦李成,沙宇恒. 正交免疫克隆粒子群多目标优化算法[J]. 电子与信息学报,2008,30(10)：5.
[65] 刘丽,须文波,吴小俊. 基于全局粒子群的协作型人工免疫网络优化算法[J]. 模式识别与人工智能,2009,22(4)：653-659.
[66] 李中华,张雨浓,谭洪舟,等. 一类具有精英学习能力的增强型人工免疫网络优化算法[J]. 控制理论与应用,2009,26(3)：283-290.
[67] Ahuja A,Das S,Pahwa A. An AIS-ACO Hybrid Approach for Multi-Objective Distribution System Reconfiguration[J]. IEEE Transactions on Power Systems,2008,22(3)：1101-1111.
[68] Qin L,Chen Y,Luo J,et al. Diversity Guaranteed Ant Colony Algorithm Based on Immune Strategy[C]//International Multi-symposiums on Computer & Computational Sciences,2006.
[69] 戚玉涛,刘芳,焦李成. 基于信息素模因的免疫克隆选择函数优化[J]. 计算机研究与发展,2008,45(6)：7.
[70] 刘朝华,李小花,章兢,等. 精英免疫克隆选择的协同进化粒子群算法[J]. 电子学报,2013,41(11)：2167-2173.
[71] 夏虎,庄健,王立忠,等. 一种考虑环境作用的协同免疫遗传算法[J]. 西安交通大学学报,2009,43(11)：80-84.
[72] 王磊,刘小勇. 协同人工免疫计算模型的研究[J]. 电子学报,2009,37(8)：1739-1745.
[73] 吴秋逸,李阳阳,焦李成. 量子协同免疫算法用于 SAT 问题的求解[J]. 系统工程与电子技术,2009,31(006)：1441-1445.
[74] Vermaas L,LDM Honório,Freire M,et al. Learning fuzzy systems by a co-evolutionary artificial-immune-based algorithm[C]//Springer Berlin Heidelberg. Springer Berlin Heidelberg,2009.
[75] Lau H,Wong V. An immunity-based distributed multiagent-control framework[J]. IEEE Transactions on Systems Man & Cybernetics Part A Systems & Humans,2006,36(1)：91-108.
[76] 武彦斌,彭苏萍. 基于混沌免疫算法和遥感影像的土地利用分类[J]. 农业工程学报,2007,23(6)：154-158.
[77] 张海英,韩贵金,潘永湘. 混沌免疫进化算法及其在函数优化中的应用[J]. 模式识别与人工智能,2007(2)：225-229.
[78] 何宏,钱锋. 基于免疫网络理论的动态超变异免疫算法[J]. 华东理工大学学报：自然科学版,2007,33(3)：7.
[79] 杨海东,鄂加强. 自适应变尺度混沌免疫优化算法及其应用[J]. 控制理论与应用,2009(10)：6.
[80] Jiao L,Li Y,Gong M,et al. Quantum-Inspired Immune Clonal Algorithm for Global Optimization[J]. IEEE Transactions on Systems,Man,and Cybernetics. Part B,Cybernetics：a Publication of the IEEE Systems,Man,and Cybernetics Society,2008,38(5)：1234-1253.
[81] 李阳阳,焦李成. 求解 SAT 问题的量子免疫克隆算法[J]. 计算机学报,2007,30(2)：8.
[82] 马文萍,焦李成,张向荣,等. 基于量子克隆优化的 SAR 图像分类[J]. 电子学报,2007,35(12)：6.
[83] 高洪元,刁鸣,赵忠凯. 基于免疫克隆量子算法的多用户检测器[J]. 电子与信息学报,2008,30(7)：5.
[84] Widyanto M R,Kusumoputro B,Nobuhara H,et al. A fuzzy-similarity-based self-organized network inspired by immune algorithm for three-mixture-fragrance recognition[J]. IEEE

Transactions on Industrial Electronics,2006,53(1): 313-321.
[85] Cai K Y,Zhang L. Fuzzy reasoning as a control problem[J]. IEEE Transactions on Fuzzy Systems,2008,16(3): 600-614.
[86] 陶新民,陈万海,郭黎利.一种新的基于模糊聚类和免疫原理的入侵监测模型[J].电子学报,2006,34(007): 1329-1332.
[87] 郭建民,刘石,姜凡.模糊免疫网络算法在数字图像火焰监测中的应用[J].中国电机工程学报,2007,27(2): 5.
[88] 何宏,钱锋.基于模糊自适应免疫算法的非线性系统模型参数估计[J].控制理论与应用,2009(5): 6.
[89] 王辉,王科俊,于立君,等.基于模糊思想生成最有效检测器集的变阈值免疫算法[J].系统仿真学报,2008,20(17): 5.
[90] 宋晓琳,于德介,殷智宏.采用免疫算法优化设计汽车主动悬架的模糊控制器[J].系统仿真学报,2006,18(9): 4.
[91] Liao Y X, She J H, et al. Integrated hybrid-PSO and fuzzy-NN decoupling control for temperature of reheating furnace[J]. IEEE Transactions on Industrial Electronics, 2009, 56(7): 2704-2714.
[92] 史婷娜,张典林,夏长亮,等.基于遗传整定的永磁交流伺服系统模糊免疫 PID 控制器[J].电工技术学报,2008,23(7): 6.
[93] 丁永生,任立红.一种新颖的模糊自调整免疫反馈控制系统[J].控制与决策,2000,15(4): 5.
[94] 曹先彬,刘克胜,王煦法.基于免疫进化规划的多层前馈网络设计[J].软件学报,1999,10(11): 5.
[95] 刘志远,吕剑虹,陈来九.新型 RBF 神经网络及在热工过程建模中的应用[J].中国电机工程学报,2002,22(9): 5.
[96] 王磊,焦李成,刘芳,等.免疫进化子波网络及其学习算法[J].电子学报,2001(z1): 8.
[97] 左兴权,李士勇.采用免疫进化算法优化设计径向基函数模糊神经网络控制器[J].控制理论与应用,2004,21(4): 5.
[98] 侯家利,朱梅阶,彭宏.模块化免疫神经网络的模型研究[J].电子学报,2005,33(8): 1502-1505.
[99] 侯胜利,毕宏,毕志蓉,等.一种基于神经网络的免疫识别故障检测模型[J].系统仿真学报,2009(7): 5.
[100] 缑水平,焦李成,田小林.基于免疫克隆聚类协同神经网络的图像识别[J].电子与信息学报,2008,30(2): 4.
[101] 杜海峰.免疫克隆计算与人工免疫网络研究与应用[R].西安: 西安电子科技大学博士后研究工作报告,2003.
[102] KrishnaKuma K,Neidhoefer J. Immunized adaptive critics for level 2 intelligent control[C]//IEEE International Conference on Computational Cybernetics and Simulation. Institute of Electrical and Electronics Engineers,Incorporated,1997.
[103] Sasaki M, Kawafuku M, Takahashi K. An immune feedback mechanism based adaptive learning of neural network controller [C]//6th International Conference on Neural Information Processing,1999.
[104] 丁永生,唐明浩.一种智能调节的免疫反馈控制系统[J].自动化仪表,2001,22(10): 5-7.
[105] 李海峰,王海风,陈珩.免疫系统建模及其在电力系统电压调节中的应用[J].电力系统自动化,2001(12): 17-23.
[106] 高洁.应用免疫算法进行电网规划研究[J].系统工程理论与实践,2001,5: 119-123.
[107] 张军,刘克胜,王煦法.一种基于免疫调节和共生进化的神经网络优化设计方法[J].计算机研究与发展,2000,37(8): 924-930.

[108] 周伟良,何鲲,曹先彬,等.基于一种免疫遗传算法的BP网络设计[J].安徽大学学报(自然科学版),1999,23(1):63-66.
[109] 王煦法,张显俊,曹先彬,等.一种基于免疫原理的遗传算法[J].小型微型计算机系统,1999,20(2):117-120.
[110] 刘克胜,曹先彬,郑浩然,等.基于免疫算法的TSP问题求解[J].计算机工程,2000,26(1):1-2.
[111] 牛志强,刘峥嵘,吴新余.基于免疫算法的智能多用户检测技术在CDMA中的应用[J].江苏通信技术,2001,17(2):6-9.
[112] McCoy D F, Devarajan V. Artificial immune systems and aerial image segmentation[C]//IEEE International Conference on Systems, Man, and Cybernetics, 1997.
[113] 王肇捷,黄文剑.立体匹配的免疫算法[J].电脑与信息技术,2001,4:4-6.
[114] 邵学广,陈宗海,林祥钦.一种新型的信号拟合方法——免疫算法[J].分析化学研究报告,2000,28(2):152-155.
[115] 邵学广,孙莉.免疫算法用于多组分二维色谱数据的解析[J].分析化学研究报告,2001,29(7):768-770.
[116] 邵学广,孙莉.免疫-遗传算法用于混合物重叠核磁共振信号解析[J].高等学校化学学报,2001,22(4):552-555.
[117] 杜海峰,王孙安.基于ART-人工免疫网络的数据浓缩方法研究[J].模式识别与人工智能,2001,14(4):401-405.
[118] Dasgupta D. An artificial immune system as a multi-agent decision support system[C]//IEEE International Conference on Systems, Man, and Cybernetics, 1998.
[119] Meshref H, VanLandingham H. Artificial immune systems: application to autonomous agents[C]//IEEE International Conference on Systems, Man, and Cybernetics, 2000.
[120] Jun J H, Lee D W, Sim K B. Realization of cooperative strategies and swarm behavior in distributed autonomous robotic systems using artificial immune system[C]//IEEE SMC'99 Conference Proceedings, 1999.
[121] King R L, Russ S H, Lambert A B, et al. Artificial immune system model for intelligent agents. MSU/NSF Engineering Research Cent for Computational Field Simulation Source: Future Generation Computer Systems. Elsevier Science Publishers, 2001: 335-343.
[122] 刘克胜,张军,曹先彬,等.一种基于免疫原理的自律机器人行为控制算法[J].计算机工程与应用,2000,5:30-33.
[123] Dasgupta D, Forrest S. Artificial immune systems in industrial applications[C]//Proceedings of the Second International Conference on Intelligent Processing and Manufacturing of Materials, 1999.
[124] 刘树林,张嘉钟,王日新,等.基于免疫系统的旋转机械在线故障诊断[J].大庆石油学院学报,2001,25(4):96-100.
[125] 杜海峰,王孙安.基于ART-人工免疫网络的多级压缩机故障诊断[J].机械工程学报,2002,38(4):88-90.
[126] 杨晓宇,周佩玲,傅忠谦.人工免疫与网络安全[J].计算机仿真,2001,18(6):38-40.

第8章

量子计算

量子计算是一种遵循量子力学规律进行演化的新型计算范式，本章首先介绍量子计算的物理基础，理解量子算法如何依赖量子的叠加、干涉、纠缠等特性进行有规律的运算，并得到想要的计算结果。之后本章重点介绍一些经典的量子计算模型，理解这些量子计算模型的算法设计思路对加深量子计算的认识至关重要。最后本章将理论和实际结合，介绍一些基于量子特性设计的聚类、优化算法，并通过一个具体的应用实例展示量子算法面向应用所体现的优越性。

8.1 量子计算物理基础

本节介绍量子计算的数学和物理基础，涉及内容主要包括量子的叠加、干涉、纠缠，并解释如何基于这些量子特性实现量子计算的并行化，展现量子指数级计算加速优势的基本原理。

8.1.1 量子算法

随着电路集成度的不断提高，量子效应开始影响电子的正常运动，经典计算机硬件的发展面临瓶颈，摩尔定律将会失效。作为突破当前计算极限的重要技术之一，量子计算成为世界各国紧密跟踪的前沿学科之一。自诺贝尔物理学奖获得者 R. Feynman 提出量子计算的概念之后，相关的研究被不断推进。量子计算的并行性、指数级存储容量和指数加速特征展示了其强大的运算能力[1-2]。

1994 年，P. Shor[3] 提出了分解大数质因子的量子算法，并吸引了众多研究者的目光。大数质因子分解的难度确保了 RSA 公钥密码体系的安全，该问题至今仍属于 NP(Nondeterministic Polynomial)难题，在经典计算机上需要指数时间才能完成。但是 Shor 算法表明，在量子计算条件下，这一问题就可以在多项式时间内得到解决。它仅需几分钟就可以完成用 1600 台经典计算机需要 250 天才能完成的 RSA-129 问题(一种公钥密码系统)，当前公认最安全的、经典计算机不能破译的公钥系统 RSA 可以用量子计算机容易地实现破译。这就意味着目前广泛应用于政府、军事以及金融机构等重要领域的 RSA 公钥密码体系的安全性可能面临着致命的威胁。Shor 算法的基本思想是：首先利用量子并行性通过一步计算获得所有的函数值，并利用测量函数得到相关联的函数自变量的叠加态，然后对其进行快速傅里叶变换。其实质是利用数论相关知识将大数质因子分解问题转化为利用量子快速傅里叶变换求函数的周期问题。

1996 年，L. K. Grover 提出 Grover 量子搜索算法，该算法适宜解决在无序数据库中搜索某个特定数据的问题。在经典计算中，对待这类问题只能一个一个地搜索数据库中的数据，直到找到为止，算法的时间复杂度为 $O(N)$。而 Grover 量子搜索算法利用量子并行性，每一次查询可以同时检查所有的数据，并使用黑箱技术对目标数据进行标识，成功地将时间复杂度降低到 $O(\sqrt{n})$。现实中有许多问题，如最短路径问题、图的着色问题、排序问题及密码的穷举攻击问题等，都可以利用 Grover 算法进行求解。用此算法，可以仅用 2 亿步代替经典计算机的大约 3.5×10^{16} 步，破译广泛使用的 56 位数据编码标准（Data Encryption Standard，DES）这是一种被用于保护银行间和其他方面金融事务的标准。

自 Shor 算法和 Grover 算法提出以后，量子计算方法表现出的独特计算方式以及在信息处理方面展现的巨大潜力引起了研究者的广泛关注。以这两种算法为基础，产生了大量的讨论并提出了很多改进的算法。Grover 量子搜索算法提出不久后有人提出量子态不必翻转，只需旋转一个适当的角度便可以获得与 Grover 量子搜索算法等同的效果[4]，清华大学的龙桂鲁教授等[5]提出了量子搜索的相位匹配条件。Grover 量子搜索算法在搜索过程中没有使用具体问题的特殊结构信息，为了在搜索中利用问题的结构信息，T. Hogg[6]提出了基于结构的搜索算法——约束满足算法。为了能使 Grover 算法在连续变量的全局优化问题中能够运用，D. Bulger 等[7]给出了一种用 Grover 量子搜索算法实现纯适应的搜索算法（Pure Adaptive Search，PAS），称为 Grover 适应搜索。在量子计算方面，2017 年 5 月，中国科学院宣布中国制造的世界上第一台量子计算机诞生；2017 年 11 月，IBM 宣布研制出量子计算机原型机；2020 年 12 月，中科大宣布成功构建量子计算原型机“九章”，求解“高斯玻色取样”只需 200 秒，而超级计算机要用 6 亿年。我国科学家如郭光灿院士、潘建伟院士和薛其坤院士等在量子信息和量子通信领域的研究中均有重大突破，使我国的量子保密通信处于全球领先地位。

同时，量子算法对算法设计领域产生着深刻影响，如何将量子计算强大的存储和计算优势引入现有的算法体系中，成为一个广泛关注的焦点。而智能算法向来是算法研究领域的一个热点，量子智能计算将量子理论原理与智能计算相结合，利用量子并行计算特性很好地弥补了智能算法中的某些不足之处，例如，加快算法的收敛速度及避免早熟现象等。

以笔者目前所知，已有的量子智能算法包括但不限于如下算法：量子退火算法、量子进化算法、量子神经网络、量子贝叶斯网络、量子小波变换、量子聚类算法等。这些算法的共同点是都应用了量子计算的机制或者是受到量子机制的启发，按照某种符合量子力学行为特点的方式进行算法设计，有鲜明的量子计算的特点，或多或少延续了量子计算的优势。通过模拟量子计算的过程，在与传统的智能算法的比较中，这些量子智能算法普遍地展现出了较强的竞争力。

8.1.2 量子系统中的叠加、相干与坍缩

在经典数字计算机中，信息被编码为位(bit)链，1 比特信息就是两种可能情况中的一种：0 或 1、假或真、对或错。例如，电容器的板极间的电压可以代表 1 比特信息：带电电容表示 1，而放电电容表示 0。不同于经典计算模式，在量子世界中，微观粒子的状态是不可确定的，系统以不同的概率处于不同状态的叠加之中。

量子系统中，态的叠加定义为：已知系统的两个态$|\boldsymbol{A}\rangle$和$|\boldsymbol{B}\rangle$，如果存在这样一种系统态$|\boldsymbol{R}\rangle$，使得在其上面的测量，有一定概率获得$|\boldsymbol{A}\rangle$，一定概率获得$|\boldsymbol{B}\rangle$，除此之外没有其他的结果，那么$|\boldsymbol{R}\rangle$称为$|\boldsymbol{A}\rangle$与$|\boldsymbol{B}\rangle$的叠加，记为

$$|\boldsymbol{R}\rangle = c_1 \ |\boldsymbol{A}\rangle + c_2 \ |\boldsymbol{B}\rangle \tag{8.1}$$

其中，c_1^2 和 c_2^2 分别为取得状态$|\boldsymbol{A}\rangle$和$|\boldsymbol{B}\rangle$的概率，c_1 和 c_2 被称为概率幅，并且 $c_1^2+c_2^2=1$。由定义可得如下推论。

推论 8.1 一个态与自己叠加的结果仍是原来的态。

推论 8.2 若$|\boldsymbol{R}\rangle$上还有别的测量结果，则$|\boldsymbol{R}\rangle$无法只由$|\boldsymbol{A}\rangle$和$|\boldsymbol{B}\rangle$叠加而成。

态$|\boldsymbol{A}\rangle$和$|\boldsymbol{B}\rangle$的加和与数乘满足如下运算规则。

(1) 乘法结合律：$c_1(c_2|\boldsymbol{A}\rangle)=(c_1c_2)|\boldsymbol{A}\rangle=c_1c_2|\boldsymbol{A}\rangle$

(2) 乘法分配律：$(c_1+c_2)|\boldsymbol{A}\rangle=c_1|\boldsymbol{A}\rangle+c_2|\boldsymbol{A}\rangle$

(3) 加法交换律：$|\boldsymbol{A}\rangle+|\boldsymbol{B}\rangle=|\boldsymbol{B}\rangle+|\boldsymbol{A}\rangle$

(4) 加法结合律：$|\boldsymbol{A}\rangle+(|\boldsymbol{B}\rangle+|\boldsymbol{C}\rangle)=(|\boldsymbol{A}\rangle+|\boldsymbol{B}\rangle)+|\boldsymbol{C}\rangle$

(5) 加法分配律：$c|(\boldsymbol{A}\rangle+|\boldsymbol{B}\rangle)=c|\boldsymbol{A}\rangle+c|\boldsymbol{B}\rangle$

对于量子寄存器，每一个量子位是一个双态系统，例如半自旋或两能级原子：自旋向上表示$|0\rangle$，向下表示$|1\rangle$，以$|\boldsymbol{\phi}_i\rangle$表示一个量子位的状态，则$|\boldsymbol{\phi}_i\rangle$可以由状态$|0\rangle$和$|1\rangle$叠加表示为

$$|\boldsymbol{\phi}_i\rangle = c_0^i \ |0\rangle + c_1^i \ |1\rangle \tag{8.2}$$

其中，c_0^i 和 c_1^i 分别为状态$|\boldsymbol{\phi}_i\rangle$处于基态$|0\rangle$和$|1\rangle$的概率幅，即该量子位以概率$(c_0^i)^2$和$(c_1^i)^2$ 处于状态$|0\rangle$和$|1\rangle$，并且$(c_0^i)^2+(c_1^i)^2=1$。

更进一步，设 n 位量子比特的系统所处的状态为$|\boldsymbol{\phi}\rangle$，则$|\boldsymbol{\phi}\rangle$可以表示为

$$|\boldsymbol{\phi}\rangle = |\boldsymbol{\phi}_0\rangle \otimes |\boldsymbol{\phi}_1\rangle \otimes \cdots \otimes |\boldsymbol{\phi}_{n-1}\rangle \tag{8.3}$$

其中，$\otimes$表示各个状态的张量积，将式(8.2)代入式(8.3)，可得

$$\begin{aligned}|\boldsymbol{\phi}\rangle &= (c_0^0 \ |0\rangle + c_1^0 \ |1\rangle) \otimes (c_0^1 \ |0\rangle + c_1^1 \ |1\rangle) \otimes \cdots \otimes \\ &\quad (c_0^{n-1} \ |0\rangle + c_1^{n-1} \ |1\rangle) \\ &= (c_0^0 c_0^1 \cdots c_0^{n-1}) \ |00\cdots 0\rangle + (c_0^0 c_0^1 \cdots c_1^{n-1}) \ |00\cdots 1\rangle + \cdots + \\ &\quad (c_1^0 c_1^1 \cdots c_1^{n-1}) \ |00\cdots 1\rangle \\ &= \sum_{i=0}^{2^n-1} c_i \ |\boldsymbol{\phi}_i\rangle \end{aligned} \tag{8.4}$$

式(8.4)表示，n 位量子比特系统所处的状态$|\boldsymbol{\phi}\rangle$由 2^n 个基态的叠加组成，且处于每一个基态的概率为 c_i^2，易得，$\sum_{i=0}^{2^n-1} c_i^2=1$。

相干与坍缩(collapse)是与态的叠加紧密相关的概念,一个量子系统如果处于其基态的线性叠加中,那么此量子系统是相干的。当一个相干的系统和它周围的环境发生相互作用(测量)时,线性叠加就会消失,由此所引起的相干损失就叫作坍缩。以式(8.4)为例,系统坍塌到某个基态$|\phi_i\rangle$的概率由$|c_i|^2$决定。

8.1.3　量子态的干涉

干涉是一种常见的现象,它是由于相位关系而产生的波的幅度增强或减弱的现象[8]。量子计算的一个主要原理就是:使构成叠加态的各个基态通过量子门的作用发生干涉,从而改变它们之间的相对相位。

以叠加态式

$$|\boldsymbol{\phi}\rangle=\frac{2}{\sqrt{5}}|0\rangle+\frac{1}{\sqrt{5}}|1\rangle=\frac{1}{\sqrt{5}}\begin{pmatrix}2\\1\end{pmatrix} \tag{8.5}$$

为例,将 Handamard 门算子 $\boldsymbol{H}$

$$\boldsymbol{H}=\frac{1}{\sqrt{2}}\begin{pmatrix}1 & 1\\1 & -1\end{pmatrix} \tag{8.6}$$

作用其上,可得

$$\begin{aligned}|\boldsymbol{\phi}'\rangle&=\boldsymbol{H}|\boldsymbol{\phi}\rangle\\&=\frac{1}{\sqrt{2}}\begin{pmatrix}1 & 1\\1 & -1\end{pmatrix}\frac{1}{\sqrt{5}}\begin{pmatrix}2\\1\end{pmatrix}\\&=\begin{pmatrix}\frac{3}{\sqrt{10}}\\\frac{1}{\sqrt{10}}\end{pmatrix}\\&=\frac{3}{\sqrt{10}}|0\rangle+\frac{1}{\sqrt{10}}|1\rangle\end{aligned} \tag{8.7}$$

可以看到,基态$|0\rangle$的概率幅增大,而$|1\rangle$的概率幅减小。

对于单个量子位的变换,除了上述的 Handamard 门算子,还有一些常用的变换算子

$$\boldsymbol{I}=\begin{pmatrix}1 & 0\\0 & 1\end{pmatrix} \tag{8.8}$$

$$\boldsymbol{X}=\begin{pmatrix}0 & 1\\1 & 0\end{pmatrix} \tag{8.9}$$

$$\boldsymbol{Z}=\begin{pmatrix}1 & 0\\0 & -1\end{pmatrix} \tag{8.10}$$

其中,$\boldsymbol{I}$ 实现了恒等变换,即$|0\rangle\to|0\rangle$,$|1\rangle\to|1\rangle$,$\boldsymbol{X}$ 实现了求非变换,即$|0\rangle\to|1\rangle$,$|1\rangle\to|0\rangle$,$\boldsymbol{Z}$ 实现了相位移动,即$|0\rangle\to|0\rangle$,$|1\rangle\to-|1\rangle$。

在量子状态空间上,任何幺正变换都是合法的变换,反之,任何量子门 $\boldsymbol{U}$ 必须满足幺正限制,即 $\boldsymbol{U}^+\boldsymbol{U}=\boldsymbol{I}$,其中,$\boldsymbol{U}^+$ 为 $\boldsymbol{U}$ 的共轭转置矩阵,$\boldsymbol{I}$ 为单位阵。容易验证,以上提及各个量子门均满足幺正限制。

8.1.4 量子态的纠缠

从计算的角度来看,所谓纠缠态是指发生相互作用的两个子系统中所存在的一些态,它们不能表示为两个子系统态的张量积,而是表现为子系统中态的某种纠缠形式[8]。在数学上,纠缠可以使用密度矩阵来表示。量子状态$|\boldsymbol{\phi}\rangle$的密度矩阵$\boldsymbol{\rho}_{\phi}$定义为

$$\boldsymbol{\rho}_{\boldsymbol{\phi}}=|\boldsymbol{\phi}\rangle\langle\boldsymbol{\phi}| \tag{8.11}$$

以3个量子态为例进行介绍,具体如下。

(1) $|\boldsymbol{\phi}_1\rangle=\frac{1}{\sqrt{2}}|00\rangle+\frac{1}{\sqrt{2}}|01\rangle=\frac{1}{\sqrt{2}}\begin{pmatrix}1\\1\\0\\0\end{pmatrix}$,相应的密度矩阵为

$$\boldsymbol{\rho}_1=|\boldsymbol{\phi}_1\rangle\langle\boldsymbol{\phi}_1|=\frac{1}{2}\begin{pmatrix}1&1&0&0\\1&1&0&0\\0&0&0&0\\0&0&0&0\end{pmatrix}=\frac{1}{\sqrt{2}}\left(\begin{pmatrix}1&0\\0&0\end{pmatrix}\otimes\begin{pmatrix}1&1\\1&1\end{pmatrix}\right) \tag{8.12}$$

(2) $|\boldsymbol{\phi}_2\rangle=\frac{1}{\sqrt{2}}|00\rangle+\frac{1}{\sqrt{2}}|11\rangle=\frac{1}{\sqrt{2}}\begin{pmatrix}1\\0\\0\\1\end{pmatrix}$,相应的密度矩阵为

$$\boldsymbol{\rho}_2=|\boldsymbol{\phi}_2\rangle\langle\boldsymbol{\phi}_2|=\frac{1}{2}\begin{pmatrix}1&0&0&1\\0&0&0&0\\0&0&0&0\\1&0&0&1\end{pmatrix} \tag{8.13}$$

(3) $|\boldsymbol{\phi}_3\rangle=\frac{1}{\sqrt{3}}|00\rangle+\frac{1}{\sqrt{3}}|01\rangle+\frac{1}{\sqrt{3}}|11\rangle$,相应的密度矩阵为

$$\begin{aligned}\boldsymbol{\rho}_3=|\boldsymbol{\phi}_3\rangle\langle\boldsymbol{\phi}_3|&=\frac{1}{3}\begin{pmatrix}1&1&0&1\\1&1&0&1\\0&0&0&0\\1&1&0&1\end{pmatrix}\\&=\frac{1}{\sqrt{3}}\left(\begin{pmatrix}1&1\\1&1\end{pmatrix}\otimes\begin{pmatrix}0&0\\0&1\end{pmatrix}\oplus\begin{pmatrix}1&1&0&1\\1&0&0&0\\0&0&0&0\\1&0&0&0\end{pmatrix}\right.\end{aligned} \tag{8.14}$$

如上所述,$|\boldsymbol{\phi}_1\rangle$可以分解为两个子系统的态的张量积,因此$|\boldsymbol{\phi}_1\rangle$不处于纠缠态。而$|\boldsymbol{\phi}_2\rangle$和$|\boldsymbol{\phi}_3\rangle$都无法分解为子系统态的张量积,因此它们处于纠缠态。其中,$|\boldsymbol{\phi}_2\rangle$因为无法分解,其纠缠程度最高,$|\boldsymbol{\phi}_3\rangle$处于部分纠缠状态。

8.1.5 量子计算的并行性

在经典计算机中,信息的处理是通过逻辑门进行的。量子寄存器中的量子态则是

通过量子门的作用进行演化,量子门的作用与逻辑电路门类似,在指定基态的条件下,量子门可以由作用于希尔伯特空间中向量的矩阵$\boldsymbol{U}_{\mathrm{f}}$描述,由于量子门的线性约束,量子门对希尔伯特空间中量子状态的作用将同时作用于所有基态上,对应到n位量子计算机模型中,相当于同时对2^n个数进行运算,这就是量子并行性。量子并行性是量子计算的一个基本特性,可以简单地这么理解,量子的并行计算可以同时计算一个函数$f(x)$的很多个不同x处的函数值,例如,

$$
\begin{aligned}
|\boldsymbol{\phi}\rangle &= \frac{1}{\sqrt{2^n}}(|00\cdots0\rangle + |00\cdots1\rangle + \cdots + |11\cdots1\rangle) \\
&= \frac{1}{\sqrt{2^n}}\sum_{x=0}^{2^n-1} x \qquad (8.15)
\end{aligned}
$$

该叠加态可以看作在$0\sim 2^n-1$的所有整数的一个叠加态,由$\boldsymbol{U}_{\mathrm{f}}$的线性性质可得

$$
\begin{aligned}
\hat{\boldsymbol{U}}_{\mathrm{f}}\left(\frac{1}{\sqrt{2^n}}\sum_{x=0}^{2^n-1}|x,0\rangle\right) &= \frac{1}{\sqrt{2^n}}\sum_{x=0}^{2^n-1}\boldsymbol{U}_{\mathrm{f}}|x,0\rangle \\
&= \frac{1}{\sqrt{2^n}}\sum_{x=0}^{2^n-1}|x,f(x)\oplus 0\rangle \\
&= \frac{1}{\sqrt{2^n}}\sum_{x=0}^{2^n-1}|x,f(x)\rangle \qquad (8.16)
\end{aligned}
$$

其中,$f(x)$即所要计算的函数。由于n个量子位允许同时对2^n个状态进行处理,量子门的一次操作可计算2^n个位置的函数值。

8.2 量子计算模型

本节介绍量子计算领域经典的量子计算模型,也称量子算法,包括用于无序数据库搜索的Grover搜索算法、利用量子波动产生的量子隧穿效应设计的量子退火算法、利用量子叠加设计量子染色体增强其表征能力的量子进化算法、利用参数化量子线路设计的量子门线路的量子神经网络、量子贝叶斯网络、量子小波变换等,充分理解这些量子算法是设计新的量子算法的坚实基础。

8.2.1 Grover 搜索算法

1996年,美国科学家L. K. Grover提出了一种无序数据库的量子搜索算法并命名为Grover算法。考虑从N个数据中搜索某个特定数据的问题,在经典计算机上实现的时间复杂度为$O(N)$,而在量子计算机上,Grover算法将该问题的时间复杂度降低到$O(\sqrt{N})$,起到了对经典搜索算法的二次加速作用,显著提高了搜索效率。

L. K. Grover提出的量子搜索算法主要是通过变换量子基态的概率幅,使求解结果对应的量子基态的概率幅达到最大,同时,不满足条件的基态的概率幅不断减小。然后,对量子态进行观测时,就会以较大概率获得所要搜索的基态,即搜索成功。具体过程见算法8.1。

算法 8.1：Grover 搜索算法

Step 1：制备等概率幅叠加态$|s\rangle$为

$$|s\rangle = \frac{1}{\sqrt{2^n}}\sum_{x=0}^{2^n-1}|x\rangle \tag{8.17}$$

其中，n 代表所用的量子系统中的量子位的个数。该叠加态可以由 $\boldsymbol{H}^{(n)}=\boldsymbol{H}\otimes\boldsymbol{H}\otimes\cdots\otimes\boldsymbol{H}$ 对 n 位的初始态$|00\cdots0\rangle$作用得到，H 为 Handamard 门算子。

Step 2：利用黑箱算子 P 检验每个元素是否为搜索问题的解，该算子可以使目标态$|\alpha\rangle$的相位反转，任何与目标态正交的态的符号保持不变，即 $P|\alpha\rangle=-|\alpha\rangle$，如果$\langle\alpha|v\rangle=0$，则 $P|v\rangle=|v\rangle$。

Step 3：构造幺正变换 $\boldsymbol{U}_s$ 如下：

$$\boldsymbol{U}_s = |\boldsymbol{s}\rangle\langle\boldsymbol{s}| - \boldsymbol{I} \tag{8.18}$$

设 c_x 是当下基态$|x\rangle$的概率幅，对于叠加态 $|\boldsymbol{\phi}\rangle=\sum_{x=0}^{2^n-1}c_x|x\rangle$，用$\boldsymbol{U}_s$ 对其进行变换，可得：

$$\begin{aligned}\boldsymbol{U}_s|\boldsymbol{\phi}\rangle &= 2|\boldsymbol{s}\rangle\langle\boldsymbol{s}|\boldsymbol{\phi}\rangle - |\boldsymbol{\phi}\rangle \\ &= 2|\boldsymbol{s}\rangle\sqrt{N}\langle c_x\rangle - |\boldsymbol{\phi}\rangle \\ &= \sum_{x=0}^{2^n-1}(2\langle c_x\rangle - c_x)|x\rangle\end{aligned} \tag{8.19}$$

其中，$\langle c_x\rangle=\frac{1}{2^n}\sum_{x=0}^{2^n-1}|x\rangle$。由式(8.19)可得，$\boldsymbol{U}_s$ 将各态的概率幅相对于平均概率幅进行了反转，概率幅由原来的 $c_x\to2\langle c_x\rangle-c_x$。

Step 4：迭代 Step 2 和 Step 3，经过大约$\frac{\pi}{4}\sqrt{N}$ 次迭代，对最后结果进行量子测量就能以大于50%的概率搜索到目标$|\alpha\rangle$。

8.2.2 量子退火算法

量子退火算法是一类新的量子优化算法，不同于经典模拟退火算法利用热波动来搜寻问题的最优解，量子退火算法利用量子波动产生的量子隧穿效应来使算法摆脱局部最优。

1982 年，S. Kirkpatrick 等学者将退火思想引入到了优化领域，提出了模拟退火算法。T. Tadashi[9] 利用量子退火研究了最优化问题，并把这种思想应用于横向伊辛(Ising)模型和 TSP 问题，综合讨论了量子退火相对于模拟退火的优越性及其原因；C. A. Trugenberger[10] 利用量子退火对组合优化问题进行了研究；R. Martonak 等[11] 提出了关于对称 TSP 问题的路径积分蒙特卡洛量子退火，并和标准的热力学模拟退火进行比较。综合来看，与模拟退火方法相比较，量子退火在退火收敛速度和避免陷入局部极小方面有一定优势，这主要是因为量子的隧道效应使得粒子能够穿过比其自身能量高的势垒直接达到低能量状态。

量子退火主要利用量子涨落的机制，即量子跃迁的隧道效应，来完成最优化过程。设无外力作用时体系的 Hamilton 量为 H_0，$H'(t)$表示外力作用的结果，则体系的 Hamilton 量可表示为

$$\hat{H} = H_0 + H'(t) \tag{8.20}$$

在具体的应用中，最优化问题被编码为 H_0，$H'(t)$为外加场，通常被设定为横向场 $\tau(t)\sum_i \delta_i^x$[12]，则体系的 Hamilton 量可表示为

$$\hat{H}=H_0+\tau(t)\sum_i \delta_i^x \tag{8.21}$$

通过路径积分蒙特卡洛方法，可以将经典的势能转换为量子势能的形式[12]，如

$$\varphi_P=\left(\frac{Pm}{2\beta^2 E^2}\right)\sum_{i=1}^{N}\sum_{i=1}^{P}\mid r_{i,t}-r_{i,t+1}\mid^2+\frac{1}{P}\sum_{t=1}^{P}V(\{r;t\}) \tag{8.22}$$

其中，$r_{i,t}$ 表示三维向量中(由上面的过程很容易拓展到 N 维空间)第 i 个粒子在第 t 个时间片上的坐标；E 是一个类似于模拟退火中 T 的可调参数，由一个初值逐渐减小到零，从而控制动能项逐渐减小到零；$\beta=1/kT$ 是反转温度。基于上述过程，路径积分蒙特卡洛量子退火的工作流程如算法 8.2 所示。

算法 8.2：路径积分蒙特卡洛量子退火算法

Step 1：选定 Trotter 数 P 并设定初始的算法执行次数和初始的动能值；

Step 2：将经典系统的势能(也即优化目标)量子化，得到量子化的势能为

$$\hat{H}=H_q+H_{\text{kim}}(t) \tag{8.23}$$

Step 3：对式(8.23)运用蒙特卡洛方法进行采样，寻找最优解(产生新解的移动策略可以是局部移动、全局移动等移动策略)；

Step 4：按照某一策略衰减 E，如果未达到算法的执行次数或者 E 的下限，返回 Step 3；

Step 5：得到量子化的能量最优解；

Step 6：将 Step 5 得到的最优解转换为经典能量的形式，就得到搜索到的目标最优解。

该算法在一些应用问题上取得了较好的效果，其中包括经典的 Lennard Jones 团簇问题的基态结构求解[13]、随机 Ising 模型[14]、随机场 Ising 模型的基态问题[15]、TSP 问题[11]等。

8.2.3　量子进化算法

量子进化算法(Quantum Evolutionary Algorithm，QEA)是结合量子计算机制的一种新的进化算法。1996 年，A. Narayanan 等[16]首次将量子理论与进化算法相结合，提出了量子遗传算法的概念。相较于传统的进化算法，量子进化算法具有种群分散性好、全局搜索能力强、搜索速度快、易于与其他算法结合等优点，在之后的二十多年内，量子进化算法吸引了广泛的关注，并产生了大量研究成果。2000 年，K. H. Han 等[17]提出了一种遗传量子算法，然后又扩展为量子进化算法，实现了组合优化问题的求解。随后，孙俊等[18]又提出了具有量子行为的 PSO 算法，将量子机制与群智能结合。李阳阳等[19]将基于量子粒子群的进化算法推广到多目标优化领域。

根据解的编码及再生方式的不同，可以把量子进化算法分为两类：一类是基于量子旋转门的量子进化算法；另一类是基于吸引子的量子进化算法。

1. 基于量子旋转门的量子进化算法

基于量子旋转门的量子进化算法以 K. H. Han 等提出的算法[17]为代表，该算法以量子比特对种群中的每个个体进行编码。例如，以 $Q(t)=\{\boldsymbol{q}_1^t,\boldsymbol{q}_2^t,\cdots,\boldsymbol{q}_n^t\}$表示一个量子种群，其中 t 表示当前的迭代代数，n 表示种群规模，则第 t 代第 j 个个体的编

码可以表示为

$$\boldsymbol{q}_j^t = \begin{bmatrix} \alpha_{j1}^t & \alpha_{j2}^t & \cdots & \alpha_{jm}^t \\ \beta_{j1}^t & \beta_{j2}^t & \cdots & \beta_{jm}^t \end{bmatrix} \tag{8.24}$$

其中，对于任意一列 α 和 β，满足 $\alpha^2+\beta^2=1$。其中 α 表示该位取 0 的概率幅，β 表示该位取 1 的概率幅。这种编码的方式使一条量子染色体可以表示 2^m 个基态的概率幅，扩展了进化算法中染色体的信息容量。当 α 或者 β 趋近于 0 或者 1 时，量子染色体以大概率坍缩到一个确定的解。

QEA 的工作流程如算法 8.3 所示。

算法 8.3：量子进化算法

Step 1：初始种群 $Q(t)=1,t=0$。将初始量子种群 $Q(t)$ 中的每个量子染色体的每个量子位的 α 和 β 都初始为 $1/\sqrt{2}$。

Step 2：测量每条量子染色体。对每条量子染色体 $\boldsymbol{q}_j^t$ 进行测量，得到一个状态 x_j^t，x_j^t 为一条 m 位的串，且每位或者为 0 或者为 1。测量过程：对 $\boldsymbol{q}_j^t$ 的每一位，在[0,1]之间产生一个随机数 γ，如果 γ 大于该位对应的 α^2，则 x_j^t 中该位设置为 1；否则，x_j^t 中该位设置为 0。

Step 3：用测试函数 f 评测 Step 2 中产生的 n 个状态，并将其中最好的状态 b_j^t 与当前最好的状态 b 对比。如果 b_j^t 的函数值优于 b 的函数值，则将 b_j^t 赋给 b。

Step 4：利用量子门 $U(\Delta\theta)$ 更新 $Q(t)$ 中每个量子染色体的每个量子比特位，从而得到 $Q(t+1)$，其中 $U(\Delta\theta)$ 表示为

$$U(\Delta\theta) = \begin{bmatrix} \cos\Delta\theta & -\sin\Delta\theta \\ \sin\Delta\theta & \cos\Delta\theta \end{bmatrix} \tag{8.25}$$

其中，$\Delta\theta$ 根据具体问题设定，通常由 x_j^t 及其对应的函数值与 b 及其对应的函数值的相对关系设计。

Step 5：如果满足停机条件，输出状态 b 及其对应的函数值，否则 $t=t+1$，跳转至 Step2。

基于量子门的量子进化算法采用量子编码，在原有最优状态的基础上，通过量子门更新，以较大概率产生性能更优的下一代种群，因为采用了容量更大的量子染色体作为种群的构造单元，基于旋转门的量子进化算法具有如下优势。

(1) 易于并行处理，因为量子染色体之间交流较少，算法本身并行程度较高，具有处理大规模数据的潜力。

(2) 寻优性能鲁棒。因为算法中存在多个量子染色体同时进行搜索，而且每个量子染色体相对独立，对搜索空间覆盖较完整，能够有效降低局部最优的影响，提高鲁棒性。

2. 基于吸引子的量子进化算法

基于吸引子的量子进化算法，相较于基于旋转门的量子进化算法，基于吸引子的量子进化算法更适合于连续优化问题。此类算法的代表成果有孙俊等[18]提出的量子粒子群算法。

按照经典力学，一个粒子在确定了位置 $\boldsymbol{x}$ 和速度向量 $\boldsymbol{v}$ 之后，将沿着一个确定的轨道运动。因此，经典的 PSO 算法如算法 8.4 所示。

算法 8.4：PSO 算法

Step 1：随机初始化粒子的当前位置集合 P，并初始化局部最优解集 $L=P$，全局最优解为 $\boldsymbol{b}$；
Step 2：L 适应度最好的解如果比 $\boldsymbol{b}$ 的适应度值好，则用 L 中最好的解更新 $\boldsymbol{b}$；
Step 3：更新速度 $\boldsymbol{v}$，再通过速度 $\boldsymbol{v}$ 与 P 中解组合产生新解，并更新 P 中对应的解；
Step 4：若产生的新解比相应的 L 中的解具有更好的适应度值，则将 L 中相应的解用新解更新；
Step 5：若停机条件满足，则输出 $\boldsymbol{b}$，否则转到 Step 2 继续运行算法。

在 Step 4 中，更新速度 $\boldsymbol{v}$ 的常用算式为

$$\boldsymbol{v}(t+1)=w\boldsymbol{v}(t)+w_1(\boldsymbol{l}-\boldsymbol{p})+w_2(\boldsymbol{b}-\boldsymbol{p}) \tag{8.26}$$

其中，w、w_1、w_2 为常数。t 表示迭代代数，$\boldsymbol{l}$ 是 L 中的元素，$\boldsymbol{p}$ 是相应的 P 中的元素。新解为

$$\boldsymbol{x}(t+1)=\boldsymbol{x}(t)+\boldsymbol{v}(t+1) \tag{8.27}$$

如上所示，传统的 PSO 算法，在经典力学空间中，粒子的移动状态由速度和当前状态决定了规定的运动轨迹。但是在量子力学中，粒子的运动是不确定的，没有运动轨道的概念，用波函数 $\psi(\boldsymbol{x},t)$ 来描述粒子的状态。在一个 3D 空间中，波函数可以表示为

$$|\psi|^2\mathrm{d}x\mathrm{d}y\mathrm{d}z=Q\mathrm{d}x\mathrm{d}y\mathrm{d}z \tag{8.28}$$

其中，$Q\mathrm{d}x\mathrm{d}y\mathrm{d}z$ 表示粒子在时刻 t 出现在位置 (x,y,z) 的概率。$|\psi|^2$ 是概率密度函数，并且满足如下条件

$$\int_{-\infty}^{\infty}|\psi|^2\mathrm{d}x\mathrm{d}y\mathrm{d}z=\int_{-\infty}^{\infty}Q\mathrm{d}x\mathrm{d}y\mathrm{d}z=1 \tag{8.29}$$

$\psi(\boldsymbol{x},t)$ 与时间的关联函数可以由式(8.30)所示的薛定谔方程给出

$$i\hbar\frac{\partial}{\partial t}\psi(\boldsymbol{x},t)=\hat{H}\psi(\boldsymbol{x},t) \tag{8.30}$$

其中，$\hat{H}$ 是 Hamilton 算子，$\hbar$ 为普朗克常量。对于一个质量为 m 的处于势场 $V(\boldsymbol{x})$ 单个粒子，汉密尔顿算子可以表示为

$$\hat{H}=-\frac{\hbar^2}{2m}\nabla^2+V(\boldsymbol{x}) \tag{8.31}$$

对于量子粒子群系统，假设粒子处于 δ 势井中，势井的中心为 p。简单起见，以一维空间的粒子为例，势能函数可以表示为

$$V(x)=-\gamma\delta(x-p)=-\gamma\delta(y) \tag{8.32}$$

其中，$y=x-p$，那么 Hamilton 算子可以表示为

$$\hat{H}=-\frac{h^2}{2m}\frac{\mathrm{d}^2}{\mathrm{d}y^2}-\gamma\delta(y) \tag{8.33}$$

则针对此模型的薛定谔方程可以变换为

$$\frac{\mathrm{d}^2\psi}{\mathrm{d}y^2}+\frac{2m}{h^2}[E+\gamma\delta(y)]\psi=0 \tag{8.34}$$

通过 $\int_{-\varepsilon}^{\varepsilon}\mathrm{d}x$，$\varepsilon\to0^+$，可得

$$\psi'(0^+)-\psi'(0^-)=-\frac{2m\gamma}{\hbar^2}\psi(0) \tag{8.35}$$

对于 $y\neq0$，式(8.34)可以表示为

$$\frac{\mathrm{d}^2\psi}{\mathrm{d}y^2}-\beta^2\psi=0$$

$$\beta=\sqrt{-2mE/\hbar}\quad (E<0) \tag{8.36}$$

在满足约束条件式(8.37)的情况下

$$|y|\to\infty,\quad \psi\to 0 \tag{8.37}$$

式(8.36)的解可以表示为

$$\psi(y)\approx \mathrm{e}^{-\beta|y|} \tag{8.38}$$

考虑如下所示的解的形式

$$\psi(y)=\begin{cases}C\mathrm{e}^{-\beta y}, & y>0\\ C\mathrm{e}^{\beta y}, & y<0\end{cases} \tag{8.39}$$

其中,C 为一个常量,根据式(8.35),可得

$$-2C\beta=-\frac{2m\gamma}{h^2}C \tag{8.40}$$

则

$$\beta=\frac{m\gamma}{\hbar^2} \tag{8.41}$$

并且

$$E=E_0=-\frac{h^2\beta^2}{2m}=-\frac{m\gamma^2}{2\hbar^2} \tag{8.42}$$

由于波函数需要满足归一条件,则

$$\int_{-\infty}^{+\infty}|\psi(y)|^2\mathrm{d}y=\frac{|C|^2}{\beta}=1 \tag{8.43}$$

可得$|C|=\sqrt{\beta}$。另 $L=1/\beta=\hbar^2/m\gamma$,$L$ 叫作势井的特征长度。归一化的波函数为

$$\psi(y)=\frac{1}{\sqrt{L}}\mathrm{e}^{-|y|/L} \tag{8.44}$$

相应的概率密度函数 Q 可表示为

$$Q(y)=|\psi(y)|^2=\frac{1}{L}\mathrm{e}^{-2|y|/L} \tag{8.45}$$

式(8.45)给出了粒子在量子空间中态的波函数,用蒙特卡洛法模拟量子态的坍缩过程,即由量子态得到经典力学空间中粒子的位置。另 s 为[0,1/L]之间均匀分布的随机数,则有

$$s=\frac{1}{L}\mathrm{rand}(0,1)=\frac{1}{L}u,\quad u=\mathrm{rand}(0,1) \tag{8.46}$$

用 s 代替式(8.45)中的 Q,可得

$$s=\frac{1}{\sqrt{L}}\mathrm{e}^{-|y|/L} \tag{8.47}$$

进而可得

$$Y=\pm\frac{L}{2}\ln(1/u) \tag{8.48}$$

因为 $y=x-p$,则可得

$$x = p \pm \frac{L}{2}\ln(1/u) \tag{8.49}$$

其中，u 为 0～1 均匀分布的随机数。式(8.49)实现对量子空间中粒子准确位置的测量。它是量子粒子群算法的核心迭代公式，通过不断更新吸引子 p 和特征长度 L，实现了粒子按照量子力学的运动形式在整个决策空间的高效搜索。

吸引子和特征长度有多样的构造方式。在很多算法中，粒子的局部最优常被用来作为吸引子[19-20]。李阳阳等[20]提出粒子当前位置和局部最优的距离，当前位置与局部最优的平均值的距离都被尝试用来构建特征长度。对于多目标优化问题，孙俊等提出[19]子问题的全局最优和局部最优被用来构造特征长度。

算法流程方面，PSO 算法与经典 PSO 算法并没有显著差别，只是在 Step 3 中，不需要更新速度$\boldsymbol{v}$，也不通过式(8.27)产生新解，而是改用通过波函数得来的概率模型(式(8.49))产生新解。

近十年，量子粒子群优化(Quantum Particle Swarm Optimization，QPSO)获得了长足的发展。PSO 算法创始者 J. Kennedy 称之为最具有发展潜力的 PSO 改进算法[21]，越来越多的学者对 QPSO 算法进行研究，提出了各种基于 QPSO 算法的改进算法及应用。针对 QPSO 算法中控制参数的选择，孙俊等[22]指出 QPSO 算法的控制参数即收缩-扩张因子的值小于 1.78 时能够保证算法收敛，并提出两种参数控制方法：线性递减和自适应调整；孙俊等[23]提出了另一种基于种群多样性的参数选择方法；L. S. Coelho 等[24]使用高斯概率分布产生随机数替代原算法中的不同参数，能够有效改进粒子的早熟问题；方伟等[25]对 QPSO 算法的全局收敛性进行了分析证明，并给出 3 种不同取值策略的控制参数对算法性能的影响。QPSO 算法的应用已经渗透到自然科学的各个领域，包括生物信息、组合优化、自动控制、分类聚类、模糊系统、图形图像、参数辨识、神经网络、生产调度、机器学习等[26]。

8.2.4 量子神经网络

20 世纪 50 年代以来，随着心理学、神经科学、计算机信息科学、人工智能和神经影像学技术的发展，用自然科学方法探索人类意识的条件趋于成熟。世界各国不少学者开始投身神经计算的研究，并取得不少有价值的研究成果。1943 年，芝加哥大学的生理学家 W. McCulloch[27]使用阈值逻辑单元模拟生物神经元，提出了著名的 M-P 神经元模型，拉开了神经网络研究的序幕。为了模拟起连接作用的突触的可塑性，神经生物学家 D. O. Hebb[28]于 1949 年提出了连接权重强化的 Hebb 法则，这一法则告诉人们，神经元之间突触的联系强度是可变的，为构造有学习功能的神经网络模型奠定了基础。1958 年，F. Rosenblatt[29]在原有 M-P 模型的基础上增加了学习机制。他提出的感知器模型，首次把神经网络理论付诸工程实现。之后，M. L. Minsky 等对以感知器为代表的网络系统的功能及局限性从数学上做了深入研究，指出简单的线性感知器的功能是有限的，它无法解决线性不可分的两类样本的分类问题。1982 年，J. Hopfield 的模型[30]对人工神经网络信息存储和提取功能进行了非线性数学概括，提出了动力方程和学习方程，还对网络算法提供了重要公式和参数，使人工神经网络的构造和学习有了理论指导。经过近半个世纪的发展，人工神经网络在众多领域取得了广泛成功，如模式识别、自动控制、信号处理、辅助决策、人工智能等[31]。

1995 年,美国 Louisiana 州立大学的 S. Kak[32] 教授首次提出了量子神经计算(Quantum Neural Computation,QNC)的概念,明确提出将神经计算与量子计算结合起来形成新的计算范式,开创了该领域的先河,并且他还提到了这可能对研究人类的意识会有很大的帮助。1996 年,M. Penis[33] 提出了量子并行性和神经网络有非常有趣的相似性。量子波函数的坍缩十分类似于人脑记忆中的神经模式重构现象。1998 年,T. Menneer[34] 在他的博士论文中从多宇宙的观点第一次比较深入全面地探讨了量子人工神经网络,他比较了各种提出的量子神经网络的性能,并与传统的神经网络作了比较,认为量子神经网络的性能要优于传统的神经网络。2000 年,D. Ventura 等[35] 提出了基于 Grover 量子搜索算法的量子联想记忆(quantum associative memory)模型;2005 年,N. Kouda 等[36] 利用量子相位提出了量子比特神经网络等。下面介绍两种量子神经网络模型:量子 M-P 模型和量子 Hopfield 神经计算模型。

1. 量子 M-P 模型

神经元的每一个输入都有一个加权系数 $\boldsymbol{w}_i$,称为权重,其正负模拟了生物神经元中突触的兴奋和抑制,其大小则代表了突触的不同连接强度。作为人工神经网络的基本处理单元,必须对全部输入信号进行整合,以确定各类输入作用的总效果,s_j 表示组合输入信号的总和值,神经元激活与否取决于此总和值是否超过某一阈值。以 $\mathbf{Out}_j$ 表示该神经元的输出,则输出与输入之间的关系可由转移函数 f 表示,转移函数一般都为非线性的。上述内容可表示为

$$s_j = \sum_i \boldsymbol{x}_i \boldsymbol{w}_i \tag{8.50}$$

$$\mathbf{Out}_j = f(\boldsymbol{s}_j - \theta) \tag{8.51}$$

M-P 模型可由图 8.1 表示。量子 M-P 模型的概念模型如图 8.2 所示。

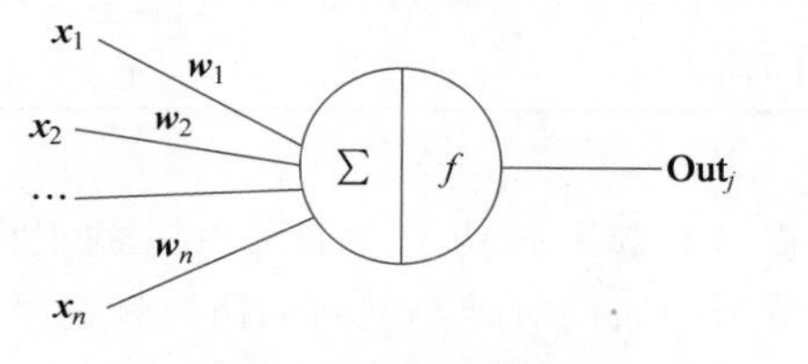

图 8.1 M-P 模型

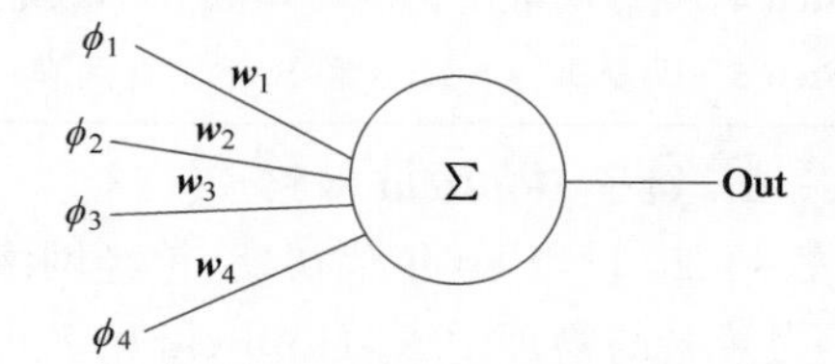

图 8.2 量子 M-P 模型

相应的神经元的输出表示为

$$\mathbf{Out} = \sum_j \boldsymbol{w}_j \boldsymbol{\phi}_j, \quad j = 1, 2, \cdots, 2^n \tag{8.52}$$

其中,2^n 表示了输入的总个数。ϕ_j 表示了一个量子态,$\boldsymbol{w}_j = (w_{j1}, w_{j2}, \cdots, w_{j2^n})$ 为一个向量。用狄拉克符号表示量子状态,量子 M-P 的计算输出就可以表示为

$$\mathbf{Out} = \sum_i O_i = \sum_j w_{ji} \mid x_1, x_2, \cdots, x_n \rangle, \quad j = 1, 2, \cdots, 2^n, i = 1, 2, \cdots, 2^n \tag{8.53}$$

其中,

$$O_i = w_{1i} \mid 0, 0, \cdots, 0 \rangle + w_{2i} \mid 0, 0, \cdots, 1 \rangle + \cdots + w_{2^n i} \mid 1, 1, \cdots, 1 \rangle \tag{8.54}$$

若状态 ϕ_j 之间相互正交,则 $\boldsymbol{w}$ 可以为正交矩阵,输出可以表示量子幺正变换

$$\mathbf{Out}=\begin{bmatrix} w_{11} & w_{12} & \cdots & w_{12^n} \\ w_{21} & w_{22} & \cdots & w_{22^n} \\ \cdots & \cdots & \ddots & \cdots \\ w_{2^n1} & w_{2^n2} & \cdots & w_{2^n2^n} \end{bmatrix} \begin{pmatrix} |00,\cdots,0\rangle \\ |00,\cdots,1\rangle \\ \cdots \\ |11,\cdots,1\rangle \end{pmatrix} \tag{8.55}$$

若状态 ϕ_j 之间没有互相正交，则需把网络的输入和输出关系按式(8.56)进行修改

$$O_{ik}=\sum_j w_{ij}\phi_j\cdot\phi_k,\quad j=1,2,\cdots,2^n \tag{8.56}$$

其中，$\phi_j\cdot\phi_k$ 表示两个状态的内积，则输出可以表示为

$$\mathbf{Out}=\begin{bmatrix} w_{11} & w_{12} & \cdots & w_{12^n} \\ w_{21} & w_{22} & \cdots & w_{22^n} \\ \cdots & \cdots & \ddots & \cdots \\ w_{2^n1} & w_{2^n2} & \cdots & w_{2^n2^n} \end{bmatrix} \begin{pmatrix} \phi_1\cdot\phi_1 & \phi_1\cdot\phi_2 & \phi_1\cdot\phi_{2^n} \\ \phi_2\cdot\phi_1 & \phi_2\cdot\phi_2 & \phi_2\cdot\phi_{2^n} \\ \phi_{2^n}\cdot\phi_1 & \phi_{2^n}\cdot\phi_2 & \phi_{2^n}\cdot\phi_{2^n} \end{pmatrix} \begin{pmatrix} |00,\cdots,0\rangle \\ |00,\cdots,1\rangle \\ \cdots \\ |11,\cdots,1\rangle \end{pmatrix} \tag{8.57}$$

对于 ϕ_j 正交和没有正交两种情况，选择一定的 $\boldsymbol{w}$ 都可以实现一定的功能。基于上述的量子 M-P 模型，权重更新可以按照如算法 8.5 的步骤进行。

算法 8.5：M-P 模型权重更新算法

Step 1：准备一个初始权重矩阵 $\boldsymbol{w}^0$；

Step 2：根据实际问题准备输入一输出对($|\boldsymbol{\phi}\rangle$，$|\boldsymbol{O}\rangle$)；

Step 3：计算实际输出 $|\boldsymbol{O}\rangle=\boldsymbol{w}^t|\phi\rangle$，其中 t 为迭代代数，自 0 开始；

Step 4：更新网络权重 $w_{ij}^{t+1}=w_{ij}^t+\eta(|\mathbf{Out}\rangle_i-|\boldsymbol{O}\rangle_i)|\phi\rangle_j$，其中 η 为学习控制因子；

Step 5：反复执行 Step 3 和 Step 4 直到满足误差允许的范围。

---

2. 量子 Hopfield 网络

在 20 世纪 80 年代初期，神经网络研究的重新兴起可归功于 J. Hopfield 的工作。作为著名的物理学家，Hopfield 的名声和科学资历使人们对神经网络的研究恢复了信心，他在该网络中引入了“能量函数”的概念，建立了神经网络稳定性判据，使反馈神经网络可以成为一个具有反馈的动力学系统，解决动态问题和一些优化问题。仿照经典的 Hopfield 神经网络，量子 Hopfield 网络(Quantum Hopfield Neural Network，QHNN)的概念模型如图 8.3 所示。

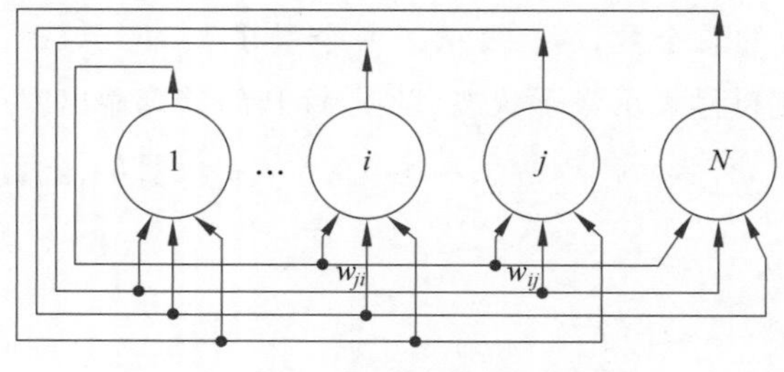

图 8.3　QHNN 的概念模型

从图 8.3 可以看到网络有 N 个神经元，每个神经元的输出都反馈到其他神经元作为它们的一个输入，但不反馈到自身作为输入。所有的模式或图像都是存储在网络的权重 w_{ij} 中，所以确定网络的权重是主要工作。QHNN 网络没有自反馈的，即满足

$$w_{ii}=w_{jj}=0 \tag{8.58}$$

从图 8.3 可以看出 $w_{ij}=w_{ji}$，权重矩阵 $\boldsymbol{w}$ 是一个对角矩阵，且对角线上的元素为 0。

基于 Feynman 路径积分的类量子 Hopfield 网络工作原理[37]，可得

$$\boldsymbol{\psi}_m^{\text{output}}=\sum_{n=1}^{N}\boldsymbol{J}_{mn}\psi_n^{\text{input}} \tag{8.59}$$

其中，

$$\boldsymbol{J}_{mn}=\sum_{k=1}^{P_S}\boldsymbol{\phi}_m^k(\boldsymbol{\phi}_m^k)^*$$

其中，* 表示复共轭；P_S 表示网络存储的模式数；$\boldsymbol{J}_{mn}$ 是网络存储矩阵；m 和 n 分别表示矩阵的行和列。相当于传统的 Hopfield 网络的权重矩阵，即 Lyapunov 函数或二次性能函数。基于类似的思想，以量子思维处理 Hopfield 网络的网络权重。根据薛定谔方程和量子线性叠加原理，QHNN 的权重可以表示为

$$\boldsymbol{W}=\frac{1}{P_S}\sum_{i}^{P_S}|\boldsymbol{\phi}_i\rangle\langle\boldsymbol{\phi}_i|=\sum_i p_i\boldsymbol{W}_i \tag{8.60}$$

其中，p_i 是 $\boldsymbol{W}$ 坍缩到 $\boldsymbol{W}_i$ 的概率，P_S 是 QHNN 中存储的图像或模式总数，也是能够识别的图像或模式总数，$|\boldsymbol{\phi}_i\rangle(\boldsymbol{W}_i)$ 是存储的单个图像或模式，$|\boldsymbol{\phi}_i\rangle$ 是 $\langle\boldsymbol{\phi}_i|$ 的复共轭。当给网络输入一个外界待识别的图像时，网络经过量子测量就可以以一定的概率坍缩到它的一个存储图像或模式中，即实现了图像识别的功能。

根据量子线性叠加原理和由量子状态或向量构成的矩阵，通过量子幺正演化来确定权重的量子学习算法如算法 8.6 所示。

算法 8.6：量子神经网络学习算法

Step 1：根据提供的图像或模式进行网络学习计算权重矩阵 $\boldsymbol{W}$。为了满足幺正性，要求提供的图像或模式向量是正交向量，由于一般情况下它们不是正交的，所以必须变换成正交向量，其变换可以采用 Gram-Schmidt 正交化方法进行。

Step 2：先把 Step 1 计算得到的矩阵 $\boldsymbol{W}$ 的元素 w_{ij} 看成是一种随机变量或随机数值，再根据 w_{ij} 的数值大小在一个坐标轴上划分成若干等份 $x_1, x_2, \cdots, x_n$。设矩阵元素 w_{ij} 属于 x_i 的概率为 ρ_{ij}，那么，属于 x_{i+1} 的概率大小为 $1-\rho_{ij}$，其中

$$\rho_{ij}=(x_{i+1}-w_{ij})/(x_{i+1}-x_i) \tag{8.61}$$

Step 3：因为每个 w_{ij} 都有两种可能的取值，根据神经元的个数 N，就会有 2^N 个不同的 $\boldsymbol{W}_i$，即存储在 QHNN 网络中的图像或模式，网络训练后输入的待识别图像就是经测量坍缩到不同的 $\boldsymbol{W}_i$，从而达到图像识别的目的。从这里可以看出有 N 个神经元构成的 QHNN 网络可以识别 2^N 个图像。识别容量，即存储容量比传统的 Hopfield 网络有了指数级的提高。

Step 4：按照式(8.62)计算 $\boldsymbol{W}_i$ 的概率 P_i 为

$$p_i=\sum_{i,j=1}^{N}|\rho_{ij}|/N(N-1)2^{N-1} \tag{8.62}$$

传统的 Hopfield 网络能存储的图像或模式数一般为 $P=0.14N$，N 为神经元个数，P 为存储的模式数，由于 Hopfield 网络在识别大量的图像或模式时遇到巨大困难，所以研究人员一直在寻找新的方法。而量子 Hopfield 网络能识别的图像或模式为 2^N，存储容量或记忆容量有了指数级提高。

8.2.5　量子贝叶斯网络

贝叶斯网络(Bayesian Networks，BN)是表示变量间概率分布及关系的有向无环图，节点表示随机变量，包括了对事件、状态、属性等实体的描述；弧则表示变量之间的相互依赖关系。贝叶斯网络用图形模式描述变量集合间的条件独立性，而且允许将变量间依赖关系的先验知识和观察数据相结合，为属性子集上的一组条件独立性假设提供了更强的表达能力。

20 世纪 80 年代以来，贝叶斯网络的研究已经引起了人们相当大的兴趣。80 年代早期，贝叶斯网络成功地应用于专家系统中对不确定性知识的表达；80 年代后期，贝叶斯推理得到了迅速发展；进入 90 年代，面对信息爆炸的局面，研究人员已经开始尝试直接从数据中学习并生成贝叶斯网的方法，在医学诊断、自然语言理解、故障诊断、启发式搜索、目标识别以及不确定推理和预测等方面产生了很多成功的应用。

贝叶斯网络提供了一种把联合概率分布分解为局部分布的方法：就是用它的图形结构编码了变量间概率依赖关系，这样就具有了清晰的语义特征。

设一组有限集合$\{Y_1,Y_2,\cdots,Y_n\}$表示一组离散随机变量，它们分别取值$\{y_1,y_2,\cdots,y_n\}$的联合概率

$$P(y_1,y_2,\cdots,y_n)=\prod_{i=1}^{n}P(y_i\mid Pa(Y_i)) \tag{8.63}$$

其中，$Pa(Y_i)$是节点 Y_i 的父母节点组。构建贝叶斯网络的主要任务是学习它的结构和参数。

贝叶斯量子网络是贝叶斯网络引入量子机制后在量子学习中的一种推广，目的是根据给出的普通贝叶斯网络，构造出适用于量子机制的贝叶斯量子网络。如图 8.4 所示的 Asia 网络(也称 Chest-clinic 网络)是一个小型的用在医疗诊断的贝叶斯网络，共有 8 个节点，8 条弧。

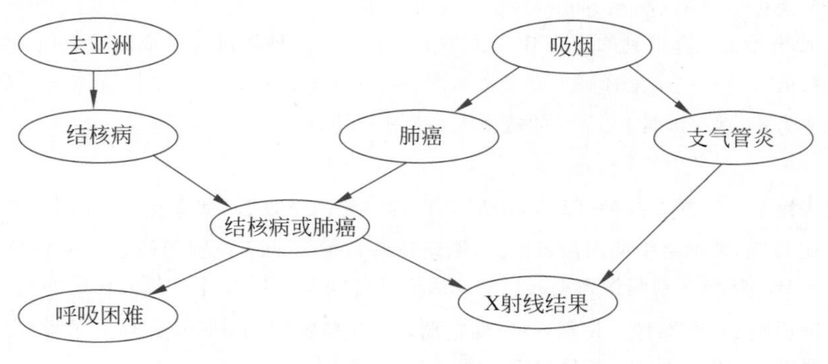

图 8.4　Asia 网络

对于上述网络，依次按从左到右，从上到下的顺序对每个节点编号为 1～8，则可以用一个矩阵 $\mathbf{A}$ 表示图 8.4 所示的网络

$$
\boldsymbol{A}=\begin{pmatrix}
0 & 0 & 1 & 0 & 0 & 0 & 0 & 0 \\
0 & 0 & 0 & 1 & 1 & 0 & 0 & 0 \\
0 & 0 & 0 & 0 & 0 & 1 & 0 & 0 \\
0 & 0 & 0 & 0 & 0 & 1 & 0 & 0 \\
0 & 0 & 0 & 0 & 0 & 0 & 0 & 1 \\
0 & 0 & 0 & 0 & 0 & 0 & 1 & 1 \\
0 & 0 & 0 & 0 & 0 & 0 & 0 & 0 \\
0 & 0 & 0 & 0 & 0 & 0 & 0 & 0
\end{pmatrix} \tag{8.64}
$$

如果用量子形式表示 $\boldsymbol{A}$ 的话，即

$$
a_{ij}=\alpha_{ij}\ |\ 0\rangle+\beta_{ij}\ |\ 1\rangle \tag{8.65}
$$

其中，α_{ij} 为 $\boldsymbol{A}$ 中元素，$\alpha_{ij}^2+\beta_{ij}^2=1$。则可以用量子叠加态表示贝叶斯网络，利用量子态概率幅的变化来学习整个网络结构。

构造出适用于量子机制的贝叶斯量子网络（Bayesian Quantum-net，BQ-net）以后，可以通过 BQ-net 中每个节点所依附的概率幅矩阵计算网络的条件概率。结合机器学习的方法通过对量子态实现一系列的酉算子操作，就可以实现量子学习过程。值得注意的是，各个量子态之间所产生的影响和变化就如由微小粒子与液体分子之间的碰撞所引起的布朗运动一样，是在一个随机的过程中完成的。量子学习的最终结果，也是在随机的学习过程中各中间量子态的相互叠加、相互纠缠、相互干涉的总和，因此，设计相应的随机学习算法，也是实现量子学习的一个不可忽视的手段。一个通用的量子贝叶斯网络工作流程如图 8.5 所示[38]。

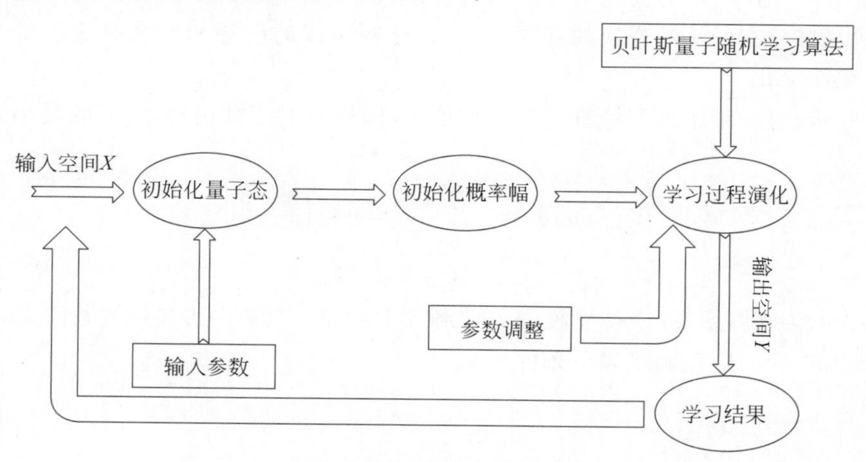

图 8.5 贝叶斯量子学习模型

8.2.6 量子小波变换

小波变换分析方法是当前数学物理中一个迅速发展的新领域，它同时具有理论深刻和物理运用广泛的特点。小波变换是一个时间和频率的局域变换，因而能有效地从信号中提取信息，通过伸缩和平移等运算对函数或信号进行多尺度细化分析。

数学上，具有实参数 x 的小波 $\psi(x)$ 须满足以下条件

$$
\int_{-\infty}^{\infty}\psi(x)\mathrm{d}x=0 \tag{8.66}
$$

小波变换是将信号用一系列双参数的函数基展开，同时得到信号在时域和频域上的信息。具体而言，就是从某个母小波函数 $\psi(x)$ 出发，通过膨胀和平移变换，构建一组子小波 $\psi_{\mu,s}(x)$

$$\psi_{\mu,s}(x)=\frac{1}{\sqrt{\mu}}\psi\left(\frac{x-s}{\mu}\right) \tag{8.67}$$

其中，$\mu>0$，为膨胀系数；s 为平移参量。利用子小波 $\psi_{\mu,s}(x)$ 可以对信号函数 $f(x)$ 进行小波积分变换

$$W_{\psi}f(\mu,s)=\frac{1}{\sqrt{\mu}}\int_{-\infty}^{\infty}f(x)\psi\left(\frac{x-s}{\mu}\right)\mathrm{d}x \tag{8.68}$$

相应地，量子力学态矢量的小波变换可以定义为

$$W_{\psi}f(\mu,s)=\frac{1}{\sqrt{\mu}}\int_{-\infty}^{\infty}\left\langle\psi\ \middle|\ \frac{-s}{\mu}\right\rangle\langle x\mid f\rangle\mathrm{d}x=\langle\boldsymbol{\psi}\mid U(\mu,s)\mid f\rangle \tag{8.69}$$

其中，$\langle\boldsymbol{\psi}|$ 是母小波态矢，$|\boldsymbol{f}\rangle$ 是需要做变换的量子力学态矢，$|\boldsymbol{x}\rangle$ 是坐标本征矢，其中 $U(\mu,s)$ 是压缩平移算符，并可表示为

$$U(\mu,s)=\frac{1}{\sqrt{\mu}}\int_{-\infty}^{\infty}\left|\frac{x-s}{\mu}\right\rangle\langle\boldsymbol{x}\mid\mathrm{d}\boldsymbol{x} \tag{8.70}$$

由式(8.69)易得，已知母小波态矢 $\langle\boldsymbol{\psi}|$，对于任意态矢 $|\boldsymbol{f}\rangle$ 求得的矩阵元 $\langle\boldsymbol{\psi}|U(\mu,s)|\boldsymbol{f}\rangle$ 就对应于信号的小波变换。

宋军[39]通过数值计算，得到对相干态、Fock 态和二项式态的量子态小波变换谱，即 $W_{\psi}f(\mu,s)$ 随 (μ,s) 的变化结果。从中可以得出，量子态的小波变换谱均呈现出峰值狭窄、局域分布的小波变换的共同特征，且这些峰值的位置和形状都随各量子态参数的变化而变化。

进一步，将一维小波变换推广到二维情况，即构造对二维信号 $f(\eta)$ 的复小波变换如下

$$\begin{gathered}W_{\psi}f(\mu,\delta)=\frac{1}{\mu}\int\frac{\mathrm{d}^2\eta}{\pi}f(\eta)\psi\left(\frac{\eta-\delta}{\mu}\right)\\ \eta=\eta_1+\mathrm{i}\eta_2,\quad \mathrm{d}^2\eta=\mathrm{d}\eta_1\eta_2\end{gathered} \tag{8.71}$$

其中，$\mu>0$，为膨胀系数；δ 是复数，表示二维平移参量。对应一维局域波条件式(8.66)，二维母小波 $\psi(\eta)$ 应该满足如下条件

$$\int\frac{\mathrm{d}^2\eta}{2\pi}\psi(\eta)=0 \tag{8.72}$$

需要注意的是，母小波 $\psi(\eta)$ 不是两个单模母函数的简单直积。

相应地，对于量子力学复小波变换，利用纠缠态表象 $\langle\eta|$，可将式(8.71)重写为

$$\begin{aligned}W_{\psi}f(\mu,\delta)&=\frac{1}{\mu}\int\frac{\mathrm{d}^2\eta}{\pi}\left\langle\psi\ \middle|\ \frac{\eta-\delta}{\mu}\right\rangle\langle\eta\mid\boldsymbol{f}\rangle\\&=\langle\boldsymbol{\psi}\mid U_2(\mu,\delta)\mid\boldsymbol{f}\rangle\end{aligned} \tag{8.73}$$

其中，$\langle\boldsymbol{\psi}|$ 对应于给定的母小波态矢，$|\boldsymbol{f}\rangle$ 是需要做变换的量子力学态矢，$U_2(\mu,\delta)$ 是双模压缩平移算符，可表示为

$$U_2(\mu,\delta)=\frac{1}{\mu}\int\frac{\mathrm{d}^2\eta}{\pi}\left|\frac{\eta-\delta}{\mu}\right\rangle\langle\eta| \tag{8.74}$$

矩阵元$\langle\psi|U_2(\mu,\delta)|f\rangle$就是量子力学态矢的复小波变换。

8.3 量子智能优化算法

本节介绍两种基于量子智能优化用于聚类的算法，理解量子聚类和经典聚类的异同，并通过一个具体的应用实例，利用量子遗传优化搜索卷积神经网络的架构，在基本的量子遗传算法（Quantum-Inspired Genetic Algorithm，QIGA）基础上提出了一个完整的基于评价预估与数据预处理的卷积神经网络架构搜索算法（Quantum-Inspired Genetic Algorithm with Evaluation and Estimate Strategy，EESQIGA）。EESQIGA算法能够在保证网络架构搜索质量的前提下极大提升架构搜索速度。

8.3.1 量子智能优化聚类算法

聚类分析在数据挖掘领域中扮演着非常重要的角色，是数据分析与知识发现的重要工具。聚类分析的目的是将抽象出来的对象或数据集合分成若干具有特殊意义的团或者类，而这种划分的依据就是样本对象之间的相似程度，相似度高的样本归为一类，而相似度低的样本则分别属于不同类。聚类分析揭示了数据间的差异与联系，发现样本的分布情况，在海量的数据面前，这尤为重要。一般情况下，聚类并不需要使用训练数据进行学习，是一种无监督学习，它可以作为独立的工具来使用，也可以作为一种前期预处理步骤，为进一步的科学研究做准备。

作为一类新兴的聚类算法，量子聚类吸引着越来越多研究者的研究热情，产生了一批优秀的理论成果并在很多领域中取得了广泛的成功。N. Nasios等[40]得出势能场与数据的分布相关的结论，因此他们采用K近邻统计分布估计波函数尺度参数，并将量子聚类与局部Hessian、区域生长法相结合，应用于合成孔径雷达（Synthetic Aperture Radar，SAR）图像的分割上。李志华等[41]提出了一种改进的基于度量距离改变的量子聚类方法对核宽度调节参数进行估计[42]，以克服量子聚类的缺陷，获得更好的聚类效果。随后，陈高云等[43]在距离函数中采用指数形式，取代原算法中的欧氏距离，提高了量子聚类的迭代效率，并获得比原算法好的聚类效果。缑水平等[44]将量子聚类与多精英免疫算法相结合，避免了算法陷入局部最优。N. Nasios[45]和缑水平等[46]分别将量子聚类应用于SAR图像分割和医学图像的分割。牛艳青等[47]提出基于量子机制的复杂网络社团检测方法。孙俊等[48]将量子聚类应用于模糊神经网络模型。E. D. Buccio等[49]利用动态的量子聚类算法进行关联文本的提取。

根据算法设计思想的不同，量子机制的聚类算法，大体又可以分为基于优化的量子聚类算法和受量子力学启发的量子聚类算法。

在基于优化的量子聚类算法中，需要预先设定寻优目标函数，利用量子搜索机制搜索目标函数的极值点。这种搜索机制与传统的基于优化的聚类方法截然不同，它能够增强解空间的遍历性及种群的多样性，并能够将最优解在搜索空间中的多种表述形式用量子位的概率幅表述，进一步增加获得全局最优解的概率。这类算法将聚类作为一个优化问题，利用量子优化算法得到最优解。

在基于量子力学启发的聚类算法中，基本的思想是：聚类研究的是样本在尺度空间中的分布，而量子力学研究的是粒子在量子空间的分布，可以以量子力学的方式研究聚类问题。基本的思路为：已知波函数，用薛定谔方程求解势能函数，从势能能量点的角度确定聚类中心。相较于传统的聚类算法，量子力学启发的聚类算法的若干优势[50]如下：

（1）算法的重点放在聚类中心的选取而不是聚类边界的查找上；

（2）聚类的中心并非简单的几何中心或随机确定，而是完全取决于数据自身的潜在信息；

（3）样本分布模型和聚类类别数等都不需要预先假定。

1. 基于优化的量子聚类

首先讨论基于优化的量子聚类。这种思路认为聚类问题属于无监督学习问题，在聚类过程中对于聚类效果没有了解，所以为了更好地描述聚类过程的划分效果，通常需要采用一些评价标准评价算法聚类效果和真实类别的相似程度。这样聚类问题就转换为如下的优化问题：

$$P(C^*) = \min_{C \in \Omega} P(C) \tag{8.75}$$

其中，Ω 是可行的聚类结果集合；C 是对给定数据集的一个划分；P 是准则函数，通常是对数据点间的相似性或不相似性程度的反映。通过寻找聚类过程中的 P 的最小值，将它作为最终划分结果。这样分类问题就被转换为优化问题。通常情况下，在基于优化的量子聚类算法中，第2章讲到的量子优化算法会被用来处理如式(8.75)所示的优化问题。得到的最优解即为分类结果。

2. 基于量子力学机制的聚类

下面讨论基于量子力学机制的聚类算法。量子力学描述了微观粒子在量子空间的分布，而这同聚类是研究数据样本在尺度空间中的分布情况是等价的。聚类过程相当于：在波函数已知时，利用薛定谔方程反过来求解势能函数，而这个势能函数决定着粒子的最终分布，这就是量子聚类的物理思想依据。

该算法中，不显含时间的薛定谔方程被表述为

$$\hat{H}\psi = \left(-\frac{\sigma^2}{2}\nabla^2 + V(\boldsymbol{p})\right)\psi = E\psi \tag{8.76}$$

其中，$\psi(\boldsymbol{p})$为波函数；$V(\boldsymbol{p})$为势能函数；$\hat{H}$ 为 Hamilton 算子；E 为算子 $\hat{H}$ 的能量特征值；∇为劈形算子；σ 为波函数宽度调节参数。

在量子聚类中，使用带有 Parzen 窗的高斯核函数估计波函数(即样本点的概率分布)

$$\psi(\boldsymbol{p}) = \sum_{i=1}^{N} \mathrm{e}^{-\|\boldsymbol{p}-\boldsymbol{p}_i\|^2/2\sigma^2} \tag{8.77}$$

式(8.77)对应尺度空间中的一个观测样本集$\{\boldsymbol{p}_1, \boldsymbol{p}_2, \cdots, \boldsymbol{p}_i, \cdots, \boldsymbol{p}_N\} \subset \mathbb{R}^d$，$\boldsymbol{p}_i = (p_{i1}, p_{i2}, \cdots, p_{id})^{\mathrm{T}} \in \mathbb{R}^d$。高斯函数可以看作一个核函数，它定义了一个由输入空间到 Hilbert 空间的非线性映射。因此也可以认为 σ 是一个核宽度调节参数。

因此，当波函数 $\psi(\boldsymbol{p})$已知时，若输入空间只有一个单点 $\boldsymbol{p}_1$，即 $N=1$，通过求解薛定谔方程，势能函数可以表示为

$$V(\boldsymbol{p}) = \frac{1}{2\sigma^2}(\boldsymbol{p} - \boldsymbol{p}_1)^{\mathrm{T}}(\boldsymbol{p} - \boldsymbol{p}_1) \tag{8.78}$$

根据量子理论可知，式(8.78)是粒子在谐振子中的调和势能函数的表达形式，此时 $\hat{H}$ 算子的能量特征值为 $E=d/2$，其中 d 为算子 $\hat{H}$ 的可能的最小特征值，可以用样本的数据维数来表示。

对于一般情况，进一步把式(8.77)代入式(8.76)，得到样本服从高斯分布的势能函数的计算公式

$$V(\boldsymbol{p})=E+\frac{(\sigma^2/2)\,\nabla^2\psi}{\psi}=E-\frac{d}{2}+\frac{1}{2\sigma^2\psi}\sum_i\|\boldsymbol{p}-\boldsymbol{p}_i\|^2\exp\left[-\frac{\|\boldsymbol{p}-\boldsymbol{p}_i\|^2}{2\sigma^2}\right] \tag{8.79}$$

假定 V 非负且确定，也就是说 V 的最小值为零，E 可以通过求解式(8.79)得到

$$E=-\min\frac{(\sigma^2/2)\,\nabla^2\psi}{\psi} \tag{8.80}$$

利用梯度下降法找到势能函数的最小点作为聚类的中心，其迭代公式为

$$y_i(t+\Delta t)=y_i(t)-\eta(t)\,\nabla V(y_i(t)) \tag{8.81}$$

其中，初始点设为 $y_i(0)=p_i$；$\eta(t)$为算法的学习速率；∇V 为势能的梯度。最终，粒子朝势能下降的方向移动，即数据点将逐步朝其所在的聚类中心的位置移动，并在聚类中心位置处停留。因此，可以利用量子方式确定聚类的中心点。距离最近的某些点被归为一类。

8.3.2 量子智能优化算法应用

1. 应用背景

近年来，卷积神经网络尤其是深度卷积神经网络在计算机视觉领域得到了飞速发展，在各种视觉任务上都取得了业界领先的性能，卷积神经网络相比于其他类型的神经网络，应用也最为广泛。

卷积神经网络的性能依赖于其网络结构，针对具体的任务情景如何设计合理优秀的神经网络结构，是研究人员关注的热点问题。

神经网络架构搜索(Neural Architecture Search，NAS)可以针对特定任务自动搜索出适合的神经网络架构，而这个搜索过程可以定义为一个最优化问题，它往往有以下的特点：

(1) 是评价结果依靠网络在数据集上进行训练后才可以得出，没有确切的评价函数，属于黑箱优化问题；

(2) 是一个非线性非凸的最优化问题；

(3) 不会仅在离散空间或者连续空间优化，很多情况下是混合优化问题；

(4) 网络架构的评价需要其在数据集上训练方可得出，这是一个很耗费计算资源和时间的过程；

(5) 在特定场景中还是一个多目标优化问题，例如在搜索嵌入式设备的网络架构时就既需要较好的网络性能，又要求有较高的计算效率。

NAS 可以从图 8.6 所示的 3 个阶段抽象说明：首先搜索方法从事先定义好的搜索空间中选择网络架构。网络架构通过性能评价策略获取该网络的性能并将其返回到搜索方法中，然后继续在搜索空间中进行下一步的搜索。

搜索空间是网络架构的表示方式，如特定的网络架构编码策略。在特定任务上，

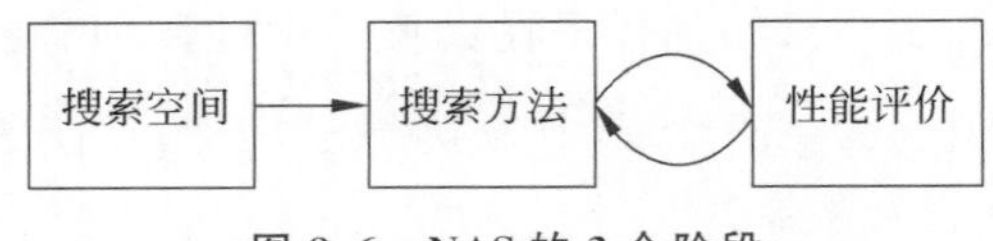

图 8.6　NAS 的 3 个阶段

结合先验知识的网络架构表示方式有助于减小搜索空间的大小和减轻搜索难度。但是,这有可能会引入一定的人为偏见,影响网络架构搜索质量。

搜索方法具体说明如何在搜索空间内搜索网络架构。各类传统的最优化方法如贝叶斯优化、进化方法等都可以作为搜索方法。优秀的搜索方法可以快速找到性能良好的架构,同时还可以防止过早收敛到局部最优架构。

性能评价是为了获取网络架构的性能从而指导搜索方向,最简单的评价方法就是对网络架构进行训练,但是对所有搜索到的网络都进行完整训练在实际应用中是非常耗费计算资源的。因此,许多最新研究都集中在如何快速地评价网络架构上[51-53]。

目前,进化算法已经被许多研究者用于搜索神经网络架构[54-57]而且自从在 1989 年 G. F. Miller[58]采用遗传算法搜索网络架构并使用 BP 算法来训练网络后。遗传算法成为了最热门的搜索网络架构的方法[59]。进化算法首先构造一个网络架构的种群,每次迭代时至少一个个体被选出作为父代,后代通过父代继承和突变产生。在 NAS 中突变是指改变网络架构,例如添加或者删除网络层,更改网络层超参数等。然后对后代进行训练评估并添加进种群里。

本节在前面知识的基础上,介绍基于评价预估策略与数据预处理的卷积神经网络架构搜索算法,该算法将 8.2.3 节介绍的量子进化中的量子遗传算法用于驾驶检测任务的卷积神经网络架构搜索的搜索方法。该算法在性能评价阶段引入基于马尔可夫链蒙特卡洛方法的评价预估策略,同时针对规模较大的数据集进行数据预处理,减少数据量,进而在基本不影响网络架构搜索性能的前提下大幅减少搜索时间,提高搜索效率。

2. 评价预估策略与数据预处理的卷积神经网络架构搜索算法

基本 QIGA 简称量子遗传算法(Quantum Genetic Algorithm,QGA),得益于量子染色体的优势,一定程度上解决了传统遗传算法搜索神经网络架构时的早熟问题,可以搜索出图像分类性能优于传统机器学习算法的卷积神经网络架构。

QIGA 算法虽然在保持种群多样性上获得了令人满意的进步,但是它在网络架构搜索效率上的表现并不算特别好,对于 MNIST 等较为简单的数据集仍需要较长时间,面对更大型的图像分类数据集时需要耗费的计算资源更是巨大。因此,为了进一步提升卷积神经网络架构搜索效率,提出了基于评价预估策略与数据预处理的卷积神经网络架构搜索算法。

1) 评价预估策略

在网络架构搜索过程中,网络架构的性能作为个体适应度为种群的进化提供指导方向,同时网络架构性能的获取也是最为耗时的过程,因此网络性能的评估效率很大程度上决定着架构搜索算法的效率。

为了减少对无效或者性能较差网络的训练,提升搜索效率,本节提出了一种基于马尔可夫链蒙特卡洛方法(Markov Chain Monte Carlo method,MCMC)的评价预估策略,通过拟合网络训练过程的学习曲线,推断该网络在训练完成后性能优于当前最优网络架构的概率，从而决定是否继续训练。

MCMC 是一种采样估计方法，用于解决难以直接抽样的概率分布的采样估计问题。首先通过构建所需采样的平衡分布的马尔可夫链(Markov chain)并记录链中的状态获得所需分布的样本，取样越多，样本的分布与实际平稳分布就越匹配。然后借助蒙特卡洛模拟得到平稳分布的各项统计值。将 MCMC 方法的网络评价预估策略用于 QIGA 的具体步骤见算法 8.7。

算法 8.7：基于 MCMC 方法的评价预估策略的 MCQIGA

Step 1：初始化量子染色体种群 Q_{in}；

Step 2：对各项参数初始化，其中拟合参数模型参数 $\boldsymbol{\theta}_k$ 初始化为其极大似然估计；噪声参数初始化为 $\hat{\sigma}^2=\frac{1}{n}\sum_{t=1}^{n}(y_t-f(t\mid\xi))^2$，参数模型权重初始化为 $w_k=\frac{1}{K}$，当前最优网络架构性能初始化 $\hat{y}=-\infty$；

Step 3：设种群 Q_{in} 中的一个量子染色体个体为 q，对 q 观测解码得到网络架构；

Step 4：网络架构按照设定的训练参数(训练次数，优化器等)运行并记录每 n 次训练次数后网络架构在验证集上的分类准确率 y_n；

Step 5：使用 MCMC 方法预估网络架构训练完成后在验证集上的分类准确率 y_m 大于 y_n 的概率 $P(y_m\geqslant\hat{y}\mid y_n)$；

当 $P(y_m\geqslant\hat{y}\mid y_n)$ 大于某个阈值 δ 时，网络架构将会继续训练直到下一次性能评价预估阶段，若 $P(y_m\geqslant\hat{y}\mid y_n)$ 小于该阈值将直接终止该网络架构的训练并返回当前的网络预估性能 $E[y_m\mid y_n]$ 作为该个体 q 的适应度值，其中 $E[y_m\mid y_n]$ 可以通过 MCMC 方法得出：

$E[y_m\mid y_n]\approx\frac{1}{S}\sum_{s=1}^{S}f(m\mid\xi_s)$；

Step 6：输出个体 q 的适应度值；

Step 7：反复执行 Step 3 至 Step 6，直到 Q_{in} 中的量子染色体全部迭代完成。

需要说明的是，网络评价预估过程是与网络架构的训练是同时运行的，在 CPU 运行网络评价预估的过程时，网络架构的训练也会同时在 GPU 进行，直到评价预估策略给出终止运行的判断才会停止训练并输出适应度值。

2) 数据预处理

数据预处理是从改造训练数据方面提升网络架构搜索效率的方法，例如 Chrabaszcz 等就尝试过对 ImageNet 数据集[60]的图像进行下采样使得每张图像分辨率都降为 64×64，以此代替传统的简单数据集 CIFAR10[61]，大幅提升了网络架构搜索效率。但是这种不考虑数据集特点和应用方式的图像下采样方法对于网络架构搜索性能是有负面影响的，一般来说，图像的分类是依靠卷积网络学习到的图像形状以及颜色等局部信息来分类，降低图像分辨率会使网络学习到的信息减少，对网络架构的评价会发生偏差，以至于搜索质量下降。

本节根据所应用的驾驶员检测数据集的特点和应用方式采取对应的通道压缩和图像下采样方法，使数据集在保留更多有效信息的前提下大幅度地降低数据规模，提升搜索效率。

EESQIGA 应用的数据集来自美国著名保险公司 State Farm 在 kaggle 平台上举

办的驾驶状态检测比赛。其数据集 Driver Detection 是车内摄像头拍摄的驾驶员驾驶状态图像，通过对这些驾驶图像进行分类，判断驾驶员的驾驶状态。

Driver Detection 数据集设定的驾驶状态分为 10 类，见表 8.1。图 8.7 展示了这 10 种不同驾驶状态的具体例子。

表 8.1 10 种不同驾驶状态

类别标号	驾驶状态
c0	安全驾驶(safe driving)
c1	右手发短信(texting-right)
c2	右手打电话(talking on the phone-right)
c3	左手发短信(texting-left)
c4	左手打电话(talking on the phone-left)
c5	操作收音机(operating the radio)
c6	喝水(drinking)
c7	伸手到后座(reaching behind)
c8	化妆(hair and makeup)
c9	与乘客交谈(talking to passenger)

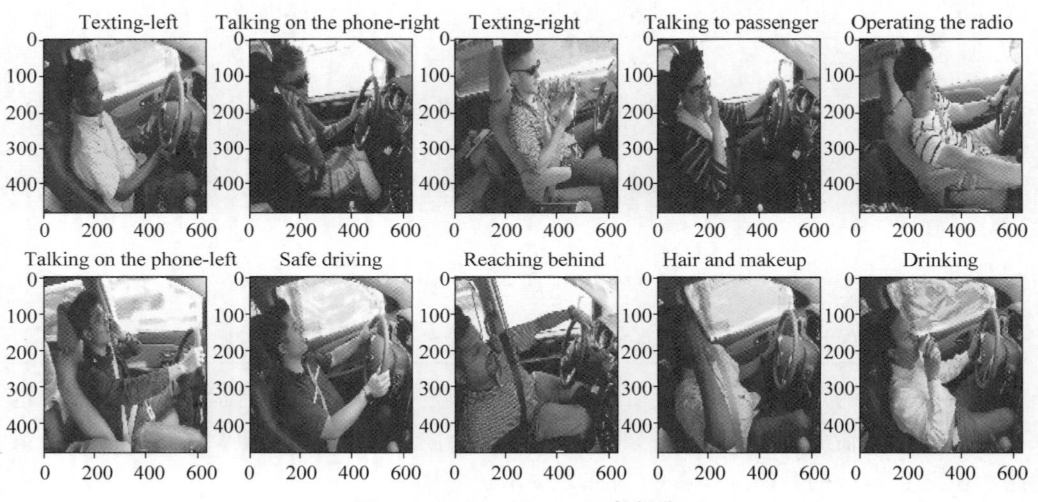

图 8.7 Driver Detection 数据集

有关研究表明[62]，在美国有超过 20%的交通事故是驾驶员分心造成的，每年因为开车时操作手机或喝水等影响驾驶专注度的动作而造成的伤亡人数高达 50 万以上，监测驾驶员驾驶状态并提醒驾驶员的不专注驾驶行为可以有效较少此类交通事故。而通过 EESQIGA 算法可以快速搜索到适用于此种驾驶员检测数据集的分类网络，有助于快速应用部署。

由于 Driver Detection 数据集图像分辨率为 680×480×3，远大于 MNIST 数据集的 28×28×1，仅仅通过 MCMC 评价预估策略来提高网络架构搜索速度是不够的，仍需要采取其他加速策略。针对该数据集的特点以及检测驾驶员状态的所需信息，本节在结合 MCMC 策略的基础上采取了通道压缩以及图像下采样的数据预处理方式来提升量子遗传算法搜索卷积神经网络架构的搜索速度，具体原因如下。

（1）在数据集特点方面，Driver Detection 数据集有着图像环境固定，背景信息相似的特点，所有图像都是在车辆内部环境拍摄而成的，取景范围固定，成像效果较好。较高的分辨率意味着有较多相同数值的像素点，这些冗余信息也带来了较高的训练数据量，通过对图像下采样来降低分辨率可以去除很多相似或者重复的像素点，而且不会损失图像的有效信息。

（2）在数据集应用方面，检测驾驶员状态主要靠是驾驶员的不同身体姿态来分析驾驶状态，驾驶员的衣服颜色、头发颜色等颜色信息对于检测网络并无多大作用，因此可以将 RGB 的原始图像降维成单通道的灰度图像，大大减少卷积网络的训练数据量，加快网络架构搜索效率。

图 8.8 是图像进行通道降维以及图像下采样的数据预处理操作后的示例，本节的数据预处理操作具体是通过 Scikit-Learn 函数库[63]实现的，这是一个活跃的、易用的、经典的 Python 库。

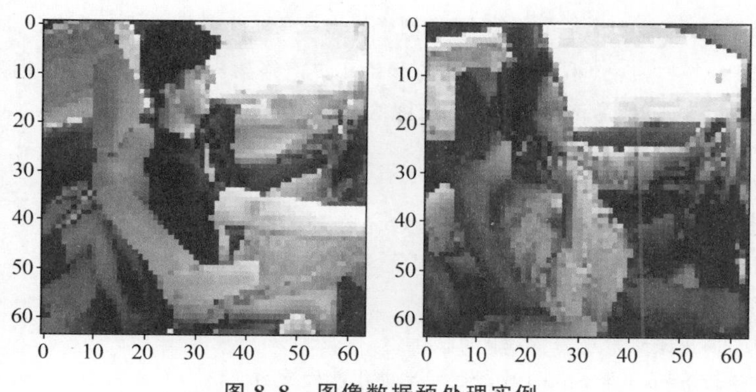

图 8.8 图像数据预处理实例

本节算法的数据预处理阶段主要目的是在不影响网络架构训练效果的前提下压缩训练数据集规模，减少训练数据量，加快网络性能评估速度，从而加快网络架构搜索效率。实验证明，将量子遗传算法与基于 MCMC 方法的网络评价预估策略和相关数据预处理手段相结合得到的网络架构搜索算法 EESQIGA 可以比 QIGA 更快地搜索出适用于 Driver Detection 数据集的卷积神经网络。

3）算法步骤

简单来说，算法数据预处理阶段根据数据集特点采取通道降维以及图像下采样对图像进行数据预处理操作；网络架构搜索阶段仍基于 QIGA，但是在获取量子染色体适应度值的性能评价阶段是通过 MCMC 策略预估网络性能，不用对种群中的每个个体都进行完整的训练。

值得注意的是，虽然网络架构性能评价阶段采用了 MCMC 策略，但是仍没有对预期性能较好的网络进行深度的训练。其主要原因在于在种群进化过程中，获取染色体适应度值是为了淘汰适应度较差的个体，只需要获得个体之间的相对性能差异，并不需要获得个体之间性能的绝对差异。这允许在适应度获取阶段不必对每个网络都进行深度的训练，只需要对种群进化完成后的最优个体进行充足的训练以获取该网络架构的真实分类性能。EESQIGA 的完整步骤如算法 8.8 所示。

算法 8.8：EESQIGA

Step 1：初始化量子染色体种群 Q_{in}；

Step 2：对各项参数初始化，其中拟合参数模型参数 $\boldsymbol{\theta}_k$ 初始化为其极大似然估计；噪声参数初始化为 $\hat{\sigma}^2=\frac{1}{n}\sum_{t=1}^{n}(y_t-f(t\mid\xi))^2$，参数模型权重初始化为 $w_k=\frac{1}{K}$，当前最优网络架构性能初始化 $\hat{y}=-\infty$；

Step 3：数据预处理；

Step 4：设种群 Q_{in} 中的一个量子染色体个体为 q，对 q 观测解码得到网络架构；

Step 5：网络架构按照设定的训练参数(训练次数，优化器等)运行并记录每 n 次训练次数后网络架构在验证集上的分类准确率 y_n；

Step 6：使用 MCMC 方法预估网络架构训练完成后在验证集上的分类准确率 y_m 大于 y_n 的概率 $P(y_m\geqslant\hat{y}\mid y_n)$；

当 $P(y_m\geqslant\hat{y}\mid y_n)$ 大于某个阈值 δ 时，网络架构将会继续训练直到下一次性能评价预估阶段，若 $P(y_m\geqslant\hat{y}\mid y_n)$ 小于该阈值将直接终止该网络架构的训练并返回当前的网络预估性能 $E[y_m\mid y_n]$ 作为该个体 q 的适应度值，其中 $E[y_m\mid y_n]$ 可以通过 MCMC 方法得出：$E[y_m\mid y_n]\approx\frac{1}{S}\sum_{s=1}^{S}f(m\mid\xi_s)$；

Step 7：输出并更新个体 q 的适应度值，通过旋转门 U 更新 q；

Step 8：反复执行 Step 3 至 Step 7，直到 Q_{in} 中的量子染色体全部迭代完成；

Step 9：更新旋转门相位；

Step 10：更新当前量子种群最有个体为 q_{best}；

Step 11：重复执行 Step 4 至 Step 10，直到满足进化迭代次数。

3. 实验结果与分析

1) 数据集

为了展示 EESQIGA 与 QIGA 在运行效率以及搜索质量上的进步，EESQIGA 在 Driver Detection 上进行网络架构搜索。Driver Detection 数据集共包含 26 个不同驾驶员的 102150 张驾驶状态图像，并且每张图像都是 680×480 的 RGB 图像，其中训练集图像共有 17939 张，测试集图像共有 84211 张(这也是训练数据比测试数据少的数据集，对网络架构搜索算法有更高的挑战)。训练集中各类图像的分布如图 8.9 所示，训练集中各类驾驶状态的分布较为平均，这有助于更好地训练网络。

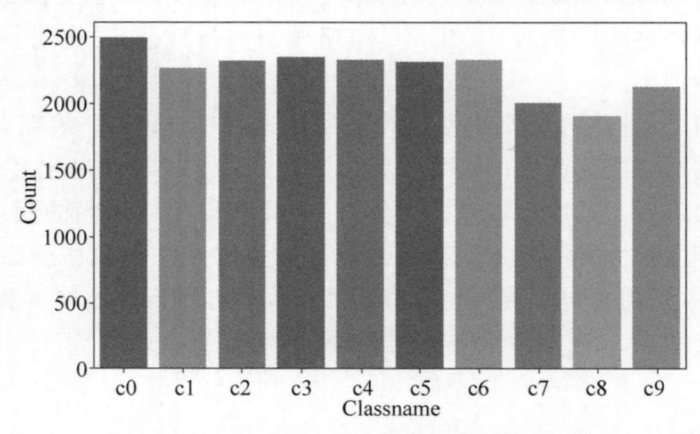

图 8.9　Driver Detection 训练集的图像分布

2) 对比算法与参数设定

本节为了验证算法的性能和实际应用价值,EESQIGA 将与多个优秀的卷积神经网络在 Driver Detection 数据集上进行对比。具体对比算法包括 GoogLeNet[64]、AlexNet[65]、VGG16[66]、IPPSO[67]和 QIGA。着重对比 EESQIGA 与 QIGA 在搜索质量和搜索效率上的差异。

EESQIGA 的具体运行参数如表 8.2 所示,大部分参数与 QIGA 保持一致。同样在常用的深度学习框架 PyTorch 上编程实现,所用平台为 PyTorch 1.1.0,Python 3.6,算法在 16GB RAM、2.6～3.6GHz、单块 Tesla P100 GPU 的环境下运行。同样地,在网络架构训练之前,也使用的是何凯明团队提出的 MSRA 初始化方法将网络权重初始化为均值为 0,方差为(2/输入的个数)的高斯分布来帮助网络架构更快收敛。所有算法在数据集上独立运行 30 次,并使用网络架构在测试集上图像分类准确率的平均值作为算法架构搜索质量的评价标准。

表 8.2 EESQIGA 的具体运行参数

参数名称	参数值
种群大小	30
进化代数	30
适应度评价训练次数(epoch)	10
最好个体训练次数(epoch)	30
最大网络层数	10
最大全连接层数	3
训练间隔 n	60
判断阈值 δ	0.05
批大小	128
激活函数	ReLU
优化器	Adam
压缩后通道数	1

3) EESQIGA 与传统算法的对比

在本节中,EESQIGA 与对比算法的具体表现如表 8.3 所示。所得报告基于每个算法在数据集上独立运行 30 次,从网络架构搜索质量、算法参数量以及网络架构测试单张图像运行时间 3 方面进行了考察。

表 8.3 EESQIGA 与对比算法的具体表现

算法	搜索质量	算法参数量	单张图像运行时间/ms
GoogleNet	91.43↓	101M↓	331↓
AlexNet	88.93↓	60M↓	193↓
VGG16	89.78↓	26M↓	118↓
IPPSO	78.52↓	7.05M↓	28↓
QIGA	93.75↑	7.14M↓	31↓
EESQIGA	93.69	6.98M	25

从数据结果上看,对于 Driver Detection 数据集,QIGA 和 ESSQIGA 在网络架构搜索质量上都领先于传统深度卷积网络架构,并且算法参数量和测试运行时间也更具有优势。这些优势对于算法的实际部署运行有着重要意义,这意味着 ESSQIGA 搜索出

的卷积神经网络架构可以在有限的车辆计算能力下满足驾驶员状态检测的实时性要求。

4）EESQIGA 与 QIGA 的比较

EESQIGA 与 QIGA 在架构搜索质量的比较结果如表 8.4，其中更优结果用黑体标注。从所得的值看，虽然 QIGA 在所有数据集上都有着更好的表现，但是优势非常微弱，而 EESQIGA 在所有数据集上都有着较低的标准差，这意味着 EESQIGA 比 QIGA 更加稳定，鲁棒性更强。

表 8.4 EESQIGA 与 QIGA 在搜索质量上的对比

数据集	最差值		最优值		平均值		标准差	
	EESQIGA	QIGA	EESQIGA	QIGA	EESQIGA	QIGA	EESQIGA	QIGA
Driver Detection	92.13	91.82	94.86	95.02	93.69	93.75	1.13	1.58

EESQIGA 是根据少量训练信息的前提下预估网络架构的预期性能，因此理论上性能是很难超越基本的 QIGA 算法，实验证明也确实如此，但是两个算法的搜索质量差距非常轻微。

表 8.5 列出了两种算法的运行时间方面的对比。在 Driver Detection 数据集上，EESQIGA 的优势非常明显，网络架构搜索效率相比 QIGA 提升了 65.22%。

表 8.5 EESQIGA 与 QIGA 在搜索效率上的对比

数据集	平均运行时间/s		搜索效率对比
	EESQIGA	QIGA	
Driver Detection	21695	62390	↑65.22%

图 8.10 展示是 EESQIGA 与 QIGA 在 Driver Detection 数据集上搜索出的网络架构性能随着搜索时间的变化趋势。由图中信息可知，EESQIGA 在 Driver Detection 数据集上收敛得更为快速，而且加速的程度更高，大约运行 21000s 搜索出的网络架构的性能就趋于稳定，而 QIGA 算法则需要运行超过 60000s。

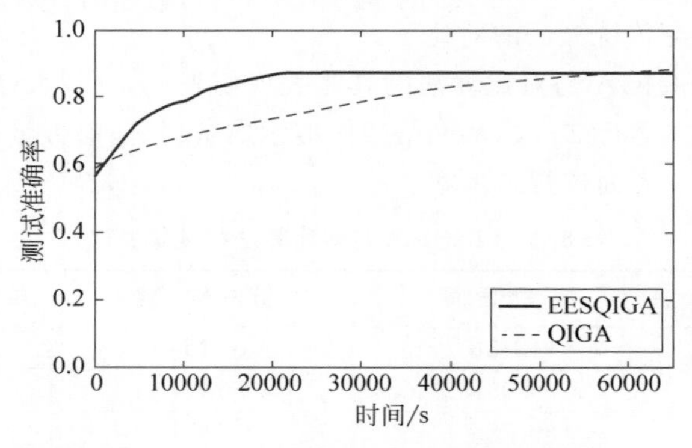

图 8.10 EESQIGA 与 QIGA 的搜索过程对比

这里需要说明的是，表 8.5 上展示的算法平均运行时间是 EESQIGA 和 QIGA 在同样的算法终止条件（进化 30 代）下取得的，而图 8.10 展示的 EESQIGA 搜索过程中的网络架构性能变化趋势（EESQIGA 算法收敛后的曲线值）是通过增加 EESQIGA 的进化代数来实现的。例如在图 8.10 中 EESQIGA 在 Driver Detection 数据集上运行约 21000s 就完成了 30 代的进化，为了与 QIGA 的运行时间对比，EESQIGA 增加进化代数,直至 QIGA 完成 30 代的进化。另外 EESQIGA 在完成 30 代进化之后,网络架构的性能基本不再增加,这意味着 EESQIGA 可以在给定的终止条件下实现算法收敛。

基于以上的结果分析,我们认为 EESQIGA 可以以极低的搜索质量损失代价换来较高的搜索效率提升,同时还具有更好的算法稳定性。这在架构搜索算法的实际应用中非常有意义,因为在很多应用场景下并不需要追求极致的性能,简单高效地实现性能满足要求的模型的部署才更具有实际意义。

5）数据预处理技术的表现

从前面的数据来看,本节提出的结合了数据预处理技术以及评价预估策略的 EESQIGA 在 Driver Detection 数据集上的运行效率提升程度明显。为了更好地验证数据预处理技术的有效性,本节在 Driver Detection 数据集上对比 EESQIGA 和不采用数据预处理技术的 MCQIGA 算法的搜索质量和平均运行时间。具体的算法表现如表 8.6 所示,所得报告基于 30 次的独立运行,MCQIGA 算法的实验运行参数与 EESQIGA 保持一致。

表 8.6 数据预处理技术效果对比(Driver Detection)

算　法	搜索质量	平均运行时间/ms	相比 QIGA 提升率
EESQIGA	93.69	21695	↑65.22%
MCQIGA	93.71	36187	↑41.9%
QIGA	93.75	62390	—

实验表明,不采用数据预处理的 MCQIGA 在求解质量上虽然有非常轻微的提升,但是搜索效率却比 EESQIGA 下降了 20%以上。这证明了合适的数据预处理技术可以在对搜索质量影响很少的情况下进一步提升网络架构的搜索速度。

4. 图形化界面展示

通过搭建图形化界面,可以更直观地展示 EESQIGA 如何应用于驾驶员状态检测系统。如图 8.11 所示,界面在 Ubuntu16.10 环境下借助 PyQt5 编写,首先调用 EESQIGA 在 Driver Detection 数据集上搜索驾驶员状态检测系统,搜索完成后输出检测系统结果。

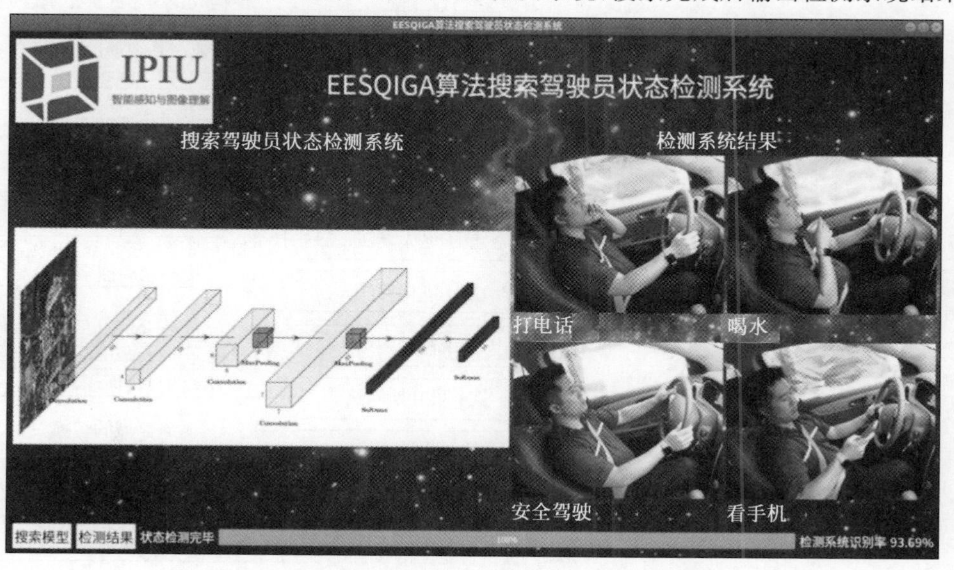

图 8.11 EESQIGA 搜索驾驶员状态检测系统

图形化界面左侧展示了卷积神经网络架构搜索过程，右侧展示了所搜索出的检测网络架构的检测结果，检测完成后输出最终的网络架构检测识别率。界面中网络架构的搜索是离线搜索，而搜索结束后得到的驾驶员状态检测系统通过在线检测得到检测结果与最终的检测系统识别率。

5. 结论与讨论

在本节中，提出了评价预估策略 MCMC，并结合相关数据预处理技术，在基本的量子遗传算法 QIGA 基础上提出了一个完整的基于评价预估与数据预处理的卷积神经网络架构搜索算法 EESQIGA。算法在架构搜索阶段采用量子遗传算法，保持了种群的多样性，保证了架构搜索质量，同时借助 MCMC 策略预估网络架构性能，有效加快架构搜索效率，另外结合图像下采样和通道压缩等数据预处理技术还进一步提高了在 Driver Detection 数据集上的网络架构搜索速度。实验证明，EESQIGA 不仅优于传统卷积神经网络，而且与基本的 QIGA 相比，EESQIGA 还能够在保证网络架构搜索质量的前提下极大提升架构搜索速度。

本章小结

本章系统地从理论基础、经典算法、具体应用三方面介绍了量子计算的基础知识。8.1 节从量子计算的物理基础出发，介绍基本的量子算法所涉及的特性及其优势。8.2 节介绍了 Grover 搜索算法、量子退火算法、量子进化算法、量子神经网络、量子贝叶斯网络、量子小波变换等经典的量子计算模型，通过这些量子计算模型去具体地体会量子算法的设计思想和理论方法。最后一节介绍基于量子智能优化的量子聚类算法以及基于量子遗传优化的卷积神经网络架构搜索应用，将量子算法运用于实际应用中解决具体问题。

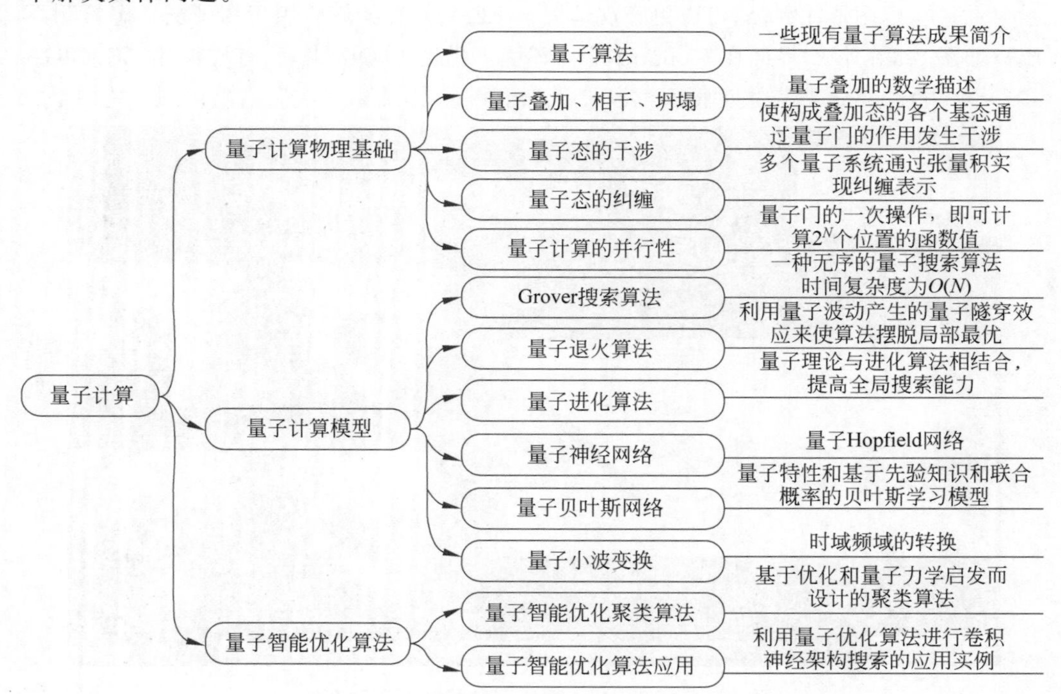

习题

一、选择题

1. 量子计算利用(　　)原理实现逻辑运算。

A. 量子叠加　　B. 量子纠缠　　C. 测不准原理　　D. 相对论

2. 在计算方面,量子计算区别于冯·诺依曼机的一个显著特点是(　　)。

A. 并行计算　　B. 串行计算

C. 更大、更安全　　D. 更快、更高、更强

3. 量子计算加速人工智能的好处有(　　)。

A. 处理速度快　　B. 所需数据量更小

C. 处理能力强　　D. 量子系统更易模拟神经网络

4. 量子计算可应用的领域包括(　　)。

A. 密码破解　　B. 气象预测

C. 金融分析　　D. 药物设计

5. 量子系统除了可以处于叠加态之外,另一个重要的特性就是量子纠缠。对于多个量子比特,一些相互作用使得它们之间产生了关联,一个量子比特的测量结果会影响其他量子比特的状态。数学上的表达为:整个系统的量子态不能表达为单比特量子态的张量积。对于一个两量子比特的系统,选项(　　)是纠缠态。

A. $\frac{1}{2}|00\rangle+\frac{1}{2}|01\rangle+\frac{1}{2}|10\rangle+\frac{1}{2}|11\rangle$　　B. $\frac{1}{\sqrt{2}}|00\rangle+\frac{1}{\sqrt{2}}|01\rangle$

C. $\frac{1}{\sqrt{2}}|00\rangle+\frac{1}{\sqrt{2}}|11\rangle$　　D. $|01\rangle$

6. 在经典计算机中,对比特的操作通常由逻辑门实现。在量子计算机中,同样可以使用量子门对量子比特进行演化,即$|\boldsymbol{\psi}'\rangle=\boldsymbol{U}|\boldsymbol{\psi}\rangle$。在演化中,为了满足量子态的概率守恒,需要满足$\langle\boldsymbol{\psi}|\boldsymbol{\psi}\rangle=\langle\boldsymbol{\psi}'|\boldsymbol{\psi}'\rangle=\langle\boldsymbol{\psi}|\boldsymbol{U}^{\dagger}\boldsymbol{U}|\boldsymbol{\psi}\rangle$,即$\boldsymbol{U}^{\dagger}\boldsymbol{U}=1$,则称满足这样属性的量子门为酉的。则选项(　　)描述的是合法的单比特量子门。

A. $\frac{1}{\sqrt{2}}\begin{bmatrix}1 & 1\\1 & -1\end{bmatrix}$　　B. $\frac{1}{\sqrt{2}}\begin{bmatrix}1 & 1\\0 & 1\end{bmatrix}$

C. $\frac{1}{\sqrt{2}}\begin{bmatrix}1 & -i\\i & 1\end{bmatrix}$　　D. $\frac{1}{\sqrt{2}}\begin{bmatrix}1 & -i\\-i & 1\end{bmatrix}$

7. 在量子计算中,利用 Bloch 球表示单量子比特的量子态非常便利。实际上 Bloch 球也能表达量子混态,关于混态的 Bloch 表示,下列选项中表述正确的有(　　)。

A. 态$\boldsymbol{\rho}=I/2$ 的 Bloch 向量为. $\left(\frac{1}{2},\frac{1}{2},\frac{1}{2}\right)^{\mathrm{T}}$

B. 态$\boldsymbol{\rho}=I/2$ 的 Bloch 向量为$(0,0,0)^{\mathrm{T}}$

C. 态$\boldsymbol{\rho}=\frac{1}{4}|0\rangle\langle 0|+\frac{3}{4}|1\rangle\langle 1|$的 Bloch 向量为$\left(0,0,\frac{1}{2}\right)^{\mathrm{T}}$

D. 态$\boldsymbol{\rho}=\frac{1}{4}|0\rangle\langle 0|+\frac{3}{4}|1\rangle\langle 1|$的 Bloch 向量为$\left(0,0,-\frac{1}{2}\right)^{\mathrm{T}}$

8. 在经典计算机中，一个比特有两种状态：0 或者是 1。而量子比特可以处于 0 和 1 的任意叠加态：$|\boldsymbol{\psi}\rangle=\alpha|0\rangle+\beta|1\rangle$，$\alpha$，$\beta$ 为复数，且满足条件 $|\alpha|^2+|\beta|^2=1$。已知对一个单量子比特测量 1000 次后，有 752 次得到 $|0\rangle$ 态，有 248 次得到 $|1\rangle$ 态，该比特有可能处于以下选项中的哪些状态？（　　）

A. $\frac{752}{1000}|0\rangle+\frac{248}{1000}|1\rangle$　　　　B. $\frac{3}{4}|0\rangle+\frac{1}{4}|1\rangle$

C. $\frac{\sqrt{3}}{2}|0\rangle+\frac{1}{2}|1\rangle$　　　　D. $\frac{\sqrt{3}}{2}|0\rangle+\frac{1-i}{2\sqrt{2}}|1\rangle$

9. 一个量子比特被初始化为 $|0\rangle$ 态，对该量子比特作用以下哪种量子门可以让该量子比特处于状态 $|\boldsymbol{\psi}\rangle=\frac{1}{\sqrt{2}}|0\rangle+\frac{1}{\sqrt{2}}|1\rangle$？$\boldsymbol{\sigma}_x$，$\boldsymbol{\sigma}_y$，$\boldsymbol{\sigma}_z$ 为 Pauli 矩阵。（　　）

A. Hadamard 门　　　　B. $RZ\left(\frac{\pi}{2}\right)=\mathrm{e}^{-i\frac{\pi}{4}\sigma_z}$

C. $RX\left(\frac{\pi}{2}\right)=\mathrm{e}^{-i\frac{\pi}{4}\sigma_x}$　　　　D. $RY\left(\frac{\pi}{2}\right)=\mathrm{e}^{-i\frac{\pi}{4}\sigma_y}$

10. 有两个初态为 $|0\rangle$ 的量子比特 q_0，q_1，q_0 先经过一个 H 门，然后将 CNOT 门作用于两个量子比特（q_0 为控制比特，q_1 为目标比特），最后对两个量子比特进行测量，则该两量子比特系统可能的末态为（　　）。

A. $\frac{1}{\sqrt{2}}|00\rangle+\frac{1}{\sqrt{2}}|11\rangle$　　　　B. $|00\rangle$

C. $|11\rangle$　　　　D. $|01\rangle$

11. 普遍认为量子计算的“杀手”级应用是化学及材料模拟，因此 Google、IBM 等科技巨头都大力研究量子计算化学，试图在量子模拟方面证明“量子霸权”，物理上，常常构建 Hartree-Fock 态作为量子模拟的初始态，在不同的映射下有不同的形式，以 2 电子 4 比特为例，请选择以下映射和形式对应的正确组合。（　　）

A. Jordan-Wigner，$|1100\rangle$　　　　B. Jordan-Wigner，$|1000\rangle$

C. Bravyi-Ktaev，$|1100\rangle$　　　　D. Bravyi-Ktaev，$|1000\rangle$

12. 图 8.12 为 $N=2$ 情况下的量子傅里叶变换线路图，其中缺少一个门，这个门应该是（　　）。

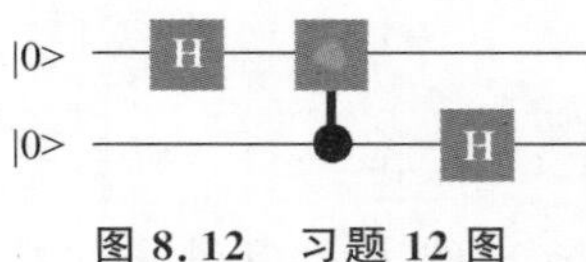

图 8.12　习题 12 图

A. Z 门　　　　B. S 门　　　　C. T 门　　　　D. H 门

13. 以下关于量子进化算法的说法正确的有（　　）。

A. 量子进化算法具有种群分散性好、全局搜索能力强、搜索速度快、易于与其他算法结合等优点

B. 量子染色体的编码方式是保证种群多样性的重要手段

C. 量子进化算法分为两类：一类是基于量子旋转门的量子进化算法；另一类是基于吸引子的量子进化算法

D. 量子进化算法依然是一个基于概率的优化算法

14. 以$|0\rangle$作为初态将待测量子门放入相位估计算法中，以较大概率得到态$|1101\rangle$，以态$|1\rangle$作为初态将待测量子门放入相位估计算法中，以较大概率得到态$|1010\rangle$，则θ/π应该为(　　)。

A. 5/16　　B. 11/16　　C. 5/4　　D. 11/4

15. Alice使用一个量子线路对自己手中的初态$|0\rangle$进行演化，但她的量子线路有些故障，由1/4的概率什么都不做，1/4的概率作用X门，1/2的概率作用H门。则她所获得的末态对应的密度矩阵是(　　)。

A. $\boldsymbol{\rho}=\begin{bmatrix}1/2 & 0\\ 0 & 1/2\end{bmatrix}$　　B. $\boldsymbol{\rho}=\begin{bmatrix}1/4 & 1/4\\ 1/4 & 3/4\end{bmatrix}$

C. $\boldsymbol{\rho}=\begin{bmatrix}1/2 & 1/4\\ 1/4 & 1/2\end{bmatrix}$　　D. $\boldsymbol{\rho}=\begin{bmatrix}1/4 & 0\\ 0 & 3/4\end{bmatrix}$

二、简答题

1. 量子计算中利用了量子力学基本原理中涉及哪4个特性？
2. 简述量子算法的基本设计思想。

参考文献

[1] Deutsch D,Jozsa R. Rapid solution of problems by quantum computation[J]. Proceedings of the Royal Society of London A: Mathematical, Physical and Engineering Sciences. The Royal Society,1992,439(1907): 553-558.

[2] Barenco A,Deutsch D, Ekert A, et al. Conditional Quantum Dynamics and Logic Gates[J]. Physical Review Letters,1995,74(20): 4083-4086.

[3] Shor P W. Algorithms for quantum computation: Discrete logarithms and factoring[C]// Proceedings of the 35th Annual Symposium on Foundations of Computer Science,1994.

[4] Grover L K. Quantum computers can search rapidly by using almost any transformation[J]. Physical Review Letters,1998,80(19): 4329.

[5] Long G L,Li Y S,Zhang W L,et al. Phase matching in quantum searching[J]. Physics Letters A,1999,262(1): 27-34.

[6] Hogg T. Quantum search heuristics[J]. Physical Review A,2000,61(5): 052311.

[7] Bulger D, Baritompa W P, Wood G R. Implementing pure adaptive search with Grover's quantum algorithm[J]. Journal of optimization theory and applications,2003,116(3): 517-529.

[8] 周日贵. 量子信息处理技术及算法设计[M]. 北京：科学出版社,2013.

[9] Kadowaki T. Study of optimization problems by quantum annealing[J]. arXiv preprint quant-ph/0205020,2002.

[10] Trugenberger C A. Quantum Optimization for Combinatorial Searches[J]. New Journal of Physics,2001,4(1): 26.

[11] Martoňák R,Santoro G E,Tosatti E. Quantum annealing of the traveling-salesman problem [J]. Physical Review E,2004,70(5): 057701.

[12] 杜卫林,李斌,田宇. 量子退火算法研究进展[J]. 计算机研究与发展,2008,45(9): 1501-1508.

[13] Liu P,Berne B J. Quantum path minimization: An efficient method for global optimization [J]. Journal of Chemical Physics,2003,118(7): 2999-3005.

[14] Santoro G E, Martoňák R, Tosatti E, et al. Theory of quantum annealing of an Ising spin glass [J]. Science, 2002, 295(5564): 2427-2430.

[15] Sarjala M, Petäjä V, Alava M. Optimization in random field Ising models by quantum annealing[J]. Journal of Statistical Mechanics Theory & Experiment, 2005, 16(1): 79-107.

[16] Narayanan A, Moore M. Quantum-inspired genetic algorithms [C]//IEEE International Conference on Evolutionary Computation, 1996.

[17] Han K H, Kim J H. Genetic quantum algorithm and its application to combinatorial optimization problem[C]//IEEE Congress on Evolutionary Computation, 2000.

[18] Sun J, Feng B, Xu W. Particle swarm optimization with particles having quantum behavior [C]//IEEE Congress on Evolutionary Computation, 2004.

[19] Wang Y, Li Y, Jiao L. Quantum-inspired multi-objective optimization evolutionary algorithm based on decomposition[J]. Soft Computing, 2015: 1-16.

[20] Sun J, Fang W, Wu X, et al. Quantum-Behaved Particle Swarm Optimization: Analysis of Individual Particle Behavior and Parameter Selection[J]. Evolutionary Computation, 2012, 20(3): 349-393.

[21] Kennedy J. Some Issues and Practices for Particle Swarms [C]//Swarm Intelligence Symposium, 2009.

[22] Sun J, Xu W, Liu J. Parameter selection of quantum-behaved particle swarm optimization [M]//Advances in Natural Computation. Berlin Heidelberg: Springer, 2005: 2225-2235.

[23] Sun J, Xu W, Feng B. Adaptive parameter control for quantum-behaved particle swarm optimization on individual level[C]//IEEE International Conference on Systems, Man and Cybernetics, 2005.

[24] Coelho L S. Novel Gaussian quantum-behaved particle swarm optimiser applied to electromagnetic design[J]. Iet Science Measurement Technology, 2007, 1(5): 290-294.

[25] 方伟,孙俊,谢振平,等.量子粒子群优化算法的收敛性分析及控制参数研究[J].物理学报,2010,59(6):3686-3694.

[26] 赵晶.量子行为粒子群优化算法及其应用中的若干问题研究[D].无锡:江南大学,2013.

[27] Pitts E. A logical calculus of the ideas imminent in nervous activity[J], 1943.

[28] Hebb D O. The organization of behavior[J]. Journal of Applied Behavior Analysis, 1949, 25(3): 575-577.

[29] Rosenblatt F. The perceptron: a probabilistic model for information storage and organization in the brain[J]. Psychological Review, 1958, 65(6): 386-408.

[30] Hopfield J J. Neural networks and physical systems with emergent collective computational abilities[J]. Proceedings of the National Academy of Sciences, 1982, 79(8): 2554-2558.

[31] 朱大奇.人工神经网络研究现状及其展望[J].江南大学学报:自然科学版,2004,3(1):103-110.

[32] Kak S. On quantum neural computing [J]. Information Sciences—intelligent Systems An International Journal, 1995, 83(3-4): 143-160.

[33] Perus M. Neuro-quantum parallelism in brain-mind and computers [J]. Informatica (Ljubljana); 1996, 20(2): 173-184.

[34] Menneer T S I. Quantum artificial neural networks. [M]//Proceedings of the European Computing Conference, 1999.

[35] Ventura D, Martinez T. Quantum associative memory[J]. Information Sciences, 2000, 124(1): 273-296.

[36] Kouda N, Matsui N, Nishimura H, et al. Qubit neural network and its learning efficiency[J]. Neural Computing & Applications, 2005, 14(2): 114-121.
[37] 周日贵. 量子神经网络模型研究[D]. 南京：南京航空航天大学，2008.
[38] 茅伟强. 贝叶斯量子随机学习算法及应用研究[D]. 苏州：苏州大学，2007.
[39] 宋军. 量子态小波变换和若干表象变换[D]. 合肥：中国科学技术大学，2012.
[40] Nasios N, Bors A G. Non-parmetric clustering using quantum mechanics[J]. Proceedings of the IEEE International Conference on Image Processing, 2005, 3: 820-823.
[41] Li Z H, Wang S T. Improved Algorithm of Quantum Clustering[J]. Computer Engineering, 2007, 33(23): 189.
[42] Li Z H, Wang S T. Parameter-Estimated Quantum Clustering Algorithm[J]. Journal of Data Acquisition & Processing, 2008, 23(2): 211-214.
[43] Zhang Y, Wang P, Chen G Y, et al. Quantum Clustering Algorithm based on Exponent Measuring Distance[C]//IEEE International Symposium on Knowledge Acquisition and Modeling Workshop, 2008.
[44] Gou S, Zhuang X, Jiao L. SAR image segmentation using quantum clonal selection clustering [C]//Asian-Pacific Conference on Synthetic Aperture Radar, 2009.
[45] Nasios N, Bors A G. Kernel-based classification using quantum mechanics[J]. Pattern Recognition, 2007, 40(3): 875-889.
[46] Gou S, Zhuang X, Li Y, et al. Multi-elitist immune clonal quantum clustering algorithm[J]. Neurocomputing, 2013, 101(3): 275-289.
[47] Niu Y Q, Hu B Q, Zhang W, et al. Detecting the community structure in complex networks based on quantum mechanics[J]. Physica A Statistical Mechanics & Its Applications, 2008, 387(24): 6215-6224.
[48] Sun J, Hao S N. Research of Fuzzy neural network model based on quantum clustering[C]// International Workshop on Knowledge Discovery and Data Mining, 2009.
[49] Buccio E D, Nunzio G M D. Distilling relevant documents by means of dynamic quantum clustering[M]. Advances in Information Retrieval Theory. Springer Berlin Heidelberg, 2011.
[50] 王玉瑛. 量子聚类及其在社团检测中的应用[D]. 西安：西安电子科技大学，2014.
[51] Chrabaszcz P, Loshchilov I, Hutter F. A downsampled variant of imagenet as an alternative to the cifar datasets[J]. arXiv preprint arXiv:1707.08819, 2017.
[52] Zela A, Klein A, Falkner S, et al. Towards automated deep learning: Efficient joint neural architecture and hyperparameter search[J]. arXiv preprint arXiv:1807.06906, 2018.
[53] Klein A, Falkner S, Bartels S, et al. Fast bayesian optimization of machine learning hyperparameters on large datasets[J]. arXiv preprint arXiv:1605.07079, 2016.
[54] Floreano D, Dürr P, Mattiussi C. Neuroevolution: from architectures to learning[J]. Evolutionary Intelligence, 2008, 1(1): 47-62.
[55] Angeline P J, Saunders G M, Pollack J B. An evolutionary algorithm that constructs recurrent neural networks[J]. IEEE transactions on Neural Networks, 1994, 5(1): 54-65.
[56] Stanley K O, Miikkulainen R. Evolving neural networks through augmenting topologies[J]. Evolutionary Computation, 2002, 10(2): 99-127.
[57] Stanley K O, D'Ambrosio D B, Gauci J. A hypercube-based encoding for evolving large-scale neural networks[J]. Artificial Life, 2009, 15(2): 185-212.
[58] Miller G F, Todd P M, Hegde S U. Designing Neural Networks using Genetic Algorithms[J]. ICGA, 1989, 89: 379-384.

[59] Kandasamy K, Neiswanger W, Schneider J, et al. Neural architecture search with bayesian optimisation and optimal transport[C]//Advances in Neural Information Processing Systems, 2018.
[60] Deng J,Dong W,Socher R,et al. Imagenet: A large-scale hierarchical image database[C]// IEEE Conference on Computer Vision and Pattern Recognition,2009.
[61] Krizhevsky A,Hinton G. Learning multiple layers of features from tiny images[J]. 2009.
[62] Vegega M,Jones B,Monk C. Understanding the effects of distracted driving and developing strategies to reduce resulting deaths and injuries: a report to Congress[R]. United States. Office of Impaired Driving and Occupant Protection,2013.
[63] Pedregosa F, Varoquaux G,Gramfort A,et al. Scikit-learn: machine learning in Python[J]. Journal of Machine Learning Research,2011,12(Oct): 2825-2830.
[64] Szegedy C,Liu W,Jia Y,et al. Going deeper with convolutions[C]//Proceedings of the IEEE Conference on Computer Vision and Pattern Recognition,2015.
[65] Krizhevsky A,Sutskever I,Hinton G E. Imagenet classification with deep convolutional neural networks[C] //Advances in neural information processing systems,2012.
[66] Simonyan K,Zisserman A. Very deep convolutional networks for large-scale image recognition [J]. arXiv preprint arXiv:1409. 1556,2014.
[67] Wang B,Sun Y,Xue B,et al. Evolving deep convolutional neural networks by variable-length particle swarm optimization for image classification[C]//IEEE Congress on Evolutionary Computation(CEC),2018.

第9章

多目标智能计算

在工业应用和科学研究领域存在许多多目标优化问题，这种类型的问题需要同时优化多个目标函数，并且多个目标函数之间彼此互相制约，一个目标函数的提升，必须以其他目标函数的牺牲为代价。多目标优化问题一直都是学术界和工程界关注的焦点问题。

智能优化算法是一类通过模拟某一自然现象或过程而建立起来的优化方法，这类算法包括进化算法、粒子群算法、蚁群算法和免疫算法等。和传统的数学规划法相比，智能优化算法更适合求解多目标优化问题。首先，大多数智能优化算法能同时处理一组解，算法每运行一次，能获得多个有效解。其次，智能优化算法对 Pareto 最优前端的形状和连续性不敏感，能很好地逼近非凸或不连续的最优前端。目前，智能优化算法作为一类启发式搜索算法，已被成功应用于多目标优化领域，出现了一些热门的研究方向，如进化多目标优化。同时，多目标智能优化算法在电力系统、制造系统和控制系统等方面的应用研究也取得了很大的进展。

什么是多目标智能计算，多目标智能计算是怎么发展起来的？经典的进化多目标优化算法有哪些？复杂的多目标优化模型有哪些，多目标智能计算在工程领域的主要应用有哪些？

本章将从介绍多目标优化开始，介绍多目标优化的基本概念和数学模型，了解几种经典的进化多目标优化模型，进一步介绍复杂的多目标优化模型，最后简单介绍多目标智能计算在工程领域中的应用。

9.1 多目标优化概述

多目标优化问题是现实生活和工业生产中普遍存在的问题，这种问题的各个优化目标之间相互制约、相互矛盾，不存在一个最优解能够同时满足多个目标函数[1]，因此其优化的结果不是单一的最优解，而是能够权衡各个优化目标的折中解，即是非支配解。本节将介绍多目标优化的基本概念和数学模型，学习了解多目标优化的发展历程，分析多目标优化的收敛性。

9.1.1　多目标优化基本概念

多目标优化是最优化领域的一个重要的研究方向，科学研究和工程实践中的许多优化问题都可归结为多目标优化问题。比如产品公司在生产产品的过程中，既要考虑利润高，又要考虑质量高、成本低，还要考虑环境污染小，这就是一个典型的多目标优化的问题。当优化问题的目标大于或等于两个并且这些优化目标相互冲突时，称这样的优化问题为多目标优化问题。下面介绍多目标优化问题的具体模型。

9.1.2　多目标优化数学模型

一个最小化多目标优化问题的数学模型表示为[1]

$$\begin{aligned} &\min y = F(\boldsymbol{x}) = (f_1(\boldsymbol{x}), f_2(\boldsymbol{x}), \cdots, f_m(\boldsymbol{x})) \\ &\text{s.t.} \quad g_i(\boldsymbol{x}) \leqslant 0, \quad i = 1,2,\cdots,q \\ &\qquad\ \ h_i(\boldsymbol{x}) = 0, \quad i = 1,2,\cdots,p \end{aligned} \tag{9.1}$$

其中，$\boldsymbol{x}=[x_1,x_2,\cdots,x_n]\in \boldsymbol{X}\subset\mathbb{R}^n$ 是决策变量，$\boldsymbol{X}$ 是 n 维的决策空间；$\boldsymbol{y}=[y_1,y_2,\cdots,y_n]\in\boldsymbol{Y}\subset\mathbb{R}^m$ 是目标函数，$\boldsymbol{Y}$ 是 m 维的目标空间；目标函数 F 定义了映射函数和需要同时优化的 m 个目标；$g_i(\boldsymbol{x})\leqslant 0$ 定义了 q 个不等式约束；$h_i(\boldsymbol{x})=0$ 定义了 p 个等式约束。在此基础上，给出以下几个重要的定义。

定义 9.1　可行解：对于 $\boldsymbol{x}\in\boldsymbol{X}$，如果 $\boldsymbol{x}$ 满足不等式约束和等式约束，则 x 称为可行解。

定义 9.2　可行解集合：由 $\boldsymbol{X}$ 中所有可行解组成的集合称为可行解集合，记为 $X_f(X_f\subseteq X)$。

定义 9.3　Pareto 支配：如果两个个体 $\boldsymbol{x}^1$ 和 $\boldsymbol{x}^2$ 满足以下条件，它们之间的关系可以描述为 $\boldsymbol{x}^1$ 支配 $\boldsymbol{x}^2(\boldsymbol{x}^1\prec\boldsymbol{x}^2)$

$$\begin{cases} \forall i \in \{1,2,\cdots,m\}: f_i(\boldsymbol{x}^1) \leqslant f_i(\boldsymbol{x}^2) \\ \exists j \in \{1,2,\cdots,m\}: f_j(\boldsymbol{x}^1) < f_j(\boldsymbol{x}^2) \end{cases} \tag{9.2}$$

定义 9.4　Pareto 最优解：如果没有个体支配 $\boldsymbol{x}$，则 $\boldsymbol{x}$ 是一个 Pareto 最优解。

定义 9.5　Pareto 最优解集：所有 Pareto 最优解构成了 Pareto 最优解集（PS^*），表示为

$$\text{PS}^* = \{\boldsymbol{x} \mid \neg\ \exists \boldsymbol{x}^* \in \boldsymbol{X}_f : \boldsymbol{x}^* \prec \boldsymbol{x}\} \tag{9.3}$$

定义 9.6　Pareto 最优前端：Pareto 最优解集在目标空间中的映射就是 Pareto 最优前端（Pareto front，PF），定义为

$$\text{PF}^* = \{F(\boldsymbol{x}) \mid \boldsymbol{x} \in \text{PS}^*\} \tag{9.4}$$

对于单目标优化问题，其优化目标只有一个，任何两个解都可以依据单一目标比较其好坏，从而得到没有争议的最优解。但是多目标优化的难度较传统的单目标优化有所提升。多目标优化的概念是在某个情景中需要达到多个目标时，由于容易存在目标间的内在冲突，一个目标的优化是以其他目标劣化为代价，因此很难出现唯一最优解，取而代之的是在它们中间做出协调和折中处理，使总体的目标尽可能地达到最优。要想系统学习多目标优化，首先就要知道多目标优化从何处来，这就涉及了解多目标优化的发展历程。

9.1.3 多目标优化发展历程

多目标优化问题起源于许多实际复杂系统的设计、建模和规划问题，这些系统所在的领域包括生产调度、城市运输、资源分配、机械加工以及市政建设等，几乎每个重要的现实生活中的决策问题都存在多目标优化问题。

为什么许多学者对多目标优化问题显示出巨大的研究兴趣？这是因为多目标优化问题呈现了很多鲜明的特点。

(1) 强烈而丰富的实际背景为多目标优化问题的研究提供了许多新的问题和模型。

(2) 多目标优化问题需要新的数学概念、方法和工具去处理，有可能形成新的数学研究的方向。

(3) 多目标优化问题与数理经济、网络经济、决策和对策理论以及非线性分析中的许多问题有紧密关系，极大地拓广了向量优化理论的研究和应用的范围。

多目标优化问题的最早出现应追溯到1772年，当时B. Franklin就提出了多目标矛盾如何协调的问题。但国际上一般认为多目标优化问题最早是由法国经济学家V. Pareto在1896年提出的，当时他从政治经济学的角度把很多不好比较的目标归纳成多目标优化问题。1906年，Pareto提出了著名的Pareto优化理论："只有当一个目标不得不以牺牲其他目标为条件进行优化，一个社会才达到了资源分配的最优化。"1944年，V. J. Neumann和O. Morgenstern又从博弈论的角度，提出了多个决策者彼此间相互矛盾的多目标决策问题[2]。1951年，T. Koopmans从生产与分配的活动分析中提出了多目标优化问题，且第一次提出了Pareto最优解的概念[3]。同年，H. W. Kuhn和A. W. Tucker从研究数学规划的角度提出了向量极值问题的，引入Kuhn-Tucker有效解的概念，并研究了这种解的充分与必要条件[4]。1967年，R. S. Rosenberg提出使用遗传算法来解决多目标优化问题，但是并没有具体实现进化算法以解决多目标问题[5]。1968年，Z. Johnsen系统地提出了关于多目标决策模型的研究报告，这是多目标优化这门学科开始大发展的一个转折点[6]。

多目标优化问题从Pareto正式提出到Johnsen的系统总结，先后经过了六七十年的时间。但是多目标优化问题真正得以发展，并且正式作为一个数学分支进行系统的研究，则是20世纪70年代以后的事情了。具有代表性的是M. Zeleny于1975年出版了一本关于多目标最优化问题的论文集。

在之后的很长一段时间里，多目标优化领域呈现出了百花齐放的繁荣景象，许多智能优化算法都被用来处理多目标优化问题。1985年，J. D. Schaffer等提出了一种向量评估遗传算法，第一次将进化算法(遗传算法)与多目标优化相结合[7]。2002年，C. A. C. Coello提出了多目标免疫系统算法[8]，它首次将人工免疫系统算法用于求解多目标优化问题。2004年，C. A. C. Coello首次提出了多目标PSO算法[9]。自此之后，各种不同类型的多目标优化算法不断涌现出来。

目前已发表的关于多目标优化问题算法设计方面的文章有很多，但侧重于理论分析方面的文章却不及总数的十分之一。实际上，在多目标优化算法中，有很多理论工作尚无人涉足，且理论研究大大滞后于多目标优化算法在工程中的应用。下面将从理论方面分析多目标优化算法的收敛性。

9.1.4　多目标优化收敛性分析

目前对多目标优化算法的理论研究主要集中在多目标进化算法收敛性的分析研究。尽管多目标进化算法研究已有二十余年,但重点都是放在算法的设计以及数值实验结果的比较上,而理论研究往往被忽视,且理论方面所做的工作仅限于对多目标进化算法的参数、概念等方面的探讨。直到近些年理论分析才得到关注,并出现了许多收敛性方面的结果。G. Rudolph 针对多目标优化问题的一个特例进行了理论的分析,证明进化算法以概率 1 收敛到该特例的 Pareto 最优解集[10]。G. Rudolph 和 A. Agapie 用马尔可夫链方法分析了多目标优化算法的收敛性[11],他们的算法虽然具有收敛性,但不能保证群体分布的均匀性。T. Hanne 研究了实数多目标进化算法的收敛性问题,给出了多目标进化算法以概率 1 收敛的收敛性定理[12],但该定理要求算法本身具有"efficiency preserving"和"negative efficiency preserving"特性。周育人等讨论了多目标进化算法的收敛性问题,并针对一种网格化的简单且易于实现的多目标进化算法模型定义了多目标进化算法强收敛和弱收敛等概念,给出了判断算法收敛性的一般性条件,且在变异算子为高斯变异、目标函数连续的条件下,证明了所提算法是强收敛的[13]。崔逊学提出的多目标遗传算法使进化种群按协调模型进行偏好排序,改变了传统的基于 Pareto 占优关系来比较个体的优劣,并讨论了算法在满足一定条件下具有全局收敛性[14]。邹秀芬等对有约束的多目标优化问题建立了一种新的偏序关系,引入了约束占优的定义,并证明了在新偏序关系意义下的 Pareto 最优集就是满足约束条件的 Pareto 最优解集[15]。覃俊等利用有限马尔可夫链给出了遗传算法求解多目标化化问题的两个收敛性定义[16]。刘淳安等提出了带约束多目标优化问题的一种新解法,并且用概率论有关理论证明了算法的收敛性[17]。

1. 全局收敛性的特征

如果当进化代数 $g\rightarrow+\infty$时,多目标优化算法产生的 Pareto 前端近似 $A(g)$的序列收敛于最优 Pareto 前端 PF^*,则认为该多目标优化算法是全局收敛的。从理论上看,如果 Pareto 前端形状为任意大,此特性仅当内存资源为无限时才可以实现。而实际实现时内存资源只能是有限的,此时,只能找出 Pareto 前端的子集或者近似集合。因此,全局收敛算法应该能保证 $A(g)\rightarrow PF'\subseteq PF^*$,则亦认为该算法具有全局收敛性。

在单目标情况下,满足全局收敛性必须具备以下两个条件:

(1) 严格覆盖的变异分布,使得任意个体 $\boldsymbol{x}'\in\boldsymbol{X}$ 均可由 $\boldsymbol{x}\in\boldsymbol{X}$ 根据一定的变异概率产生;

(2) 采用最优个体保留的选择规则,则使得最优个体不会丢失,避免退化现象。

变异这一条件容易转化到多目标优化的情形,但最优个体保留策略不能简单地移植套用,这是由于多目标优化问题的优劣完整排序较困难,有些个体之间不具有可比性。当群体中的非支配个体数目太多时,只有丢弃一些 Pareto 占优解,因此环境选择的方式恰当与否决定了一种算法是否能够全局收敛。

2. Pareto 最优解集的特征

在单目标优化算法中,任意两个目标函数值均可以比较其大小,因此可行解集合是全序的。而在多目标优化算法中,所有的非支配个体之间是不能互相比较的,多目标优化的可行解集是一个偏序集。

定义 9.7 关系：令 $x,y\in X$，R 为定义在 x 和 y 上的二元关系，即存在序偶 $\langle x,y\rangle\in R$，表示为 xRy。若 $\forall x\in X,xRy$，则称 R 是自反的；若 $\forall x\in X,\langle x,y\rangle\notin R$，则称 R 是反自反的；若 $\forall x,y\in X,xRy,yRx$，则必有 $x=y$，称 R 是反对称的；若 $\forall x,y,z\in X,xRy,yRz$，则称 R 是传递的。

定义 9.8 偏序关系和偏序集：若 R 是自反的、反对称的、传递的，则称 R 为偏序关系，同时称 (X,R) 为偏序集。

定义 9.9 严格偏序关系：若 R 是反自反的、传递的，则称 R 为严格偏序关系。在多目标优化中定义的支配关系"$\prec$"是严格偏序关系，称 $(X,\prec)$ 为偏序集。

定义 9.10 最小元素：若在 X 中不存在任何其他 x 比 x^* 更小，即不存在 $x\in X$，使得 $x\prec x^*$，则称元素 x^* 是偏序关系 $(X,\prec)$ 中的最小元素。所有最小元素的集合表示为 $M(X,\prec)$。这里定义的 $M(X,\prec)$ 即为多目标优化中 X 的非支配集。

定理 9.1 给定一个多目标优化问题和非空有限可行解集 $\omega\subseteq\Omega$，至少存在一个最优解。

证明 设有 k 个目标，对每个决策变量 $x_i\in\omega$，将其对应的目标向量按非降序排列后表示为 $v_1,v_2,\cdots,v_n$，其中 $v_i=(v_{i1},v_{i2},\cdots,v_{ik})(i=1,2,\cdots,n)$。如果所有的 v_i 都相同，则 v_1 就是非支配的。否则，存在一个最小的 $j\in\{1,2,\cdots,k\}$，对于某个 $i\in\{1,2,\cdots,n-1\}$，有 $v_{1j}=v_{2j}=\cdots=v_{ij}<v_{i+1j}\leqslant v_{i+2j}\leqslant\cdots\leqslant v_{nj}$。这表明 v_{i+1j}，$v_{i+2j},\cdots,v_{nj}$ 不支配 v_1。

如果 $i=1$，则 v_1 是非支配的。另一方面，如果 $i\neq1$，但是 $j=k$，且有 $v_{1j}=v_{2j}=\cdots=v_{ij}$，则 v_1 是非支配的。否则，存在一个最小的 $j'\in\{j+1,j+2,\cdots,k\}$，对于某个 $i\in\{1,2,\cdots,i-1\}$，有 $v_{1j'}=v_{2j'}=\cdots=v_{ij'}<v_{i'+1j'}\leqslant v_{i'+2j'}\leqslant\cdots\leqslant v_{i'j'}$。如果 $i=1$，或者 $i'\neq1$ 但 $j'=k$，则 v_1 是非支配的；否则，继续此过程，因为 k 是常数，最终必有 v_1 是非支配的。

定理 9.2 任何多目标优化问题的最优 Pareto 前端最多有无穷多个不可数的向量组成。

定义 9.11 Box 计数维数：在空间 R^k 中，一个有界集 S 的 Box 计数维数定义为

$$\text{Bosdim}(S)=\lim_{\varepsilon\to0}\frac{\ln N(\varepsilon)}{\ln(1/\varepsilon)}\tag{9.5}$$

其中，$N(\varepsilon)$ 为与 S 相交的 Box 的数目，且极限存在。

定理 9.3 给定一个具有 m 个目标的多目标优化问题及其最优 Pareto 前端 PF^*。如果 PF^* 是有界的，则它是一个 Box 计数维数不大于 $m-1$ 的集合。

证明 不失一般性，假设 PF^* 是一个定义在 $[0,1]^m$ 上的有界集，S 为 PF^* 的闭包。因为 $[0,1]^m$ 是闭的，故 S 是 $[0,1]^m$ 上的一个有界集。将 $[0,1]^m$ 划分成网格，它由若干具有 m 维的 Box 组成，每个 Box 的边为 ε 且与各目标轴平行。$\forall r\in R\overset{\text{def}}{=}\{0,\varepsilon,2\varepsilon,\cdots,\lfloor1/\varepsilon\rfloor\varepsilon\}^{m-1}$，定义 $R_r=[r_1,r_1+\varepsilon]\times[r_2,r_2+\varepsilon]\times\cdots\times[r_{m-1},r_{m-1}+\varepsilon]\times[0,1]$。如果 $S\cap R\neq\varnothing$，定义 p_r 为 R_r 中 f_m 上最小的点，B_r 为包含 p_r 的 Box。同时定义 $S_\varepsilon=\{p_r\}$，$B_\varepsilon=U_rB_r$，则有 B_ε 覆盖 S_ε。因为 S 是闭的，$\lim\limits_{\varepsilon\to0}S_\varepsilon=S$，及 $B\overset{\text{def}}{=}\lim\limits_{\varepsilon\to0}B_\varepsilon$，$B$ 覆盖 S。因为 $\mathrm{PF}^*\subseteq S$，B 也覆盖 PF^*。因此，$N(\varepsilon)=|R|=\lceil1/\varepsilon\rceil^{m-1}$，$\mathrm{PF}^*$ 的 Box 计数维数为

$$\lim_{\varepsilon\to 0}\frac{\ln\lceil 1/\varepsilon\rceil^{m-1}}{\ln(1/\varepsilon)}\leqslant\lim_{\varepsilon\to 0}\frac{\ln((1/\varepsilon)^{m-1})}{\ln(1/\varepsilon)}=\lim_{\varepsilon\to 0}\frac{(m-1)[\ln 2+\ln(1/\varepsilon)]}{\ln(1/\varepsilon)}$$

$$=\lim_{\varepsilon\to 0}\left[\frac{(m-1)\ln 2}{\ln(1/\varepsilon)}+(m-1)\right]$$

$$=m-1 \tag{9.6}$$

3. 多目标优化的收敛性

多目标优化算法的收敛过程是通过已得的 Pareto 前端(PF_{known})不断逼近最优 Pareto 前端(PF^*)实现的，为描述不同进化代之间的关系，给出如下定义。

定义 9.12　给定一个多目标优化问题，以及其进化群体 P_A 和 P_B，定义 P_A 和 P_B 的关系为 $P_A \geqslant P_B$，若满足条件：$\forall x\in P_A$，不存在 $y\in P_B$，使 $y \prec x$。

定理 9.4　给定一个多目标优化问题和一个多目标优化算法，如果满足条件：

(1) 最优 Pareto 前端的 Box 计数维数不大于 $m-1$，m 为目标数；

(2) 已知的群体 $P_{known}(0)$，$P_{known}(1)$，…是单调的，即

$$\forall g: P_{known}(g+1)\geqslant P_{known}(g)$$

则该多目标优化算法以概率 1 收敛，即

$$\text{prob}(\lim_{g\to\infty}\{PS^*=P(g)\})=1$$

其中，g 为代数；prob 为概率；$P(g)=P_{known}(g)$；PS^* 为全局 Pareto 最优解集。

证明　可以将多目标优化算法的执行过程看为一个马尔可夫链，包含着两个状态：第一个状态是 $P_{known}(g)=PS^*$ 成立，第二个状态是 $P_{known}(g)=PS^*$ 不成立。

从条件(2)知，从第一个状态到第二个状态的转移概率为 0，这表明第一个状态是吸引的。由条件(1)知，从第二个状态到第一个状态的转移概率大于 0，这表明第二个状态是瞬时的。这样，多目标优化算法的执行状态完全满足马尔可夫定理，即以概率 1 收敛。

在国内外优秀学者的带动下，多目标优化领域的算法研究和理论研究正在不断地向前进步。目前，已有研究者指出多标优化问题是进化算法比其他智能优化算法做得更好的一个领域。多目标进化算法已成为进化算法应用研究的热点之一，同时它已成为介于进化计算与经典多目标优化领域的一个独立的分支。下面我们将重点介绍基于进化计算的多目标优化，即进化多目标优化。

9.2　进化多目标优化

进化算法(Evolutionary Algorithm，EA)是一种通用的基于种群的启发式优化算法，它是模拟自然发生的进化过程，所以带有一定的随机性。进化算法主要通过模拟生物进化的重组、选择和变异等过程，在一次次迭代中选择其中优秀的个体直至进化停止。进化算法可以有效处理多目标优化问题的原因有两点：首先，进化算法对于需要求解的问题没有严格的约束，所以可以用它来解决各种优化问题；其次，进化算法是基于种群进化的，在一次迭代运行中可以进行全局搜索并且产生一组解，而且可以通过种群间的相互关系，根据已求得的解不断优化未求出的解，这一点对于处理多目标优化问题有天然的优势。过去 30 年中，国内外学者对于多目标进化算法的研究日益增加，自从 J. D. Schaffer 将进化算法应用到处理多目标问题的先驱工作以来，用进化算法来处理多目标问题这一想法获得了研究者们持续增长的浓厚兴趣，这些进化算

法被称为多目标进化算法(Multi-Objective Evolutionary Algorithm,MOEA)。MOEA是基于种群的,它的迭代是在一组解也就是种群上执行的,并且在每次迭代之后返回多个解。MOEA在解决多目标优化问题时更受欢迎有以下原因:易于实现;MOEA一次迭代返回一组最优解;算法陷入局部最优解的可能性较小;MOEA非常灵活并且稳定性良好;MOEA不需要事先知道问题的先验信息。

MOEA自20世纪80年代产生至今经历了三个阶段,第一个阶段从1985—1998年,这一时期主要以Pareto占优的多目标进化算法为主;第二个阶段从1999—2003年,这个时期流行的多目标进化算法以精英保留策略为主要特点;第三个阶段从2003年至今,多目标进化算法进入全面发展时期,研究者们提出了许多新的思路和算法框架来解决多目标优化问题。当代的进化多目标优化算法的研究呈现出新的特点,即将进化算法与一些数学方法相结合来解决多目标优化问题。

第一代MOEA一般认为以J. D. Schaffer于1985年提出的向量评估遗传算法(Vector Evaluated Genetic Algorithm,VEGA)为开始的标志,自此之后多目标进化算法的研究开始进入大众的视线中。之后D. Goldberg在1989年出版了关于多目标进化算法的刊物,并在里面首次提出了多目标进化算法的两个基础概念:Pareto支配关系和小生境技术,并且第一次成功利用进化算法来处理多目标优化问题,他的研究成果使更多研究者对这一领域产生了极大的兴趣。随后几年又出现了一些代表性的算法,如1993年C. M. Fonseca和P. J. Fleming提出的多目标遗传算法(Multi-Objective Genetic Algorithm,MOGA)[18]、1994年K. Deb等提出的非支配排序遗传算法(Non-dominated Sorting Genetic Algorithm,NSGA)[19]和J. Horn等[20]提出的基于小生境Pareto遗传算法(Niched Pareto Genetic Algorithm,NPGA)等。MOGA是单目标优化算法的延伸,个体的等级根据种群中支配它的个体的数量来分配,所有非支配个体都被分配相同的适应度值。适应性共享技术根据这些个体的适应度值之间的距离找到不同个体之间的相似性。这个技术使得属于解搜索空间内密集区域的个体适应度值最小化,因此,它允许在解搜索空间未探索的区域搜索解。由于适应度分享技术需要寻找相似的解,需要额外的计算时间,因此,MOGA的收敛速度比较慢。NSGA算法在选择个体进行交配之前,根据非支配关系对种群进行排序:将所有非支配个体归为一个类别,并分配虚拟适应度值。这种虚拟适应度给所有的非支配个体提供了相同的繁殖机会。为了保持种群的多样性,这些分类的个体共享它们的虚拟适应度值,然后忽略这组分类个体并考虑另一层非支配个体。这个过程一直持续到种群中的所有个体都被分类为止。NSGA算法效率不高,因为它的计算复杂度很高。NPGA采用的是基于Pareto支配的锦标赛选择方法。其主要思想是先从种群中随机选择两个个体,然后再从种群中随机选择一个比较集,若只有一个个体没有被比较集中的个体支配,那么它将进入下一代中。如果它们都可以支配比较集中个体或者是被比较集中个体支配,则采用小生境技术来选取其中适应度值大的个体进入下一代,NPGA的缺陷在于小生境的半径比较难选择和调整。这一时期的多目标进化算法主要使用Pareto排序、共享适应度和小生境技术等策略。但是通过非支配排序选择种群中的个体会导致巨大的计算成本和较低的效率,此外小生境技术的收敛半径对解的性能的影响比较大。

第二代MOEA开始于精英策略的广泛使用,特别是1999年E. Zitzler的强度

Pareto进化算法(Strength Pareto Evolutionary Algorithm,SPEA)[21]出版之后,许多研究者开始将精英机制加入到多目标进化算法中。三年后,他们在SPEA的基础上提出了改进的强度Pareto进化算法(Strength Pareto Evolutionary Algorithm 2,SPEA2)[22]。K. Deb等在2002年提出的第二代非支配排序遗传算法(Non-dominated Sorting Genetic Algorithm Ⅱ,NSGA-Ⅱ)至今仍然是最广泛使用的MOEA框架之一[23],目前引用已超两万次。SPEA通过维护一个外部存档来实现精英机制,以存储之前发现的非支配个体。SPEA的适应度分配过程有两个阶段:①外部存档集合中的个体按照非支配关系排列,对于外部存档中的每个个体,分配一个强度值;②对种群中的个体进行评估。种群中个体的适应度值通过求外部存档中被它支配掉所有个体的强度值的累加和得到。根据适应度值从种群和外部存档的并集中找出最好的个体以产生下一代的交配池。SPEA2是SPEA的改进版,它与SPEA有两方面不同:适应度分配和多样性维持。SPEA2根据以下因素的总和计算个体的适应度:①有多少个体支配它;②有多少个体被它支配。SPEA使用基于聚类的多样性方法,可能会无法保留边界解,而SPEA2使用最近邻估计来维持解集的多样性,可以获得分布性更好的解集。NSGA-Ⅱ解决了NSGA中计算复杂度较高、需要指定共享参数等缺点,它使用拥挤距离与非支配排序方法选择个体来构成新种群,同时通过精英保留机制让更多优秀的个体进入下一代,改进了解集的收敛性和多样性,大大提高了种群的整体进化水平。以NSGA-Ⅱ为典型代表的第二代MOEA较第一代MOEA在计算复杂度、解集的分布等方面有了明显的改进,特别是在处理低维多目标优化问题时有良好的表现,但在处理高维多目标优化问题时,随着目标数目的增长,由于大多数解彼此之间都会形成非支配关系,多样性损失严重,计算效率显著降低。

当代的进化多目标优化算法的研究呈现出新的特点,即将进化算法与一些数学方法相结合来解决多目标优化问题,比如将传统的数学分解方法与进化算法相结合,将统计学习方法与进化算法相结合等。典型的算法主要包括基于分解的多目标进化算法和分布式估计算法。

分解策略是传统数学规划中解决多目标优化问题的基本思路。在给定权重偏好或者参考点信息的情况下,分解方法通过线性或者非线性方式将原多目标问题的各个目标进行聚合,得到单目标优化问题,并利用单目标优化方法求得单个Pareto最优解。为得到整个Pareto前沿的逼近,张青富和李辉于2007年提出了基于分解的多目标进化算法(Multi-Objective Evolutionary Algorithm based on Decomposition,MOEA/D)[24]。近年来,MOEA/D得到了广泛应用,成为了最具影响力的进化多目标优化算法之一,并被多目标进化优化研究同行认同为一类独立的算法。MOEA/D是多目标进化算法的一个巨大突破,它将一个多目标优化问题分解成为许多标量优化子问题,然后以协同的方式来同时优化这些子问题。MOEA/D的卓越性能表现应当归功于它的子问题之间的多样性维护和邻居种群之间的信息共享,使它可以产生均匀分布的解集并且迅速接近Pareto前沿。

分布式估计算法(Estimation of Distribution Algorithm,EDA)是进化计算领域新兴的一类随机优化算法,它是遗传算法和统计学习的结合,该算法用统计学习的手段构建解空间内个体分布的概率模型,然后运用进化的思想进化该模型。该算法没有传统的交叉、变异操作,是一种全新的进化模式。随着分布式估计算法的发展,以及该算法在解决一些问题时所表现出来的优越性能,一些基于分布式估计思想的多目标优化算法相继被提出来。张青富教授提出了一种基于正则模型的多目标分布估计算法(Regularity Model-based Multi-objective Estimation of Distribution Algorithm,RM-MEDA)[25]。

通过查询相关论文数据库可以发现,NSGA-Ⅱ、MOEA/D 以及 RM-MEDA 是目前使用较为广泛的 3 种典型的进化多目标优化算法。下面将重点介绍这 3 种算法的原理,并通过具体的实例介绍算法的求解过程。

9.2.1 非支配排序遗传算法

NSGA 是由 N. Srimivas 和 K. Deb 在 1994 年提出的。NSGA 采用的非支配分层方法可以使好的个体有更大的机会遗传到下一代;采用的适应度共享策略则使得 Pareto 前沿面上的个体均匀分布,保持了群体多样性,克服了超级个体的过度繁殖,防止了早熟收敛。NSGA 的优点是优化目标的个数任选,非支配最优解分布均匀,允许存在多个不同的等效解。NSGA 的缺点是由于 Pareto 排序要重复多次,计算效率较低,计算复杂度高,共享参数要预先确定。

2002 年,K. Deb 等对 NSGA 进行了并改进提出了 NSGA-Ⅱ,它是迄今为止最优秀的进化多目标优化算法之一。相较于 NSGA,NSGA-Ⅱ具有以下优点:

(1) 为了标定快速非支配排序后同级中不同个体的适应度值,NSGA-Ⅱ提出了拥挤距离的概念,采用拥挤距离比较算子代替 NSGA 中的适应度共享方法。

(2) 引入了精英保留机制,经选择后参加繁殖的个体所产生的后代与其父代个体共同竞争来产生下一代种群,因此有利于保持优良的个体,提高种群的整体进化水平。

截至 2022 年 9 月,NSGA-Ⅱ的被引量已经超过 42000 次,毫无疑问 NSGA-Ⅱ在多目标优化领域有着举足轻重的地位。因此,我们要系统介绍 NSFA-Ⅱ的算法原理,并通过具体的实例深入介绍 NSGA-Ⅱ的求解过程。

1. NSGA-Ⅱ算法原理

NSGA-Ⅱ算法与普通遗传算法的主要区别在于:该算法执行选择操作之前根据个体之间的支配关系进行了分层,其选择算子、交叉算子和变异算子与普通遗传算法没有区别。

NSGA-Ⅱ算法的流程图如图 9.1 所示。算法 NSGA-Ⅱ的具体步骤如算法 9.1 所示。

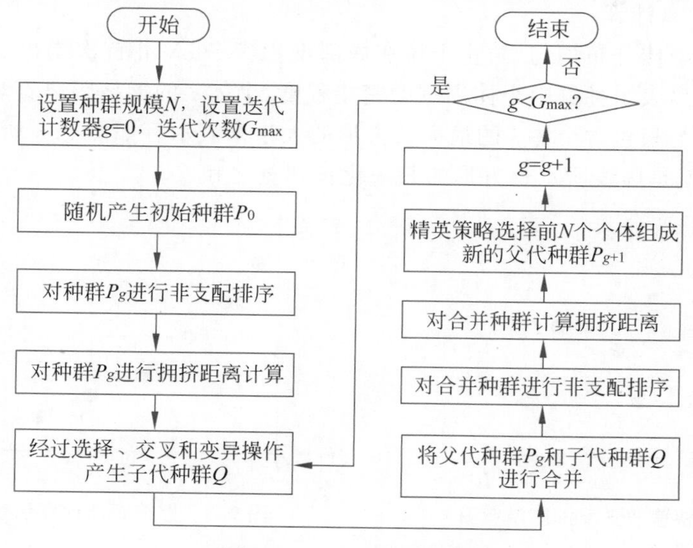

图 9.1 NSGA-Ⅱ流程图

算法 9.1：NSGA-Ⅱ

Step 1：输入参数：种群大小为 N，当前进化代数 $g=0$，算法总迭代次数 G_{max}；
Step 2：初始化：采用随机初始化的方法得到初始化种群 P_0；
Step 3：非支配排序及拥挤距离计算：对当前父代种群进行快速非支配排序，得到每个个体的非支配等级并计算每个个体的拥挤距离；
Step 4：遗传操作：通过锦标赛选择、模拟二进制交叉和多项式变异产生子代种群；
Step 5：合并种群：即将父代种群和子代种群进行合并，并计算所有个体的非支配等级和拥挤距离；
Step 6：利用精英保留策略从合并的种群中选择出下一代种群；
Step 7：判断终止条件：若满足终止条件，则输出当前的非支配解集，否则 $g=g+1$，返回 Step 3。

下面将逐一介绍 NSGA-Ⅱ中的关键算子。

1）快速非支配排序

为了对大小为 N 的种群根据非支配层级进行排序，每一个个体都必须和种群中的其他个体进行比较，从而判断它是否被支配。

首先为了对个体进行非支配排序，需要定义以下两个量：n_p 表示可以支配个体 p 的所有个体的数量；S_p 表示个体 p 支配的所有个体的集合。找到所有满足 $n_p=0$ 的个体并把它们存放在对应的集合 F_1 内，F_1 中的所有个体被认为是第一非支配等级中的个体。之后，对于 F_1 中的任意个体 p，观察它的支配解集 S_p，如果集合 S_p 内存在个体 q 对应 $n_q-1=0$，则说明此个体 q 仅次于第一非支配等级中的个体，把个体 q 放在 H 内。对解集 F_1 中的所有个体都进行了判断后，H 中的个体就是第二非支配等级中的个体。重复上面的步骤，最后就可以把种群中的所有个体都进行非支配排序。

如图 9.2 所示，支配个体 A 的个体数是 0，支配个体 B 的个体数是 0，因此个体 A 和 B 是第一非支配等级的个体。支配个体 C 的个体只有一个个体 B，因此个体 C 是第二非支配等级的个体。个体 B 和 C 都支配个体 D，因此个体 D 是第三非支配等级的个体。

2）拥挤距离计算

为了保持个体分布均匀，防止个体在局部堆积，NSGA-Ⅱ首次提出了拥挤距离的概念。拥挤距离表示种群中个体周围的密集程度，个体 i 的拥挤距离直观上可以用同一非支配等级上只包含个体 i 的最大长方形的大小来表示。如图 9.3 所示，图中个体 i 的拥挤距离就是虚线所示长方形的归一化长和宽之和。

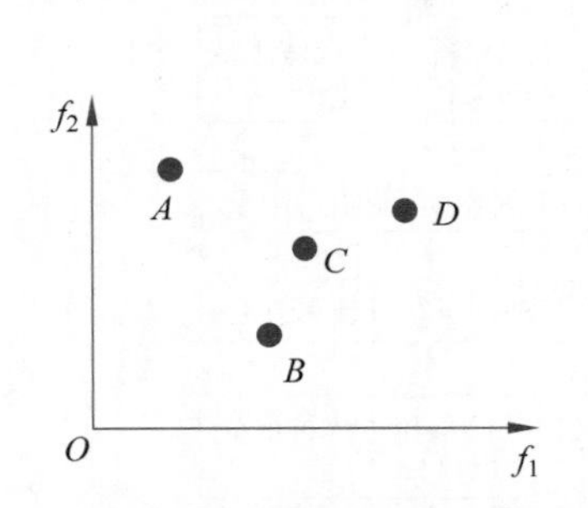

图 9.2　快速非支配排序示意图

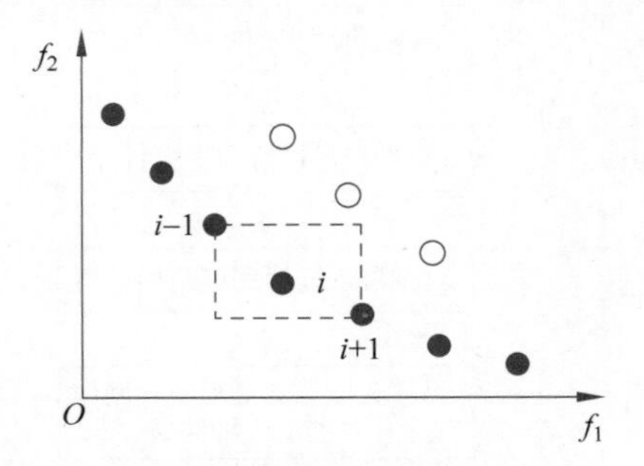

图 9.3　拥挤距离计算示意图

计算拥挤距离，需要把每个非支配等级中的个体根据每个目标函数进行升序排列。排序后的第一个和最后一个个体的拥挤距离是无穷大，对于其余个体要计算同一非支配等级上只包括该个体的最大长方形的归一化长和宽之和。

从某种意义上讲，一个个体的拥挤距离越小，说明它与周围个体的距离越近，也就代表它与周围个体的分布比较密集。

3）精英保留策略

精英保留策略如图 9.4 所示。经过非支配排序和拥挤距离计算之后，先将非支配集 F_1 中的个体放入新的父代种群 P_{g+1}，如果 P_{g+1} 的大小小于种群规模，则继续向 P_{g+1} 中填充下一级非支配集 F_2 的个体。就图 9.4 而言，当添加 F_3 时，P_{g+1} 的大小超出种群规模，则之后需要进行的操作是在 F_3 中取拥挤距离较大的个体放入父代种群 P_{g+1}，使 P_{g+1} 的大小达到种群规模。

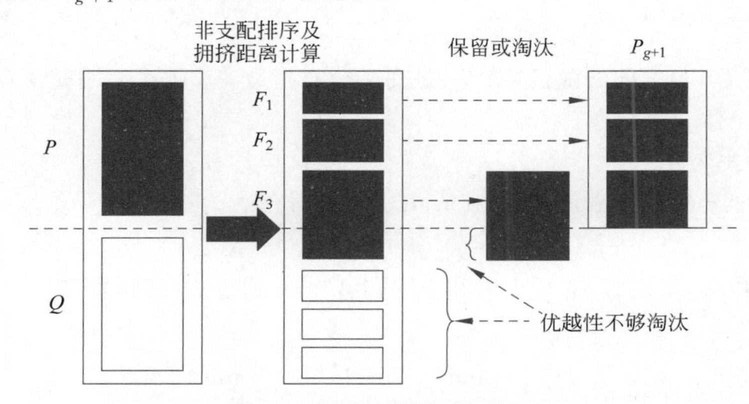

图 9.4 精英保留策略示意图

精英保留策略能够使父代种群和子代种群中的较优个体在种群进化的过程中得以保留，从而加快种群的收敛速度，提高优化性能。

4）拥挤度比较算子

拥挤度比较算子指导算法每次迭代的选择操作来选择较优的个体执行交叉变异操作，其用符号 $\prec_n$ 表示。经过了前面的非支配排序和拥挤距离的计算之后，种群中的每个个体 i 都具有了非支配排序等级 i_{rank} 和拥挤距离 i_{distance} 这两个特性，则拥挤度比较算子定义如下：

$$i \prec_n j \text{ 表示为：} i_{\text{rank}} < j_{\text{rank}} \text{或者 } i_{\text{rank}} < j_{\text{rank}} \text{ 并且 } i_{\text{distance}} > j_{\text{distance}}$$

此算子的含义是，当两个个体的非支配等级不同时，则选择非支配等级较低的个体，当两个个体的非支配等级相同时，则选择拥挤距离较大的个体，即此个体周围的个体较少，所在区域个体的分布较为稀疏。

5）二元锦标赛选择

选择操作就是将种群中较优的个体选择进入下一代，而将其他个体淘汰的操作。常用的选择策略包括轮盘赌选择和锦标赛选择。

K. Deb 采用了二元锦标赛选择，其具体操作步骤如下。

(1) 从种群中随机挑选两个个体；

(2) 利用拥挤度比较算子找出两个个体中较优的个体，将其放入下一代种群中；

(3) 重复以上两步，直到下一代种群的大小达到设定的种群规模。

6）SBX 交叉

模拟二进制交叉(Simulated Binary Crossover,SBX) 算子是对于实数编码的父代个体模拟二进制编码的交叉对其进行交叉操作。下面是两个父代个体 $X^1_{父代}$ 和 $X^2_{父代}$ 交叉产生其子代 $X^1_{父代}$ 和 $X^2_{父代}$ 的表达式

$$\begin{cases} X^1_{子代} = 0.5[(1-\beta)X^1_{父代} + (1+\beta)X^2_{父代}] \\ X^2_{子代} = 0.5[(1-\beta)X^2_{父代} + (1+\beta)X^1_{父代}] \end{cases} \tag{9.7}$$

其中 β 通过式(9.8)产生

$$\beta = \begin{cases} (\text{rand} \times 2)^{\frac{1}{1+h_c}}, & \text{rand} \leqslant 0.5 \\ \left(\dfrac{1}{2(1-\text{rand})}\right)^{\frac{1}{1+h_c}}, & \text{rand} > 0.5 \end{cases} \tag{9.8}$$

其中,rand 是(0,1)之间的随机数；h_c 是交叉分布指数,h_c 越大表明交叉产生的个体越接近父代个体。

7）多项式变异

多项式变异(polynomial mutation)算子的变异形式为

$$X_{子代} = X_{父代} + \text{mu}(X_{\max} - X_{\min}) \tag{9.9}$$

其中,$X_{\max}$ 和 $X_{\min}$ 是 $X_{父代}$ 的上限和下限,其中 mu 通过式(9.10)产生

$$\text{mu} = \begin{cases} (2 \times \text{rand})^{\frac{1}{h_m+1}} - 1, & \text{rand} < 0.5 \\ 1 - [2(1-\text{rand})]^{\frac{1}{h_m+1}}, & \text{rand} \geqslant 0.5 \end{cases} \tag{9.10}$$

其中,rand 是(0,1)之间的随机数；h_m 是变异分布指数,h_m 越大表明交叉产生的个体越接近父代个体。

2. NSGA-Ⅱ求解实例

为了测试 NSGA-Ⅱ的性能,K. Deb 教授采用 ZDT 测试函数集[26]进行了实验,其相关定义如表 9.1 所示。

表 9.1　ZDT 测试函数

问题	变量维数	变量范围	目标函数
ZDT1	$n=30$	$x_i \in [0,1]$	$\begin{cases} \min: f(x) = (f_1(x), f_2(x)) \\ f_1(x) = x_1, f_2(x) = g(x)h(x) \\ g(x) = 1 + 9\sum_{i=2}^{n} x_i/(n-1) \\ h(x) = 1 - \sqrt{f_1(x)/g(x)} \end{cases}$
ZDT2	$n=30$	$x_i \in [0,1]$	$\begin{cases} \min: f(x) = (f_1(x), f_2(x)) \\ f_1(x) = x_1, f_2(x) = g(x)h(x) \\ g(x) = 1 + 9\sum_{i=2}^{n} x_i/(n-1) \\ h(x) = 1 - (f_1(x)/g(x))^2 \end{cases}$

续表

问题	变量维数	变量范围	目标函数
ZDT3	$n=30$	$x_i\in[0,1]$	$\begin{cases}\min: f(x)=(f_1(x),f_2(x))\\ f_1(x)=x_1, f_2(x)=g(x)h(x)\\ g(x)=1+9\sum_{i=2}^{n}x_i/(n-1)\\ h(x)=1-\sqrt{f_1(x)/g(x)}-(f_1(x)/g(x))\sin(10\pi f_1(x))\end{cases}$
ZDT4	$n=10$	$x_1\in[0,1]$ $x_i\in[-5,5]$ $i=2,3,\cdots,n$	$\begin{cases}\min: f(x)=(f_1(x),f_2(x))\\ f_1(x)=x_1, f_2(x)=g(x)h(x)\\ g(x)=1+10(n-1)+\sum_{i=2}^{n}(x_i^2-10\cos(4\pi x_i))\\ h(x)=1-\sqrt{f_1(x)/g(x)}\end{cases}$
ZDT6	$n=10$	$x_i\in[0,1]$	$\begin{cases}\min: f(x)=(f_1(x),f_2(x))\\ f_1(x)=1-\exp(-4x_1)\sin^6(6\pi x_i), f_2(x)=g(x)h(x)\\ g(x)=1+9\left(\sum_{i=2}^{n}x_i/(n-1)\right)^{0.25}\\ h(x)=1-(f_1(x)/g(x))^2\end{cases}$

这里以 ZDT1 为例，学习 NSGA-Ⅱ的求解过程。为了能够展示具体的求解过程，这里假设 $n=5$，求解过程如下。

Step 1：输入参数。另种群规模为 $N=10$，交叉概率为 $p_c=0.9$，其分布指数为 $\eta_c=20$。变异概率为 $p_m=1/n$，其分布指数为 $\eta_m=20$。算法的停机准则是迭代次数达到 200 次。

Step 2：种群初始化。在决策空间$[0,1]^n$ 内随机生成 10 个个体，并计算其目标函数值，个体的信息如表 9.2 所示。

表 9.2 初始种群的信息

编号	x_1	x_2	x_3	x_4	x_5	f_1	f_2
x^1	0.741	0.688	0.270	0.377	0.862	0.741	3.845
x^2	0.520	0.359	0.197	0.216	0.990	0.520	3.358
x^3	0.348	0.736	0.822	0.790	0.514	0.348	5.833
x^4	0.150	0.395	0.430	0.949	0.884	0.150	5.958
x^5	0.586	0.683	0.888	0.328	0.588	0.586	4.629
x^6	0.262	0.704	0.391	0.671	0.155	0.262	4.142
x^7	0.044	0.442	0.769	0.439	0.200	0.044	4.683
x^8	0.755	0.020	0.397	0.834	0.407	0.755	2.839
x^9	0.243	0.331	0.809	0.769	0.749	0.243	5.677
x^{10}	0.442	0.424	0.755	0.167	0.826	0.442	4.274

Step 3：快速非支配排序和拥挤距离计算。对初始种群中的个体计算非支配等级和拥挤距离，可以得到如表 9.3 所示的信息。

表 9.3　非支配排序等级和拥挤距离信息

编号	x_1	x_2	x_3	x_4	x_5	f_1	f_2	序值	拥挤距离
x^2	0.520	0.359	0.197	0.216	0.990	0.520	3.358	1	1.400
x^6	0.262	0.704	0.391	0.671	0.155	0.262	4.142	1	1.388
x^7	0.044	0.442	0.769	0.439	0.200	0.044	4.683	1	∞
x^8	0.755	0.020	0.397	0.834	0.407	0.755	2.839	1	∞
x^1	0.741	0.688	0.270	0.377	0.862	0.741	3.845	2	∞
x^4	0.150	0.395	0.430	0.949	0.884	0.150	5.958	2	∞
x^9	0.243	0.331	0.809	0.769	0.749	0.243	5.677	2	1.292
x^{10}	0.442	0.424	0.755	0.167	0.826	0.442	4.274	2	1.710
x^3	0.348	0.736	0.822	0.790	0.514	0.348	5.833	3	∞
x^5	0.586	0.683	0.888	0.328	0.588	0.586	4.629	3	∞

Step 4：遗传操作。经过锦标赛选择、模拟二进制交叉和多项式变异后得到的子代种群如表 9.4 所示。

表 9.4　第一代进化得到的子代个体的信息

编号	x_1	x_2	x_3	x_4	x_5	f_1	f_2
$x^{1'}$	0.514	0.312	0.358	0.185	0.992	0.514	3.528
$x^{2'}$	0.514	0.360	0.194	0.179	0.944	0.514	3.208
$x^{3'}$	0.441	0.425	0.730	0.089	0.832	0.441	4.088
$x^{4'}$	0.441	0.385	0.726	0.165	0.831	0.441	4.149
$x^{5'}$	0.741	0.363	0.197	0.213	1	0.741	3.066
$x^{6'}$	0.569	0.258	0.197	0.213	0.989	0.569	3.087
$x^{7'}$	0.529	0.349	0.199	0.206	0.407	0.529	2.230
$x^{8'}$	0.529	0.282	0.199	0.206	0.975	0.529	3.158
$x^{9'}$	0.751	0	0.389	0.826	0.400	0.751	2.768
$x^{10'}$	0.751	0.013	0.321	0.826	0.400	0.751	2.668

Step 5：合并种群。即将表 9.3 和表 9.4 中的个体进行合并，并计算所有个体的非支配排序值和拥挤距离，得到 20 个个体的信息，如表 9.5 所示。

表 9.5　子代种群和父代种群合并

编号	x_1	x_2	x_3	x_4	x_5	f_1	f_2	序值	拥挤距离
x^6	0.262	0.704	0.391	0.671	0.155	0.262	4.142	1	1.061
x^7	0.044	0.442	0.769	0.439	0.200	0.044	4.683	1	∞
$x^{2'}$	0.514	0.360	0.194	0.179	0.944	0.514	3.208	1	0.560
$x^{3'}$	0.441	0.425	0.730	0.089	0.832	0.441	4.088	1	0.899
$x^{7'}$	0.529	0.349	0.199	0.206	0.407	0.529	2.230	1	∞
$x^{8'}$	0.529	0.282	0.199	0.206	0.975	0.529	3.158	1	0.431
x^2	0.520	0.359	0.197	0.216	0.990	0.520	3.358	2	0.226
x^4	0.150	0.395	0.430	0.949	0.884	0.150	5.958	2	∞
x^9	0.243	0.331	0.809	0.769	0.749	0.243	5.677	2	1.034
$x^{1'}$	0.514	0.312	0.358	0.185	0.992	0.514	3.528	2	0.372
$x^{4'}$	0.441	0.385	0.726	0.165	0.831	0.441	4.149	2	1.104
$x^{5'}$	0.741	0.363	0.197	0.213	1	0.741	3.066	2	0.399

续表

编号	x_1	x_2	x_3	x_4	x_5	f_1	f_2	序值	拥挤距离
$x^{6'}$	0.569	0.258	0.197	0.213	0.989	0.569	3.087	2	0.457
$x^{9'}$	0.751	0	0.389	0.826	0.400	0.751	2.768	2	0.137
$x^{10'}$	0.751	0.013	0.321	0.826	0.400	0.751	2.668	2	∞
x^{8}	0.755	0.020	0.397	0.834	0.407	0.755	2.839	3	∞
x^{1}	0.741	0.688	0.270	0.377	0.862	0.741	3.845	3	1.247
x^{10}	0.442	0.424	0.755	0.167	0.826	0.442	4.274	3	1.630
x^{3}	0.348	0.736	0.822	0.790	0.514	0.348	5.833	3	∞
x^{5}	0.586	0.683	0.888	0.328	0.588	0.586	4.629	4	∞

Step 6：利用精英保留策略从合并种群中选择出下一代种群，如表 9.6 所示。

表 9.6 第一代进化选择出的个体

编号	x_1	x_2	x_3	x_4	x_5	f_1	f_2	序值	拥挤距离
x^{6}	0.262	0.704	0.391	0.671	0.155	0.262	4.142	1	1.061
x^{7}	0.044	0.442	0.769	0.439	0.200	0.044	4.683	1	∞
$x^{2'}$	0.514	0.360	0.194	0.179	0.944	0.514	3.208	1	0.560
$x^{3'}$	0.441	0.425	0.730	0.089	0.832	0.441	4.088	1	0.899
$x^{7'}$	0.529	0.349	0.199	0.206	0.407	0.529	2.230	1	∞
$x^{8'}$	0.529	0.282	0.199	0.206	0.975	0.529	3.158	1	0.431
x^{4}	0.150	0.395	0.430	0.949	0.884	0.150	5.958	2	∞
$x^{10'}$	0.751	0.013	0.321	0.826	0.400	0.751	2.668	2	∞
$x^{4'}$	0.441	0.385	0.726	0.165	0.831	0.441	4.149	2	1.104
x^{9}	0.243	0.331	0.809	0.769	0.749	0.243	5.677	2	1.034

Step 7：停机准则判断。此时还没有达到 200 代进化次数，因此再次进行迭代直到满足停机准则。

最终，可以得到如图 9.5 中所示的 Pareto 最优解。

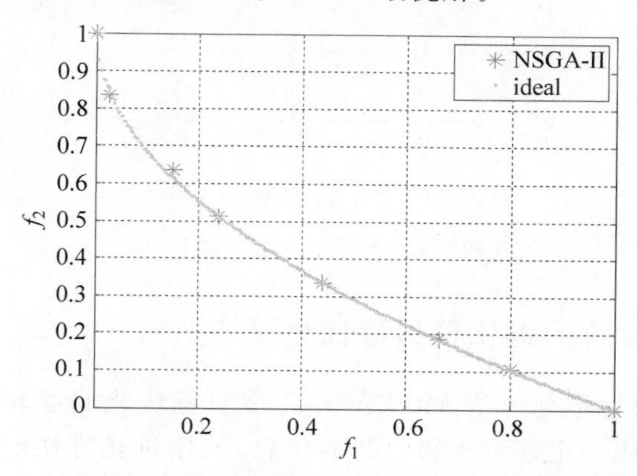

图 9.5 种群规模为 10 的 Pareto 最优解

在真实的求解过程中，往往种群规模都比较大，通常设置为 100，这样可以得到更多的 Pareto 最优解。下面将给出种群规模设置为 100 时，NSGA-Ⅱ在 ZDT 系列函数上获得的 PF，如图 9.6 所示。从图中可以看出，NSGA-Ⅱ搜索到的 PF 能够逼近真实的 PF。

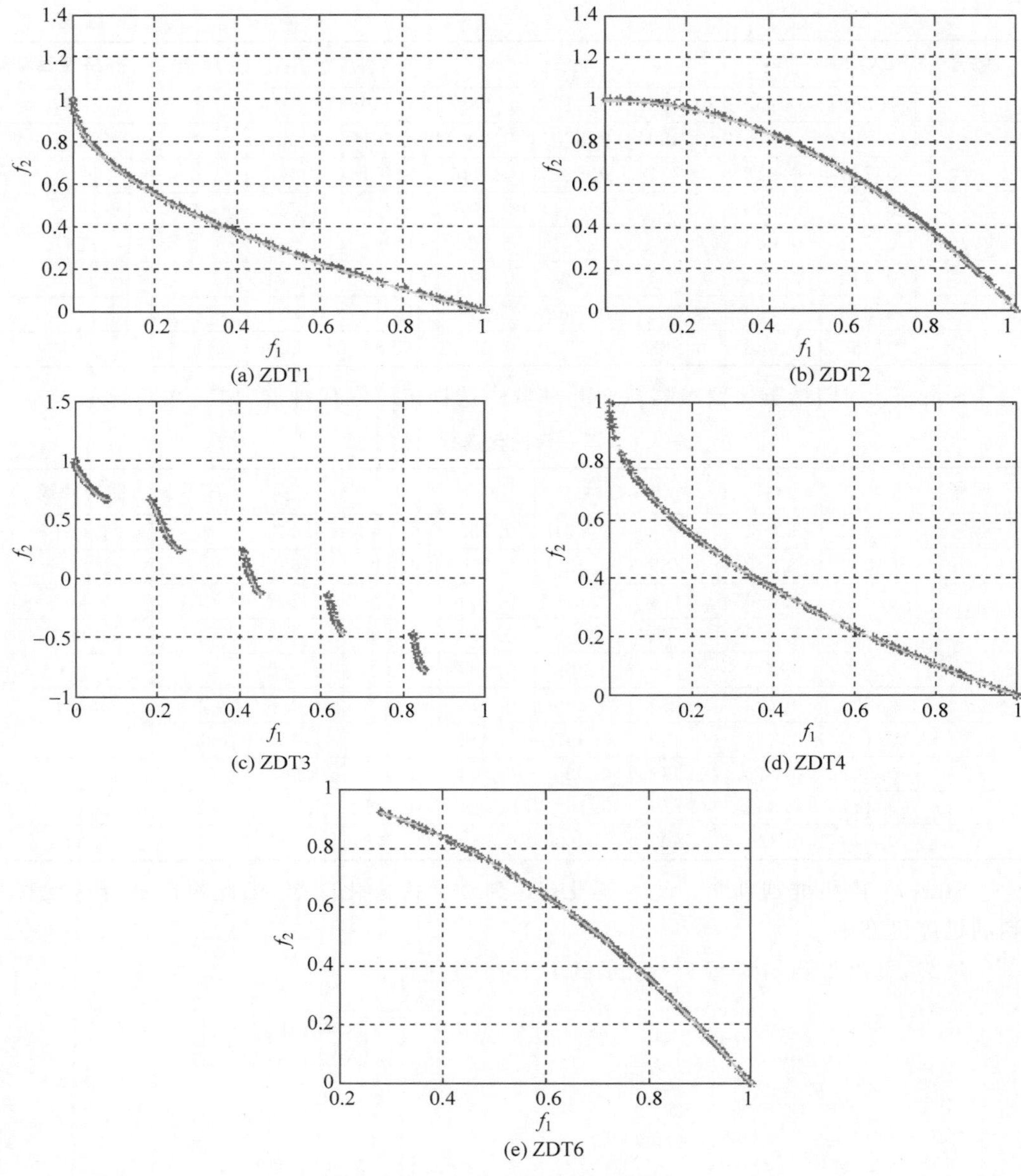

图9.6　NSGA-Ⅱ实验结果

9.2.2　基于分解的进化多目标优化算法

基于分解的多目标进化算法MOEA/D将多目标优化问题转化为一系列单目标优化子问题，然后利用一定数量相邻问题的信息，采用进化算法对这些子问题同时进行优化。Pareto前沿面上的一个解对应于一个单目标优化子问题的最优解，最终可以求得一组Pareto最优解。由于分解操作的存在，该方法在保持解的分布性方面有着很大优势，而通过分析相邻问题的信息来优化，能避免陷入局部最优。与其他多目标进化算法相比，MOEA/D具有以下特点。

(1) MOEA/D将分解思想引入多目标进化计算中，使得分解的方法可以真正并入进化算法中，通过使用MOEA/D框架解决多目标优化问题。

(2) MOEA/D是同时优化 N 个标量子问题而不是直接将多目标优化问题作为一个整体来解决,因此MOEA/D会降低传统MOEA的多样性保持和适应度分配的难度。

(3) MOEA/D利用相邻子问题的解的信息去同时优化 N 个标量子问题。相对来说,MOEA/D不会重复地优化标量子问题,因为它利用了子问题之间的协同进化机制,所以算法的计算复杂度比较低。

下面重点学习MOEA/D的算法原理,并通过具体的实例学习MOEA/D的求解过程。

1. MOEA/D算法原理

本节首先介绍几种常用的分解方法,然后重点介绍MOEA/D的主要原理。

1) 分解方法

在MOEA/D中,首先通过各种分解方法将目标MOP分解成为一组标量优化子问题,然后使用相同的进化算法同时优化这些子问题。因此,采用的分解方法对MOEA/D算法的性能有很重要的影响。在现有的MOEA/D算法的实现中,权重和(Weighted Sum approach,WS)方法、切比雪夫(Tchebycheff,TCH)方法和基于惩罚的边界交叉(Penalty-based Boundary Intersection,PBI)方法是3种常用的分解方法[24]。

(1) **权重和方法**是一种常用的线性多目标聚合方法,主要思想是将不同的目标进行凸组合。假设目标维数为 m,那么该方法就会使用一组非负的权重向量对目标函数中的 m 个函数进行加权求和,从而将一个 m 维多目标问题转化为一个单目标标量函数。给定权重向量 $\lambda_1,\lambda_2,\cdots,\lambda_m$ 满足 $\lambda_i\geqslant 0$ 并且 $\forall i=1,2,\cdots,m$ 都满足 $\sum_{i=1}^{m}\lambda_i=1$,则权重和方法表示为

$$\min g^{ws}(\boldsymbol{x}\mid\boldsymbol{\lambda})=\sum_{i=1}^{m}\lambda_i f_i(x)$$

$$\text{s.t.}\quad \boldsymbol{x}\in\Omega \tag{9.11}$$

其中,$g^{ws}(\boldsymbol{x}|\boldsymbol{\lambda})$强调$\boldsymbol{\lambda}$在这个目标函数中是一个系数向量,而 $\boldsymbol{x}$ 才是要被优化的变量。为了生成一组不同的Pareto最优向量,可以在上述标量优化问题中使用不同的权重向量。由于凸组合的特殊性质,如果PF是凸面的,这个方法可以取得很好的结果,但这个方法只限于处理PF为凸面的MOP,对于非凸面的PF,该方法无法获得全部的Pareto最优解。

在式(9.11)中,$\boldsymbol{\lambda}$ 是权重向量,和式就是 m 维向量的点乘公式。具体地说,在目标空间中,把算法求得的一个目标点和原点相连构造成一个向量,此时该方法的做法是将该向量与对应权重向量进行点乘。由向量点乘的几何意义可知,所得的结果为该向量在权重向量方向上的投影长度,因为权重向量不变,对于最小化问题,最小化该长度值其实就是在优化该权重向量对应的子问题。可知若要减小该向量在权重向量上投影的长度,一方面可以增大与权重向量的夹角,另一方面可以减小该向量的长度。

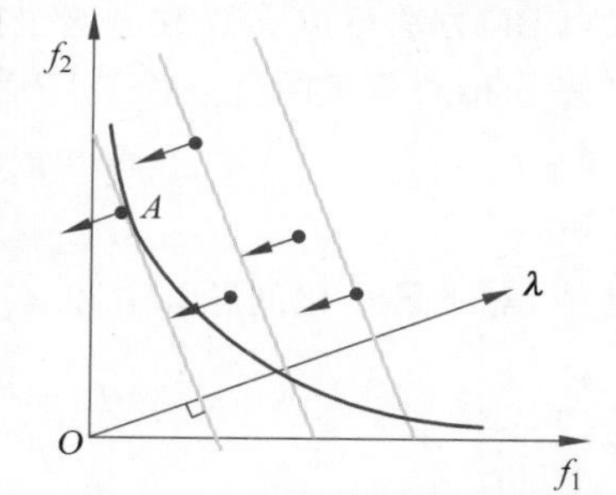

图9.7 权重和方法的等值线分布示意图

权重和方法的等值线分布如图9.7所示,曲线为权重向量。权重和方法的等值线为一簇与权重向量

垂直的平行直线。由图9.7可知，当最小化问题的真实Pareto前沿面为凸状时，单个最优等值线与Pareto前沿面相交于一个切点。

(2) **切比雪夫方法**是一种非线性多目标聚合方法，其聚合函数为

$$\min g^{te}(\boldsymbol{x} \mid \boldsymbol{\lambda}, \boldsymbol{z}^*) = \max_{1 \leqslant i \leqslant m} \{\lambda_i \mid f_i(x) - z_i^* \mid\}$$
$$\text{s.t.} \quad \boldsymbol{x} \in \Omega \tag{9.12}$$

其中，$\boldsymbol{z}^* = (z_1^*, z_2^*, \cdots, z_m^*)^{\mathrm{T}}$ 是理想参考点，$z_i^* = \min\{f_i(x) \mid x \in \Omega\}(i=1,2,\cdots,m)$。对于每个Pareto最优点 $\boldsymbol{x}^*$ 都存在一个权重向量 $\boldsymbol{\lambda}$ 使得 $\boldsymbol{x}^*$ 是式(9.12)的最优解，而且式(9.12)的每个最优解都是式(9.1)的一个Pareto最优解，也就是说每个权重向量都有一个Pareto最优解与之一一对应。因此，选择不同的权重向量可以获得不同的Pareto最优解。切比雪夫方法对待处理问题的PF形状没有约束，可以很好地处理PF为凸面或非凸面的MOP。

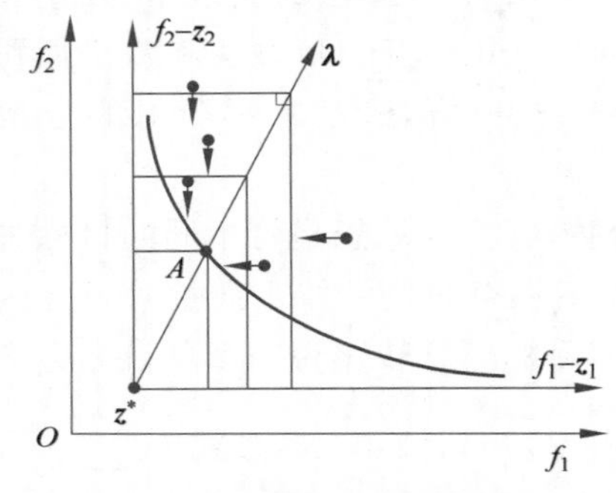

图9.8　切比雪夫方法的等值线分布示意图

切比雪夫方法中不再含有 $\sum$ 符号，故不能再从向量点乘的角度理解。切比雪夫方法的大致思想是减少最大差距从而将个体逼近PF。切比雪夫方法的等值线如图9.8所示。由图9.8可知，若某个个体位于权重向量的上方，则max得到的一定是 $\lambda_2 | f_2 - z_2^* |$，故优化也需要减小 $f_2 - z_2^*$ 的值，即个体向下移动；否则，若个体在权重向量方向的下方，则max得到的一定是 $\lambda_1 | f_1 - z_1^* |$，故优化也需要减小 $f_1 - z_1^*$ 的值，即个体应向左移动。以此来保证个体目标值落在 A 点附近。

(3) 诸如正态边界交叉法和归一化标准约束法的多目标优化问题分解方法都可以归类为边界交叉方法，这类方法是特意为连续MOP设计的。在标准的问题中，连续MOP的PF是它的目标空间可行域中左下边界的一部分。从几何的角度看，边界交叉方法旨在找出下边界与一组直线的交点。如果这组直线是均匀分布的，那么得到的这些交点就可以认为是比较好地接近了整个PF。这种边界交叉的方法对于待处理问题的PF面没有约束，它也可以处理PF面非凸的MOP。边界交叉法的数学表示为

$$\min g^{\mathrm{bi}}(\boldsymbol{x} \mid \boldsymbol{\lambda}, \boldsymbol{z}^*) = d$$
$$\text{s.t.} \quad F(\boldsymbol{x}) - \boldsymbol{z}^* = d\boldsymbol{\lambda}, \quad x \in \Omega \tag{9.13}$$

上述边界交叉方法的一个缺陷是必须要处理相等约束的问题，基于惩罚的边界交叉(PBI)方法可以有效改进这个问题。PBI方法因其具有在目标MOP的PF上获得良好分布的解集的优点而被广泛使用。PBI方法的数学表示为

$$\min g^{\mathrm{pbi}}(\boldsymbol{x} \mid \boldsymbol{\lambda}, \boldsymbol{z}^*) = d_1 + \theta \cdot d_2$$
$$\text{s.t.} \quad \boldsymbol{x} \in \Omega \tag{9.14}$$

其中，对于最小化问题，d_1 和 d_2 的计算方法为

$$d_1 = \frac{\| (F(\boldsymbol{x}) - \boldsymbol{z}^*)^{\mathrm{T}} \boldsymbol{\lambda} \|}{\| \boldsymbol{\lambda} \|}$$
$$d_2 = \| F(\boldsymbol{x}) - (\boldsymbol{z}^* + d_1 \cdot \boldsymbol{\lambda}) \| \tag{9.15}$$

式(9.14)中 θ 是一个预设的惩罚参数并且满足 $\theta > 0$。PBI方法的说明如图9.9所

示。图 9.9 中 $F(\boldsymbol{x})$ 为实际所获得的目标函数值，对于最小化问题，理想值为 $\boldsymbol{z}^*=\min\{f_1(\boldsymbol{x}),f_2(\boldsymbol{x}),\cdots,f_m(\boldsymbol{x})\}$。$d_1$ 表示每一个个体映射到参考线上的点到参考点 $\boldsymbol{z}^*$ 的距离，d_2 表示每个个体到参考线的垂直距离。θ 是一个预设的惩罚参数并且满足 $\theta>0$，用于调节 d_1 和 d_2 对输出解的影响，当 θ 的值为 1 时，其实际效果与切比雪夫方法效果相近。

PBI 方法的等值线示意图如图 9.10 所示。由图可知，针对权重向量 $\boldsymbol{\lambda}$ 对应的子问题，个体 B 优于个体 A。PBI 方法需要计算两个距离 d_1 和 d_2，它们分别控制种群的收敛性和分布性。需要注意的是，两者之间的平衡是通过调节参数 θ 实现的。参数 θ 的设置对算法的性能有着重要的影响，这也是 PBI 方法的缺点之一。

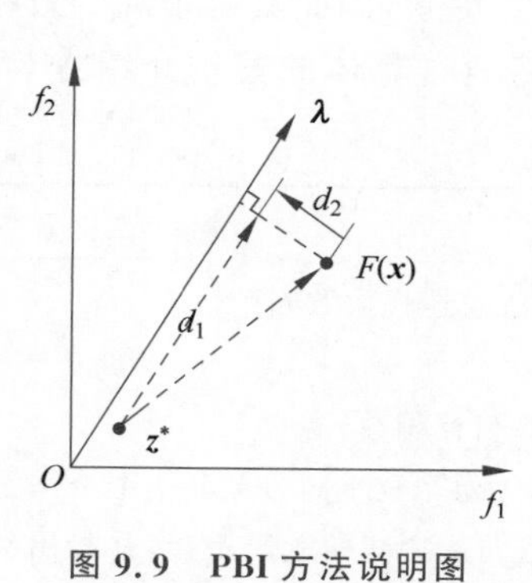

图 9.9　PBI 方法说明图

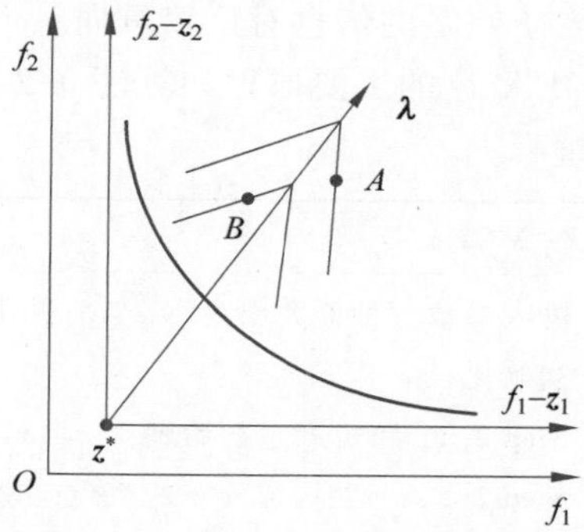

图 9.10　PBI 方法的等值线分布示意图

2）MOEA/D 基本原理

MOEA/D 是典型的基于分解的多目标优化算法，其算法的精髓在于对于目标空间的独特分解方式，通过一系列均匀分布的权重向量将整个目标空间分解成为多个子目标空间，然后分别对子目标空间进行优化，极大地降低了算法的复杂度。图 9.11 给出了 MOEA/D 算法的主要流程。

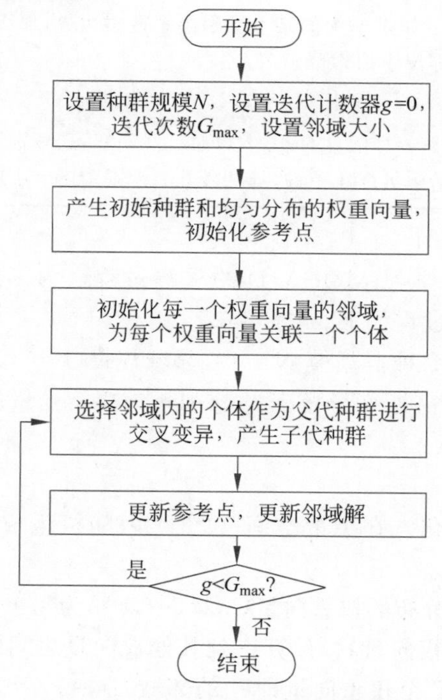

图 9.11　MOEA/D 算法的主要流程

MOEA/D使用分解方法将多目标优化问题分解为多个单目标优化问题,并且同时对分解之后的单目标问题进行优化,降低了解决多目标问题的困难。在对子目标空间的更新过程中又充分利用其邻域信息,对其邻域内的子问题进行遗传操作,并用产生的解更新该子问题,极大地提高了算法的收敛速度。在MOEA/D中,邻域通过以下方式来确定:首先计算每一个权重向量与其他所有权重向量的欧氏距离,然后选择距离每个权重向量距离最近的部分权重向量作为其邻域。对于每一个权重向量,计算种群中所有个体到该权重向量的欧氏距离,选择距离该权重向量最近的一个个体作为该权重向量下的子问题。在更新过程中每个权重向量仅关联了一个子问题,并且只利用邻域内子问题的信息对该权重向量下的子问题进行更新,因此具有很高的效率。

MOEA/D的主要原理如算法9.2所示。下面将通过具体的案例介绍MOEA/D的求解过程。

算法9.2:MOEA/D

Step 1:输入参数。种群大小为 N,当前进化代数 $g=0$,算法总迭代次数 $G_{\max}$。

Step 2:初始化

Step 2.1:随机产生初始种群 $\boldsymbol{x}^1,\boldsymbol{x}^2,\cdots,\boldsymbol{x}^N$,并计算目标函数。

Step 2.2:产生均匀分布的权重向量$\boldsymbol{\lambda}^1,\boldsymbol{\lambda}^2,\cdots,\boldsymbol{\lambda}^N$,为每个权重向量关联一个个体。

Step 2.3:对于每个权重向量$\boldsymbol{\lambda}^i$,计算它到其他权重向量之间的欧氏距离,并找出与它最近的 T 个权重向量,这 T 个权重向量即$\boldsymbol{\lambda}^i$ 的邻域。对任意的 $i=1,2,\cdots,N$,有 $B(i)=(i_1,i_2,\cdots,i_T)$,$\boldsymbol{\lambda}^{i_1},\boldsymbol{\lambda}^{i_2},\cdots,\boldsymbol{\lambda}^{i_T}$ 是距离$\boldsymbol{\lambda}^i$ 最近的 T 个权重向量。

Step 2.4:初始化参考点 $\boldsymbol{z}^*=(z_1^*,z_2^*,\cdots,z_m^*)^{\mathrm{T}}$。

Step 3:更新

对于 $i=1,2,\cdots,N$

Step 3.1:在邻域 $B(i)$内选择父代个体通过交叉变异产生一个子代个体 $\boldsymbol{y}$。

Step 3.2:修正新解:如果 $\boldsymbol{y}$ 中的某一维超出了搜索边界,那么根据特定的问题修正新解 $\boldsymbol{y}$,使新解的每一维都位于搜索范围内。

Step 3.3:更新参考点 $\boldsymbol{z}^*$:对任意 $j=1,2,\cdots,m$,如果 $z_j^*>f_j(\boldsymbol{y})$,那么设置 $z_j^*=f_j(\boldsymbol{y})$。

Step 3.4:更新邻域解:对任意的 $j\in P$,如果 $g(\boldsymbol{y}|\boldsymbol{\lambda}^j,z)\leqslant g(\boldsymbol{x}^j|\boldsymbol{\lambda}^j,z)$,那么设 $\boldsymbol{x}^j=\boldsymbol{y}$。

Step 4:判断终止条件。如果满足终止条件,算法停止;否则令 $g=g+1$,转至Step 3。

---

2. MOEA/D求解实例

这里以ZDT1为例,学习MOEA/D的求解过程。为了能够展示具体的求解过程,这里假设 $n=5$,求解过程如下。

Step 1:输入参数。令种群规模 $N=10$,邻域规模 $T=3$,差分尺度因子 $F=0.5$,差分交叉概率 $CR=0.5$,高斯变异概率为 $1/n$(n 为决策变量的维度)。算法的停机准则为迭代次数达到200次。

Step 2:初始化。

Step 2.1:种群初始化。在决策空间$[0,1]^n$ 内随机生成10个个体,并计算其目标函数值。

Step 2.2:产生均匀分布的权重向量$\boldsymbol{\lambda}^1,\boldsymbol{\lambda}^2,\cdots,\boldsymbol{\lambda}^N$,为每个权重向量关联一个个体;

Step 2.3:对于每个权向量$\boldsymbol{\lambda}^i$,计算它到其他权向量之间的欧氏距离,并找出与它最近的 T 个权向量,这 T 个权重向量即$\boldsymbol{\lambda}^i$ 的邻域 $B(i)$;

Step 2.4：初始化参考点 $\boldsymbol{z}^*=(z_1^*,z_2^*,\cdots,z_m^*)^{\mathrm{T}}$。

以上初始化信息如表 9.7 所示。

表 9.7 初始化信息

	权重向量	邻域	个体	目标函数值
1	[0;1]	[1;2;3]	[0.070;0.468;0.011;0.879;0.086]	[0.070;3.706]
2	[0.111;0.889]	[2;3;1]	[0.197;0.939;0.403;0.241;0.020]	[0.197;3.652]
3	[0.222;0.778]	[3;2;4]	[0.250;0.883;0.966;0.081;0.732]	[0.250;5.668]
4	[0.333;0.667]	[4;5;3]	[0.825;0.154;0.457;0.805;0.247]	[0.825;2.763]
5	[0.444;0.556]	[5;4;6]	[0.600;0.645;0.144;0.292;0.538]	[0.600;2.973]
6	[0.556;0.444]	[6;7;5]	[0.172;0.277;0.508;0.384;0.399]	[0.172;3.646]
7	[0.667;0.333]	[7;6;8]	[0.127;0.705;0.828;0.057;0.756]	[0.127;5.385]
8	[0.778;0.222]	[8;9;7]	[0.084;0.949;0.837;0.436;0.399]	[0.084;6.137]
9	[0.889;0.111]	[9;8;10]	[0.213;0.639;0.954;0.941;0.321]	[0.213;6.164]
10	[1;0]	[10;9;8]	[0.179;0.220;0.051;0.580;0.663]	[0.179;3.520]
初始参考点			[0.070;2.763]	

Step 3：**更新**。对于 $i=1,2,\cdots,N$

Step 3.1：在邻域 $B(i)$内选择父代个体通过交叉变异产生一个子代个体 $\boldsymbol{y}$；

Step 3.2：修正新解 $\boldsymbol{y}$；

Step 3.3：更新参考点 $\boldsymbol{z}^*$；

Step 3.4：更新邻域解。

第一次迭代的更新信息如表 9.8 所示。

表 9.8 第一次迭代的更新信息

	权重向量	邻域	子代个体	子代个体目标函数值
1	[0;1]	[1;2;3]	[0.107;0.468;0;0.640;0.101]	[0.107;3.088]
2	[0.111;0.889]	[2;3;1]	[0.107;0.468;0;0.643;0.101]	[0.107;3.094]
3	[0.222;0.778]	[3;2;4]	[0.107;0.154;0.457;0.805;0.247]	[0.107;4.028]
4	[0.333;0.667]	[4;5;3]	[0.220;0.222;0.157;0.897;0]	[0.220;2.948]
5	[0.444;0.556]	[5;4;6]	[0.157;0.277;0.508;0.384;0]	[0.157;2.877]
6	[0.556;0.444]	[6;7;5]	[0.171;0.063;0.348;0.548;0]	[0.171;2.422]
7	[0.667;0.333]	[7;6;8]	[0.084;0.900;0.316;0.546;0.399]	[0.084;5.162]
8	[0.778;0.222]	[8;9;7]	[0.084;0;0.674;0.546;0.014]	[0.084;3.213]
9	[0.889;0.111]	[9;8;10]	[0.037;0;0.674;0.528;0.040]	[0.037;3.424]
10	[1;0]	[10;9;8]	[0.037;0;0.674;0.528;0.001]	[0.037;3.340]
更新参考点			[0.037;2.422]	

Step 4：**停机准则判断**。此时还没有达到 200 代进化次数，因此再次进行迭代直到满足停机准则。

最终，可以得到如图 9.12 所示的 Pareto 最优解集。

在真实的求解过程中，往往种群规模都比较大，通常设置为 100，这样可以得到更多的 Pareto 最优解。下面将给出种群规模设置为 100，邻域规模设置为 20 时，MOEA/D 在 ZDT 系列函数上获得的 PF，如图 9.13 所示。从图中可以看出，MOEA/D 找到的 PF 能够逼近真实的 PF。

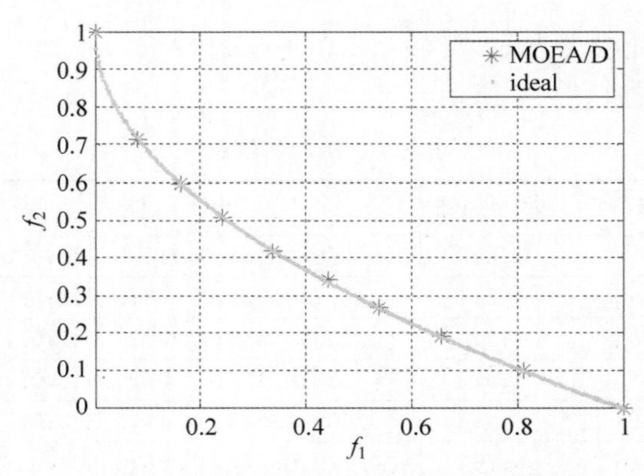

图 9.12　种群规模为 10 的 Pareto 最优解

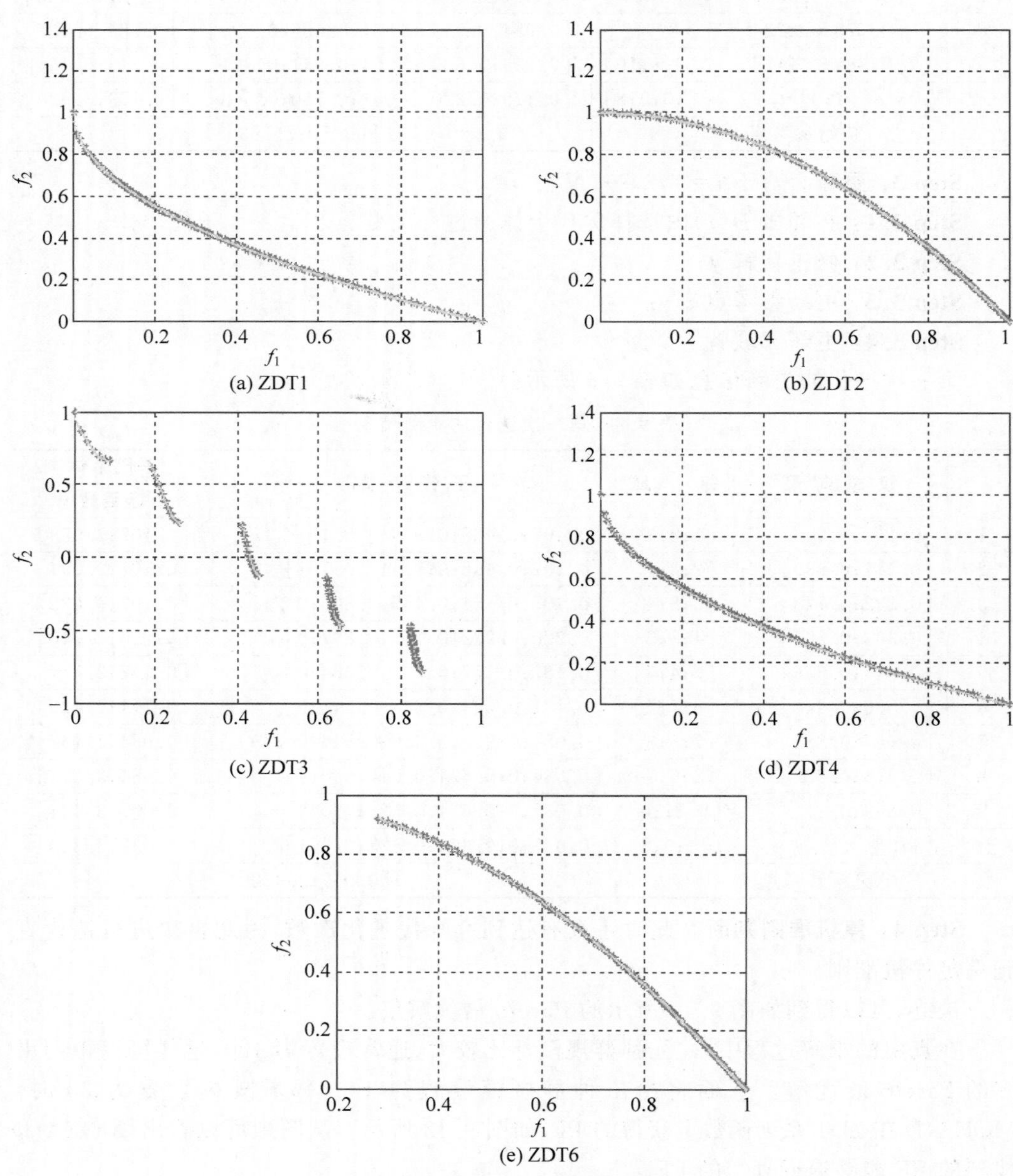

图 9.13　MOEA/D 实验结果

9.2.3 基于正则模型的多目标分布估计算法

分布估计算法 EDA 又称为基于概率模型的遗传算法，它是一种基于统计学习理论的群体进化算法。与遗传算法不同，EDA 是建立在分布估计之上，它采用建立概率模型以及从概率模型中采样这两步替代遗传算法中的重组和变异算子。概率模型可以捕获问题中的结构关系，而且对个体之间关系的描述与个体位置无关，不需要设计特殊的编码或操作算子。此外，EDA 还具有很高的可扩展性，可利用不同的概率分布模型求解不同的问题。

EDA 作为一种新型的演化算法，它的主要特点体现在以下几方面。

(1) 从生物进化的数学模型上来看，EDA 与传统演化算法不同：传统演化算法是基于对种群中的各个个体进行遗传操作(重组、变异等)来实现群体的进化，是对生物进化微观层面上的数学建模；而 EDA 则是基于对整个群体建立数学模型，直接描述整个群体的进化趋势，是对生物进化宏观层面上的数学建模。

(2) EDA 为解决复杂的优化问题提供了新的工具。它通过概率模型描述变量之间的相互关系，从而对解决非线性、变量耦合的优化问题更加有效。很多实验表明，EDA 能更加有效的解决高维问题，并且能够降低时间复杂度。

(3) EDA 是一种新的启发式策略，是机器学习相关理论与优化算法的结合，可以与其他智能优化算法进行混杂设计，可以极大丰富混杂优化算法的研究内容，为优化算法的研究提供了新的思路。

EDA 的本质可以归纳为下面两个主要步骤。

(1) 构建描述解空间的概率模型。通过对种群的评估，选择优秀的个体集合，然后采用统计学习等手段构造一个描述当前解集的概率模型。

(2) 由概率模型随机采样产生新的种群。一般采用蒙特卡洛方法对概率模型采样得到新的种群。

EDA 是进化计算领域新兴的分支，许多基于分布估计思想的多目标优化算法相继被提出来。其中比较杰出的算法是基于正则模型的多目标分布估计算法 RM-MEDA，它是根据连续多目标问题的 PS 在决策空间分布的规则属性提出的一种算法，该算法充分利用 PS 在决策空间上具有流形分布这一规则属性建立概率模型。下面将主要介绍 RM-MEDA 的原理，并通过具体的实例学习 RM-MEDA 的求解过程。

1. RM-MEDA 算法原理

不同于传统的多目标演化算法采用交叉变异方式进行搜索，RM-MEDA 通过分析每一代种群的个体解在决策空间上的分布情况，采用局部主成分分析(Local Principal Component Analysis，LPCA)方法建立能够估计分布的概率模型，接着对模型进行采样获得新的个体，然后从中挑选精英个体产生新的种群，如此指导演化算法的进行，实现种群的进化。RM-MEDA 的流程如图 9.14 所示。

RMMEDA 充分利用了连续多目标优化问题的特点，即对于目标个数为 m 的连续多目标问题，由 Karush-Kuhn-Tucker 条件可知，Pareto 最优解集 PS 在决策空间上的分布呈现分段连续的$(m-1)$维流形。RMMEDA 算法的基本思想是建立多个线性$(m-1)$维流形分布的概率模型来分段逼近整个非线性的 PS 流形，再对各个线性模型进行随机采样产生后代种群。

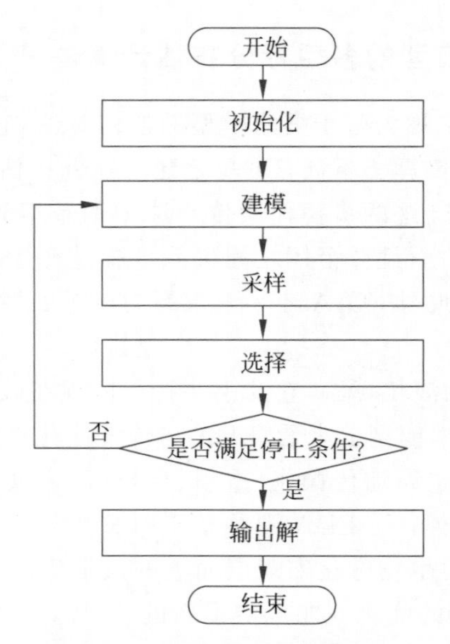

图 9.14　RM-MEDA 主要流程

RM-MEDA 的基本步骤如算法 9.3 所示。

算法 9.3：RM-MEDA

Step 1：输入参数。种群大小为 N，当前进化代数 $g=0$，算法总迭代次数 $G_{\max}$。

Step 2：初始化。采用随机初始化的方法得到初始化种群 P_0。

Step 3：建模。根据当前种群 P_0 的分布情况建立模型。

Step 4：采样。从建立好的模型中进行采样获得新个体 Q_g。

Step 5：优化。采用快速非支配排序和拥挤距离从父种群和子种群的合集 $P_g \cup Q_g$ 中挑选个体组成下一代种群 P_{g+1}。

Step 6：判断终止条件。若满足终止条件，则输出 P_{g+1} 中的非支配解集，否则令 $g=g+1$，返回 Step 3。

对流程分析可知，RM-MEDA 中的关键步骤为建模、采样和选择，其中选择过程采用非支配排序和拥挤距离相结合的精英选择策略。下面将详细讨论 RM-MEDA 中的建模过程和采样过程。

1）建模

要使建立好的概率模型能够很准确地描述种群中数据点的分布，这很大程度上取决于主曲线和主曲面分析的准确性，主曲线和主曲面分析旨在于从 N 维向量空间中的数据点集合中挖掘出其中的中心曲线或者中心曲面。对于 m 个优化目标的 n 维多目标优化问题，由于规则属性的特点，假设种群中的个体为随机向量 $\boldsymbol{\xi} \in \mathbb{R}^n$ 的观测值，$\boldsymbol{\xi}$ 的中央部分就是 Pareto 最优解集，一个 $(m-1)$ 维的流形，那么 $\boldsymbol{\xi}$ 则可简单表示为

$$\boldsymbol{\xi} = \boldsymbol{\zeta} + \boldsymbol{\varepsilon} \tag{9.16}$$

其中，$\boldsymbol{\zeta}$ 是一个概率模型，它近似地描述均匀分布在 $(m-1)$ 维流形附近的个体的分布规律，m 是目标函数的个数，$\boldsymbol{\varepsilon}$ 是 n 维均值为 0 的噪声向量，它描述了个体解集在 $\boldsymbol{\zeta}$ 周围的扰动程度。

RM-MEDA 建立模型的精确性取决于找到$\boldsymbol{\zeta}$的中心曲线或曲面的准确性。由于很难用一个概率模型公式精确地描述种群中的个体在决策空间中的分布，因此可以假设$\boldsymbol{\xi}$由 K 个流形 $\psi^1,\psi^2,\cdots,\psi^K$ 组成，每个流形是一个超矩形。建模的重点就是估计流形 ψ^j 以及流形的主要组成部分$\boldsymbol{\zeta}$。RM-MEDA 首先将种群划分为 K 个不相交的聚类 $C_1,C_2,\cdots,C_K$，然后对每个聚类 C_j 分别建立一个近似估计个体分布的概率模型 $\psi^j(j=1,2,\cdots,K)$。如图 9.15 所示，图中共有 3 个聚类，每个聚类有其对应的概率模型，3 个概率模型连在一起可以很好地估计 PS。

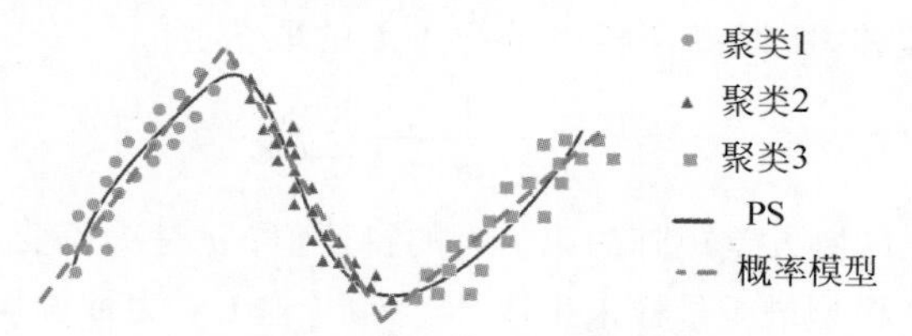

图 9.15 3 个聚类的概率模型估计 PS 的例子

RM-MEDA 采用($m-1$)维 LPCA 方法对种群进行聚类，聚类过程如下。

(1) 初始化：从当前种群中随机挑选出 K 个个体，并且产生各自的仿射($m-1$)维空间 $\boldsymbol{A}_j^{m-1}(j=1,2,\cdots,K)$。

(2) 将种群划分为 K 个不相交的聚类 $\boldsymbol{C}_1,\boldsymbol{C}_2,\cdots,\boldsymbol{C}_K$，且

$$\boldsymbol{C}_j=\{\boldsymbol{x}\mid \boldsymbol{x}\in\boldsymbol{C}_j,\text{and dist}(\boldsymbol{x},\boldsymbol{A}_j^{m-1})\leqslant \text{dist}(\boldsymbol{x},\boldsymbol{A}_k^{m-1}),k\neq j\} \tag{9.17}$$

其中，$\text{dist}(\boldsymbol{x},\boldsymbol{A}_j^{m-1})$表示在决策空间中，个体 $\boldsymbol{x}$ 与它在仿射空间 $\boldsymbol{A}_j^{m-1}$ 的投影的欧氏距离。

(3) 更新 $\boldsymbol{A}_j^{m-1}$：$\boldsymbol{A}_j^{m-1}$ 是聚类$\boldsymbol{C}_j$ 中所有个体的主成分，可以根据 $\boldsymbol{C}_j$ 中个体的均值和协方差矩阵计算得到。均值 $\boldsymbol{x}_j$ 和协方差矩阵 $\mathbf{Cov}$ 的计算如下

$$\bar{\boldsymbol{x}}_j=\frac{1}{|\boldsymbol{C}_j|}\sum_{\boldsymbol{x}\in\boldsymbol{C}_j}\boldsymbol{x} \tag{9.18}$$

$$\mathbf{Cov}=\frac{1}{|\boldsymbol{C}_j|-1}\sum_{\boldsymbol{x}\in\boldsymbol{C}_j}(\boldsymbol{x}-\bar{\boldsymbol{x}}_j)(\boldsymbol{x}-\bar{\boldsymbol{x}}_j)^{\mathrm{T}} \tag{9.19}$$

则聚类 $\boldsymbol{C}_j$ 点集的仿射空间 $\boldsymbol{A}_j^{m-1}$ 被定义为

$$\boldsymbol{A}_j^{m-1}=\left\{\boldsymbol{x}\in R^n\mid \boldsymbol{x}=\bar{\boldsymbol{x}}_j+\sum_{i=1}^{m-1}\theta_i\boldsymbol{U}_j^i,\theta_i\in R\right\} \tag{9.20}$$

其中，$\boldsymbol{U}_j^i$ 表示聚类$\boldsymbol{C}_j(j=1,2,\cdots,K)$的协方差矩阵 $\mathbf{Cov}$ 的第 i 个主成分，即 $\mathbf{Cov}$ 第 i 大的特征值对应的特征向量($i=1,2,\cdots,m-1$)。

(4) 重复执行第(2)步和第(3)步，直到聚类中的个体没有变化。

基于聚类结果，对每个聚类建立流形结构的概率模型。首先，对各个聚类 $\boldsymbol{C}_j(j=1,2,\cdots,K)$中的个体在前($m-1$)个主成分方向上的投影范围进行计算

$$l_j^i=\min_{\boldsymbol{x}\in\boldsymbol{C}_j}\{(\boldsymbol{x}-\bar{\boldsymbol{x}}_j)^{\mathrm{T}}\boldsymbol{U}_j^i\} \tag{9.21}$$

$$u_j^i=\max_{\boldsymbol{x}\in\boldsymbol{C}_j}\{(\boldsymbol{x}-\bar{\boldsymbol{x}}_j)^{\mathrm{T}}\boldsymbol{U}_j^i\} \tag{9.22}$$

其中，$\bar{\boldsymbol{x}}_j$ 为聚类C_j 中点集的平均值，$\boldsymbol{U}_j^i$ 为聚类 $\boldsymbol{C}_j$ 的协方差矩阵的第 i 个主成分($j=1,2,\cdots,K,i=1,2,\cdots,m-1$)。然后，建立流形 ψ^j

$$\psi^j = \left\{ \boldsymbol{x} \in R^n \mid \boldsymbol{x} = \bar{\boldsymbol{x}}_j + \sum_{i=1}^{m-1} a_i \boldsymbol{U}_j^i, a_i \in (l_i^j - 0.25(u_j^i - l_i^j), u_i^j + 0.25(u_j^i - l_i^j)) \right\} \tag{9.23}$$

由式(9.23)可知,此概率模型将各个主成分方向的投影范围扩大了50%,可以更好地覆盖整个PS结构,从而更为精确地估计PS的分布特征。

2) 采样

RM-MEDA采用高斯噪声进行采样。特征值$\lambda_j^m,\lambda_j^{m+1},\cdots,\lambda_j^n$可以表示聚类$\boldsymbol{C}_j$中的个体到中心的偏移,所以高斯噪声采样方差的取值为

$$\sigma_j = \frac{1}{n+m-1}\sum_{i=m}^{n}\lambda_i^j \tag{9.24}$$

其中,λ_i^j表示聚类$\boldsymbol{C}_j$的协方差矩阵的第i大的特征值;n是决策变量的维数。在迭代过程中,每一代都对概率模型进行采样来生成N个新个体(N为种群规模)。为了保证算法最终得到的种群个体解集在PS上较均匀的分布,新个体产生于每个模型ψ^j的概率为

$$\text{Prob}(A^j) = \frac{\text{vol}(\psi^j)}{\sum_{i=i}^{K}\text{vol}(\psi^j)} \tag{9.25}$$

其中,$\boldsymbol{A}^j$表示当前产生新个体来自概率模型ψ^j的事件,$\text{vol}(\psi^j)$表示ψ^j的体积。因此,模型ψ^j产生新解的概率与它的体积成正比,这样可以很好地保证个体的分布性。

RM-MEDA的采样流程如下。

(1) 随机产生一个整数$\tau\in\{1,2,\cdots,K\}$,计算概率为

$$\text{Prob}(\tau=k) = \frac{\text{vol}(\psi^k)}{\sum_{i=i}^{K}\text{vol}(\psi^j)} \tag{9.26}$$

(2) 在超矩形ψ^k上随机选取一个点$\boldsymbol{x}'$,并且产生一个满足$N(0,\sigma_j I)$的高斯噪声$\boldsymbol{\varepsilon}'$,$\boldsymbol{I}$是一个密度矩阵。

(3) 产生新解:$\boldsymbol{x}=\boldsymbol{x}'+\boldsymbol{\varepsilon}'$。

按照以上框架,可以得到一个新个体,重复N次,可以得到每代所需要的N个新个体。$\boldsymbol{\varepsilon}'$在采样过程中是不可缺少的一项,它在一定程度上保证了种群的多样性。但是高斯噪声是局部搜索算子,全局搜索能力弱,容易陷入局部最优。

2. RM-MEDA求解实例

为了测试RM-MEDA的性能,张青富教授采用F1～F10进行了实验[25],部分测试函数(F1、F2、F3、F5、F6)的相关定义如表9.9所示。

表9.9　RM-MEDA中部分测试函数

问题	变量维数	变量范围	目标函数
F1	$n=30$	$x_i\in[0,1]$	$\begin{cases}\min: f(x)=(f_1(x),f_2(x))\\ f_1(x)=x_1, f_2(x)=g(x)h(x)\\ g(x)=1+9\sum_{i=2}^{n}(x_i-x_1)^2/(n-1)\\ h(x)=1-\sqrt{f_1(x)/g(x)}\end{cases}$

续表

问题	变量维数	变量范围	目标函数
F2	$n=30$	$x_i \in [0,1]$	$\begin{cases} \min: f(x)=(f_1(x),f_2(x)) \\ f_1(x)=x_1, f_2(x)=g(x)h(x) \\ g(x)=1+9\sum_{i=2}^{n}(x_i-x_1)^2/(n-1) \\ h(x)=1-(f_1(x)/g(x))^2 \end{cases}$
F3	$n=30$	$x_i \in [0,1]$	$\begin{cases} \min: f(x)=(f_1(x),f_2(x)) \\ f_1(x)=1-\exp(-4x_1)\sin^6(6\pi x_i), f_2(x)=g(x)h(x) \\ g(x)=1+9\left[\sum_{i=2}^{n}(x_i-x_1)^2/9)\right]^{0.25} \\ h(x)=1-(f_1(x)/g(x))^2 \end{cases}$
F5	$n=30$	$x_i \in [0,1]$	$\begin{cases} \min: f(x)=(f_1(x),f_2(x)) \\ f_1(x)=x_1, f_2(x)=g(x)h(x) \\ g(x)=1+9\sum_{i=2}^{n}(x_i^2-x_1)^2/(n-1) \\ h(x)=1-\sqrt{x_1/g(x)} \end{cases}$
F6	$n=30$	$x_i \in [0,1]$	$\begin{cases} \min: f(x)=(f_1(x),f_2(x)) \\ f_1(x)=\sqrt{x_1}, f_2(x)=g(x)h(x) \\ g(x)=1+9\sum_{i=2}^{n}(x_i^2-x_1)^2/(n-1) \\ h(x)=1-(f_1(x)/g(x))^2 \end{cases}$

这里以 F1 为例，学习 RM-RMDA 的求解过程。为了能够展示具体的求解过程，这里假设 $n=5$，求解过程如下。

Step 1：**输入参数**。令种群规模 $N=20$，LPCA 中的聚类数 $K=5$；对于 F1，算法的停机准则是迭代次数达到 100 次。

Step 2：**种群初始化**。在决策空间$[0,1]^n$内随机生成 20 个个体，并计算其目标函数值，个体的信息如表 9.10 所示。

表 9.10 初始种群的信息

编号	x_1	x_2	x_3	x_4	x_5	f_1	f_2
x^1	0.636	0.776	0.449	0.992	0.947	0.636	0.609
x^2	0.780	0.576	0.288	0.683	0.673	0.780	0.540
x^3	0.299	0.663	0.904	0.448	0.499	0.299	1.438
x^4	0.666	0.390	0.066	0.711	0.520	0.666	0.869
x^5	0.075	0.850	0.024	0.201	0.977	0.075	3.660
x^6	0.921	0.832	0.625	0.894	0.383	0.921	0.557
x^7	0.141	0.129	0.229	0.524	0.312	0.141	0.966
x^8	0.373	0.915	0.589	0.009	0.834	0.373	1.566
x^9	0.814	0.089	0.103	0.908	0.183	0.814	2.381
x^{10}	0.554	0.296	0.520	0.074	0.018	0.554	1.186
x^{11}	0.881	0.003	0.873	0.810	0.257	0.881	1.838

续表

编号	x_1	x_2	x_3	x_4	x_5	f_1	f_2
x^{12}	0.494	0.630	0.774	0.295	0.409	0.494	0.515
x^{13}	0.021	0.334	0.702	0.369	0.128	0.021	2.331
x^{14}	0.320	0.163	0.326	0.166	0.781	0.320	0.875
x^{15}	0.544	0.243	0.384	0.321	0.889	0.544	0.696
x^{16}	0.232	0.991	0.656	0.589	0.745	0.232	2.673
x^{17}	0.991	0.449	0.810	0.498	0.553	0.991	1.074
x^{18}	0.448	0.452	0.162	0.793	0.643	0.448	0.708
x^{19}	0.737	0.742	0.491	0.625	0.051	0.737	0.944
x^{20}	0.150	0.506	0.955	0.148	0.203	0.150	2.106

Step 3：根据当前种群 P_0 的分布情况建立模型。

Step 4：从建立好的模型中进行采样获得新个体 Q_g；子代种群的信息如表 9.11 所示。

表 9.11　子代种群的信息

编号	x_1	x_2	x_3	x_4	x_5	f_1	f_2
$x^{1'}$	0.502	0.494	0.300	0.647	0.718	0.502	0.455
$x^{2'}$	0.545	0.284	0.571	0.048	0.918	0.545	0.974
$x^{3'}$	0.673	0.452	0.214	0.360	0.683	0.673	0.703
$x^{4'}$	0.738	0.812	0.247	0.916	0.834	0.738	0.545
$x^{5'}$	0.038	0.817	0.412	0.100	0.876	0.038	3.873
$x^{6'}$	0.461	0.653	0.313	0.146	0.808	0.461	0.760
$x^{7'}$	0.614	0.950	0.743	0.583	0.866	0.614	0.500
$x^{8'}$	0.049	0.665	0.410	0.455	0.678	0.049	3.003
$x^{9'}$	0.812	0.403	0.617	0.954	0.466	0.812	0.576
$x^{10'}$	0.813	0.148	0.038	0.695	0.005	0.813	2.864
$x^{11'}$	0.878	0.001	0.334	0.596	0.393	0.878	2.207
$x^{12'}$	0.747	0.260	0.887	0.511	0.718	0.747	0.577
$x^{13'}$	0.686	0.997	0.432	0.900	0.291	0.686	0.702
$x^{14'}$	0.513	0.622	0.499	0.363	0.408	0.512	0.350
$x^{15'}$	0.110	0.426	0.936	0.098	0.195	0.110	2.223
$x^{16'}$	0.616	0.707	0.456	0.688	0.318	0.616	0.397
$x^{17'}$	0.597	0.313	0.550	0.028	0.277	0.597	1.015
$x^{18'}$	0.392	0.230	0.406	0.251	0.134	0.392	0.553
$x^{19'}$	0.257	0.175	0.310	0.398	0.230	0.257	0.544
$x^{20'}$	0.193	0.150	0.265	0.468	0.275	0.193	0.720

Step 5：采用快速非支配排序和拥挤距离从父种群和子种群的合集 $P_g \cup Q_g$ 中挑选个体组成下一代种群 P_{g+1}；下一代种群的信息如表 9.12 所示。

表 9.12　下一代种群的信息

编号	x_1	x_2	x_3	x_4	x_5	f_1	f_2	序值	拥挤距离
x^6	0.262	0.704	0.391	0.671	0.155	0.262	4.142	1	0.927
x^{12}	0.494	0.630	0.774	0.295	0.409	0.494	0.515	1	0.544

续表

编号	x_1	x_2	x_3	x_4	x_5	f_1	f_2	序值	拥挤距离
x^{13}	0.021	0.334	0.702	0.369	0.128	0.021	2.331	1	∞
$x^{1'}$	0.502	0.494	0.300	0.647	0.718	0.502	0.455	1	0.120
$x^{14'}$	0.513	0.622	0.499	0.363	0.408	0.512	0.350	1	∞
$x^{15'}$	0.110	0.426	0.936	0.098	0.195	0.110	2.223	1	0.934
$x^{19'}$	0.257	0.175	0.310	0.398	0.230	0.257	0.544	1	0.717
$x^{20'}$	0.193	0.150	0.265	0.468	0.275	0.193	0.720	1	0.448
x^{3}	0.299	0.663	0.904	0.448	0.499	0.299	1.438	2	0.648
x^{14}	0.320	0.163	0.326	0.166	0.781	0.320	0.875	2	0.415
x^{20}	0.150	0.506	0.955	0.148	0.203	0.150	2.106	2	0.883
$x^{5'}$	0.038	0.817	0.412	0.100	0.876	0.038	3.873	2	∞
$x^{7'}$	0.614	0.950	0.743	0.583	0.866	0.614	0.500	2	0.432
$x^{8'}$	0.049	0.665	0.410	0.455	0.678	0.049	3.003	2	0.703
$x^{16'}$	0.616	0.707	0.456	0.688	0.318	0.616	0.397	2	∞
$x^{18'}$	0.392	0.230	0.406	0.251	0.134	0.392	0.553	2	0.616
x^{2}	0.780	0.576	0.288	0.683	0.673	0.780	0.540	3	∞
x^{5}	0.075	0.850	0.024	0.201	0.977	0.075	3.660	3	∞
x^{16}	0.232	0.991	0.656	0.589	0.745	0.232	2.673	3	1.094
x^{8}	0.373	0.915	0.589	0.009	0.834	0.373	1.566	3	0.936

Step 6：停机准则判断。此时还没有达到100代进化次数，因此再次进行迭代直到满足停机准则。

最终，可以得到如图9.16中所示的Pareto最优解集。

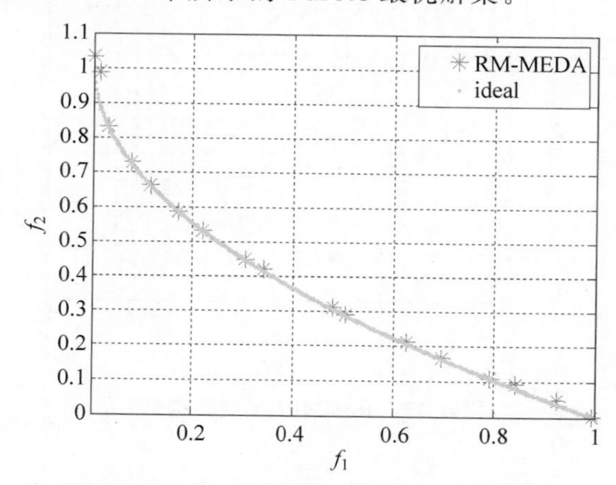

图9.16 种群规模为20的Pareto最优解

在真实的求解过程中，往往种群规模都比较大，通常设置为100，这样可以得到更多的Pareto最优解。下面将给出RM-RMDA在F1～F6函数上获得的PF，RM-MEDA的相关参数设置如下：种群规模$N=100$；LPCA中的聚类数$K=5$；算法的停机准则是：迭代次数达到100次(F1,F2,F5,F6)或1000次(F3)。

RM-MEDA获得的PF如图9.17所示。从图中可以看出，RM-MEDA在处理这些测试函数时具有较好的性能。

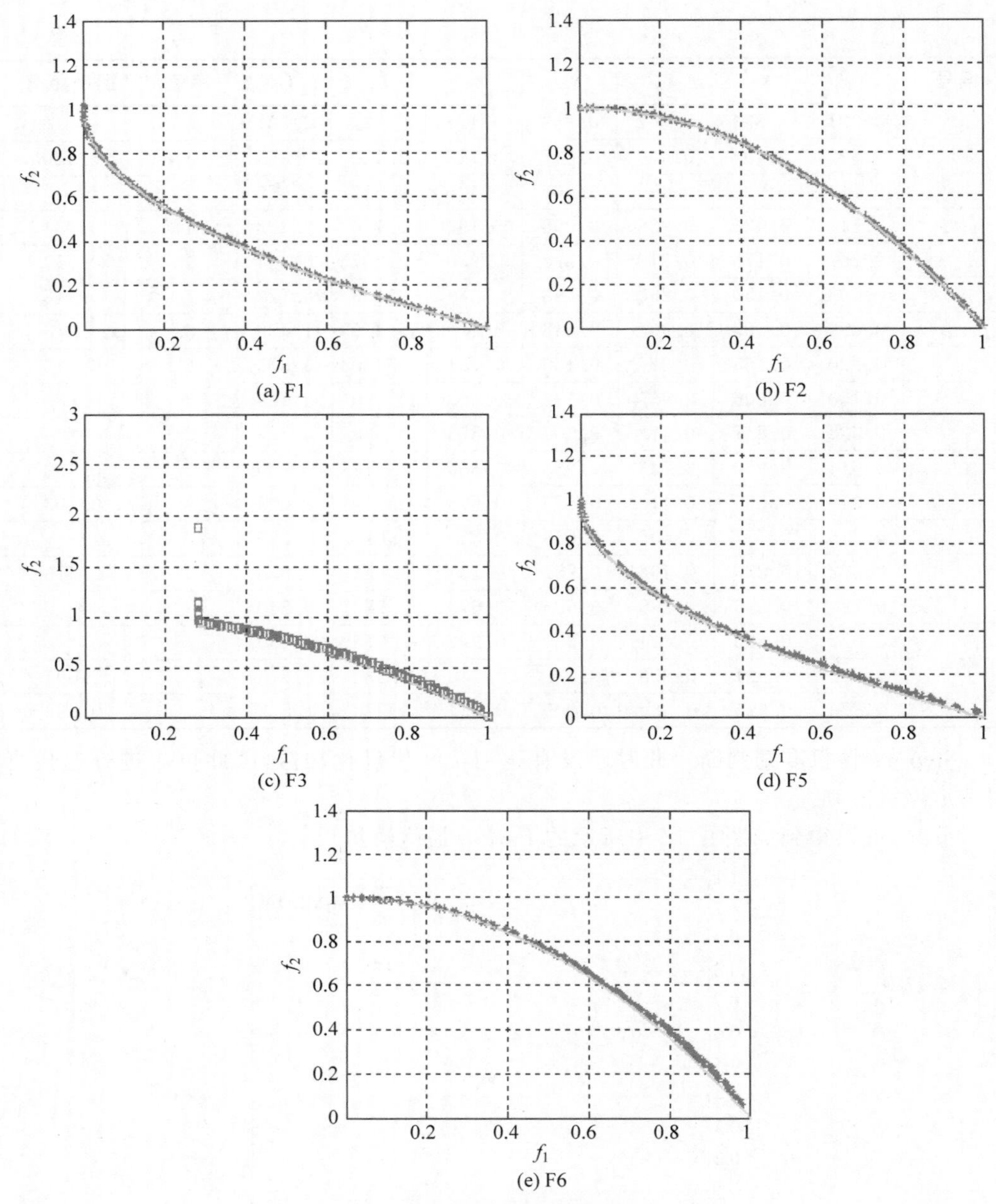

图 9.17　RM-MEDA 实验结果

9.3　复杂多目标优化模型

随着多目标优化领域的不断发展，越来越多的学者投入多目标优化的研究中，因此多目标优化的研究出现了一些新的复杂研究方向。典型的复杂多目标优化包括动态多目标优化、高维多目标优化、偏好多目标优化和噪声多目标优化。下面介绍这几种复杂多目标优化问题的相关概念、发展历程以及未来的研究趋势。

9.3.1　动态多目标优化

大多数多目标优化问题涉及目标函数、相关参数或约束条件都可能随着时间的变化而变化,这种类型的多目标优化问题通常称为动态多目标优化问题(Dynamic Multi-objective Optimization Problem,DMOP)[27]。基于动态多目标优化随时间变化的特性,求解 DMOP 要求算法能够同时优化多个目标,同时还要及时检测出环境变化并对变化做出适当的响应,因此求解 DMOP 的目标是快速准确地找到各个环境的 PS[28]。

近年来,越来越多的学者开始关注动态多目标优化(Dynamic Multi-objective Optimization,DMO)的研究,这是因为 DMO 具有非常重要的理论研究价值。相较于静态多目标优化,DMO 的研究具有更大的挑战性,设计有效的动态多目标优化算法(Dynamic Multi-objective Optimization Algorithm,DMOA)能够推动动态多目标优化领域的向前发展。同时 DMO 的研究具有非常重要的工程价值,DMO 在节能环保[27]、调度控制[29]、交通运输管理[30]、资源管理[31]等实际领域具有广阔的应用价值,现实生活中的许多优化问题都可以建模成 DMOP。

本节主要介绍动态多目标优化的相关理论知识,介绍动态多目标优化算法的研究现状,同时本节还会给出一个典型的动态多目标优化算法来帮助读者学习动态多目标优化算法的原理。最后本节会基于目前的研究现状分析动态多目标优化的研究所存在的挑战。

1. 动态多目标优化相关概念

一个最小化 DMOP 的数学描述表示如下[32]

$$\min_{\boldsymbol{x}\in\Omega} F(\boldsymbol{x},t)=(f_1(\boldsymbol{x},t),f_2(\boldsymbol{x},t),\cdots,f_m(\boldsymbol{x},t)) \tag{9.27}$$

其中,$\boldsymbol{x}=[x_1,x_2,\cdots,x_n]\in\Omega$ 是 n 维的决策变量,$F(\boldsymbol{x},t)$是 m 维的目标函数,m 是目标函数的个数。

下面给出了动态多目标优化研究中的一些相关概念。

定义 9.13 Pareto 最优解集:在 t 时刻,所有 Pareto 最优解构成了 Pareto 最优解集(PS_t),表示为

$$\mathrm{PS}_t=\{x^t \mid \neg\ \exists x^{t*}\in\Omega: x^{t*}\prec x^t\} \tag{9.28}$$

定义 9.14 Pareto 最优前沿:在 t 时刻,Pareto 最优解集在目标空间中的映射就是 Pareto 最优前沿 PF_t,定义为

$$\mathrm{PF}_t=\{F(\boldsymbol{x},t)\mid \boldsymbol{x}\in\mathrm{PS}_t\} \tag{9.29}$$

PS_t 和 PF_t 可能会随着时间的变化而变化,也可能随时间的变化而保持不变。因此,DMOPs 主要可以分为 4 类,如图 9.18 所示。

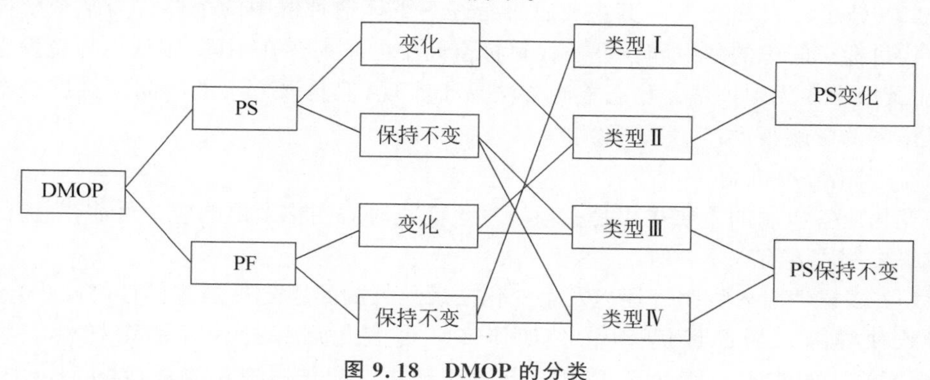

图 9.18 DMOP 的分类

2. 动态多目标优化研究现状

动态多目标优化问题是 21 世纪以来的新兴问题之一,求解动态多目标优化问题

具有很大的挑战性，不仅要求算法能够同时优化多个目标，同时还要求算法能够快速地响应环境的变化，快速追踪到随时间变化的最优解。

近年来越来越多的学者加入到这一研究领域，提出了很多动态多目标优化算法。DMOA能够有效地解决DMOP，必须尽可能地保证以下两点。

(1) 如果环境发生变化，算法必须要保证能够灵敏地检测到环境的变化并且有效地响应环境变化。

(2) 如果环境没有发生变化，算法要尽可能快速地追踪到当前环境的Pareto最优解。

因此，环境变化检测机制、变化应答机制、静态多目标优化是动态多目标优化算法不可或缺的3个组成部分。图9.19给出了动态多目标优化算法的一般框架。

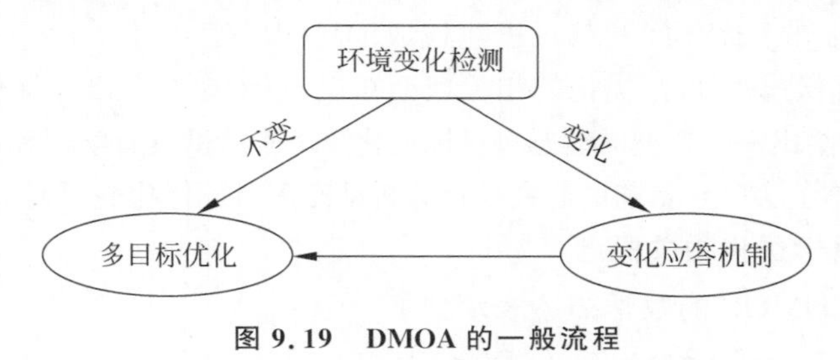

图9.19　DMOA的一般流程

下面将从环境变化检测机制以及变化应答机制两方面介绍动态多目标优化的研究现状。

1) 环境变化检测机制

目前，主流的变化检测机制包括3种。

(1) 重评估[33]：顾名思义就是重新评估种群中的部分个体。如果重评估个体在当前代目标空间中的映射和在下一代目标空间中的映射存在不同，则可以判定环境发生了变化。重评估原理简单，易于操作。然而，选择多少个体、选择哪些个体来检测环境的变化还是一个值得研究的问题。

(2) 估计目标解集的分布[34]：这种方法旨在通过分布来判断环境是否发生变化。如果相邻两次迭代的目标解集具有不同的分布，则认为环境发生了变化。该方法具有一定的理论基础，然而统计分布的参数设置仍然是一个值得研究的问题。

(3) 稳态检测方法[35]：其主要思想是逐一重评估种群中的个体。当某个个体在当前代目标空间中的映射和在下一代目标空间中的映射存在不同，则认为环境发生了变化，其余个体无须评估。稳态检测方法易于实现，但是该方法的时间复杂度受个体随机排序的影响很大。

2) 变化应答机制

变化应答机制的主要作用是在环境发生变化时对变化做出响应。目前，主流的变化应答机制主要有以下6种。

(1) 多样性引入机制。环境发生变化之后最大的问题之一是多样性的缺失，这可能导致种群陷入局部最优。因此，如何在环境变化后保持较好的多样性一直是DMOA关注的焦点。K. Deb提出了一种动态非支配排序遗传算法(Dynamic Non-dominated Sorting Genetic Algorithm Ⅱ，DNSGA-Ⅱ)，该算法设计了两种多样性引入机制[27]，包括随机多样性引入(Random Diversity Introduction，RDI)和变异多样性引入(Mutational Diversity Introduction,MDI)。M. S. Lechuga 提出了一种动态多目标粒子群优化算法。该算法设计了两种应答机制：一种是从每个粒子的当前位置和历史环境的最佳位置中选择一个较好的位置作为粒子在新环境中的初始位置,另一种是重新初始化每个粒子在新环境中的位置。C. K. Goh 和 K. C. Tan 提出了一种动态竞争-合作协同进化算法[36],采用多样性引入机制响应环境的变化。刘若辰等提出了一种动态协同进化多种群粒子群优化算法[37],采用了一种简单的随机初始化应答机制应对环境变化。总体而言,多样性引入机制可以有效提高种群多样性,但是如果多样性引入的比例过大或者过小,可能会导致收敛性与多样性之间的不平衡。

(2) 多样性保持机制。多样性保持机制的思想是在环境发生变化时维持种群原有的多样性。当前环境的 PS 可以直接转移到新环境中,作为下个环境的初始种群。2005 年,尚荣华等提出了一种用于动态多目标优化的克隆选择算法[38]。2006 年,曾三友等提出了一种动态正交多目标优化算法[39]。2014 年,尚荣华等提出了量子免疫克隆协同进化算法[40]。这些算法都直接采用多样性保持机制来响应环境变化。多样性保持机制的特点是,它更适合解决环境变化较小的 DMOP。

(3) 预测机制。在某些情况下,环境变化遵循一定的规律,并且在某种程度上是可以预测的。动态性的预测可以通过模型来实现,模型可以预测新环境中 PS 的位置。I. Hatzakis 和 D. Wallace 提出了前向预测机制(Feed forward Prediction Strategy,FPS),FPS 主要利用历史信息预测新环境中个体的位置[41]。周爱民等提出了一种预测初始化机制[42]。当变化出现时,根据 PS 在历史环境中的位置变化预测个体在下个环境中的位置,这种方法是一种线性预测机制(Linear Prediction Strategy,LPS)。W. T. Koo 提出了一种梯度预测机制来响应环境变化[43]。周爱民等设计了种群预测机制(Population Prediction Strategy,PPS)[33],该机制分别预测中心点和流形,进而获得下个环境的初始种群。郑金华等设计了基于引导个体的预测机制[44],通过分析种群中心位置的变化来预测最优解的方向,进而获得下个环境的初始种群。同年,武燕等设计了一种定向搜索机制[45],当环境发生变化时,该机制主要通过 PS 质心的变化来预测产生下个环境的初始种群。A. Muruganantham 设计了基于卡尔曼滤波的预测机制响应环境变化[46]。邹娟等设计了基于中心点和拐点的预测机制[47],根据前两个环境中 Pareto 最优个体中心点的变化预测新环境中 Pareto 最优个体的位置,同时利用自回归模型预测下个环境的拐点。丁进良等提出了一种基于参考点的预测机制处理 DMOP[48]。杨圣祥等设计了稳态世代进化算法(Steady-state and Generational Evolutionary Algorithm,SGEA)[35],其主要根据 PS 的历史变化来预测新环境的初始种群。2017 年,郑金华等设计了一种预测机制[49],根据中心点的移动方向,预测下个环境的 PS。陈得宝等设计了基于模糊推理和一步预测的应答机制来应对环境变化[50]。刘若辰等提出了一种基于分解和预测的动态多种群粒子群优化算法[51],采用 PPS 加速种群收敛到真实 PF。

近年来,预测机制的研究越来越火热。巩敦卫等设计了一种多方向预测机制来响应环境变化[52]。徐立鸿等设计了一种差分预测模型[53],其主要思想是估计质心的变化,然后获得下个环境的初始种群。周育人等提出了一种新的基于参考点的预测机制[54],它可以根据当前粒子所属的子部分在新环境中重新定位粒子。杨圣祥等设计了一种基于预测的 DMOA[55],它使用线性预测模型生成新环境的部分初始个体。邢立宁等提出了一种新的预测机制[56]，它可以检测决策变量的变化程度，进一步利用各种预测机制对环境变化做出响应。G. G. Yen 等提出了灰度预测模型[57]，该模型将所有个体划分为几个集群。每个集群根据自己的集群中心信息建立自己的预测模型，然后独立获得下个环境的初始种群。郑金华等提出了一种中心匹配机制[58]，利用历史信息实现对下个环境中个体位置的预测。孙浩等提出了一种基于逆模型的双重预测机制[59]，采用自回归模型预测下个环境的逆模型，然后利用预测的逆模型将个体从目标空间映射到决策空间。

显然，预测机制的研究正受到越来越多的学者的关注。然而，预测的准确性严重影响了 DMOA 的性能。如果早期的预测有误，将会误导后期种群的进化。

(4) 记忆机制。随着时间的推移，DMOP 可能会表现出周期性的环境变化。在这种情况下，历史环境的 PS 可以帮助算法快速响应下次环境变化。张著洪等提出了一种基于人工免疫系统的 DMOA[60]。在该算法中，B-module 用于搜索当前环境的 PS，M-module 将获得的 PS 保存到内存中，T-module 用于检测环境变化，T-module 使用存储在内存中的信息生成下个环境的初始种群。S. Sahmoud 和 H. R. Topcuoglu 提出了记忆机制[61]，将历史环境中的 PS 保存起来，它会使用存档集中的个体产生下个环境的初始种群。记忆机制适合但是仅仅适合解决周期性 DMOP。

(5) 基于迁移学习的应答机制。基于迁移学习的应答机制是目前研究的一个新方向。DMOP 的解的分布可能会随环境发生变化，也就是说，不同时刻的解是非独立的并且具有不同的分布。江敏等提出了记忆驱动的流形迁移学习策略(Memory-driven Manifold Transfer Learning strategy，MMTL)[62]。MMTL 将保存历史环境中精英个体的记忆机制与多样性特征相结合，并在进化过程中预测下一个环境中的最佳个体。冯亮等设计了一种 DMOA，通过自动编码进化来处理 DMOP[63]，它可以使用自动编码器中的非支配个体预测 PS 的移动。江敏等基于域自适应和非参数估计设计了一种分布估计算法[64]，这种方法没有考虑到前一个环境和下个环境中解的分布，因此很容易导致算法陷入局部最优并且产生负迁移。将迁移学习引入动态多目标优化的研究中，确实是一种新颖的研究思路。然而，迁移学习带来的庞大的计算量也是该方法的一个主要缺陷。

(6) 自适应应答机制。近年来，学者们逐渐展开了关于自适应应答机制的研究。R. Azzouz 提出了一种自适应混合应答机制[65]，根据环境变化的强度确定初始化产生新个体的数量。刘敏等提出了一种自适应多样性引入机制(Self-Adaptive Diversity Introduction，SADI)[66]，SADI 能够评估环境变化的强度并动态地确定引入多样性的比例。目前自适应应答机制的相关研究成果还比较少，但对自适应应答机制的研究很可能是未来研究的主要方向，对自适应应答机制的研究还需要更多的关注和努力。

动态多目标优化的研究正受到越来越多的学者的关注，相关的研究成果正不断地涌现出来。但是 K. Deb 教授提出的 DNSGA-Ⅱ算法是动态多目标领域最经典的算法之一，它被许多后来的算法选作对比算法。因此以下将介绍 DNSGA-Ⅱ的原理，并通过具体的求解实例来测试算法的性能。

3. 典型的动态多目标优化算法 DNSGA-Ⅱ

1) DNSGA-Ⅱ原理

DNSGA-Ⅱ算法是在 NSGA-Ⅱ的基础上引入环境检测算子以及变化应答机制来

求解动态多目标优化问题,具体分为 DNSGA-Ⅱ-A 和 DNSGA-Ⅱ-B 两种算法。当检测到环境改变时,DNSGA-Ⅱ-A 算法将种群中一定比例的个体替换为随机生成的个体,从而响应环境变化,而 DNSGA-Ⅱ-B 算法则将种群中一定比例个体进行基因突变以响应环境变化。

环境检测算子是动态多目标优化问题中非常重要的部分,是静态多目标优化转换为动态多目标优化的桥梁。对于动态多目标优化,每次迭代前都应该检测环境是否发生了变化。常用的环境检测是从父代种群中随机挑选部分个体,评估它们的目标函数值较上一迭代是否存在大于某一设定阈值的差异,若存在就认为环境发生了变化,否则情况相反。此处暂不考虑约束函数是否发生变化,环境检测算子的具体计算为

$$\zeta(g)=\frac{1}{n_\zeta}\sum_{i=1}^{n_\zeta}\left\|\frac{F(\boldsymbol{x}^i,g)-F(\boldsymbol{x}^i,g+1)}{F(\boldsymbol{x}^i,g)_{\max}-F(\boldsymbol{x}^i,g)_{\min}}\right\| \tag{9.30}$$

其中,g 和 $g+1$ 表示相邻的两次迭代。n_ζ 表示用来检测环境变化的个体数目。$F(\boldsymbol{x}^i,g)_{\max}$ 和 $F(\boldsymbol{x}^i,g)_{\min}$ 是用于检测变化的所有个体的目标函数的最大值和最小值。$\zeta(g)>\tilde{\zeta}$ 表示环境发生了变化($\tilde{\zeta}$ 是一个阈值,设置为 0.0001)。

当检测到变化后,采用变化应答机制对环境的变化做出响应。优秀的变化应答机制能够提高算法对新环境的适应能力,有助于算法在新环境中快速追踪到新的 Pareto 最优前端,但要得到能够解决所有 DMOP 的变化应答机制是不太现实的。DNSGA-Ⅱ-A 采用随机产生的个体替换当前种群中 ζ%的个体来响应环境变化,进而形成新的初始种群作为新环境的初始种群,具体为

$$X_{t+1}=X_t\cdot((1-\xi\%)\cdot\text{popsize})+\text{initization}(\xi\%\cdot\text{popsize}) \tag{9.31}$$

而在 DNSGA-Ⅱ-B 中,当环境发生变化时,从当前种群中随机选择部分个体通过变异产生新个体替换当前种群中 ζ%的个体,具体为

$$X_{t+1}=X_t\cdot((1-\xi\%)\cdot\text{popsize})+\text{mutation}(\xi\%\cdot\text{popsize}) \tag{9.32}$$

相关研究表明:对于 DNSGA-Ⅱ-A 随机解添加 20%~40%时算法性能更好,而对于 DNSGAII-B 突变解添加 40% ~90%时算法性能更好。DNSGA-Ⅱ-A 更适用于解决环境变化强度大的动态多目标优化问题,而 DNSGA-Ⅱ-B 更适用于解决环境变化强度小的动态多目标优化问题。

DNSGA-Ⅱ-A 的算法流程如算法 9.4 所示,DNSGA-Ⅱ-B 的算法流程如算法 9.5 所示。下面将通过具体的实验测试算法的性能。

算法 9.4: DNSGA-Ⅱ-A

Step 1: 输入参数。种群大小为 N,当前进化代数 $g=0$,算法总迭代次数 $G_{\max}$,环境变化的强度,环境变化的频率。

Step 2: 初始化。采用随机初始化的方法得到初始化种群。

Step 3: 变化检测。环境变化检测算子检测环境是否发生变化,如果环境发生变化,转向 Step 4,如果环境不发生变化,转向 Step 5。

Step 4: 变化应答。保存当前环境的 PS;随机多样性引入机制对环境变化做出响应。

Step 5: 进化优化。NSGA-Ⅱ 对种群进行进化优化。

Step 6: 判断终止条件。若满足终止条件,则输出每个环境的 PS,否则令 $g=g+1$,返回 Step 3。

算法 9.5：DNSGA-Ⅱ-B
Step 1：输入参数。种群大小为 N，当前进化代数 $g=0$，算法总迭代次数 $G_{\max}$，环境变化的强度，环境变化的频率。
Step 2：初始化。采用随机初始化的方法得到初始化种群。
Step 3：变化检测。环境变化检测算子检测环境是否发生变化，如果环境发生变化，转向 Step 4，如果环境不发生变化，转向 Step 5。
Step 4：变化应答。保存当前环境的 PS；变异多样性引入机制对环境变化做出响应。
Step 5：进化优化。NSGA-Ⅱ对种群进行进化优化。
Step 6：判断终止条件。若满足终止条件，则输出每个环境的 PS，否则令 $g=g+1$，返回 Step 3。

2）DNSGA-Ⅱ求解实例

下面通过 8 个典型的动态多目标优化问题来测试算法 DNSGA-Ⅱ-A 和 DNSGAII-B 的性能。

(1) 测试函数。8 个测试函数的决策变量的维数和范围、目标函数的定义以及所属的类型如表 9.13 所示。动态测试问题与静态测试问题的不同在于前者有时间变量 t 的参与。时间变量的定义为

$$t=\frac{1}{n_t}\left\lfloor\frac{\tau}{\tau_t}\right\rfloor \tag{9.33}$$

其中，n_t 和 τ_t 分别是环境变化的强度和环境变化的频率。

表 9.13　动态多目标优化测试函数

测试函数	决策变量	目标函数,PS and PF	类型
DMOP1	$\boldsymbol{X}_{\mathrm{I}}=[\boldsymbol{x}_1]\in[0,1]$ $\boldsymbol{X}_{\mathrm{II}}=[\boldsymbol{x}_2,\cdots,\boldsymbol{x}_n]\in[-1,1],n=10$	$f_1(\boldsymbol{x},t)=\boldsymbol{x}_1,f_2(\boldsymbol{x},t)=g\left(1-\left(\frac{f_1}{g}\right)^H\right)$ $g=1+9\sum_{x_i\in\boldsymbol{X}_{\mathrm{II}}}\boldsymbol{x}_i^2$ $H=1.25+0.75\sin(0.5\pi t)$ PS 固定为：$0\leqslant\boldsymbol{x}_1\leqslant1,\boldsymbol{x}_i=0,i=2,3,\cdots,n$ PF 变化规律：$f_2=1-f_1^H,0\leqslant f_1\leqslant1$	类型Ⅲ
DMOP2	$\boldsymbol{X}_{\mathrm{I}}=[\boldsymbol{x}_1]\in[0,1]$ $\boldsymbol{X}_{\mathrm{II}}=[\boldsymbol{x}_2,\cdots,\boldsymbol{x}_n]\in[-1,1],n=10$	$f_1(\boldsymbol{x},t)=\boldsymbol{x}_1,f_2(\boldsymbol{x},t)=g\left(1-\left(\frac{f_1}{g}\right)^H\right)$ $g=1+\sum_{x_i\in\boldsymbol{X}_{\mathrm{II}}}(\boldsymbol{x}_i-G)^2,G=\sin(0.5\pi t)$ $H=1.25+0.75\sin(0.5\pi t)$ PS 变化规律：$0\leqslant\boldsymbol{x}_1\leqslant1,\boldsymbol{x}_i=G,i=2,\cdots,n$ PF 变化规律：$f_2=1-f_1^H,0\leqslant f_1\leqslant1$	类型Ⅱ
DMOP3	$\boldsymbol{x}_i\in[0,1]^n,n=10$	$f_1(\boldsymbol{x},t)=\boldsymbol{x}_1,f_2(\boldsymbol{x},t)=g\left(1-\sqrt{\frac{f_1}{g}}\right)$ $g=1+\sum_{i=1}^{x/x_r}(x_i-G(t))^2,G=\lvert\sin(0.5\pi t)\rvert$ $r=\bigcup(1,2,\cdots,n)$ PS 变化规律：$0\leqslant\boldsymbol{x}_1\leqslant1,\boldsymbol{x}_i=G,i=2,3,\cdots,n$ PF 固定为：$f_2=1-\sqrt{f_1},0\leqslant f_1\leqslant1$	类型Ⅰ

续表

测试函数	决策变量	目标函数,PS and PF	类型
FDA1	$\boldsymbol{X}_{\mathrm{I}}=[\boldsymbol{x}_1]\in[0,1]$ $\boldsymbol{X}_{\mathrm{II}}=[\boldsymbol{x}_2,\boldsymbol{x}_3,\cdots,\boldsymbol{x}_n]\in[-1,1],n=10$	$f_1(\boldsymbol{x},t)=\boldsymbol{x}_1,f_2(\boldsymbol{x},t)=g\left(1-\sqrt{\frac{f_1}{g}}\right)$ $g=1+\sum_{x_i\in \boldsymbol{X}_{\mathrm{II}}}(\boldsymbol{x}_i-G)^2$ $G=\sin(0.5\pi t)$ PS 变化规律：$0\leqslant \boldsymbol{x}_1\leqslant 1,\boldsymbol{x}_i=G,i=2,3,\cdots,n$ PF 固定为：$f_2=1-\sqrt{f_1},0\leqslant f_1\leqslant 1$	类型Ⅰ
FDA2	$\boldsymbol{X}_{\mathrm{I}}=[\boldsymbol{x}_1]\in[0,1]$ $\boldsymbol{X}_{\mathrm{II}}=[\boldsymbol{x}_2,\boldsymbol{x}_3,\cdots,\boldsymbol{x}_6]\in[-1,1]$ $\boldsymbol{X}_{\mathrm{III}}=[\boldsymbol{x}_7,\boldsymbol{x}_8,\cdots,\boldsymbol{x}_n]\in[-1,1],n=13$	$f_1(\boldsymbol{x},t)=\boldsymbol{x}_1,f_2(\boldsymbol{x},t)=g\times h$ $g=1+\sum_{x_i\in \boldsymbol{X}_{\mathrm{II}}}\boldsymbol{x}_i^2$ $h=1-(f_1/g)^{2\left((H(t)+\sum_{x_i\in X_{\mathrm{III}}}(x_i-H(t)/4)^2)\right)}$ $H(t)=2\sin(0.5\pi(t-1))$ PS 变化规律：$0\leqslant \boldsymbol{x}_1\leqslant 1,\boldsymbol{x}_i=0,i=2,3,\cdots,6$ $\boldsymbol{x}_i=H(t)/4,i=7,8,\cdots,n$ PF 变化规律：$f_2=1-f_1^{\wedge}(2^{\wedge}H(t)),0\leqslant f_1\leqslant 1$	类型Ⅱ
FDA3	$\boldsymbol{X}_{\mathrm{I}}=[\boldsymbol{x}_1]\in[0,1]$ $\boldsymbol{X}_{\mathrm{II}}=[\boldsymbol{x}_2,\boldsymbol{x}_3,\cdots,\boldsymbol{x}_n]\in[-1,1],n=10$	$f_1(\boldsymbol{x},t)=\boldsymbol{x}_1^F,f_2(\boldsymbol{x},t)=g\left(1-\sqrt{\frac{f_1}{g}}\right)$ $g=1+G+\sum_{x_i\in \boldsymbol{X}_{\mathrm{II}}}(\boldsymbol{x}_i-G)^2$ $G=\lvert\sin(0.5\pi t)\rvert$ $F=10^{2\sin(0.5\pi t)}$ PS 变化规律：$0\leqslant \boldsymbol{x}_1\leqslant 1,\boldsymbol{x}_i=G,i=2,3,\cdots,n$ PF 变化规律：$f_2=(1+G)\left(1-\sqrt{\frac{f_1}{1+G}}\right),0\leqslant f_1\leqslant 1$	类型Ⅱ
FDA4	$\boldsymbol{x}_i\in[0,1]^n,n=10$	$f_1(\boldsymbol{x},t)=(1+g)\cos(0.5\pi\boldsymbol{x}_2)\cos(0.5\pi\boldsymbol{x}_1)$ $f_2(\boldsymbol{x},t)=(1+g)\cos(0.5\pi\boldsymbol{x}_2)\sin(0.5\pi\boldsymbol{x}_1)$ $f_3(\boldsymbol{x},t)=(1+g)\sin(0.5\pi\boldsymbol{x}_2)$ $g=\sum_{i=3}^{n}(x_i-G(t))^2,$ $G(t)=\lvert\sin(0.5\pi t)\rvert$ PS 变化规律：$0\leqslant \boldsymbol{x}_1,\boldsymbol{x}_2\leqslant 1,\boldsymbol{x}_i=G,i=3,4,\cdots,n$ PF 固定为：$f_1^2+f_2^2+f_3^2=1$	类型Ⅰ

续表

测试函数	决策变量	目标函数,PS and PF	类型
FDA5	$x_i \in [0,1]^n, n=10$	$f_1(\boldsymbol{x},t)=(1+g)\cos(0.5\pi y_2)\cos(0.5\pi y_1)$ $f_2(\boldsymbol{x},t)=(1+g)\cos(0.5\pi y_2)\sin(0.5\pi y_1)$ $f_3(\boldsymbol{x},t)=(1+g)\sin(0.5\pi y_2)$ $g=G(t)+\sum_{i=3}^{n}(x_i-G(t))^2$ $G(t)=\lvert\sin(0.5\pi t)\rvert$ $y_i=x_i^{F(t)}, F(t)=1+100\sin^4(0.5\pi t)$ PS 变化规律：$0\leqslant \boldsymbol{x}_1, \boldsymbol{x}_2 \leqslant 1, \boldsymbol{x}_i=G, i=3,4,\cdots,n$ PF 变化规律：$f_1^2+f_2^2+f_3^2=(1+G(t))^2$	类型Ⅱ

(2) 性能指标。这里采用两种综合性指标：反向世代距离(Inverted Generational Distance,IGD)和超体积(Hyper-Volume,HV)评价算法的性能,这两个指标可以同时评价收敛性和多样性。

IGD 是一种广泛使用的评估算法性能的指标,定义为

$$\mathrm{IGD}_t(\mathrm{PF}_t^*, \mathrm{PF}_t)=\frac{\sum_{v\in \mathrm{PF}_t^*} d(v,\mathrm{PF}_t)}{\lvert \mathrm{PF}_t^* \rvert} \tag{9.34}$$

其中,PF_t 是算法在 t 时刻获得的 PF,PF_t^* 是真实 PF,v 是 PF_t^* 中的一个个体,$d(v,\mathrm{PF}_t)$是个体 v 以及在 PF_t 中与个体 v 最近的个体之间的欧氏距离,$\lvert \mathrm{PF}_t^* \rvert$表示 PF_t^* 的基数。

对于 DMOP,如果环境总共变化 $T_{\max}$ 次,则整个过程的评价指标应该是所有 IGD 的平均值,即 MIGD,定义为

$$\mathrm{MIGD}=\frac{1}{T_{\max}}\sum_{t=1}^{T_{\max}}\mathrm{IGD}_t \tag{9.35}$$

MIGD 反映了算法获得的 PF 与真实 PF 之间的接近程度,因此 MIGD 值越小,算法的性能越好。

HV 度量算法获得的 PF 所覆盖的面积或者体积的大小,计算公式为

$$\mathrm{HV}_t=\mathrm{volume}\left(\bigcup_{i=1}^{\lvert \mathrm{PF}_t \rvert} v_i\right) \tag{9.36}$$

其中,PF_t 是 t 时刻算法获得的 PF,v_i 是由参考点和第 i 个个体形成的超体积。计算超体积的参考点设置为$(z_1\times 1.1, z_2\times 1.1,\cdots,z_m\times 1.1)$,其中 z_j 是真实 PF 的第 j 个目标的最大值,m 是目标函数的个数。

同理,对于 DMOP,如果环境总共变化 $T_{\max}$ 次,则整个过程的评价指标应该是所有 HV 的平均值,即 MHV,定义为

$$\mathrm{MHV}=\frac{1}{T_{\max}}\sum_{t=1}^{T_{\max}}\mathrm{HV}_t \tag{9.37}$$

MHV 值越大,算法的性能越好。

(3) 参数设置。NSGA-Ⅱ参数设置见 9.2.1 节。种群规模 $N=100$,用于检测环

境变化的个体数量5%×N。对于DNSGA-Ⅱ-A,环境发生变化时种群中20%的个体进行随机初始化。对于DNSGA-Ⅱ-B,环境发生变化时种群中40%的个体发生变异。为了验证算法在不同类型的环境变化中的性能,(τ_t,n_t)分别设置为(10,10)、(15,10)和(20,10)。DNSGA-Ⅱ-A和DNSGAII-B在每个基准函数上独立运行20次,每次运行中环境变化100次。

(4) 实验结果。表9.14给出了DNSGA-Ⅱ-A和DNSGA-Ⅱ-B在指标MIGD和MHV上的均值和方差。DNSGA-Ⅱ-A和DNSGA-Ⅱ-B的算法性能较为接近。

表9.14 DNSGA-Ⅱ-A和DNSGA-Ⅱ-B实验结果

函数	(τ_t,n_t)	MIGD		MHV	
		DNSGA-Ⅱ-A	DNSGA-Ⅱ-B	DNSGA-Ⅱ-A	DNSGA-Ⅱ-B
dMOP1	(20,10)	1.58e-2(7.50e-3)	1.24e-2(6.44e-3)	6.44e-1(4.70e-3)	6.41e-1(1.70e-3)
	(15,10)	2.38e-2(8.80e-3)	1.94e-2(7.81e-3)	6.41e-1(2.30e-3)	6.40e-1(2.90e-3)
	(10,10)	3.60e-2(1.25e-2)	3.07e-2(9.70e-3)	6.37e-1(3.90e-3)	6.33e-1(2.40e-3)
dMOP2	(20,10)	1.13e-2(5.83e-4)	1.11e-3(2.76e-4)	6.40e-1(3.19e-4)	6.40e-1(7.82e-4)
	(15,10)	1.68e-2(5.69e-4)	1.69e-2(5.78e-4)	6.30e-1(7.78e-4)	6.29e-1(6.27e-4)
	(10,10)	3.68e-2(2.40e-3)	3.81e-2(3.50e-3)	5.96e-1(4.10e-3)	5.89e-1(1.21e-2)
dMOP3	(20,10)	9.90e-3(7.23e-4)	9.60e-3(5.75e-5)	8.60e-1(9.54e-4)	8.59e-1(4.75e-5)
	(15,10)	1.58e-3(1.00e-3)	1.63e-2(1.10e-3)	8.49e-1(9.74e-4)	8.49e-1(2.50e-3)
	(10,10)	5.08e-2(3.10e-3)	5.42e-2(6.40e-3)	7.95e-1(4.20e-3)	7.90e-1(4.50e-3)
FDA1	(20,10)	9.31e-3(3.05e-4)	9.40e-3(2.54e-5	8.61e-1(2.11e-4)	8.61e-1(5.38e-5)
	(15,10)	1.37e-2(5.41e-4)	1.41e-2(9.29e-4)	8.52e-1(1.11e-3)	8.53e-1(2.45e-4)
	(10,10)	2.62e-2(2.99e-2)	2.97e-2(1.90e-3)	8.22e-1(5.42e-3)	8.25e-1(5.31e-3)
FDA2	(20,10)	1.55e-1(8.89e-5)	1.55e-1(2.90e-4)	7.03e-1(1.32e-4)	7.03e-1(1.39e-5)
	(15,10)	1.55e-1(2.65e-4)	1.55e-1(1.77e-4)	7.01e-1(2.63e-4)	7.01e-1(1.02e-4)
	(10,10)	1.57e-1(6.42e-4)	1.57e-1(7.24e-4)	6.97e-1(1.08e-4)	6.96e-1(1.77e-4)
FDA3	(20,10)	1.44e-1(4.30e-3)	1.44e-1(4.10e-3)	1.01e+0(3.83e-3)	1.01e+0(1.80e-3)
	(15,10)	1.52e-1(9.01e-3)	1.46e-1(3.90e-3)	1.00e+0(1.26e-2)	1.00e+0(1.16e-2)
	(10,10)	1.71e-1(5.94e-2)	1.87e-1(7.07e-2)	1.00e+0(8.30e-3)	1.00e+0(3.82e-3)
FDA4	(20,10)	1.37e-1(1.22e-2)	1.59e-1(9.10e-3)	5.29e-1(2.14e-3)	5.20e-1(1.02e-2)
	(15,10)	2.26e-1(2.27e-2)	2.42e-1(2.18e-2)	4.08e-1(2.60e-3)	4.12e-1(2.28e-2)
	(10,10)	4.02e-1(3.48e-2)	4.18e-1(3.24e-2)	2.90e-1(5.71e-3)	3.35e-1(3.30e-3)
FDA5	(20,10)	2.61e-1(7.39e-3)	2.60e-1(7.80e-3)	3.09e+0(6.42e-3)	3.05e+0(4.67e-2)
	(15,10)	2.97e-1(7.30e-3)	2.83e-1(8.01e-3)	2.84e+0(1.94e-3)	2.80e+0(5.32e-2)
	(10,10)	3.50e-1(1.43e-2)	3.57e-1(1.45e-2)	2.47e+0(8.93e-3)	2.44e+0(8.74e-2)

4. 动态多目标优化存在的挑战

尽管动态多目标优化这一研究领域已经引起越来越多的国内外学者的关注,但是动态多目标优化问题随时间不断变化的特性,给解决动态多目标优化问题带来了很大的挑战。从目前的研究现状来看,处理动态多目标优化问题还存在诸多的挑战与难题。

(1) 目前存在的动态多目标优化算法在环境变化检测环节虽然可以采用诸如重新评估个别解或判断统计分布的差异来确定环境是否发生变化,但这些方法过于简单,只能检测出存在变化但却不能检测出变化的强度以及类型。这种"简化"的检测机制，极易导致把复杂的变化粗暴地简化，从而影响后期变化应答机制的选择或建立。从一开始的简化导致后期处理的简化，这也是目前的动态多目标优化算法只能解决某一类简单的基准问题的原因所在。另外，现有变化检测模型中，由于处理都是“已知的变化”，所以也缺乏对相关重要参数的讨论，如重评估个体数目的设置、统计分布中的相关参数的设定等，而这些参数一方面影响着算法的计算复杂度，另一方面对后期采取何种应答机制有很重要的影响。如果要应用动态多目标优化算法求解“未知”背景的实际的动态多目标优化问题，这些问题将是现有方法的掣肘。

（2）变化适应机制是处理动态多目标优化问题最关键的步骤之一，如何有效快速地适应特定问题的特定环境变化尤其是适应复杂的混合变化是这一机制的核心问题。然而正如前文所述，由于简化的变化检测机制导致现有的变化应答机制无法适应多种变化，从而导致算法在处理复杂变化时无法实现快速收敛。另外，大部分现有的变化适应机制是单一地适应环境变化，即无视变化的类型以及变化的强度，均采用单一的模式来产生新时刻的种群，处理简单的问题尚可，一旦处理复杂问题就显得力不从心。

（3）目前动态多目标算法的研究与现实应用严重脱节，现有的算法大部分只能处理理论意义上的动态多目标优化问题，也就是基准问题，大部分基准问题都只有一种变化类型，那就是只有目标函数在变化，而现实生活中动态优化问题更加多样化，目标函数、约束条件、决策变量个数以及目标函数的个数等都可能随时间变化。另外现实的动态优化问题一般要求实时处理，而目前的文献中处理的问题恰恰没有这个要求，并且用动态多目标优化来解决实际问题面临的最大的问题是计算代价太大，难以接受，这也是为什么很多学者质疑理论的动态优化无法解决真正的实际优化问题的原因所在。

9.3.2　高维多目标优化

本节主要介绍高维多目标优化的相关定义、主要研究现状以及未来的研究趋势。

1. 高维多目标优化相关概念

高维多目标优化问题（Many objective Optimization Problems，MaOP）是指目标函数超过3个并且需要同时处理的最优化问题。一个高维多目标优化问题的数学描述表示为

$$\min_{\boldsymbol{x}\in\Omega} F(\boldsymbol{x})=(f_1(\boldsymbol{x}),f_2(\boldsymbol{x}),\cdots,f_m(\boldsymbol{x})) \tag{9.38}$$

其中，$\boldsymbol{x}=[x_1,x_2,\cdots,x_n]\in\Omega$ 是 n 维的决策变量，$F(\boldsymbol{x})$是 m 维的目标函数，m 是目标函数的个数，且 $m>3$。

近年来，国内外针对2目标和3目标的优化问题所提出的多目标优化算法已经具备较好的性能。但优化目标达到3个以上即具有高维目标时，由于非支配个体的数量以指数形式爆炸式增长，解之间的优劣关系变得更加难以评价，大大增加了 Pareto 最优解的选择压力，导致算法搜索能力大为下降，难以稳定有效地找到近似 Pareto 最优解集并同时保证良好的分布性和解集完整性。因此，高维多目标优化问题已成为优化领域的一大难题，其日益突出的实际需求也使其成为目前国内外公认的迫切需要解决的研究热点。基于上面的分析，当前非常有必要研究高维多目标优化问题，从而提出对应的有效解决此类问题的方案。

2. 高维多目标优化研究现状

近年来，高维多目标优化问题的求解，已经成为智能计算领域一个新的研究热点，同时也是一个研究难点。一些学者曾尝试将经典的多目标优化算法如SPEA、SPEA2、NSGA-Ⅱ等算法用于求解MaOP。这些算法在求解2目标或3目标优化问题时可以有较好的效果，但随着目标数目的增加，会出现由维数灾难带来的诸多问题[67-68]，如计算复杂度骤增收敛性不佳、种群分布性难以维持以及选择压力减弱或失效等，因此难以解决MaOP。目前，解决MaOP的主流框架分为以下三种。

1）改变支配关系，进而增大选择解的压力，提升算法收敛性

2001年，K. Ikeda等提出了α支配[69]，其核心思想是将两个个体的目标函数值做差并进行加权求和，然后根据所得值与0的关系判别支配关系，但该方法存在权系数α难以设定且受目标数量级影响的问题。2005年，M. Laumanns等提出e支配[70]，该方法主要是在个体进行Pareto支配关系比较之前对个体的目标函数值进行$(1-e)$倍缩小化，但个体间目标值的差异难以判断，所以e的取值难以设定。同年，P. F. Di等提出了k最优概念[71]，实现在忽略k个目标的情况下比较支配关系，但该方法难以确定被忽略的目标，而且不是对所有问题都可以实现。2007年，A. G. Hernandez-diaz等提出了ε占优机制[72]，该方法是在个体目标值的比较中添加合理的阈值，但阈值的大小难以确定。2013年，杨圣祥等提出了基于网格的进化算法[73]，该算法修改了支配准则，以提高多目标优化收敛速度，但此种关系难以进行调节，可能会造成优良个体的丢失。2014年，袁源等提出了θ支配方式[74]，主要用来维持高维多目标优化中的收敛性和多样性之间的平衡，但其收敛速度慢。2017年，周欢等提出了基于α支配提供严格的Pareto分层的高维多目标进化算法[75]，去除了绝大部分的支配受阻解，提高了解的收敛性，但这种放宽的策略是有限度的，无法处理目标数量很多的情况。上述方法可以达到增强选择压力的目的，但这种放宽策略是有限度的，不能够处理目标数量较多的情况，且由于优化问题的不同，参数设置较为困难。

2）基于分解的方法

这类方法是在不改变目标维数的前提下，把目标空间分解成多个子空间，进而把MaOP转换为单目标子问题或多目标子问题，并以协同的方式进化。该方法具有收敛速度快、求解精度高的优点。2007年，张青富等首次提出基于分解的多目标进化算法MOEA/D[24]，其通过设置一组均匀分布的权重向量来引导种群进化，使得个体能够均匀分布在权重向量的方向上，但分布性的要求在高维目标空间中会出现问题，无法保证最后的解集个体是贴近权重向量的方向，因此均匀分布的权重向量并不能保证产生均匀分布的解集。2014年，K. Deb等提出一种基于参考点的非支配排序方法[76]，其采用预设均匀分布的权重向量显著提升了种群多样性，将非支配分层机制与MOEA/D中的分解机制整合起来，避免了Pareto支配带来的退化问题，但由于仍采用选择压力低的Pareto支配关系，其收敛性有待进一步加强。2016年，徐华等提出了一种基于距离的更新策略[77]，其主要利用解和权向量间的垂直距离来维护进化过程中算法的多样性。同年，陈然等采用均匀分布的单位向量将目标空间划分为不同的子区域[78]，每个子区域的个体选择采用角度惩罚距离的方法，能够结合进化进程自适应地调节收敛性和多样性的比重，这种分解技术能有效增强收敛性，但其分布性在很大程度上取决于惩罚函数的特性，不同类型的问题对惩罚函数的选取很敏感。2017年，

周育人等提出了一种基于向量角的无约束多目标优化算法框架[79]，该算法通过最大向量夹角优先选取策略求解最优 Pareto 解集，良好地平衡了高维空间的收敛性与多样性。然而，由于上述算法均有通过自身调整的特性，因此易陷入局部最优，并且在高维空间中不能保证解平面上权重向量的均匀，使得解集分布性不理想。

3）参考点法

这类算法将 MaOP 分解成一组前沿面较为简单的多目标优化子问题，但不同于分解法，子问题的求解还是采用多目标优化方法。2013 年，王睿等提出了基于自适应生成目标向量的偏好激励协同进化算法[80]，该算法中权重向量集合随进化种群一同进化，权重向量根据其自身的最优解进行自适应调整；同年，刘芳等提出了基于自适应权重调整的 MOEA/D[81]，设计了一种加强的权重向量调整方式，通过在稀疏区域加入新权重向量，同时移除拥挤的权重向量来调整权重向量分布的均匀性。同年，刘海林等提出将一种将多目标优化问题分解为若干简单的多目标子问题的方法[82]，通过将整个目标空间分割成若干子空间，使得 Pareto 前沿整体被分割成若干片段后逐一求解，每个片段对应一个多目标子优化问题，该算法的解集分布性略有提高。2016 年，王朝等提出了基于目标空间分解的多目标优化算法[83]，采用聚类的方式将均匀分布的权重向量分解成若干子空间。每个权向量可以指定一个唯一子区域。较小的目标空间有助于克服高维空间 Pareto 优势关系的无效性；由于固定的子空间会导致每个子空间边缘解稀疏，从而导致算法分布性下降，解平面的均匀性有待提升。同年，G. G. Yen 等提出了一种基于参考向量引导求解 MaOP 的进化算法[84]，其自适应策略的原理是根据目标函数类型动态地调整参考向量。上述方法产生的参考点在求解过程中无法保证较好的个体距离相应的参考向量较近，并且有导致收敛性丧失的可能。

3. 高维多目标优化研究趋势

随着现实生活中优化问题决策变量数目和目标数量的增多，针对高维多目标优化的工作呈现出新的研究趋势[85]。

1）结合偏好的高维多目标优化

在实际生产过程中，决策者通常是根据现有的经验和个人偏好进行决策的，因此希望优化算法能够获得一组满足决策者偏好的解。该需求一方面要求算法能够专注于偏好区域的搜索，减小了搜索的范围，提高了算法的效率；另一方面，偏好的引入增加了种群多样性保持的难度。如何获得高维多目标优化问题 Pareto 前沿面上特定区域分布均匀的解集成为近年来的一个研究热点。

2）离散高维多目标问题优化

在网络节点优化和调度问题中，问题的决策变量是离散的而不是连续的。这类问题由于决策变量离散，从决策空间到目标空间的映射是阶跃变化而不是连续变化的，从父代个体继承优秀决策信息变得困难。比如对于一个网络节点是否选择的问题，假设一个父代选择的是 1，另一个父代选择的是 0，此时子代到底该选择哪一个变得难以选择。除此之外，由于决策变量的离散性，生成的解很有可能是不在决策变量取值范围内，此时如何修复该解也是一个重要问题。如何在离散的决策空间内从父代产生子代解、修复不可行解是当前离散高维多目标优化的研究重点。

3）深度学习模型的优化

近些年深度学习领域发展迅速，深度学习模型的训练（即超参优化问题），是该领域的一个关键研究问题。现有的深度模型训练都是基于误差梯度反向传播的方法训练的，但是随着网络层次的加深，误差梯度容易饱和与弥散，且方法训练出的参数可能陷入局部最优，使得模型无法发挥出最佳性能。而演化算法作为一种启发式搜索方法则不存在梯度饱和与弥散的问题，且更容易跳出局部最优，因此应用多目标优化方法优化深度学习模型成为近年来的一个研究热点。

4）高维多目标优化算法在工业中的应用

工业生产中很多优化问题是黑箱问题，且涉及的目标数量和决策数量都很多，传统的数学优化方法很难求解这类问题，因此迫切需要一种能够处理这种目标和决策变量规模都很大的问题的方法。演化算法由于其优异的全局搜索能力在工业问题中大有用武之地。然而，由于高维多目标演化算法引入了随机因素，使得结果有一定的不确定性，且优化过程所需要的评价次数很多，计算开销很大，严重制约了演化算法在工业生产中的应用。因此，提高高维多目标优化算法的稳定性和计算效率，是近年来的研究的热点。

9.3.3 偏好多目标优化

近年来，大量的多目标优化算法在求解 MOP 中得到广泛的应用，大多数多目标优化算法往往不考虑决策者的需求，其目的是获得一组覆盖逼近整个目标空间、收敛性好且分布均匀的 Pareto 前沿。然而，在实际应用中，决策者可能仅对目标空间中的部分 Pareto 解感兴趣。为此，在多目标优化算法中引入决策者偏好信息极为重要，偏好多目标优化算法成为多目标优化算法中又一个研究热点。本节主要学习偏好多目标优化的研究现状，学习偏好信息的表达形式，分析偏好多目标优化的研究趋势。

1. 偏好多目标优化研究现状

关于偏好多目标优化算法，C. M. Fonseca 和 P. J. Fleming 率先将偏好信息加入 MOEA 中，提出了将多目标进化算法与目标信息结合的方法[86]，将该目标信息用作为群体成员分配排序的附加标准。根据算法优化过程引入决策者偏好的关系，可以将偏好多目标优化算法分为 3 类：先验决策、后验决策和交互式决策。

1）先验决策

先验决策法是指算法在进行优化之前，就在算法中加入决策者的偏好信息，通过已知的决策信息搜索空间进行了限定，提高了算法的搜索效率。K. Deb 等提出的基于参考点的 NSGA-Ⅱ是经典进化算法 NSGA-Ⅱ的拓展[87-88]，其中拥挤距离替换成到参考点的欧氏距离，欧氏距离较小的解为偏好解。J. Molina 等提出了 g-Dominance 支配关系[89]，其根据参考点松弛 Pareto 支配关系，扩展个体的支配范围，增强了算法的选择压力，由 g-Dominance 确定了偏好区域。L. B. Said 等提出 r-Dominance 支配关系[90]，将互为 Pareto 非支配关系的解通过更为严格的偏序关系进行区分，这样能够加快算法的搜索速度，直接定位到决策者设定的偏好区域。

先验决策的特点是先决策后优化。在优化问题求解之前，决策者提供偏好信息，这种方法由于计算复杂度比较低，已被广泛使用。然而，在实际问题中由于没有任何背景知识，决策者对待优化问题的了解有限，很难得到准确的偏好信息。

2）后验决策

多目标优化算法的搜索结果是描述完整 Pareto 前沿的最优解集，决策者根据自身的偏好信息，从已知的解集中进行判断决策，选择符合要求的解决方案，这样的决策过程为后验决策法。值得注意的是，所有的静态多目标优化算法都可以充当后验式偏好多目标优化算法。在这样的方法当中，决策者首先要得到一个可以满足多样性和收敛性要求、充分描述 Pareto 前沿的近似解集，并且要在其中考虑自身的需求，选择满意的解。这样的方法具有很高的计算代价。但对于用户来说，分析数据变得更加困难，难以在高维多目标问题上进行决策。

后验决策的特点是先优化后决策。在优化问题求解之后，决策者从整个目标空间近似的解集中根据偏好需求选出所需的解，这种方法计算代价高且耗时，而且很难处理高维多目标优化问题。

3）交互式决策

交互决策法是指算法在搜索过程中，根据优化效果的反馈和决策者意愿不断调整决策者的偏好信息，获得偏好区域的最优解集。加入交互信息便于决策者进行选取和决策，作为一种偏好融入手段，已经成为一种新的趋势。交互决策的方法将决策者的偏好信息以交互的形式加入搜索过程中，动态指引算法得到满意的结果，并且可以明显地降低计算代价。A. Jaszkiewicz[91]等提出了光束搜索的方法，该方法结合了参考点方法和多属性决策理论，在每代产生许多的非支配解中，需交互分析选择最满意的解。但是由于所需的决策参数过多，K. Deb 提出了用于 NSGA-Ⅱ并只需要差临界值的改进光束搜索算法[92]。U. K. Wickramasinghe 通过将参考点方法和光束搜索的方法集成决策者偏好信息[93]，用距离度量替代了传统复杂的支配关系，加强了其在高维目标空间下的优化性能。

交互式决策的特点是边优化边决策。在优化问题求解过程中，决策者可以逐步地给定偏好，及时调整和纠正偏好信息，动态指导算法的搜索过程。这种方法能提供比先验法准确的偏好信息，且决策者选择负担小，比后验式方法耗时少，可以克服先验式方法和后验式方法的缺点。将决策者的偏好信息引入偏好多目标进化算法，使得算法的搜索空间集中在决策者感兴趣的偏好区域，有利于提高算法的求解速度，降低计算复杂度，帮助决策者高效地做出决策。

2. 偏好信息的表达形式

决策者的偏好信息有多种表达形式，根据决策者是否需要对目标或解进行比较，偏好信息可以总结为以下3类[94]：基于期望的偏好、基于目标函数比较的偏好以及基于解比较的偏好。其中，基于目标函数比较和解比较的偏好信息都要求决策者在表示偏好时进行比较，两者的区别在于：前者反映的是目标之间的关系，而后者实际上是指一组目标向量的比较，这些向量可能会影响它们的排序或分类。

（1）**基于期望的偏好**是指决策者希望实现的目标，它通常由一个参考点来体现，该参考点是由决策者想要达到的目标的期望水平向量构成的。设置参考点是决策者表达偏好的一种直观有效的方法[95]，不同目标的期望水平是独立的，可以自由地由决策者指定。因为参考点可以是可实现的，也可以是不可实现的，为了使决策者具有对目标的整体认识，通常需要知道目标的范围，这需要先验知识或额外的计算成本。

（2）**基于目标函数比较的偏好**可以通过权重、折中、目标的分类等方法来实现，具体总结如下：①权重通常用来反映目标的相对重要性，可以用 m（m 表示待优化问题的目标函数的个数）个权重值的形式直接表示，但是这对于决策者来说可能并不容易，有些方法要求决策者提供目标的重要性等级，通过成对的关系进行比较来表示权重，采用这种方法可以减少决策者的负担。但是，当目标函数的数量很大时，决策者需要进行大量的成对比较目标。此外，B. Roy 等表示，目前尚不清楚目标重要性概念的基础是什么[96]；J. Branke 等指出，由于权重是一种直接的表示方式，决策者用权重控制求解过程并不一定是容易的[97]；因此，M. Luque 等提出了一种不需要决策者提供目标权重的方法[98]，它允许决策者在基于参考点的交互式多目标进化算法中给出想要实现目标的期望水平的相对重要性。②折中指的是在可行解中，牺牲一个目标，以获得另一个目标的改进。一种常见的折中形式是边界替代率，指的是使用一个目标的增量来补偿另一个目标的一个单位减量[99,100]。折中可以为算法提供精确的搜索方向，便于决策者从当前的 Pareto 最优解中找到更理想的解。因为决策者需要决定目标之间的权衡量，所以折中通常需要决策者付出大量的努力。③目标的分类是指根据解的目标值所期望的变化类型，在当前的 Pareto 最优解中将目标类划分为几个类。对目标进行分类也是表示偏好的一种直接有效的方式。与参考点相比，决策者通过对目标进行分类并为可能受损的目标指定松弛量，可以更好地控制解的搜索过程。然而，这些额外的推测需要决策者付出更多的努力。

（3）**基于解比较的偏好**可以通过对解成对比较、对解的分类以及选择最优解的方法来实现。①成对比较判断一对解之间的关系：一个解优于另一个解，或者两个解是无法比较的；②解的分类是指将解划分为多个类别，其中每个类别中的解是无法比较的或无关紧要的；③选择最优解是指从一组解中选择最佳解。作为定性偏好信息，与指定的定量偏好信息（比如期望和折中方法）相比，决策者对解比较的负担相对较少[101]。但是，值得注意的是，随着解数量的增加，决策者的负担也可能会增加。

在偏好多目标进化算法的实际应用中，对于非专业人士的决策者来说，由于缺乏对目标的理解，对不同目标的偏好通常难以精确地指定。为了解决这一问题，相关学者提出了模糊性偏好概念，利用隶属度函数来表示偏好信息。部分学者利用基于语言的模糊偏好关系模型来表达偏好信息。例如，R. Narasimhan 等提出让决策者采用“非常重要”和“中等重要”等语言变量来描述对目标的模糊权重[102]，并定义相应的隶属度函数，通过计算隶属度来反映目标的重要性；E. L. Hannan 等[103]和 R. N. Tiwari 等[104]为了反映目标的相对重要性，对不同的目标采用不同的权重，并将权重作为目标函数的系数；L. Rachmawati 等采用目标间的相对重要性来描述决策者对不同目标的偏好[105]，将其映射到标准的 Pareto 前沿上，得到其数学模型，并利用该数学模型将偏好信息分别融入约束、秩惩罚以及拥挤距离的计算中，应用到 NSGA-Ⅱ优化解的进一步排序中。此外，L. Rachmawati 等采用不精确向量表示决策者偏好[106]，该不精确向量由语言变量描述，且每个语言变量根据决策者的期望具有 3 种程度的不确定性。这种不确定性对应目标子集里期望解的密度，在算法的进化过程中决策者可以更改语言变量值，并将偏好信息用于修改个体间的占优关系。

3. 偏好多目标优化研究趋势

目前针对偏好多目标优化的工作呈现出新的研究趋势。

（1）基于决策偏好的高维多目标优化算法：高维多目标优化问题广泛地存在于

我们的生活中，因此如何将基于决策偏好的多目标优化框架推广到高维是目前一个亟待解决的问题。

(2) 基于动态偏好的动态多目标优化算法：考虑到现实生活中，决策偏好和优化问题都会随着外部环境的变化而变化，因此如何将基于决策偏好的多目标优化框架推广到优化问题动态变化的情况是非常重要的问题。

(3) 基于决策偏好的高维动态多目标优化算法：结合上述的两个问题，现实世界也广泛存在着高维动态多目标优化问题，因此在解决上述两个问题的基础上，如何结合高维多目标优化问题和动态多目标优化问题的特点，建立基于决策偏好的高维动态多目标优化模型也是非常具有现实意义的问题。

9.3.4　噪声多目标优化

随着现代科技的发展和人们对生活需求的提高，越来越多的多目标优化技术在现实生活的许多领域得到了应用并取得了很好的效果。然而，现实世界中的多目标优化问题在适应度评估时往往掺杂噪声，这可能会使很差的解被当作很好的解，从而误导搜索方向并导致优化效率下降。从这个角度来说，噪声干扰了多目标求解者的基本操作，例如确定非支配个体、多样性保留和精英主义，从而无法获得多目标优化问题的最优解，使优化问题无法得到很好的解，因此如何处理多目标优化问题中的噪声变得非常关键。本节主要介绍噪声多目标优化的相关概念，介绍噪声多目标优化的研究现状，分析噪声多目标优化的未来研究方向。

1. 噪声多目标优化相关概念

噪声模型的采用和噪声强度的高低对噪声问题的优化有很大的影响。有关噪声的研究大多是在高斯噪声的基础上进行的。噪声可以引入优化问题的决策变量中，或者引入原来的优化函数中。在多目标优化的背景下，通常的做法是将选定的噪声模型作为附加扰动合并到原始测试函数中，这也称为噪声适应度函数。因此噪声适应度函数的一个显著特征是，对同一解的每次评估都会产生不同的目标值。带噪声的多目标优化问题的数学描述表示为

$$\min_{\boldsymbol{x}\in\Omega} F(\boldsymbol{x})=(f_1(\boldsymbol{x})+\sigma_1, f_2(\boldsymbol{x})+\sigma_2, \cdots, f_m(\boldsymbol{x})+\sigma_m) \tag{9.39}$$

其中，$\boldsymbol{x}=[x_1,x_2,\cdots,x_n]\in\Omega$ 是 n 维的决策向量；$F(\boldsymbol{x})$是 m 维的目标函数；m 是目标函数的个数；σ_i 是一个添加到原始子目标函数 f_i 的标量噪声参数。

实际工程领域中的噪声多目标优化问题普遍存在。比如在地下水的修复问题中，要实现的目标是成本和风险最小。但地下水的传导值是不确定的，因此在建立地下水模拟模型中，必须将这种不确定性(噪声)考虑在内。再比如固定式燃气轮机燃烧过程的优化，以最小化工业燃烧器的脉动和排放作为优化目标，但是环境噪声对优化过程会产生一定的影响，因此在这种优化问题中必须将环境噪声的影响考虑在内。目前，将噪声的处理方法和多目标优化算法相结合来处理噪声多目标优化问题成为研究者关注的热点。

2. 噪声多目标优化研究现状

现实世界的优化问题经常受到噪声的影响[107]，噪声可能以不同的分布、约束和中心趋势出现在随机模型参数上、目标函数上和决策变量上。许多优化算法从不同的

视角使用进化计算的方法解决现实应用中的优化问题，但对于工程问题中存在的噪声优化问题，即使其中的变量设置为常量，由于适应度函数评价时掺杂噪声，多次目标评价时也会得到不同的目标值。在这种情况下，进入下一代的个体往往不是高质量的个体，而是噪声伪装了评价函数的结果。许多学者将多目标优化和噪声结合起来，解决噪声多目标优化问题，从而产生了噪声多目标优化算法。现有的处理噪声的算法大致分为3种方式。

1）平均

减少噪声干扰的一个普遍的方法是通过将多次函数评价得到的多个目标值进行平均，利用最后得到的平均值来近似真实的目标值。含噪声的适应度函数评价在进化优化和学习的过程中经常可以遇到，比如在使用方向编码机制的神经网络的进化结构优化[108]中，对个体的适应度函数评价就具有噪声，并且不同的时刻，对同一个体进行函数评价时，会产生不同的目标函数值。M. L. Cauwet使用了固定采样数目的进化策略[109]，对固定数目的目标值进行平均，并为具有固定的采样数目的进化算法的收敛性提供了新的充分条件。如果采样数目比较多，函数评价时会有较大计算成本。P. Stagge针对这个问题提出了为每个个体减少评价次数的方法[110]，即不是对所有个体进行平均，而是对一些最好的个体进行平均。通过少量数目的函数评价的平均，可以找到更好的解，这个简单的策略可以显著减少函数评价的次数。L. T. Bui等提出使用适应度继承的方法来减少对目标函数的评价次数[111]，从而降低算法的复杂度。E. Cantú-Paz提出了一种自适应的采样技术[112]，刚开始先用小样本估计目标值均值和方差，然后对具有最大方差的个体进行采样，直到满足统计检验设定的停止采样的条件为止。这个方法有时可能会有很大的计算成本。

2）选择

很多学者已经提出了通过改变选择过程处理噪声的方法。在进化策略的确定性选择中，S. Markon等采用了一个阈值策略[113]，即在至少一个预定的阈值之前，当且仅当一个后代个体的适应度值比其父代的适应度值更好时，后代个体会被接受。为了考虑噪声带来的影响，E. J. Hughes提出了概率排序的机制[114]，这种方法计算了包括一个个体支配所有个体的概率、一个个体被所有个体支配的概率以及与所有个体无支配关系的概率，从而计算这个个体的排序值。这种机制使个体排序的正确性大大提高，同时也证实了适应无噪声情况下的NSGA所使用的划分等级的排序方案在处理含噪声问题时可能存在缺陷。在多目标优化中，当目标函数值给定区间时，可以使用α支配关系为个体排序[115]，并将此排序模式应用在多目标进化算法和分布估计算法中。P. Boonma等提出的排序方法是在NSGA-Ⅱ的基础上实现的[116]，先将两个个体在统计性置信度水平α下分类，再计算样本中被错分的样本的概率，由错分率计算置信区间，置信区间可以决定两个个体之间的支配关系。

3）建模

王晗丁等根据基于正则模型的分布估计算法提出了基于正则模型的噪声多目标优化算法(Regularity Model in NSGA-Ⅱ，RM-NSGA-Ⅱ)。该算法利用非支配解建立PS模型[117]，在模型上采样得到采样解，随着进化过程的不断优化，所建立的模型不断逼近真实的PS，在模型上得到采样解的质量逐渐提高，证明了模型具有一定的对抗噪声的能力。L. T. Bui等提出了将搜索空间分成若干互不重叠的超球体[118]，在每个球体中移动个体解，改进了球体的平均性能，这种局部模型可以过滤噪声并且增加算法的鲁棒性。

噪声多目标优化的相关研究成果还比较少，未来的研究可以考虑结合传统的噪声处理方法和多目标优化算法来解决噪声多目标优化问题，还可以结合新型的机器学习方法来处理噪声。总之，噪声多目标优化的研究还值得期待、值得关注。

以上就是本节学习的复杂多目标优化的相关内容，实际上多目标优化领域还有更多未知的研究方向值得探索，该领域仍然是一个蕴含着很多可能性的领域。当一个领域的理论研究有了一定的稳定发展之后，自然而然会将其应用到工程领域来解决一些实际问题。9.4节将了解多目标优化的应用研究。

9.4　多目标智能计算相关应用

任何一门新技术的产生与发展都源于它的应用，并且最终都会回归到实际应用，否则这门新技术将是没有生命力的。多目标智能计算正是因为它具有广泛的应用前景而发展起来的。1990年以后，多目标智能计算在各行各业得到了广泛应用，如资源配置、电子与电气工程、通信与网络、机器人、航空航天、市政建设、交通运输、机械设计与制造、管理工程、金融以及科学研究等。以下简单介绍在一些实际领域展开多目标智能计算的应用研究的重要意义。

1. 生产调度

制造业的发展在给人们生活带来极大便利的同时也引发了新的问题，如环境污染、全球变暖、能源枯竭等。为实现人类社会的可持续发展，国际社会于2015年签订《巴黎协定》，根据该协定的内在逻辑，在资本市场上，全球投资偏好未来将进一步向绿色能源、低碳经济、环境治理等领域倾斜。同时，绿色制造已经成为“中国制造2025”重大战略方向之一，绿色调度则是企业在现有资源环境下实现绿色制造的重要一环。另一方面，竞争的加剧也要求企业不断提高生产效率，抢占市场先机，因此追求最小化最大完工时间也是制造企业生产的另一重要目标[119]。鉴于此，针对以最小化能耗和最小化最大完工时间为目标的生产调度问题展开研究具有重要意义。

2. 城市运输

城市物流服务于城市经济发展的需要，在城市发展建设过程中发挥着不可替代的重要作用，同时也有利于城市基础设施的进一步发展和完善[120]。城市物流配送是物流企业将货物按照客户要求送到指定地点的业务过程，是城市物流活动的关键环节。在实际的城市物流配送过程中，要考虑行驶的里程数最短、客户的满意度最高以及配送的时间最短等，这是典型的多目标优化问题。因此，采用多目标智能算法实现配送路径的可以规划具有重要的现实意义。

3. 资源分配

资源分配问题就是将数量一定的资源（如原材料、资金、机器设备、劳动力、食品等）合理地分配给若干使用者，从而达到利润最大化或成本最小化。多目标资源分配问题则是设法从有限资源中找到若干任务的一个最优分配，使受资源限制的所有目标得到优化。这些资源可能是人力、资产、材料或资金以及其他能够用来完成目标的资源。目标源于特定的经济需求，可以是具体的对象，也可以是抽象的目标。最优解可以表示为利润最大化、成本最小化或达到尽可能好的品质。随着人力资本在企业资本中比重的提升，人们越来越关注企业人力资源分配。人力资源分配问题是一类典型的资源分配问题，即通过把若干人力资源合理地分配给若干工作任务，从而达到人力生产效率最大化和人力生产成本最小化的多目标优化[121]。近几年来，人力资源分配问题成为国内外学者的一个研究热点。

4. 市政建设

现代化的进程加快了城市的建设，在城市建设的过程中必然会涉及土地的开发。土地开发中常见的利益相关者分成 4 类：政府规划者、环境保护者、自然资源保护者和土地开发商。政府规划者的目标是重点资助领域优先开发、城市区域的二次开发、城市的基础设施的最大承载能力、减少城市拥堵，以及尽可能的资源最大利用。环境保护者的目标是尽可能地减少土地开发对环境的破坏，坚持可持续发展的理念。资源保护者的目标是主要考虑土地开发对植物群资源和动物群资源的影响。土地开发商的目标是土地开发带来的最大收益。这四者的利益是互相冲突的，这是一个典型的多目标优化问题。因此采用多目标智能优化算法构造出一个利益均衡的土地开发优化模型，通过综合衡量政府规划者、环境保护者、自然资源保护者以及土地开发商之间的利益冲突，选择其中高效、利益均衡的土地开发方法对市政建设具有重要意义[122]。

5. 机械加工

在机械加工的过程中，切削用量正确的选择对提高切削效率、保证加工质量和刀具耐用度有非常重要的意义。目前的生产实践中一般凭借经验或查切削手册来选取适当的切削用量。然而，随着现代先进机械制造技术的发展，切削用量的选择范围和灵活性大大增加，仅仅凭经验选择切削用量难以满足现代先进制造技术要求与发展。因此运用数学优化理论模型、金属切削理论及仿真技术对优化与选择切削用量具有非常重要的意义。金属切除率最大、单位生产成本最低等车削优化充分考虑了各种实际情况的车削参数优化，但是由于数控车削的粗加工不仅要保证较高的金属切除率，同时又要保证必需的刀具耐用度，所以针对粗车的特点有必要对粗车的金属切除率与刀具耐用度进行切削优化。因此将多目标智能优化算法应用于粗车的双目标切削优化（金属切除率和刀具耐用度），可以为数控粗车的车削用量优化选择提供理论指导[123]。

6. 智能控制

PID 控制是最早发展起来的控制策略之一，由于其结构简单、鲁棒性强、可靠性高，因而在工业过程控制中得到了广泛的应用。PID 控制器的参数整定成为自动控制领域一个重要的研究课题[124]。PID 控制器的参数整定问题可以建模为一个多目标优化问题，通常考虑对累积误差、超调量、上升时间、调节时间等指标进行优化。近年来，随着多目标智能优化算法的兴起，多目标智能优化算法纷纷被用于 PID 参数优化设计，取得了良好的效果。

7. 神经网络结构优化

近十年来，随着计算机技术不断突破，深度学习方法在许多领域取得了成功。大量基于深度学习算法的应用也逐渐融入日常生活中。然而，设计和构建深度学习模型通常需要依赖大量具有专业知识的人员和花费大量的时间。并且，随着数据量呈指数增加以及应用深度学习的任务变得越来越复杂，深度学习模型也变得越来越复杂。单靠人工的能力来完成深度学习模型的设计已经逐渐触及人工深度学习的天花板。基于多目标优化算法的神经网络结构搜索算法有着很高的关注度。神经网络结构搜索可以看作一个以最小化错误率、模型复杂度等神经网络模型指标为目标的优化问题，并且最小化错误率以及最小化模型复杂度两个目标是互相矛盾的，更小的错误率往往意味着需要更复杂的模型，而更小的模型往往会导致较高的错误率。因此，采用多目标智能优化算法实现神经网络的结构优化可以提高神经网络结构的可解释性，推动神经网络领域的发展[125]。

本章小结

智能优化算法作为一类启发式搜索算法，已被成功应用于多目标优化领域。本章首先介绍多目标优化的基本概念和数学模型，介绍了多目标优化的发展历程。之后本章重点介绍了进化多目标优化，介绍了进化多目标优化的发展历程以及三种典型的进化多目标优化算法。随着经济和社会的发展给优化领域带来的新的挑战，目前多目标智能计算的研究已经迈向更复杂的领域，比如动态多目标优化、高维多目标优化、偏好多目标优化以及噪声多目标优化等。多目标智能计算在国内外得到了广泛的关注，已经成为智能计算领域的重要研究方向，并且可以被应用到控制、调度、规划、机械制造、神经网络结构优化及图像处理等诸多实际领域。

通过本章的学习，读者将对多目标优化的概念，典型的进化多目标优化算法的原理，动态多目标优化、高维多目标优化、偏好多目标优化以及噪声多目标优化等领域的研究现状以及未来的研究方向有一个概括性的认知，也会对多目标智能计算的相关应用有一定的了解。

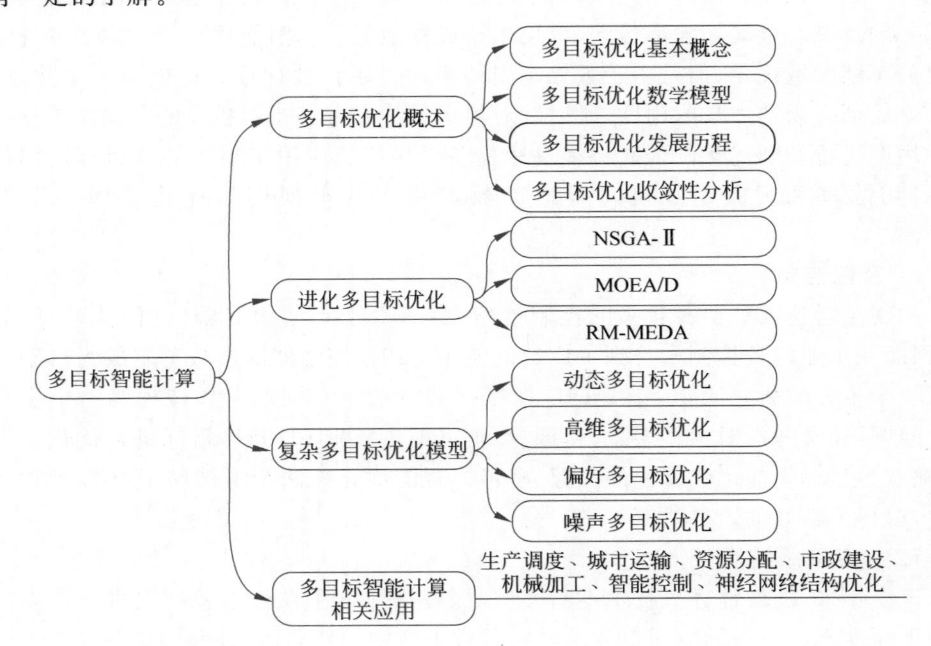

习题

1. 什么是多目标优化？多目标优化与单目标优化的区别是什么？

2. 简述多目标进化优化的发展历程。

3. NSGA-Ⅱ的基本原理是什么？它与 NSGA 的区别是什么？

4. 在 NSGA-Ⅱ中，非支配排序、拥挤距离计算以及精英保留策略的原理是什么？

5. 常见的选择算子、交叉算子以及变异算子有哪些？

6. 基于分解的多目标进化算法 MOEA/D 的优点有哪些？

7. 权重和方法、切比雪夫分解和基于惩罚的边界交叉方法的原理是什么？

8. MOEA/D 的基本原理是什么？

9. 分布估计算法的优点是什么？

10. 给出基于正则模型的多目标分布估计算法 RM-MEDA 的基本原理。

11. 动态多目标优化与多目标优化的区别是什么？求解动态多目标优化问题的难点是什么？

12. 高维多目标优化与多目标优化的区别是什么？求解高维多目标优化问题的难点是什么？

13. 偏好多目标优化与多目标优化的区别是什么？求解偏好多目标优化问题主要方法有哪些？

14. 噪声多目标优化与多目标优化的区别是什么？求解噪声多目标优化问题的主要方法有哪些？

15. 用 NSGA-Ⅱ算法求解一个最小化两目标优化问题。若某代的目标空间中，父代与子代合并后的种群如图 9.20 所示，则第一非支配等级的个体包括哪些。

16. 设 $\min\limits_{x\in\Omega} F(x)=(f_1(x),f_2(x))$，假设有 7 个个体，分布如图 9.21 所示，则被个体 4 支配的个体有哪些？

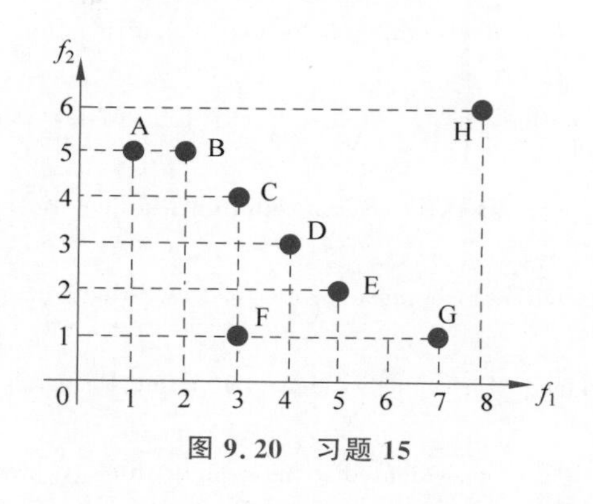

图 9.20 习题 15

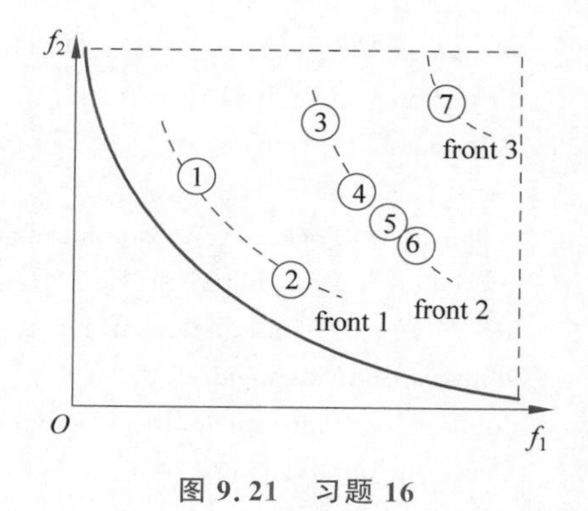

图 9.21 习题 16

17. 用 NSGA-Ⅱ算法求解一个最小化两目标优化问题。若某代的目标空间中，父代与子代合并后的种群如图 9.22 所示，请计算个体 C 的拥挤距离。

18. 用 NSGA-Ⅱ算法求解一个最小化两目标优化问题。若某代的目标空间中，父代与子代合并后的种群如图 9.23 所示。请计算每个个体的非支配等级和拥挤距离，填写表 9.15（拥挤距离需要进行归一化计算；精英保留策略保留 5 个个体）。

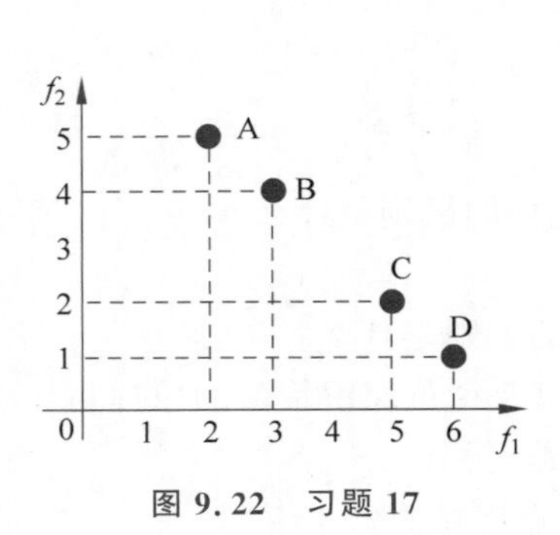

图 9.22　习题 17

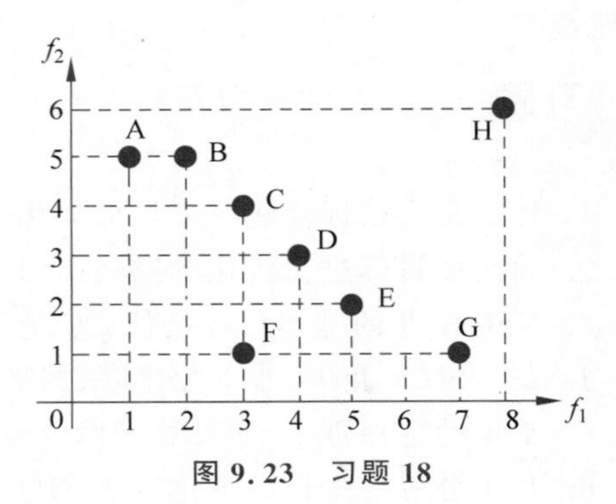

图 9.23　习题 18

表 9.15　习题 18 填写表

个体编号	非支配等级	拥挤距离	是否保留
A			
B			
C			
D			
E			
F			
G			
H			

19. 编程实现用 NSGA-Ⅱ算法求解最小化多目标优化问题。

20. 编程实现用 MOEA/D 算法求解最小化多目标优化问题。

参考文献

[1] Deb K. Multi-objective optimization using evolutionary algorithms[M]. New York: John Wiley & Sons,2001.

[2] Neumann Von J, Morgenstern O. Theory of games and economic behavior[M]. Princeton: Princeton University Press,1944.

[3] Koopmans T. Activity analysis of production and allocation[M]. New York: John Wiley & Sons,1951.

[4] Kuhn H W, Tucker A W. Nonlinear programming[C]//Berkeley Symposium on Mathematical Statistics & Probability,1951.

[5] Rosenburg R S. Simulation of genetic populations with biochemical properties[D]. Michigan: University of Michigan,1967.

[6] Johnsen Z. Studies in multi-objective decision models[M]. Lund Sweden: Economic Research Center in Lund,1968.

[7] Schaffer J D. Multiple objective optimization with vector evaluated genetic algorithms[C]//Proceedings of the First International Conference of Genetic Algorithms and Their Application, 1985.

[8] Coello C A, Cortes N C. An approach to solve multi-objective optimization problems based on an artificial immune system[C]//International Conference on Artificial Immune Systems,2002.

[9] Coello C A, Pulido G T, Lechuga M S. Handling multiple objectives with particle swarm optimization[M]. IEEE Transactions on Evolutionary Computation,2004,8(3): 256-279.

[10] Rudolph G. On a multi-objective evolutionary algorithm and its convergence to the Pareto set [C] //IEEE International Conference on Evolutionary Computation Proceedings,1999.

[11] Rudolph G,Agapie A. Convergence properties of some multi-objective evolutionary algorithms [C] //Proceedings of Congress on Evolutionary Computation,2000.

[12] Hanne T. On the convergence of multi-objective evolutionary algorithms[J]. European Journal of Operational Research,1999,117(3): 553-564.

[13] 周育人,闵华清,李元香. 多目标演化算法的收敛性研究[J]. 计算机学报,2004,27(10): 1415-1421.

[14] 崔逊学. 一种求解高维优化问题的多目标遗传算法及其收敛性分析[J]. 计算机研究与发展, 2003,40(7): 901-906.

[15] 邹秀芬,刘敏忠,吴志健,等. 解约束多目标优化问题的一种鲁棒的进化算法[J]. 计算机研究与发展,2004,41(6): 985-990.

[16] 覃俊,康立山. 多目标优化遗传算法的收敛性定义及实例研究[J]. 计算机应用与软件,2006, 23(1): 1-2,22.

[17] 刘淳安,王宇平. 约束多目标优化问题的进化算法及其收敛性[J]. 系统工程与电子技术, 2007,29(2): 277-280.

[18] Fonseca C M,Fleming P J. Genetic algorithms for multi-objective optimization: Formulation Discussion and Generalization[J]. Icga,1993,93(7): 416-423.

[19] Srinivas N, Deb K. Muiltiobjective optimization using nondominated sorting in genetic algorithms[J]. Evolutionary computation,1994,2(3): 221-248.

[20] Horn J, Nafpliotis N, Goldberg D E. A niched Pareto genetic algorithm for multiobjective optimization[C]//IEEE World Congress on Computational Intelligence,1994.

[21] Zitzler E,Thiele L. Multiobjective evolutionary algorithms: a comparative case study and the strength Pareto approach[J]. IEEE Transactions on Evolutionary Computation,1999,3(4): 257-271.

[22] Zitzler E, Laumanns M, Thiele L. SPEA2: Improving the strength Pareto evolutionary algorithm[J]. TIK-report,2001: 103.

[23] Deb K,Pratap A,Agarwal S,et al. A fast and elitist multiobjective genetic algorithm: NSGA-Ⅱ[J]. IEEE Transactions on Evolutionary Computation,2002,6(2): 182-197.

[24] Zhang Q,Li H. MOEA/D: A multiobjective evolutionary algorithm based on decomposition [J]. IEEE Transactions on Evolutionary Computation,2007,11(6): 712-731.

[25] Zhang Q,Zhou A,Jin Y. RM-MEDA: A regularity model-based multiobjective estimation of distribution algorithm[J]. IEEE Transactions on Evolutionary Computation, 2008, 12(1): 41-63.

[26] Zitzler E,Deb K,Thiele L. Comparison of multi-objective evolutionary algorithms: Empirical results[J]. IEEE Transactions on Evolutionary Computation,2000,8(2):173-195.

[27] Deb K, Rao N U B, Karthik S. Dynamic multi-objective optimization and decision-making using modified NSGA-Ⅱ: A case study on hydro-thermal power scheduling [C]// International Conference on Evolutionary Multi-Criterion Optimization,2007.

[28] Pelosi G,Selleri S. To Celigny, in the footprints of vilfredo pareto's "optimum" [Historical Corner][J]. IEEE Antennas and Propagation Magazine,2014,56(3): 249-254.

[29] Eaton J,Yang S X,Gongora M. Ant colony optimization for simulated dynamic multi-objective railway junction rescheduling[J]. IEEE Transactions on Intelligent Transportation Systems, 2017,18.(11): 2980-2992.

[30] Guo Y N,Cheng J,Luo S,et al. Robust dynamic multi-objective vehicle routing optimization method[J]. IEEE/ACM Transactions on Computational Biology and Bioinformatics, 2018,

15(6): 1891-1903.

[31] Zhang Y,Yang R N,Zuo J L,et al. Improved decomposition-based evolutionary algorithm for multi-objective optimization model of dynamic weapon-target assignment [J]. Acta Armamentarii,2015,36(8): 1533-1540.

[32] Farina M, Deb K, Amato P. Dynamic multi-objective optimization problems: test cases, approximations,and applications[J]. IEEE Transactions on Evolutionary Computation,2004, 8(5): 425-442.

[33] Zhou A,Jin Y,Zhang Q. A population prediction strategy for evolutionary dynamic multi-objective optimization[J]. IEEE Transactions on Cybernetics,2013,44(1): 40-53.

[34] Richter H. Detecting change in dynamic fitness landscapes [C] //IEEE Congress on Evolutionary Computation,2009.

[35] Jiang S,Yang S. A steady-state and generational evolutionary algorithm for dynamic multi-objective optimization[J]. IEEE Transactions on Evolutionary Computation, 2016, 21(1): 65-82.

[36] Goh C K,Tan K C. A competitive-cooperative coevolutionary paradigm for dynamic multi-objective optimization[J]. IEEE Transactions on Evolutionary Computation,2008,13(1): 103-127.

[37] Liu R,Li J,Mu C,et al. A coevolutionary technique based on multi-swarm particle swarm optimization for dynamic multi-objective optimization[J]. European Journal of Operational Research,2017,261(3): 1028-1051.

[38] Shang R, Jiao L, Gong M, et al. Clonal selection algorithm for dynamic multi-objective optimization[C]//International Conference on Computational and Information Science,2005: 846-851.

[39] Zeng S Y,Chen G,Zheng L,et al. A dynamic multi-objective evolutionary algorithm based on an orthogonal design[C] //IEEE International Conference on Evolutionary Computation,2006.

[40] Shang R,Jiao L,Ren Y,et al. Quantum immune clonal coevolutionary algorithm for dynamic multi-objective optimization[J]. Soft Computing,2014,18(4): 743-756.

[41] Hatzakis I, Wallace D. Dynamic multi-objective optimization with evolutionary algorithms: a forward-looking approach[C] //Proceedings of the 8th Annual Conference On Genetic And Evolutionary Computation,2006.

[42] Zhou A,Jin Y,Zhang Q,et al. Prediction-based population re-initialization for evolutionary dynamic multi-objective optimization[C] //International Conference on Evolutionary Multi-criterion Optimization,2007.

[43] Koo W T,Goh C K,Tan K C. A predictive gradient strategy for multi-objective evolutionary algorithms in a fast changing environment[J]. Memetic Computing,2010,2(2): 87-110.

[44] Zheng J,Peng Z,Zou J,et al. A prediction strategy based on guide-individual for dynamic multi-objective optimization[J]. Acta Electronica Sinic,2015,43(9): 1816.

[45] Wu Y, Y Jin, Liu X. A directed search strategy for evolutionary dynamic multi-objective optimization[J]. Soft Computing,2015,19(11): 3221-3235.

[46] Muruganantham A,Tan K C,Vadakkepat P. Evolutionary dynamic multi-objective optimization via Kalman filter prediction[J]. IEEE Transactions on Cybernetics,2015,46(12): 2862-2873.

[47] Zou J,Li Q,Yang S,et al. A prediction strategy based on center points and knee points for evolutionary dynamic multi-objective optimization[J]. Applied Soft Computing,2017,61: 806-818.

[48] Ding J L,Yang C,Chen L P,et al. Dynamic multi-objective optimization algorithm based on reference point prediction[J]. Acta Automatica Sinica,2017,43(2): 313-320.

[49] Ruan G,Yu G,Zheng J,et al. The effect of diversity maintenance on prediction in dynamic

multi-objective optimization[J]. Applied Soft Computing,2017,58: 631-647.

[50] Chen D,Zou F,Lu R,et al. A hybrid fuzzy inference prediction strategy for dynamic multi-objective optimization[J]. Swarm and Evolutionary Computation,2018,43: 147-165.

[51] Liu R C,Li J X,Fan J,et al. A dynamic multiple populations particle swarm optimization algorithm based on decomposition and prediction[J]. Applied Soft Computing, 2018, 73: 434-459.

[52] Rong M, Gong D, Zhang Y, et al. Multidirectional prediction approach for dynamic multi-objective optimization problems [J]. IEEE Transactions on Cybernetics, 2018, 49 (9): 3362-3374.

[53] Cao L,Xu L,Goodman E D,et al. Decomposition-based evolutionary dynamic multi-objective optimization using a difference model[J]. Applied Soft Computing,2019,76: 473-490.

[54] Liu X F,Zhou Y R,Yu X. Cooperative particle swarm optimization with reference-point-based prediction strategy for dynamic multi-objective optimization[J]. Applied Soft Computing, 2020,87: 105988.

[55] Zhang Q, Yang S, Jiang S, et al. Novel prediction strategies for dynamic multi-objective optimization[J]. IEEE Transactions on Evolutionary Computation,2019,24(2): 260-274.

[56] Ou J,Xing L,Liu M,et al. A novel prediction strategy based on change degree of decision variables for dynamic multi-objective optimization[J]. IEEE Access,2019,8: 13362-13374.

[57] Wang C,Yen G G,Jiang M. A grey prediction-based evolutionary algorithm for dynamic multi-objective optimization[J]. Swarm and Evolutionary Computation,2020,56: 100695.

[58] Ruan G,Zheng J,Zou J,et al. A random benchmark suite and a new reaction strategy in dynamic multi-objective optimization [J]. Swarm and Evolutionary Computation, 2021, 63: 100867.

[59] Li X,Yang J,Sun H,et al. A dual prediction strategy with inverse model for evolutionary dynamic multi-objective optimization[J]. ISA Transactions,2021,117: 196-209.

[60] Zhang Z, Qian S. Artificial immune system in dynamic environments solving time-varying non-linear constrained multi-objective problems[J]. Soft Computing,2011,15(7): 1333-1349.

[61] Sahmoud S, Topcuoglu H R. Sensor-based change detection schemes for dynamic multi-objective optimization problems[C]//IEEE Symposium Series on Computational Intelligence (SSCI),2016: 1-8.

[62] Jiang M, Wang Z, Qiu L, et al. A fast dynamic evolutionary multi-objective algorithm via manifold transfer learning[J]. IEEE Transactions on Cybernetics,2020,51(7): 3417-3428.

[63] Feng L, Zhou W, Liu W, et al. Solving dynamic multi-objective problem via autoencoding evolutionary search[J]. IEEE Transactions on Cybernetics,2020.

[64] Jiang M,Qiu L,Huang Z,et al. Dynamic multi-objective estimation of distribution algorithm based on domain adaptation and non-parametric estimation[J]. Information Sciences, 2018, 435: 203-223.

[65] Azzouz R, Bechikh S, Said L B. A dynamic multi-objective evolutionary algorithm using a change severity-based adaptive population management strategy[J]. Soft Computing, 2017, 21(4): 885-906.

[66] Liu M, Zheng J, Wang J, et al. An adaptive diversity introduction method for dynamic evolutionary multi-objective optimization[C] //IEEE Congress on Evolutionary Computation (CEC),2014: 3160-3167.

[67] Farina M, Amato P. A fuzzy definition of "optimality" for many-criteria optimization problems[J]. IEEE Transactions on Systems, Man and Cybernetics, Part A: Systems and Humans,2004,34(3): 315-326.

[68] Purshouse R C, Fleming P J. On the evolutionary optimization of many conflicting objectives [J]. IEEE Transactions on Evolutionary Computation,2007,11(6): 770-784.

[69] Ikeda K,Kita H,Kobayashi S. Failure of Pareto-based MOEAs: Does non-dominated really mean near to optimal[C]//Proceedings of the 2001 Congress on Evolutionary Computation,2001.

[70] Laumanns M, Thiele L, Deb K, et al. Combining convergence and diversity in evolutionary multiobjective optimization[J]. Evolutionary Computation,2002,10(3): 263-282.

[71] Di Pierro F,Djordjević S,Kapelan Z,et al. Automatic calibration of urban drainage model using a novel multi-objective genetic algorithm[J]. Water Science and Technology, 2005, 52(5): 43-52.

[72] Hernández-Díaz A G, Santana-Quintero L V, Coello C A, et al. Pareto-adaptive epsilon-dominance[J]. Evolutionary Computation,2007,15(4): 493-517.

[73] Yang S, Li M, Liu X, et al. A grid-based evolutionary algorithm for many-objective optimization[J]. IEEE Transactions on Evolutionary Computation,2013,17(5): 721-736.

[74] Yuan Y,Xu H,Wang B. An improved NSGA-Ⅲ procedure for evolutionary many-objective optimization[C]//Proceedings of the 2014 Annual Conference on Genetic and Evolutionary Computation,2014.

[75] 林梦嫚,周欢,王丽萍. 基于 Alpha 支配的高维目标进化算法研究[J]. 计算机科学,2017,44(1): 264-270.

[76] Deb K,Jain H. An evolutionary many-objective optimization algorithm using reference-point-based nondominated sorting approach, part Ⅰ: solving problems with box constraints[J]. IEEE Transactions on Evolutionary Computation,2013,18(4): 577-601.

[77] Yuan Y,Xu H,Wang B,et al. A new dominance relation-based evolutionary algorithm for many-objective optimization [J]. IEEE Transactions on Evolutionary Computation, 2015, 20(1): 16-37.

[78] Cheng R,Jin Y,Olhofer M,et al. A reference vector guided evolutionary algorithm for many-objective optimization[J]. IEEE Transactions on Evolutionary Computation,2016,20(5): 773-791.

[79] Xiang Y,Zhou Y,Li M,et al. A vector angle-based evolutionary algorithm for unconstrained many-objective optimization [J]. IEEE Transactions on Evolutionary Computation, 2016, 21(1): 131-152.

[80] Wang R, Purshouse R C, Fleming P J. Preference-inspired co-evolutionary algorithm using adaptively generated goal vectors[C]//IEEE Congress on Evolutionary Computation,2013.

[81] Qi Y,Ma X,Liu F,et al. MOEA/D with adaptive weight adjustment[J]. Evolutionary Computation, 2014,22(2): 231-264.

[82] Liu H L,Gu F,Zhang Q. Decomposition of a multi-objective optimization problem into a number of simple multi-objective subproblems[J]. IEEE Transactions on Evolutionary Computation, 2013,18(3): 450-455.

[83] Bi X,Wang C. An improved NSGA-Ⅲ algorithm based on objective space decomposition for many-objective optimization[J]. Soft Computing,2017,21(15): 4269-4296.

[84] He Z, Yen G G. Many-objective evolutionary algorithm: Objective space reduction and diversity improvement[J]. IEEE Transactions on Evolutionary Computation, 2015, 20(1): 145-160.

[85] 何成. 高维多目标优化算法及其应用研究[D]. 武汉：华中科技大学,2017.

[86] Fonseca C M,Fleming P J. Multiobjective genetic algorithms made easy: selection sharing and mating restriction[C]//First International Conference on Genetic Algorithms in Engineering Systems: Innovations and Applications,1995.

[87] Deb K,Jain H. An evolutionary many-objective optimization algorithm using reference-point-

based nondominated sorting approach, part Ⅰ: solving problems with box constraints[J]. IEEE Transactions on Evolutionary Computation, 2013, 18(4): 577-601.

[88] Deb K, Sundar J. Reference point based multi-objective optimization using evolutionary algorithms[C]//Proceedings of the 8th Annual Conference on Genetic and Evolutionary Computation, 2006.

[89] Molina J, Santana L V, Hernández-Díaz A G, et al. g-dominance: Reference point based dominance for multi-objective metaheuristics[J]. European Journal of Operational Research, 2009, 197(2): 685-692.

[90] Said L B, Bechikh S, Ghédira K. The r-dominance: a new dominance relation for interactive evolutionary multicriteria decision making[J]. IEEE Transactions on Evolutionary Computation, 2010, 14(5): 801-818.

[91] Jaszkiewicz A, Roman Sowiński. The 'Light Beam Search' approach-an overview of methodology applications[J]. European Journal of Operational Research, 1999, 113(2): 300-314.

[92] Deb K, Kumar A. Light beam search based multi-objective optimization using evolutionary algorithms[C]//IEEE Congress on Evolutionary Computation, 2007.

[93] Wickramasinghe U K, Li X. Using a distance metric to guide PSO algorithms for many-objective optimization [C]//Proceedings of the 11th Annual conference on Genetic and Evolutionary Computation, 2009.

[94] Bin X, Lu C, Jie C, et al. Interactive multi-objective optimization: A review of the state-of-the art[J]. IEEE Access, 2018: 1-1.

[95] Larichev O I. Cognitive validity in design of decision-aiding techniques[J]. Journal of Multi-Criteria Decision Analysis, 1992, 1(3): 127-138.

[96] Roy B, Mousseau V. A theoretical framework for analysing the notion of relative importance of criteria[J]. Journal of Multi-Criteria Decision Analysis, 1996, 5(2): 145-159.

[97] Branke J, Deb K, Miettinen K, et al. Multi-objective optimization: interactive and evolutionary approaches[C]//Lecture Notes in Computer Science/Theoretical Computer Science and General Issues, 2008.

[98] Luque M, Miettinen K, Eskelinen P, et al. Incorporating preference information in interactive reference point methods for multi-objective optimization[J]. Omega, 2009, 37(2): 450-462.

[99] Miettinen K. Nonlinear multi-objective optimization[M]. Birkhaüser Verlag, 1998.

[100] Miettinen K, Ruiz F, Wierzbicki A P. Introduction to multi-objective optimization: interactive approaches[M]//Multi-objective optimization. Berlin, Heidelberg: Springer, 2008: 27-57.

[101] Greco S, Mousseau V, Słowiński R. Ordinal regression revisited: multiple criteria ranking using a set of additive value functions[J]. European Journal of Operational Research, 2008, 191(2): 416-436.

[102] Narasimhan R. Goal programming in a fuzzy environment[J]. Decision sciences, 1980, 11(2): 325- 336.

[103] Hannan E L. Linear programming with multiple fuzzy goals[J]. Fuzzy Sets & Systems, 1981, 6(3): 235-248.

[104] Tiwari R N. Fuzzy goal programming-an additive model[J]. Fuzzy Sets & Systems, 1987, 24(1): 27-34.

[105] Rachmawati L, Srinivasan D. Incorporating the notion of relative importance of objectives in evolutionary multi-objective optimization[J]. IEEE Transactions on Evolutionary Computation, 2010, 14(4): 530-546.

[106] Rachmawati L, Srinivasan D. Incorporation of imprecise goal vectors into evolutionary multiobjective optimization[C]//IEEE Congress on Evolutionary Computation, 2010.

[107] Goh C K,Tan K C. An investigation on noisy environments in evolutionary multi-objective optimization[J]. IEEE Transactions on Evolutionary Computation,2007,11(3): 354-381.

[108] Yao X. Evolving artificial neural networks[J]. Proceedings of the IEEE, 1999, 87(9): 1423-1447.

[109] Cauwet M L. Noisy optimization: Convergence with a fixed number of resamplings[C]// European Conference on the Applications of Evolutionary Computation,2014.

[110] Stagge P. Averaging efficiently in the presence of noise[C]//International Conference on Parallel Problem Solving from Nature,1998.

[111] Bui L T,Abbass H A,Essam D. Fitness inheritance for noisy evolutionary multi-objective optimization[C]//Proceedings of the 7th annual conference on Genetic and evolutionary computation,2005.

[112] Cantú-Paz E. Adaptive sampling for noisy problems [C]//Genetic and Evolutionary Computation Conference,2004.

[113] Markon S,Arnold D V,Back T,et al. Thresholding-a selection operator for noisy ES[C]// Proceedings of Congress on Evolutionary Computation,2001.

[114] Hughes E J. Evolutionary multi-objective ranking with uncertainty and noise [C]// International Conference on Evolutionary Multi-Criterion Optimization,2001.

[115] Karshenas H, Bielza C, Larrañaga P. Interval-based ranking in noisy evolutionary multi-objective optimization [J]. Computational Optimization and Applications, 2015, 61(2): 517-555.

[116] Boonma P,Suzuki J. A confidence-based dominance operator in evolutionary algorithms for noisy multiobjective optimization problems[C]//IEEE International Conference on Tools with Artificial Intelligence,2009.

[117] Wang H,Zhang Q,Jiao L,et al. Regularity model for noisy multi-objective optimization[J]. IEEE Transactions on Cybernetics,2016,46(9): 1997-2009.

[118] Bui L T,Abbass H A,Essam D. Localization for solving noisy multi-objective optimization problems[J]. Evolutionary Computation,2009,17(3): 379-409.

[119] 宋存利.求解多目标混合流水车间调度的改进 NSGA-Ⅱ[J].计算机集成制造系统,2022,28(6): 13.

[120] 温喜梅,朱兴林,刘泓君.基于碳排放量对城市道路车辆路径规划研究[J].交通科技与经济,023(001): 21-28.

[121] 单爱慧,蒋丽.求解人力资源分配问题的多目标微粒群优化算法[J].计算机应用研究,2011,28(9): 3.

[122] Gabriel S A,Faria J A,Moglen G E. A multi-objective optimization approach to smart growth in land development[J]. Socio-Economic Planning Sciences,2006,40(3):212-248.

[123] 胡成龙.多目标粗加工数控车削优化[J].机械强度,2014,36(6): 5.

[124] 刘楠楠,石玉,范胜辉.基于 Pareto 最优的 PID 多目标优化设计[J].信息与控制,2010,39(4): 7.

[125] 陈禹行,胡海根,刘一波,等.面向深度卷积网络的多目标神经演化算法[J].小型微型计算机系统,2021,42(1): 71-77.

第 10 章

新型智能计算

智能计算是一门涉及物理学、数学、生理学、心理学、神经科学、计算机科学和智能技术等的交叉学科。目前，智能计算技术在神经信息学、生物信息学、化学信息学等交叉学科领域得到了广泛应用。这项技术所取得的些许进步，都会进一步促进神经信息学、生物信息学、化学信息学等交叉学科的发展，反过来，后者的深入研究和进一步发展，也将大大促进智能计算技术的长足进步。近年来，随着以深度学习为主的人工智能学科蓬勃发展，传统的神经网络和机器学习算法已经难以满足智能社会日益增长的需求。因此，图神经网络算法、面向昂贵优化问题的进化计算、进化神经网络等新型智能计算技术应运而生，为人工智能的发展开辟了许多全新的领域。

10.1 智能计算前沿技术

智能计算的发展历程表明，正是有海量数据、大规模算力等多方面要素加持，以及各领域大数据需求的不断推动，智能计算技术才得以迅猛发展和大规模应用。但同时这些要素也构成了近年来以深度学习为核心的智能计算技术的发展障碍，例如，物体之间的复杂多变的图结构关系难以被传统的神经网络算法捕捉，而 10.1.1 节介绍的图神经网络的研究正是针对该问题提出并不断发展的。此外，实际应用中广泛存在的昂贵优化问题催生了进化计算中的新发展方向：面向昂贵优化问题的进化计算，10.1.2 节对该智能计算技术的研究进行了概括与介绍。

10.1.1 图神经网络

图(graph)是一个具有广泛含义的对象。在数学中，图是图论的主要研究对象；在计算机工程领域，图是一种常见的数据结构。在数据科学中，图被用来广泛描述各类关系型数据。通常，图被用来表示物体与物体之间的关系。这在生活中有着非常多的现实系统与之对应，比如化学分子、通信网络、社交网络等。因此，研究并应用图相关的理论,具有重大的现实意义。图神经网络(Graph Neutral Network,GNN)是图领域中的基于深度学习的方法,因其卓越的性能和较好的可解释性而被广泛用于图分析[1]。

1. 图论概述

图是图神经网络研究的基本对象,基本的图论知识对全面理解图神经网络是有必要的。本节主要对图相关的基本概念进行介绍,包括图的基本定义、图的基本类型、图的代数表示以及图数据的类别。

1) 图的基本定义

在数学中,图由顶点(vertex)以及连接顶点的边(edge)构成。顶点表示研究的对象,边表示两个对象之间特定的关系。图可以表示为顶点和边的集合,记为$G=(V,E)$,其中V和E分别表示节点集合和边的集合。某条边$e=(u,v)$具有两个终点,则称这两个节点相邻。节点v的度(degree)记作$d(v)$,是指和该节点相连的边的个数。

2) 图的基本类型

(1) 有向图和无向图:如果图中的边存在方向性,则称这样的边为有向边$e_{ij}=\langle v_i,v_j\rangle$,其中$v_i$是这条有向边的起点,$v_j$是这条有向边的终点,包含有向边的图称为有向图。与有向图相对应的是无向图,无向图中的边都是无向边。

(2) 非加权图与加权图:如果图里的每条边都有一个实数与之对应,则称这样的图为加权图,该实数称为对应边上的权重。在实际场景中,权重可以代表两地之间的路程或运输成本。一般情况下习惯把权重抽象成两个顶点之间的连接强度。与之相反的是非加权图,可以认为非加权图各边上的权重是一样的。

(3) 二部图:二部图是一类特殊的图。将图G中的顶点集合V拆分成两个互不相交的子集M和N,如果对于图中的任意一条边$e=(v_i,v_j)$,均有$v_i\in M,v_j\in N$,则称图G为二部图。二部图是一种十分常见的图数据对象,描述了两类对象之间的交互关系,比如用户与商品、作者与论文等。

3) 图的代数表示

图有一些常用的代数表示,列举如下。

(1) 邻接矩阵:对于具有n个节点的简单图$G=(V,E)$,可以用邻接矩阵$\mathbf{A}\in \boldsymbol{R}^{n\times n}$表示

$$A_{ij}=\begin{cases}1, & (v_i,v_j)\in E\text{ 且 }i\neq j\\ 0, & \text{其他}\end{cases} \tag{10.1}$$

显然,当图G是无向图时,这是一个对称矩阵。

(2) 度矩阵:对于具有n个节点的简单图$G=(V,E)$,它的度矩阵$\boldsymbol{D}\in\boldsymbol{R}^{n\times n}$是一个对角矩阵,即

$$D_{ii}=d(v_i) \tag{10.2}$$

(3) 拉普拉斯矩阵:对于具有n个节点的简单图$\boldsymbol{A}\in\boldsymbol{R}^{n\times n}$,若其所有的边都是无向的,那么该图的拉普拉斯矩阵$\boldsymbol{L}\in\boldsymbol{R}^{n\times n}$定义为

$$\boldsymbol{L}=\boldsymbol{D}-\boldsymbol{A} \tag{10.3}$$

其中,矩阵的元素为

$$L_{ij}=\begin{cases}d(v_i), & i=j\\ -1, & (v_i,v_j)\in E\text{ 且 }i\neq j\\ 0, & \text{其他}\end{cases} \tag{10.4}$$

(4) 对称归一化拉普拉斯矩阵,定义为

$$\boldsymbol{L}^{\mathrm{sym}}=\boldsymbol{D}^{-\frac{1}{2}}\boldsymbol{L}\boldsymbol{D}^{-\frac{1}{2}}=\boldsymbol{I}-\boldsymbol{D}^{-\frac{1}{2}}\boldsymbol{A}\boldsymbol{D}^{-\frac{1}{2}} \tag{10.5}$$

其中,矩阵的元素为:

$$L_{ij}^{\mathrm{sym}}=\begin{cases}1, & i=j \text{ 且 } d(v_i)\neq 0\\ -\dfrac{1}{\sqrt{d(v_i)d(v_j)}}, & (v_i,v_j)\in E \text{ 且 } i\neq j\\ 0, & \text{其他}\end{cases} \tag{10.6}$$

4) 图数据的类别

图数据是一类比较复杂的数据类型,存在非常多的类别。这里主要介绍其中最重要的 4 类:同构图(homogeneous graph)、异构图(heterogeneous graph)、属性图(property graph)和非显式图(graph constructed from non-relational data)。

(1) 同构图是指图中的节点类型和关系类型都仅有一种。同构图是实际图数据的一种最简化的情况,如由超链接关系所构成的万维网,这类图数据的信息全部包含在邻接矩阵里。

(2) 与同构图相反,异构图是指图中的节点类型或关系类型多于一种。在现实场景中,我们研究的图数据对象通常是多类型的,对象之间的交互关系也是多样化的。因此,异构图能够更好地贴近现实。

(3) 相较于异构图,属性图给图数据增加了额外的属性信息,对于一个属性图而言,节点和关系都有标签(label)和属性(property),这里的标签是指节点或关系的类型,如某节点的类型为"用户",属性是节点或关系的附加描述信息,如"用户"节点可以有"姓名""注册时间""注册地址"等属性。属性图是一种最常见的工业级图数据的表示方式,能够广泛适用于多种业务场景下的数据表达。

(4) 非显式图是指数据之间没有显式地定义出关系,需要依据某种规则或计算方式将数据的关系表达出来,进而将数据当成一种图数据进行研究。比如计算机 3D 视觉中的点云数据,如果将节点之间的空间距离转化成关系的话,点云数据就成了图数据。

2. 图神经网络概述

图神经网络的概念最早于 2005 年由 M. Gori 等学者提出,他们通过借鉴神经网络领域的研究成果,设计了一种用于处理图结构数据的模型。2009 年,F. Scarselli 等对此模型进行了详细阐述。此后,陆续有关于图神经网络的新模型及应用研究被提出。近年来,随着对图结构数据研究兴趣的不断增加,图神经网络的研究论文的数量呈现出快速上涨的趋势,图神经网络的研究方向和应用领域都得到了很大的拓展[2-3]。

图神经网络对于非欧几里得数据在深度学习中的应用具有重要作用,尤其是利用图结构在传统贝叶斯因果网络上可解释的特点,对于定义深度神经网络(Deep Neural Network,DNN)关系可推理、因果可解释的问题有较大的研究意义,因此如何利用深度学习技术对图结构的数据进行分析和推理引起了学者们的广泛关注[4-5]。本章对现有的图神经网络结构进行归纳总结,给出一个通用的图神经网络结构。如图 10.1 所示,图神经网络的推理过程包括图节点预表示、图节点采样、子图提取、子图特征融合、图神经网络的生成和训练。

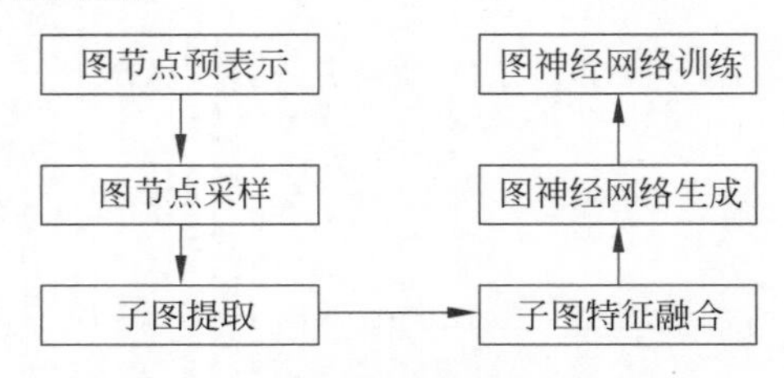

图 10.1　图神经网络推理过程

具体步骤如下。

(1) 图节点预表示：通过图嵌入方式对图中每个节点进行嵌入表示。

(2) 图节点采样：对图中每个节点或存在节点对的正负样本进行采样。

(3) 子图提取：提取图中每个节点的邻居节点构建 k 阶子图，其中 k 表示第 k 层的邻居节点，从而形成通用的子图结构。

(4) 子图特征融合：对输入神经网络的子图进行局部或全局的特征提取。

(5) 图神经网络生成和训练：定义网络层数和输入输出参数，对图数据进行网络训练。

3. 图卷积神经网络

卷积神经网络已经在图像识别、自然语言处理等多个领域取得了不俗的成绩，但其只能高效地处理网格和序列等这样规则的欧氏数据。不能有效地处理像社交多媒体网络数据、化学成分结构数据、生物蛋白数据以及知识图谱数据等图结构的非欧氏数据。图卷积神经网络(Graph Convolutional Network，GCN)是将卷积运算从传统数据(例如图像)推广到图结构的非欧氏数据上。其核心思想是学习一个函数映射 $f(\cdot)$，通过该映射图中的节点 v_i 可以聚合它自己的特征 x_i 与它的邻居特征 $x_j(j \in N(v_i))$来生成节点 v_i 的新表示，其中 $N(v_i)$表示 v_i 的邻居。图卷积网络是许多复杂图神经网络模型的基础，包括基于自动编码器的模型、生成模型和时空网络等。

GCN 又可以分为两大类，基于谱域(spectral-based)的 GCN 和基于空间域(spatial-based)的 GCN。基于谱域的 GCN 从图信号处理的角度引入滤波器来定义图卷积，其中图卷积操作可解释为从图信号中去除噪声。基于空间域的 GCN 将图卷积表示为从邻域聚合特征信息，当图卷积网络的算法在节点层次运行时，图池化模块可以与图卷积层交错，将图初始化为高级子结构。以下分别简单介绍基于谱域的 GCN 和基于空间域的 GCN。

1) 基于谱域的 GCN

基于谱域的 GCN 主要基于图信号处理，主要思路是将 GCN 的卷积层定义为一个滤波器，即通过滤波器去除噪声信号从而得到输入信号的分类结果。在实际应用中一般用于处理无向且边无信息的图结构。

设带权无向图 G 的邻接矩阵为 $\boldsymbol{A}$，矩阵第 i 行第 j 列元素 $A(i,j)$是边(i,j)的权重，则度矩阵 $\boldsymbol{D}$ 定义为

$$D(i,i)=\sum_{j=1}^{n}A(i,j) \tag{10.7}$$

则图 G 的对称归一化拉普拉斯矩阵为

$$L = I - D^{-\frac{1}{2}} A D^{-\frac{1}{2}} \tag{10.8}$$

其中,$\boldsymbol{I}$ 是单位矩阵。一维信号(关于时间 t 的实值函数)$f(t)$是通过傅里叶变换的关于频率 ξ 的函数:

$$\hat{f}(\xi) = \langle f, \mathrm{e}^{2\pi i \xi t} \rangle \tag{10.9}$$

其中,ξ 表示频率;复指数 $\mathrm{e}^{2\pi i \xi t}$ 为拉普拉斯算子 Δ 的特征函数。类比关于时间 t 的一维信号,称定义在图 G 节点集 V 上的实值函数为图信号,可用向量 $\boldsymbol{x} = (x(1), x(2), \cdots, x(n))$表示,其中 $x(i)$表示图信号在节点 v_i 的取值。图拉普拉斯矩阵 $\boldsymbol{L}$ 的特征分解为$\boldsymbol{L} = \boldsymbol{U} \Lambda \boldsymbol{U}^{\mathrm{T}}$,其中矩阵 $\boldsymbol{U}$ 的第 $\boldsymbol{l}$ 列为特征向量 $\boldsymbol{u}_l$,矩阵$\boldsymbol{\Lambda}$ 上对角线元素 $\Lambda(l,l)$是对应的特征值 λ_l。图信号 $\boldsymbol{x}$ 的傅里叶变换为

$$\hat{\boldsymbol{x}}(\lambda_l) = \langle x, u_l \rangle = \sum_{n} x(i) u_l(i) \tag{10.10}$$

逆变换为

$$\boldsymbol{x}(i) = \sum_{l=1}^{n} \hat{\boldsymbol{x}}(\lambda_l) u_l(i) \tag{10.11}$$

其中,$u_l(i)$是向量 $\boldsymbol{u}_l$ 的第 i 个分量。类比信号处理领域时域的卷积等于信号在频域乘积的傅里叶逆变换,类似地可以定义图卷积为

$$(\boldsymbol{x} *_G \boldsymbol{y})(i) = \sum_{l=1}^{n} \hat{\boldsymbol{x}}(\lambda_l) \hat{\boldsymbol{y}}(\lambda_l) \boldsymbol{u}_l(i) \tag{10.12}$$

其中,$*_G$ 表示图卷积。对图信号 $\boldsymbol{x}$ 使用过滤器 $\boldsymbol{y}$ 进行频域过滤可表示为

$$\boldsymbol{x} *_G \boldsymbol{y} = \boldsymbol{U} \begin{bmatrix} \hat{\boldsymbol{y}}(\lambda_1) & \cdots & 0 \\ \vdots & \ddots & \vdots \\ 0 & \cdots & \hat{\boldsymbol{y}}(\lambda_n) \end{bmatrix} \boldsymbol{U}^{\mathrm{T}} \boldsymbol{x} \tag{10.13}$$

J. Bruna 等提出了首个基于谱方法的 GCN 模型,称为谱图卷积网络(Spectral Graph Convolutional Network,SpectralGCN),模型中包含数个谱卷积层,输入是 $n \times d_p$ 维的节点属性矩阵 $\boldsymbol{X}_p$,输出是 $n \times d_{p+1}$ 维的节点属性矩阵 $\boldsymbol{X}_{p+1}$

$$\boldsymbol{X}_{p+1}(:,j) = \sigma\left(\sum_{i=1}^{d_p} \boldsymbol{V} \begin{bmatrix} (\boldsymbol{\theta}_i^j)(1) & & 0 \\ & \ddots & \\ 0 & & (\boldsymbol{\theta}_i^j)(n) \end{bmatrix} \boldsymbol{V}^{\mathrm{T}} \boldsymbol{X}_p(:,i) \right), \quad \forall j = 1, 2, \cdots, d_{p+1} \tag{10.14}$$

其中,$\boldsymbol{X}_p(:,i)$和 $\boldsymbol{X}_{p+1}(:,j)$分别表示第 i 个输入图信号和第 j 个输出图信号,$\boldsymbol{\theta}$ 是待学习的过滤器参数向量,$\boldsymbol{V}$ 的列向量是 $\boldsymbol{L}$ 的特征向量,σ 是激活函数。模型使用 r 阶近似特征分解使每层的参数数量减少到$O(1)$,并且对于具有适当聚类结构的图,过滤器的局部性也得以满足,美中不足的是计算复杂度仍是 $O(n^2)$。

以 SpectralGCN 模型为基础,M. Defferrard 等提出了一种在卷积层中使用 K 次多项式过滤器的模型 ChebNets,模型中频域的 K 次多项式过滤器表示为

$$\hat{\boldsymbol{y}}(\lambda_l) = \sum_{k=1}^{K} \theta_k \lambda_l^k \tag{10.15}$$

频域的 K 次多项式过滤器在节点域表现为聚合 K 阶邻域,因此具有良好可控的局部性,并且过滤器参数数量也控制到了 $O(K) = O(1)$。为进一步降低计算复杂性,

模型使用 Chebyshev 多项式 T_k 近似计算图卷积，最终卷积层写为

$$\boldsymbol{X}_{p+1}(:,j)=\sigma\left(\sum_{i=1}^{d_p}\sum_{k=0}^{K-1}(\boldsymbol{\theta}_i^j)(k+1)T_k(\boldsymbol{L})\boldsymbol{X}_p(:,i)\right),\quad \forall j=1,2,\cdots,d_{p+1} \tag{10.16}$$

其中，$\boldsymbol{\theta}_i^j$ 是从输入的第 i 个信号到输出的第 j 个信号的 K 维过滤器参数向量。模型中使用了一个基于多层级聚类方法的图最大池化运算来利用图数据的层级结构。

作为 ChebNets 的简化，T. N. Kipf 和 M. Welling 提出了图卷积网络。该模型将 Chebyshev 多项式截断为一次，即在式(10.16)中令 $K=2$，并且设置

$$(\boldsymbol{\theta})_i^j(1)=-(\boldsymbol{\theta})_i^j(2)=\theta_i^j \tag{10.17}$$

为了数值稳定性，对邻接矩阵 $\boldsymbol{A}$ 进行了调整得到 $\widetilde{\boldsymbol{A}}$，由此得到简化的卷积层

$$\boldsymbol{X}_{p+1}=\sigma(\widetilde{\boldsymbol{D}}^{-\frac{1}{2}}\widetilde{\boldsymbol{A}}\widetilde{\boldsymbol{D}}^{-\frac{1}{2}}\boldsymbol{X}_p\boldsymbol{\theta}_p) \tag{10.18}$$

其中，$\boldsymbol{\theta}_p$ 是 $d_p\times d_{p+1}$ 的参数矩阵，$\widetilde{\boldsymbol{D}}$ 是由调整后的邻接矩阵 $\widetilde{\boldsymbol{A}}$ 得到的度矩阵。在图的半监督节点分类任务的设定下，最后一个卷积层输出图中的节点表示，之后输入一个 softmax 分类器，网络训练的目标是最小化有标签节点的交叉熵损失。

R. Levie 等在 ChebNets 的基础上，提出了一种新的基于谱方法的 GCN 模型 CayleyNets，其基于 Cayley 多项式构建新型谱卷积过滤器。Cayley 多项式是复系数的 r 次实函数

$$g_{c,h}(\lambda)=c_0+2\mathrm{Re}\left\{\sum_{j=1}^{r}c_j(h\lambda-\mathrm{i})^j(h\lambda+\mathrm{i})^{-j}\right\} \tag{10.19}$$

Cayley 过滤器是定义在实信号 $\boldsymbol{f}$ 上的谱过滤器

$$\boldsymbol{G}\boldsymbol{f}=g_{c,h}(\Delta)\boldsymbol{f}=c_0\boldsymbol{f}+2\mathrm{Re}\left\{\sum_{j=1}^{r}c_j(h\Delta-\mathrm{i}\boldsymbol{I})^j(h\Delta+\mathrm{i}\boldsymbol{I})^{-j}\boldsymbol{f}\right\} \tag{10.20}$$

其中，c 和 h 是待训练参数。

Cayley 过滤器具有良好的分析性质：任意光滑谱过滤器都可以表示为 Cayley 多项式，低次过滤器具有良好的空间局部性。相比使用 Chebyshev 多项式的 ChebNets，CayleyNets 保证了局部性和线性复杂度。另外，h 作为谱缩放系数还能够在训练期间自适应调整，以检测所需的重要频段。实验表明，在具有社团结构的图上，CayleyNets 明显具有更好的表现。

2）基于空间域的 GCN

基于空间域的 GCN 不同于从信号处理理论出发的谱域 GCN，空间域 GCN 是从图中的节点出发，设计聚集邻居节点特征的聚合函数，采用消息传播机制，思考怎样准确高效地利用中心节点的邻居节点特征来更新表示中心节点特征。CNN 的本质是加权求和，空间域的 GCN 正是从 CNN 的基本构造过程出发，从求和的角度来完成 GNN 聚合邻居节点的目的。由于图中的节点无序且邻居节点个数不确定，所以空间域的图卷积神经网络的基本步骤是：①固定邻居节点个数；②给邻居节点排序。完成了上述两个步骤，非欧氏结构数据就变成了普通的欧氏结构数据，传统的算法自然也就可以完全迁移到图上来。其中，步骤①也便于将 GCN 应用于节点数量巨大的图上。以下首先介绍两个典型的空间域的 GCN，然后介绍针对效率低的问题的改进模型。

2009年，A. Micheli等首次提出了基于空间域的GCN(Neural Network for Graph, NN4G)，但当时没有引起广泛的注意。2016年，M. Niepert等提出了一种新的思路来解决如何使CNN能够高效地处理图结构数据的问题，设计了对图结构数据适用的GCN，称为PATCHY-SAN(Select-Assemble-Normalize)。该方法首先从图中选择一个固定长度的节点序列；然后对序列中的每个节点，收集固定大小的邻居集合；最后，对由当前节点及其对应的邻居构成的子图进行规范化。通过以上3个步骤来构建图卷积，这样就把原来无序且数量不定的节点变成了有序且数量固定的节点，下面将对每个步骤进行详细的介绍。

(1) 节点序列选择。对于输入的图，首先定义要选择的中心节点个数 w。在节点序列选择时主要采用中心化的方法进行选取，和中心节点关系越密切的节点越重要，如图10.2为节点序列选择示意图($w=5$)。

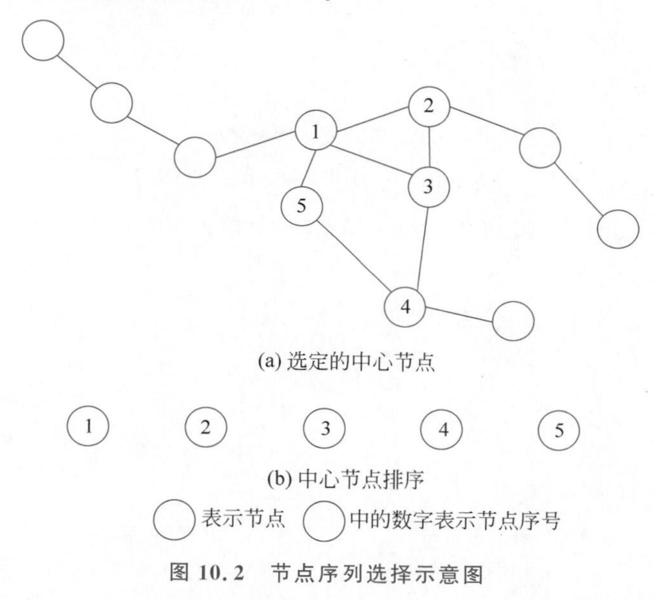

图 10.2 节点序列选择示意图

(2) 收集每个节点固定大小的邻居集合。找到每个中心节点的邻域，构建一个候选域。再从中选择感知野中的节点，找到与中心节点最直接相邻的节点，如果数量不够再从间接相邻的节点中候选，如图10.3所示。

(3) 邻域节点规范化。在上一步得到的每个中心节点的近邻节点个数 N 可能和设定的个数 k 不相等。所以，在规范化的过程中就是要为它们标注顺序并进行选择，并且按照该顺序映射到向量空间当中。如果 $N<k$，则补上哑节点(人为增加的邻居节点，以满足预设邻居节点个数)；如果 $N>k$，则需要进行排序后去掉后面的节点。因此对中心节点的近邻节点进行排序是这一步的关键，如图10.4所示，卷积核为4时要选出4个节点，并给每个节点标注顺序标签的实例图。

可以通过定义数学期望值的大小来衡量标签的好坏，以此来给近邻节点排序。在整个集合当中随机抽取出两个图，计算它们在矩阵空间中的距离和在图空间中的距离差异的期望，期望值越小则表明该近邻节点越好，排在越靠前的位置。具体的表示形式为

$$\operatorname{argmin} E_g[|d_S(\mathbf{A}^l(G),\mathbf{A}^l(G'))-d_G(G,G')|] \tag{10.21}$$

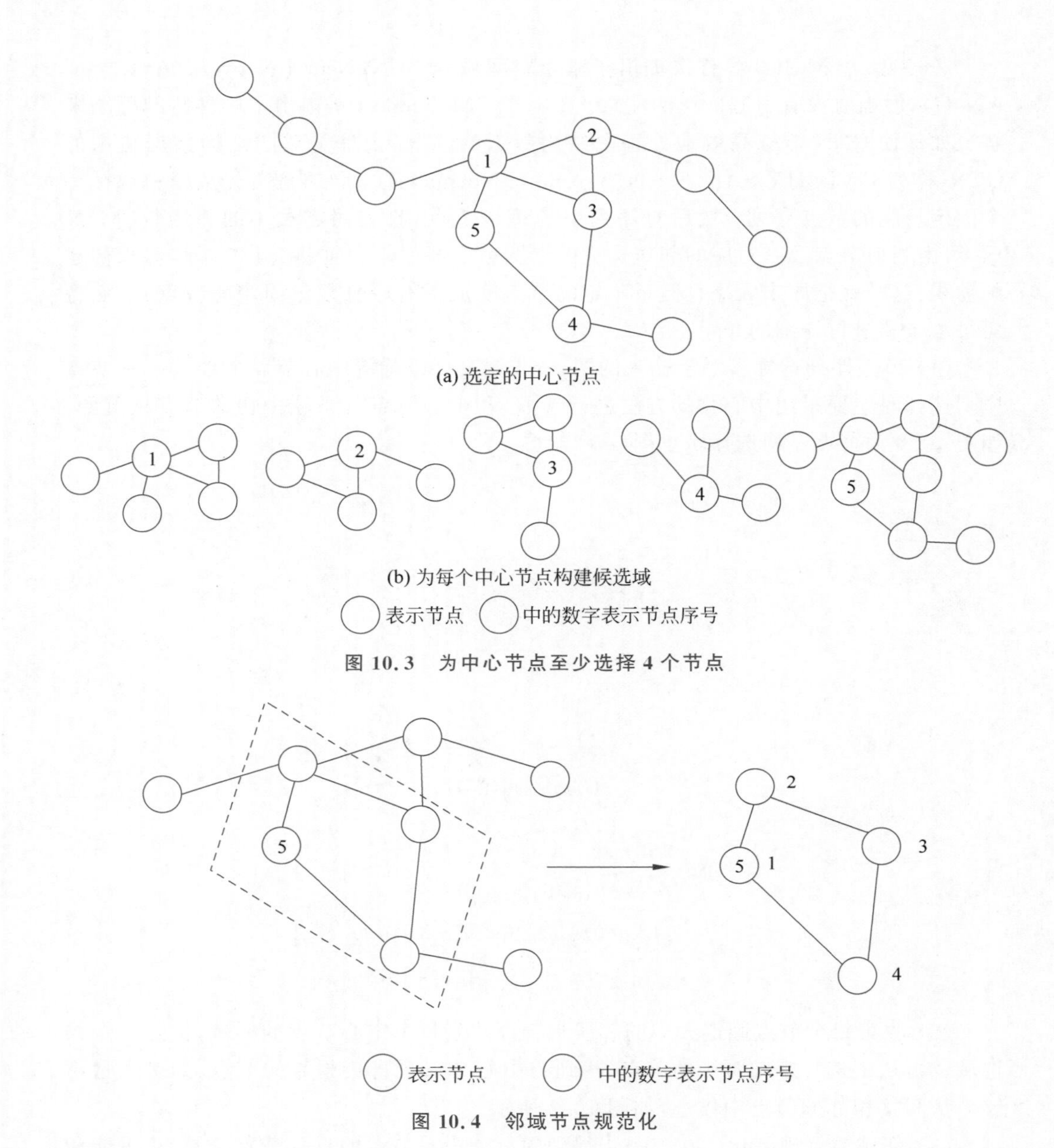

图 10.3　为中心节点至少选择 4 个节点

图 10.4　邻域节点规范化

其中，l 是给标签排序的过程，g 是未标记的图的集合，d_S 是矩阵中的距离函数，d_G 是图空间中的距离函数，$\boldsymbol{A}^l$ 是标签的邻接矩阵。

不同于对邻居节点排序和确定数量，J. Atwood 等提出的扩散卷积神经网络(Diffusion convolutional neural networks，DCNN)通过扫描图结构输入中的每个节点的扩散过程来构造隐含表示。DCNN 利用节点、边和图的邻接矩阵考虑各个处理对象的不同深度邻居的特征信息，所谓的深度就是中心节点的不同阶邻居。此外，通过探究 DCNN 在图结构数据上各种分类任务中的性能，可以发现该模型具有精度高、灵活性强和速度快的优点。

图 10.5 为不同分类任务的示意图，其中 N_t 表示图 G 中的节点个数，E_t 表示图 G 中边的数量，F 表示节点特征维度，H 为各个处理对象的不同深度邻居，$\boldsymbol{W}^c$、$\boldsymbol{W}^d$ 为

权重张量，$\boldsymbol{P}_t$ 为节点度的转移概率矩阵，$\boldsymbol{X}_t$ 为所有节点的特征矩阵。DCNN 的主要任务是将图 G 作为输入，输出分类任务的类标签预测值 $\boldsymbol{Y}$ 或者其概率分布的估计值 $P(\boldsymbol{Y}|\boldsymbol{X})$。对于不同层级的分类任务而言，输出可以是预测每个图形中各个节点的标签，或者每个图形中各个边的标签，或者每个图本身的标签。图中假定不同分类任务的扩散卷积表示为 $\boldsymbol{Z}_t$，在图 10.5(a)中，节点分类任务返回一个 $\boldsymbol{X}_t\times\boldsymbol{H}\times\boldsymbol{F}$ 的张量；在图 10.5(c)中，边分类任务返回 $\boldsymbol{E}_t\times\boldsymbol{H}\times\boldsymbol{F}$ 的矩阵；而在图 10.5(b)中，图分类任务中返回一个 $\boldsymbol{H}\times\boldsymbol{F}$ 的矩阵。

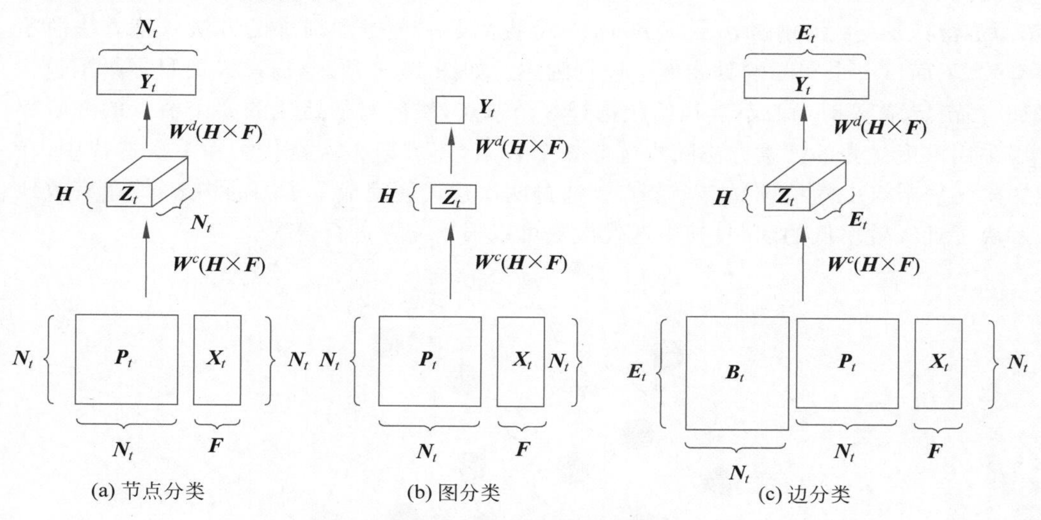

图 10.5 不同分类任务示意图

在图 10.5(a)中，节点分类任务表示为：

$$\boldsymbol{Z}_{tijk}=f(\boldsymbol{W}_{jk}^{c}\cdot\sum\boldsymbol{P}_{tijl}^{*}\boldsymbol{X}_{tlk}) \tag{10.22}$$

其中，t、i、j、k 分别代表图、节点、深度和特征。$\boldsymbol{P}_t^*$ 为包含能量序列 P_t 且形状为 $N_t\times H\times N_t$ 的张量。式(10.22)写成矩阵形式为

$$\boldsymbol{Z}_t=f(\boldsymbol{W}^c\odot\boldsymbol{P}_t^*\boldsymbol{X}_t) \tag{10.23}$$

最后，通过一个全连接层得到对 $\boldsymbol{Y}$ 的预测(表示为 $\hat{\boldsymbol{Y}}$)，并通过 softmax 函数找到条件概率分布 $P(\boldsymbol{Y}|\boldsymbol{X})$

$$\hat{\boldsymbol{Y}}=\mathrm{argmax}(f(\boldsymbol{W}^d\odot\boldsymbol{Z})) \tag{10.24}$$

$$P(\boldsymbol{Y}\mid\boldsymbol{X})=\mathrm{softmax}(f(\boldsymbol{W}^d\odot\boldsymbol{Z})) \tag{10.25}$$

通过对上述节点分类任务取均值，就可以将 DCNN 扩展到图分类任务上，如图 10.5(b)所示，其数学公式形式为

$$\boldsymbol{Z}_t=f(\boldsymbol{W}^c\odot\boldsymbol{1}_{N_t}^{\mathrm{T}}\boldsymbol{P}_t^*X_t/N_t) \tag{10.26}$$

其中，$\boldsymbol{1}_{N_t}^{\mathrm{T}}$ 是大小为 $N_t\times1$ 的向量。

完成了图和节点层面的分类任务后，边分类任务是对与该边首尾连接的节点进行转换，将边分类任务同样转化到节点的分类任务中。新的邻接矩阵 $\boldsymbol{A}_t'$ 通过在原来的邻接矩阵 $\boldsymbol{A}_t$ 上增加一个关联矩阵得到

$$\boldsymbol{A}_t'=\begin{pmatrix}\boldsymbol{A}_t & \boldsymbol{B}_t^{\mathrm{T}}\\ \boldsymbol{B}_t & 0\end{pmatrix} \tag{10.27}$$

A_t'可以被用于计算P_t'，然后替换P_t，如图 10.5(c)，最终完成对边的分类任务。

上述两个经典算法虽然在空间域上实现了将传统的卷积算子转移到图结构数据上，有效地聚集了邻居节点的信息。但当利用神经网络对各个模型进行训练时，却发现每个模型的训练效率是非常低的。这是由于在每一轮训练中都需要将整个图的节点作为输入，但在实际的处理任务中，一般需要处理的图节点数量是非常多的，这就需要占用较大的计算资源和内存，使上述模型无法应用于大规模图结构。针对训练效率低的问题，借鉴深度模型在处理大图片时采用随机切片的思路，文章 *Large-scale learnable Graph Convolutional Networks* 提出了一种子图训练的方法。该方法简单有效，下面以一个实际的具体例子进行阐述。如图 10.6 所示，LGCN 的目标子图包含 15 个节点，首先对中心节点初始化选择 3 个节点，然后对初始化的 3 个节点的一阶邻居采用深度优先的搜索方法随机选择 5 个节点，完成第 1 次迭代。在下次迭代中，在二阶邻居节点中随机选择 7 个节点。通过两次迭代便完成了子图的构造，简单有效地解决了训练效率低的问题，其中迭代次数可以根据需要进行设置。

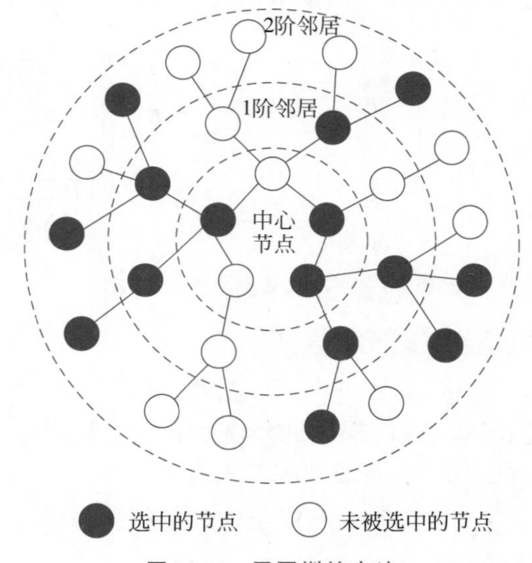

图 10.6　子图训练方法

同样为了使 GCN 能够应用于大规模的图上，研究人员提出了一种针对图结构数据的归纳式的学习方法——图采样和聚集方法(Graph sample and aggregate，GraphSAGE)。GraphSAGE 不是学习某个具体节点的嵌入表示，而是学习用于采样和聚集邻居节点来生成节点新的嵌入表示的聚合函数。它不像先前直推式的方法针对固定的图结构，训练时必须事先知道所有节点的信息。由于现实生活中的图在不断变化，因此一些节点信息是未知的。所以需要对将要出现的看不见的节点进行嵌入表示，或者是对完全新的子图进行嵌入表示。通过 GraphSAGE 方法学习到的聚合函数可以应用于图动态增加节点的情景，这就使 GraphSAGE 能够应用于大规模的图结构数据上。如图 10.7 所示，GraphSAGE 方法共包含 3 个步骤，分别为：

(1) 采样邻居节点，采样中心节点的一阶和二阶邻居节点；

(2) 设计聚合函数，利用邻居节点来表征中心节点；

(3) 将聚集的邻居节点信息利用多层神经网络对中心节点进行预测。

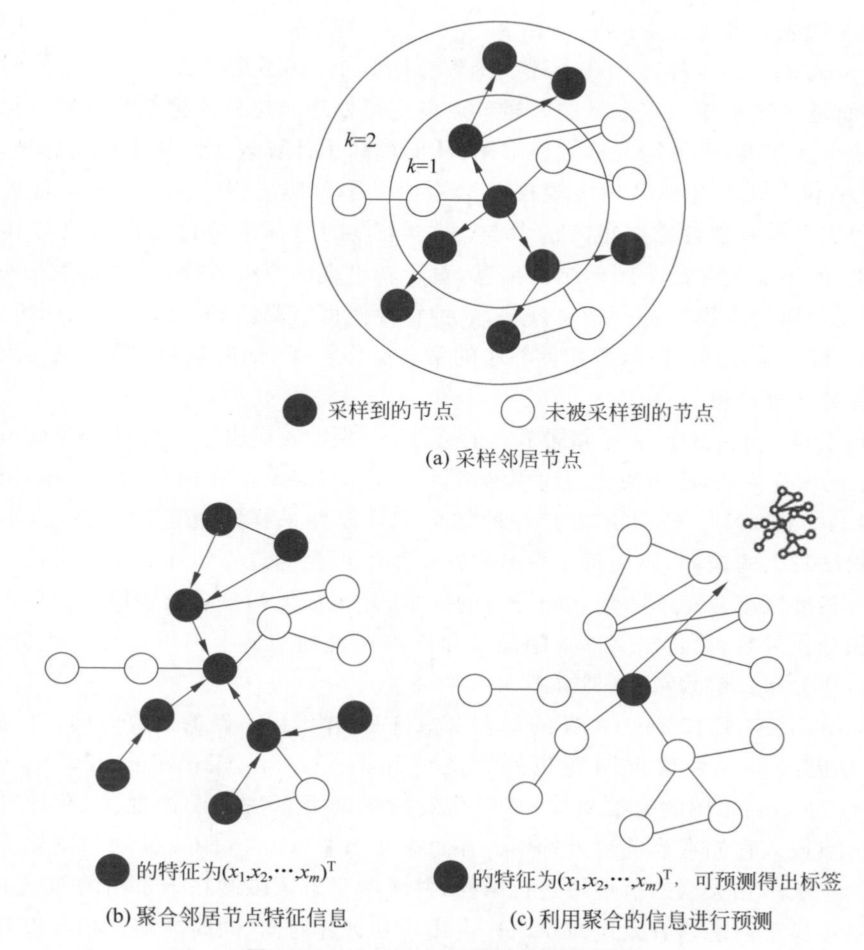

图 10.7 GraphSAGE 算法的整体思路

GraphSAGE 的核心思想是学习聚集邻居节点特征的聚合函数，算法分别给出了均值聚集、长短时间记忆聚集（Long Short Term Memory，LSTM）和池化聚集 3 个候选聚合函数。

（1）均值聚集，该方法通过求各个邻居节点向量$\{\boldsymbol{h}_u^{k-1}, \forall u \in N(v)\}$的均值，和直推式 GCN 的方法基本类似

$$\boldsymbol{h}_v^k \leftarrow \delta(\boldsymbol{W} \cdot \mathrm{MEAN}(\{\boldsymbol{h}_v^{k-1}\} \cup \{\boldsymbol{h}_u^{k-1}, \forall u \in N(v)\})) \tag{10.28}$$

其中，$\boldsymbol{h}_v^k$ 表示节点 v 在步骤 k 的嵌入向量。该聚合函数和其他聚合最大的区别是它不执行聚集邻居向量 $\boldsymbol{h}_{N(v)}^k$ 连接当前节点的前一层 $\boldsymbol{h}_v^{k-1}$ 联级操作，而是采用了一种可以被看作跳跃连接的执行方式。

（2）基于 LSTM 聚集，该方法比均值聚集有更强大的表达能力。由于 LSTM 以顺序方式处理输入数据，所以 LSTM 不是置换不变的。若要使 LSTM 适应图结构数据的无序集合，只需对邻居节点进行随机排列即可。

（3）池化聚集，在这种聚集方法中，每个邻居的向量都通过全连接的神经网络独立反馈。在完成此转换之后，将最大池化聚集应用于聚合各个邻居信息的聚合操作中：

$$\mathrm{AGGREGATE}_k^{\mathrm{pool}} = \max\{\delta(\boldsymbol{W}_{\mathrm{pool}} \boldsymbol{h}_{u_i}^k + b), \forall u_i \in N(v)\} \tag{10.29}$$

其中，max 代表取各个元素的最大值。

GraphSAGE 的采样体现在上述 3 个聚合函数中，它不是聚合中心节点的所有邻居节点，而是首先采样一定数量的邻居节点再进行处理。这样就把要处理的节点数量限制在某个区间内，不再需要输入整个图，从而提高了计算效率。从采样角度来说，也同样为 GraphSAGE 能够处理大规模图结构提供了保障。由于 GraphSAGE 算法的计算过程完全没有拉普拉斯矩阵的参与，每个节点的特征学习过程仅仅只与其 k 阶邻居相关，而不需要考虑全图的结构信息，对于新出现的节点数据，只需要遍历得到 k 阶子图，就可以代入模型进行相关预测，这种特性使得该算法具有巨大的应用价值。

综上，GraphSAGE 提出了几种邻居的聚合操作算子，同时通过采样邻居，大大提升了算法的工程价值。

不同于 GraphSAGE 采样邻居节点的方法，一些学者提出了一种针对当前节点所在卷积层的采样方法，称为快速图卷积网络算法(Fast learning with Graph Convolutional Network，FastGCN)。FastGCN 是一种结合了重要性采样的批量训练算法，不仅避免了对测试数据的依赖，还为每个批量操作产生了可控的计算消耗。该方法将图的顶点解释为某种概率分布下的独立同分布的样本，并将损失和每个卷积层作为顶点嵌入函数的积分。然后，通过定义样本的损失和样本梯度的蒙特卡洛近似计算积分，进一步改变采样分布，进而减小近似方差。

在 GraphSAGE 和 FastGCN 的基础上，一些工作提出了新的研究方向。例如 W. Chiang 等提出了一种聚类图卷积的方法(Cluster Graph Convolutional Network，Cluster-GCN)，利用图的聚类结构，基于高效的图聚类算法来设计批次，在计算时只需要将节点嵌入存储在当前批处理中。在每个步骤中，Cluster-GCN 对与图聚类算法识别的密集子图相关联的节点块进行采样，并将搜索范围限制在该子图的邻域中。这种方法虽然简单但能够有效地减小内存占用率和计算时间，同时能够达到与以前的算法相当的测试精度。

Cluster-GCN 还可以在不需要太多时间和内存开销的情况下训练更深层的 GCN，从而提高了预测精度。这样 Cluster-GCN 使 GNN 向做大做深的方向迈进了一大步。

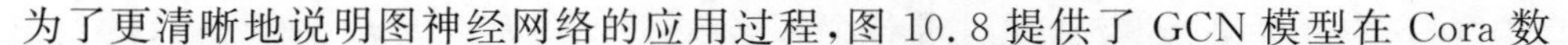

为了更清晰地说明图神经网络的应用过程，图 10.8 提供了 GCN 模型在 Cora 数

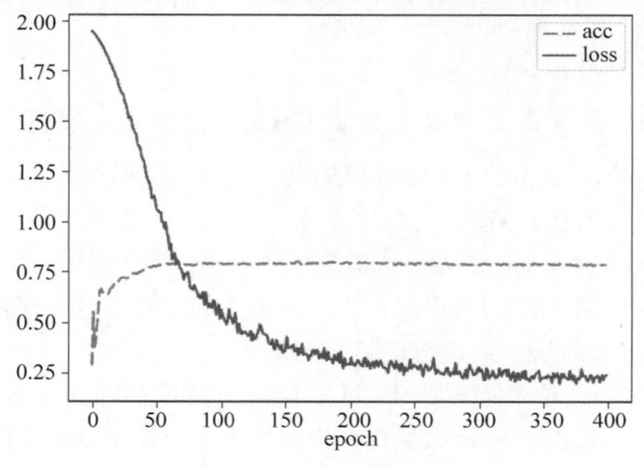

图 10.8　GCN 模型训练过程

据集上的训练案例,展示了 GCN 模型在训练过程中损失函数和分类精度的变化趋势,其中 GCN 的交叉熵损失函数在 250 个 epoch 左右达到收敛,而验证集上的分类精度在 50 个 epoch 后基本维持稳定,最终 GCN 在测试集上的分类精度为 0.8100。

4. 基于注意力机制的图神经网络

注意力机制在处理序列任务已经表现出强大的能力,比如在机器阅读和学习句子表征的任务中,其强大的优势在于允许可变大小的输入,然后利用注意力机制只关心最重要的部分,最后做出决策处理。一些研究发现,注意力机制可以改进卷积方法,从而可以构建一个强大的模型,在处理一些任务时能够取得更好的性能。为此,将注意力机制引入图神经网络对邻居节点聚合的过程中,P. Veličković 提出了图注意力网络(Graph Attention Networks,GAT)。在传统的 GNN 框架中加入了注意力层,从而可以学习出各个邻居节点的不同权重,将其区别对待。进而在聚合邻居节点的过程中只关注那些作用比较大的节点,忽视一些作用较小的节点。GAT 的核心思想是利用神经网络学习出各个邻居节点的权重,然后利用不同权重的邻居节点更新出中心节点的表示,图 10.9 为 GAT 的结构示意图。

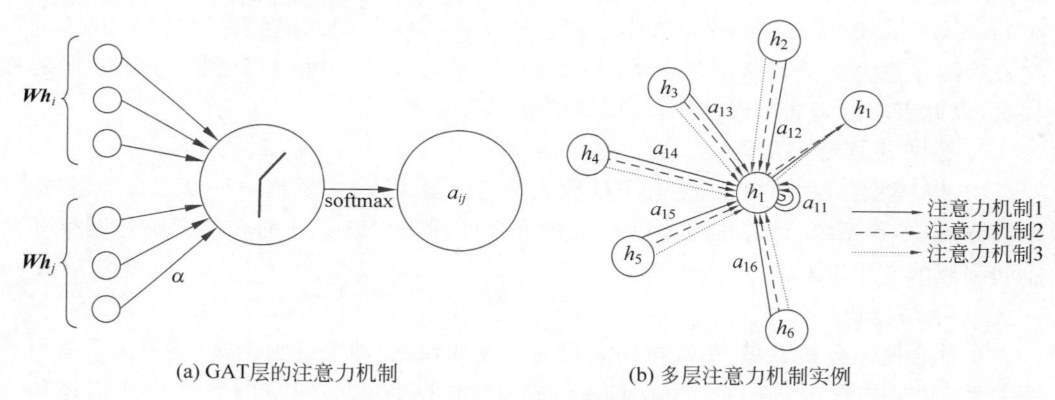

(a) GAT层的注意力机制

(b) 多层注意力机制实例

图 10.9 图注意力网络的结构

图 10.9(a)表示节点 i 和节点 j 间权重的计算,图 10.9(b)表示某一节点在其邻域内采用了多头的注意力机制来更新自身表示。节点 j 相对于节点 i 的注意力因子公式为

$$a_{ij}=\frac{\exp(\mathrm{LeakyReLU}(\boldsymbol{\alpha}^{\mathrm{T}}[\boldsymbol{Wh}_i \parallel \boldsymbol{Wh}_j]))}{\sum_{k\in N_i}\exp(\mathrm{LeakyReLU}(\boldsymbol{\alpha}^{\mathrm{T}}[\boldsymbol{Wh} \parallel \boldsymbol{Wh}_j]))} \tag{10.30}$$

其中,a_{ij} 表示节点 j 相对于节点 i 的注意力因子;$\boldsymbol{W}$ 是一个用于降维的仿射变换;$\boldsymbol{\alpha}^{\mathrm{T}}$ 表示权重向量参数;$\parallel$ 表示向量的拼接操作。LeakyReLU 表示泄露修正线性单元,计算公式为

$$\mathrm{LeakyReLU}(\boldsymbol{x}')=\begin{cases}x', & x'>0\\ \lambda x', & x'\leqslant 0\end{cases} \tag{10.31}$$

然后加上非线性激活函数 δ,可以利用学习到的注意力因子 a_{ij} 实现对中心节点 i 的更新

$$\boldsymbol{h}'_i=\delta\left(\sum_{j\in N_i}a_{ij}^{k}\boldsymbol{W}^{k}\boldsymbol{h}_j\right) \tag{10.32}$$

为了使模型更加稳定,建议应用多头注意力机制。把原来只利用一个函数计算注意力因子改为设置 K 个不同的函数来共同计算注意力因子,每个函数的结果都可以得到一组注意力参数,还能为下一层的加权求和提供一组参数。在各个卷积层中,K 个不同注意力机制互不影响,独立工作。每个注意力机制得到的结果拼接或求均值得到最后的结果。若计算 K 个不同的注意力机制则可得到

$$\boldsymbol{h}'_i = \|_{k=1}^{K} \delta\left(\sum_{j \in N_i} a_{ij}^k \boldsymbol{W}^k \boldsymbol{h}_j\right) \tag{10.33}$$

其中,‖ 表示向量的拼接操作;a_{ij}^k 表示第 k 个注意力参数函数求得的注意力因子。对于最后一个卷积层,如果利用多头注意力机制进行求解,则要利用求均值的方式来求解

$$\boldsymbol{h}'_i = \delta\left(\frac{1}{K}\sum_{k=1}^{K}\sum_{j \in N_i} a_{ij}^k \boldsymbol{W}^k \boldsymbol{h}_j\right) \tag{10.34}$$

在GAT工作的基础上,很多都将注意力机制与图神经网络做了进一步的融合,例如同样将多头注意力机制引入到对邻居节点的聚合过程中的门控注意力网络(Gated attention networks,GAAN),不同于GAT中采用求均值或拼接的方式来确定最后的注意力因子,GAAN为多头注意力中的每头注意力机制分别赋予了不同的权重,以此来聚合邻居节点信息,完成对中心节点的更新。

5. 图神经网络的应用

图神经网络自提出以来,受到了研究人员的大量关注,主要集中于以下几个领域:网络分析、推荐系统、计算机视觉以及自然语言处理等。以下分别介绍图神经网络在不同领域的应用方案。

1）网络分析

在社会网络分析领域,引文网络是最为常见的数据,即节点为论文,连边关系为引用关系,常见的数据集包括Cora、Citeseer等。这些常见的网络的数据集的描述如表10.1所示。一个典型的分类任务是给定每篇文章的内容信息和文章之间的引用关系,将每篇文章分类到对应的领域中。例如,在节点的半监督分类场景下,已知节点的属性信息包括文章的标题或摘要信息,以及节点之间的引用关系构成的网络信息,给定少量的数据标签,通过机器学习的方式,对网络中的每个节点的所属领域进行划分。在该任务中,GCN将节点文本属性和引用网络结构进行有效的建模,结果取得了成功。

表10.1　半监督节点分类常用数据集

数　据　集	Cora	CiteSeer	PudMed	NELL
类别	引用网络	知识图谱	—	—
节点数	2708	3327	19717	65755
边数	5429	4732	44338	266144
类别数	7	6	3	210
特征	1433	3703	500	5414
标签比例	0.052	0.036	0.003	0.003

2）推荐系统

GCN能够很好地建模图的结构属性和节点特征信息,而推荐系统既可以被视为

一个矩阵补全问题，也可以被视为是二部图(用户和商品)的链接预测问题。因此相比传统的方法，GCN 能够更好地利用在推荐系统中普遍存在的用户属性和商品属性信息。荷兰阿姆斯特丹大学的 R. Berg 等基于 user-item 的二分图，提出了一种图卷积矩阵补全(GC-MC) 和图自编码框架，其中观测到的评分用连接边来表示。最终的预测评分就相当于预测在这个 user-item 二分图中的连接边。把矩阵补全视为在图上的链路预测任务，以此来解决推荐系统中的评分预测问题。此外，F. Monti 等将图卷积神经网络和循环神经网络相结合实现了推荐系统中矩阵的补全。

图神经网络在推荐系统上虽然表现很好，但把这些算法应用到数百亿的用户上仍然很困难。为此，J. Leskovec 等将 CNN 应用到推荐系统中，提出了一个高效的 GCN 算法 PinSage，对商品节点产生嵌入表达。这些表达包含了图结构和节点特征信息，相比传统的图卷积方式，其提出了一个高效的随机游走策略建模卷积，设计了一个新的训练策略，并成功地将 GCN 应用到节点数为 10 亿级的超大规模推荐系统中。

PinSage 在推荐系统领域生成了相比其他深度学习和基于图的方法更高质量的推荐结果，为新一代基于图卷积结构的大规模推荐系统奠定了基础。图 10.10 为深度为 2 的 PinSage 模型结构图。其中图 10.10(a)为一个小的示例输入图，图 10.10(b)为利用两层神经网络实现的模型，节点 A 的隐表示为 $\boldsymbol{h}_A^{(2)}$，由其前一层的隐表示 $\boldsymbol{h}_A^{(1)}$ 及其邻域 $N(A)$的隐表示 $\boldsymbol{h}_{N(A)}^{(1)}$ 计算得到。图 10.10(c)为计算输入图中每个节点的嵌入表示的神经网络。当神经网络从一个节点到另一个节点时，它们都共享相同的参数集(函数 $\text{CONVNLVE}^{(1)}$ 和 $\text{CONVNLVE}^{(2)}$ 的参数)中具有相同阴影图案的框共享参数，γ 表示池化函数，细矩形框表示多层神经网络。虽然每个节点的神经网络不同，但它们都共享相同的参数集。

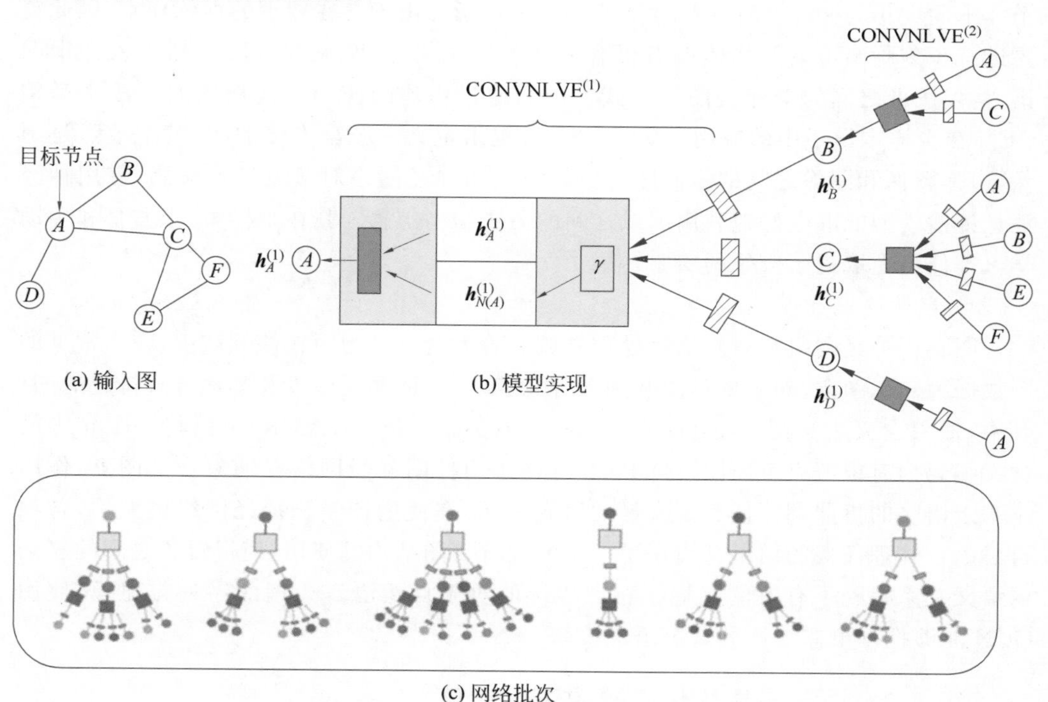

(c) 网络批次

图 10.10 PinSage 模型结构图

3）计算机视觉

在计算机视觉中，图卷积神经网络的应用主要集中于少样本学习（few-shot learning）、零样本学习（zero-shot learning）、点云建模（point cloud）、场景图（sense graph）等。其中，少样本学习旨在使用较少的样本训练能够识别出一个全新的样本。其通常包含两个阶段：元训练（Meta-training）和元测试（Meta-testing），如图10.11所示。

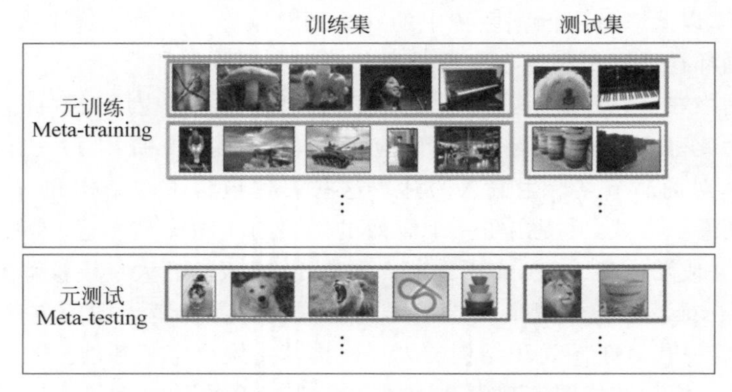

图10.11　少样本学习训练示意图

在该任务中，数据集包括训练集、支持集和测试集。支持集和测试集共享相同的标签空间，但训练集有单独的标签空间，且与支持/测试集不相交。如果支持集包含每个类包含 K 个标签样本，C 个类别，则该问题被称为C-way，K-shot问题。常见的数据集包括Omniglot和miniImageNet。其中Omniglot数据集包含来自50个不同字母的1623个不同手写字符。miniImageNet则包含100个不同类别，每个类别有600个样本的大小为84×84的RGB图像。少样本学习由于存在较少的训练样本，因此需要进一步刻画出不同的物体或者概念之间的语义关系，常见的方法包括引入知识图谱、构建图像之间的全连接图等方式。下面通过构建图像间全连接图的方法来举例GCN在少样本学习中的应用。V. Garcia等提出定义一个全连接的图，其中节点是图像，边是图像和图像之间的相似度。他们使用图神经网络对节点进行编码，使用神经消息传播模型能够更好地利用图像之间的关联结构信息。其在少样本、半监督和主动学习等任务上取得了较好的实验结果。

4）自然语言处理

图卷积神经网络在自然语言处理领域有着大量的应用。在该领域中，较为常见的图数据为知识图谱、句法依赖图和抽象含义表达图、词共现图以及其他方式构建的图。其中，抽象含义表达图（Abstract Meaning Representation，AMR）可以将一个句子的含义编码为有根节点有向图。D. Beck等使用门控图神经网络在抽象含义图上，作用于基于语法的机器翻译任务。大量的研究表明，在使用图卷积神经网络模型后，各项自然语言处理任务的结果都出现了一定的提升。图结构的使用，使得对象之间的复杂的语义关系得到了有效的挖掘。相比传统的对于自然语言处理的序列化建模，使用GCN能够挖掘出非线性的复杂语义关系。

10.1.2　面向昂贵优化问题的进化计算

昂贵的优化问题（Expensive Optimization Problem，EOP）广泛存在于各种重要

的实际应用中。然而，EOP需要昂贵甚至无法负担的成本来评估候选解决方案，因而要使算法找到满意的解决方案，是非常困难的。此外，由于经济和社会中快速增长的应用需求，如智能城市、物联网和大数据的出现，如何更有效地解决EOP在各个领域变得越来越重要，这对EOP优化方法的问题解决能力提出了巨大挑战。在各种优化方法中，进化计算是一种很有前途的全局优化工具，在过去几十年中被广泛用于有效求解EOP。本节基于文献[5]中的内容进行整理总结，首先介绍昂贵优化问题的相关概念，分析求解EOP时EC的总优化成本。在此基础上，总结解决EOP问题的3个有前景的研究方向，即问题逼近与替换、算法设计与增强、并行与分布式计算，最后对未来求解EOP的研究方向进行探讨。

1. 昂贵优化问题和进化计算概述

EOP指的是评估候选解决方案需要花费昂贵甚至无法负担的成本的问题，这些候选解决方案广泛存在于许多重要的实际应用中[6]。进化计算已被广泛用于解决EOP问题，这形成了一个快速发展的研究领域。第4章和第5章已经详细介绍了进化计算的相关内容，以下进行简单回顾。一般来说，进化计算是一种受生物进化和生活启发的优化方法。基本的进化计算算法包括遗传算法、进化策略、进化规划与遗传规划，而对于广义的进化计算而言，粒子群优化和蚁群优化等群体智能算法也可归入其中。进化计算算法基于自然进化的“适者生存”思想，通过相应的进化算子生成新的个体，并选择适应度更好的个体作为新的种群进入下一代。因此，进化计算算法可以有效地找到满意的解，而不需要梯度信息，这非常适合于解决实际问题。

2. 总优化成本分析

由于EOP的关键特征是评估成本高昂，因此使用进化计算解决EOP的总成本为

$$\text{Total\_cost} = O(N) \times O(C) = O(N \times C) \tag{10.35}$$

其中，是$O(C)$每次昂贵评估的平均成本，$O(N)$表示进化计算算法在评估次数方面的时间复杂度（即找到满意解决方案所需的评估总数）。具体来说，如果$O(C)$是指计算时间成本，那么式(10.35)可以进一步写为

$$\text{Total\_cost} = \frac{O(N) \times O(C)}{P} = O\left(\frac{N \times C}{P}\right) \tag{10.36}$$

其中，P($P\cdots 1$)是并行和分布式计算技术提供的优化加速。

EOP的关键问题是昂贵的适应度和约束评估，例如，如果式(10.35)和式(10.36)中的$O(C)$所表示的复杂度非常大，将导致无法负担的总优化成本。然而，式(10.35)和式(10.36)也表明，可以从3个方向有效地解决EOP。这3个方向分别是降低$O(C)$、降低$O(N)$和增加$O(P)$。事实上，现有的EOP研究就是沿着这3个方向提出和研究的，可以概括为使用问题逼近和替换的方法降低评估成本来减少$O(C)$、通过设计高级进化计算算法提高搜索效率来减少$O(N)$以及使用并行和分布式计算通过增加$O(P)$加速优化，具体如图10.12所示。

3. 问题逼近和替换

在许多优化问题中，用于评估解的数学精确目标或者约束函数可能不存在。在这种情况下，只能通过计算成本高昂的数值模拟或物理实验（例如风洞实验）评估候选解决方案。这对进化计算提出了很大的挑战，因为大多数进化计算算法都基于适应度评价(Fitness evaluation，FE)进行优化。为了解决这个问题并降低优化难度，人们对近

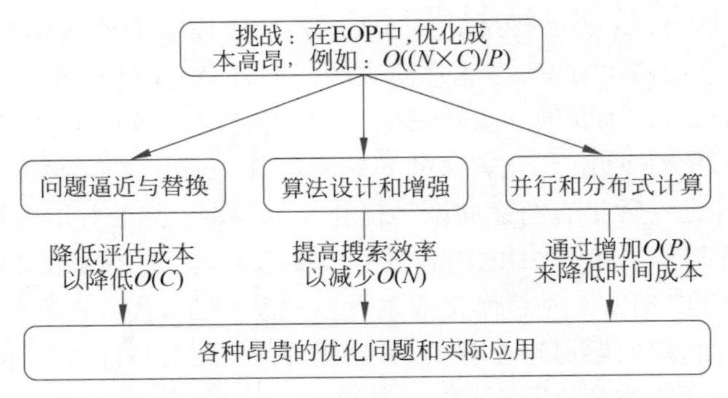

图 10.12　解决 EOP 的 3 个方向

似方法进行了广泛的研究。一般来说，现有的近似方法主要可以分为以下 4 类：问题简化、适应度近似、约束近似和多保真度替换。

1）问题简化

当原始优化问题的计算量很大时，问题简化是一种简单而有效的方法。问题简化旨在简化原始 EOP，使其成为一个计算效率更高的问题模型，从而减轻昂贵的计算负担。例如，S. Nguyen 等开发了一个具有两种策略的简化仿真模型，可以取代调度规则设计问题的原始昂贵仿真。第一种策略消除了模拟中的预热和运行时间，而第二种策略最小化了搜索空间（例如，通过减少每个作业的操作和机器数量）。实验结果表明，通过结合这两种策略，可以开发出一个简化但足够精确的仿真模型，与原始完整的仿真评估相比，计算成本显著降低。

2）适应度近似

与简化原始问题的方法不同，适应度近似法通过直接逼近或预测候选解的适应度值，降低昂贵的优化成本。数学上，对于一个连续函数，由近似适应度函数 $f(x)$ 预测的 x 的适应度与由真实适应度函数 $F(x)$ 给出的 x 的适应度之间的关系可以表示为

$$F(x)=f(x)+\varepsilon(x) \tag{10.37}$$

其中，$\varepsilon(x)$ 表示近似适应度函数 f 在 x 上的近似估计误差。

一般来说，适应度近似方法通过评估数据来逼近目标适应度函数。在此基础上，采用近似目标函数（也称为代理模型）代替原始 FE 对尚未评价的候选解进行评价。因此，基于适应度近似的优化通常被称为数据驱动或代理辅助优化。适应度近似主要包括 3 个过程：数据处理、代理模型建立及模型更新与管理。为了精确地逼近适应度函数并构建代理，可以使用各种建模方法，包括传统的插值方法（如多项式回归模型）以及机器学习技术（如 Kriging 模型、人工神经网络、径向基函数神经网络和随机森林等）。

此外，各种适应度逼近方法也使用有效的机器学习策略进行了检验。例如，为了构建精确的代理，王晗丁等提出使用主动学习策略构建代理方案求解 EOP，该方法被证明是有效的。对于离线数据驱动优化问题，王晗丁等研究了一种基于集成学习的代理管理策略，该策略自适应地选择少量但多样化的代理模型，以提高逼近精度。还有学者提出了带有 boosting 学习方法的本地化数据生成方法来获得更好的代理模型，且可以根据目标问题自动提高模型精度和数据量。

除了通过机器学习方法找到一般的近似函数外，适应度模仿也被用于评价个体。

适应度模仿是基于与新个体相关的被评估个体来预测新个体的适应度。例如，M. Salami 和 T. Hendtlass 提出了一种适应度模仿方法，其中新个体的适应度是被评价个体适应度的加权和。

3）约束近似

现实世界的优化问题通常包含很多需要满足的约束条件，并且在适应度评价的过程中访问约束函数的开销可能很大。因此许多研究都是通过约束近似来处理代价昂贵的约束函数。与适应度近似的方法类似，昂贵的约束函数也可以通过端到端的方式实现近似处理，以减少 FE 昂贵的计算成本。因此上述提到的适应度近似方法通过将所有约束用一个近似模型或多个约束分别用多个近似模型的方式同样可以应用于约束近似。与适应度近似相比，约束近似中最具有挑战性的问题是如何处理近似的约束，这可以分为两大类：基于完全约束的处理技术和基于部分约束的处理技术，以下主要介绍基于完全约束的处理技术。

基于完全约束的处理技术通过近似法处理所有约束条件。在逼近约束函数后，进化计算算法可以利用约束处理技术生成可行解。一般来说，常见的约束处理技术有惩罚法、修复法、多目标法和 epsilon 水平比较法。

4）多保真度替换

在许多实际优化问题中，适应度评价的保真度（即精度水平）和计算成本可以通过各种设置和配置（如模拟时间）进行修改。因此需要平衡保真度和相应的计算成本。此外，不同保真度的近似方法可以相互配合，以获得更好的最终模型。因此，多保真度替换方法的研究目标是如何获得一个在评估保真度和计算成本之间取得更好平衡的多保真评估模型，以替换昂贵的 FE。

4. 算法设计和增强

本节将重点阐述通过有效的算法设计和增强解决 EOP 的方法。事实上，除了解决 EOP 之外，在评估解决非昂贵问题的进化计算算法时，它也是非常重要的，因此，许多现有的改善非昂贵问题的算法效率的工作也可以用于解决 EOP。

目前提高 EOP 的进化计算效率的相关工作可以分为 4 部分，包括优化框架与范式、新型算子、适应度继承以及混合算法和配置。

1）优化框架与范式

由于不同的 EOP 具有不同的特点，使用合适的优化框架和范式可以更有效地解决目标问题。为了解决各种 EOP，常见的优化框架包括多种群或多群体进化、协同进化、基于分解的进化、多目标优化、约束优化、多模式优化、混合变量优化等。此外，通过适当的问题转换和重构方法，可以利用高效优化范式解决各种问题。

2）新型算子

设计新的进化算子有助于加快算法的收敛速度，提高算法的优化精度，从而更有效地求解 EOP。例如，张青富等采用带网格的批量约束分解方法，平衡种群的收敛性和多样性，从而更好地进行批量抽样，解决多目标 EOP 问题，在较难的检验问题上表现出了有效性。

3）适应度继承

适应度继承与前文提到的适应度近似法类似，都试图通过估计一些个体适应度来减少对昂贵的 FE 的需求。然而，它们的不同之处在于，适应度继承是根据进化算子给出的个体关系设计的，而适应度近似法在进化计算中没有考虑进化算子。通常，适应度继承是基于进化过程中的其他相关个体（例如交叉算子中的父代）来计算候选个体的适应度。为此，J. Smith 等论证了遗传算法适应度继承的理论和实际效率。尽管适应度继承有效地减少了对 FE 的需要，但实际上与问题逼近和替换方法的用法类似。因此，将适应度继承的思想与问题逼近和替换的方法相结合可以有助于更有效地求解 EOP。

4）混合算法和配置

鉴于不同的算法可能适用于不同的 EOP，混合算法也被考虑用于更有效地求解各种 EOP。詹志辉等提出了一种称为 Cloudde 的算法，该算法通过有效的资源分配将4种不同配置的种群集成在一起，在 FE 计算成本非常高的电力电子电路设计中显示出了显著的效率。

5. 并行和分布式计算

当评估候选解决方案的计算成本很高时，可以使用并行和分布式技术来加速优化并减少计算时间成本。现有的相关工作可以根据其研究方向分为以下两类。

1）近似加速

近似加速是指将并行和分布式技术与仿真和代理模型相结合的方法。在一个空气动力学形状优化问题中，M. Karakasis 等提出了一个带有代理的分布式进化算法，可以帮助减少调用不必要的计算流体动力学所需的昂贵计算时间成本。该算法会将种群划分为一些子种群，并同时用代理进化它们。每个子种群中的最佳解决方案将定期迁移到其他子种群，以改进优化。

尽管如此，如果在求解 EOP 时存在多保真度或多级代理，则可以进一步改进算法的并行化。例如，M. Karakasis 等提出了一种分层分布式 EA 来解决昂贵的形状优化问题，其中每个子种群使用具有不同精度水平和计算时间成本的代理。在子种群的分布式进化过程中，更好的解决方案将被重新分配给使用更昂贵但更准确代理的子种群，而较差的解决方案则被重新分配到使用更不准确但更便宜的代理子种群，以便充分利用计算预算。

2）优化过程加速

近年来，许多学者通过研究并行和分布式方法来加快进化计算算法的优化过程，进而更有效地求解 EOP。实际应用中，很多具有大规模特征的优化问题往往是 EOP。同时，一些 EOP 的大规模特征（如大搜索空间、高可变维数和大量数据）往往导致更昂贵的优化计算成本。在解决这类大规模优化问题或大规模 EOP 问题时，分布式方法有助于提高算法效率，减少昂贵的时间成本。例如，学者们提出了一种采用主从多群分布式模型进行协同进化的分布式 PSO，可以提高搜索效率，降低总昂贵时间成本。将该算法应用于大规模云工作流调度应用中，取得了较好的效果。此外，分布式算法可以与问题分解和资源分配方法相结合，有效应对计算 EOP 的大规模挑战。即进化计算可以将问题分解为几个更小的子问题，并通过协同进化并行优化子问题，从而更有效地获得更好的解。在基于分解的方法中，分配更多的计算资源来优化对整体问题优化贡献较大的子问题，可以更明智、高效地充分利用可用的计算资源。

10.2 智能计算展望

深度学习的概念源于人工神经网络的研究，它通过组合低层特征形成更加抽象的高层表示属性类别或特征的机制，以发现数据的分布式特征表示。神经网络是深度学习的基础模块，其本质是一种体现特征映射关系的网络模型，用来学习输入与输出之间的对应关系及规律。传统神经网络结构分为输入层、隐藏层、输出层，各层之间的连接是单向的，并且每层的神经元之间没有连接。训练过程一般使用误差反向传播算法(Error Back Propagation，EBP)进行训练。神经网络模型精度的影响因素主要包括神经元数量、网络层数、权重及学习率等参数，而这些参数的调整都存在不同的问题。通过人工去调节神经元数量、网络层数、学习率等参数需要大量的专业知识，即使是专业人士也需要多次试错。

近些年，随着人工智能算法的快速发展以及工程应用领域问题的复杂化，研究人员提出了一系列神经网络模型去解决相应的机器学习问题。例如，卷积神经网络在图像处理上取得了出色的应用效果；循环神经网络在自然语言处理领域得到了较多的应用；脉冲神经网络作为“类脑”研究的关键模型受到了广泛关注；基于图模型的神经网络架构也成为研究热点，并在多个工业应用场景取得了较好的性能表现。面对不同的学习任务，如何优化神经网络的各种超参数(如权重、层数等)是应用神经网络处理复杂问题的首要任务。首先，如何高效地优化神经网络的权重是一个重要挑战。目前，常见的权重优化方法是基于导数的方式(如梯度法、拟牛顿法等)，但存在容易陷入局部最优解的现象。更重要的是，在神经网络模型的训练过程中，训练样本不均衡、网络结构过于复杂等问题会导致梯度消失、模型坍陷、梯度爆炸等现象，而传统梯度方法很难处理这类问题。其次，如何自适应调整神经网络的结构参数(如层数等)是另一个重要挑战。目前，神经网络架构的设定主要基于人为经验，这本身就是一个复杂且耗时耗力的过程。随着神经网络模型的结构越来越复杂、参数越来越多，很多新兴的分布式机器学习模型及应用(如联邦学习、云计算等)需要兼顾神经网络的训练效率与学习精度，这对神经网络的训练方法提出了更高的挑战。

进化计算作为一种随机搜索的优化方法，其具有不需要梯度信息、可分布式处理、鲁棒性强、全局搜索等特点，对于解决不可微、NP-hard 问题以及寻找最优结构问题有着较好的表现。近年来，许多研究工作已经证明进化计算与神经计算的结合(即进化神经网络)是解决复杂应用场景下自适应调整神经网络模型的结构和参数，提升模型的精度与效率的有效途径。进化神经网络是新型智能计算研究的一个重要方向。因此，本节将从神经网络与进化计算结合的角度去阐述进化神经网络的现状，其中 10.2.1 节将重点阐述进化神经网络的基本思路和神经网络权重优化的相关内容，10.2.2 节将着重介绍在自动化深度学习领域中结合进化计算与神经网络架构搜索的相关工作，即神经网络架构进化搜索。

10.2.1 进化计算与神经计算结合

进化神经网络是将进化计算和神经计算相结合的一种新型网络模型[7-8]。这种模型将神经网络的学习特性以及进化计算中自适应进化的机制结合起来，有效地缓解了传统神经网络模型存在的缺点[9-11]。相关学者将进化神经网络的优化问题分为3类：超参数、网络结构和模型自身缺陷。

基本思路是将神经网络的优化问题抽象为进化计算中的适应度函数优化问题，主要分为3步：首先将神经网络模型存在的问题转换为一个最优化求解的问题；其次，根据相应的问题设计合适的编码方式；最后选取合适的进化算法。进化神经网络的基本思路如图10.13所示。

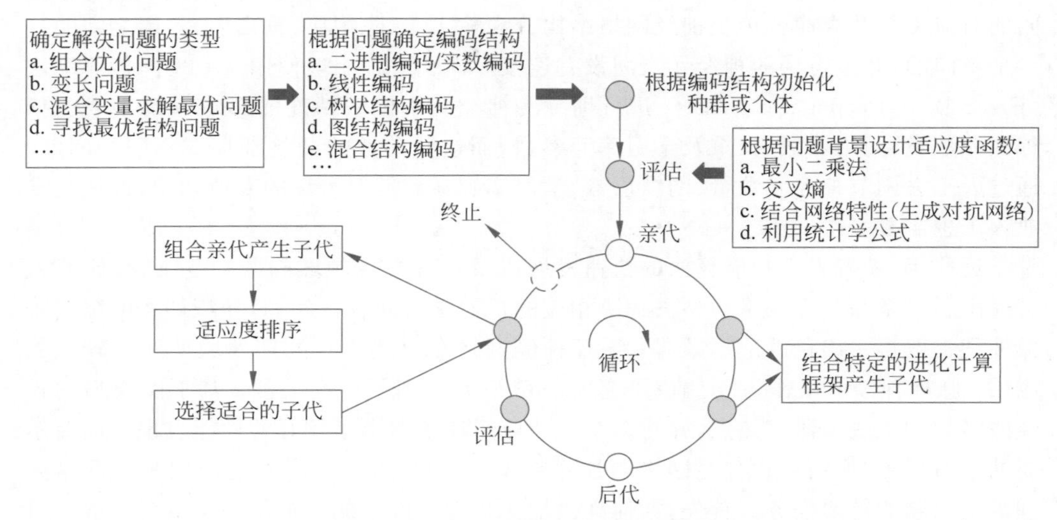

图10.13 进化神经网络的基本思路

整个进化过程主要涉及编码方案的确定、适应度函数的选取及进化算子设计三个重要环节。其中编码是最关键的一步，包括确定待编码的参数、为各个参数分配码长、定义码值与参数之间的转换方式等内容。编码方案的好坏将直接影响最终得到的网络性能（如时间、精确度等）。而适应度函数和进化算子则要根据编码方案和具体应用来设计。下面将分别介绍进化神经网络的3个主要研究方向。

1. 参数优化

神经网络的权重是影响神经网络拟合精度的一个关键参数。传统的网络参数优化大部分采用基于梯度的方法，例如批量梯度下降（Batch Gradient Descent，BGD）、随机梯度下降（Stochastic Gradient Descent，SGD）和小批量梯度下降（Mini-Batch Gradient Descent，MBGD），这些方法均会受限于梯度信息，存在陷入局部最优的风险。

影响神经网络性能的另一类参数是超参数，超参数优化存在如下问题：第一，该问题是一个组合优化问题，无法使用传统的梯度方法进行优化；第二，待优化的超参数可能是混合变量（参数中既有连续变量，又有类别变量），现有方法很难处理这些混合变量优化问题；第三，待优化的超参数与最终的评价指标之间不一定是线性关系。很多情况下，研究人员依靠试错法对超参数进行优化，需要大量的先验知识才能够获得更高的模型精度。进化计算作为一种随机搜索的算法，具有很好的全局搜索能力，不依靠梯度信息进行对可行域的探索，可以有效地避免陷入权重局部最优解的困境；另外，它也可以有效处理组合优化、混合变量等复杂问题。目前，已有研究人员使用遗传算法、粒子群优化、差分进化和进化策略的方法来优化神经网络超参数（学习率、卷积核尺寸等参数)。

在神经网络权重优化方面,利用进化算法训练神经网络连接权主要经历两个阶段,第一个阶段是确定神经网络连接权的描述方式,如用二进制字符串描述连接权等。第二个阶段是进化算法的进化过程,这包括确定算法的全局搜索操作算子,如交叉算子和变异算子。不同个体描述形式和进化算子操作能导致完全不一样的训练结果。用进化算法训练神经网络连接权时,网络连接权的编码方式有两种。

(1) 用二进制字符串编码网络连接权重。这种方式把神经网络的每个连接权编码成一定长度的二进制位串,神经网络的所有连接权的二进制位串被串连起来编码成进化算法中的一个个体。该编码方式简单易用而且易于用硬件实现设计好的神经网络,但存在编码精度问题需要解决。

(2) 用实数值编码网络连接权,这种方式没有编码精度问题存在,但有时需要重新设计操作算子。下面以遗传算法为例,阐述遗传算法优化 BP 神经网络算法的原理。

遗传算法是一种以种群为基础,根据个体适应度的不同进行有方向性的群体寻优的进化算法,它不依赖梯度信息,只需要目标函数是可计算的,特别适用于高度非线性、不连续等复杂系统的优化问题,广泛用于机器学习、人工神经网络训练、模式识别等复杂优化问题。用遗传算法优化 BP 神经网络,替代梯度下降法调节网络权重的过程,恰好可以解决 BP 算法由于采用梯度下降法引起的难题。

如图 10.14 所示,设有 3 层 BP 神经网络,输入个数为 M,即有 M 个输入信号,其中任意一个输入信号用 x_m 表示;隐藏层有 I 个神经元,其中任意一个神经元的序号用 i 表示;输出层的神经元个数为 P,任意一个神经元的序号用 p 表示。用 ω_{mi} 表示输入层和隐藏层之间的权重,阈值用 θ_i 表示;用 ω_{ip} 表示隐藏层和输出层之间的权重,阈值用 θ_p 表示。

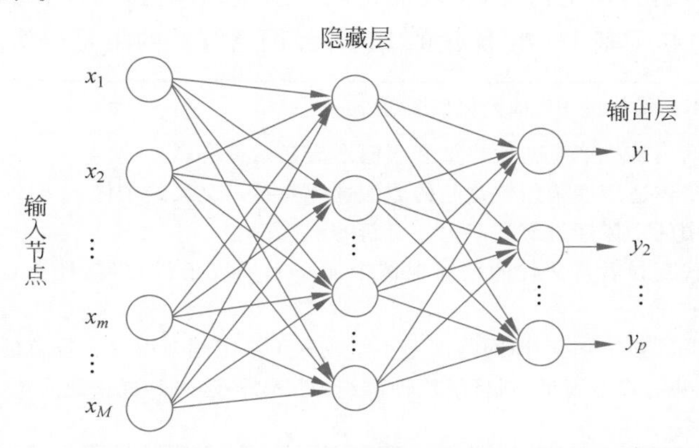

图 10.14 BP 神经网络的基本结构

所有的激活函数均采用 Sigmoid 函数,即

$$f(x)=\frac{1}{1+\mathrm{e}^{-x}},\quad -\infty<x<+\infty \tag{10.38}$$

设所有训练样本的集合为 $X=[\boldsymbol{X}_1,\boldsymbol{X}_2,\cdots,\boldsymbol{X}_k,\cdots,\boldsymbol{X}_N]$,对应任意一个训练样本 $\boldsymbol{X}_k=[x_{k1},x_{k2},\cdots,x_{kM}]^{\mathrm{T}}$,$k=(1,2,\cdots,N)$的实际输出为 $\boldsymbol{Y}_k=[y_{k1},y_{k2},\cdots,y_{kP}]^{\mathrm{T}}$,网络的期望输出为 $\boldsymbol{d}_k=[d_{k1},d_{k2},\cdots,d_{kP}]^{\mathrm{T}}$。设 n 为迭代次数,权重、阈值的神经网

络的实际输出是 n 的函数。将训练样本 $\boldsymbol{X}_k$ 由网络输入，经过工作信号的正向传播后网络的实际输出为

$$u_i^I=\sum_{m=1}^{M}\boldsymbol{w}_{mi}x_{km}+\boldsymbol{\theta}_i,\quad v_i^I=f(u_i^I) \tag{10.39}$$

$$u_p^P=\sum_{i=1}^{I}\boldsymbol{w}_{ip}v_i^I+\boldsymbol{\theta}_p,\quad v_p^P=f(u_p^P) \tag{10.40}$$

$$y_{kp}=v_p^P=f(u_p^P)=f\left(\sum_{i}^{I}\boldsymbol{w}_{ip}v_i^I+\boldsymbol{\theta}_p\right) \tag{10.41}$$

则输出层第 p 个神经网络期望输出与实际输出之差为

$$e_{kp}(n)=d_{kp}(n)-y_{kp}(n) \tag{10.42}$$

每个神经元 p 的误差能量可以定义为 $\frac{1}{2}e_{kp}^2(n)$，输出层所有神经元的误差能量总和(可以理解为损失函数)为

$$E(n)=\frac{1}{2}\sum_{p=1}^{P}e_{kp}^2(n) \tag{10.43}$$

根据BP算法工作信号正向传播过程，以所有的神经元正向传播信号的实际输出与给定输出误差的能量总和 $E(n)$ 最小为优化目标函数，寻找最优的连接权重和阈值。GA优化BP神经网络的数学模型可以表示为

$$\min(E(n))=\frac{1}{2}\sum_{k=1}^{K}\sum_{p=1}^{P}[d_{kp}(n)-y_{kp}(n)]^2 \tag{10.44}$$

其中，$d_{kp}(n)$ 为输出层第 p 个神经元期望输出；$y_{kp}(n)$ 为输出层第 p 个神经元实际输出。进而用遗传算法替代BP神经网络第二阶段误差信号的反向传播过程，使误差的能量总和 $E(n)$ 达到指定精度，实现优化调整权重和阈值的目的。

算法10.1总结了基于GA优化的BP神经网络算法的主要步骤。

算法10.1　基于GA优化的BP神经网络算法

Step 1：在给定区间内随机产生初始权重和阈值形成初始种群；

Step 2：根据种群个体适应度采用轮盘赌的方法选择要参与交叉的个体；

Step 3：每对被选中的个体经过交叉产生一对新的子代；

Step 4：对全部子代变异后与父代的精英保留个体一起形成子代种群，计算正向输出网络误差 $E(n)$；

Step 5：判断是否满足 $E(n)\leqslant\varepsilon$，即网络误差小于或等于给定网络误差。若满足，则输出网络权重和阈值，结束；若不满足，则将子代种群作为父代并返回Step 2进行循环，直到满足条件为止。

2．结构优化

神经计算的网络结构通常由人工进行预定义，而一个好的模型结构(即不存在多余的节点以及过多的网络层数)可以在给定的数据集上得到令人满意的结果。对于一个确定的问题，节点数以及隐藏层数过少会导致模型的拟合精度不足；过多的节点数以及隐藏层数则会将噪声一起训练，引起过拟合等问题，造成网络泛化能力下降。同时由于层数过多，会导致基于梯度的算法在梯度回传时会引发梯度消失的问题。上述问题限制了神经网络的进一步应用。因此需要寻找一种最佳网络模型结构的设计方

法。从优化角度来看，该问题可以理解为在结构空间中寻求一个最优结构的探索问题。

随着EA的出现与发展，人们开始考虑用EA优化神经网络的结构设计。将网络结构设计作为一个搜索问题，以学习准确率、进化速度、泛化能力以及抗噪性等作为性能评价标准。结构进化的发展主要体现在结构编码以及算子设计上。其中编码方案直接影响到算子的设计。网络结构包含了很多信息，如隐藏层数、神经元数、连接方式、激活函数等。一个好的编码方式应该包含尽可能多的有用信息并排除容易对进化造成干扰的无用信息，编码长度也不宜过长。

按照是否直接对结构参数进行编码，可以将目前出现的各种编码方法划分两大类：直接编码和间接编码。

（1）**直接编码**：直接编码将各神经元之间的连接信息直接组织进染色体中。通常利用矩阵作为中间转化形式，若两个神经元之间有连接则相应矩阵置为1否则为0。最后将矩阵元素按行或列级联起来就构成一个染色体。这种方法比较简单但是要求预先固定神经元的个数，而且可扩展性不强。随着神经元个数N的增加，染色体长度将以N的平方级速度增长，导致搜索空间显著增大，进化过程变得极其缓慢。一种改进的办法是利用先验知识来指导编码，例如：当要求前馈网络时矩阵下三角元素全部为0，只保存上三角元素值，此时码长将减少一半。但是这种削减还是十分有限的，一般只在规模小的网络上使用这种方法。

（2）**间接编码**：间接编码又包括参数化编码和生长规则编码。其中参数化编码仅对网络结构部分最主要的特征进行编码，给出网络的一个粗略连接模式而非具体的细节信息。这种抽象性使得可以将一个大的网络结构编码成较短的染色体。此外参数化编码方法对网络结构有一定的限制，这就缩小了结构搜索空间。导致有可能找不到最优的网络结构。与直接编码和参数化编码不同的生长规则编码，并不直接对网络进行编码，而是把结构的生长规则组织进染色体，通过对规则的不断进化生成合适的神经网络。生长规则编码可用来设计大规模的网络，具有较好的规律性和泛化能力。

3. 模型自身缺陷

参数优化问题和结构优化问题是所有神经网络的共性问题。此外，还有一类特殊问题，即神经网络模型在设计之初就存在的不可避免的缺陷。例如，生成对抗网络(Generative Adversarial Networks,GAN)作为一种新颖的深度学习模型，获得了很多研究人员的关注。GAN一般由生成器(Generator)以及判别器(Discriminator)两部分构成：生成器的任务是尽可能产生同真实数据分布相似的伪数据；判别器的任务是判别输入的数据是真实数据还是伪数据。二者通过对抗训练的方式使GAN模型获得更好的训练精度。

GAN是一种生成式模型，与其他只用到反向传播而不需要马尔可夫链的生成模型(玻耳兹曼机)相比，它可以产生更加清晰、真实的样本。但是GAN也存在许多自身无法避免的问题：训练过程是一个高维非凸优化问题，初始化对模型是否收敛到纳什均衡点具有关键意义；生成器重复地生成完全一致的图像时会引起模型坍塌问题。

最近有关GAN的研究工作集中于设计各种对抗训练目标去处理模型坍塌问题。基本思路为：假设给定的鉴别器是最优鉴别器，生成器的不同目标函数旨在测量在不同度量下生成的分布和目标数据分布之间的距离，进而分析实验结果，求取最小化距离。然而,不同的距离最小化方法都有各自的优缺点,未能很好地解决模型训练不稳定问题。为了缓解上述问题,研究人员提出多种方法改进网络结构与损失函数。

例如,研究人员设计了一种算法来进化一个生成器种群以适应动态环境(即鉴别器)。与传统的遗传神经网络相比,进化模式允许提出的进化神经网络克服个体对抗目标的限制,并在每次迭代后保留精英个体。同时,采用3种变异算子产生不同的子代去解决模型坍塌和不收敛、不稳定问题,所提出的进化生成对抗网络训练结构如图10.15所示。

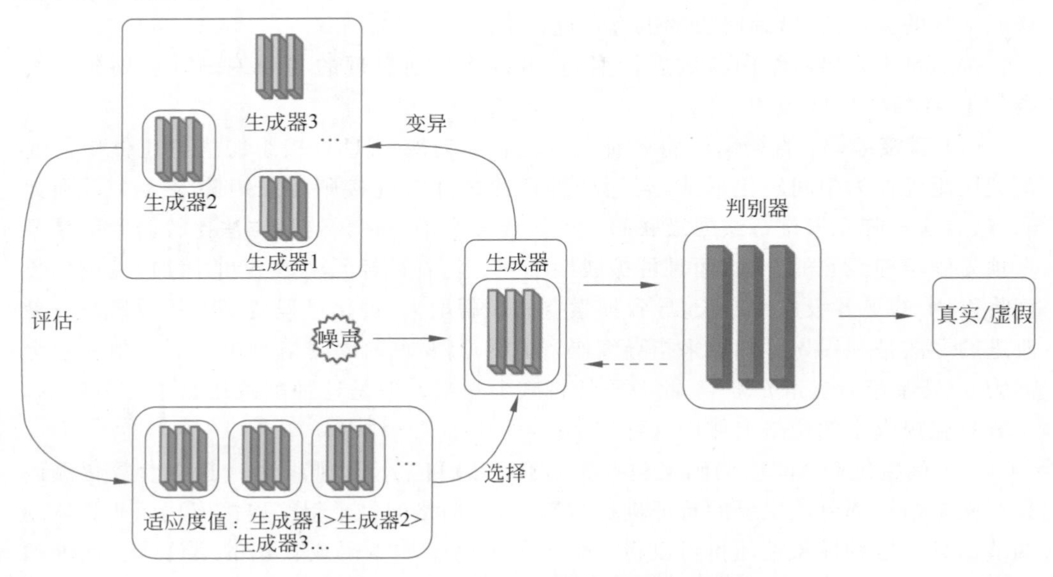

图10.15　进化生成对抗网络训练结构

4. 多目标进化优化在神经网络的应用

针对神经网络结构以及超参数优化的问题,可以理解为求解单目标优化问题。然而,现实工程问题通常是多属性的,需要同时优化多个相互冲突的目标。例如神经网络的可解释性和泛化能力是彼此相互冲突的两个目标,神经网络模型的泛化能力越高意味着其具有较差的可解释性。多目标进化优化算法可以很好地平衡这两个目标,同时提供给研究人员多种解决方案,增加神经网络的应用场景。研究人员已经在脉冲神经网络、卷积神经网络以及联邦学习中,使用多目标进化优化为这些神经网络在不同应用背景下的架构设计供了合理方案。

例如,一些研究人员将训练性能以及脉冲神经网络的连通性作为待优化的两个目标。训练性能的评估是以分类误差的百分比或均方根误差最小化作为标准;连通性的评估是以连接数或延迟之和最小化作为指标。仿真结果表明,基于Patreo的脉冲神经网络进化优化能够对脉冲神经网络的性质和所面临的问题提供更深刻的见解。算法的整体架构如图10.16所示。

在多目标进化优化中,需要对每一代中不同的网络模型进行评估,这本身就是一个昂贵的目标,需要消耗很多的计算资源。一些研究者通过在搜索过程中逐渐缩小体系结构以及使用贝叶斯模型建立一种共享机制,从而解决了探索过程中需要大量计算资源的困境;在联邦学习领域,采用一种网格编码的方式提高了进化深度神经网络的效率。在多层感知机和卷积神经网络上的实验结果表明,与标准全连接神经网络相比，这种网格编码不仅能够显著降低通信成本，而且能够提高联邦学习的整体性能。

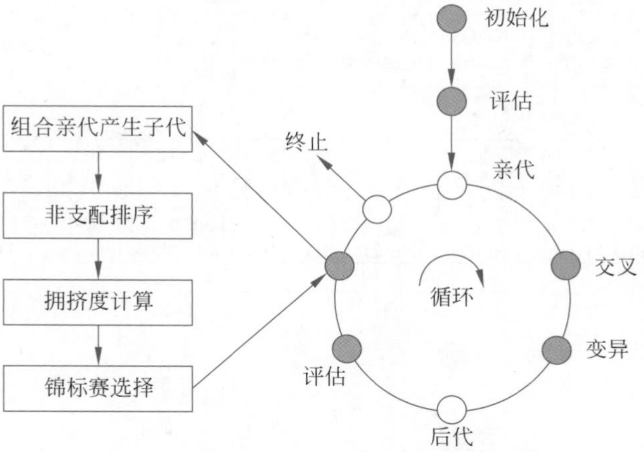

图 10.16 一种优化简单神经网络连通性和权重的多目标遗传算法

10.2.2 神经网络架构进化搜索

在深度学习领域，神经网络架构在通常情况下需要人工设计，为了得到一个效果较好的神经网络架构，往往需要耗费很多时间和精力[12]。为解决上述问题，自动化机器学习(Automated Machine Learning，AutoML)应运而生。AutoML 包含针对统计机器学习的自动化算法和针对深度学习的自动化算法两个部分。其中自动化深度学习算法是一种特殊的机器学习算法，其可以获得高性能且十分灵活的网络结构。自动化深度学习算法用概念组成的网状层级结构来表示网络世界，每个概念由更简单抽象的概念相连而成，且前者可通过后者计算而得。自动化深度学习根据当前问题的特点，通过自动搜索网络结构得到更多样且性能更好的神经网络架构，由此减少人工设计网络所花费的时间和人力，并提高搜索效率和神经网络的性能。

网络架构自动搜索方法包括多种搜索策略，以进化算法为搜索策略的神经网络架构搜索(Neural network Architecture Search，NAS)算法，按照复杂程度可分为基于神经元的神经网络架构搜索算法、基于 CNN 的神经网络架构搜索算法和基于 DNN 的神经网络架构搜索算法。本节将主要介绍这 3 类算法的特点和应用现状。

1. 基于神经元的神经网络架构搜索算法

经典的基于神经元的神经进化方式分为两种，一种是固定网络的拓扑结构，只改变网络的权重值，这种方法与 10.2.1 中节介绍的参数优化类似。另一种是神经网络的结构和权重同时变化，从而实现神经进化。

事实上，链接权重并不是影响神经进化的唯一参数，神经网络的拓扑结构也会影响其效果。将遗传算法与神经网络相结合的经典算法之一是增强拓扑的神经进化网络(Neuro Evolution of Augmenting Topologies，NEAT)算法。当用一个很复杂的神经网络解决一个简单的问题时会造成层结构的浪费，因此，NEAT 分析需要使用多少链接，忽略其中无用的链接从而构成更小的神经网络架构并提高运行效率。NEAT 包括修改权重、添加节点和链接、在现有链接中插入节点三种突变方式。NEAT 算法的基因编码、神经网络变异和交叉的具体过程如图 10.17 所示。

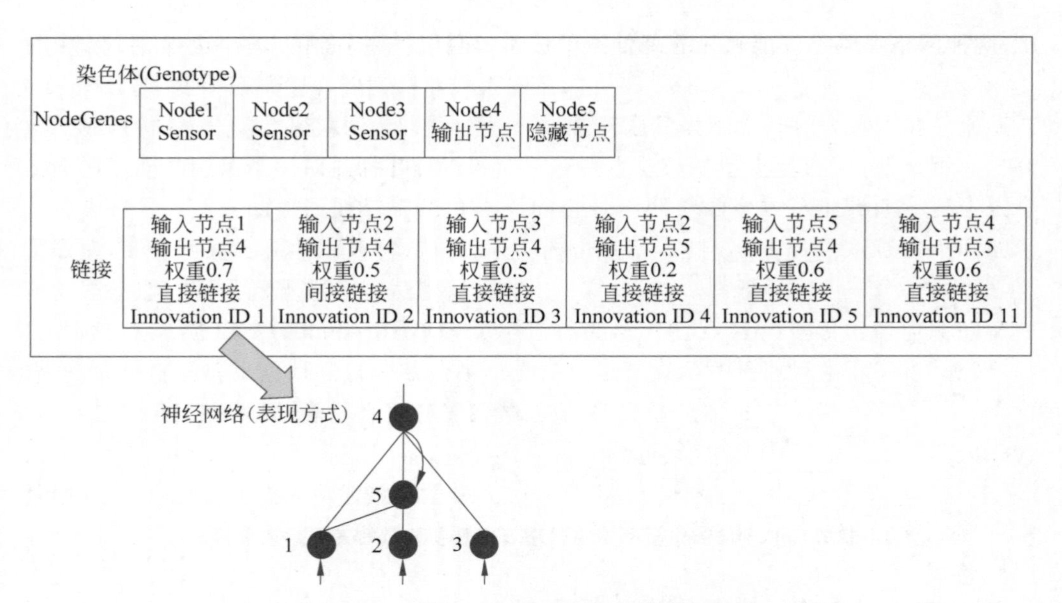

图 10.17　神经网络在 NEAT 中的表现形式

(1) NEAT 的基因编码方式：NEAT 的基因编码方式如图 10.17 所示。其中，NodeGenes 是指节点类型，用于存储网络中节点的信息，包括输入节点、隐藏节点和输出节点；Connect. Genes 是指链接，用于存储节点间的信息，包括输入节点、输出节点、权重(weight)、链接方式(直接链接(Enabled)和间接链接(DISABLED))以及创新号(Innovation ID)，其中，创新号在交叉过程中作为识别标准。

(2) NEAT 的神经网络变异方式：NEAT 中的神经网络变异包括链接变异和节点变异 2 种类型。链接变异为添加链接，既链接两个以前未链接的节点，如图 10.18(a)所示，新增加节点 3 和节点 5 之间的链接。

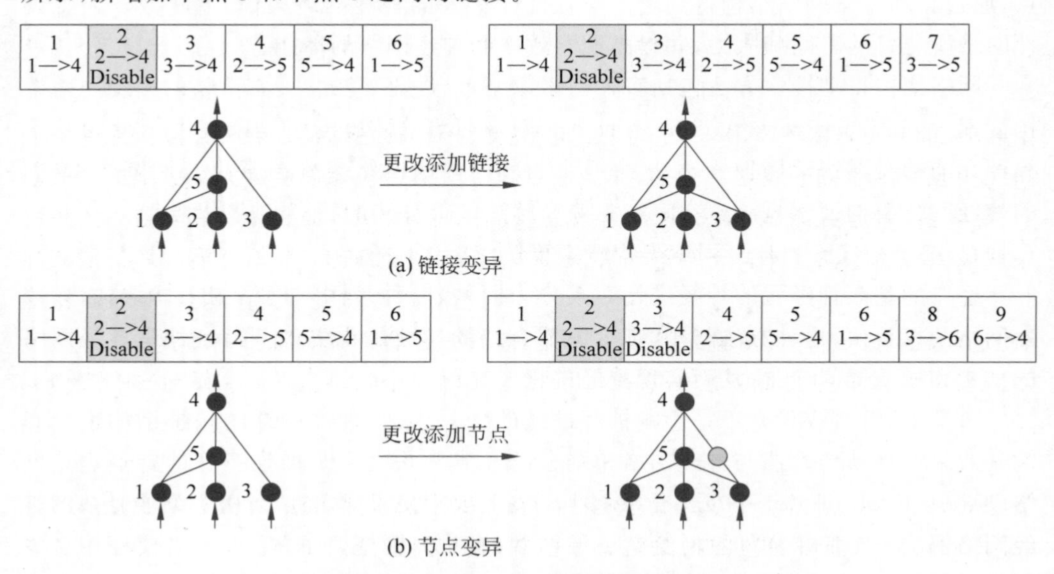

图 10.18　NEAT 的 2 种神经网络变异方式

在节点变异中，现有的链接被拆分，新节点被放置在链接之间的位置，旧链接被禁用，即旧链接变为 Disable，两个新的链接被添加到基因组中，如图 10.18(b)所示，在节点 3 和节点 4 之间增加了节点 6。因此，节点 3 到节点 4 的链接变为 Disable，新增节点 3 到节点 6 和节点 6 到节点 4 的链接。

(3) NEAT 的神经网络交叉方式：NEAT 的神经网络交叉主要通过 Innovation ID“对齐”父母的基因序列，若某链接父母都存在，则随机选择一个传给子代，该基因称为匹配基因；若某链接只存在父母一方，则将存在的那个基因传给子代，该基因称为不匹配基因。不匹配基因又分为过剩基因和不相交基因，均表示基因组中不存在的结构。孩子的基因序列应是父母基因的并集。图 10.19 为 NEAT 基因的交叉操作。

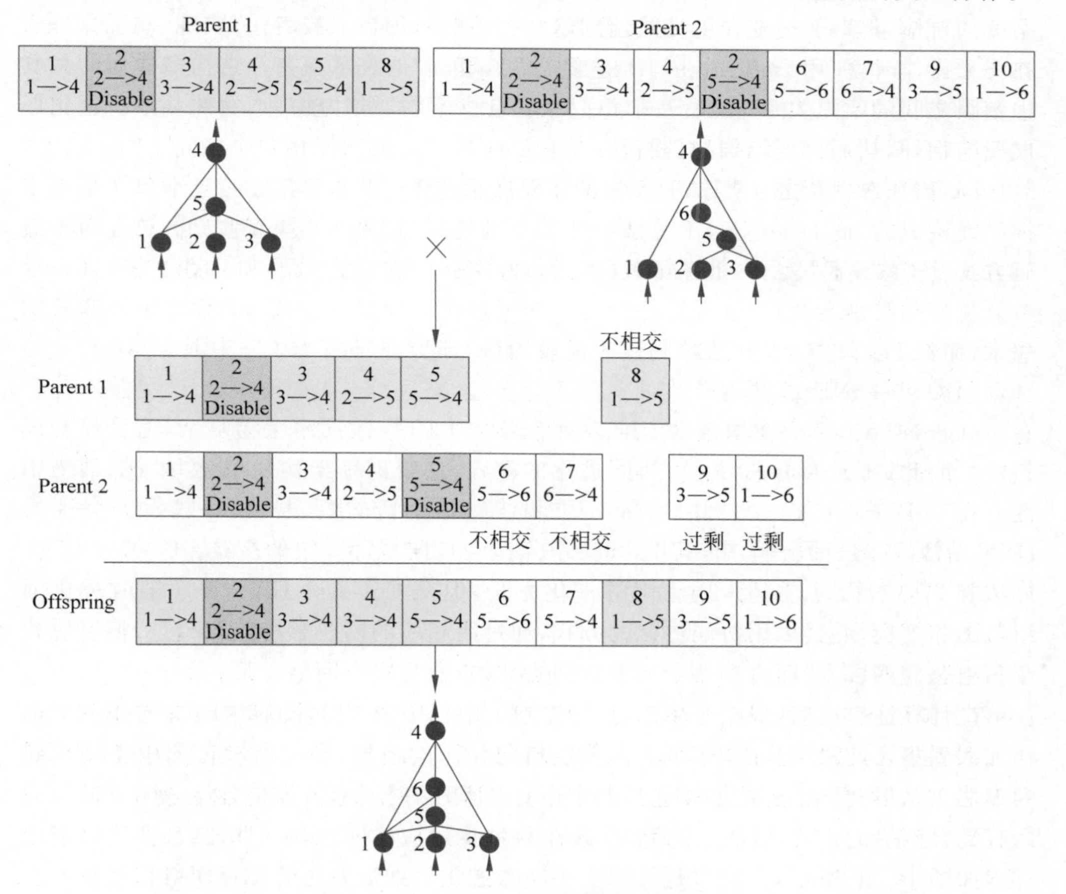

图 10.19 NEAT 的神经网络交叉方式

通过 Innovation ID 匹配不同网络拓扑的基因组，Parent1 和 Parent2 在节点和链接上具有相似的结构，但是它们也有区别，Innovation ID(显示在每个基因的顶部)能够显现哪些基因相匹配，对于相匹配的基因则选择随机遗传，如果有不匹配的基因，则继承具有更好适应度的父代。这样即使没有任何拓扑分析，也可以创建一个新的结构，将双亲的重叠部分以及它们不同的部分进行组合。

2. 基于 DNN 的神经网络架构搜索算法

随着深度神经网络的发展，网络的深度和复杂程度不断增加，网络的拓扑结构也变得十分复杂，从而产生了数百万的超参数。研究人员在优化深度神经网络时不可能考虑到所有的参数，只能凭借经验或者实验优化小部分的参数，而没有被选中的参数也有可能具有重要的地位。为解决该问题，基于DNN的神经网络架构搜索应运而生，其通过自动搜索DNN的结构找到更为合适的神经网络架构。为了更好地优化DNN的架构设计，研究人员提出经典的CoDeepNEAT(Coevolution Deep NEAT)算法，该算法完全继承于NEAT算法。NEAT算法主要是通过优化拓扑结构和权重的方式，而CoDeepNEAT算法则采用一种结合拓扑结构和超参数实现协同进化的方式。以下首先简单介绍DeepNEAT算法。

1) DeepNEAT算法

DeepNEAT算法与NEAT算法具有相同的进化方式，首先创建一个具有最小复杂度的群体，然后通过变异的方式给网络结构不断添加节点或者边，实现进化的过程；在交叉操作时，使用Innovation ID的形式，可以准确地表示在拓扑结构多样化的种群中基因之间的匹配关系；最后基于相似性度量将群体划分为物种，物种再不断进化形成新的物种，从而保证结构的创新性。

DeepNEAT算法与NEAT算法的主要区别在于，NEAT算法的最小单元是基于神经元构成的，而DeepNEAT算法中的节点则是一个DNN层，每个节点包含两种编码方式：实数编码(表示Channel数量、Kernel Size等数值参数)和二进制编码(表示节点类型和类别参数)。两种算法的另一个区别在于链接，在NEAT算法中链接表示权重，而在DeepNEAT算法中则代表链接关系与链接方向。

2) CoDeepNEAT算法

DeepNEAT算法在构造深度神经网络架构时，会导致网络架构复杂，而且没有规整性。因此，研究人员采用一种协同进化的方式，使得网络架构简单化并增加其复用性。在CoDeepNEAT算法中，涉及模块和蓝图两个新的概念。模块表示一个小的DNN结构，蓝图表示一个图，其中，每个节点包含指向特定模块的指针。CoDeepNEAT算法和DeepNEAT算法采用相同的进化方法，但是CoDeepNEAT算法同时进化两组蓝图和模块，并且采用协同进化的方式，通过用相应的模块替换蓝图节点，将模块和蓝图组装成网络，从而得到一个大型的网络架构，称为集合网络。

在计算适应度时，根据蓝图中每个节点的指向，从相应的模块中随机选择一个个体加入到集合网络中，如果多个蓝图节点指向相同的模块，则在所有蓝图中使用相同的模块。该集合网络的适应度包括其中所有的蓝图和模块，计算包含该蓝图或模块的所有集合网络的平均适应度作为整个集合网络的适应度。CoDeepNEAT算法的进化过程如图10.20所示，由两组蓝图和模块同时进化得到最右边的集合网络。

3. 基于CNN的神经网络架构搜索算法

在图像分类、目标检测等图像处理领域，为了提高深度学习的准确率，研究人员提出了CNN。但是，人工设计的CNN结构存在局限性，因此自动构造CNN的结构显得十分重要。

GeneticCNN算法于2017年被提出，这是一种通过自动学习获得最优CNN结构的方法，该算法将遗传算法用于CNN架构搜索中。在自动搜索网络架构的过程中，需要设置一些约束条件使搜索过程不会无限发展，其中一个约束条件就是CNN以池化层为界划分为不同的层，每个层中包含一系列预定义的构建块(由卷积层和池化层组成)，然后利用一种新的编码方式将网络架构通过固定长度的二进制编码进行表示，

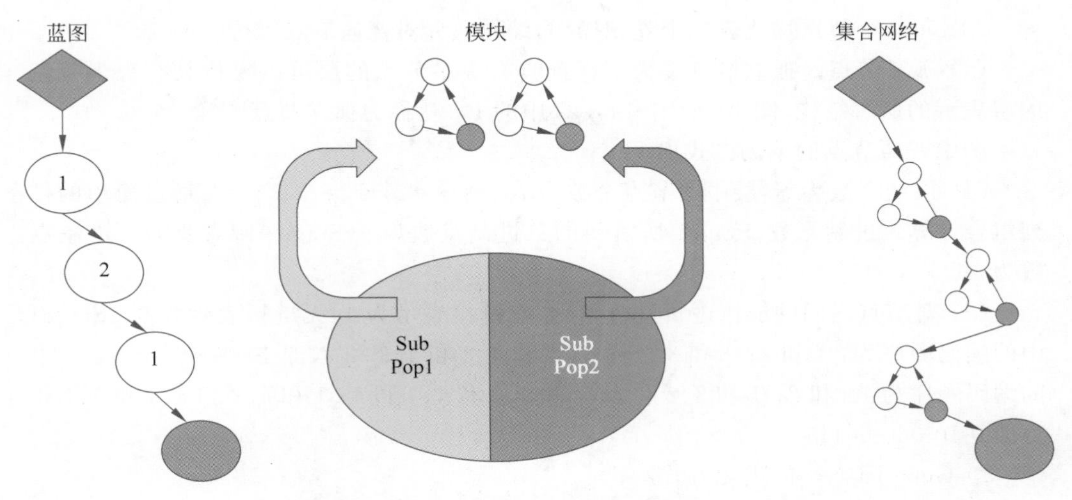

图 10.20 CoDeepNEAT 算法的进化过程

最后利用遗传算法在一个大的搜索空间内实现优化，从而提高搜索空间的遍历效率。GeneticCNN 算法的编码方式与进化方式具体如下。

1）GeneticCNN 的编码方式

对于 GeneticCNN 算法来说，编码方式是其重要的组成部分，该算法主要使用二进制编码方式，如图 10.21 所示。

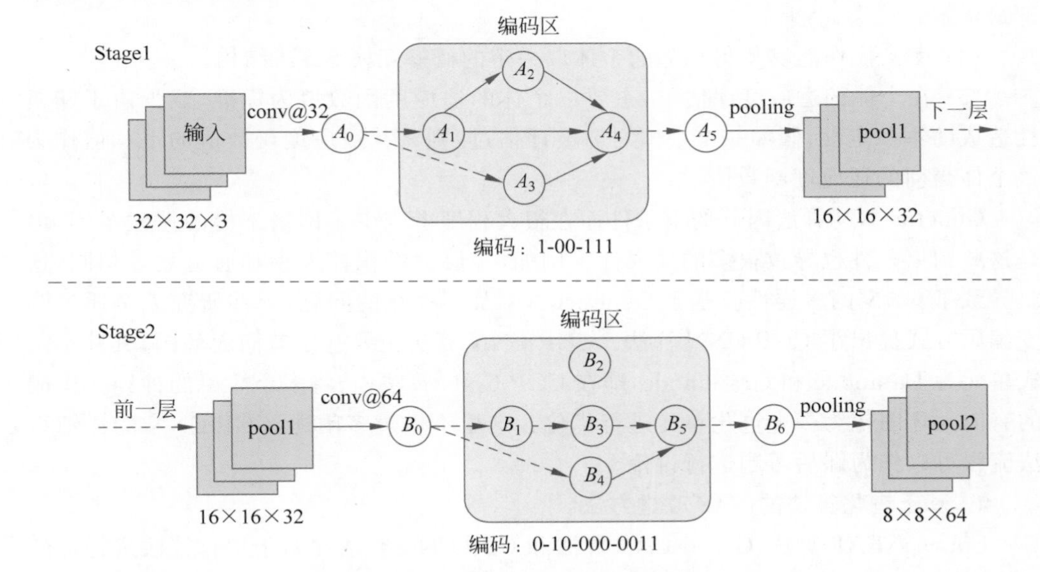

图 10.21 Genetic CNN 的编码方式

（1）默认节点。图中包含两个层（stage），每层包含两个默认节点，一个是默认输入节点；另一个是默认输出节点。输入节点的数据来自前一层的数据，然后执行卷积操作；输出节点的数据为经过前面卷积操作之后的结果，然后进行求和再执行卷积操作，最后将结果输出到池化层。在 Stage1 中，默认输入节点为 A_0，默认输出节点为 A_5，在 Stage2 中，默认输入节点为 B_0，默认输出节点为 B_6。

（2）普通节点。除默认节点外的节点称为普通节点，即图中编码区域中的节点，它们的节点序号唯一且有序。同一层中的所有卷积操作具有相同的卷积核和通道数量。

(3) 每一个节点均代表一个卷积操作,编码只针对普通节点进行。

(4) 孤立节点。孤立节点是为了保证具有更多节点的层可以模拟具有更少节点的层表示的所有结构,图 10.21 中 Stage2 中的 B_2 就称为孤立节点。

图中普通节点的编码方式如下。

(1) 层的个数为 S,层中的节点个数为 K,则 $S=2,K_1=4,K_2=5$ 通过简单的排列组合计算二进制点数,Stage1 所需要的二进制点数为 6,Stage2 所需要的二进制点数为 10。

(2) 对节点之间的链接逻辑进行编码,有链接表示为 1,无链接表示为 0。Stage1 中的编码顺序为:1 和 2;1 和 3、2 和 3;1 和 4、2 和 4、3 和 4,即 1-00-111。Stage2 中的编码顺序为:1 和 2;1 和 3、2 和 3;1 和 4、2 和 4、3 和 4;1 和 5、2 和 5、3 和 5、4 和 5,即 0-10-000-0011。

2) GeneticCNN 的进化方式

GeneticCNN 算法使用遗传算法进行 CNN 结构的搜索,主要分为初始化、选择、变异、交叉以及适应度评估等步骤。

(1) 初始化操作主要用于网络中个体的初始化,即创建初始种群。

(2) 选择操作在每代开始时执行,采用随机选择的方式,每个个体的适应度是其被选中的概率,适应度值越高,被选中的概率越大。

(3) 每个个体根据一定的概率改变自身结构,变异操作能够避免架构搜索陷入局部最优解。

(4) 交叉操作能够使得相邻的个体以一定的概率互换 Stage 结构。

(5) 在个体的适应度评估中,主要以个体的适应度函数值为标准,减少由于随机性造成的不稳定性,假如一个个体之前被评估过,则将其适应度函数值的平均值作为该个体当前的适应度函数值。

GeneticCNN 算法因其约束条件而在很大程度上减少了网络架构的搜索范围,但是这些约束条件也导致很多的局限性。例如,每层的卷积核大小和通道数量相同,这就导致了 CNN 的多样性。基于 GeneticCNN 及其存在的问题,一些研究人员通过改变编码方式提出了 CGP-CNN 算法。CGP-CNN 算法主要基于有向无环图,其基本组成单元为 Datanode 和 Graphnode,即在 CGP-CNN 算法中,将多个简单的神经元构成的有向无环图作为一个进化单元进行优化。这里不做过多阐述,CGP-CNN 的详细算法流程可以作为课后习题进行讨论。

4. 基于进化算法的 NAS 改进方法

CoDeepNEAT 算法、GeneticCNN 算法和 CGP-CNN 算法在基于进化算法进行神经网络架构搜索时,都很依赖先验知识并基于已有的模块进行叠加组合。此外,这些算法要求每个个体均从初始时刻开始训练,这样就需要很多的计算资源才能满足架构搜索任务的需求。为解决上述问题,研究人员提出 Large-Scale 算法、Better Topologies 算法。为了提高搜索效率并降低搜索空间,一些研究人员提出了 Hierarchical Representation 算法。

Large-Seale 算法和 Better Topologies 算法的设计思想类似,只是在具体的参数设置上存在区别,两者都采用了非常简单的神经网络设定方法。初始化阶段从一个包含 3 个节点(输入节点、中间节点和输出节点)的简单架构开始。进化过程是对内部节点的连接方式进行改变。其中,在 Large-scale 算法中,对内部节点采用卷积、池化、批量归一化等操作中的某一个或者多个组合；在 Better Topologies 算法中，对内部节点执行卷积和池化操作。两种算法与 NEAT 算法不同的是只采用了变异操作，而没有使用交叉操作。Better Topologies 算法有 5 个变异算子，Large-Scale 算法有 11 个变异算子。Hierarchical Representation 算法是一种结合模型的结构分层表示和进化策略的高效架构搜索方法。为了降低网络架构搜索的复杂性，提高搜索效率，Hierarchical Representation 算法对搜索空间进行约束，通过增加一个分层的网络结构来约束搜索空间。Hierarchical Representation 算法的基本单元为基元(motif)，较低层次的 motif 由卷积、池化等操作构成，然后通过将这些低层次 motif 多次叠加的方式最终形成神经网络架构，其中，堆叠的方式由进化策略或者随机搜索决定。这种通过堆叠的方式构建网络构类似于 VGGNet、ResNet 和 Inception 结构，使用模块化进行设计。

本章小结

近年来，随着人工智能应用的不断发展，对新型智能计算的需求也不断增强，同时越来越多的研究学者开始着力于开辟新的人工智能研究领域，来突破传统深度学习的瓶颈，拓展新的研究方向。

本章通过整理近年来国内外的研究进展，介绍了目前人工智能领域的两个前沿技术：图神经网络和面向 EOP 的进化计算。其中 10.1.1 节首先介绍了图神经网络的相关概念，包括图论和图神经网络的设计思想和推理过程。在此基础上重点介绍了图卷积神经网络，包括基于谱域的图卷积神经网络的发展历程和重点算法、基于空域的图卷积神经网络的重点算法。同时介绍了基于注意力机制的图神经网络以及现阶段图神经的相关应用，并给出了 GCN 应用在 Cora 数据集上的代码实现。10.1.2 节以面向 EOP 的进化计算为主题，分析了总优化成本的计算方法以及解决 EOP 的思路或方法，包括问题逼近和替换、算法设计与增强、并行和分布式计算。

进化神经网络是基于进化计算和神经网络两大智能分支，将二者有机融合在一起产生的一种全新的神经网络模型。将神经网络与进化相结合也是让机器学习拥有自动进化能力的一种路径。10.2 节以新型智能计算展望为主题，在 10.2.1 节中介绍了一些神经计算和进化计算结合的研究领域，包括参数优化、结构优化、模型自身缺陷等，并简要介绍了多目标进化优化在神经网络的应用。10.2.2 节以神经网络架构进化搜索为核心，重点探讨了将进化算法用于不同的神经网络架构搜索的相关研究，主要包含：基于神经元的神经网络架构搜索、基于 DNN 的神经网络架构搜索算法以及基于 CNN 的神经网络架构搜索算法。最后总结了一些基于进化算法的神经网络架构搜索的改进方法。

从本章内容可以发现，智能计算中的不同分支通过相互交叉、相互结合正在不断焕发出新的生机，而智能计算和其他学科的交叉应用也变得越来越广泛，显然智能计算确实是一门典型的交叉学科。交叉学科只有不断地和其他各种学科进行交叉，才能体现出它的生命力。而当下，培养交叉人才正是当务之急，这有助于挖掘学科间的共性问题，打破学科间的语言壁垒，促进学科间的深度融合。希望我们在学好智能计算这门交叉学科的同时，也能广泛关注其他学科的研究内容及进展，更广泛地实现学科交叉，使自己成为名副其实的交叉人才。

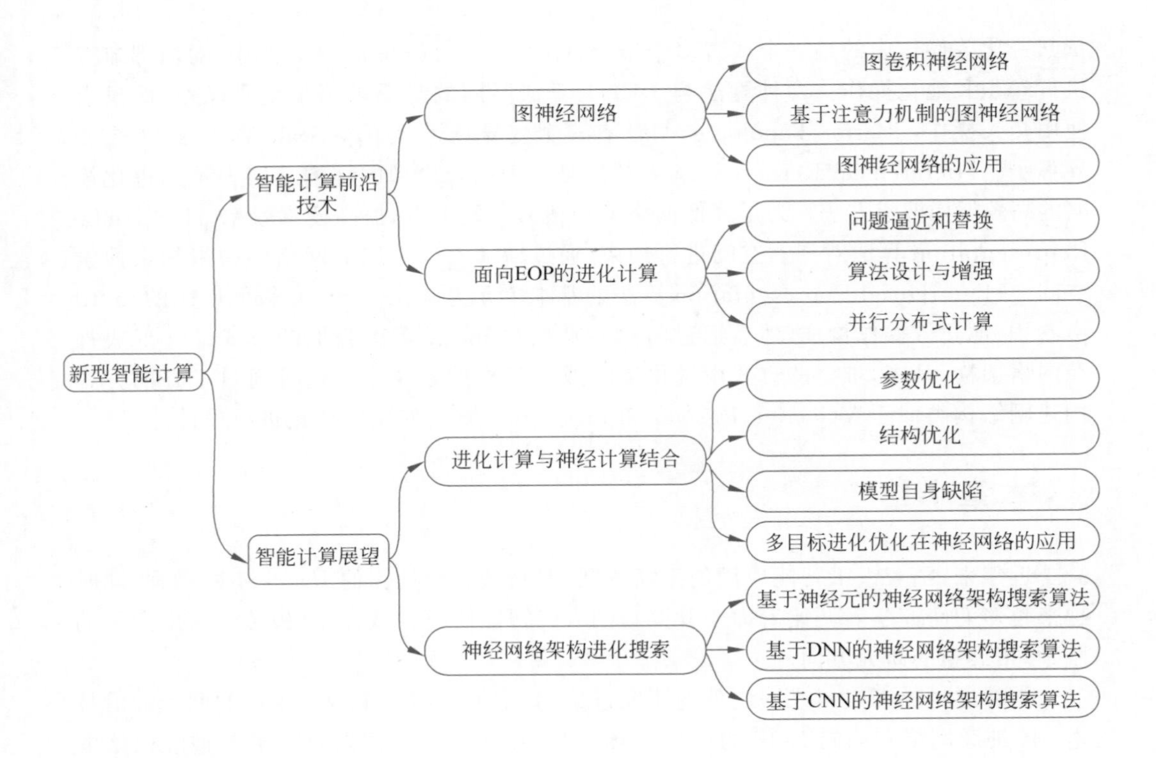

习题

1. 说明图卷积操作与传统图像卷积操作本质上的联系与区别。

2. 分别阐述基于谱域的图卷积神经网络和基于空间域的图卷积神经网络的主要思想，并说明两者的差异。

3. 结合10.1.1节的内容并查阅相关文献，说明为什么GNN会出现过平滑现象(随着模型层数的加深，GNN的效果会持续下降)。

4. 说明GraphSAGE能够处理大规模图结构数据的原因。根据10.1.1节介绍内容和原论文复现GraphSAGE算法，完成在Cora数据集上的实验。

5. 总结至少3个近几年提出的重要的图卷积神经网络算法，分析它们实现原理之间的差异以及优劣。并编写代码实现其中一种算法(不限语言)。

6. 查阅相关文献，阐述两个面向EOP的真实世界应用案例。

7. 结合相关资料，分析现阶段面向EOP的进化计算的潜在的研究方向和待解决的问题。

8. 查阅相关文献，按照10.2.1节中介绍遗传算法优化BP神经网络算法的方式，总结PSO算法或其改进算法优化BP神经网络的过程。

9. 尽管进化神经网络目前取得了良好的效果，但仍存在一些问题，例如：可解释性不足；计算开销巨大；可扩展性差等。结合10.2节内容，思考解决上述问题的方法。

10. 查阅并分析CGP-CNN算法以及进化流程，包括CGP-CNN模型中的节点类型、编码方式以及进化过程，总结其与GeneticCNN的主要区别及优缺点。

参考文献

[1] Wu Z, Pan S, Chen F, et al. A comprehensive survey on graph neural networks[J]. IEEE transactions on neural networks and learning systems, 2020, 32(1): 4-24.

[2] 徐冰冰，岑科廷，黄俊杰，等. 图卷积神经网络综述[J]. 计算机学报，2020，43(05)：755-780.

[3] 马帅，刘建伟，左信. 图神经网络综述[J]. 计算机研究与发展，2022，59(01)：47-80.

[4] 王健宗，孔令炜，黄章成，等. 图神经网络综述[J]. 计算机工程，2021，47(04)：1-12.

[5] 白铂，刘玉婷，马驰骋，等. 图神经网络[J]. 中国科学：数学，2020，50(03)：367-384.

[6] Li J Y, Zhan Z H, Zhang J. Evolutionary computation for expensive optimization: A survey[J]. Machine Intelligence Research, 2022, 19(1): 3-23.

[7] Baldominos A, Saez Y, Isasi P. On the automated, evolutionary design of neural networks: past, present, and future[J]. Neural Computing and Applications, 2020, 32(2): 519-545.

[8] 焦李成. 进化计算与进化神经网络——计算智能的新方向[J]. 电子科技，1995(01)：9-19.

[9] 韩冲，王俊丽，吴雨茜，等. 基于神经进化的深度学习模型研究综述[J]. 电子学报，2021，49(02)：372-379.

[10] 王建飞. 进化计算在神经网络中应用[J]. 国外电子测量技术，2006(08)：46-50.

[11] 姚望舒，万琼，陈兆乾，等. 进化神经网络研究综述[J]. 计算机科学，2004(03)：125-129.

[12] 尚迪雅，孙华，洪振厚，等. 基于无梯度进化的神经架构搜索算法研究综述[J]. 计算机工程，2020，46(09)：16-26.